电子设计与嵌入式开发实践丛书

U0265884

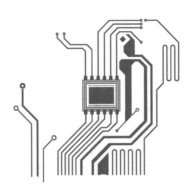

嵌入式多核DSP高性能软件开发
——TI C66x实战

◎ 夏际金 赵洪立 李川 编著

清华大学出版社

北京

内 容 简 介

本书系统介绍了C66x多核软件开发的知识，并基于C6678的设计实例介绍了相关设计经验。系统介绍了C66x DSP器件的基础概念和多核软件设计的基础知识，引领读者循序渐进地掌握多核软件设计技术。对于传统DSP开发人员比较陌生的一些概念，如Cache、预取、数据一致性、数据依赖、死锁等，进行了重点描述。系统介绍了C66x多核器件的存储器、DMA传输、中断等内容，并结合工作实际，介绍了多核软件优化、多核并行设计及任务级优化经验。最后，以多普勒成像的设计实例描述了如何实现并行设计。

全书共13章，内容包括C66x DSP的基本组成，如存储器组织、DMA传输、中断和异常、Cache缓存和数据一致性等，并包含CCS软件开发环境、SYS/BIOS实时操作系统、多核并行设计、软件设计优化等相关知识。

本书的特点是由浅入深、概念齐全、实践性强、指导性强。本书结合了多年多核软件开发的实际经验，对多核设计中常见的问题进行了详细的描述；从基本概念出发，层层推进，介绍了多核并行、数据传输与处理并行和多层次并行设计的经验。

对于从事C66x多核软件开发的设计师，本书具有很强的指导意义，本书还适合作为高校计算机、数据处理、信号处理、通信等相关专业的本科生和研究生教材。

图书在版编目（CIP）数据

嵌入式多核DSP高性能软件开发：TI C66x实战/夏际金，赵洪立，李川编著.—北京：清华大学出版社，2022.1（2023.7重印）

（电子设计与嵌入式开发实践丛书）

ISBN 978-7-302-58936-5

Ⅰ. ①嵌…　Ⅱ. ①夏…　②赵…　③李…　Ⅲ. ①数字信号处理－研究　Ⅳ. ①TN911.72

中国版本图书馆CIP数据核字（2021）第172364号

责任编辑：黄　芝　李　燕
封面设计：刘　键
责任校对：李建庄
责任印制：刘海龙

出版发行：清华大学出版社
　　　　　网　　　址：http://www.tup.com.cn, http://www.wqbook.com
　　　　　地　　　址：北京清华大学学研大厦A座　　　邮　　　编：100084
　　　　　社　总　机：010-83470000　　　　　　　邮　　　购：010-62786544
　　　　　投稿与读者服务：010-62776969, c-service@tup.tsinghua.edu.cn
　　　　　质量反馈：010-62772015, zhiliang@tup.tsinghua.edu.cn
　　　　　课件下载：http://www.tup.com.cn, 010-83470236
印　装　者：三河市龙大印装有限公司
经　　　销：全国新华书店
开　　　本：185mm×260mm　　　印　　张：35　　　　　字　　　数：850千字
版　　　次：2022年1月第1版　　　　　　　　　　　印　　　次：2023年7月第2次印刷
印　　　数：1501～1900
定　　　价：128.00元

产品编号：086125-01

C66x 是 TI(Texas Instruments)公司推出的新一代处理器内核,包含定点和浮点计算能力,C66x 包含 90 个新指令用于提升浮点和矢量运算。TMS320C6678 是基于 C66x 内核的 8 核处理器,66AK2Hx 是基于 ARM Cortex-A15 和 C66x 内核的异构多核处理器。基于 C66x 内核的 DSP 处理器已经成为主流的高性能 DSP。

多核 DSP 的软件开发技术对 DSP 嵌入式软件开发人员具有一定的挑战性。多核任务划分、并行处理设计、同步设计以及 Cache 一致性等问题是多核并行设计的关键,良好的并行设计才能发挥 C66x 处理器的优势。

通过多年的研究并结合工程设计实践,总结了 C66x 多核 DSP 并行开发技术经验和设计中一些经常遇到的问题。本书以 C6678 为例系统介绍了 C66x 多核 DSP、数据一致性、CCS 使用、SYS/BIOS 实时操作系统、多核并行设计和优化等设计方法,用一个设计实例完整地描述了从任务并行设计到具体实现的过程。

在 C66x 多核软件设计中,程序员的软件设计思想、设计方法需要调整和提高。本书从程序员的工作需要和高校学生的学习需要出发,结合实际工作,详细叙述了多核软件开发技术。初学者可以循序渐进地建立基于 C66x 多核并行开发的概念,并积累优化设计的经验,提高设计水平,从初学就设计出高性能的并行代码。

各章的内容要点如下:

第 1 章主要介绍了 C66x 处理器,并以 C6678 为例介绍了处理器概况、处理器内核、外围设备、多核导航器等模块。

第 2 章详细介绍了 C66x 多核引导(Boot)的方法。以 C6678 为例介绍了 RBL(ROM Boot Loader)引导过程、在 EVM 板上实现 SPI Flash 引导的实例及多核引导的改进方法。

第 3 章详细介绍了 SRIO 接口,包括 SRIO、SerDes 宏、DeviceID 配置、组播和多个 DestID 支持、包转发、DirectIO 操作、消息传递、Doorbell、中断操作等相关知识,并介绍了其他 SRIO 编程注意事项。

第 4 章主要介绍了 C6678 存储控制器、多核共享存储控制器、外部存储控制器 EMC、扩展存储控制器 XMC、存储器保护架构、带宽管理等存储器相关内容。

第 5 章主要介绍了 Cache 基础知识,C66x 的各级 Cache、Cache 的使用、数据一致性等内容。

第 6 章主要介绍了 IDMA、EDMA 使用的一些知识。

第 7 章介绍了 C66x 中断控制器、内核事件以及中断控制器与 DSP 交互的相关知识。

第 8 章介绍了如何使用 CCS 进行相关的操作和配置。

第 9 章介绍了 SYS/BIOS 实时操作系统,并给出了相关设计例程。

第 10 章介绍了多核并行设计的相关问题,如并行粒度、并行方式、依赖关系、死锁活锁、同步等问题,并介绍了任务级优化设计的例子。

第 11 章介绍了软件优化技术,如 for 循环优化、软件流水、编译指示和关键字的使用、内建函数的使用等。

第 12 章介绍了一个多核软件设计的实例。

第 13 章介绍了多核发展的趋势及一些思考。

附录中列出了常用的存储器地址映射、MAR 寄存器地址对照表、C6678 EDMACC 事件列表、C6678 内核 System Event 事件输入列表和 C6678 System Interrupt 事件输入列表。

本书中关于 TI C66x 多核 DSP 的相关资料来源于德州仪器(Texas Instruments,TI)相关网站,如德州仪器官网、德州仪器在线技术支持社区等,相关资料的最新版本可以从中查询。

刘晶参与本书的修订工作,为本书的出版做出了重要贡献。参与本书审校的有牛蕾、习建博、邓庆勇、郭琦、白晓慧、张玉营、潘勇先、朱鹏等,方志红、梁之勇、宋皓、顾庆远等在多核开发技术方面做出了很大贡献。感谢夏靖涵在本书出版过程中给予的鼓励和支持。感谢家人一直以来的支持和付出。为本书的形成及多核 C66x DSP 开发技术做出贡献的人还有很多,在这里一并致谢!

多核开发技术发展迅速,基于 C66x 的多核开发技术难点较多,由于作者水平有限,书中难免有疏漏之处,欢迎读者指正。

本书提供"C66x 多核 Boot 方法"等内容和代码,以及本书配套教学课件作为附加资源,读者可从清华大学出版社网站下载。

作　者

2021 年 6 月于合肥

目 录 contents

目录 IX

第1章

TI多核C66x DSP介绍

C66x DSP(Digital Signal Processor)是最新一代定点和浮点 DSP,由 4 个乘法器组成,以实施单精度浮点乘法运算。C66x DSP 内核可同时运行多达 8 项浮点乘法运算,加之高达 1.4GHz 的时钟频率,使其具有很高的浮点处理性能。将多个 C66x DSP 内核与其他内核融合,即可创建出具有出众性能的多核片上系统(System-on-Chip,SoC)器件。

TMS320C6678(以下简写成 C6678)处理器具有 8 个 TMS320C66x 内核,内核工作主频为 1.4GHz 时,理论上具有 179.2GFLOP(22.4GFLOP×8)和 358.4GMAC(44.8GMAC×8)的处理性能。每个处理器内部有多级存储器:C66x 内核中有 L1P、L1D、L2SRAM;多核共享的有 MSM SRAM(Multicore Shared Memory SRAM)。处理器具有多核导航器、网络协处理器、数据包加速器、信号量、PLL 等多核共享的一些外部资源,同时提供如 SRIO(Serial Rapid IO)、PCIE(PCI Express)、EMIF(External Memory Interface)等多种外部接口。

66AK2Hx 处理器最多可包含 4 个 ARM Cortex-A15、8 个 TMS320C66x 高性能 DSP。66AK2H14/12/06 提供最高 5.6GHz(1.4GHz×4)ARM 和 9.6GHz(1.2GHz×8)DSP 处理性能。C66x DSP 内核中 L2 SRAM 容量不同,66AK2Hx 处理器 L2 容量为 1024KB,C6678 处理器 L2 容量为 512KB。

本章主要介绍基于 C66x DSP 内核的 DSP 处理器。首先概要性地介绍了 C6678 和 66AK2Hx 处理器,随后介绍了 C66x 处理器内核,然后以 C6678 处理器为例详细介绍了锁相环、外围设备、定时器、信号量、多核导航器等相关内容,最后给出了一些设计建议。

1.1 C6678 处理器

本节主要介绍 C6678 处理器,与 66AK 系列不同的是,其处理内核全部由 C66x 内核组成。

1.1.1 C6678 概览

TI 推出的 Keystone 架构的多核 DSP,片内集成多个处理内核。采用多核并行处理设计可以大大提高单个处理器的综合处理性能。

C6678 处理器平台具有 8 个 TMS320C66x 内核,每个内核内都有 L1P、L1D 和 L2 SRAM 存储器,多核共享的存储器为 MSM SRAM。

处理器具有多核导航器、网络协处理器、数据包加速器和信号量等多核共享的一些外部资源。多核导航器具有 8192 个多用途硬件队列,由队列管理器负责管理。

在内核主频为 1GHz 的情况下,L1 数据缓存和 L1 程序缓存通信带宽为 32GB/s,L2 缓存通信带宽为 16GB/s,多核共享存储器通信带宽为 64GB/s。DDR3 在主频 1333MHz 的情况下带宽为 10.664GB/s。各级 RAM 的容量分别是:L1 数据缓存和 L1 程序缓存为 32KB,L2 缓存为 512KB,多核共享存储器为 4MB,DDR3 最大支持 8GB。

1.1.2　外围设备

器件支持 SRIO、PCIE Gen2、HyperLink、千兆以太网(Gigabit Ethernet,GbE)等多种接口。SRIO 接口支持 4 通道 SRIO 2.1,每通道支持 1.24/2.5/3.125/5G 波特率传输。PCIE Gen2 单个接口支持 1 通道或 2 通道,每通道最高可支持 5G 波特率。HyperLink 接口支持与其他 Keystone 架构连接,最高支持 50G 波特率。Gigabit 网络(GbE)交换子系统,支持两个 SGMII 接口,支持 10/100/1000Mb/s 操作。

64 位 DDR3 接口支持 8GB 访问空间。16 位 EMIF 接口最大支持 256MB NAND FLASH 和 16MB NOR FLASH,最大可支持 1MB 异步 SRAM。C6678 处理器具有 2 个 TSIP、1 个 UART、1 个 I^2C(Inter-Integrated Circuit)、16 个 GPIO(General-Purpose Input/Output)、1 个 SPI(Serial Peripheral Interconnect)接口、1 个 Semaphore 模块、16 个 64b 定时器、3 个片上 PLL。

C6678 器件架构如图 1.1 所示。

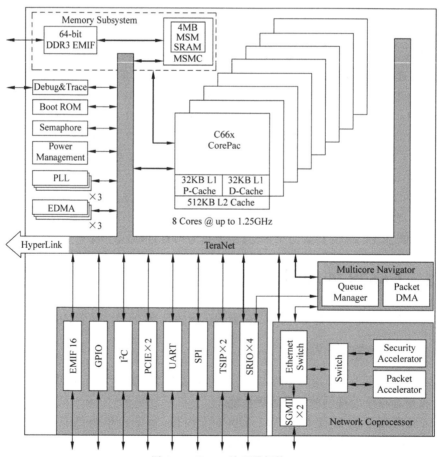

图 1.1　C6678 处理器架构

1.2 66AK 处理器

66AK2Hx 处理器平台基于 KeyStone Ⅱ 架构,最多可包含 4 个 ARM Cortex-A15、8 个 C66x 高性能 DSP。与 C6678 不同的是,66AK 是具有 ARM 和 C66x 内核的 SoC 器件。

66AK2H14/12/06 提供最高 5.6GHz(1.4GHz×4)ARM 和 9.6GHz (1.2GHz×8)DSP 处理性能,并具有安全加速器、包加速器和网络交换功能,比多个芯片的解决方案更省电。

C66x 核载处理器内包含定点和浮点计算能力,运算能力是 38.4GMACS/核 和 19.2GFLOPS/核(@ 1.2GHz 主频)。C66x 软件 100% 向下兼容 C64x+ 器件,包含 90 个新指令,其中 FPi (Floating Point instruction)用于提升浮点运算能力、VPi (Vector math oriented Processing instruction)用于提升矢量运算能力。

66AK 是基于 C66x 多核 DSP 和 ARM 多核处理器架构的异构多核的 SoC 器件。66AK 器件架构如图 1.2 所示。

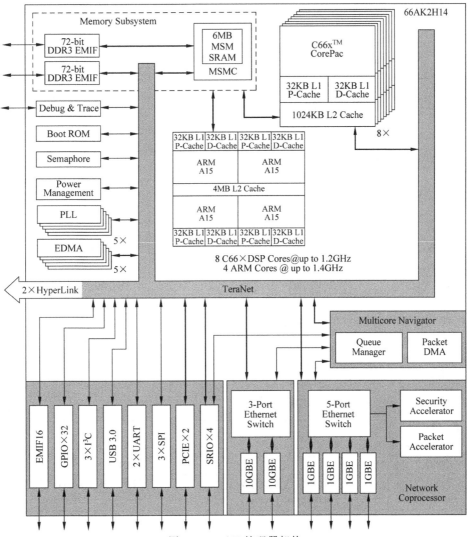

图 1.2 66AK 处理器架构

1.3　66AK2H14/12/06 和 C6678 各项功能对比

66AK2H14/12/06 和 C6678 各项功能的对比如表 1.1 所示。

表 1.1　C6678 和 66AK 对比

硬件配置		66AK2H14	66AK2H12	66AK2H06	C6678
核数	C66x DSP	8 个		4 个	8 个
	ARM Cortex-A15	4 个		2 个	0 个
外围设备数	10-GbE	2 个	—	—	—
	DDR3 存储控制器	2 个(72 位总线宽度)			1 个(64 位总线宽度)
	16-bit 异步 EMIF	1 个			1 个
	EDMA3	5 个(64 独立通道)			1 个(16 独立通道[内核时钟/2])
					2 个(64 独立通道[内核时钟/3])
	SRIO 1×/2×/4×	1 个			1 个
	HyperLink (4lanes)	2 个			1 个
	I²C	3 个			1 个
	SPI	3 个			1 个
	Tsip	—			2 个
	PCIE(2lanes)	1 个			1 个
	USB 3.0	1 个			—
	UART	2 个			1 个
	10/100/1000 Ethernet	4 个			2 个
	管理数据 I/O(MDIO)	1 个			1 个
	64 位定时器(可配置)	20 个 64 位或 40 个 32 位		14 个 64 位或 28 个 32 位	16 个 64 位或 32 个 32 位
	GPIO	32 个			16 个
片上存储器组织	L1P 存储控制器(C66x)	32KB 每核			32KB 每核
	L1D 存储控制器(C66x)	32KB 每核			32KB 每核
	L2 缓存(C66x)	1MB 每核			512KB 每核
	L3 ROM (C66x)	128KB			128KB
	L1P (ARM Cortex-A15)	32KB 每核			—
	L1D (ARM Cortex-A15)	32KB 每核			—
	L2 缓存 (ARM Cortex-A15)	4096KB			—
	L3 ROM (ARM Cortex-A15)	256KB			—
	MSMC	6MB			4MB
频率	C66x	最高可达 1.2GHz			最高可达 1.4GHz
	ARM Cortex-A15	最高可达 1.4GHz			

66AK 系列在处理器种类、个数及性能上都有提升。66AK 的工艺是 $0.028\mu m$，C6678 的工艺是 $0.040\mu m$。

两个处理器的加速器都是一样多的，每个处理器都有一个包加速器和一个安全加速器。

1.4 C66x 处理器内核

C66x 内核是 C6678 处理器的核心，用于完成高性能处理任务。

C66x 内核由以下组件组成：C66x DSP、一级程序存储器控制器(L1P)、一级数据存储器控制器(L1D)、二级存储器控制(L2)、内部 DMA(Internal Direct Memory Access，IDMA)、外部存储控制器(External Memory Controller，EMC)、扩展存储控制器(Extended Memory Controller，XMC)、带宽管理(BandWidth Management，BWM)、中断控制器和休眠控制器(Power-Down Controller，PDC)组成。

一级数据存储器控制器(L1D)、二级存储器控制(L2)、外部存储控制器(EMC)、扩展存储控制器(XMC)、带宽管理(BWM)在将第 4 章 C66x 存储器组织中介绍。内部 DMA(IDMA)在将第 6 章 DMA 传输中介绍。

C66x DSP 是最新一代定点和浮点 DSP。C66x DSP 通过提高 C674X 指令组结构提升性能。C66x DSP 内核如图 1.3 所示。

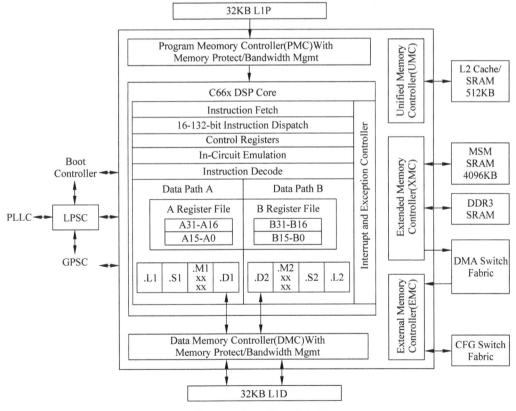

图 1.3 C66x 处理器内核

每个C6678内核具有两套处理单元和两套寄存器组,结构如图1.4所示。8个功能单元(.M1、.L1、.D1、.S1、.M2、.L2、.D2、.S2)都具备每个时钟周期执行一条指令的能力。.M功能单元执行所有乘法运算;.S和.L单元执行一组通用的算术、逻辑和分支函数;.D单元主要完成从存储器加载(Load)数据到寄存器堆(Register File),并从寄存器堆保存(Store)结果到存储器。通过多套处理单元并行及各个处理模块流水并行可以大大提高处理性能。

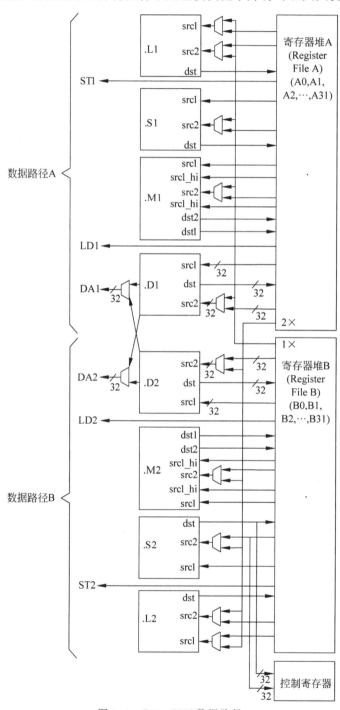

图1.4　C66x CPU 数据路径

如图 1.5 所示的 TI 最新 C66x 内核,具有同 C64x＋内核相同的基本 A & B 结构。值得注意的是:.M 单元的 16 位乘法器已增至每个功能单元 16 个,从而实现内核原始计算能力提升 4 倍。C66x DSP 实现的突破性创新使得由 4 个乘法器组成的各群集可协同工作,以实施单精度浮点乘法运算。C66x DSP 内核可同时运行多达 8 项浮点乘法运算,加之高达 1.4GHz 的时钟频率,使其具有很高的浮点处理性能。将多个 C66x DSP 内核进行完美整合,即可创建出具有出众性能的多核片上系统设备。

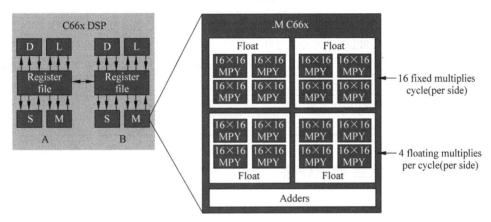

图 1.5　C66x 乘法单元

尽管与浮点处理相比,DSP 定点处理更快,但却不得不为特定算法在开发时间上付出代价。为使定点和浮点组件都能同时实现最佳性能,该款 C66x DSP 内核支持定点与浮点运算指令。

浮点指令包括:

(1) 单精度复数乘法。

(2) 矢量乘法。

(3) 单精度矢量加减法。

(4) 单精度浮点-整数之间的矢量变换。

(5) 支持双精度浮点算术运算(加、减、乘、除及与整数间的转换)。

最新定点指令可实现最佳的矢量信号处理,其中包括:

(1) 复数矢量和矩阵乘法,诸如针对矢量的 DCMPY 以及针对矩阵乘法的 CMATMPYR1。

(2) 实矢量乘法。

(3) 增强型点积计算。

(4) 矢量加减法。

(5) 矢量位移。

(6) 矢量比较。

(7) 矢量打包与拆包。

1.5　电源休眠控制器

电源休眠控制器(Power-Down Controller,PDC)可由软件驱动,对所有内核组件进行休眠管理。DSP 可以休眠全部或部分 C66x 内核。本节介绍 C66x 内核电源休眠管理及其特征。

1.5.1　C66x 内核电源休眠管理介绍

C66x 内核支持关掉 C66x 内核的部分功能模块或休眠整个内核。设计师可以结合这些特征设计系统,以降低系统电源需求。

表 1.2 列出了 C66x 内核可用的电源休眠特征以及如何/何时应用的概要描述。

表 1.2　C66x 内核电源休眠特征

电源休眠特征	如何/何时应用
L1P 存储器	当 SPLOOP 指令执行时
L2 存储器	保留直到访问(Retention Until Access,RTA),存储器提供基于页的动态唤醒
Cache 控制硬件	当 Cache 被禁用时
DSP	在发出 IDLE 指令时
整个 C66x 内核	通过 PDC 和 IDLE 使能

1.5.2　电源休眠管理特征

1. L1P 存储器

当内核从 SPLOOP 缓冲执行指令时,L1P 存储器动态地休眠。该特征是动态使能的,并对用户透明。在完成了 SPLOOP 指令后,当 DSP 重新从 L1P 存储器取数时,L1P 存储器被唤醒。换句话说,当 L1P 没有被访问时,L1P 休眠。

注意:当整个内核电源休眠时,L1P 也被休眠。

2. L2 存储器

C66x 内核不支持用户控制的 L2 动态电源休眠。对于 Keystone 器件,L2 是保留直到访问的存储器类型,只有被访问时才唤醒对应的一个块,访问结束后又把那个块重新置回低泄漏模式。L2 存储器以基于页的唤醒方式进行动态休眠,其自身自动处理休眠管理功能。

注意:当整个内核电源休眠时,L2 存储器也被休眠。

3. Cache 电源休眠模式

当 L1D、L1P 或 L2 Cache 没有使能时,它们保持休眠模式。

注意:当整个内核电源休眠时,三个 Cache 控制器被休眠。

4. DSP 电源休眠

DSP 可以通过执行一个 IDLE 指令进行休眠,也可以被中断唤醒。

5. C66x 内核电源休眠

C66x 内核电源休眠通常被称为静态休眠,这种模式通常需要较长的时间;而用在较短时间的场合,称为动态休眠。

C66x 内核电源休眠完全通过软件控制,通过对 C66x 内核电源休眠指令控制寄存器(PDCCMD)中的(MEGPD)位编程设置,用户可以实施控制。在 C66x 内核电源休眠中,需要按照以下顺序进行:

（1）设置电源休眠指令控制寄存器（PDCCMD）的 MEGPD 位为 1，使能电源休眠。

（2）使能用户想唤醒的 C66x 内核的 DSP 中断，禁止所有其他中断。

（3）执行 IDLE 指令。

内核电源休眠时，C66x 内核保持休眠状态，直到被步骤（2）使能的中断唤醒。

注意：当 C66x 内核休眠时，如果出现一个到 L1D、L1P 或 L2 存储器的 DMA 访问，PDC 唤醒所有存储控制器；当 DMA 访问完成后，PDC 会重新休眠所有存储控制器。

1.6　锁相环及其设置

锁相环（Phase Locked Loop，PLL）是处理器的时钟源，控制着 C6678 处理器中 C66x 内核、各外围设备的时钟。

1.6.1　主 PLL 和 PLL 控制器

主 PLL 由标准 PLL 控制器控制。PLL 控制器负责管理处理器系统时钟的时钟比、对准和选通功能。如图 1.6 所示为主 PLL 和 PLL 控制器的功能框图。

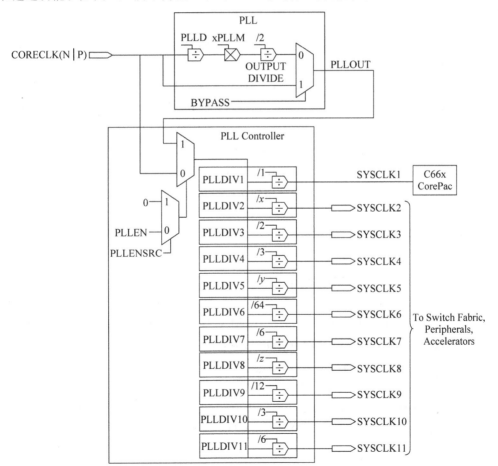

图 1.6　主 PLL 和 PLL 控制器

注意：主 PLL 控制寄存器可以被器件中的任何主设备访问。倍频器的 PLLM[5:0] 位被 PLL 控制器中的 PLLM 寄存器控制，PLLM[12:6] 位被器件级 MAINPLLCTL0 寄存器控制。输出除数和 PLL 旁路(Bypass)逻辑被 SECCTL 寄存器相应的域控制。在 C6678 器件里，只有 PLLDIV2、PLLDIV5 和 PLLDIV8 是可编程的。

主 PLL 用于驱动内核、交叉开关网络(Switch Fabric)和大多数外围设备的时钟(除了 DDR3 和网络协处理器(PASS))。主 PLL 的 PLL 控制器管理不同的时钟分频器、对准和同步。

主 PLL 的 PLL 控制器具有一些 SYSCLK 输出，每个 SYSCLK 具有一个相应的分频器对 PLL 输出的时钟分频。

注意：除了在下面描述中明确提到可编程的 SYSCLK 外，其他时钟分频器不是可编程的。

SYSCLK1：用于内核的全比例时钟。

SYSCLK2：$1/x$ 比例时钟，用于内核(仿真)。默认的比例是 $1/3$，这是可编程的，范围从 $/1$ 到 $/32$，该时钟最大不能超过 350MHz。SYSCLK2 可以被软件关掉。

SYSCLK3：$1/2$ 比例时钟，用于 MSMC 时钟、HyperLink、CPU/2 SCR、DDR EMIF 和 CPU/2 EDMA。

SYSCLK4：$1/3$ 比例时钟，用于交叉开关网络和高速外围设备。Debug_SS 和 ETBs 也会使用这个时钟。

SYSCLK5：$1/y$ 比例时钟，只用于系统追踪(System Trace)模块。默认比例是 $1/5$，可以被配置，最大配置时钟是 210MHz、最小配置时钟是 32MHz。SYSCLK5 可以被软件关掉。

SYSCLK6：$1/64$ 比例时钟(emif_ptv)，被用于驱动 DDR3 EMIF PVT 补偿缓冲。

SYSCLK7：$1/6$ 比例时钟，用于慢速外围设备和资源的系统输出引脚。

SYSCLK8：$1/z$ 比例时钟，该时钟被用作系统中的慢速系统时钟，默认的比例是 $1/64$，可以被编程设置为 $/24 \sim /80$。

SYSCLK9：$1/12$ 比例时钟，用于 SmartReflex。

SYSCLK10：$1/3$ 比例时钟，只用于 SRIO。

SYSCLK11：$1/6$ 比例时钟，只用于 PSC。

主 PLL 用两个芯片级寄存器——主 PLL 控制寄存器 0(MAINPLLCTL0)和主 PLL 控制寄存器 1(MAINPLLCTL1)来实现配置。MAINPLLCTL0 的组成结构如图 1.7 所示，寄存器说明见表 1.3；MAINPLLCTL1 的组成结构如图 1.8 所示，寄存器说明见表 1.4。

31　　　　24	23　　　　19	18　　　　12	11　　　　6	5　　　　0
BWADJ[7:0]	Reserved	PLLM[12:6]	Reserved	PLLD
RW-0000 0101	RW-0000 0	RW-000000	RW-000000	RW-000000

图 1.7　MAINPLLCTL0 的组成结构

RW：读和写；W：只写；R：只读；

-n：表示复位后的值(下同)。

表 1.3　MAINPLLCTL0 说明

位	域	描　　述
31～24	BWADJ[7:0]	BWADJ[11:8]和 BWADJ[7:0]分别位于 MAINPLLCTL0 和 MAINPLLCTL1 寄存器,寄存器组合(BWADJ[11:0])必须被配置一个值
23～19	Reserved	保留
18～12	PLLM[12:6]	一个 13 位总线,用于选择倍频因子(此为高位部分)
11～6	Reserved	保留
5～0	PLLD	一个 6 位总线,用于选择分频因子

31　　　　　　　　　　　　　　　　　　7	6	5　4　3	0
Reserved	ENSAT	Reserved	BWADJ[11:8]
RW-00000000000000000000000000	RW-0	RW-00	RW-0000

图 1.8　MAINPLLCTL1 的组成结构

表 1.4　MAINPLLCTL1 说明

位	域	描　　述
31～7	Reserved	保留
6	ENSAT	需要被设置为 1,用于正确操作 PLL
5～4	Reserved	保留
3～0	BWADJ[11:8]	BWADJ[11:8]和 BWADJ[7:0]分别位于 MAINPLLCTL0 和 MAINPLLCTL1 寄存器。寄存器组合(BWADJ[11:0])必须被设置等于 PLLM[12:0]值的一半,如果 PLLM 是一个奇数则向下取整,如 PLLM=15,那么 BWADJ=7

　　注意:当 PLL 控制器中 GO 操作被发起时,MAINPLLCTL0 寄存器 PLLM[12:6]位必须被先写,然后写控制器的 PLLM 寄存器 PLLM[5:0]位,以获得完整的 13 位寄存器值的锁存。详细信息参考 *Phase Locked Loop(PLL)Controller for KeyStone Devices User Guide*。PLL 二级控制寄存器(SECCTL)如图 1.9 所示,寄存器说明见表 1.5。

31　　　　　　　　　　　24	23	22　　　　19	18　　　　　　　　　　　0
Reserved	BYPASS	OUTPUT DIVIDE	Reserved
R-0000 0000	RW-0	RW-0001	RW-001 0000 0000 0000 0000

图 1.9　PLL 二级控制寄存器

表 1.5　PLL 二级控制寄存器说明

位	域	描　　述
31～24	Reserved	保留
23	BYPASS	主 PLL 旁路使能: 0=主 PLL 旁路禁止; 1=主 PLL 旁路使能
22～19	OUTPUT DIVIDE	输出分频比例: 0h=÷1,分频比例为 1; 1h=÷2,分频比例为 2; 2h-Fh= Reserved
18～0	Reserved	保留

其他相关寄存器详见相关手册。

1.6.2　DDR3 PLL

DDR3 PLL 为 DDR3 存储控制器产生的接口时钟。当上电复位后,在加载配置期间、使能和使用之前,DDR3 PLL 被程序设置为一个有效的频率。如图 1.10 所示为 DDR3 PLL 功能结构图。

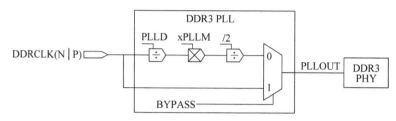

图 1.10　DDR3 PLL 功能结构图

1. DDR3 PLL 控制寄存器

DDR3 PLL 被用于驱动 DDR PHY EMIF,没有使用 PLL 控制器。通过使用 Bootcfg 模块中的 DDR3PLLCTL0 和 DDR3PLLCTL1 寄存器,可以控制 DDR3 PLL。这些存储器映射寄存器(Memory-Mapped Registers,MMRs)存在于 Bootcfg 空间内部。为了写这些寄存器,软件必须使用 KICK0/KICK1 寄存器完成一个解锁流程。如图 1.11 所示为 DDR3 PLL 控制寄存器 0(DDR3PLLCTL0)的组成结构图,表 1.6 为其说明。

31　　　　24	23　22	19　18	6　5	0
BWADJ[7:0]	BYPASS	Reserved	PLLM	PLLD
RW-0000 1001	RW-0	RW-0001	RW-0000000010011	RW-000000

图 1.11　DDR3PLLCTL0 的组成结构

表 1.6　DDR3PLLCTL0 说明

位	域	描　　述
31～24	BWADJ [7:0]	BWADJ[11:8]和 BWADJ[7:0]分别位于 DDR3PLLCTL0 和 DDR3PLLCTL1 寄存器。寄存器组合(BWADJ[11:0])必须被程序设定为等于 PLLM[12:0]值的一半(如果 PLLM 是一个奇数则向下取整),例如 PLLM=15,那么 BWADJ=7
23	BYPASS	使能旁路模式: 0=旁路禁止; 1=旁路使能
22～19	Reserved	保留
18～6	PLLM	一个 13 位总线,用于选择倍频因子
5～0	PLLD	一个 6 位总线,用于选择分频因子

如图 1.12 所示为 DDR3 PLL 控制寄存器 1(DDR3PLLCTL1)的组成结构图,表 1.7 为其说明。

31	14	13	12	7	6	5	4	3	0
Reserved		PLLRST	Reserved		ENSAT	Reserved		BWADJ[11:8]	
RW-000000000000000000		RW-0	RW-000000		RW-0	R-0		RW-00000	

图 1.12 DDR3PLLCTL1 的组成结构

表 1.7 DDR3PLLCTL1 说明

位	域	描　　述
31～14	Reserved	保留
13	PLLRST	PLL 复位位: 0 = PLL 复位被释放; 1 = PLL 复位被确认
12～7	Reserved	保留
6	ENSAT	需要被设置为 1,用于正确操作 PLL
5～4	Reserved	保留
3～0	BWADJ [11:8]	BWADJ[11:8]和 BWADJ[7:0]被分配在 DDR3PLLCTL0 和 DDR3PLLCTL1。寄存器组合(BWADJ[11:0])必须被程序设定为等于 PLLM[12:0]值的一半(如果 PLLM 是一个奇数则向下取整),如 PLLM=15,那么 BWADJ =7

2. DDR3 PLL 器件特定信息

如图 1.10 所示,DDR3 PLL(PLLOUT)的输出被二分频并直接接到 DDR3 存储控制器。

DDR3 PLL 在上电复位时失锁,当 RESETSTAT 引脚拉高时被锁定,在任何其他复位时都不会失锁。

主 PLL 和 PLL 控制器必须总是在 DDR3 PLL 之前被初始化,必须遵照如下顺序初始化 DDR3 PLL:

(1) 在寄存器 DDR3PLLCTL1 中,写 ENSAT = 1(用于最佳的 PLL 操作)。

(2) 在寄存器 DDR3PLLCTL0 中,写 BYPASS = 1(设置 PLL 旁路)。

(3) 在寄存器 DDR3PLLCTL1 中,写 PLLRST = 1(PLL 被复位)。

(4) 程序设置 DDR3PLLCTL0 寄存器中的 PLLM 和 PLLD。

(5) 程序设置 DDR3PLLCTL0 中的 BWADJ[7:0]和 DDR3PLLCTL1 寄存器中的 BWADJ[11:8]。BWADJ 值必须被设置为((PLLM + 1) >> 1) - 1。

(6) 基于参考时钟,至少等待 $5\mu s$(PLL 复位时间)。

(7) 在寄存器 DDR3PLLCTL1 中,写 PLLRST = 0(PLL 复位被释放)。

(8) 至少等待 500×REFCLK 周期×(PLLD + 1)(PLL 锁定时间)。

(9) 在寄存器 DDR3PLLCTL0 中,写 BYPASS = 0(切换到 PLL 模式)。

注意:对于 PLL 中的任何寄存器,软件必须总是按照"读-修改-写"的顺序执行。这是为了确保只有相关的寄存器位被修改,剩下的位(包括保留位)不会被影响。

1.6.3 PASS PLL

PASS PLL 产生网络协处理器的时钟接口。通过使用 PACLKSEL 引脚,用户可以选择 PASS PLL 输入源,从 CORECLK 输出时钟参考源或 PASSCLK 参考源中选择一个作为输入。在上电复位时,PASS PLL 为旁路模式(BYPASS Mode),在使能和使用前需要被重新设置到一个有效频率。PASS PLL 的示意图如图 1.13 所示。

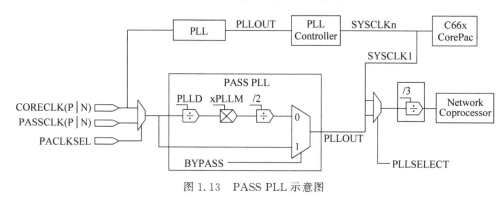

图 1.13　PASS PLL 示意图

1.7　C6678 处理器接口通信相关外围设备

C6678 具有丰富的外围设备,可以协助处理器内核完成很多功能,如高速通信接口(HyperLink、SRIO、PCIE 等)、低速接口(I²C、UART 等)、通用目的输入输出(General-Purpose Input/Output,GPIO)等。本节介绍 C6678 处理器中与接口通信相关的外围设备。

1.7.1　I²C 外围设备

TMS320C6678 器件包含一个 I²C(Inter Integrated Circuit)外围设备模块,并提供一个 DSP 与其他器件用 I²C 连接的接口。该接口遵从飞利浦半导体 I²C bus 规范(版本 2.1),外部部件可以通过 2 线串行总线与 DSP 连接,实现最多 8 位数据的收发。

注意:当使用 I²C 模块时,应确保在 SDA 和 SCL 引脚上有外部上拉电阻。

I²C 模块可以被 DSP 用来控制本地外围器件(DAC、ADC 等),与一个系统中其他控制器通信,或用来实现一个用户接口。通常,I²C 在系统中也用于健康管理。I²C 模块结构图如图 1.14 所示,接口简单、通用性好。

I²C 模块具有以下特点。

(1) 符合飞利浦半导体 I²C 总线规范(2.1 版)。

① 支持字节格式传输。

② 7 位和 10 位寻址模式。

③ 通用广播(General Call),当发出[0000000]的地址信息后,所有 I²C 上的从设备(Slave)都要对此做出反应,该机制适合用在主设备(Master)要对所有的从设备进行广播性讯息更新与沟通的场合,是一种总体、批次的运作方式。

④ START 字节模式。

⑤ 支持多个主发送(Master-Transmitter)和从接收模式(Slave-Receiver)。

⑥ 支持多个从发送(Slave-Transmitter)和主接收(Master-Receiver)模式。

⑦ 主发送/接收和接收/发送模式结合。

⑧ I²C 数据传输速率从 10kb/s 到 400kb/s。

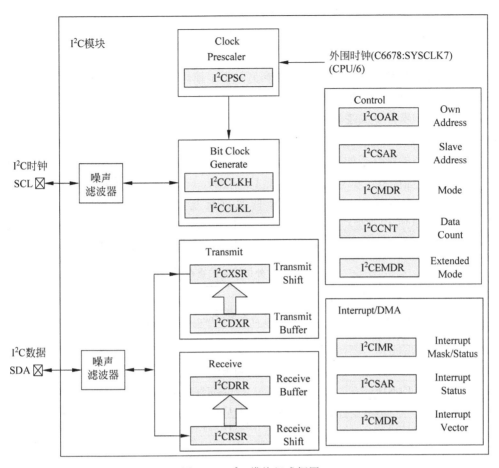

图 1.14 I^2C 模块组成框图

（2）2~7 位格式传输。

（3）自由数据格式（Free Data Format，FDF）模式，在 FDF 数据格式中，START 条件后最初的一些位是数据字（Data Word）。在每个数据字之后插入一个 ACK 位，根据 ICMDR（I^2C Mode Register）的位计数（Bit Count，BC）位，数据字可以是 1~8 位。不发送地址或数据方向位。因此，发送者和接收者都必须支持 FDF 数据格式，并且在整个传输过程中数据的方向必须是恒定的。

（4）一个读 DMA 事件和一个写 DMA 事件，事件可由 DMA 使用。

（5）7 个 CPU 可以使用的中断。

I^2C 模块由以下主要模块组成。

（1）串行接口：一个数据引脚（SDA）和一个时钟引脚（SCL）。

（2）数据寄存器：在 SDA 引脚与 CPU 或 EDMA 控制器之间传输的数据，数据寄存器用于临时保存接收和发送的数据。

（3）控制和状态寄存器。

（4）EDMA 总线接口，使 CPU 和 EDMA 控制器能够访问 I^2C 模块寄存器。

（5）时钟同步器，同步 I^2C 输入时钟（来自时钟发生器（Clock Generator））和 SCL 引脚上的时钟,并与不同时钟速度的主机同步数据传输。

（6）一个预分频器(Prescaler),用于划分驱动至 I^2C 模块的输入时钟。

（7）SDA 和 SCL 两个引脚上各有一个噪声滤波器。

（8）处理 I^2C 模块(当它是主模块时)和另一个主模块之间仲裁的仲裁器。

（9）中断生成逻辑,以便中断可以发送到 CPU。

（10）EDMA 事件生成逻辑,以便 EDMA 控制器中的行为可以与 I^2C 模块中的数据接收和数据传输同步。

I^2C 外围设备的寄存器如表 1.8 所示。CPU 或 EDMA 控制器将数据写入 ICDXR(I^2C Data Transmit Register),并从 ICDRR(I^2C Data Receive Register)读取接收到的数据。当 I^2C 模块被配置为发送时,写入 ICDXR 的数据被复制到 ICXSR(I^2C Transmit Shift Register),并在 SDA 引脚上一次移位一位。当 I^2C 模块被配置为接收器时,接收的数据被转移到 ICRSR(I^2C Receive Shift Register)中,然后被复制到 ICDRR 中。

表 1.8　I^2C 外围设备的寄存器

Hex 地址	寄 存 器	说　　明
0253 0000	ICOAR	I^2C 自己的地址寄存器(Own Address Register)
0253 0004	ICIMR	I^2C 中断屏蔽/状态寄存器(Interrupt Mask/Status Register)
0253 0008	ICSTR	I^2C 中断状态寄存器(Interrupt Status Register)
0253 000C	ICCLKL	I^2C 时钟低(low)分时器寄存器(Clock Low-Time Divider Register)
0253 0010	ICCLKH	I^2C 时钟高(high)分时器寄存器(Clock High-Time Divider Register)
0253 0014	ICCNT	I^2C 数据计数寄存器(Data Count Register)
0253 0018	ICDRR	I^2C 数据接收寄存器(Data Receive Register)
0253 001C	ICSAR	I^2C 从地址寄存器(Slave Address Register)
0253 0020	ICDXR	I^2C 数据发送寄存器(Data Transmit Register)
0253 0024	ICMDR	I^2C 模式寄存器(Mode Register)
0253 0028	ICIVR	I^2C 中断向量寄存器(Interrupt Vector Register)
0253 002C	ICEMDR	I^2C 扩展模式寄存器(Extended Mode Register)
0253 0030	ICPSC	I^2C 预分频器寄存器(Prescaler Register)
0253 0034	ICPID1	I^2C 外围识别寄存器 1(Peripheral Identification Register) [值: 0x0000 0105]
0253 0038	ICPID2	I^2C 外围识别寄存器 2[值: 0x0000 0005]
0253 003C- 0253 007F	Reserved	保留

I^2C 总线是支持多主模式的多主总线。这允许多个设备能够连接到 I^2C 总线,并能控制该总线。每个 I^2C 设备由一个唯一的地址识别,并且可以根据设备的功能作为发送器或接收器工作。除了作为发送器或接收器外,连接到 I^2C 总线的设备在执行数据传输时也可以被视为主设备或从设备。

请注意,主设备是在总线上启动数据传输并生成时钟信号以允许该传输的设备。在这个传输过程中,由该主机寻址的任何设备都被认为是从机。图 1.15 为多个 I^2C 模块连接的示例,用于从一个设备到其他设备的双向传输。

I^2C 的更详细信息见 *KeyStone Architecture Inter-IC Control Bus (I^2C) User Guide*。

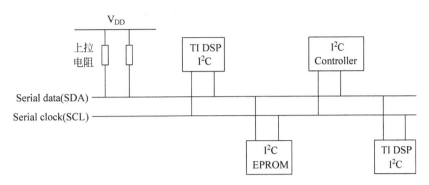

图 1.15 多个 I²C 模块连接图

1.7.2 SPI 外围设备

SPI 模块提供一个 DSP 和其他兼容 SPI 器件的接口,该接口的主要功能是连接 SPI ROM 用于引导(Boot),也可以连接其他芯片级组件(如温度传感或 I/O 扩展)。C6678 SPI 模块只支持主模式。

SPI 是一个高速同步串行输入/输出端口,允许的串行比特流可设置长度为 2~16 位, 以可设置的比特传输率移入和移出器件。SPI 通常用于器件和外部外设之间的通信。典型 的应用包括诸如移位寄存器、显示驱动器、SPI EPROM 和模数转换器等设备与外部 I/O 或 外围扩展的接口。C6678 SPI 支持 3-pin 和 4-pin 两种模式。对于 4-pin 芯片选择模式, C6678 最多支持两个芯片选择。

SPI 具有以下功能。

(1) 16 位移位寄存器。

(2) 16 位接收缓冲寄存器(SPIBUF)和 16 位 SPI 仿真寄存器(SPI Emulation Register,SPIEML)。

(3) 16 位传输数据寄存器(SPIDAT0)和 16 位传输数据和格式选择寄存器 (SPIDAT1)。

(4) 8 位波特时钟发生器。

(5) 串行时钟(SPICLK)I/O 引脚。

(6) 从输入、主输出(SPISIMO)I/O 引脚。

(7) 从输出、主输入(SPISOMI)I/O 引脚。

(8) 多个从芯片选择($\overline{\text{SPISCS}[n]}$)I/O 引脚(仅 4-pin 模式)。

(9) 可编程 SPI 时钟频率范围。

(10) 可编程字符长度(2~16 位)。

(11) 可编程时钟相位(延迟或无延迟)。

(12) 可编程时钟极性(高或低)。

(13) 中断能力。

(14) 支持 DMA(读/写同步事件)。

(15) 高达 66MHz 的工作频率。

SPI 允许软件对以下选项进行编程。

（1）SPICLK 频率（SPI 模块 Clock/2 至 SPI 模块 Clock/256）。

（2）3-pin 和 4-pin 选项。

（3）字符长度（2～16 位）和移位方向（MSB/LSB 优先）。

（4）时钟相位（延迟或无延迟）和极性（高或低）。

（5）主模式下传输之间的延迟。

（6）主模式下芯片选择建立和保持时间（Chip Select Setup and Hold Time）。

（7）主模式下芯片选择保持（Chip Select Hold）。

SPI 不支持以下功能。

（1）多缓冲区模式。

（2）并行模式或奇偶校验。

（3）SPIENA Pin。

（4）SPI 从机模式。

（5）GPIO 模式。

SPI 功能框图如图 1.16 所示。

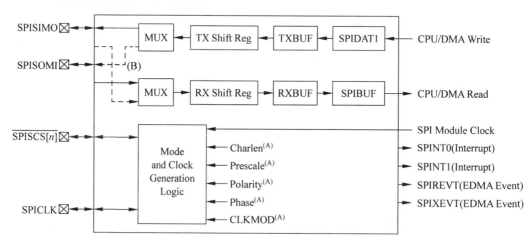

图 1.16　SPI 功能框图

注：(A) 指示由 SPI 寄存器位控制的记录。(B) 实线表示 SPI 主模式的数据流。

SPI 引脚的描述如表 1.9 所示。

表 1.9　SPI 引脚描述

引　　脚	输入输出类型	功　　能
SPISIMO	输出	主模式串行数据输出
SPISOMI	输入	主模式下的串行数据输入
SPICLK	输出	主模式下的串行时钟输出
SPISCS[n]	输出	主模式下从端芯片选择输出

SPI 工作在主模式。SPI 总线主设备是驱动 SPICLK、SPISIMO 和可选的 $\overline{SPISCS[n]}$ 信号的设备，因而启动 SPI 总线传输。SPI 全局控制寄存器 1（SPIGCR1）中的 CLKMOD 和 MASTER 位选择主模式。在主模式下，SPI 支持如下两个选项。

（1）3-pin 选项；

（2）4-pin 带芯片选择选项。

3-pin 选项是基本的时钟、数据输入和数据输出 SPI 接口，并使用 SPICLK、SPISIMO 和 SPISOMI 引脚。3-pin SPI 连接关系图见图 1.17。SPI 总线主模式是驱动 SPICLK 信号并启动 SPI 总线传输的设备。在 SPI 主模式下，SPISOMI 引脚输出缓冲区处于高阻抗状态，SPICLK 和 SPISIMO 引脚输出缓冲区已启用。

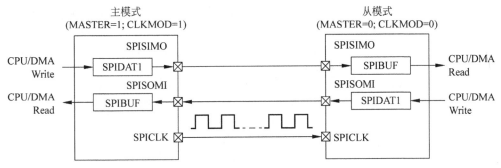

图 1.17　3-pin SPI 连接关系图

在带有 3-pin 选项的主模式下，DSP 将发送数据写入 SPI 发送数据寄存器（SPIDAT0 [15:0] 或 SPIDAT1[15:0]）。这将启动传输，一系列时钟脉冲将在 SPICLK 引脚上驱动出来。SPICLK 引脚上的每个时钟脉冲都会导致主 SPI 设备和从 SPI 设备同时传输一个位（在两个方向）。CPU 写入 SPIDAT1 中的配置位（不是写入 SPIDAT1[15:0]）不会导致新的传输。当选定的位数被发送时，接收的数据被传输到 SPI 接收缓冲寄存器（SPIBUF）以便 CPU 读取。数据以 SPIBUF 格式右对齐存储。

4-pin 带芯片选择选项，添加用于支持单个 SPI 总线上多个 SPI 从设备的 $\overline{\text{SPISCS}[n]}$ 引脚。4-pin SPI 连接关系图见图 1.18。$\overline{\text{SPISCS}[n]}$ 应通过配置 SPI 引脚控制寄存器 0（SPI Pin Control Register 0，SPIPC0）将引脚配置为功能引脚。在 SPI 主模式下，SPISOMI 引脚输出缓冲区处于高阻抗状态，SPICLK、SPISIMO 和 $\overline{\text{SPISCS}[n]}$ 引脚输出缓冲区已启用。

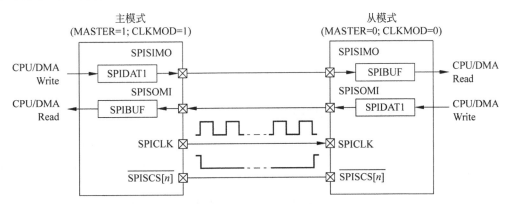

图 1.18　4-pin SPI 连接关系

在主模式下，$\overline{\text{SPISCS}[n]}$ 引脚用作输出，并在选择特定从设备时切换。然而，这在支持多个 $\overline{\text{SPISCS}[n]}$ 引脚的设备上最有用。SPI 只支持一个 $\overline{\text{SPISCS}[n]}$，因此该引脚在主模式下的用处有限。在实际应用中,需要通用的 I/O(GPIO)引脚来支持多个从设备芯片的选择。

SPI 寄存器的逻辑地址范围为 0x20BF0000～0x20BF01FF,SPI 寄存器的描述如表 1.10 所示。

表 1.10　SPI 寄存器的描述

偏移地址	寄存器	描　　述
0h	SPIGCR0	全局控制寄存器 0(Global Control Register 0):包含模块的软件复位位
4h	SPIGCR1	全局控制寄存器 1(Global Control Register 1):控制模块的基本配置
8h	SPIINT0	中断寄存器(Interrupt Register):Interrupts、Error、DMA 和其他功能的使能位
Ch	SPILVL	级别寄存器(Level Register):SPI 中断级别在此寄存器中设置
10h	SPIFLG	标志寄存器(Flag Register):描述操作期间多个事件的状态
14h	SPIPC0	引脚控制寄存器 0(Pin Control Register 0):确定引脚是否作为通用 I/O 或 SPI 功能引脚运行
38h	SPIDAT0	发送数据寄存器 0(Transmit Data Register 0)
3Ch	SPIDAT1	发送数据寄存器 1(Transmit Data Register 1):具有格式选择的发送数据寄存器
40h	SPIBUF	接收缓冲寄存器(Receive Buffer Register):保留接收的字
44h	SPIEMU	接收缓冲区仿真(Receive Buffer Emulation):SPIBUF 的镜像,读取不清除标志寄存器
48h	SPIDELAY	Delay Register:设置 $\overline{SPISCS[n]}$ 模式,$\overline{SPISCS[n]}$ 传输前/传输后延迟时间
4Ch	SPIDEF	芯片选择默认寄存器(Chip Select Default Register):仅在 $\overline{SPISCS[n]}$ 解码模式下设置 $\overline{SPISCS[n]}$ 信号高/低有效
50h	SPIFMT0	Format 0 Register:数据字 Format 0 的配置
54h	SPIFMT1	Format 1 Register:数据字 Format 1 的配置
58h	SPIFMT2	Format 2 Register:数据字 Format 2 的配置
5Ch	SPIFMT3	Format 3 Register:数据字 Format 3 的配置
60h	INTVEC0	中断向量寄存器 0(Interrupt Vector Register 0):INT0 的中断向量
64h	INTVEC1	中断向量寄存器 1(Interrupt Vector Register 1):INT1 的中断向量

SPI 的更详细信息见 *KeyStone Architecture Serial Peripheral Interface（SPI）User Guide*。

1.7.3　HyperLink 外围设备

C6678 包含 HyperLink 总线用于芯片接口,这是一个 4 线(Lane)SerDes 接口,最高通信速率为每线 12.5Gb/s,支持的数据率包括 1.25Gb/s、3.125Gb/s、6.25Gb/s、10Gb/s 和 12.5Gb/s。

注意:HyperLink 必须用直流耦合器连接,详见 *KeyStone Architecture HyperLink User Guide*。

HyperLink 提供了一个高速、低延迟和引脚数少的通信接口,扩展了两个 KeyStone 器件之间内部基于 CBA 3.x(Common Bus Architecture)的事务。它可以模拟当前使用的所有外围接口机制。HyperLink包括数据信号和边带(Sideband)控制信号。数据信号基于SerDes,边带控制信号基于LVCMOS。当前版本的HyperLink提供了两个设备之间的点对点连接。

HyperLink模块具有以下特点。

(1) 引脚数少(仅26引脚)。

① SerDes用于数据传输。

② LVCMOS边带信号专用于控制。

(2) 无三态信号。

① 所有信号都是专用的,仅由一个设备驱动。

② 所有LVCMOS边带信号均采用源同步时钟驱动。

(3) 每条线(Lane)最高12.5Gb/s速率,1线或4线用于发送和接收数据。

① 支持SerDes全速、半速、四分之一速和八分之一速。

② 自动SerDes极性检测和校正。

③ 自动SerDes线识别和校正。

(4) 基于数据包的简单传输协议,用于内存映射访问。

① 写入请求/数据包。

② 读取请求包。

③ 读取响应数据包。

④ 中断请求包。

⑤ 支持多个未完成的事务。

(5) 点对点连接。

① 请求包和响应包通过相同的物理引脚复用。

② 支持主机/外围设备和点对点通信模式。

(6) 专用LVCMOS引脚用于流量控制和电源管理。

① 支持每个方向、每个通道流量控制。

② 支持每条线、每个方向的电源管理。

(7) 自动调整线宽度以降低功耗。

(8) 用于诊断的内部SerDes环回(Loopback)模式。

(9) 不需要外部上拉或下拉电阻器。

(10) 64个中断输入用于硬件和软件中断。

(11) 八个中断指针地址(Interrupt-Pointer Addresses)。

(12) 不支持写响应(Write-Response)数据包。

(13) Tx和Rx SerDes必须以相同的速度运行。

(14) 该版本中未使用命令扩展控制字。

(15) 支持远程寄存器(Remote Register)的最大突发传输(Burst)大小为64字节。大于64字节的突发传输可能导致违反CBA架构。

(16) 不支持独占(Exclusive)传输操作。

(17) 对于大于256字节对齐的突发传输,不支持CBA constant模式。

HyperLink的内部模块如图1.19所示。

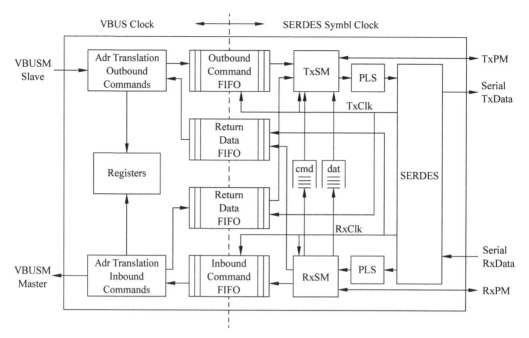

图 1.19　HyperLink 的内部模块

　　HyperLink 模块实现两个 256 位 VBUSM 接口。发送和控制寄存器访问需要从接口（Slave Interface），接收需要主接口（Master Interface）。发送和接收状态机块在 256 位 CBA 总线与外部串行接口之间实现数据转换。

　　在入口（Ingress）和出口（Egress）侧有地址事务块（Address Transaction Block）。出口地址结合了 HyperLink 从端口接收到的 CBA 事务的各种特性，如安全特性、privID 信息和内存映射地址到出口地址。在入口端，HyperLink 获取地址字段并将其重新映射到 CBA 事务中。入口和出口的地址转换是独立完成的，因此，由不同的寄存器集控制，以提高灵活性和可扩展性。

　　因为 HyperLink 逻辑和 SerDes 可能运行在不同的时钟，所以会添加多个 FIFO 来缓冲整个数据突发和多个命令。入口和出口都有自己的 FIFO，入口和出口的读取-返回数据也是如此。

　　SM（Station Management，站管理）块处理电源管理和流量控制边带信号，如关掉和打开一条线（lane）的供电、流量控制、启用/禁用 Tx/Rx 收发器等。SM 还用于初始化和错误恢复。

　　出口侧的 PLS（Physical Layer Signaling，物理层信令）模块使用 GFP 32/33 编码对 MAC（Media Access Control）传输数据进行编码，添加 9 位纠错码（ECC），然后在将数据发送到 SerDes 之前对其进行扰乱。在入口端，PLS 将串行比特流对齐到 36 位符号边界，识别同步码、解扰数据、与 ECC 边界对齐、执行 ECC 校正，使用 GFP 33/32 解码数据，并将所得数据呈现给 MAC 接收器。

　　当一个命令到达远程目的地的从接口时，一个 64 位或 128 位的命令被写入 FIFO，后面跟着任何适用数据。数据以 8 字节、16 字节、24 字节或 32 字节八位字节对齐数量的形式写入。也就是说,最小的写操作是 8 字节。FIFO 每个总线时钟最多可以接受 32 字节的数据。

HyperLink 接口的引脚描述如表 1.11 所示,LVCMOS 引脚用于控制,SerDes 引脚用于数据传输。

表 1.11　HyperLink 引脚描述

引 脚 名 称	引脚数	类型	功　　　能
LVCMOS Pins			
TXPM_CLK_O	2	Out	发送电源管理(Transmit Power Management)时钟输出、二线制总线
TXPM_DAT_O	2	Out	发送电源管理(Transmit Power Management)输出、二线制总线
TXFL_CLK_I	2	Input	传输流管理(Flow Management)时钟输入、二线制总线
TXFL_DAT_I	2	Input	传输流管理(Flow Management)输入、二线制总线
RXPM_CLK_I	2	Input	接收电源管理(Receive Power Management)输入接收时钟、二线制总线
RXPM_DAT_I	2	Input	接收电源管理(Receive Power Management)输入、二线制总线
RXFL_CLK_O	2	Out	接收流管理(Receive Flow Management)时钟输出、二线制总线
RXFL_DAT_O	2	Out	接收流管理(Receive Flow Management)输出、二线制总线
SerDes Pins			
SERDES_RXP0	1	Input	差分 Rx 引脚通道 0(正)
SERDES_RXN0	1	Input	差分 Rx 引脚通道 0(负)
SERDES_RXP1	1	Input	差分 Rx 引脚通道 1(正)
SERDES_RXN1	1	Input	差分 Rx 引脚通道 1(负)
SERDES_RXP2	1	Input	差分 Rx 引脚通道 2(正)
SERDES_RXN2	1	Input	差分 Rx 引脚通道 2(负)
SERDES_RXP3	1	Input	差分 Rx 引脚通道 3(正)
SERDES_RXN3	1	Input	差分 Rx 引脚通道 4(负)
SERDES_REFCLKP	1	Input	SerDes 差分参考时钟(正)
SERDES_REFCLKN	1	Input	SerDes 差分参考时钟(负)

图 1.20 为通过 HyperLink 接口连接两个设备的示例。目前,HyperLink 只提供两个设备之间的点到点连接。

HyperLink 配置(Config)逻辑地址范围 0x21400000 ～ 0x214000FF,共 256 字节,HyperLink 数据逻辑地址范围 0x40000000～0x4FFFFFFF,共 256M 字节。HyperLink 更多详细信息见 *KeyStone Architecture HyperLink User Guide*。

1.7.4　UART 外围设备

UART 模块提供在 DSP 和 UART 终端接口或其他基于 UART 的外围设备的接口。UART 基于工业标准 TL16C550 异步通信单元,是 TL16C450 的功能升级。与 TL16C450 上电配置相似,UART 可被设置成可选的 FIFO(TL16C550)模式。这缓解了 DSP 的软件

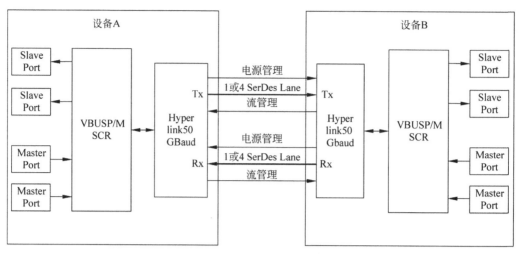

图 1.20　HyperLink 连接关系图

开销,缓冲了较慢的接收数据和传输数据过程。接收器和发送器 FIFO 存储最多 16 字节,接收器 FIFO 包括 3 个附加的位,每位用于错误状态标识。在从一个外围设备数据接收时,UART 执行串行到并行转换;在从 DSP 接收并转发时,执行并行到串行转换。DSP 可以在任何时候读 UART 状态。UART 包括控制功能和一个处理器中断系统,可以根据连接通信要求裁剪。

UART 将从外围设备接收的数据进行串行到并行转换,将 CPU 外发的数据进行并行到串行转换。CPU 可以随时读取 UART 状态。CPU 包括控制能力和处理器中断系统,可以进行裁剪以最小化通信链路的软件管理。

UART 的引脚描述如表 1.12 所示。对于 C6678,只有一个 UART,n 为 1。

表 1.12　UART 的引脚描述

引 脚 名 称	类　　型	功　　能
UARTn_TXD[1]	Out	串行数据发送
UARTn_RXD	Input	串行数据接收
UARTn_CTS[2]	Input	Clear-to-Send 握手信号
UARTn_RTS[2]	Out	Request-to-Send 握手信号

① n 表示适用的 UART;即 UART0、UART1 等。
② 并非所有 UART 都支持此信号。请参阅特定器件的数据手册以检查是否支持它。

UART 的连接关系如图 1.21 所示。在发送端 FIFO 可以传输数据之前,$\overline{\text{UART}n\_\text{CTS}}$ 输入必须有效;当接收端需要更多数据并通知发送设备时,$\overline{\text{UART}n\_\text{RTS}}$ 变为有效状态;当 $\overline{\text{UART}n\_\text{RTS}}$ 连接到 $\overline{\text{UART}n\_\text{CTS}}$ 时,除非接收器 FIFO 有空间存储数据,否则不会发生数据传输。因此,当如图 1.21 所示连接两个 UART 并启用自动流量调节(Autoflow)时,可以消除溢出错误(Overrun Error)。自动流量调节(Autoflow)通过控制 MCR(Modem Control Register)相应位实现使能或禁用。

1. UART 发送数据

UART 发送部分包括发送保持寄存器(Transmitter Hold Register,THR)和发送移位

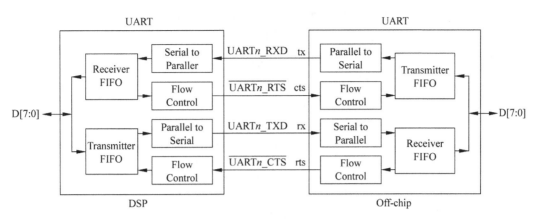

图 1.21 UART 连接关系图

寄存器(Transmitter Shift Register,TSR)。当 UART 处于 FIFO 模式时,THR 是 16 字节 FIFO。发送部分控制是 UART 线控制寄存器(Line Control Register,LCR)的一个功能。根据在 LCR 中选择的设置,UART 发送端向接收设备发送以下信息。

(1) 1 位起始位(START 位)。

(2) 5、6、7 或 8 位数据位。

(3) 1 位校验位(PARITY 位)(可选)。

(4) 1、1.5 或 2 位停止位(STOP 位)。

THR 从内部数据总线接收数据,当 TSR 就绪时,UART 将数据从 THR 移动到 TSR。UART 序列化 TSR 中的数据,并在 UARTn_TXD 引脚上传输数据。在非 FIFO 模式下,如果 THR 为空,并且在中断使能寄存器(IER)中启用 THR 空(Empty)中断,则生成中断。当一个字符被加载到 THR 时,这个中断被清除。在 FIFO 模式下,当发送端 FIFO 为空时生成中断,当至少一个字节加载到 FIFO 中时清除中断。

2. UART 接收数据

UART 接收部分包括接收移位寄存器(Receiver Shift Register,RSR)和接收缓冲寄存器(Receiver Buffer Register,RBR)。当 UART 处于 FIFO 模式时,RBR 是 16 字节 FIFO。定时由 16X 接收时钟提供。接收段控制是 UART 线控制寄存器的一个功能。根据在线控制寄存器中选择的设置,UART 接收端从发送设备接收以下内容。

(1) 1 位起始位(START 位)。

(2) 5、6、7 或 8 位数据位。

(3) 1 位校验位(PARITY 位)(可选)。

(4) 1 位停止位(STOP 位)。

RSR 从 UARTn_RXD 引脚接收数据位。然后 RSR 连接数据位并将结果值移动到 RBR(或接收 FIFO)。UART 还在每个接收字符的旁边存储三位错误状态信息,以记录奇偶校验错误(Parity Error)、帧错误(Framing Error)或 Break。

在非 FIFO 模式下,当一个字符置于 RBR 中,并且在中断启用寄存器中使能接收数据就绪中断时,生成中断。从 RBR 读取字符时,此中断被清除。在 FIFO 模式下,当 FIFO 被填充到 FIFO 控制寄存器(FIFO Control Register,FCR)中选择的触发级别(1、4、8 或 14 字节)时产生中断,当FIFO内容下降到触发级别以下时清除中断。

UART寄存器描述如表1.13所示,C6678地址范围为0x02540000～0x0254003F。

表1.13　UART寄存器

偏移地址	寄存器	说明
0h	RBR	接收缓冲寄存器(Receiver Buffer Register)(只读)
0h	THR	发送保持寄存器(Transmitter Hold Register)(只写)
4h	IER	中断使能寄存器(Interrupt Enable Register)
8h	IIR	中断识别寄存器(Interrupt Identification Register)(只读)
8h	FCR	FIFO控制寄存器(FIFO Control Register)(只写)
Ch	LCR	线控制寄存器(Line Control Register)
10h	MCR	Modem控制寄存器(Modem Control Register)
14h	LSR	线状态寄存器(Line Status Register)
18h	MSR	Modem状态寄存器(Modem Status Register)
1Ch	SCR	暂存寄存器(Scratch Pad Register)
20h	DLL	时钟分频LSB锁存器(Divisor LSB Latch)
24h	DLH	时钟分频MSB锁存器(Divisor MSB Latch)
28h	REVID1	版本标识寄存器1(Revision Identification Register 1)
2Ch	REVID2	版本标识寄存器2(Revision Identification Register 2)
30h	PWREMU_MGMT	电源和仿真管理寄存器(Power and Emulation Management Register)
34h	MDR	模式定义寄存器(Mode Definition Register)

UART的更详细信息见 *KeyStone Architecture Universal Asynchronous Receiver/Transmitter (UART) User Guide*。

1.7.5　PCIe外围设备

双通道PCIe(PCI Express)模块提供一个在DSP和其他PCIe兼容的器件之间的接口。PCIe模块占用的引脚数量少,提供高可靠、高速数据传输,在串行连接上最高可以到5.0Gb/s每线。

PCIe模块是一种多通道I/O互连,为背板和印刷线路板上的串行链路。它是继ISA和PCI总线之后的第三代I/O互连技术,设计用于多个市场领域的通用串行I/O互连。

PCIe模块支持以下功能。

(1) 双操作模式:根联合体(Root Complex,RC)和端点(End Point,EP)。

(2) 支持单一的双向链路接口(即单一入口端口和单个出口端口),最大为两条线的宽度(×2)。

(3) 每方向每线以2.5Gb/s或5.0Gb/s的原始数据波特率运行。

(4) 最大出站(Outbound)有效负载大小为128字节。

(5) 最大入站(Inbound)有效负载大小为256字节。

(6) 最大远程读取请求大小为256字节。

(7) 超低传输和接收延迟。

(8) 支持动态宽度转换。

（9）自动线（Lane）反转。

（10）接收极性反转。

（11）单虚拟通道（Virtual Channel，VC）。

（12）单一流量等级（Traffic Class，TC）。

（13）端点（EP）模式下的单一功能。

（14）自动信用管理（Credit Management）。

（15）ECRC 生成和检查。

（16）PCI 设备电源管理，带 Vaux 的 D3 冷电源除外。

（17）PCIe 活动状态电源管理（Active State Power Management，ASPM）状态 L0 和 L1。

（18）PCIe 链路电源管理状态，L2 状态除外。

（19）PCIe 高级错误报告。

（20）用于发送和接收的 PCIe 消息。

（21）过滤已发布（Posted）、未发布（Non-Posted）和完成的流量。

（22）可配置 BAR（Base Address Register）过滤、I/O 过滤、配置过滤和完成查找/超时。

（23）通过 BAR0 和配置访问来配置空间寄存器和外部应用程序内存映射寄存器。

（24）传统中断接收（RC）和生成（EP）。

（25）MSI（Message Signaled Interrupt）生成和接收。

（26）RC 模式下的 PHYloopback。

PCIe 不持×2 链接作为 2 个×1 链接，不支持多个 VC 和 TC。

PCIe 接口框图如图 1.22 所示。

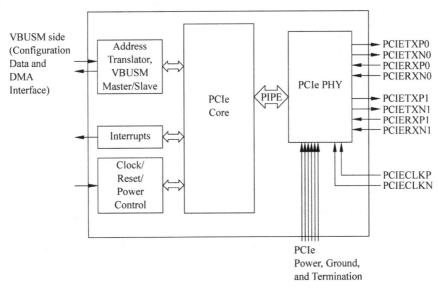

图 1.22　PCIe 接口框图

PCIe 内核包含 PHY 的事务层、数据链路层和 MAC 部分。PCIe 内核是一个双模内核，允许它作为 RC 或 EP 运行。作为端点，它可以作为传统端点或本机 PCIe 端点运行。

有两个引导引脚 PCIESSMODE[1:0]用于在通电时确定默认模式(00:EP;01:传统 EP;10:RC)。软件可以通过写入 DEVSTAT 寄存器中的 PCIESSMODE 位来覆盖此项(有关详细信息,请参阅具体器件的数据手册)。PCIESSEN 是另一个引导值,用于确定引导后 PCIe 的电源域是否应打开。

PCIe PHY(SerDes)包含 PHY 的模拟部分,PHY 是用于发送和接收数据的传输线信道。包含锁相环、模拟收发器、基于相位内插的时钟/数据恢复、并行-串行转换器、串行-并行转换器、扰频器、配置和测试逻辑。

PCIe 的引脚描述如表 1.14 所示。PCIESS 功能引脚未与其他信号进行引脚复用。只有模块配置位(PCIESSMODE[1:0]和 PCIESSEN)在上电时由 GPIO 和 Timer 定时器引脚锁定。C6678 PCIESSMODE[1:0]与 GPIO[14:15]复用,PCIESSEN 与 TIMI0 复用。

表 1.14　PCIe 引脚描述

引 脚 名 称	类　　型	描　　　　述
PCIECLKN	Input	驱动 PCIe SerDes 的 PCIe 时钟输入
PCIECLKP	Input	
PCIERXN0	Input	PCIe 接收数据线 0
PCIERXP0	Input	
PCIERXN1	Input	PCIe 接收数据线 1
PCIERXP1	Input	
PCIETXN0	Output	PCIe 发送数据线 0
PCIETXP0	Output	
PCIETXN1	Output	PCIe 发送数据线 1
PCIETXP1	Output	

PCIe 配置逻辑地址范围为 0x21800000～0x21807FFFF,PCIe 数据逻辑地址范围为 0x060000000～0x6FFFFFFF。PCIe 更详细的信息见 *KeyStone Architecture Peripheral Component Interconnect Express(PCIe)User Guide*。

PCI Express 结构看起来像一个树结构,节点通过点对点链接相互连接。根节点称为根联合体(RC),叶节点称为端点(EP),将多个设备相互连接的节点称为交换机(SWitch,SW)。RC 可以有多个下游端口,但每个 RC 端口仍需要多个 PCI Express 协议栈实例。在 PCI Express 子系统(PCI Express Subsystem,PCIESS)中具有一个 RC 端口并不意味着可以在不添加 PCI Express 交换机的情况下将多个 EP 连接到 PCIESS。此外,一个具有多条线的单端口的 RC 端口不能用作线分开的两个端口。PCIe 拓扑连接示例如图 1.23 所示。

1.7.6　TSIP 外围设备

TSIP(Telecom Serial Interface Port,电信串行接口端口)提供与常规电信串行数据流的一个连接接口。

TSIP 是一个多链路串行接口,其最大值包括:

(1) 8 个发送数据信号(或链路)。

(2) 8 个接收数据信号(或链路)。

(3) 2 个帧同步输入信号。

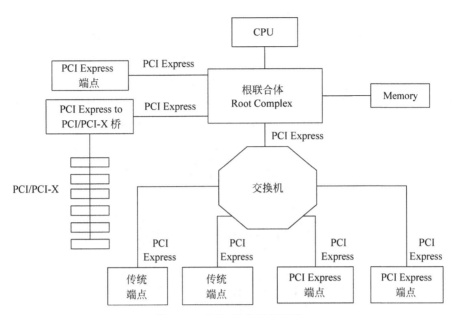

图 1.23 PCIe 拓扑连接示例

（4）2 个串行时钟输入。

在内部，TSIP 提供多个时隙数据管理（Timeslot Data Management，TDM）通道和多通道 DMA 功能，允许有选择地处理单个时隙。

该模块可以被配置为使用帧同步信号和串行时钟作为所有发送和接收数据信号的冗余源，或者使用一个帧同步和串行时钟进行发送，使用第二个帧同步和时钟进行接收。每个 TSIP 收发数据信号的标准串行数据速率为 8.192Mb/s。标准帧同步是一个或多个位宽脉冲，每 125μs 出现一次，或至少每 1024 个串行时钟出现一个串行时钟周期。

标准速率和默认配置下，有 8 个发射和 8 个接收链路处于活动状态。每个串行接口链路最多支持 128 个 8 位时隙（8-bit Timeslot），这与 H-MVIP 或 H.110 串行数据速率接口对应。串行接口时钟频率可以是 16.384MHz（默认）或 8.192MHz。串行接口时钟频率可以是 32.768MHz 或 16.384MHz（对于 16.384Mb/s 串行链路），65.536MHz 或 32.768MHz（对于 32.768Mb/s 串行链路）。对于整个 TSIP 的串行接口链路，最大占用是在所有配置中的 1024 个发送和接收时隙。

TSIP 是一个串行接口外围设备，它直接连接到 TEMUX（T1-E1MuxDevice）设备，具有时隙数据管理和集成 DMA 功能。该外围设备提供了一个无缝接口到通用电信串行数据流（Common Telecom Serial Data Stream），并有效地将内部数据路由到多个 DSP 器件中指定的存储器。TSIP 提供以下功能。

（1）直接连接 H-MVIP 设备，如 TEMUX、ST BUS 设备、TSI 设备和 H.110 兼容设备。

（2）多通道发送和接收，最多可接收 1024 个通道。

（3）μ-Law 和 A-Law 压缩扩展（Companding）。

（4）用于接收和发送的公共和独立的帧同步和时钟。

（5）帧同步和数据时钟极性可编程。

  TSIP 接口功能框图如图 1.24 所示。串行接口单元(Serial Interface Unit,SIU)分别为发送和接收提供并行到串行和串行到并行的转换。时隙数据管理单元(Timeslot Data Management Unit,TDMU)根据信道时隙定义,有选择地打包和解包时隙数据以供接收和传输。共有 6 个发射和 6 个接收 TDMU 信道,每个信道能够在各自的方向上选择和传输所有可能的 1024 个时隙。DMA 传输控制单元(DMA Transfer Control Unit,DMATCU)启动 TDMU 使用的通道缓冲区和 DSP 使用的内存缓冲区之间的数据传输。

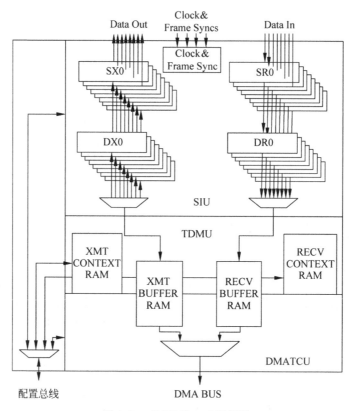

图 1.24 TSIP 接口功能框图

  TSIP 的引脚描述如表 1.15 所示。

表 1.15 TSIP 的引脚描述

引脚名称	类　　型	描　　　述
CLK_A	Input	TSIP 串行数据时钟 A
CLK_B	Input	TSIP 串行数据时钟 B
FS_A	Input	TSIP 帧同步(Frame Sync)A
FS_B	Input	TSIP 帧同步(Frame Sync)B
TR[7:0]	Input	输入 TSIP 串行数据接收。最多可同时接收 8 个串行数据流。串行数据时钟和帧同步对所有 8 个节点都是通用的
TX[7:0]	Output	串行数据发送。最多可同时传输 8 个串行数据流。串行数据时钟和帧同步对于所有 8 个节点都是通用的

TSIP 的一种典型连接关系如图 1.25 所示,TSIP 用于系统配置。其中 TSIP 连接到具有 8Mb/s 数据速率和 16MHz 时钟频率的 TEMUX 设备,相同的时钟和帧同步用于发送和接收。

TSIP0 的逻辑地址范围为 0x01E00000 ～ 0x01E3FFFF,TSIP1 的逻辑地址范围为 0x01E80000～0x01EBFFFF。TSIP 更详细的信息见 *KeyStone Architecture Telecom Serial Interface Port(TSIP)User Guide*。

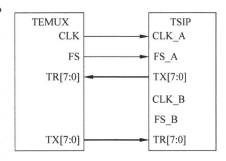

图 1.25 TSIP 连接到 TEMUX

1.7.7 EMIF16 外围设备

外部存储器接口 EMIF16(External Memory Interface,EMIF)模块提供一个在 DSP 与外部存储器如 NAND 和 NOR FLASH 之间的接口。

EMIF16 模块旨在为各种异步存储器设备(如 ASRAM、NOR 和 NAND 存储器)提供无缝接口。可在任何给定时间通过四个芯片选择访问这些存储器中的一个,共 256M 字节的,每个芯片选择 64M 字节访问。NOR Flash 可以用于引导。这些存储器也可用于数据记录。

不支持同步存储器,如 DDR1 SDRAM、SDR SDRAM 和 Mobile SDR。

EMIF16 模块支持以下功能。

(1) 多达 256MB 异步地址范围,4 个片选。

(2) 8 位和 16 位数据宽度。

(3) 每个片选周期时间(Cycle Timing)可编程。

(4) 支持扩展等待(Extended Wait)(如果可用型号支持)。

(5) 选择选通(Select Strobe)模式支持(如果可用型号支持)。

(6) 支持 NOR FLASH 的 Page/Burst 模式读取。

(7) 8 位和 16 位 NAND FLASH 的 1 位 ECC(不支持纠错)。

(8) 8 位和 16 位 NAND FLASH 的 4 位 ECC(不支持纠错)。

(9) 大端和小端操作。

EMIF16 模块不支持以下功能。

(1) SDR DRAM、DDR1 SDRAM 和 Mobile SDR 等同步设备。

(2) 32 位操作模式。

(3) OneNAND 和 PCMCIA 接口。

(4) 要求片选在 t_R 时间内保持低位以进行读取的 NAND FLASH。

注意:每个片选 64MB 的限制仅适用于使用 EMIF16 地址总线寻址的异步存储器(通常为 ASRAM 和 NOR FLASH)。NAND FLASH 使用数据总线作为复用数据/地址总线,不使用 EMIF16 地址引脚进行寻址(只有 CLE 和 ALE 信号使用地址总线)。因此,单片选支持大于 64MB 的 NAND FLASH 不支持。

EMIF16 的基本框图如图 1.26 所示,EMIF16 的信号描述如表 1.16 所示。

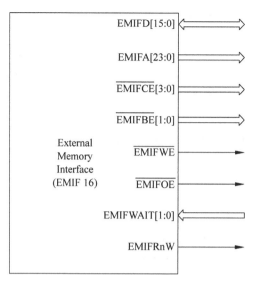

图 1.26　EMIF16 的基本框图

表 1.16　EMIF16 的信号描述

引　　脚	说　　明
EMIFD[15:0]	数据 I/O。用于数据读取的输入和用于数据写入的输出
EMIFA[23:0]	外部地址输出
$\overline{\text{EMIFCE0}}$	外部 CE0 芯片选择。CE 空间 0 的低有效芯片选择
$\overline{\text{EMIFCE1}}$	外部 CE1 芯片选择。CE 空间 1 的低有效芯片选择
$\overline{\text{EMIFCE2}}$	外部 CE2 芯片选择。CE 空间 2 的低有效芯片选择
$\overline{\text{EMIFCE3}}$	外部 CE3 芯片选择。CE 空间 3 的低有效芯片选择
$\overline{\text{EMIFBE}}[1:0]$	Byte 使能
EMIFWAIT [1:0]	用于将等待状态插入存储器周期
$\overline{\text{EMIFWE}}$	写使能：在写入传输选通期间处于低有效状态
$\overline{\text{EMIFOE}}$	在整个读取访问期间,输出使能低有效
EMIFRnW	读写使能

16 位和 8 位 SRAM/NOR FLASH 连接到芯片选择 0($\overline{\text{CE0}}$)的 EMIF16 连接图分别如图 1.27 和图 1.28 所示。

EMIFA[23:22]作为地址选择。对于 16 位接口,EMIFA23 连接到 ASRAM/NOR FLASH 的地址引脚 A0。对于 8 位接口,EMIFA[23:22]连接到 ASRAM/NOR FLASH 的地址引脚 A[1:0]。

EMIF16 接口更多信息参见 *KeyStone Architecture External Memory Interface (EMIF16) User Guide*。

1.7.8　网络协处理器和以太网驱动程序

1. 网络协处理器

网络协处理器(Network Coprocessor,NETCP)是一种硬件加速器,它主要处理以太网

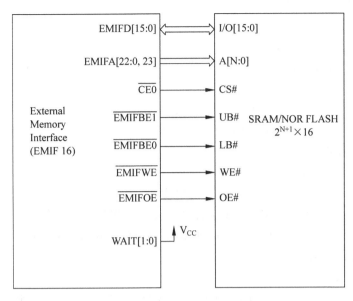

图 1.27 连接到 16 位 ASRAM

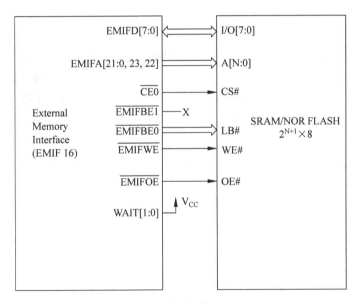

图 1.28 连接到 8 位 ASRAM

数据包。NETCP有两个千兆以太网模块,用于从符合 IEEE 802.3 标准的网络发送和接收数据包。NETCP 还包括包加速器(Packet Accelerator,PA),用于执行包分类操作(如包头匹配)和包修改操作(如校验和生成)。NETCP 还提供了一个安全加速器(Security Accelerator,SA)来加密和解密数据包。NETCP 可以从以太网模块接收数据包,也可以通过来自 DSP 的 packet DMA 或其他支持的外围设备(如 SRIO)将数据包传送到 NETCP。

NETCP 具有以下特性。

(1)用于连接到队列管理器子系统(Queue Manager Subsystem)的 Packet DMA 控制器。

① 9 个 Packet DMA 发送通道。

② 24 个 Packet DMA 接收通道。

③ 32 个接收流(Flow)。

(2) 包头处理操作的包加速器。

① Layer 2 处理引擎(MAC 处理)。

② Layer 3 处理引擎(IPv4、IPv6 和自定义 Layer 3)。

③ Layer 4 处理引擎(UDP、TCP 和自定义 Layer 4)。

④ 修改/多重路由处理引擎。

(3) 加密和解密操作的安全加速器。

① IPSec(Internet Protocol Security)协议栈。

② SRTP(Secure Real-time Transport Protocol)协议栈。

③ 3GPP(3rd Generation Partnership Project)协议栈,Wireless Air Cipher Standard。

④ 真随机数发生器。

⑤ 公共 Key 加速器。

(4) 千兆以太网交换机子系统,用于连接符合 802.3 标准的以太网网络。

① 一个 SGMII(Serial Gigabit Media Independent Interface)模块。

② 三端口千兆以太网交换机。

③ 符合 IEEE 1588 的时间同步。

图 1.29 为网络协处理器的功能框图。网络协处理器有四个主要模块,它们通过包流交换机(Packet Streaming Switch)连接。主要的模块有 Packet DMA(PKTDMA)控制器、包加速器、安全加速器、千兆以太网交换机子系统组成。Packet DMA(PKTDMA)控制器在 *KeyStone Architecture Multicore Navigator User's Guide* 中描述。

1) 包加速器

包加速器支持 L2 到 L4 分类功能。包加速器支持的种类有:在以太网上支持 Ethernet、VLAN(Virtual Local Area Network)和 MPLS(Multiprotocol Label Switching);在 IP 上支持 IPv4/6 和 GRE(General Routing Encapsulation);支持其他在 IP 之上的协议,如 TCP 和 UDP 端口。包加速器保持 8K 多输入、多输出硬件队列,并与一些 QoS 能力一样,提供校验能力。包加速器使能一个 IP 地址供多核器件使用,最高可以支持处理 1.5Mp/s。

2) 安全加速器

安全加速器基于 IPSec、SRTP 和 3GPP 空中接口安全协议(Airinterface Security Protocols),安全加速器提供线速(Wire-Speed)处理达 1Gb/s。它作用在包级别上,相关的上下文为 IPSec、SRTP 和 3GPP 空中接口安全协议之一。安全加速器和网络协处理器结合,接收在缓冲描述符中包含一个安全上下文的包描述符,数据加密/解密在相关的缓冲描述符中。

3) 千兆以太网开关子系统

千兆以太网(GbE)开关子系统为 C6678DSP 提供一个有效的网络接口。GbE 开关子系统支持 10BaseT(10Mb/s)、100BaseTX(100Mb/s)和 1000BascT(1000Mb/s),同时具有硬件流控制和服务质量(QoS)支持功能。

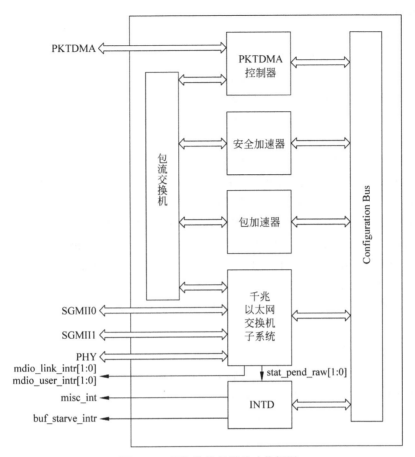

图 1.29 网络协处理器的功能框图

千兆以太网(GbE)开关子系统的功能框图如图 1.30 所示,其由如下四个主要模块组成。

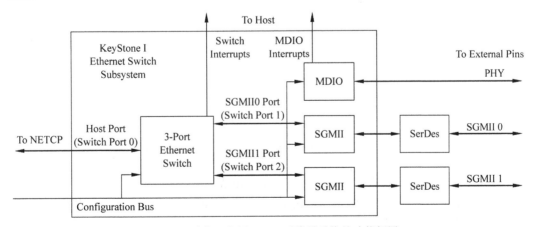

图 1.30 千兆以太网(GbE)开关子系统的功能框图

(1) 千兆以太网交换机(3-Port Ethernet Switch)。

(2) 管理数据输入/输出(Management Data Input/Output,MDIO)模块。

（3）两个 SGMII 模块（SGMII 0 和 SGMII 1）。

对于 Keystone Ⅱ 架构还有额外的两个 SGMII 模块（SGMII 2 和 SGMII 3）。

Port 0 是主机端口，它允许在 GbE 交换机和 NETCP 之间进行双向通信。

Port 1 是 SGMII 0 端口，它允许 GbE 交换机和 SGMII 0 模块之间的双向通信。

Port 2 是 SGMII 1 端口，它允许 GbE 交换机和 SGMII 1 模块之间的双向通信。

管理数据输入/输出（Management Data Input/Output，MDIO）模块实现 802.3 串行管理接口，该模块使用一个共享的两线总线，来应答和控制最多 32 个以太网 PHY（Physical Layer）连接到器件。应用软件可以使用 MDIO 模块来配置每个连接到 GbW 开关子系统 PHY 的参数（PHY 参数通过自动协商完成）、接收协商的结果、配置需要的参数。模块的设计允许几乎透明的传输操作，而这只需要耗费内核很小的维护成本。

MDIO 模块通过连续轮询 32 个 MDIO 地址来枚举系统中的所有 PHY 设备。一旦检测到 PHY 设备，MDIO 模块将读取 PHY 状态寄存器以监视 PHY 链路状态。MDIO 模块存储可中断 CPU 的链路更改事件。事件存储允许 DSP 轮询 PHY 设备的链路状态，而无须连续执行 MDIO 模块访问。当系统必须访问 MDIO 模块进行配置和协商时，MDIO 模块独立于 DSP 执行 MDIO 读写操作。此独立操作允许 DSP 轮询完成或在操作完成后中断 CPU。

2. 以太网驱动架构

图 1.31 为以太网驱动程序的体系结构，图中描述了 Network Developer's Kit（NDK）2.0 支持包（NDK Support Package，NSP）的设计。

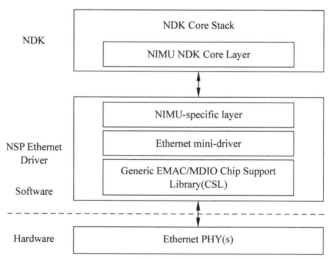

图 1.31　以太网驱动程序的体系结构 NDK 2.0 体系架构

此 NSP 以太网驱动程序体系结构由以下组件组成。

（1）网络接口管理单元（Network Interface Management Unit，NIMU）特定层，充当 NDK 堆栈和以太网驱动程序之间的接口。

（2）以太网迷你驱动程序（Ethernet Mini-Driver），它使用 CSL 管理 EMAC（Ethernet Media Access Controller）配置，还使用 NDK 操作系统抽象层（Operating Systems Abstraction Layer，OSAL）管理缓冲描述符中的数据包缓冲区的 DSP 中断和内存分配。

（3）通用 EMAC/MDIO 芯片支持库（Generic EMAC/MDIO Chip Support Library），它包含控制和配置 EMAC/MDIO 外围设备所需的通用 API 和数据结构，还管理缓冲区描述符和中断服务例程。

以前版本的 NDK 中的 NIMU 特定层非常通用，可以轻松地移植到不同的平台。但是，微型驱动程序不容易移植，每次必须移植到新平台时都必须从头重写。这导致不同平台的以太网设备驱动程序风格不同，从而增加了开发、维护和调试的工作量。

NDK 的路径为 C:\ti\ndk_x_xx_xx_xx 目录，在 C:\ti\mcsdk_x_xx_xx_xx\examples\ndk 目录中有 client 和 helloWorld 示例程序可以参考。更详细说明参见 TI Network Developer's Kit（NDK）v2.21 User's Guide（spru523h）和 TI Network Developer's Kit（NDK）v2.21 API Reference Guide（spru524h）。以上两个文档见 C:\ti\ndk_x_xx_xx_xx\docs 目录，spru523h 文档 2.4 节中描述了 helloWorld 示例程序，spru523h 文档 2.2 节描述了 Client 示例程序的调试过程。

网络相关调试应用程序在 C:\ti\ndk_x_xx_xx_xx\packages\ti\ndk\winapps 目录，有 echoc.exe、helloWorld.exe、recv.exe、send.exe、testudp.exe 等。本文所说的 C:\ti 路径为默认安装路径，如果安装时选择其他路径，则用安装路径替换即可。

1）网络接口管理单元特定层

网络接口管理单元特定层（NIMU-Specific Layer）充当以太网驱动程序和 NDK 核心堆栈之间的接口。它为 EMAC 设备的 NIMU 规范定义的 API 提供了一个实现。这些 API 允许 NDK 核心栈控制并在运行时配置 EMAC 设备并发送数据包；它们还允许驱动程序将接收到的任何数据包返回堆栈。

NIMU-Specific Layer 相当通用，在不同的平台之间不会改变。此层的功能和作用与 V2.0 之前的版本相同。

2）以太网迷你驱动层

以太网迷你驱动层（Ethernet Mini-Driver，Layer）该层负责根据系统需要设置 EMAC 和 MIDO 的配置参数。它使用底层芯片支持库（CSL）层导出的 API 和数据结构。还负责使用 NDK OS AL 中中断管理器包装器（Interrupt Manager Wrapper）公开的数据结构和 API，将 EMAC 中断设置到 DSP 中。

该层充当以太网驱动程序中的唯一内存管理器。也就是说，它处理所有的内存分配、初始化和包缓冲区的空闲，以便在传输（Tx）和接收（Rx）路径中使用缓冲区描述符（Buffer Descriptor，BD）。对于内存管理，它再次使用由 NDK OS AL 定义的数据结构和 API。

在大多数情况下，迷你驱动层调用 CSL API 进行设置、发送和中断服务操作。然而，CSL 层也可以调用迷你驱动层。CSL 层可以调用迷你驱动层注册的 callback 函数（在 EMAC_open 中设置）以更新统计和报告错误。在接收到一个数据包时，它可以把要传递给堆栈的数据包交给 BD，或者在内存中分配缓冲区。

该层是 OS 不可知的，因为它使用所有内存和中断管理操作。然而，由于 EMAC 外围设备需要知道 EMAC 在这个平台/设备上的能力，并且必须为每个平台和应用需求定制，所以这一层是依赖于设备的。因此，这个层需要从一个平台移植到另一个平台并定制。

3）通用 EMAC/MDIO 芯片支持库

通用 EMAC/MDIO 芯片支持库（Generic EMAC/MDIO Chip Support Library）层通过

执行以下操作启用通用驱动程序体系结构。

（1）MAC API。定义了配置和使用 EMAC 进行发送和接收操作所需的数据结构和接口（API）。

（2）MDIO 和 SGMII API。公开了用于通过 MDIO 和 SGMII（如果 PHY 能够实现千兆速度）模块管理与 PHY 相关（物理层）配置的 API。

（3）BD 逻辑。实现了 CPPI（Communications Port Programming Interface）缓冲区描述符管理（设置、排队和出列操作）的基本逻辑。

（4）ISR 逻辑。包含中断服务例程的中心逻辑。然而，它使用迷你驱动层注册的 callback 函数来报告数据包接收、统计、错误以及获取或释放填充 BD 的缓冲区。

该层在很大程度上是通用的，并且在不同的平台之间变化不大，除非 EMAC 的功能发生了很大的变化。例如，用于连接到 PHY 交换机的 EMAC 外围设备的 CSL 将非常不同于连接到单个 PHY 端口的 EMAC。该层很容易移植到具有类似功能的不同设备上。

1.7.9　串行 RapidIO（SRIO）端口

串行 RapidIO（SRIO）端口在 C6678 器件上是一个高性能、接口数量少的内部连接方式。在一个基带板内部使用 RapidIO 进行连接设计，可以创建一个对等的互连环境，在部件间提供更多的连接和控制。RapidIO 基于处理器总线中存储器和器件寻址概念，事务处理完全由硬件管理。采用 RapidIO 互连不仅可以降低系统成本，还可以降低潜在风险，减小包数据处理的间接消耗并提供更高的系统带宽。SRIO 的驱动库在 ti\pdk_C6678_x_x_x_x\ packages\ti\drv\srio 目录下，相关文档在 docs 目录下，例程在 example 目录下。更详细的关于 SRIO 的资料见 *KeyStone Architecture Serial Rapid IO（SRIO）User Guide*。SRIO 将在第 3 章进行详细描述。

1.7.10　通用目的输入/输出（GPIO）

在 C6678 器件上，GPIO 外围端口 GP[15:0] 也用于锁存器的配置引脚。

通用输入/输出（GPIO）外设提供专用的通用引脚，可配置为输入或输出。当配置为输出时，可以写入内部寄存器以控制输出引脚上驱动的状态。当配置为输入时，可以通过读取内部寄存器的状态来检测输入的状态。

此外，GPIO 外设可以在不同的中断/事件生成模式下产生 CPU 中断和 EDMA 同步事件。

图 1.32 为 GPIO 外围电路框图。有关 DSP 框图中 GPIO 外围设备的说明，请参阅具体元器件的数据手册。

一些 GPIO 引脚与其他设备引脚复用。GPINT[0:15]都可用作 EDMA 的同步事件和 CPU 的中断源。

（1）一些 GP*n* 引脚与其他设备信号复用。有关详细信息，请参阅具体器件的数据手册。

（2）所有的 GPINT*n* 都可以用作 EDMA 的 CPU 中断和同步事件。

（3）RIS_TRIG 和 FAL_TRIG 寄存器是 GPIO 模块内部的，CPU 看不到。

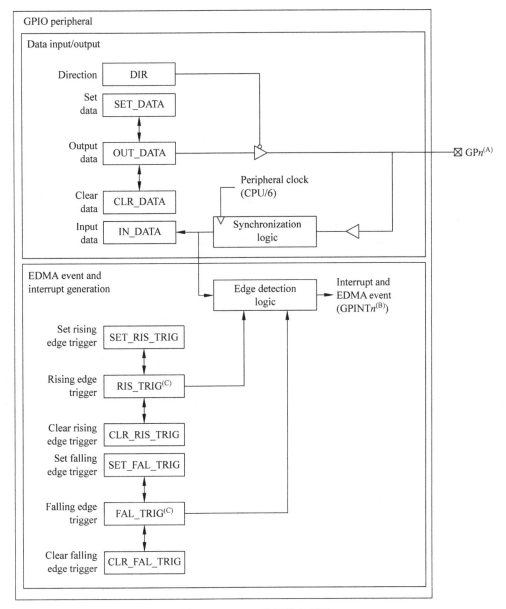

图 1.32　GPIO 外围设备框图

1. GPIO 功能

用户可以使用 GPIO 方向寄存器将每个 GPIO 引脚（GPn）独立配置为输入或输出。GPIO 方向寄存器（GPIO Direction Register，DIR）指定每个 GPIO 信号的方向。逻辑 0 表示 GPIO 引脚配置为输出，逻辑 1 表示输入。

当配置为输出时，将 1 写入设置数据寄存器（Set Data Register）中的一个位，将相应的GPn 驱动到逻辑高状态。在清除数据寄存器（Clear Data Register）中写入一个 1 到一个位将相应的 GPn 驱动到逻辑低状态。每个 GPn 的输出状态也可以通过写入输出数据寄存器（Output Data Register）来直接控制。例如，要将 GP8 设置为逻辑高状态，软件可以执行以下操作之一。

(1) 将 0x100 写入 SET_DATA 数据寄存器。

(2) 读取 OUT_DATA 数据寄存器,将第 8 位更改为 1,并将新值写入 OUT_DATA 数据。

要将 GP8 设置为逻辑低状态,软件可以执行以下操作之一。

(1) 将 0x100 写入 CLR_DATA 数据寄存器。

(2) 读取 OUT_DATA 数据寄存器,将第 8 位更改为 0,并将新值写入 OUT_DATA 数据。

请注意,将 0 写入设置数据和清除数据寄存器中的位不会影响 GPIO 引脚状态。此外,对于配置为输入的 GPIO 引脚,写入设置数据、清除数据或输出数据寄存器不会影响引脚状态。

对于配置为输入的 GPIO 引脚,读取输入数据寄存器(IN_DATA)将返回引脚状态。

读取 SET_DATA 寄存器或 CLR_DATA 寄存器将返回 OUT_DATA 的值,而不是实际的引脚状态。通过读取输入数据寄存器可获得引脚状态。

2. 中断和事件生成

每个 GPIO 引脚(GPn)都可以配置为生成 CPU 中断(GPINTn)和 EDMA 的同步事件(GPINTn)。中断和 EDMA 事件可以在 GPIO 信号的上升沿、下降沿或两个边沿都生成。边缘检测逻辑与 GPIO 外围时钟同步。

使用该引脚生成中断和 EDMA 事件时,GPIO 引脚的方向不必为输入。当 GPIO 引脚配置为输入时,引脚上的状态转换触发中断和 EDMA 事件。当 GPIO 引脚配置为输出时,软件可以切换 GPIO 输出寄存器以更改引脚状态,进而触发中断和 EDMA 事件。

两个内部寄存器 RIS_TRIG 和 FAL_TRIG 指定 GPn 信号的哪个边生成中断和 EDMA 事件。这两个寄存器中的每一位对应一个 GPn 引脚。表 1.17 描述了基于 RIS_TRIG 和 FAL_TRIG 寄存器位设置的 GPn 引脚的 CPU 中断和 EDMA 事件生成。

表 1.17   GPIO 中断和 EDMA 事件配置选项

RIS_TRIG 位 n	FAL_TRIG 位 n	说　　明
0	0	GPINTn 中断和 EDMA 事件被禁用
0	1	GPn 信号下降沿触发 GPINTn 中断和 EDMA 事件
1	0	GPn 信号上升沿触发 GPINTn 中断和 EDMA 事件
1	1	GPn 号上升沿和下降沿都触发 GPINTn 中断和 EDMA 事件

对于 CPU、RIS_TRIG 和 FAL_TRIG 不可直接访问。这些寄存器通过四个寄存器间接访问: SET_RIS_TRIG、CLR_RIS_TRIG、SET_FAL_TRIG 和 CLR_FAL_TRIG。将 1 写入 SET_RIS_TRIG 寄存器上的一个位将设置 RIS_TRIG 寄存器上的相应位。将 1 写入一个 CLR_RIS_TRIG 寄存器位将清除 RIS_TRIG 寄存器上的相应位。写 SET_FAL_TRIG 和 CLR_FAL_TRIG 对 FAL_TRIG 寄存器的作用以同样的方式工作。

读取 SET_RIS_TRIG 或 CLR_RIS_TRIG 寄存器将返回 RIS_TRIG 寄存器的值。从 SET_FAL_TRIG 和 CLR_FAL_TRIG 寄存器读取返回 FAL_TRIG 寄存器的值。

要使用 GPIO 引脚作为 CPU 中断和 EDMA 事件的源,必须将块中断使能寄存器(BINTEN)中的位 0 设置为 1。

3. GPIO 寄存器配置

GPIO 寄存器地址范围为 0x02320000～0x023200FF。GPIO 寄存器偏移地址及其说明如表 1.18 所示。

表 1.18 GPIO 寄存器偏移地址及其说明

Hex 偏移地址	寄存器	说　明
0008	BINTEN	每个 Bank 的中断使能寄存器(Interrupt Per-Bank Enable Register)
0010	DIR	方向寄存器(Direction Register)
0014	OUT_DATA	输出数据寄存器(Output Data Register)
0018	SET_DATA	设置数据寄存器(Set Data Register)
001C	CLR_DATA	清除数据寄存器(Clear Data Register)
0020	IN_DATA	输入数据寄存器(Input Data Register)
0024	SET_RIS_TRIG	设置上升沿中断寄存器(Set Rising Edge Interrupt Register)
0028	CLR_RIS_TRIG	清除上升沿中断寄存器(Clear Rising Edge Interrupt Register)
002C	SET_FAL_TRIG	设置下降沿中断寄存器(Set Falling Edge Interrupt Register)
0030	CLR_FAL_TRIG	清除下降沿中断寄存器(Clear Falling Edge Interrupt Register)

常用的几个寄存器描述如下。

1) Bank 中断使能寄存器

要使用 GPIO 引脚作为 CPU 中断和 EDMA 事件的源,必须设置 Bank 中断使能寄存器(Interrupt Per-Bank Enable Register,BINTEN)中的位 0。BINTEN 寄存器和描述见图 1.33 和表 1.19。

Legend: R=Read only; R/W=Read/Write; −n=value after reset;

图 1.33 BINTEN 寄存器

表 1.19 BINTEN 寄存器描述

位	字　段	描　述
31～1	Reserved	保留。保留位位置始终读取为 0。写入此字段的值无效
0	EN	使能所有 GPIO 引脚作为对 DSP CPU 的中断源。 0：禁用 GPIO 中断； 1：使能 GPIO 中断

2) 方向寄存器

GPIO 方向寄存器(Direction Register,DIR)确定给定的 GPIO 引脚是输入还是输出。默认情况下,所有 GPIO 引脚都配置为输入引脚。

当 GPIO 引脚配置为输出引脚时,GPIO 输出缓冲区驱动 GPIO 引脚。如果需要将 GPIO 输出缓冲区置于高阻抗状态,则必须将 GPIO 引脚配置为输入引脚。复位时,GPIO 引脚默认为输入模式。GPIO 方向寄存器(DIR)寄存器及其描述见图 1.34 和表 1.20。

31	16	15	14	13	12	11	10	9	8	7	6	5	4	3	2	1	0
Reserved		DIR15	DIR14	DIR13	DIR12	DIR11	DIR10	DIR9	DIR8	DIR7	DIR6	DIR5	DIR4	DIR3	DIR2	DIR1	DIR0
R-0		RW-1	RW-1	RW-1	RW-1	RW-1	RW-1	RW-1	RW-1	RW-1	RW-1	RW-1	RW-1	RW-1	RW-1	RW-1	RW-1

Legend: R=Read only; R/W=Read/Write; $-n$=value after reset

图 1.34　DIR 寄存器

表 1.20　DIR 寄存器描述

位	字　段	描　　述
31～16	Reserved	保留。保留位位置始终读取为 0。写入此字段的值无效
15～0	DIRn	控制 GPn 引脚的方向。 0：GPn 引脚配置为输出引脚； 1：GPn 引脚配置为输入引脚

3）输出数据寄存器

GPIO 输出数据寄存器（Output Data Register，OUT_DATA）指示要在给定的 GPIO 输出引脚上驱动的值。GPIO 输出数据寄存器（OUT_DATA）及其描述见图 1.35 和表 1.21。

31	16	15	14	13	12	11	10	9	8	7	6	5	4	3	2	1	0
Reserved		OUT15	OUT14	OUT13	OUT12	OUT11	OUT10	OUT9	OUT8	OUT7	OUT6	OUT5	OUT4	OUT3	OUT2	OUT1	OUT0
R-0		RW-0	RW-0	RW-0	RW-0	RW-0	RW-0	RW-0	RW-0	RW-0	RW-0	RW-0	RW-0	RW-0	RW-0	RW-0	RW-0

Legend: R=Read only; R/W=Read/Write; $-n$=value after reset

图 1.35　OUT_DATA 寄存器

表 1.21　OUT_DATA 寄存器描述

位	字　段	描　　述
31～16	Reserved	保留。保留位位置始终读取为 0。写入此字段的值无效
15～0	OUTn	控制相应 GPn 引脚的驱动器状态。当引脚被配置为输入时，这些位不影响引脚的状态。读取这些位返回这个寄存器的值，而不是引脚的状态

4）输入数据寄存器

GPIO 输入数据寄存器（Input Data Register，IN_DATA）反映 GPIO 引脚的状态。读取时，输入数据寄存器返回 GPIO 引脚的状态，而不考虑方向上相应位和输出数据寄存器的状态。GPIO 输入数据寄存器（IN_DATA）及其描述见图 1.36 和表 1.22。

31	16	15	14	13	12	11	10	9	8	7	6	5	4	3	2	1	0
Reserved		INT15	INT14	INT13	INT12	INT11	INT10	INT9	INT8	INT7	INT6	INT5	INT4	INT3	INT2	INT1	INT0
R-0		R-0	R-0	R-0	R-0	R-0	R-0	R-0	R-0	R-0	R-0	R-0	R-0	R-0	R-0	R-0	R-0

Legend: R=Read only; $-n$=value after reset

图 1.36　IN_DATA 寄存器

表 1.22　IN_DATA 寄存器描述

位	字　段	描　　述
31～16	Reserved	保留。保留位位置始终读取为 0。写入此字段的值无效
15～0	INn	返回相应 GPn 引脚的状态

GPIO 更详细的信息见 *KeyStone Architecture General Purpose Input/Output*（GPIO）*User Guide*。

1.8　定时器

定时器可以被用于定时事件、计数事件、产生脉冲、中断 CPU 和发送同步事件到 EDMA3 通道控制器。定时器是 C6678 处理器的一个重要外围设备。

C6678 处理器定时器的特定信息如下。

C6678 器件共有 16 个 64 位定时器，每个定时器可以被设置为一个 64 位定时器或两个单独的 32 位定时器。其中，Timer0 到 Timer7 用于 8 个核中每个核的看门狗定时器，也可用作通用定时器。其他 8 个定时器只能配置为通用定时器。

当工作在 64 位模式，定时器以 VBUS 时钟或输入的（TINPLx）脉冲（上升沿）为时钟计数，并可以通过软件设定的周期产生一个输出脉冲/波形（TOUTLx）和一个内部事件（TINTLx）。

当工作在 32 位模式时，定时器被分成两个独立的 32 位定时器。每个定时器由两个 32 位计数器组成：一个高位计数器和一个低位计数器。输入脉冲 TINPLx（上升沿）和产生的输出脉冲 TOUTLx 都连接到低位计数器，输入脉冲 TINPHx 和产生的输出脉冲 TOUTHx 被连接到高位计数器。

当工作在看门狗模式，定时器计数如果减少到 0，就会产生一个事件，用于报告看门狗定时器超时信息。在正常工作状态下，为了使看门狗定时器不产生定时器超时事件，在计数到 0 前，软件写值到定时器，然后计数器又开始计数。在程序正常工作情况下，计数值永远不会为 0。如果程序工作异常，程序不执行写新值到定时器，出现计数值为 0 的状态，产生定时器事件输出报告错误状态。通过设定复位类型状态寄存器（Reset Type Status Register，RSTYPE），可以设置看门狗定时器触发的复位；通过设定复位配置寄存器（Reset Configuration Register，RSTCFG），复位触发类型可被设置。

1.9　信号量

C6678 处理器包含一个增强的信号量模块，用于管理 C66x 多核 DSP 共享资源。信号量用于对芯片级共享资源的原子化访问，因而"读→修改→写"的顺序不会被打破。信号量模块对每个核有特殊中断，用于确定何时内核访问了这个资源。

信号量支持 8 个主设备，在一个系统中共有 32 个信号量可被使用。

有以下两个方法用于访问信号量资源。

（1）直接访问：一个内核直接访问一个信号量资源。如果空闲，信号量会被确认。如果没有空闲，信号量没有被确认。

（2）间接访问：一个内核通过写信号量来间接访问一个信号量资源。如果空闲，用一个中断通知 CPU 信号量是有空的。

在必须共享系统资源的多核环境中，控制对可用资源的同时访问非常重要。为了保证系统的正确运行，非常有必要一次只允许一个内核对于共享资源进行访问。也就是说，必须为多核共享的资源提供互斥。

Semaphore2 模块提供了一种机制,应用程序可以使用该机制实现跨多个内核的共享资源互斥。Semaphore2 模块支持以下功能。

(1) 为共享资源提供互斥。

(2) 最多 64 个独立信号量。

(3) 信号量请求方法。

① 直接请求(Direct Request)。

② 间接请求(Indirect Request)。

③ 合并请求(Combined Request)。

(4) 与大小端无关。

(5) 原子信号量(Atomic Semaphore)访问。

(6) 已用信号量的锁定机制。

(7) 已用信号量的排队请求。

(8) 排队请求的信号量访问授权中断(Semaphores Access Grant Interrupt for Queued Request)。

(9) 允许应用程序检查任何信号量的状态。

(10) 错误检测和中断。

图 1.37 描述了信号量模块的框图。Keystone Semaphore2 模块最多支持 64 个信号量,所有内核都可以访问这些信号量。该模块生成两组中断:Semaphore 授予(grant)中断(SEMINTn)和 Error 中断(SEMERRn)。图 1.37 中,N 表示可用的核数,M 表示器件上可用的信号量(最大为 64,C6678 为 32)。

每个信号量都是通过读取或写入三个寄存器中的一个来控制的:SEM_DIRECT、SEM_INDIRECT 或 SEM_QUERY。这三个寄存器形成一个组,每个信号量被附加到一个组上,如图 1.37 所示。信号量模块可以使用以下三种方法之一服务请求:SEM_DIRECT、SEM_INDIRECT 或 SEM_QUERY。这三种方法为应用程序提供了灵活性,以实现基于轮询的系统或基于中断的 Callback 机制来获取或锁定信号量。

模块上的任何信号量都没有映射到器件上的任何资源或模块。应用程序可以选择映射任何可用的信号量来保护任何资源。信号量模块不支持将信号量存储到资源映射信息。映射信息必须由软件应用程序维护。

1. 直接请求

直接请求(Direct Semaphore Request)是请求信号量的最简单方法。请求的行为类似于原子读取和设置操作。请求的结果是将信号量授予请求的内核,或因为该信号量已被授予另一个内核而拒绝请求。

直接请求是通过读取与请求的信号量对应的 SEM_DIRECT 寄存器发出的。如图 1.37 所示,最多有 64 个直接寄存器,每个寄存器对应一个信号量。

如果信号量是空闲的,则读取返回 0x1;如果请求被拒绝,则读取返回当前拥有该信号量内核的 Core ID。

2. 间接请求

间接请求(Indirect Semaphore Request)方法用一个请求获取一个信号量。如果使用直

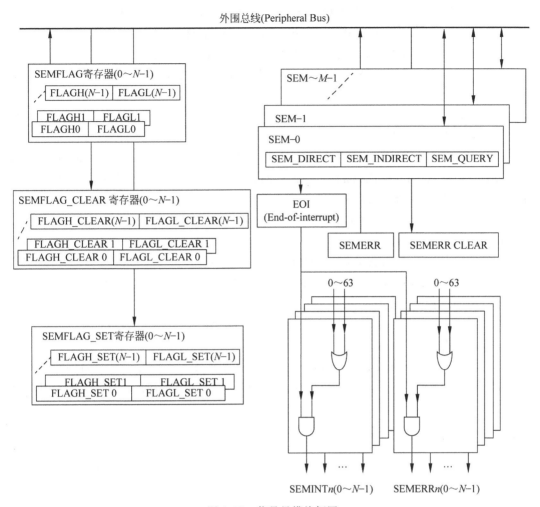

图 1.37　信号量模块框图

接请求方法无法释放信号量,则应用程序必须继续尝试,直到获得信号量为止。使用间接方法,对信号量的请求被提交到队列中。信号量模块在 FIFO 的基础上按顺序处理请求队列。该信号量被授予请求位于队列顶部的内核,并在释放前标记为"忙",此时将处理下一个请求(如果有的话)。

　　通过将 0x0 写入与请求的信号量对应的 SEM_DIRECT、SEM_INDIRECT 或 SEM_QUERY 寄存器来发出间接请求。当一个信号量变为可用或空闲时,该信号量被授予请求位于队列顶部的内核。

　　当通过使用间接方法发出的请求将信号量授予一个内核时,将生成该内核的一个 SEMINTn 中断。

3. 组合信号量请求

　　组合信号量请求(Combined Semaphore Request)是直接和间接方法的混合版本。如果信号量是空闲的,则其行为类似于直接请求;否则,其行为类似于间接请求并在队列中发送请求。

通过读取与所请求的信号量对应的 SEM_INDIRECT 寄存器来发出组合请求。

如果信号量是空闲的,则将其授予发出请求的内核,而这个读取(Read)返回一个 0x1。

如果该信号量不空闲,则结果读取返回当前拥有该信号量内核的 Core ID。对该信号量的请求也被发送到该信号量的队列中。每当处理已发布的请求时,都会授予该信号量。

应用程序需要在不获取信号量的情况下检查信号量的状态是合理的。信号量模块提供查询任何信号量状态的能力。

要查询信号量的状态,应用程序需要读取与该信号量对应的 SEM_QUERY 寄存器 [Query Register(SEM_QUERYn)]。查询返回有关信号量是否空闲的信息;如果不空闲,则应用程序返回当前所有者的 Core ID。

Semaphore2 的寄存器地址范围为 0x02640000～0x026407FF。SEM_DIRECTn、SEM _INDIRECTn 和 SEM_QUERYn 寄存器的数量与器件支持的信号量数目相同,其余的地址空间是保留空间。SEMFLAGLm、SEMFLAGHm、SEMFLAGL_CLEARm、SEMFLAGH_ CLEARm、SEMFLAGL_SETm 和 SEMFLAGH_SETm 的数量与器件上的内核数相同,其余的地址空间是保留空间。

几种常用的寄存器如下。

1) 直接寄存器(SEM_DIRECTn)

有 n 个直接寄存器(Direct Register),其中 n 是器件支持的信号量数。每一个都与相应的信号量相关联,并用于管理相应的信号量。SEM_DIRECTn 寄存器及其描述如图 1.38 和表 1.23 所示。

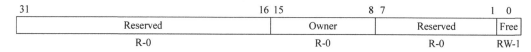

图 1.38 SEM_DIRECTn 寄存器

表 1.23 SEM_DIRECTn(偏移地址:0100h＋n×04h)寄存器描述

位	字 段	访 问	值	描 述
31～16	Reserved	R	0	保留
15～8	Owner	R	00h～0Fh	Free＝0:当前拥有者的 Core ID; Free＝1:0
7～1	Reserved	R	0	保留
0	Free	RW	00h	R:Semaphore 没有授权; W:请求发送到队列
			01h	R:Semaphore 授权给 reader W:Semaphore 设置为 free

2) 间接寄存器(SEM_INDIRECTn)

有 n 个间接寄存器(Indirect Register),其中 n 是器件支持的信号量数。每一个都与相应的信号量相关联,并用于管理相应的信号量。SEM_INDIRECTn 寄存器及其描述如图 1.39 和表 1.24 所示。

31	16	15	8	7	1	0
Reserved		Owner		Reserved		Free
R-0		R-0		R-0		RW-1

图 1.39 SEM_INDIRECT*n* 寄存器

表 1.24 SEM_INDIRECT*n*（偏移地址：0200h＋*n*×04h）寄存器描述

位	字 段	访 问	值	描 述
31～16	Reserved	R	0	保留
15～8	Owner	R	00h～0Fh	Free＝0：当前拥有者的 Core ID； Free＝1：0
7～1	Reserved	R	0	保留
0	Free	RW	00h	R：Semaphore 没有授权，请求发送到队列； W：请求发送到队列
			01h	R：Semaphore 授权给 Reader； W：Semaphore 设置为 Free

3）查询寄存器（SEM_QUERY*n*）

有 *n* 个查询寄存器（Query Register），其中 *n* 是器件支持的信号量数。每一个都与相应的信号量相关联，并用于管理相应的信号量。SEM_QUERY*n* 寄存器及其描述如图 1.40 和表 1.25 所示。

31	16	15	8	7	1	0
Reserved		Owner		Reserved		Free
R-0		R-0		R-0		RW-1

图 1.40 SEM_QUERY*n* 寄存器

表 1.25 SEM_QUERY*n*（偏移地址：0300h＋*n*×04h）字段描述

位	字 段	访 问	值	描 述
31～16	Reserved	R	0	保留
15～8	Owner	R	00h～0Fh	Free＝0：当前拥有者的 Core ID； Free＝1：0
7～1	Reserved	R	0	保留
0	Free	RW	00h	R：信号量不可用； W：请求发送到队列
			01h	R：信号量可用； W：Semaphore 设置为 Free

4）标志寄存器（SEMFLAGL*m*、SEMFLAGH*m*）

有 *m* 个 SEMFLAGL 和 *m* 个 SEMFLAGH 寄存器，*m* 表示器件上的内核数，该位指示产生一个中断到内核授予其该信号量。如果设置了一个位，并不意味着器件仍然拥有该信号量。标志寄存器（Flag Register）SEM_FLAGL*m* 及其描述如图 1.41 和表 1.26 所示。

31	30	29	28	27	26	25	24	23	22	21	20	19	18	17	16
F31	F30	F29	F28	F27	F26	F25	F24	F23	F22	F21	F20	F19	F18	F17	F16
R-0	R-0	R-0	R-0	R-0	R-0	R-0	R-0	R-0	R-0	R-0	R-0	R-0	R-0	R-0	R-0

15	14	13	12	11	10	9	8	7	6	5	4	3	2	1	0
F15	F14	F13	F12	F11	F10	F9	F8	F7	F6	F5	F4	F3	F2	F1	F0
R-0	R-0	R-0	R-0	R-0	R-0	R-0	R-0	R-0	R-0	R-0	R-0	R-0	R-0	R-0	R-0

图 1.41　标志寄存器 SEM_FLAGLm

表 1.26　标志寄存器 SEM_FLAGLm（偏移地址：0400h＋m×04h）字段描述

位	字　段	访　问	值	描　述
N	FLAGn	R	0	没有对 core-m 产生中断
			1	中断被生成到 core-m 用来示意信号量 n 授予给它

SEM_FLAGHm 寄存器及其描述如图 1.42 和表 1.27 所示。

31	30	29	28	27	26	25	24	23	22	21	20	19	18	17	16
F63	F62	F61	F60	F59	F58	F57	F56	F55	F54	F53	F52	F51	F50	F49	F48
R-0	R-0	R-0	R-0	R-0	R-0	R-0	R-0	R-0	R-0	R-0	R-0	R-0	R-0	R-0	R-0

15	14	13	12	11	10	9	8	7	6	5	4	3	2	1	0
F47	F46	F45	F44	F43	F42	F41	F40	F39	F38	F37	F36	F35	F34	F33	F32
R-0	R-0	R-0	R-0	R-0	R-0	R-0	R-0	R-0	R-0	R-0	R-0	R-0	R-0	R-0	R-0

图 1.42　标志寄存器 SEM_FLAGHm

表 1.27　标志寄存器 SEM_FLAGHm（偏移地址：0440h＋m×04h）字段描述

位	字　段	访　问	值	描　述
N	FLAGn＋32	R	0	没有对 core-m 产生中断
			1	中断被生成到 core-m 用来示意信号量 n＋32 授予给它

可以通过标志清除寄存器 SEM_FLAGL_CLEARm（偏移地址：0400h＋m×04h）来清除 Flag 寄存器 SEMFLAGLm 相应的位,通过 Flag 设置寄存器 SEM_FLAGL_SETm（偏移地址：0480h＋m×04h）来设置 Flag 寄存器 SEMFLAGLm 相应的位。

可以通过标志清除寄存器 SEM_FLAGH_CLEARm（偏移地址：0440h＋m×04h）来清除 Flag 寄存器 SEM_FLAGHm 相应的位,通过 Flag 设置寄存器 SEM_FLAGH_SETm（偏移地址：04C0h＋m×04h）来设置标志寄存器 SEM_FLAGHm 相应的位。

1.10　多核导航器

C6678 处理器中数据移动非常复杂,多核导航器是 C6678 处理器中协助完成在器件内高速数据包移动的外围设备。

多核导航器使用一个队列管理子系统(Queue Manager Subsystem,QMSS)和一个包 DMA(Packet DMA,PKTDMA)来控制和实现在器件内高速数据包移动。在 DSP 器件上,这显著减少了传统的内部通信负载,提高了系统综合性能。

在 KeyStone I 器件中,多核导航器具有以下特征。

(1) 一个硬件队列管理器,包括:

① 8192 个队列(一些专门用于特定用途)。

② 20 个存储器区域(用于描述符存储)。

③ 2 个连接存储器(Linking RAMs)。

(2) 几个 PKTDMA,位于以下子系统。

① QMSS(基础结构或核到核 PKTDMA)。

② AIF2。

③ BCP。

④ FFTC(A,B,C)。

⑤ NETCP(PA)。

⑥ SRIO。

(3) 通过产生中断,通知多核主机。

多核导航器基于设计目标开发,包含最先进的 Ethernet、ATM、HDLC、IEEE 1394、802.11 和 USB 通信模块的架构理念。

多核导航器具有以下一般特征。

(1) 集中管理缓冲。

(2) 集中包队列管理。

(3) 协议独立的包级接口。

(4) 支持多通道/多优先级队列。

(5) 支持多空闲缓冲队列。

(6) 高效的主机配合减少主处理器需求。

(7) 0 复制包切换。

多核导航器为主机提供以下服务。

(1) 每通道一个不限数量的包排队机制。

(2) 在包传输完成后,归还缓冲给主机。

(3) 在传输通道关闭后,修复队列缓冲。

(4) 分配缓冲资源给一个给定的接收端口。

(5) 在完成一个包接收后,传输缓冲给主机。

(6) 如果接收通道关闭,适度停止接收的机制。

多核导航器的主要功能组成块图如图 1.43 所示。其中,队列管理子系统(QMSS)包含一个队列管理器、PKTDMA 基础结构和两个有定时器的累加器 PDSP(Packed-Data Structure Processor)。框图中的硬件块(Hardware Block)是一个多核导航器外围设备(如 SRIO),详细描述了 PKTDMA 子块接口。更多的信息详见 *KeyStone Architecture Multicore Navigator User Guide*。

对于 KeyStone II 器件,对队列管理器子系统进行了以下更改。

(1) K2K、K2H。两个硬件队列管理器[QM1(Queue Manager)、QM2],包括:

① 每个队列管理器 8192 个队列。

② 每个队列管理器 64 个描述符内存区域。

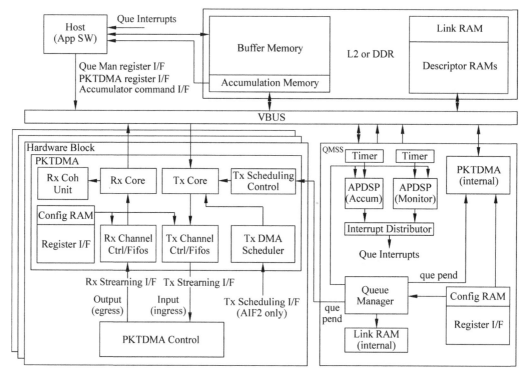

图 1.43　KeyStone I 多核导航器模块组成框图

③ 3 个 Linking RAM(一个内部给 QMSS,支持 32K 描述符)。

(2) K2K、K2H。两个 PKTDMA 基础结构(QM1 驱动 PKTDMA1,QM2 驱动 PKTDMA2)。

(3) 八个打包数据结构处理器(Packed-Data Structure Processor)(PDSP1 到 PDSP8),每个都有自己的专用定时器模块。

KeyStone II 队列管理子系统如图 1.44 所示。K2L 和 K2E 器件不包含 QM2 或 PKTDMA2,并且 Linking RAM 支持 16K 条目(Entry)描述符。

多核导航器的设计目的如下。

- 尽量减少主机交互。
- 最大限度地发挥内存使用效率。
- 最大化总线突发效率。
- 最大限度地提高发送/接收操作的相似性。
- 最大化可扩展的连接(Connection)/缓冲大小/队列大小/支持的协议的数量。
- 最小化协议具体功能。
- 尽量减少复杂性。

1.10.1　PDSP 固件

在 QMSS(Queue Manager Subsystem)中有两个 PDSP(Packed Data Structure Processor)(KeyStone I)或八个 PDSP(KeyStone II),每个 PDSP 都能够运行执行 QMSS

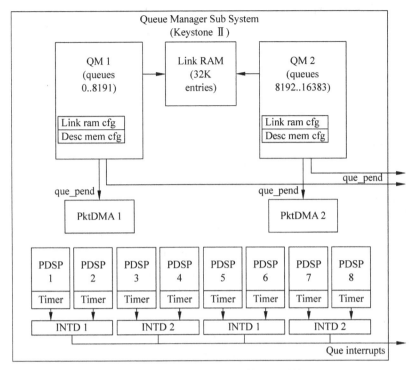

图 1.44 KeyStone Ⅱ 队列管理子系统

相关功能的固件,如累加、QoS 或事件管理(工作负载平衡)。累加器固件(Accumulator Firmware)的工作是轮询选定数量的队列,查找已推入(Push)其中的描述符(Descriptor)。描述符将从队列中弹出(Pop)并放置在主机提供的缓冲区中。当列表变满或设置的时限到期时,累加器触发主机的中断以读取缓冲区中的描述符信息。

累加固件(Accumulation Firmware)还提供了一个回收功能,该功能自动将描述符回收到队列中,就像描述符已由 Tx PKTDMA 处理一样。

QoS 固件的职责是确保外围设备和主机 CPU 不会被数据包淹没。这通过入口(Ingress)和出口(Egress)队列的配置来管理,也被称为流量调整(Traffic Shaping)。

轮询队列和主机中断触发的定时器周期是可编程的。

事件管理由开放事件管理器(Open Event Manager,OEM)软件处理,该软件是 PDSP 固件(Scheduler)和 CorePac 软件(Dispatcher)的组合。完整的详细信息可以在 OEM 用户指南中找到。

1.10.2 Packet DMA

Packet DMA(PKTDMA)是一种 DMA,其中数据目的地由一个目的地和空闲描述符队列索引决定,而不是由绝对内存地址决定。在接收模式下,PKTDMA 获取一个空闲描述符,遍历该描述符以查找缓冲区,PKTDMA 将有效负载传输到缓冲区,并将该描述符放入目的地队列(Destination Queue)。在发送模式下,PKTDMA 从 Tx 队列弹出描述符,遍历描述符,从缓冲区读取有效负载,DMA 将有效负载发送到发送端口。

多核导航器中使用的 Packet DMA(PKTDMA)与大多数 DMA 一样,主要关注点对点移动数据。它不像某些 DMA 不知道有效负载数据的结构；对于 PKTDMA,所有有效负载都是简单的一维字节流。通过正确初始化描述符、PKTDMA Rx/Tx 通道(Channel)和 Rx 流(flow)来完成 PKTDMA 的编程。

1. 通道

系统中的每个 PKTDMA 配置有多个接收(Rx)和发送(Tx)通道(Channel)。一个通道可能被认为是通过 PKTDMA 的一条通路。一旦 PKTDMA 在一个通道上启动了一个包,在当前包完成之前,该通道不能被任何其他包使用。因为 Rx 和 Tx 有多个通道,所以多个包可能同时在传送中,并且可以在两个方向上,因为每个 PKTDMA 包含用于 Rx 和 Tx 的单独 DMA 引擎。

2. 接收流

对于发送,Tx DMA 引擎使用在描述符字段中找到的信息来确定如何处理 Tx 包。对于接收,Rx DMA 使用流(Flow)。流是一组指示 Rx DMA 如何处理 Rx 包的指令。需要注意的是,Rx 通道和 Rx 流(Rx Flow)之间没有对应关系,而是 Rx 包和 Rx 流之间的对应关系。例如,一个外设可以为所有通道上的所有包创建单个 Rx 流,另一个外设可以为每个通道上的包创建多个流。

在非环回(Loopback)场合,Rx 流由 Streaming I/F 的包信息结构指定。在没有指定 Rx 流的情况下,Rx DMA 将用 Rx 流 N 对应 Rx 通道 N。

1.10.3　队列管理器

队列用于在主机与系统中任何端口之间传递数据包时保存指向这些数据包的指针。队列在队列管理器模块中维护。

队列管理器(Queue Manager)是一个硬件模块,负责加速包队列(Packet Queue)的管理。通过将 32 位描述符地址写入队列管理器模块中的特定内存映射位置,将包添加到包队列。通过读取该特定队列的相同位置,数据包将被弹出队列(De-Queue)。多核导航器队列管理器模块只能将与队列管理器相关的描述符区域分配的描述符添加到队列。

1.10.4　描述符

包是描述符和附加到它的有效负载数据的逻辑分组。有效负载数据可以被称为包数据(Packet Data)或数据缓冲器(Data Buffer),并且根据描述符类型,可以与描述符字段相邻,或者可以是存储器中的其他地方,其指针存储在描述符中。

描述符是描述要通过系统传输的数据包的小内存区域。

1. 主机包描述符

主机包描述符(Host Packet Descriptor)有一个固定大小的信息(或描述)区域,该区域包含指向数据缓冲区的指针,也可以是指向链接一个或多个主机缓冲区描述符的指针。主机包在 Tx 中由主机应用程序链接,在 Rx 中由 RX DMA 链接(在初始化期间创建 Rx FDQ(Free Descriptor Queue)时不应预链接主机包)。

2. 主机缓冲区描述符

主机缓冲区描述符(Host Buffer Descriptor)在描述符大小上可以与主机包互换,但永远不会作为数据包的第一个链路放置(这称为数据包的开始(Start of Packet,SOP))。它们可以包含到其他主机缓冲区描述符的链接。

3. 单体包描述符

单体包描述符(Monolithic Packet Descriptor)不同于主机包描述符,因为该描述符区域还包含有效负载数据,而主机包包含指向位于其他位置的缓冲区的指针。单体包是单一整体包,更容易处理,但不如主机包灵活。

图1.45描述了各种类型的描述符是如何用队列管理的。对于Host类型描述符,尽管只有主机包描述符压入和弹出队列,主机包描述符通过下一个描述符指针(Next Descriptor Pointer)扩展主机缓冲区描述符,图1.45中Packet1的示例说明了如何将主机缓冲区(Host Buffer)链接到主机包(Host Packet)。主机和单体包描述符可以被推入(Push)到同一个队列,尽管实际上它们通常是分开的。图1.45中指针包含描述符(主机包描述符和主机缓冲区描述符)指向下一个描述符(Next Descriptor Pointer,指向主机缓冲区描述符或NULL)的指针(标注为LINK或NULL),还包含描述符到数据缓冲的指针(Buffer Pointer)。MOP(Middle of Packet)和EOP(End of Packet)分别为包的中间和包的结束部分,如图1.45中Packet1所示。对于Packet3只有SOP,Host Packet描述符(SOP)指向下一个描述符的指针为NULL,没有MOP和EOP。

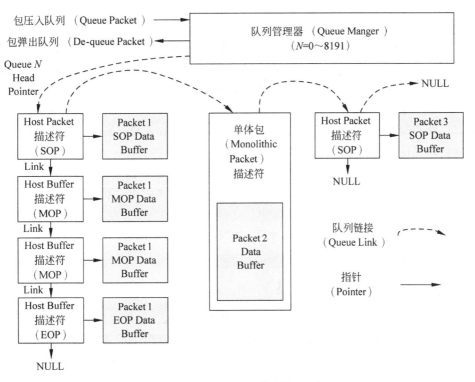

图1.45　包队列操作结构图

1.10.5　包发送过程概述

在Tx DMA完成通道初始化之后,它可以开始用于发送数据包。包发送包括以下步骤。

（1）主机（Host）知道内存中需要作为包发送的一个或多个数据块。这可能包含直接从主机获取数据，也可能包含从系统中的其他数据源转发的数据。

（2）主机通常从 Tx 完成队列（Tx Completion Queue）分配描述符，并填充描述符字段和有效负载数据。

（3）对于主机包描述符（Host Packet Descriptor），主机根据需要分配和填充主机缓冲区描述符（Host Buffer Descriptor），以指向属于此数据包的任何剩余数据块。

（4）主机将指向包描述符的指针写入队列管理器内的特定内存映射位置，该位置对应于所需 DMA 通道的一个发送队列。通道可以提供多个 Tx 队列，并且可以在队列之间提供特定的优先级策略。此行为是应用程序明确的，并由 DMA 控制器/调度程序实现控制。

（5）队列管理器为队列提供一个电平敏感的状态信号，该信号指示当前是否有任何包处于挂起状态。这个电平敏感的状态线被发送到负责调度 DMA 操作的硬件块。

（6）DMA 控制器最终进入相应通道的上下文（Context）并开始处理包。

（7）DMA 控制器从队列管理器中读取包描述符指针和描述符大小提示信息。这是写入队列 N 寄存器 D 的 Push 值。

（8）DMA 控制器从存储器中读取包描述符。

（9）DMA 控制器通过在一个或多个块数据移动中发送内容来清空缓冲器（或者对于链接的主机包（Host Packet），每个缓冲区按顺序由下一个描述符指针指定）。这些块的大小是应用程序明确的。

（10）当包的所有数据已按照数据包大小（Packet Size）字段中的指定发送完时，DMA将把指向包描述符的指针写入队列，该队列由包描述符的返回队列管理器/返回队列号（Return Queue Manager/Return Queue Number）字段指定。

（11）写入包描述符指针后，队列管理器将使用带外（Out-of-Band）电平敏感状态线向其他端口/处理器/预取块指示发送完成队列（Tx Completion Queue）的状态。只要队列不为空，就会设置这些状态线。

（12）虽然大多数类型的对等实体和嵌入式处理器能够直接有效地使用这些电平敏感的状态线，但是 Cache 缓存的处理器可能需要一个硬件块来将电平状态转换为脉冲中断，并将完成队列中的描述符指针聚合到列表中。

（13）主机从队列管理器响应状态更改，并根据需要对数据包执行垃圾收集。

整个过程如图 1.46 所示。

1.10.6　包接收过程概述

在 Rx DMA 通道被初始化后，它可以开始用于接收包。包接收包括以下步骤。

当在给定的通道上开始接收包时，端口将首先从使用一个空闲描述符队列（Free Descriptor Queue，FDQ）的队列管理器中获取第一个描述符（或对于主机包，描述符＋缓冲区），该队列被编入到包正在使用的 Rx 流中。如果 Rx 流中的 SOP 缓冲区偏移量不为零，则端口将在 SOP 缓冲区中的字节偏移量之后开始写入数据，然后端口将继续填充该缓冲区。

（1）对于主机包（Host Packet），端口将根据需要使用 FDQ 1、2 和 3 索引为包中的第 2、3 和剩余缓冲区（如 Rx 流中编入的那样）获取额外的描述符＋缓冲区。

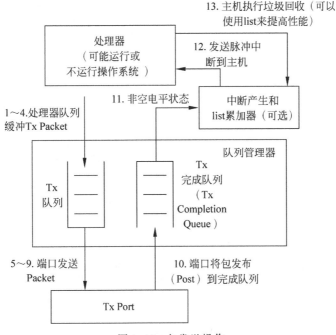

图1.46　包发送操作

（2）对于单体包（Monolithic Packet），端口将在 SOP 偏移量之后继续写入，直到到达 EOP（End of Packet）。主机必须确保包长度适合描述符，否则将覆盖下一个描述符。

当接收到整个包时，PKTDMA 执行以下操作。

（1）将包描述符写入内存。描述符的大部分字段将被 Rx DMA 覆盖。对于单体包，DMA 直到要往 EOP 写入描述符字段时才需要读取描述符。

（2）将包描述符指针写入相应的 Rx 队列。接收完成时，要发送到的每个包的绝对队列（Absolute Queue）将是 Rx 流中 RX_DEST_QMGR 和 RX_DEST_QNUM 字段中指定的队列。用应用程序明确的方法，端口被明确允许重写此目标队列。

队列管理器负责使用带外（Out-of-Band）电平敏感状态线向其他端口/嵌入式处理器指示接收队列的状态。只要队列不为空，就会设置这些状态线。

图1.47 为整个接收操作的流程图，其中 FDB 为 Free Descriptor/Buffer 的简写，OS 为 Operating System 的简写。

1.10.7　映射信息

本节介绍多核导航器资源的映射，包括队列映射、中断映射、内存（内存映射寄存器区域偏移）映射和 Packet DMA（PKTDMA）通道映射。

1. 队列映射

队列管理器共支持 8192 个队列（KeyStone Ⅱ 为 16K）。它们中的大多数可用于通用的目的，但有些专用于特殊用途，在某些情况下，具有与之相关的特殊硬件功能。未列出的队列是通用队列。

注意：应用程序不用于硬件目的的任何队列都可以用作通用队列。用户只需要确保相

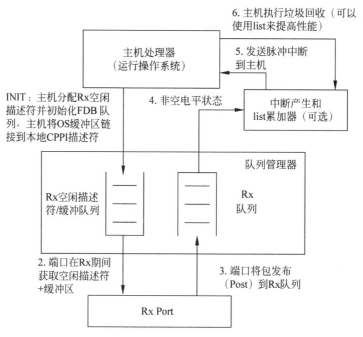

图 1.47　包接收操作

应的硬件功能未启用。例如,如果不使用低优先级累加(Low Priority Accumulation),则队列 0~511 可以用作通用队列。

表 1.28 为 KeyStone I 队列映射关系。

表 1.28　KeyStone I 队列映射关系

TCI6616 队列	TCI660x/ C667x 队列	TCI6618/ C6670 队列	TCI6614 队列	C665x 队列	目　的
0~ 511(512)	相同	相同	相同	相同	通常由低优先级累加使用。低优先级累加器使用多达 512 个队列,分为 16 个通道,每个通道为 32 个连续队列。每个通道触发一个广播中断。这些队列也可以用作通用队列
512~ 639(128)	相同	相同	相同		AIF2 Tx 队列。每个队列都有一个专用的队列挂起信号,该信号驱动 Tx DMA 通道
640~ 648(9)	相同	相同	相同		NetCP Tx 队列。每个队列都有一个专用的队列挂起信号,该信号驱动 Tx DMA 通道
			650~ 657(8)		ARM 队列挂起队列。这些队列具有直接连接到 ARM 的专用队列挂起信号
662~ 671(10)	652~ 671(20)	662~ 671(10)	662~ 671(10)		INTC0/INTC1 队列挂起队列。这些队列具有专用的队列挂起信号,这些信号直接连接到芯片级的 INTC0、INTC1。请注意,每个器件的事件映射可能不同

续表

TCI6616 队列	TCI660x/ C667x 队列	TCI6618/ C6670 队列	TCI6614 队列	C665x 队列	目 的
			670～ 671(2)		ARM 队列挂起队列。这些队列具有直接连接到 ARM 的专用队列挂起信号。请注意,它们也被路由到 INTC0
672～ 687(16)	相同	相同	相同	相同	SRIO Tx 队列。每个队列都有一个专用的队列挂起信号,该信号驱动 Tx DMA 通道
688～ 695(8)	相同	相同	相同		FFTC_A、B Tx 队列。每个队列都有一个专用的队列挂起信号,该信号驱动 Tx DMA 通道
704～ 735(32)	相同	相同	相同	相同	通常由高优先级累加使用。高优先级累加器(High Priority Accumulator)最多使用 32 个队列,每个通道一个。每个通道触发一个内核特定的中断。这些队列也可以用作通用队列
736～ 799(64)	相同	相同	相同	相同	具有主机可读的 Starvation Counter 的队列。每次对空队列执行 pop 时,Starvation Counter 都会增加,在读取 Starvation 计数时复位
800～ 831(32)	相同	相同	相同	相同	QMSS Tx 队列。用于基础架构(内核到内核)DMA 复制和通知
832～ 863(32)	相同	相同	相同	相同	通用队列,或者可以配置为供 QoS 流量调整固件(Traffic Shaping Firmware)使用
		864～ 867(4)			FFTC_C Tx 队列。每个队列都有一个专用的队列挂起信号,该信号驱动 Tx DMA 通道
864～ 895(32)	相同	相同	相同	相同	HyperLink 队列挂起队列。这些队列具有直接连接到 HyperLink 的专用队列挂起信号。在某些器件上,这些队列有部分重叠。它们不能同时用于两个 IP(举例,使用队列 864 用于 FFTC 或 HyperLink)
		868～ 875(8)	864～ 871(8)		BCP(Bit Coprocessor)发送队列。每个队列都有一个专用的队列挂起信号,该信号驱动 Tx DMA 通道。也路由到 HyperLink
896～ 8191	相同	相同	相同	相同	通用目的(General Purpose)。由于 PKTDMA 接口中将逻辑队列映射到物理队列,因此保留在 PKTDMA Qnum 字段中使用 0x1FFF 来指定非覆盖(Non-Override)条件

2. 中断映射

表 1.29 为队列到高优先级累加通道到 TCI660x 和 C667x 器件 DSP 和功能的映射。注意,每个队列和中断映射到一个特定的 DSP 内核。此外,表中描述的队列是建议的映射,也可以使用其他队列。

表 1.29　高优先级队列映射(TCI660x 和 C667x)

DSP	队　列	高优先级通道	中　断　名　称	DSP Event
core N ($N=0\sim7$)	$704+N$	N	qmss_intr1_0$+N$	48
	$712+N$	$N+8$	qmss_intr1_8$+N$	49
	$720+N$	$N+16$	qmss_intr1_16$+N$	50
	$728+N$	$N+24$	qmss_intr1_24$+N$	51

表 1.30 为队列到低优先级累加通道的映射。所有低优先级中断映射到所有 DSP。此外,表 1.30 中描述的队列是建议的映射,也可以使用其他队列。通道到事件的映射是固定的。

表 1.30　低优先级队列映射

队　列	低优先级通道	中　断　名　称	DSP Event
$0\sim31$	0	qmss_intr0_0	32
$32\sim63$	1	qmss_intr0_1	33
$64\sim95$	2	qmss_intr0_2	34
...			
$448\sim479$	14	qmss_intr0_14	46
$480\sim511$	15	qmss_intr0_15	47

表 1.31 为队列与绑定到芯片级 CP-INTC0 和 CP-INTC1 中断控制器的队列挂起信号的映射。

表 1.31　CPINTC 队列映射(TCI660x 和 C667x)

队　列	中　断　名　称	CPINTC0 输入事件	CPINTC1 输入事件
652	qm_int_pass_txq_pend_12	47	
653	qm_int_pass_txq_pend_13	91	
654	qm_int_pass_txq_pend_14	93	
655	qm_int_pass_txq_pend_15	95	
656	qm_int_pass_txq_pend_16	97	
657	qm_int_pass_txq_pend_17	151	
658	qm_int_pass_txq_pend_18	152	47
659	qm_int_pass_txq_pend_19	153	91
660	qm_int_pass_txq_pend_20	154	93
661	qm_int_pass_txq_pend_21	155	95
662	qm_int_pass_txq_pend_22	156	97
663	qm_int_pass_txq_pend_23	157	151
664	qm_int_pass_txq_pend_24	158	152

续表

队　　　列	中 断 名 称	CPINTC0 输入事件	CPINTC1 输入事件
665	qm_int_pass_txq_pend_25	159	153
666	qm_int_pass_txq_pend_26		154
667	qm_int_pass_txq_pend_27		155
668	qm_int_pass_txq_pend_28		156
669	qm_int_pass_txq_pend_29		157
670	qm_int_pass_txq_pend_30		158
671	qm_int_pass_txq_pend_31		159

3. 存储器映射

1) QMSS 寄存器存储器映射

队列管理器模块包含几个可编程寄存器所在的内存区域,表 1.32 列出了这些区域偏移量。对于具有多个实例的区域(如 PDSP 区域),给出到下一个区域的偏移量。

表 1.32　QMSS 寄存器存储器映射

队列管理器区域名称	KeyStone Ⅰ		KeyStone Ⅱ	
	基地址	到下一个的偏移	基地址	到下一个的偏移
队列状态和配置(qpeek)区域*	0x02a00000	NA	0x02a40000	0x20000
队列管理区域*	0x02a20000	NA	0x02a80000	0x20000
队列管理区域(VBUSM)*	0x34020000	NA	0x23a80000	0x20000
队列管理器内部链接 RAM	0x02a80000	NA	0x02b00000	NA
队列代理(proxy)区域*	0x02a40000	NA	0x02ac0000	0x20000
队列状态 RAM*	0x02a62000	NA	0x02a06000	0x00400
队列管理器配置区域	0x02a68000	NA	0x02a02000	0x02000
QMSS INTD 配置区域	0x02aa0000	NA	0x02a0c000	0x01000
描述符内存设置区域	0x02a6a000	NA	0x02a03000	0x02000
PDSP 1 命令接口(临时 RAM)	0x02aB8000	0x04000	0x02a20000	0x04000
PDSP 1 控制寄存器	0x02a6E000	0x01000	0x02a0f000	0x00100
PDSP 1 IRAM(Firmware Download Address)	0x02a60000	0x01000	0x02a10000	0x01000

注意:对于 KeyStone Ⅱ,一些内存区域被放置在连续内存中,以允许连续寻址方案作为单个大的队列管理器访问 QM1 和 QM2。这些区域在表 1.32 中用 * 标记。

2) KeyStone Ⅰ PKTDMA 寄存器存储器映射

PKTDMA 寄存器区域偏移量因外设而异。在某些情况下,偏移量由特定 PKTDMA 支持的通道数确定。表 1.33 列出的地址为外设的基地址。

表 1.33　PKTDMA 寄存器存储器映射(KeyStone Ⅰ)

	Infra	SRIO	NETCP	AIF
全局控制	0x02a6c000	0x02901000	0x02004000	0x01f14000
Tx 通道配置	0x02a6c400	0x02901400	0x02004400	0x01f16000

续表

	Infra	SRIO	NETCP	AIF
Rx 通道配置	0x02a6c800	0x02901800	0x02004800	0x01f18000
Tx 调度程序配置	0x02a6cc00	0x02901c00	0x02004c00	N/A
Rx 流配置	0x02a6d000	0x02902000	0x02005000	0x01f1a000
	BCP	FFTC A	FFTC B	FFTC C
全局控制	0x35214000	0x021f0200	0x021f4200	0x35040200
Tx 通道配置	0x35216000	0x021f0400	0x021f4400	0x35040400
Rx 通道配置	0x35218000	0x021f0500	0x021f4500	0x35040500
Tx 调度程序配置	0x3521a000	0x021f0300	0x021f4300	0x35040300
Rx 流配置	0x3521c000	0x021f0600	0x021f4600	0x35040600

4. Packet DMA 通道映射

PKTDMA 的每个实例都包含不同数量的通道和流。表 1.34 规定了每个 PKTDMA 的数目。

表 1.34　PKTDMA 通道映射

	QMSS	SRIO	NETCP1	NETCP1.5	AIF	IQN2	BCP	XGE	FFTC
Rx 通道	32	16	24	91	129	48	8	16	4
Tx 通道	32	16	9	21	129	48	8	8	4
Rx 流	64	20	32	64	129	64	64	32	8

以上介绍的映射关系主要以 C6678 为主,其他器件的映射关系也可以参考 *KeyStone Architecture Multicore Navigator User's Guide* 获取详细信息。

1.11　设计建议

1.11.1　初始化

器件上电后要进行初始化设置,对于多核共享资源的初始化(如 PLL、DDR3 控制器等)应该采用单核(如核 0)来操作,其他核同步并等待,避免多核之间重复操作。

1.11.2　接口驱动程序

接口驱动程序的设计建议参考 TI 的库函数。与接口驱动相关的接口驱动程序在 ti\pdk_C6678_x_x_x_x\packages\ti\drv 目录下,exampleProjects 目录下有丰富的示例程序可供参考,驱动库在相应的目录下。CSL(Chip Support Library)驱动库在 ti\pdk_C6678_x_x_x_x\pakages\ti\csl 目录下。

1.11.3　时间戳的获取

为了在程序中获取准确的时间戳,可以先使能定时器。

　　将定时器设置为 64 位通用定时器,定时器使能后,在需要获取时间戳的地方读取寄存器 CNTLO 和 CNTHI 的值。时间戳为 64 位计数值(CNTHI 为高 32 位,CNTLO 为低 32 位),单位为时钟周期。

　　读取 64 位通用定时器的计数值,按照先读低位、后读高位的顺序,程序必须从 CNTLO 寄存器先读 32 位的字。当读低 32 位寄存器发生时,定时器保留 CNTHI 寄存器快照到一个影子寄存器 CNTHIS。用户可以从 CNTHIS 读取 CNTHIS 的值获取快照时的计数值,也可以直接从 CNTHI 读当前的值。

　　为了在程序中获取准确的时间戳,可以先使能定时器。定时器的使能可以通过将定时器全局使能寄存器(TGCR)的 TIMLORS 和 TIMHIRS 位设置为 1。根据需要设置定时器控制寄存器(TCR)的 ENAMODE 位。对于时间戳的设置,将定时器设置为持续使能的 64 位持续使能模式。定时器使能设置如表 1.35 所示。

表 1.35　定时器使能设置

| 定时器模式 | \multicolumn{4}{c}{TCR ENAMODE 位} | \multicolumn{3}{c}{TGCR} |
	Bit23	Bit22	Bit7	Bit6	TIMHIRS	TIMLORS	定时器状态
64 位通用模式	x	x	0	0	x	x	不使能(default)
	x	x	0	1	1	1	使能一次
	x	x	1	0	1	1	持续使能
	x	x	1	1	1	1	持续使能并周期性重加载
双 32 位链式	x	x	0	0	x	x	不使能(default)
	x	x	0	1	1	1	使能一次
	x	x	1	0	1	1	持续使能
	x	x	1	1	1	1	Reserved
双 32 位非链式	0	0	0	0	x	x	两个都不使能(default)
32 位定时器	x	x	0	1	1	1	32 位定时器使能 1 次
	1	0	1	0	1	1	32 位定时器持续使能
	1	1	1	1	1	1	持续使能并周期性重加载
32 位预标度计数器	0	1	x	x	1	x	32 位定时器使能 1 次
	1	0	x	x	1	x	32 位定时器持续使能
	1	1	x	x	1	x	持续使能并周期性重加载

注意:读 CNTHI 并不会导致定时器对定时计数器进行快拍并保存到影子寄存器。

1.11.4　EVM 板的使用

　　对于刚开始进行多核软件设计的程序员,可以首先采用 EVM 板作为开发多核并行软件的平台。该板具有一个 C6678 芯片,自带 XDS560V2 仿真器(XDS560v2 System Trace Emulation Mezzanine Card)。器件外围接有 DDR3 内存、NAND Flash、SPI NOR FLASH、I²C EEPROM 等片外存储器;同时具有丰富的接口,包括高速接口 RapidIO、HyperLink PCIE、Gigabit Ethernet 等,低速接口包括 EMIF、Timer、SPI、UART 等。

　　注意:EVM 板上有 XDS560v2 和 XDS100 两种仿真器接口,对于 C6678 的调试建议使用 XDS560v2 仿真器。

　　TMDSEVM6678LE 和 TMDSEVM6678LXE 板上有 XDS560V2 仿真器,可以方便调

试。它们具有以下特性。

(1) 宽 AMC 类封装。

(2) 1 个 C6678 多核处理器。

(3) 512MB DDR3。

(4) 64 MB NAND FLASH。

(5) 1MB 本地启动的 I^2C EEPROM(可能为远程启动)。

(6) 板载 10/100/1000 以太网端口(第二个端口位于 AMC 连接器上)。

(7) RS232 UART。

(8) 用户可编程 LED 和 DIP 开关。

(9) 与 TMDSEVMPCI 适配卡兼容。

EVM(Evaluation Module)相关的文档和设计文件可以从以下链接地址找到。

(1) http://www.ti.com.cn/tool/cn/TMDSEVM6678#technicaldocuments。

(2) https://www2.advantech.com/Support/TI-EVM/6678le_of.aspx。

EVM 有三个复位按钮,分别为 RST_FULL1、RST_COLD1 和 RST_WARM1。RST_FULL1 按钮,通过 FPGA 向 TMS320C6678 发送一个 RESETFULL#指令。RST_COLD1 按钮为备份用。RST_WARM1 按钮,通过 FPGA 向 TMS320C6678 发送一个 RESET#热复位指令。

SW3 决定了通用的 DSP 配置、大小端模式和引导设备的选择。SW4、SW5、SW6 和 SW9 确定 DSP 引导设备配置、CorePac PLL 设置和 PCIe 模式选择和使能。SW3~SW6 拨码开关的设置见表 1.36,SW9 拨码开关的设置见表 1.37。

表 1.36 SW3~SW6 DSP 配置拨码开关的设置

拨　　码	描　　述	默　认　值	功　　能
SW3[1]	LENDIAN	1b(OFF)	器件大小端模式(LENDIAN)。 0:器件为大端模式; 1:器件为小端模式
SW3[4:2]	Boot 器件/Boot Mode[2:0]	101b (OFF,ON,OFF)	000b:EMIF16 和 Emulation Boot; 001b:SRIO; 010b:SGMII (PASSCLK 速率与 CORECLK 相同); 011b:SGMII (PASSCLK 速率与 SGMIICLK 相同); 100b:PCI Express; 101b:I^2C; 110b:SPI; 111b:HyperLink
SW5[1] SW4[4:1]	Parameter Index [4:0] / Boot Mode[7:3]	00000b(ON,ON, ON,ON,ON)	当 I^2C 是引导设备时,这 5 位是参数索引。它们对其他引导设备有其他定义。有关器件配置的详细信息,见表 2.7~表 2.14
SW5[2]	Mode/ Boot Mode[8]	0 (ON)	Mode (I^2C Boot 器件)。 0:Master; 1:Slave

续表

拨 码	描 述	默 认 值	功 能
SW5[3]	Reserved/ Boot Mode[9]	0(ON)	PCIe Mux Control。 0：PCIe 参考时钟来自 CDCE62005； 1：PCIe 参考时钟来自 AMC
SW5[4]	Address/ Boot Mode[10]	1(OFF)	地址(I^2C Boot 器件)。 0：Boot From Address 0x50； 1：Boot From Address 0x51
SW6[1]	Speed/ Boot Mode[11]	0(ON)	Speed(I^2C Boot 器件)。 0：Low Speed； 1：High Speed
SW6[2]	Reserved/ Boot Mode[12]	0(ON)	I^2C 引导设备保留的位
SW6[4:3]	PCIESSMODE [1:0]	00b(ON,ON)	PCIe 子系统模式选择。 00b：PCIe 为端点(End Point)模式； 01b=PCIe 传统端点(Legacy end Point)(不支持 MSI)； 10b=PCIe 根联合体(Root Complex)模式； 11b=Reserved

表 1.37 SW9 拨码开关

拨 码	描 述	默 认 值	功 能
SW9[1]	PCIESSEN	0b(ON)	PCIe 模块使能。 0：PCIe 模块禁用； 1：PCIe 模块使能
SW9[2]	User Switch	0b(ON)	应用软件定义

器件配置字段BOOTMODE[9:3]用于配置引导外围设备,因此这些位定义取决于引导模式。这些位的详细设置参考见表2.7至表2.14。

EVM6678L 板上引导方式拨码开关的具体设置如表 1.38 所示。更多设置可参考 http://software-dl.ti.com/processor-sdk-rtos/esd/docs/latest/rtos/index_how_to_guides.html ♯tmdxevm6678l-evm-hardware-setup-guide。

表 1.38 EVM 板上拨码开关设置

开 关	SW3	SW4	SW5	SW6
拨码位置	Pin(1,2,3,4)	Pin(1,2,3,4)	Pin(1,2,3,4)	Pin(1,2,3,4)
IBL NOR Boot on image 0 (default)	(off,off,on,off)	(on,on,on,on)	(on,on,on,off)	(on,on,on,on)
IBL NOR Boot on image 1	(off,off,on,off)	(off,on,on,on)	(on,on,on,off)	(on,on,on,on)
IBL NAND Boot on image 0	(off,off,on,off)	(on,off,on,on)	(on,on,on,off)	(on,on,on,on)
IBL NAND Boot on image 1	(off,off,on,off)	(off,off,on,on)	(on,on,on,off)	(on,on,on,on)
IBL TFTP Boot	(off,off,on,off)	(on,on,off,on)	(on,on,on,off)	(on,on,on,on)
I^2C POST Boot	(off,off,on,off)	(on,on,on,on)	(on,on,on,on)	(on,on,on,on)
ROM SRIO Boot	(off,off,on,on)	(on,on,on,off)	(on,off,on,on)	(off,on,on,on)

续表

开　　关	SW3	SW4	SW5	SW6
ROM SPI Boot	(off,on,off,off)	(on,on,on,on)	(on,on,off,on)	(on,on,on,on)
ROM Ethernet Boot	(off,on,off,on)	(on,on,on,off)	(on,on,off,off)	(off,on,on,on)
ROM PCIE Boot	(off,on,on,off)	(on,on,on,on)	(on,on,on,off)	(off,on,on,on)
No Boot	(off,on,on,on)	(on,on,on,on)	(on,on,on,on)	(on,on,on,on)

（1）SW4 的 Pin 1～4 和 SW5 的 pin 1～2 为 I^2C Boot 的 Boot Parameter Index 引脚（NOR 引导 Image 0/1 对应参数索引 0/1，NAND 引导 Image 0/1 对应参数索引 2/3，TFTP 引导对应参数索引 4）。默认情况下，Image 0 在 NOR 上设置为偏移字节地址 0x0，在 NAND 上设置为偏移字节地址 0x4000（block1 起始地址），Image 1 在 NOR 上设置为偏移字节地址 0xA00000，在 NAND 上设置为偏移字节地址 0x2000000。

（2）TFTP(Trivial File Transfer Protocol)为简单文件传输协议，是 TCP/IP 协议族中的一个用来在客户机与服务器之间进行简单文件传输的协议。

（3）这将设置板从 SRIO 引导模式引导，参考时钟为 312.5MHz，数据速率为 3.125Gb/s，通道设置为 4 个 1x 端口，DSP 系统 PLL 为 100MHz。

（4）这将设置板从 SPINOR 通过 ROM 代码引导，引导表内容应在 NOR 中已设置 24 位寻址。

（5）这将设置板从以太网引导模式引导，SerDes 时钟倍频器 x 4，内核 PLL 时钟为 100MHz。

（6）这会将板设置为从 PCIE 引导模式引导，PCIE 处于端点模式，DSP 系统 PLL 为 100MHz。

其中开关 off 为 1，on 为 0。

1.11.5　示例程序

1. CSL 和 DRV 示例程序

CSL 的示例程序见 C:\ti\pdk_C6678_x_x_x_x\packages\ti\csl\example 目录，包含 cpintc、edma、idma、sem2 和 timer。

驱动程序的示例程序见 C:\ti\pdk_C6678_x_x_x_x\packages\ti\drv\exampleProjects 目录。drv 目录的示例程序如图 1.48 所示，包含了 CPPI、Hyperlink、PCIE、SRIO、TSIP 等驱动程序的示例程序。

2. platform_test 程序

Platform_test 程序在 C:\ti\pdk_C6678_x_x_x_x\packages\ti\platform\evmc6678l 目录下，platform_lib 为 EVM 平台的库，platform_test 为其测试程序。测试程序对 UART、EEPROM、NAND、NOR、LED、Internal Memory、External Memory 进行了测试，Platform_test 测试程序通过 platform_test_input. txt 文件进行配置。图 1.49 为测试程序的代码。

3. hua 演示程序

hua 和 image_processing 演示程序在 C:\ti\mcsdk_x_xx_xx_xx\demos 目录中。

```
if(args.test_uart) {
    platform_write("UART test start\n");
    test_uart(&args);
    platform_write("UART test complete\n");
}

if(args.test_eeprom) {
    platform_write("EEPROM test start\n");
    test_eeprom(&args);
    platform_write("EEPROM test complete\n");
}

if(args.test_nand) {
    platform_write("NAND test start\n");
    test_nand(&args);
    platform_write("NAND test complete\n");
}

if(args.test_nor) {
    platform_write("NOR test start\n");
    test_nor(&args, &p_info);
    platform_write("NOR test complete\n");
}

if(args.test_led) {
    platform_write("LED test start\n");
    test_led(&args, &p_info);
    platform_write("LED test complete\n");
}

if(args.test_internal_mem) {
    platform_write("Internal memory test start\n");
    test_internal_memory(&args);
    platform_write("Internal memory test complete\n");
}

if(args.test_external_mem) {
    platform_write("External memory test start\n");
    test_external_memory(&args);
    platform_write("External memory test complete\n");
}
```

- cppiExampleProject
- cppiTestProject
- hyplnk_exampleProject
- PA_emacExample_exampleProject
- PA_multicoreExample_exampleProject
- PA_simpleExample_exampleProject
- PA_UnitTest_testProject
- PCIE_exampleProject
- qmDCfgTestProject
- qmDescTestProject
- qmInfraExampleProject
- qmInfraMCExampleProject
- qmInsRegionTestProject
- qmQAllocTestProject
- qmQosSchedTestProject
- qmQosTestProject
- qmSCfgTestProject
- qmSrioContextTestProject
- rm_testproject
- SRIO_LoopbackDioIsrexampleproject
- SRIO_LoopbackTestProject
- SRIO_MulticoreLoopbackexampleProject
- SRIO_TputBenchmarkingTestProject
- TSIP_exampleProject
- TSIP_testProject

图 1.48　drv目录测试程序　　　　　　　　图 1.49　测试程序代码

Hpdspua(High Performance DSP UtilityApplication)的说明文档见 *High Performance DSP Utility ApplicationVersion* 1.00.00 *User's Guide*(*hpdspua_user_guide*),位于 C:\ti \mcsdk_x_xx_xx_xx\demos\hua\docs 目录,可以根据文档的说明调试测试程序。

4. image_processing 演示程序

image_processing 的说明见 C:\ti\mcsdk_x_xx_xx_xx\demos\image_processing\ docs,其说明为网页版,说明文档见 http://processors. wiki. ti. com/index. php/MCSDK_ Image_Processing_Demonstration_Guide。

此应用程序为多核框架的图像处理系统的实现,在多个内核上运行 TI 图像处理内核 (也称为 imagelib),以便对输入图像进行图像处理(如边缘检测等)。MCSDK 中包含此 Demo 的三个不同版本。然而,并非所有三个版本都适用于所有平台。三个版本如下。

(1) Serial Code。此版本使用文件 I/O 读写图像文件。它可以在仿真(Simulator)或 EVM 目标平台上运行。该版本 Demo 的主要目的是在代码上分析基本的图像处理算法。

(2) 基于 IPC。基于 IPC 的 Demo 使用 SYS/BIOS IPC 在内核之间进行通信,并行执 行图像处理任务。

(3) 基于 OpenMP。(C6657 不可用)此版本的 Demo 使用 OpenMP 在多个内核上运行 图像处理算法。

基于 IPC 的版本运行在多个内核上,并展示了显式的 IPC 编程框架。Demo 的 Serial 版本可在 Simulator 上运行。OpenMP 版本使用 OpenMP 在内核之间通信以处理输入 图像。

应用程序使用 imagelib API 满足其内核图像处理需求。执行以下步骤进行边缘检测。

(1) 将输入图像分割成多个重叠切片。如果是 RGB 图像,分离亮度部分(Luma Component(Y))进行处理(有关更多详细信息,请参阅 YCbCr)。

(2) 运行 Sobel 算子(IMG_Sobel_3x3_8)得到各切片的梯度图像。

(3) 对切片运行阈值操作(IMG_sobel_3x3_8)以获取边缘检测结果。

(4) 合并切片以获得最终输出。

图像处理演示程序在< MCSDK INSTALL DIR >\demos\image_processing 路径,相关文件的路径如下。

(1) < MCSDK INSTALL DIR >\demos\image_processing\ipc\common 有公共的 slave 线程函数,它在基于 IPC 的 Demo 的所有内核上运行。图像处理函数在此 slave 线程上下文中运行。

(2) < MCSDK INSTALL DIR >\demos\image_processing\ipc\master 有 master 线程,master 线程使用 NDK 传输图像,IPC 与其他核通信处理图像。

(3) < MCSDK INSTALL DIR >\demos\image_processing\ipc\slave 目录具有所有 slave 核的初始化功能。

(4) < MCSDK INSTALL DIR >\demos\image_processing\openmp\src 有 main 线程,main 线程使用 NDK 传输图像,OpenMP 在内核之间通信处理图像。

(5) < MCSDK INSTALL DIR >\demos\image_processing\ipc\evmc66♯♯1\[master|slave] 目录中有基于 IPC 的 demo 的 master 和 slave CCS(Code Composer Studio)项目文件。

(6) < MCSDK INSTALL DIR >\demos\image_processing\openmp\evm66♯♯1 目录中有用于基于 OpenMP 的 demo CCS 项目文件。

(7) < MCSDK INSTALL DIR >\demos\image_processing\♯♯♯♯♯♯♯\evmc66♯♯1\platform 目录具有项目的目标配置。

(8) < MCSDK INSTALL DIR >\demos\image_processing\serial 具有实现的 serial 版本。

(9) < MCSDK INSTALL DIR >\demos\image_processing\utils 目录中有用于演示的实用程序,如 MAD config 文件。

(10) < MCSDK INSTALL DIR >\demos\image_processing\images 目录中有样例 BMP 图像,可用于处理。

下面以基于 IPC 的版本为例进行介绍,其软件架构如图 1.50 所示。

图像处理并行处理流程见图 1.51。

以下是基于 IPC 版本 Demo 软件的总体步骤(mater 线程和 slave 线程将在一个或多个内核上运行)。

(1) master 线程将对输入图像(在用户界面部分中描述)进行预处理,以生成灰度或亮度图像。master 线程通知每个 slave 线程开始处理,并等待处理来自所有 slave 线程的完成信号。

(2) slave 线程运行边缘检测函数以生成切片的输出边缘图像。

(3) slave 线程向 master 线程发出信号,指示处理已完成。

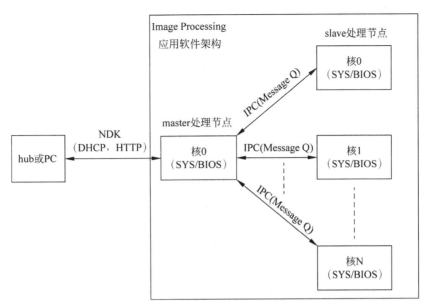

图 1.50　图像处理 Demo 软件架构

（4）一旦 master 线程从所有线程接收到完成信号，它将继续进行进一步的用户界面处理。

用户输入的图像是 BMP 图像。图像将使用 NDK(http)传输到外部内存。

如果 EVM 板上 User Switch 1(SW9，位置 2)为 OFF，则 Demo 程序在静态 IP 模式下运行；如果 ON，则 Demo 程序在 DHCP 模式下运行。如果在静态 IP 模式下配置，则板卡 IP 地址为 192.168.2.100、网关(GW IP)192.168.2.101 和子网掩码 255.255.254.0。如果在 DHCP 模式下配置，它将发送 DHCP 请求以从网络中的 DHCP 服务器获取 IP 地址。

在运行 Demo 之前，要正确配置 EVM 板卡和 PC 端。以下为运行基于 IPC 版本的图像处理软件 Demo 的过程。

（1）PC 端的 IP 配置如图 1.52 所示。

（2）设置拨码开关，将 SW9 位置 2 设置为 OFF 状态，设置为静态 IP 模式。连接调试器并接通电路板电源。

（3）选择 View→Target Configurations 窗口，选择相应的仿真器配置文件(.ccxml)，右击选择 Launch Selected Configuration 操作。EVM 板配置.ccxml 文件时选用 Blackharw XDS560v2-USB Mezzanine Emulator 作为仿真器。

（4）Launch 成功后，在 Debug 窗口出现八核连接状态(Disconnect：Unknown)。

（5）将一个器件的多个 CorePac 组成一个 Group。

（6）选中 Group，右击选择 Connect Target，开始连接目标器件。

（7）连通目标器件后，在核 0 加载 < MCSDK INSTALL DIR >\demos\image_processing\ipc\evmc66＃＃1\master\Debug\image_processing_evmc66＃＃1_master.out 镜像(image)文件；选中其他核全部加载 < MCSDK INSTALL DIR >\demos\image_processing\ipc\evmc66＃＃1\slave\Debug\image_processing_evmc66＃＃1_slave.out 镜像文件。

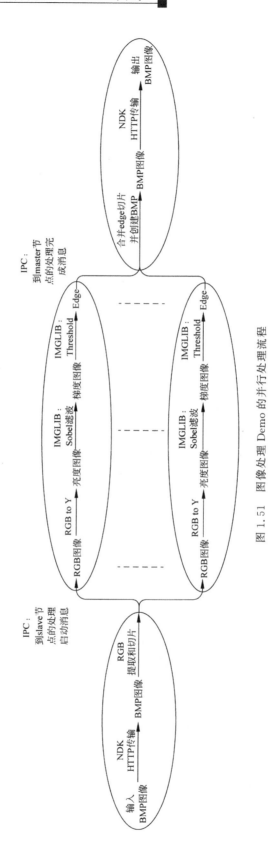

图 1.51　图像处理 Demo 的并行处理流程

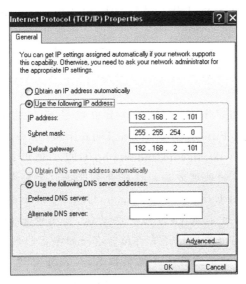

图 1.52 PC 端静态 IP 配置

（8）选中 Group，单击运行按钮。运行所有核，在 CIO console 窗口中，应该打印 IP 地址信息（如 Network Added: If-1: 192.168.2.100）。板卡将使用静态 IP（DHCP 模式动态 IP）地址配置 IP 堆栈并启动一个 HTTP 服务器。

（9）在连接到 Hub 或 EVM 板的 PC 上打开 Web 浏览器。输入板卡的 IP 地址（http://192.168.2.100），打开图像处理演示网页。页面如图 1.53 所示。

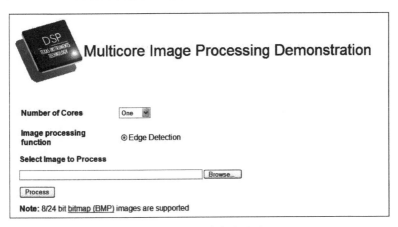

图 1.53 PC 端演示网页

（10）通过 Number of Cores 下拉选择窗口选择核数，通过 Browse 按钮选择 BMP 图像，单击 Process 按钮。

（11）应用程序支持 BMP 图像格式，主线程将从 BMP 图像中提取 RGB 值，然后 mater 线程将启动图像处理，并等待其完成。一旦处理完成，它将创建输出 BMP 图像。mater 线程将把输入/输出图像放入输出页面（http://192.168.2.100/process.cgi）。

注意：

（1）以上（3）～（8）步骤可以参考 8.4 节进行操作。

（2）BMP 图像在< MCSDK INSTALL DIR >\demos\image_processing\images 中提供。

（3）运行静态 IP 模式要将 User Switch 1(SW9,位置 2)设置为 OFF。

（4）如果板处于非引导模式,请确保运行 GEL 文件以初始化 DDR。可以通过以下方法:仿真器连接后,选择 Core0;执行 Tools→Gel Files 命令,然后在 Gel Files 窗口右击进入 Load GEL,选择 evmc6678l.gel。在窗口上出现 Scripts 窗口(与 Tool 并列),执行 Scripts→EVMC6678L Init Functions→Global Default Setup 命令完成初始化操作。具体操作见 http://processors.wiki.ti.com/index.php/GEL。使用 gel(evmc6678l.gel)文件初始化,也可以参考 8.5.2 节的处理方法。拨码开关选择引导模式可以参考表 1.38 进行操作。通用扩展语言(General Extension Language,GEL)可用于配置 CCS 开发环境和初始化目标 CPU。GEL 文件用于扩展 CCS 的一些功能,如上电初始化配置、存储器映射等。GEL 是一种解释性语言,其语法与 C 语言类似。有一组丰富的内置 GEL 函数,或者用户可以创建自己的 GEL 函数。对于使用计算机模拟 Simulator 环境的用户,可以使用 GEL 准备一个虚拟的 DSP 仿真环境。对于使用仿真器调试的板卡或 EVM 板,用 GEL 搭建虚拟仿真环境意义不大。对于初始化配置等,GEL 也不是必要的手段,可以通过程序加载具有相关配置功能的应用程序完成。不过使用 GEL 的好处是,调试时可以立即开启或实现某个功能。

（5）其他版本的 Demo 运行请参考 http://processors.wiki.ti.com/index.php/MCSDK_Image_Processing_Demonstration_Guide 的说明。

第2章

C66x多核引导方法

2.1　多核引导概述

嵌入式系统一般是当器件复位后,触发器件的引导(Boot)过程。C66x 多核引导过程由两个阶段组成:第一个阶段是完成程序的搬移;第二个阶段是核 0 往其他各核的 Boot Magic Address 中写相应 main()函数的入口地址_c_int00,并触发 IPC 中断。

第一个阶段完成程序搬移,由固化在 ROM 中的 RBL(ROM Boot Loader)完成。C6678 Boot ROM 的地址为 0x20B00000～0x20B1FFFF,大小为 128KB。RBL 为固化在 Boot ROM 中的代码。RBL 根据引导配置引脚(Boot Strap Pin)的设置和 romparse 工具添加的设置产生 1KB 的引导配置表,并自动完成代码的搬移。搬移的内容包含程序段和其他已初始化段的引导表,该过程不需要用户参与。核 0 负责初始化必要的外设,其他核会配置 IPC 中断并配置相应寄存器,然后进入 IDLE 状态,等待核 0 唤醒。

当 RBL 完成程序搬移后,核 0 负责写其他核的 Boot Magic Address 并触发各核的 IPC 中断,这部分由用户代码完成。C66x 多核引导过程如图 2.1 所示,RBL 完成虚线左边的引导过程,核 0 负责完成虚线右边的引导过程。本章以 C6678 器件为例介绍多核引导的过程和设计实例。

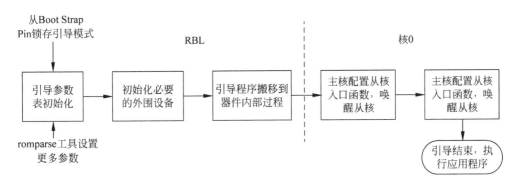

图 2.1　C66x 多核引导过程

2.2 复位

在 KeyStone 器件中,复位被用来作为启动引导过程的触发,并且引导过程随着不同复位类型而不同。KeyStone 架构中支持四种类型的复位:上电复位(Power On Reset,POR)、硬复位(Hard Reset)、软复位(Soft Reset)、本地复位(CPU Local Reset)。

前三种类型复位是全局复位,因为它们影响整个器件;而本地复位只影响每个核。对于本地复位,不会触发引导过程。为了更多了解复位类型的细节,可以查看具体器件的数据手册。不论全局复位是哪种类型,当引导加载过程被设置成由 C66x 为主设备驱动加载,引导过程将被 C66x 执行。

表 2.1 详细介绍了 C6678 的复位类型。

表 2.1　C6678 的复位类型

复 位	发 起 者	当复位发生时器件的影响	RESETSTAT 引脚状态
上电复位 (POR)	POR 引脚低有效; $\overline{\text{RESETFULL}}$ 引脚低有效	芯片全部复位。复位发生时,器件上所有东西复位到默认态。激活芯片上 POR 信号,其用于复位 test/emu 逻辑。引导配置(Boot Configuration)被锁存。ROM 引导过程启动	翻转 $\overline{\text{RESETSTAT}}$
硬复位	$\overline{\text{RESET}}$ 引脚低有效; 仿真 Emulation;PLLCTL 中 RSCTRL 寄存器看门狗(Watchdog)定时器	除了 test/emu 逻辑和复位隔离模块,复位所有东西。仿真器和复位隔离模块在硬复位期间保持活动状态(alive)。与上电不同的是:当设备复位生效,假定电源和时钟是稳定的,引导配置没有被锁存,ROM 引导过程启动	翻转 $\overline{\text{RESETSTAT}}$
软复位	$\overline{\text{RESET}}$ 引脚低有效; PLLCTL 中 RSCTRL 寄存器看门狗(Watchdog)定时器	软件可以编程设置发起者为硬件或软件。系统默认为硬复位,但可以编程设置为软复位。 软复位时除了 EMIF16 MMRs、DDR3 EMIF MMRs、PCIe MMRs 中的 sticky 位及外部存储器内容保留,其余均与硬复位表现相同	翻转 $\overline{\text{RESETSTAT}}$
C66x 内核本地复位	软件(通过 LPSC MMR) 看门狗(Watchdog)定时器 $\overline{\text{LRESET}}$ 引脚	LPSC 中 MMR 位控制 C66x 内核本地复位。通过看门狗定时器使用(在一个超时事件)来复位 C66x 内核,也可以通过 $\overline{\text{LRESET}}$ 器件引脚启动。当在本地复位时,C66x 内核存储器系统和从 DMA 端口还保持活动状态。不破坏时钟对齐或存储器内容,为 C66x 内核提供一个本地复位。ROM 引导过程不启动	不翻转 $\overline{\text{RESETSTAT}}$

在上电复位时 $\overline{\text{POR}}$ 引脚必须保持为低,直到器件的供电达到正常的工作状态。$\overline{\text{RESETFULL}}$ 与 $\overline{\text{POR}}$ 的应用场景不一样,其假定器件已经上电,$\overline{\text{RESETFULL}}$ 由板上的主控设备控制而不是 Power Good 电路控制。只有在上电复位时影响 PLL 或 PLL 控制器的分频,并锁存引导配置。

注意:对于大多数设备,只有当 $\overline{\text{POR}}$ 和 $\overline{\text{RESET}}$ 都无效(高电平)时,复位才为无效。如果在 $\overline{\text{POR}}$ 为低的周期里,$\overline{\text{RESET}}$ 引脚保持为低,大多数器件会保持在复位状态。$\overline{\text{RESET}}$ 引脚不应该与 $\overline{\text{POR}}$ 引脚捆绑在一起。

复位的优先级为(由高到低):上电复位、硬复位、软复位。

2.3　RBL 引导

2.3.1　RBL 简介

RBL(Rom Boot Loader)是驻留在片上只读存储器(ROM)上的软件代码,用于辅助用户传输和执行应用代码。RBL 的起始地址是 0x20B00000。

为了适应不同系统应用场景,RBL 提供不同的引导模式。这些引导模式可以被大体上分成主机引导(Host Boot)或存储器引导(Memory Boot)模式。

在主机引导模式时,RBL 配置该引导器件为从设备,并等待一个外部主设备加载应用程序到器件中进行引导;在存储器引导模式,RBL 配置引导器件为主设备,并启动从外部存储器中加载应用代码。

在所有引导模式中,这个引导操作可以被分为两个阶段:初始化阶段和引导过程阶段。

在初始化阶段,RBL 配置器件资源用于启动引导过程。使用的资源取决于引导模式的需求,如 SPI 模式引导需要初始化 SPI 接口。

在引导过程阶段,镜像(Image)被加载进器件并执行。引导过程取决于两方面:启动引导操作的触发条件、引导镜像的位置(Host 或 Memory)。

2.3.2　RBL 引导过程

1. 引导过程

当引导加载过程被设置成由 C66x 为主设备驱动加载,引导过程由 C66x 核 0 执行。

不同复位类型下 RBL 引导过程如图 2.2 所示。

如果 $\overline{\text{RESETFULL}}$ 与 $\overline{\text{POR}}$ 被确认,RBL 首先初始化引导参数表(Boot Parameter Table),通过使用从器件状态寄存器(DEVSTAT)中的 BOOTMODE[12:0]设置的器件配置信息,引导过程执行一段初始化代码。RBL 执行的初始化设置列出如下。

- RBL 在所有支持的外围设备中使能复位隔离,隔离的设备的供电状态没有改变。
- RBL 也确保引导需要的任何外围设备的供电和时钟域使能。
- RBL 配置系统 PLL 以设置器件的速度。引导配置引脚为 RBL 提供系统中用到的参考时钟信息。RBL 从 e-fuse 寄存器获取最优的器件操作速度。不同参考时钟频率和操作时钟频率表在具体器件的数据手册中列出。

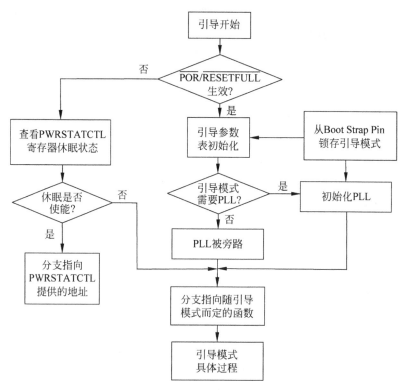

图 2.2　RBL 引导过程

对于 No-Boot、SPI 和 I²C Boot 模式,主时钟保持为旁路模式。对于其他引导模式,在 Boot ROM 内执行一个 PLL 的初始化序列,用于配置主 PLL 的 PLL 模式。

RBL 在器件上所有内核中保留一部分 L2,用于执行引导过程。起始地址、大小和保留部分的定义在具体器件的数据手册中列出。对于 EMIF16 引导模式,RBL 没有保留存储器,存储器的使用完全依赖于镜像存储和执行的 NOR FLASH。

除了 IPC 中断和 Host 中断,所有 PCIe、SRIO(DirectIO)和 HyperLink Boot 需要的中断被使能。

在引导过程中,RBL 在从属核中执行一个 IDLE 命令,并使从属核一直等待中断。在应用代码被加载到这些从属核后,且每个核的 BOOT_MAGIC_ADDRESS 值已被指定后,核 0 的应用代码可以触发 IPC 中断唤醒从属核,从属核从 BOOT_MAGIC_ADDRESS 指定的分支地址开始运行。

所有 L1D 和 L1P 存储器被引导代码配置成 cache,而 L2 存储器被配置成可寻址的存储器。

在引导过程中用到 DDR 结构,在加载镜像到外部存储器之前,RBL 也为用户提供一个配置 DDR EMIF 的能力。这个结构保留在 L2 中,参考数据手册能查到具体的定义和使用方法。

RBL 用固定的引导模式引脚(通过 DEVSTAT 寄存器)设置初始化配置结构,其被称为引导参数表,该表存在核 0 的 L2 保留区域。尽管引导参数表格式随着所选的引导模式有所不同,对于具体器件所有引导模式开始的一些偏移地址是相同的。这些偏移在数据手册中列出。

RBL 使用 BOOTCOMPLETE 寄存器,其控制 BOOTCOMPLETE 引脚状态,用于指示完成 RBL 引导过程。当所有核 BOOTCOMPLETE 寄存器引导完成位(Boot Complete Bits)被置位,BOOTCOMPLETE 引脚拉高。一旦内核完成引导过程并且刚要退出引导过程之前,RBL 为每个核设置核内该位。因为继承以往的实现方式,核 0 的该寄存器 BOOTCOMPLETE 位被硬件设置。

2. L2 SRAM 中 RBL 占用的内存

引导顺序是 DSP 的内部存储器被加载程序和数据段的过程。DSP 的内部寄存器用预先设定的值填充。在初始化引导器件期间,引导使用一段 L2 SRAM(起始地址 0x00872DC0 和结束地址 0x0087FFFF)。表 2.2 为 C6678 L2 SRAM 中 ROM Boot Loader 占用内存的详细描述。

表 2.2　C6678 L2 SRAM 中 ROM Boot Loader 占用内存的详细描述

起 始 地 址	大　　小	描　　　　　述
0x00872DC0	0x40	ROM 引导版本字符串(非保留)
0x00872E00	0x400	引导代码的堆栈
0x00873200	0xE0	引导日志
0x008732E0	0x20	引导进度寄存器堆栈(在模式更改时引导程序的副本)
0x00873300	0x100	引导内部状态(Boot Internal Status)
0x00873400	0x20	引导表参数
0x00873420	0xE0	ROM 引导 FAR 数据
0x00873500	0x100	DDR 配置表
0x00873600	0x80	RAM 表
0x00873680	0x80	引导参数表
0x00873700	0x4900	消除文本包暂存存储(Clear Text Packet Scratch)
0x00878000	0x7F80	Ethernet/SRIO 包/消息/描述符 Memory
0x0087FF80	0x40	小堆(Small Stack)
0x0087FFC0	0x3C	未使用
0x0087FFFC	0x4	Boot Magic Address

每个核的 Boot Magic Address 位于 L2 SRAM 最后一个字的地址 0x0087FFFC 中。访问本核的 Boot Magic Address 可以用本地地址 0x0087FFFC,程序搬移过程是通过全局地址访问的,因而每个核的 Boot Magic Address 全局地址为 $0x1087FFFC + i \times 0x1000000$,其中 i 为核号。该地址中的值指向各个核 main() 函数的入口地址_c_int00。可以通过 RBL 搬移各核的程序和数据,也可以通过核 0 引导搬移程序完成各个核的程序和数据的搬移。搬移完成后核 0 负责向各核的 Boot Magic Address 写入相应 main() 函数的入口地址_c_int00。

3. IPC 生成寄存器

加载过程中其他核处于 Idle 状态。在 Boot Magic Address 的值都被确定后,核 0 向各个核发起 IPC 中断唤醒各核并从 Boot Magic Address 指向的地址开始执行各自的应用程序。

表 2.3 为 C6678 IPCGRx 寄存器(IPC Generation Registers,IPCGR)的描述。IPCGRx 是 IPC 生成中断寄存器用来产生内中断。这些寄存器可用于外部主机或内核对其他核产生中断。写一个 1 到 IPCGRx 寄存器的 IPCG 域(bit 0)会生成一个到核 x 的中断脉冲($0 \leqslant x \leqslant 7$)。

表 2.3　C6678 IPCGR 寄存器的描述

起 始 地 址	终 止 地 址	大小	寄存器名	说　明
0x02620240	0x02620243	4B	IPCGR0	核 0 IPC 生成寄存器
0x02620244	0x02620247	4B	IPCGR1	核 1 IPC 生成寄存器
0x02620248	0x0262024B	4B	IPCGR2	核 2 IPC 生成寄存器
0x0262024C	0x0262024F	4B	IPCGR3	核 3 IPC 生成寄存器
0x02620250	0x02620253	4B	IPCGR4	核 4 IPC 生成寄存器
0x02620254	0x02620257	4B	IPCGR5	核 5 IPC 生成寄存器
0x02620258	0x0262025B	4B	IPCGR6	核 6 IPC 生成寄存器
0x0262025C	0x0262025F	4B	IPCGR7	核 7 IPC 生成寄存器

2.3.3　引导模式分类

C66x 引导模式按照镜像文件的来源大体上可以分成 Memory Boot 和 Host Boot 两类。No Boot 为不引导的方式。二次引导从 I^2C Master 模式进入,后续的引导可以是 Memory Boot 或 Host Boot 方式。按照器件与外部设备的关系分类如表 2.4 所示。

表 2.4　引导模式分类

类　别	具体类别	描　述	包含的引导模式
No Boot	No Boot 方式	内核停留在 RBL 代码段,不加载应用程序	No Boot
Memory Boot	C66x 器件为主设备	从外部引导设备读取应用程序镜像文件	EMIF16 Boot、SPI Boot、I^2C Master Boot
Host Boot	C66x 器件为从设备	被动等待外部引导设备将应用镜像文件写入 C66x 内部存储器。RBL 配置中断子系统,执行 IDLE 指令使 DSP 处于 IDLE 状态,外部 host 将应用程序镜像直接写入 C6678 内部存储器;随后,将应用程序入口地址_c_int00 写入 C66x 的 Boot Magic Address。RBL 查询到 Boot Magic Address 地址非零时,就使 DSP 跳出 IDLE 状态,从 Boot Magic Address 指向的_ c_int00 地址开始运行	SRIO DirectIO Boot、PCIe Boot、Hyperlink Boot
Host Boot	C66x 器件与外部引导设备交互通信	C66x 器件与外部引导设备交互通信,加载应用程序镜像。C66x 器件按照一定的通信协议包格式收取引导设备发来的应用程序镜像,直到收到结束包为止,跳转到指定的应用程序入口地址_c_int00 开始运行	SRIO Message Boot、Ethernet Boot、I^2C Passive Boot
Memory Boot＋(Memory Boot 或 Host Boot)	二级引导加载模式	为了能提供更加灵活的外设引导模式,C66x 器件提供一种二次引导模式。在这种模式下,一次引导按照 I^2C Master 引导模式从 I^2C EEPROM 读取配置二次引导外设所需配置信息,Boot Loader 在引导配置表的结尾处,切换控制权重新定向到二次引导应用程序的入口地址。二次引导可以为 EMIF16 Boot、SPI Boot、Ethernet Boot 等其他引导方式以及自定义扩展的方式	从 I^2C Master Boot 进入,获取引导配置表或引导参数表。可以参考 IBL 相关资料

注意：可以从安装目录:/ti/mcsdk_x_xx_xx_xx\tools 下面获取相关工具资料,其中 boot_loader 目录下有 IBL 的参考程序和工具。

2.3.4 引导模式设置

由 C66x 核 0 执行的引导过程由 DEVSTAT 寄存器中的引导模式 BOOTMODE[12:0] 决定。C66x 核 0 读 DEVSTAT 寄存器的值,然后 RBL 在软件中执行相应的引导过程。图 2.3 列出了与 BOOTMODE[12:0]相关联的各个位的定义。

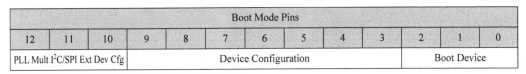

图 2.3 BOOTMODE 引脚解码

1. 引导设备选择

引导设备的描述如表 2.5 所示。

表 2.5 引导设备的描述

位	域	描 述
2～0	Boot Device 引导设备	设备引导模式。 0：EMIF16/No Boot； 1：Serial RapidIO； 2：Ethernet(SGMII)(PASS PLL 配置假定输入速率与 CORECLK(P|N) 相同；引导期间 BOOTMODE[12:10]值驱动 PASS PLL 配置)； 3：Ethernet(SGMII)(PASS PLL 假定输入速率与 SRIOSGMIICLK(P|N)相同；引导期间 BOOTMODE[9:8]值驱动 PASS PLL 配置)； 4：PCIe； 5：I^2C； 6：SPI； 7：HyperLink

在内部,这些引导模式被 RBL 转换成在引导参数表用的扩展引导模式值。表 2.6 详细描述了扩展模式值的信息。

表 2.6 扩展模式值

引 导 类 型	扩展模式值(十进制)	引 导 类 型	扩展模式值(十进制)
Ethernet 引导模式	10	SPI 引导模式	50
SRIO 引导模式	20	HyperLink 引导模式	60
PCIe 引导模式	30	EMIF 16 引导模式	70
I^2C 主引导模式	40	Sleep 引导模式	100
I^2C 从引导模式	41		

2. 设备配置域

设备配置域 BOOTMODE[9:3]用来配置引导外围设备,因此位定义取决于引导模式。

1) No Boot/ EMIF16 引导设备配置

图 2.4 和表 2.7 分别介绍了 No Boot/EMIF16 的配置域和其详细描述。

9	8	7	6	5	4	3
Reserved		Wait Enable	Reserved	Sub-Mode		Reserved

图 2.4　No Boot/ EMIF16 配置域

表 2.7　No Boot/EMIF16 描述

位	域	描　　述
9~8	Reserved	保留
7	Wait Enable	EMIF16 扩展等模式。 0：Wait Enable 禁止(EMIF16 子模式)； 1：Wait Enable 使能(EMIF16 子模式)；
6	Reserved	保留
5~4	Sub-Mode 子模式	子模式选择。 0：No Boot； 1：EMIF16 Boot； 2~3：保留
3	Reserved	保留

2) SRIO 引导设备配置

图 2.5 和表 2.8 分别介绍了 SRIO 引导设备配置域和其详细描述。

9	8	7	6	5	4	3
Lane Setup	Data Rate		Ref Clock		Reserved	

图 2.5　Serial RapidIO 配置域

表 2.8　Serial RapidIO 描述

位	域	描　　述
9	Lane Setup	SRIO 端口和线配置。 0：端口配置为 4 个端口,每个 1 线(4-1×端口)； 1：端口配置为 2 个端口,每个 2 线(2-2×端口)
8~7	Data Rate	SRIO 数据率。 0：1.25Gb/s； 1：2.5Gb/s； 2：3.125Gb/s； 3：5.0Gb/s
6~5	Ref Clock	SRIO 参考时钟配置。 0：156.25MHz； 1：250MHz； 2：312.5MHz； 3：保留
4~3	Reserved	保留

在上电复位时,设备 ID 总是被设成 0xff(8bit node ID)或 0xffff(16bit node ID)。

在 SRIO 引导模式,消息模式(Message Mode)会默认被使能。如果需要使用为接收消息预留的存储器,并且不能阻止消息的接收,则主设备可以通过写入引导表并产生一个引导重启来禁用消息模式。

3)Ethernet(SGMII)引导设备配置

图 2.6 和表 2.9 分别介绍了 Ethernet 引导设备配置域和其详细描述。

9	8	7	6	5	4	3
SerDes Clock Mult		Ext connection		Device ID		

图 2.6 Ethernet(SGMII)引导设备配置域

表 2.9 Ethernet(SGMII)引导设备配置域描述

位	域	描 述
9~8	SerDes Clock Mult	SGMII SerDes 输入时钟。PLL 输出频率必须为 1.25GHz。 0:×8 对于输入时钟为 156.25MHz; 1:×5 对于输入时钟为 250MHz; 2:×4 对于输入时钟为 312.5MHz; 3:保留
7~6	Ext connection	外部连接方式。 0:MAC 到 MAC 连接,主设备并有自动协商; 1:MAC 到 MAC 连接,从设备并由 MAC 到 PHY; 2:MAC 到 MAC,强制链接; 3:MAC 到光纤连接
5~3	DeviceID	该值可为 0~7,用于以太网就绪帧的设备 ID 字段中

注意:两个 SGMII 端口都被初始化用于引导。器件可以通过任一端口引导。如果只有一个 SGMII 端口被使用,那么另一个端口会在引导过程完成前暂停。

4)PCI 引导设备配置

图 2.7 和表 2.10 分别介绍了 PCI 引导设备配置域和其详细描述。

9	8	7	6	5	4	3
Reserved	BAR Config				Reserved	

图 2.7 PCI 配置域

表 2.10 PCI 配置域描述

位	域	描 述
9	Reserved	保留
8~5	BAR Config	PCIe BAR 寄存器配置。 该值可以从 0 到 0xF,详见器件手册
4~3	Reserved	保留

额外的设备配置由 DEVSTAT 寄存器中的 PCI 位提供。

5）I²C 主模式（Master Mode）引导设备配置

图 2.8 和表 2.11 分别介绍了 I²C 主模式引导设备配置域和其详细描述。

12	11	10	9	8	7	6	5	4	3
Reserved	Speed	Address	Mode		Parameter Index				

图 2.8　I²C 主模式配置域

表 2.11　I²C 主模式描述

位	域	描　　述
12	Reserved	保留
11	Speed	I²C 数据率配置。 0：I²C 慢模式。初始数据速率是 CORECLK/5000,直到 PLL 和时钟被编程配置; 1：I²C 快模式。初始数据速率是 CORECLK/250,直到 PLL 和时钟被编程配置
10	Address	I²C 总线地址配置。 0：在 I²C 总线地址 0x50 从 I²C EEPROM 引导; 1：在 I²C 总线地址 0x51 从 I²C EEPROM 引导
9～8	Mode	I²C 操作模式。 0：主模式; 3：从模式; 其他：保留
7～3	Parameter Table Index	指定从 I²C EEPROM 加载哪个参数表。从 I²C EEPROM 开始在 I²C 地址(0x80×parameter index),Boot ROM 读取该参数表(每个 0x80 字节)。值范围为 0～31

在主模式,I²C 设备配置使用 10 位设备配置而不是其他模式用到的 7 位。在该模式,当 PLL 在旁路（Bypass）模式时,设备开始初始读取 I²C EEPROM。初始的读会包含要求的时钟倍数,将在任何后续读之前设置。

6）I²C 从模式引导设备配置

图 2.9 和表 2.12 分别介绍了 I²C 从模式（Passive Mode）引导设备配置域和其详细描述。在从模式,设备不驱动时钟,而只是简单地跟踪接收到的指定地址的数据。

9	8	7	6	5	4	3
Mode		Receive I²C Address			Reserved	

图 2.9　I²C 从模式配置域

表 2.12　I²C 从模式描述

位	域	描　　述
9～8	Mode	I²C 操作模式。 0：主模式; 1：从模式; 其他：保留

续表

位	域	描　述
7～5	Receive I^2C Address	I^2C 总线地址配置。 0～7h：I^2C 设备将侦听数据的总线地址。 总线上的实际值是 0x19 加位[7:5]的值。例如,如果位[7:5]＝0,那么设备会侦听总线地址 0x19
4～3	Reserved	保留

7) SPI 引导设备配置

图 2.10 和表 2.13 分别介绍了 SPI 引导设备配置域和其详细描述。

12	11	10	9	8	7	6	5	4	3
Mode		4, 5 Pin	Addr Width	Chip Select		Parameter Table Index			

图 2.10　SPI 引导模式设备配置域

表 2.13　SPI 引导模式 DDR3 配置引导表设备配置域描述

位	域	描　述
12～11	Mode	Clk Pol / Phase(clk 极性/相位)。 0：数据是在 SPICLK 上升沿输出,输入数据在下降沿上锁定； 1：数据是在 SPICLK 第一个上升沿前半周期输出并保持到随后下降沿,输入数据是在 SPICLK 上升沿锁存； 2：数据是在 SPICLK 下降沿输出,输入数据是在上升沿锁存； 3：数据是在 SPICLK 第一个下降沿前半周期输出并保持到随后上升沿,输入数据是在 SPICLK 下降沿锁存
10	4、5 Pin	SPI 操作模式配置。 0：4-pin 模式； 1：5-pin 模式
9	Addr Width	SPI 地址宽度配置。 0：使用 16 位地址值； 1：使用 24 位地址值
8～7	Chip Select	芯片选择域值。 00b：CS0 和 CS1 都有效(未使用)； 01b：CS1 有效； 10b：CS0 有效； 11b：都无效
6～3	Parameter Table Index	指定从 SPI 加载哪个参数表。 从 SPI 开始在 SPI 地址(0x80×parameter index),读取参数表(每个表是 0x80 字节)。 该值范围为 0～15

在 SPI 引导模式,SPI 设备配置使用 10 位设备配置而不是在其他模式的 7 位。

8) HyperLink 引导设备配置

图 2.11 和表 2.14 分别介绍了 HyperLink 引导设备配置域和其详细描述。

9	8	7	6	5	4	3
Reserved	Data Rate		Ref Clock		Reserved	

图 2.11 HyperLink 引导模式设备配置域

表 2.14 HyperLink 引导模式设备配置域描述

位	域	描 述
9	Reserved	保留
8~7	Data Rate	HyperLink 数据率配置。 0：1.25Gb/s； 1：3.125Gb/s； 2：6.25Gb/s； 3：保留
6~5	Ref Clock	HyperLink 参考时钟配置。 0：156.25MHz； 1：250MHz； 2：312.5MHz； 3：保留
4~3	Reserved	保留

2.3.5 引导配置格式

RBL 通过使用一组表执行引导过程。在考虑每个引导模式之前,有必要理解这些不同类型的表。

被 RBL 使用的有三种类型的表：引导参数表(Boot Parameter Table)、引导表(Boot Table)、引导配置表(Boot Configuration Table)。

图 2.12 所示为单核镜像文件的格式,左边的为不包含 DDR 引导配置表的单核镜像格式。如果在引导过程中用到了 DDR3 作为缓存,也可以在镜像文件中添加 DDR3 配置引导表。

如果在引导过程中没有用到 DDR3 可以不用在镜像文件中添加 DDR3 引导配置表,如图 2.12(a)所示。包含引导参数表,长度为 1K 字节,对于不同的引导模式所用的具体长度有所不同,剩余不足 1K 字节部分补零。

引导表包含一个字的_c_int00 地址,该地址是核 0 程序中 main()函数的入口地址。之后的引导表内容按照一个 32 位的段长度、一个 32 位的段地址(复制的目的地址)、数据内容(段长度,单位为字节),最后包含一个终止标志,为 0x00000000。

如果引导过程中用到 DDR3 可以在镜像文件中添加 DDR3 配置引导表,如图 2.12(b)所示。在之前内容基础上添加 DDR3 配置引导表段长度(值为 0x00000070)、段地址(0x00873500)和 DDR3 配置引导表数据,根据 DDR3 具体的配置确定内容值。下面将具体介绍镜像文件的内容含义。

1. 引导参数表

RBL(ROM Boot Loader)用一组表执行引导过程。引导参数表是 RBL 用来决定引导流程的最通用的格式。对于所有引导模式,这些引导参数表具有某些相同的,而剩下的参数

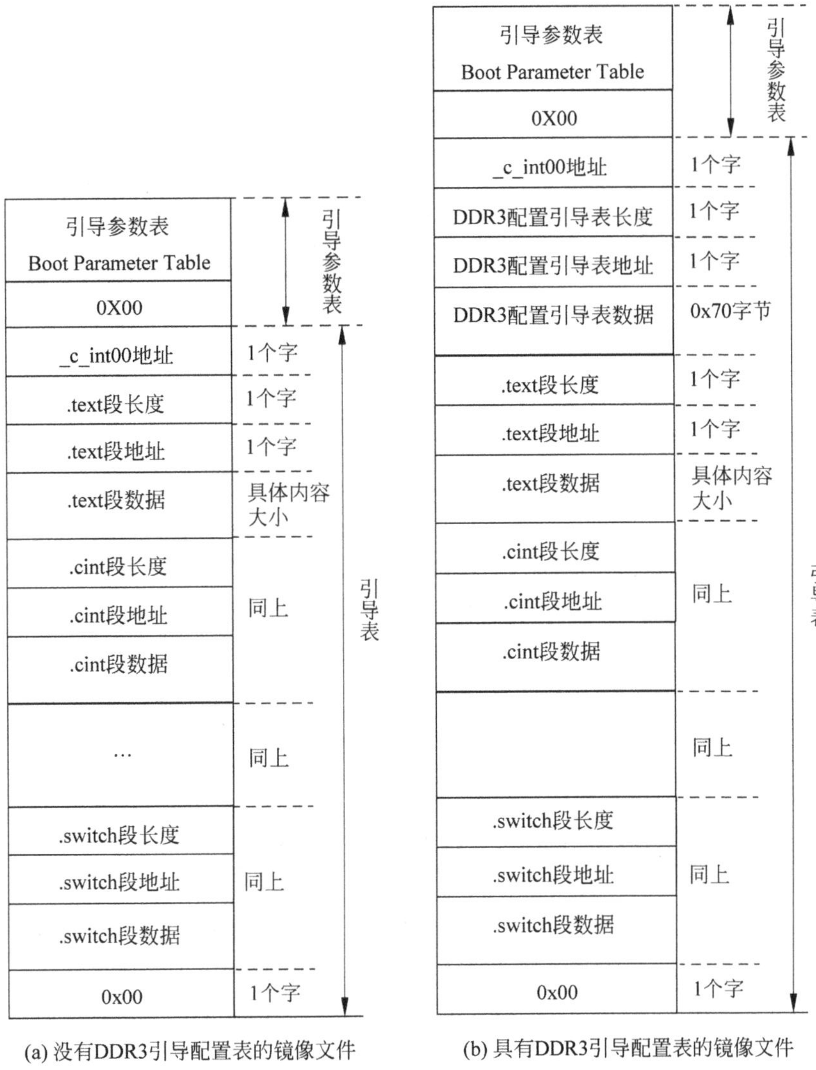

(a) 没有DDR3引导配置表的镜像文件   (b) 具有DDR3引导配置表的镜像文件

图 2.12 单核镜像文件

因引导模式不同而不同。不同的引导模式 RBL 为每种引导模式复制一份默认的引导参数表到核 0 L2 的保留部分,并基于通过 Bootstrap 引脚选择的引导配置修改默认值。

引导参数表中相同的条目如表 2.15 所示。

表 2.15 引导参数表

偏移字节	名 称	描 述
0	Length	表长度,包括 Length 区域,单位为字节
2	Checksum	整个表的补码的 16 位补码。值为 0 将禁止 Boot ROM 对表的校验
4	Boot Mode	RBL 用的不同引导模式的内部值
6	Port Num	识别设备的用于引导的端口号(如果有)
8	SW PLL MSW	PLL 配置,MSW
10	SW PLL LSW	PLL 配置,LSW

以下为 tiboot_c66x. h 中的定义。

注意：RBL(ROM Boot Loader)识别的是大端模式，因而引导参数表是按照大端模式排列的。

```
typedef struct boot_params_common_s{
    UINT16 length;              /* size of the entire boot parameters in bytes */
    UINT16 checksum;            /* non – zero: 1's complement checksum of the boot
                                 *              parameters
                                 * zero: checksum is not applicable
                                 */
    UINT16 boot_mode;
    UINT16 portNum;
    UINT16 swPllCfg_msw;        /* CPU PLL configuration, MSW */
    UINT16 swPllCfg_lsw;        /* CPU PLL configuration, LSW */

    /*                                      swPllCfg
     *
     *  /-------------------------------------------------------------\
     *  | 31        30 | 29          16 | 15        8 | 7          0 |
     *  |     PLL Ctl  |   multiplier   | pre – divider | post divider |
     *  \-------------------------------------------------------------/
     */
```

1）EMIF16 引导参数表

表 2.16 所示为 EMIF16 引导参数表。

表 2.16　EMIF16 引导参数表

偏移字节	名　称	描　　述	是否通过引导配置引脚设置
12	Options	表长度，包括 Length 区域，单位为字节	—
14	Type	对于 C6678 只支持从 NOR FLASH 引导	—
16	Branch Address MSW	分支地址的最高位（取决于芯片选择）	—
18	Branch Address LSW	分支地址的最小有效位（取决于芯片选择）	—
20	Chip Select	NOR FLASH 芯片的芯片选择	—
22	Memory Width	Emif16 总线存储器宽度（16 位）	—
24	Wait Enable	扩展等待模式使能控制。 0：等待模式禁用； 1：等待模式使能	是

2）SRIO 引导参数表

表 2.17 所示为 SRIO 引导参数表。

3）Ethernet 引导参数表

表 2.18 所示为 Ethernet 引导参数表。

4）PCIe 引导参数表

表 2.19 所示为 PCIe 引导参数表。

表 2.17 SRIO 引导参数表

偏移 字节	名 称	描 述	是否通过引导 配置引脚设置
12	Options	Bit 0 Tx 使能,0:SRIO 发送禁止;1:SRIO 发送使能。 Bit 1 Mailbox 使能。 0:Mailbox mode 禁止,SRIO 在 directIO mode 引导; 1:Mailbox mode 使能,SRIO 在 messaging mode 引导。 Bit 2 Bypass 配置。 0:配置 SRIO; 1:Bypass SRIO 配置; Bit 15~3:保留	—
14	Lane Setup	SRIO 线设置。 0:SRIO 配置为 4 个 1×端口; 1:SRIO 配置为 3 个端口(2×,1×,1×); 2:SRIO 配置为 3 个端口(1×,1×,2×); 3:SRIO 配置为 2 端口(2×,2×); 4:SRIO 配置为 1 个 4×端口; 其他:保留	是(但并非所有 的线数设置都能 通过引导配置引 脚进行)
16	Config Index	指定用于 RapidIO 配置的模板; 对于 KeyStone 架构必须为 0	—
18	Node ID	为该设备设置的 Node ID 值	—
20	SerDes ref clk	SERDES 参考时钟频率,为 1/100MHz	是
22	Link Rate	链路速率,单位为 MHz	是
24	PF Low	Packet Forward(PF)地址范围,低值	—
26	PF High	Packet Forward(PF)地址范围,高值	—

表 2.18 Ethernet 引导参数表

偏移 字节	名 称	描 述	是否通过引导 配置引脚设置
12	Options	Bit 2~0,101b:SGMII;其他:保留。 Bit 3 半双工或全双工,0:半双工;1:全双工。 Bit 4 Skip Tx,0:每 3 秒发送以太网就绪帧;1:不要发 送以太网就绪帧。 Bits 6~5 初始化配置; 00b:Switch、SerDes、SGMII 和 PASS 被配置; 01b:只有 SGMII 和 PASS 被配置; 10b:保留; 11b:无 Ethernet 系统被配置; Bit 15~7:保留	—
14	MAC High	用于引导期间接收的 MAC 地址高 16 位	—
16	MAC Med	用于引导期间接收的 MAC 地址中间 16 位	—
18	MAC Low	用于引导期间接收的 MAC 地址低 16 位	—
20	Multi MAC High	用于引导期间接收的组播 MAC 地址高 16 位	—
22	Multi MAC Med	用于引导期间接收的组播 MAC 地址中间 16 位	—

偏移 字节	名　称	描　述	是否通过引导 配置引脚设置
24	Multi MAC Low	用于引导期间接收的组播 MAC 地址低 16 位	—
26	Source Port	接收引导包来自源 UDP 端口； 值为 0 将接收来自任何 UDP 端口的数据包	—
28	Dest Port	接收引导包的目标端口	—
30	Device ID 12	设备 ID 的前两个字节。 这通常是一个字符串值，并在以太网就绪帧中发送	—
32	Device ID 34	设备 ID 的第二个双字节	—
34	Dest MAC High	对于以太网就绪帧使用的高 16 位的 MAC 目的地址，默 认为广播	—
36	Dest MAC Med	对于以太网就绪帧使用的中间 16 位的 MAC 目的地址	—
38	Dest MAC Low	对于以太网就绪帧使用的低 16 位的 MAC 目的地址	—
40	SGMII Config	Bit 3～0：Config Index； Bit 4：如果用 Direct Config，该位置 1； Bit 5：如果没有配置，该位置 1； Bit 15～6：保留	—
42	SGMII Control	SGMII 控制寄存器的值	—
44	SGMII Adv Ability	SGMII ADV Ability 寄存器的值	—
46	SGMII Tx Cfg High	SGMII Tx Config 寄存器高 16 位值	—
48	SGMII Tx Cfg Low	SGMII Tx Config 寄存器低 16 位值	—
50	SGMII Rx Cfg High	SGMII Rx Config 寄存器高 16 位值	—
52	SGMII Rx Cfg Low	SGMII Rx Config 寄存器低 16 位值	—
54	SGMII Aux Cfg High	SGMII Aux Config 寄存器高 16 位值	—
56	SGMII Aux Cfg Low	SGMII Aux Config 寄存器低 16 位值	—
58	PKT PLL Cfg MSW	Packet Subsystem PLL 配置，MSW	—
60	PKT PLL CFG LSW	Packet Subsystem PLL 配置，LSW	—

表 2.19　PCIe 引导参数表

偏移 字节	名　称	描　述	是否通过引导 配置引脚设置
12	Options	Bit 0 模式， 0：Host 模式（Direct Boot Mode）； 1：引导表引导模式。 Bit 1 PCIe 配置， 0：PCIe 由 RBL 配置； 1：PCIe 未被 RBL 配置。 Bit 3～2：保留 Bit 4 Multiplier， 0：SerDes PLL 基于 SerDes 寄存器值完成配置； 1：SerDes PLL 基于参考时钟配置。 Bit 15～5：保留	—
14	Address Width	PCI 地址宽度，可以为 32 或 64	—

续表

偏移 字节	名　称	描　述	是否通过引导 配置引脚设置
16	Link Rate	SerDes 频率,单位为 Mb/s,可以为 2500 或 5000	—
18	Reference clock	参考时钟频率,单位为 10kHz。值为 10000(100MHz)、12500(125MHz)、15625(156.25MHz)、25000(250MHz)和 31250(312.5MHz)。值为 0 意味着该值已经在 SerDes 的配置参数并不会被引导 ROM 计算	—
20	Window 1 Size	Window 1 size	是
22	Window 2 Size	Window 2 size	是
24	Window 3 Size	Window 3 size,只有当地址宽度为 32 有效	是
26	Window 4 Size	Window 4 Size,只有当地址宽度为 32 有效	是
28	Vendor ID	Vendor ID	—
30	Device ID	Device ID	—
32	Class Code Rev ID MSW	Class Code Revision ID MSW	—
34	Class Code Rev ID LSW	Class Code Revision ID LSW	—
36	SerDes Cfg MSW	PCIe SerDes 配置字,MSW	—
38	SerDes Cfg LSW	PCIe SerDes 配置字,LSW	—
40	SerDes Lane 0 Cfg MSW	SerDes Lane 配置字,MSW, lane 0	—
42	SerDes Lane 0 Cfg LSW	SerDes Lane 配置字,LSW, lane 0	—
44	SerDes Lane 1 Cfg MSW	SerDes Lane 配置字,MSW, lane 1	—
46	SerDes Lane 1 Cfg LSW	SerDes Lane 配置字,LSW, lane 1	—

5) I^2C 引导参数表

表 2.20 所示为 I^2C 引导参数表。

表 2.20　I^2C 引导参数表

偏移 字节	名　称	描　述	是否通过引导 配置引脚设置
12	Options	Bit 1~0 模式, 00b:引导参数表模式; 01b:引导表模式; 10b:引导配置表模式; 11b:从(Slave)接收引导配置。 Bit 15~2:保留	是
14	Boot Dev Addr	从 I^2C 设备引导地址引导	是
16	Boot Dev Addr Ext	扩展引导设备地址	是
18	Broadcast Addr	被用来在主 I^2C 广播模式发送数据得 I^2C 地址	—
20	Local Address	设备的 I^2C 地址	—
22	Device Freq	设备的操作频率,单位为 MHz	—
24	Bus Frequency	所需的 I^2C 数据速率,单位为 kHz	是
26	Next Dev Addr	要引导的下一个设备地址(仅在引导配置选项中使用)	—
28	Next Dev Addr Ext	扩展的下一个设备地址引导(仅在引导配置选项中使用)	—
30	Address Delay	写入地址到 I^2C EEPROM 和读取数据之间的 CPU 周期数	—

6）SPI 引导参数表

表 2.21 所示为 SPI 引导参数表。

表 2.21 SPI 引导参数表

偏移字节	名　称	描　　述	是否通过引导配置引脚设置
12	Options	Bit 1~0 模式， 00b：从 SPI 加载一个引导参数表（默认模式）； 01b：从 SPI 加载引导记录（引导表）； 10b：从 SPI 加载引导配置记录（引导配置表）； 11b：保留。 Bit 15~2：保留	—
14	Address Width	SPI 设备地址的字节数，可以为 16 或 24 位	是
16	NPin	操作模式，4 或 5 根引脚	是
18	Chipsel	使用的芯片选择（只在 4 引脚模式），可以为 0~3	是
20	Mode	标准 SPI 模式（0~3）	是
22	C2Delay	芯片断言和事务之间的建立时间	—
24	CPU Freq MHz	CPU 的速度，单位为 MHz	—
26	Bus Freq, MHz	SPI 总线频率的 MHz 部分，默认值=5MHz	—
28	Bus Freq, kHz	SPI 总线频率的 kHz 部分，默认值=0	—
30	Read Addr MSW	读取的第一个地址（仅适用于 24 位地址宽度），MSW	是
32	Read Addr LSW	读取的第一个地址（仅适用于 24 位地址宽度），LSW	是
34	Next Chip Select	下一个选择要使用的芯片（仅用于启动配置模式）	—
36	Next Read Addr MSW	下一个读地址（只在引导配置模式下使用）	—
38	Next Read Addr LSW	下一个读地址（只在引导配置模式下使用）	—

7）HyperLink 引导参数表

表 2.22 所示为 HyperLink 引导参数表。

表 2.22 HyperLink 引导参数表

偏移字节	名　称	描　　述	是否通过引导配置引脚设置
12	Options	Bit 0 模式， 0：主（Host）模式（直接引导模式）； 1：引导表引导模式。 PCIe Bit 1 配置， 0：HyperLink 由 RBL 配置； 1：HyperLink 未被 RBL 配置。 Bit 15~2：保留	
14	Number of Lanes	要配置的线数	—
16	SerDes cfg msw	HyperLink SerDes 配置字，MSW	—
18	SerDes cfg lsw	HyperLink SerDes 配置字，LSW	—
20	SerDes CFG Rx lane 0 cfg msw	SerDes Rx 线 0 配置字，MSW	—
22	SerDes CFG Rx lane 0 cfg lsw	SerDes Rx 线 0 配置字，LSW	—

续表

偏移字节	名　称	描　述	是否通过引导配置引脚设置
24	SerDes CFG Tx lane 0 cfg msw	SerDes Tx 线 0 配置字，MSW	—
26	SerDes CFG Txlane 0 cfg lsw	SerDes Tx 线 0 配置字，LSW	—
28	SerDes CFG Rx lane 1 cfg msw	SerDes Rx 线 1 配置字，MSW	—
30	SerDes CFG Rxlane 1 cfg lsw	SerDes Rx 线 1 配置字，LSW	—
32	SerDes CFG Tx lane 1 cfg msw	SerDes Tx 线 1 配置字，MSW	—
34	SerDes CFG Txlane 1 cfg lsw	SerDes Tx 线 1 配置字，LSW	—
36	SerDes CFG Rx lane 2 cfg msw	SerDes Rx 线 2 配置字，MSW	—
38	SerDes CFG Rxlane 2 cfg lsw	SerDes Rx 线 2 配置字，LSW	—
40	SerDes CFG Tx lane 2 cfg msw	SerDes Tx 线 2 配置字，MSW	—
42	SerDes CFG Txlane 2 cfg lsw	SerDes Tx 线 2 配置字，LSW	—
44	SerDes CFG Rx lane 3 cfg msw	SerDes Rx 线 3 配置字，MSW	—
46	SerDes CFG Rxlane 3 cfg lsw	SerDes Rx 线 3 配置字，LSW	—
48	SerDes CFG Tx lane 3 cfg msw	SerDes Tx 线 3 配置字，MSW	—
50	SerDes CFG Txlane 3 cfg lsw	SerDes Tx 线 3 配置字，LSW	—

2. 引导表

加载进器件的引导程序被转换成一个被 RBL 识别的格式，这个格式被称为引导表。代码和数据段通过 Hex 转换工具（Hex6x）自动插入到引导表。Hex 转换工具使用被链接器（Linker）嵌入在应用文件中的信息来决定目的地址和每段的长度。添加这些段到引导表不需要用户进行特殊的转换。Hex 转换工具添加应用中所有已初始化段到引导表。

被添加到引导表每一段都是相同的格式。第一项是一个 32 位计数，代表该段的长度，单位为字节。下一项是一个 32 位目的地址，指向该段被复制的第一个字节。RBL 继续读并复制这些段，直到遇到一个段的字节计数是 0（终止标志），这意味着引导表的结束。然后，Boot Loader 分支指向入口地址（由引导表开始部分指定）并开始执行这个应用。

引导表格式如下。

- 32 位头文件记录说明 Boot Loader 在完成复制数据后应该分支指向哪里（_c_int00）。
- 对每个已初始化的段：
  - ◆ 32 位段字节计数
  - ◆ 32 位段地址（复制的目的地址）
  - ◆ 被复制的数据
- 一个 32 位终止标志（0x00000000）

3. 引导配置表

如果在加载一个应用前，某些外围设备必须被设置与复位默认值不同的值，需要用到一个引导配置表。例如，如果应用需要被加载进 DDR 存储器，引导配置表可以被用来设置 DDR 寄存器并在加载引用到 DDR 前使能 DDR 外围设备。

引导配置表中的每个表项具备三个要素：

- 需要修改的地址；

- 置位掩码(Set Mask)；
- 清零掩码(Clear Mask)。

RBL 读取指定地址,然后设置在置位掩码中被置位的任何位并清除任何在清零掩码中被置位的位。如果置位和清零掩码都是 0,地址的字段通过用一个标准调用 B3 寄存器中存的地址来进行分支跳转。当三个参数都是 0 时,引导配置表终止。引导配置表格式如图 2.13 所示。

图 2.14 给出了一个引导配置表的示例,将地址 0x0093001C 的高 16 位置位、低 16 位清零。

条目0（Entry0）	地址
	置位掩码
	清零掩码
条目1（Entry1）	地址
	置位掩码
	清零掩码
…	…
表终止（Table Termination）	地址=0
	置位掩码=0
	清零掩码=0

图 2.13　引导配置表格式

条目0（Entry0）	0x0093001C
	0xFFFF0000
	0x0000FFFF
表终止（Table Termination）	地址=0
	置位掩码=0
	清零掩码=0

图 2.14　引导配置表示例

标准的引导配置表条目如表 2.23 所示。

表 2.23　标准引导配置表条目

对应位的置位掩码	对应位的清零掩码	描　述
0	0	该位值不变
1	0	该位值置 1
0	1	该位值清 0
1	1	该位值翻转

4. DDR3 配置信息

如需在加载镜像到外部存储器之前配置 DDR,RBL(ROM Boot Loader)也提供可选用的一个 DDR3 配置表。DDR3 配置表描述如表 2.24 所示 C6678 中占用的 L2 起始地址为 0x0087350。

表 2.24　DDR3 引导参数表

偏移字节	名　称	描　述	是否通过引导配置引脚设置
0	configselect	选择要下面设置的配置寄存器。下面的每个域以一位表示	—
4	pllprediv	PLL 预分频器值(应为准确值,值非−1)	—

续表

偏移 字节	名　　称	描　　述	是否通过引导 配置引脚设置
8	pllMult	PLL 倍频值(应为准确值,值非－1)	—
12	pllPostDiv	PLL 分频器后的值(应为准确值,值非－1)	—
16	sdRamConfig	SDRAM 配置寄存器	—
20	sdRamConfig 2	SDRAM 配置寄存器	—
24	sdRamRefreshctl	SDRAM 刷新控制寄存器	—
28	sdRamTiming1	SDRAM Timing 1 寄存器	—
32	sdRamTiming2	SDRAM Timing 2 寄存器	—
36	sdRamTiming3	SDRAM Timing 3 寄存器	—
40	IpDfrNvmTiming	LP DDR2 NVM Timing 寄存器	—
44	powerMngCtl	电源管理控制寄存器	—
48	iODFTTestLogic	IODFT 测试逻辑全局控制寄存器	—
52	performCountCfg	性能计数器配置寄存器	—
56	performCountMstRegSel	性能计数器主区选择寄存器	—
60	readIdleCtl	读 IDLE 计数器寄存器	—
64	sysVbusmIntEnSet	系统中断使能设置寄存器	—
68	sdRamOutImpdedCalcfg	SDRAM 输出阻抗校准配置寄存器	—
72	tempAlertCfg	温度报警配置寄存器	—
76	ddrPhyCtl1	DDR PHY 控制寄存器 1	—
80	ddrPhyCtl2	DDR PHY 控制寄存器 1	—
84	proClassSvceMap	服务映射寄存器类的优先级	—
88	mstId2ClsSvce1Map	服务类映射 1 寄存器主 ID	—
92	mstId2ClsSvce2Map	服务类映射 2 寄存器主 ID	—
96	eccCtl	ECC 控制寄存器	—
100	eccRange1	ECC 地址范围 1 寄存器	—
104	eccRange2	ECC 地址范围 2 寄存器	—
108	rdWrtExcThresh	读写执行阈值寄存器	—

2.4　EVM 板上 SPI NOR Flash 引导设计

以下介绍 EVM 板卡上实现 SPI NOR Flash 引导的例子。

TMDXEVM6678L EVM 板上有 16MB 的 SPI NOR Flash,型号为 NUMONYX N25Q128A21,如图 2.15 所示。

2.4.1　RBL 执行过程

RBL 加载过程由固化在 C6678 器件上的 Boot ROM 自动执行,不需要用户编码。理解 RBL 执行过程有利于更好地掌握加载过程,并根据其加载过程设计更加适合具体应用的引导方案。图 2.16 所示为 SPI NOR Flash 引导 RBL 执行过程,主要包含以下几个过程:初始化引导表或引导配置表实例、硬件初始化、搬移数据和更新 Boot Magic Address、RBL 引导退出。其他模式也可参见 BootROM_c6678_PG1.0\main 下的程序,便于引导过程的调试。

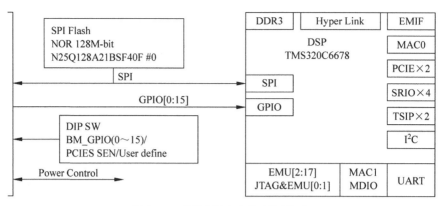

图 2.15　EVM 板卡上的 SPI Flash

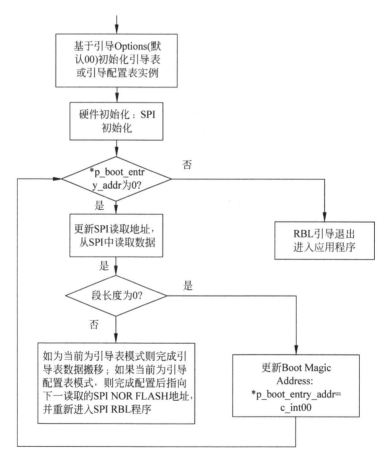

图 2.16　RBL SPI NOR Flash 引导过程

1. 初始化引导表或引导配置表实例

首先 RBL 根据基于引导选项 Options(默认 00)初始化引导表或引导配置表实例。代码如下：

```
/* Initialize the boot table and or boot config table instances
```

```
          * based on the boot options * /
if (BOOT_PARAMS_SPI_IS_BOOTTBL_MODE(p_boot_params -> options))
     boot_init_boot_tbl_inst (&spiBootTblInst);
else if (BOOT_PARAMS_SPI_IS_BOOTCONFIG_MODE(p_boot_params -> options))
     boot_init_boot_config_inst (&spiBootConfigInst);
```

2. 硬件初始化

然后,RBL 根据引导参数设置 SPI 的 port、mode、addrWidth、npin、csel、c2tdelay、clkdiv 等信息。代码如下:

```
/ * Hardware initialization * /
spiCfg.port       = p_boot_params -> portNum;
spiCfg.mode       = p_boot_params -> mode;
spiCfg.addrWidth  = p_boot_params -> addrWidth;
spiCfg.npin       = p_boot_params -> nPins;
spiCfg.csel       = p_boot_params -> csel;
spiCfg.c2tdelay   = p_boot_params -> c2tdelay;

v = (UINT32)p_boot_params -> cpuFreqMHz * 1000;  / * CPU frequency in kHz * /
v = v / (DEVICE_SPI_MOD_DIVIDER * (((UINT32)(p_boot_params -> busFreqMhz) * 1000) + p_
boot_params -> busFreqkHz));

if (v > DEVICE_SPI_MAX_DIVIDER)
    v = DEVICE_SPI_MAX_DIVIDER;

spiCfg.clkdiv = v;

ret = hwSpiConfig (&spiCfg);
if (ret != 0)  {
    chipStatusSpiSetupFail ();
    bootLogEntry (fname, __LINE__, ret);
    chipUpdateStatus (BOOT_STATUS_STATUS_SEVERE, (UINT32)0);
}
```

3. 搬移数据和更新 Boot Magic Address

接着,RBL 获取读取 SPI NOR Flash 的地址并从中读取数据,进入一个 while 循环。如果为引导表模式,在循环中完成搬移数据和更新 Boot Magic Address。如果为引导配置表模式,完成 SPI 引导配置后指向下一读取的 SPI NOR Flash 地址,并重新进入 SPI RBL 程序。代码如下:

```
addr = BOOT_FORM_U32 (p_boot_params -> read_addr_msw, p_boot_params -> read_addr_lsw);

while ( * p_boot_entry_addr == 0)  {

    chipUpdateSpiAddress (addr);

    sizeBytes = boot_spi_read_block (addr, p_boot_tbl, &spiCfg);
    if (sizeBytes == 0)  {
        chipIncSpiRetries();
```

```
        chipUpdateStatus (BOOT_STATUS_STATUS_WARN, (UINT32)0);
        continue;
    }

    if (sizeBytes > BOOT_SPI_SECTION_HEADER_SIZE_BYTES)  {

        boot_proc_spi_block (p_boot_params, p_boot_tbl, sizeBytes);
        addr += sizeBytes;

    }  else  {

        chipIncSpiRetries();
        chipUpdateStatus (BOOT_STATUS_STATUS_WARN, (UINT32)0);
    }
}
```

4. RBL 引导退出

最后,RBL 退出引导过程。代码如下:

```
bootExit();
```

2.4.2　需要引导的应用程序

在本例中,需要被引导加载的程序为基于 platform_test 程序更改的闪灯程序。该程序为八个核执行同一段程序并通过核编号来区分各核的任务。platform_test 见安装目录 \pdk_C6678_x_x_x_x\packages\ti\platform\evmc6678l。

应用程序为根据拨码开关 SW9[2](User Switch)来切换哪个核驱动点灯和确定闪烁的延时。当 User Switch 切换到 ON 时,核 0 控制 Led0、核 1 控制 Led1、核 2 控制 Led2、核 3 控制 Led3;当 User Switch 切换到 OFF 时,核 4 控制 Led0、核 5 控制 Led1、核 6 控制 Led2、核 7 控制 Led3,灯闪烁的延时是 User Switch 为 ON 时的一倍。

其代码如下:

```
while(1)
{
    uiSwitchState =  platform_get_switch_state(1);     //User switch 1 state
    args.led_test_loop_delay = 10000000;

    if(USR_SWITCH_ON == uiSwitchState)
    {
        iShift = 0;   //Core0 -> Led0; Core1 -> Led1; Core2 -> Led2; Core3 -> Led3;
    }
    else
    {
        iShift = 1;   //Core4 -> Led0; Core5 -> Led1; Core6 -> Led2; Core7 -> Led3;
    }
    iDelayTimes = (iShift + 1);

    while( -- max_loop)
```

```
{
    i = DNUM % LED_NUM;
    if(DNUM == i + iShift * LED_NUM)
    {
        platform_led(i, PLATFORM_LED_ON, PLATFORM_USER_LED_CLASS);
        delay(args.led_test_loop_delay * iDelayTimes);
        platform_led(i, PLATFORM_LED_OFF, PLATFORM_USER_LED_CLASS);
        delay(args.led_test_loop_delay * iDelayTimes);
        platform_led(i, PLATFORM_LED_ON, PLATFORM_USER_LED_CLASS);
    }
}

}
```

工程设置中大小端模式为小端模式(Little Endian)、输出格式为 eabi(ELF)格式,如图 2.17 所示。

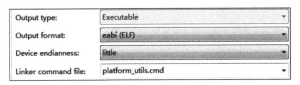

图 2.17 点灯程序大小端设置

示例中程序代码和其他各段都分配在 MSMCSRAM 中,.cmd 文件中存储器分配如下。

```
.csl_vect      >      MSMCSRAM
.text          >      MSMCSRAM
GROUP (NEAR_DP)
{
.neardata
.rodata
.bss
} load > MSMCSRAM
.stack         >      MSMCSRAM
.cinit         >      MSMCSRAM
.cio           >      MSMCSRAM
.const         >      MSMCSRAM
.data          >      MSMCSRAM
.switch        >      MSMCSRAM
.sysmem        >      MSMCSRAM
.far           >      MSMCSRAM
.testMem       >      MSMCSRAM
.fardata       >      MSMCSRAM
platform_lib   >      MSMCSRAM
```

首先,在 debug 模式下将程序调试到在 EVM 板上能工作,并通过 User Switch 能切换闪烁速度以确定八核都正常工作。

2.4.3 应用程序中的引导代码

如前所述,当 RBL 完成程序搬移后,应用代码中核 0 负责写其他核的 Boot Magic

Address 并触发各核的 IPC 中断。应用程序通过执行 c66xBoot 函数完成上述工作,代码如 c66xBoot(void)函数所示。由于所有核用的是一个程序,所以各核的 Boot Magic Address 中的值是一样的,核 0 可以将自身的 Boot Magic Address 地址值复制给其他核。

注意:核 0 在往其他核 Boot Magic Address 写 _c_int00 入口地址值的时候要用全局地址。

```c
void c66xBoot(void)
{
    uint32_t * puiBootMagicAddrCore0;
    ...
    platform_info sPlatInfo;

    puiBootMagicAddrCore0 = (uint32_t *) BOOT_MAGIC_ADDR_BASE;   //0x1087FFFC
    puiIpcGr0 = (uint32_t *) 0x2620240;                          //puiIpcGr0
    if(DNUM == CORE0)
    {
        memset((void *) &sPlatInitFlags,0,sizeof(platform_init_flags));
        memset((void *) &sPlatInitConfig,0,sizeof(sPlatInitConfig));

        sPlatInitFlags.pll  = 0;    /* PLLs for clocking      */
        sPlatInitFlags.ddr  = 0;    /* External memory        */
        sPlatInitFlags.tcsl = 1;    /* Time stamp counter     */
        sPlatInitFlags.phy  = 1;    /* Ethernet               */
        sPlatInitFlags.ecc  = 0;    /* Memory ECC             */

        sPlatInitConfig.pllm = 0;   /* Use libraries default clock divisor */
        uiPlatStatus =  platform_init(&sPlatInitFlags, &sPlatInitConfig);

        /* Platform Information - we will read it form the Platform Library */
        platform_get_info(&sPlatInfo);

        if (uiPlatStatus == Platform_EOK)
        {
        /* 一 写 BootMaic 地址 */
            for(uiCnt = CORE1;uiCnt < CORE_NUM; uiCnt++)//Multicore use the same BootMagicAddress
            {
             * (uint32_t * )(puiBootMagicAddrCore0 + L2GLB_ADDR_STEP * uiCnt) =
( * puiBootMagicAddrCore0);
            }

            /* 二 触发 IPC 中断 */
            for(uiCnt = CORE1;uiCnt < CORE_NUM;uiCnt++)//core0 sent ipc interrupt to
            {
             * (puiIpcGr0 + uiCnt) = ( * (puiIpcGr0 + uiCnt)) | 0x00000001;
            }
        }
    }
    else
    {
```

```
        //delay(10);
    }
}
```

在应用程序的最开始插入 c66xBoot()函数。代码如下：

```
void main( int argc, char  * argv[ ] )
{
    platform_init_flags   init_flags;
    …
    int32_t uiSwitchState;

    c66xBoot();              //在应用程序一开始插入引导函数
    …
```

应用程序编译以后形成.out 文件。

2.4.4　烧写引导镜像的生成

烧写镜像文件的生成经过三个过程,如图 2.18 所示。

图 2.18　镜像文件烧写

首先 CCS 完成八核程序的编译链接,形成.out 文件,可以在 debug 环境下完成功能调试。

其次,通过工具链转换将.out 文件转换成 Flash Writer 可以识别的镜像文件,NOR Flash Writer 可以用.bin 文件作为输入。

最后,用 NOR Flash Writer 将可烧写的镜像文件写入 Flash。

本例中八核程序为同一程序,通过核号(DNUM)来区别每个核的具体任务,其工具链转换过程如图 2.19 所示。

图 2.19　引导镜像文件的生成过程

所有工具通过一个批处理文件(.bat)执行,批处理文件代码如下：

```
hex6x MultiCoreShareOneProg.rmd
b2i2c MultiCoreShareOneProg.btbl MultiCoreShareOneProg.btbl.i2c
b2ccs MultiCoreShareOneProg.btbl.i2c MultiCoreShareOneProg.i2c.ccs
romparse － rom_base 0 EVM.spi.map
ccs2bin － swap i2crom.ccs app.bin
```

上一个工具的输出作为下一个工具的输入,其中 Hex6x 需要.rmd 文件参与设置,romparse 工具需要.map 文件参与设置。

下面介绍文件转换工具链的各个工具。

1. Hex6x 工具

.out 文件经过 Hex6x 工具处理生成的.btbl 文件,其格式如图 2.12(a)所示的引导表格式。图 2.20 所示为示例工程的.out 经过 Hex6x 工具后生成的.btbl 文件,图 2.20(a)为起始部分,图 2.20(b)为结束部分。0x0C04E380 为_c_int00 地址;紧接着的 0x0000DAE0 为第一段长度,0x0C041000 为该段目的地址;最后一段长度为 0x00000020,目的地址为 0x0C05A5F0;最后包含一个终止标志,为 0x00000000。

```
￼
$A0c00,
0C 04 E3 80 00 00 DA E0 0C 04 10 00 02 04 03 E2 92 46 0C 6E 00 8C A3 62
02 28 03 E2 92 46 0C 6E 00 8C A3 62 02 44 03 E2 42 40 00 09 92 46 0C 6E
00 8C A3 62 DC 45 8C F7 BC 4D AC 45 02 81 C0 2A 02 81 04 EA 00 00 20 00
E1 A0 00 00 02 14 9E 42 6C 6E 10 4D CC 3D FC 45 00 00 60 00 02 0C 02 56
DC 4D EC 3D 00 00 40 00 E4 C0 00 00 01 8D 7B 08 EC 3D 20 35 4C 6E DC 4D
```

(a) 起始部分

```
46 45 44 43 00 00 25 00 03 02 01 00 0D 07 06 04 00 00 0F 0E 00 00 00 00
03 02 01 00 0D 07 06 04 00 00 0F 0E
00 00 00 20 0C 05 A5 F0 0C 04 1F 12 0C 04 1F 18 0C 04 1F 22 0C 04 1F 28
0C 04 1F 2E 0C 04 1F 34 0C 04 1F 3A 0C 04 1F 44
00 00 00 00
￼
```

(b) 结束部分

图 2.20　.btbl 文件示例

.rmd 文件为:

```
MultiCoreShareOneProg.out              /** 输入文件 */
- a                                    /** 输出为 ASCII - Hex 格式 */
- boot                                 /** 所有初始化段转化为可导引格式 */
- e _c_int00                           /** 指定程序入口地址 */
- order L                              /** 大小端选择 - order L 为小端; - order M 为大端 */
- map SPIBoot.map                      /** 输出映像文件 */
ROMS
{                                      /* ROMS 伪指令 */
    ROM1: org = 0x0C00, length = 0x2000000, memwidth = 32, romwidth = 32
         files = { MultiCoreShareOneProg.btbl }    /** 输出文件 */
}
```

.rmd 的意义如注释所示,对于 C66x 器件加载的文件还要经过后续处理,根据需要修改输入、输出文件名称和输出文件的大小端。

2. b2i2c 工具

b2i2c 工具将.btbl 文件每 124B 分为 1 个块,在块的开始处添加 2 字节的块长度信息和 2 字节校验和,这样每个块的数据长度为 128B。这样确保数据在转换过程中不会出现误码,输出为.i2c 文件。图 2.21 所示为 I²C 文件示例图,画线部分为增加的 2 字节的块长度信息和 2 字节校验和。

注意:b2i2c 工具定义了最大长度 MAX_SIZE 为 0x20000,如果镜像文件长度超过该长度,要修改该值并重新生成可执行程序。

3. b2ccs 工具

b2ccs 工具将.i2c 文件转换为 CCS 可识别的文件格式.ccs,将数据转为每行一个 32 位数,并添加了 ccs header。转换后的 CCS 文件如图 2.22 所示。

```
⊠
$A000000
00 80 F9 AD 0C 04 E3 80 00 00 DA E0 0C 04 10 00 02 04 03 E2 92 46 0C 6E
00 8C A3 62 02 28 03 E2 92 46 0C 6E 00 8C A3 62 02 44 03 E2 E2 40 00 00
92 46 0C 6E 00 8C A3 62 DC 45 8C F7 DC 4D AC 45 02 81 C0 2A 02 81 04 EA
00 00 20 00 E1 A0 00 00 02 14 9E 42 6C 6E 10 4D CC 3D FC 45 00 00 60 00
02 0C 02 56 DC 4D EC 3D 00 00 40 00 E4 C0 00 00 01 8D 7B 08 EC 3D 20 35
4C 6E DC 4D 01 8C DB 08 00 80 8D 0F EC 3D 40 35 4C 6E DC 4D 01 8C 5F 08
E6 C0 00 00 FC 4D 60 35 4C 6E DC 5D 03 F9 A0 01 94 82 F4 07 80 08 52
00 8C A3 62 07 BF 00 5A E0 60 00 00 DC 45 B2 47 72 46 BC 55 92 46 B2 46
02 10 22 E6 04 14 02 04 06 A7 40 4C 01 8C 82 65 E4 E0 00 21 02 96 14 8B
16 03 07 26 03 1A B9 88 02 10 AF 7B 04 22 10 08 03 92 AC A1 02 3C 22 E4
E0 40 00 08 03 1C CF 79 03 91 16 E0 02 0F FC A3 00 80 75 3C 01 9C CF F8
02 10 1E CB 02 81 C0 28 02 0C 9F FB 02 81 04 E8 01 94 9E 41 02 13 DE 8A
02 0C 02 76 07 BD 00 5A 00 8C A3 62 07 BF 00 5A AC 45 DC 45 E8 00 00 00
02 3C 22 E6 02 85 00 2A 02 81 1A EA C2 C7 DC 7D BC 5D 94 CD 00 00 20 00
03 9F 7B 0A E3 00 00 00 02 10 04 CA 02 10 EF FA 02 18 AA F6 07 BD 00 5A
00 8C A3 62 07 BF 00 5A BC 4D AC 45 E8 00 00 00 02 85 00 2A 02 81 1A EA
```

图 2.21　I²C 文件示例

```
1651 1 10000 1 3960
0x0080f9ad
0x0c04e380
0x0000dae0
0x0c041000
0x020403e2
0x92460c6e
0x008ca362
0x022803e2
0x92460c6e
0x008ca362
0x024403e2
0xe2400000
```

图 2.22　CCS 文件示例

CCS 文件头信息为 1651 1 10000 1 3960。其中:

- 第 1 个值 1651 为固定标示符。
- 第 2 个值为数据格式标识:1 为十六进制,2 为十进制,3 为十进制长整型,4 为十进制浮点型。
- 第 3 个值 10000 为数据在 DSP 存储系统中存放的基地址,可以通过修改原程序修改该地址值。
- 第 4 个值为页类型:0 代表数据;1 代表程序。
- 第 5 个值 3960 为数据长度,单位为字(4 字节)。

4. romparse 工具

写入 Flash 的镜像包含配置 Boot Loader 的引导参数表信息。Romparse 工具和 EVM. spi. map 配合使用,负责添加 1024 字节引导参数表。引导参数表因工作模式而不同,本例中以 SPI 引导模式为例。

使用方式为:romparse[-compact][-rom_base x][-fill < fillval >] inputfile。各参数意义如下:

- -compact——压缩 I²C EEPROM 使用尽可能少的存储空间。
- -rom_base x——镜像文件存储的基地址,各模式意义有所不同。如 I²C 模式为正被创建的 I²C 的基地址,这仅仅是 I²C 总线地址,默认是 0x50;而 SPI 模式为 read_addr 的地址,包含 read_addr_msw 和 read_addr_msw。更多详细信息参考 romparse. c 查看。
- -fill < fillval >——用于填充文件中空白间隔(gap)的值。对一些设备,该值必须设置为 0xFF,随后的写操作这些空白间隔才会工作。

示例中 Inputfile 为 EVM. spi. map 文件配置 SPI 引导的参数,代码如下:

```
section {
    boot_mode = 50
    param_index = 0
    options = 1
    core_freq_mhz = 1000
```

```
exe_file = "MultiCoreShareOneProg.i2c.ccs"
next_dev_addr_ext = 0x0
sw_pll_prediv = 0
sw_pll_mult = 19
sw_pll_postdiv = 2
sw_pll_flags = 1
addr_width = 24
n_pins = 4
csel = 0
mode = 1
c2t_delay = 0
bus_freq_mHz = 0
bus_freq_kHz = 500
}
```

以上各参数的意义见表 2.13,注意表中的格式是按照大端排列的。其输入文件为 exe_file 后面引号内字段所赋的值,输出文件为 i2crom.ccs。其他模式也可参照该模式进行设置,有些关键字并不能完全在 section 中设置,如 read_addr_msw 和 read_addr_msw,如果要设置 read_addr 为 0,可以通过 rom_base 0 来设置。如果不设置 rom_base 0,该值会默认成 I^2C 模式的值,导致引导错误。.ccs 文件经过 romparse 添加引导参数表,结果如图 2.23 所示。

5. ccs2bin

ccs2bin 工具的使用方式为 ccs2bin[-swap] ccsfile binfile,该工具完成了从.ccs 文件到二进制的转换,其中-swap 为可选项,ccs2bin 操作添加该选项输出文件和输入文件的大小端模式进行切换。CCS 文件转换为二进制文件如图 2.24 所示。

```
1651 1 10000 1 3a60
0x00500000
0x00320000
0x40130002
0x00010018          00 00 50 00 00 00 32 00 02 00 13 40 18 00 01 00
0x00040000          00 00 04 00 00 00 01 00 00 00 E8 03 00 00 F4 01
0x00010000          00 00 00 04 00 00 00 00 00 00 00 00 00 00 00 00
0x03e80000          00 00 00 00 00 00 00 00 00 00 00 00 00 00 00 00
0x01f40000          00 00 00 00 00 00 00 00 00 00 00 00 00 00 00 00
0x04000000          00 00 00 00 00 00 00 00 00 00 00 00 00 00 00 00
0x00000000          00 00 00 00 00 00 00 00 00 00 00 00 00 00 00 00
0x00000000          00 00 00 00 00 00 00 00 00 00 00 00 00 00 00 00
0x00000000          00 00 00 00 00 00 00 00 00 00 00 00 00 00 00 00
0x00000000          00 00 00 00 00 00 00 00 00 00 00 00 00 00 00 00
```

图 2.23　.CCS 文件添加引导参数表示例　　　　　图 2.24　二进制文件示例

2.4.5　程序烧写

烧写程序采用安装目录下\mcsdk_x_0x_0x_0x\tools\writer\nor\evmc66781 的烧写工程。由于 RBL 采用大端模式,烧写程序需要从小端模式转换成大端模式。

有多种可以转换大小端模式的方式。

(1) 可以在使用 ccs2bin 工具时添加-swap 选项。

(2) 可以修改 norwriter.c 文件中的 swap_byte,设置 0 为不翻转,设置为 1 大小端翻转,代码如下:

```
uint32_t swap_byte = 1;              //0:DataNot swap; 1:Data Endian
```

（3）在 load 镜像文件时选中 swap 选项框。

本例为保持与后面烧写程序的一致性，采用 ccs2bin 工具时添加-swap 的方法。将镜像文件 app.bin 复制到工程 bin 目录。保持该目录下 nor_writer_input.txt 中的内容：

```
file_name = app.bin
start_addr = 0
```

将烧写程序加载进核 0，并在写 Flash 语句(if (flash_nor (p_device)==FALSE))之前加断点，把程序加载进 WRITE_DATA_ADDRESS，初始语句如下：

```
#define WRITE_DATA_ADDRESS       0x80000000
```

注意：开关只有拨到 No Boot 模式，DDR3 才被默认初始化。如果在没有初始化 DDR3 时，可以设置 init_flags.ddr=1 初始化 DDR3 后才可使用。也可以不用 DDR3 作为缓冲，如将数据缓冲放在 MSM RAM 中，此时需要修改 WRITE_DATA_ADDRESS 为 MSM 的地址，如 0xC200000。

如果修改 swap_byte=1，程序中会默认在 L2 开辟缓冲区，代码如下：

```
scrach_block = malloc(norWriterInfo.blockSizeBytes);
```

其限制了应用程序的大小。如果镜像文件过大，可以修改 cmd 文件，扩大堆的分配或将 scrach_block 分配到 MSM 中。实际应用中建议采用方法（1），即在 ccs2bin 工具时添加 -swap 选项，而在 norwriter 烧写程序中保持 swap_byte=0。

烧写时将拨码开关拨到 No Boot 模式，烧写完后关电。然后，拨码开关拨到 SPI flash boot 模式，再上电，EVM 板上的灯开始闪烁。

EVM 板上拨码开关的设置如表 2.25 所示。

表 2.25　EVM 板上拨码开关设置

开关	SW3	SW4	SW5	SW6
拨码位置	Pin(1,2,3,4)	Pin(1,2,3,4)	Pin(1,2,3,4)	Pin(1,2,3,4)
No Boot	(off,on,on,on)	(on,on,on,on)	(on,on,on,on)	(on,on,on,on)
SPI Boot	(off,on,off,off)	(on,on,on,on)	(on,on,off,on)	(on,on,on,on)

其中开关 off 为 1，on 为 0。

有的文献中 SPI Boot SW6 设置为(off,on,on,on)也能加载起来，只是控制 SPI 的 clk 极性和相位不同。

2.4.6　SPI NOR Flash 二次引导的设计

二次引导的方法首先为核 0 引导一个引导搬移程序，负责应用代码（如闪灯程序：userapp）的搬移。在完成所有程序的搬移后，核 0 负责写所有核的 Boot Magic Address 并触发各核的 IPC 中断以唤醒其他核，然后核 0 也从 Boot Magic Address 进入 userapp 执行应用程序。引导搬移程序在 Flash 的偏移地址为 0，userapp 存在 BOOT2PROG_FLASH_SHIFTADDR 的固定偏移地址中。引导搬移程序的镜像格式和前例相同，如图 2.12 所示。

Userapp 的程序镜像文件可以不通过 romparse 添加引导参数表,其格式如图 2.25 所示,其格式为引导表形式。

1. 引导搬移程序的设计

由于引导搬移程序只负责搬运应用程序,为使一次加载的引导搬移程序镜像占用空间尽量小,减小 Heap 的空间并将所有空间分配到 MSMCSRAM 中。

引导搬移程序的状态转换图如图 2.26 所示。

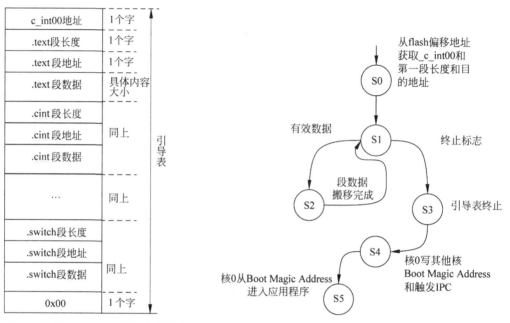

图 2.25　二次引导 userapp 镜像文件格式　　图 2.26　引导搬移程序状态转换图

S0 为首次进入引导表,获取 main() 函数入口地址_c_int00 和下一段的长度和目的地址信息。S1 为状态判断,用于判断数据块长度和类型。S2 为有效数据状态,该状态下完成数据的搬运,数据'0 从 Boot Magic Address 进入引用程序,引导搬移程序结束。

程序执行一个 c66xBootMultiCoreSame 函数,流程图如图 2.27 所示。其实现的功能如下。

(1) 从 Flash 读取 userapp 镜像文件开始的 3 个字(32 位),获取_c_int00 地址、.text 段长度和.text 段地址。

(2) 一直循环读取各段的数据和下一段的段长度和段地址,将数据搬移到各个核程序相应存储位置,直到读取到终止标志 0x00000000 时停止。如果各核使用同一程序,从 Flash 只需要读一次,对于目的地址为 MSM 的数据也只需要搬移一次。如果各核应用程序不同,可以在写入 Flash 时各个核依次偏移一定长度地址,每次搬移各核程序时从相应地址读数据就可以。该处理方式可以不用合并工具 mergebtbl,因为该工具在合并时除核 0 外其他核的 Boot Magic Address 地址被忽略,给多核程序在不同的应用场景下带来不方便。

(3) 核 0 负责写其他核的 Boot Magic Address 并触发各核的 IPC 中断唤醒其他核。

(4) 然后核 0 也从 Boot Magic Address 进入 userapp 执行应用程序。代码如下:

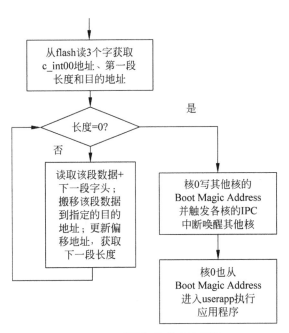

图 2.27 引导搬移程序流程图

```
( * (void( * )(void))uiBootMagicAddr[CORE0])();      //goto BootMagicAddr
```

引导搬移程序镜像文件的生成和烧写和前例完全一样。

需要注意的是,如果其他核的数据目的地址在 L2 时,数据搬移要用全局地址。

c66xBootMultiCoreSame 代码如下:

```
void c66xBootMultiCoreSame(void)
{
    ...
    puiBootMagicAddrCore0 = (uint32_t * ) BOOT_MAGIC_ADDR_BASE;   //0x1087FFFC
    puiIpcGr0 =   (uint32_t * ) 0x2620240;                        //puiIpcGr0

    if(DNUM == CORE0)
    {
        ...
        uiPlatStatus =  platform_init(&sPlatInitFlags, &sPlatInitConfig);
        /* Platform Information - we will read it form the Platform Library */
        platform_get_info(&sPlatInfo);

        //boot data copy to all cores
        for(uiCnt = CORE0;uiCnt < CORE_NUM;uiCnt++)
        {   //read data from flash
            read_nor(BOOT2PROG_FLASH_SHIFTADDR, BOOT2PROG_BUF_ADDR, BOOT_TAB_HEAD_LEN +
BOOT_CINT00_LEN);
            uiBootMagicAddr[uiCnt] = copyProgToCores(BOOT2PROG_BUF_ADDR,uiCnt);
        }

        CACHE_wbInvAllL1d(CACHE_WAIT);
```

```
//写 BootMagicAddr MultiCore Use the same
if (uiPlatStatus == Platform_EOK)
{
    /*一 写 BootMaic 地址,Multicore use the same BootMagicAddress*/
    for(uiCnt = CORE1;uiCnt < CORE_NUM; uiCnt++)//
    {
        *(uint32_t *)(puiBootMagicAddrCore0 + L2GLB_ADDR_STEP * uiCnt ) =
uiBootMagicAddr[uiCnt];
    }

    /*二 触发 IPC 中断*/
    for(uiCnt = CORE1;uiCnt < CORE_NUM;uiCnt++)//core0 sent ipc interrupt to
    {
        *(puiIpcGr0 + uiCnt) = (*(puiIpcGr0 + uiCnt)) | 0x00000001;
    }

    (*(void(*)(void))uiBootMagicAddr[CORE0] )();    //goto bootMagicAddr
}
}
…

}
```

2. 二次引导模式 userapp 设计

userapp 的程序功能与前例中的闪灯程序一样。

userapp 的不同之处是:

(1) 不用在程序的开头添加应用程序中的引导代码 c66xBoot()。

(2).cmd 文件中 MSMCSRAM 的分配要预留引导搬移程序的空间,不能使两个程序冲突。

(3) 镜像文件更加简单,只有引导表形式,没有 1024 字节的引导参数表。

其转换工具链如图 2.28 所示。

图 2.28　二次引导模式 userapp 转换工具链

该程序的转换工具链更加简洁,Bttbl2Hfile 的用法如下:

Bttbl2Hfile inputfile output_header_file 或 Bttbl2Hfile inputfile output_header_file output_binary_file。

此时.rmd 文件中设置为大端模式-order M,输出的文件为大端模式。Bttbl2Hfile 文件转换时进行了大小端转换,产生小端模式的镜像文件。由于本例中引导搬移程序设计为小端模式,userapp 镜像文件在烧写时不需要转换大小端。

将镜像文件 userapp.bin 复制到工程 bin 目录。修改该目录下 nor_writer_input.txt 中的内容如下:

```
file_name = userapp.bin
start_addr = 1048576
```

其中 start_addr 为 userapp 镜像文件在 NOR Flash 中的偏移地址（与引导搬移程序读偏移地址 BOOT2PROG_FLASH_SHIFTADDR 保持一致）。

采用 SPI 二次引导的方式的优势是将引导代码和用户应用程序解耦合，此外不需要像 I^2C 二次引导那样占用多个外部存储器。引导搬移程序设计根据需要设计好后只需要固定一次，与 RBL 协同完成引导工作。应用代码只需关注应用，不用再关注关于引导方面的问题。多核程序在不同的应用场景扩展非常方便，只需在加载各个核镜像文件时指向不同的 Flash 地址，即可以实现自动加载不同核的程序。

另外二次引导的方式还可以进行自定义扩展，如在图 2.25 所示的镜像文件前加一个字的整个文件的长度信息和一个字的校验信息，提升可靠性和引导程序的简洁性。只需要修改 Bttbl2Hfile 文件添加上这两个字并在引导搬移程序中调整读 Flash 的方式和偏移地址就可以实现带校验的自动加载。

2.5　多核引导和改进

对于每个核的程序都不相同的多核引导场景，采用 mergebtbl 合并八核的程序的过程中只保留了核 0 的_c_int00 地址，其他核的_c_int00 的地址被忽略了，带来加载的不方便。最简单的方法可以将多个内核的程序放在不同的地址空间，采用上述二次引导的方法分别搬移，这样的缺点是占用较大的存储空间。

参考文献[18]中通过修改引导表的方式实现多核引导，将所有核的_c_int00 地址列在引导表的开头部分，如图 2.29 所示。这需要开发二次引导程序，使其按照修正后的引导表进行程序的搬运和 Boot Magic Address 地址的填写。

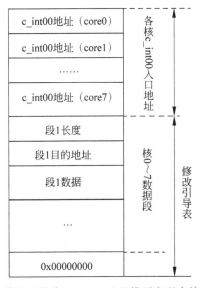

图 2.29　修改引导表_c_int00 地址排列实现多核自动加载

参考文献[19]中采用将各核的 BOOT_MAGIC_ADDRESS 和_c_int00 按照引导表数据段的格式组织,实现了多核的自动加载。其引导镜像的数据组织格式按照引导表的方式组织,Boot Magic Address 和_c_int00 也通过引导表的方式组织,长度固定为 4,地址为各核的 Boot Magic Address,数据内容为各核_c_int00 的内容,见图 2.30,核 1 到核 7 依次排列。这种方式实现的优点是不用修改 RBL 的代码,按照引导表的格式就实现了 Boot Magic Address 数据的自动搬运。

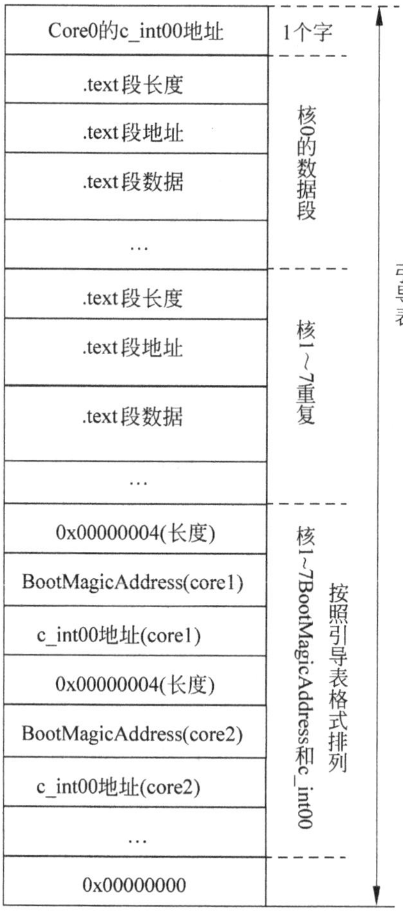

图 2.30   将各核_c_int00 地址按引导表格式添加实现多核自动加载

参考文献[20]中描述了 EMIF Flash Boot、C6678 I^{2}C Boot、C6678 网络 Boot、C6678 SRIO Boot 等。更多的引导方式在其他文献中也可以查到,引导的方法和详细配置参数如前文所述。可以参考\mcsdk_x_0x_0x_0x\tools 的工具以及各种模式的引导函数进行设计。

2.6   I^{2}C 二级引导(IBL 和 MAD)

为了能提供更加灵活的外设引导模式,C66x 器件提供一种通过 I^{2}C 二次引导模式。在这种模式下,一次引导按照 I^{2}C Master 引导模式从 I^{2}C EEPROM 读取配置二次引导外设所需配置信息,Boot Loader 在引导配置表的结尾处,切换控制权重新定向到二次引导应用程序的入口地址。二次引导可以为 EMIF16 Boot、SPI Boot、Ethernet Boot 等其他引导方式以及自定义扩展的方式。单核启动包括 RBL、IBL(Intermediate Boot Loader)、应用程序;多核启动包括 RBL、IBL、多核应用程序部署(Multicore Application Deployment,MAD)、应用程序。非 MAD 和 MAD 的区别是在 IBL 指定程序入口点时,非 MAD 指向应用程序的入口点,MAD 指向 MAD Loader 的入口点。

编译 IBL 需要的工具有 TI CGEN compiler CGT_C6000_7. x 和 MinGW 工具。

有些场合需要在多个内核上部署多个应用程序,需要通过共享公共代码来节省内存,针对这两个需求,TI 提供了 MAD 工具。

2.6.1　MAD 基础组件

MAD 基础组件有 5 个主要实用程序(utility),分为以下两类:

1. 构建时工具(Build Time Utilities)

1) 静态链接器

静态链接器(Static Linker)用于链接应用程序和依赖的动态共享对象(Dynamic Shared Objects,DSO)。

2) 预链接工具

预链接工具(Prelink Tool)用于将 ELF(Executable and Linkable Format)文件中的段绑定到虚拟地址。

3) 多核应用程序预链接工具

多核应用程序预链接(Multi-core Application Prelinker,MAP)工具,为多核应用程序的段分配虚拟地址。下面简要介绍 MAP 工具的功能。

用户为器件指定所需的内存分区,并为段放置到 MAP 工具指定高级指令。基于此信息,MAP 工具确定每个应用程序的每个 ELF 段的运行时虚拟/物理地址。然后,它调用预链接器(Prelinker)为所有应用程序和依赖的 DSO 执行存储分配(地址绑定)。MAP 工具还生成一组活动记录(Activation Records),用于在特定内核上加载应用程序。活动记录是运行时加载器(Run-Time Loader)执行以下操作的指令。

(1) 建立虚拟内存映射和分区(Partition)的内存保护/权限属性。

(2) 在运行地址复制并初始化可加载段。

预链接(Prelink)的应用程序、DSO 和活动记录随后打包到 ROM 文件系统(ROM File System,ROMFS)镜像(Image)中,以便下载到目标(Target)。

2. 运行时工具(Run Time Utilities)

1) 初始化 Load Tool(IBL)

中间引导加载程序(Intermediate Boot Loader,IBL)提供将 ROM 文件系统镜像下载到器件的共享外部内存(DDR)的功能。IBL 的配置参数被编程到目标平台的 I^2CEEPROM 中。

2) 运行 Load Tool(MAD Loader)

MAD Loader 实用程序提供在给定内核上启动应用程序的功能。为在内核上启动应用程序,它执行以下操作。

- 配置内核的虚拟内存映射。
- 为每个内存分区配置内存属性和权限。
- 将段从加载地址复制到运行地址。
- 初始化应用程序的执行环境。
- 执行应用程序的预初始化(Pre-initialization)功能。
- 执行相关库和应用程序的初始化功能。
- 在应用程序的入口点启动它。

2.6.2   MAD 使用模式

MAD 实用程序提供两种使用模式。

1. 预链接器旁路模式

在预链接器旁路模式(Prelinker Bypass)模式下,MAP 工具不为应用程序段分配地址,并且不会调用预链接器。这种模式适用于以下情况:应用程序开发人员为应用程序分配多核地址,并且只需要一个实用程序(utility)在指定的内核上加载和运行应用程序。

图 2.31 描述了预链接器旁路模式下的 MAD 流,包含镜像准备和部署过程。

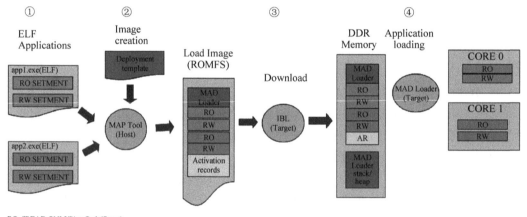

RO="READ ONLY"(eg.Code/Const)
RW="READ/WRITE"(eg.Data)

图 2.31   预链接器旁路模式下的 MAD 流

1) 镜像准备

(1) 静态地将应用程序链接到它们的运行地址。

(2) 创建一个部署配置文件(Deployment Configuration File),用于 MAP 工具标识要在每个内核上加载的应用程序。

(3) 以部署配置文件作为输入运行 MAP 工具。

(4) MAP 工具创建一个包含每个应用程序活动记录的加载镜像格式(ROM File System,ROMFS)。

2) 应用程序部署过程

(1) 启动时,设备将运行 ROM BootLoader。

(2) ROM BootLoader 将加载并运行板上的 IBL(如 I^2C EEPROM)。

（3）IBL 将从 tftp 服务器（MAD 镜像也可以位于 NOR/NAND 闪存上）将 MAD 镜像下载到 DDR。

（4）IBL 配置了执行的入口点。

① 在非 MAD 的情况下，这将是下载的应用程序的入口点。

② 在 MAD 情况下，IBL 将被配置为跳转到 MAD Loader 的入口点。

（5）MAD loader 将：

① 解析 ROMFS 镜像。

② 将应用程序段加载到其运行地址，并在每个配置的内核上开始执行应用程序。

2. 预链接器模式

在预链接器模式下，MAP 工具为应用程序段分配地址并调用预链接器。此模式适用于以下情况：应用程序开发人员希望 MAP 工具处理地址分配以在多核应用程序之间共享公共代码。

图 2.32 描述了预链接器模式下的 MAD 流，包含镜像准备和部署过程。

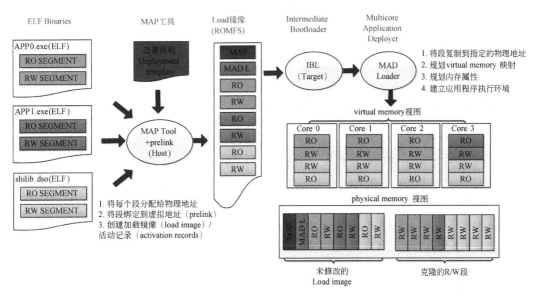

图 2.32　预链接器模式下的 MAD 流

1）镜像准备

（1）识别应用程序之间的公共代码。

（2）将公共代码链接为与位置无关的共享对象（DSO）。

（3）链接应用程序。

（4）以上步骤创建将在器件上运行的应用程序/DSO 集。

（5）确定哪些应用程序可以在每个内核上运行。

（6）通过预想使用情况来标识器件的内存分区。

（7）用上述信息为 MAP 工具创建部署配置文件。

（8）以部署配置文件作为输入运行 MAP 工具。

（9）MAP 工具生成一个预链接命令（Prelink Command）文件，其中包含预链接器

(Prelink)工具的段到虚拟地址绑定指令(Virtual Address Binding Instruction)。

(10) 预链接器工具从 MAP 工具读取 ELF 文件和预链接命令文件,并预链接所有输入应用程序(将段绑定到虚拟地址、处理动态重定位(Dynamic Relocation)等),并为预链接的每个 EXE 和 DSO 生成预链接输出文件。

(11) 使用预链接的输出文件和段分配到物理地址空间的信息,MAP 工具创建一个包含每个应用程序活动记录的加载镜像(ROMFS 格式)。

2) 应用程序部署

(1) 启动时,设备将运行 ROM BootLoader。

(2) ROM BootLoader 将加载并运行板上的 IBL(如 I^2CEEPROM)。

(3) IBL 将从 tftp 服务器(MAD 镜像也可以位于 NOR/NAND 闪存上)将 MAD 镜像下载到 DDR。

(4) IBL 配置了执行的入口点。

① 在非 MAD 的情况下,这将是下载的应用程序的入口点。

② 在 MAD 情况下,IBL 将被配置为跳转到 MAD Loader 的入口点。

(5) MAD Loader 会:

① 分析 ROMFS 镜像。

② 将应用程序段加载到其运行地址,并在每个配置的内核上开始执行应用程序。

2.6.3　多核应用程序部署工具包

1. 工具包概要

支持多核应用程序部署需要以下工具包。

(1) 代码生成工具(Code Generation Tools):提供编译和链接应用程序的工具,还提供 MAP 工具使用的预链接器。

(2) MAD 工具:提供 MAP 工具、MAD Loader。

(3) IBL:提供中间引导加载程序(Intermediate Boot Loader)。

MAD utils 是提供源码的。mad-utils 目录结构包含 mad-loader 和 map-tool 目录,分别包含 MAD Loader 和 MAP 工具的源码。

2. MAP 工具配置

MAP 工具的输入是 JSON 格式的配置文件。JSON(JavaScript Object Notation, JS 对象简谱)是一种轻量级的数据交换格式。配置文件包含以下对象。

(1) deploymentCfgFile:指定部署配置文件。

(2) LoadImageName:指定要生成的加载镜像文件的名称。加载镜像文件(ROMFS 格式)将放在 ./images 目录中。

(3) prelinkExe:指定预链接器可执行文件的名称。预链接器可执行文件的路径应该在执行环境中设置。

(4) ofdTool:指定 OFD(Object File Dump)工具可执行文件的名称。OFD 工具可执行文件的路径应该在执行环境中设置。OFD 工具是代码生成工具包的一部分。

(5) malApp:指定 MAD Loader Application 的文件名。

（6）nmlLoader：指定 NML(No Man's Land(Reserved Virtual Address Space))Loader 的文件名。NML Loader 是 MAD Loader 的一个子组件。

MAP 工具的示例配置文件如下所示。

```
{
    "deploymentCfgFile"     : "./config-files/deployment_template_C6678.json",
    "LoadImageName"         : "c6678-le.bin",
    "prelinkExe"            : "prelink6x",
    "stripExe"              : "strip6x",
    "ofdTool"               : "ofd6x",
    "malApp"                : "../mad-loader/bin/C6678/le/mal_app.exe",
    "nmlLoader"             : "../mad-loader/bin/C6678/le/nml.exe"
}
```

部署配置文件(预链接器旁路模式)指定以下信息：load 内存分区的地址和要部署的应用程序。部署配置文件是 JSON 格式的。预链接器旁路模式的部署配置文件包含以下部分。

（1）deviceName：此 JSON 对象标识目标器件。

（2）partitions：此部分标识将在内存中加载 ROMFS 镜像的内存分区。此部分具有以下配置参数：

- name：分区的名称,用作 MAP 工具调试日志中的分区标识符。
- vaddr：分区的虚拟地址。
- size：内存分区的大小(字节)。
- loadPartition：指定分区是否为加载分区。

可以参考 deployment_template_evmc6678l_bypass_prelink.json 文件。

```
{
    "deviceName" : "C6678",

    "partitions" : [
        {
            "name"          : "load-partition",
            "vaddr"         : "0x9e000000",
            "size"          : "0x2000000",
            "loadPartition" : true
        }
    ],

    "applications" : [
        {
            "name"          : "master",
            "fileName"      :
            "../../../ipc/evmc6678l/master/Debug/image_processing_evmc6678l_master.out",
            "allowedCores"  : [0]
        },
        {
            "name"          : "slave",
            "fileName"      :
```

```
            "../../../ipc/evmc66781/slave/Debug/image_processing_evmc66781_slave.out",
            "allowedCores"   : [1,2,3,4,5,6,7]
        }
    ],

    "appDeployment" : [
        "master",
        "slave",
        "slave",
        "slave",
        "slave",
        "slave",
        "slave",
        "slave"
    ]
}
```

部署配置文件(预链接器模式)用于指定 MAP 工具的以下信息：器件每个内核上所需的内存分区、分区的属性和访问权限、要部署的应用程序。

部署配置文件包含以下部分。

(1) deviceName：此 JSON 对象标识目标器件。

(2) partitions：此部分标识内存分区及其属性。用户通过指定段标识符(Section Name)来控制 ELF 段在分区中的位置,分区是结构的列表。每个结构都有以下对象：

- name：分区的名称,用作 MAP 工具调试日志中的分区标识符。
- vaddr：分区的虚拟地址。对于没有虚拟地址的器件,这将是物理地址。
- paddr：分区的物理地址。这是由器件 CoreId 索引的有序列表。给定索引处的值指定与该内核虚拟地址相对应的物理地址。对于没有虚拟内存寻址的设备,vaddr 和 paddr 是相同的。
- size：内存分区的大小(字节)。
- secNamePat：段名称模式,用于标识 ELF 段的正则表达式字符串。MAP 工具将把所有具有匹配节名的段放入这个内存分区。
- cores：此分区的适用内核列表。
- permissions：适用于分区的访问权限列表。允许的值包括 SR(Supervisor Read)、SW(Supervisor Write)、SX(Supervisor eXecute)、UR(User Read)、UW(User Write)、UX(User Execute)。
- cacheEnable：启用/禁用 cache。允许的值为 True、False。这是一个可选参数,默认值为 True。
- prefetch：启用/禁用预取。允许的值为 True、False。这是一个可选参数,默认值为 False。
- shared：指定分区是否在不同内核上的应用程序之间共享。允许的值为 True、False。
- loadPartition：指定分区是否为加载分区。ROMFS 镜像将下载到此分区。MAP 工具将尝试在此分区 XIP(eXecute In Place)中生成执行段。允许的值为 True、False。

这是一个可选参数,默认值为 False。系统中只能/必须有一个加载分区。MAD Loader 镜像被放在加载分区中的 XIP。

- priority:指定虚拟内存映射的优先级。较高的数字指定较高的优先级。当虚拟内存映射重叠时使用优先级。这是一个可选参数,默认值为 0。

(3) applications:本节指定要加载到器件上的应用程序。应用程序是一个结构列表。每个结构都有以下对象:

- name:指定应用程序的名称或别名。
- filename:应用程序 ELF 可执行文件的完整路径的文件名。
- libPath:指定应用程序使用的共享库的路径。
- allowedCores:应用程序可以运行的核心列表。

(4) appDeployment:指定在初始启动(Initial Boot)时要加载到每个内核上的应用程序。这是按 CoreId 索引的应用程序名称的有序列表。如果必须在没有应用程序的情况下启动内核,则应指定空字符串。

可以参考 deployment_template_C6678.json 文件。

```
{
    "deviceName" : "C6678",

    "partitions" : [
        {
            "name"          : "DDR3 - ROMFS",
            "vaddr"         : "0x9e000000",
            "paddr"         : [ "0x81e000000", "0x81e000000", "0x81e000000", "0x81e000000",
"0x81e000000", "0x81e000000", "0x81e000000", "0x81e000000"] ,
            "size"          : "0x1000000",
            "secNamePat"    : ["text", "const"],
            "cores"         : [0,1,2,3,4,5,6,7],
            "permissions"   : ["UR", "UX", "SR", "SX"],
            "cacheEnable"   : true,
            "prefetch"      : true,
            "priority"      : 0,
            "shared"        : true,
            "loadPartition" : true
        },
        {
            "name"          : "DDR3 - HEAP",
            "vaddr"         : "0x88000000",
            "paddr"         : ["0x808000000"] ,
            "size"          : "0x8000000",
            "secNamePat"    : ["systemHeapMaster"],
            "cores"         : [0],
            "permissions"   : ["UR", "UW", "SR", "SW"],
            "cacheEnable"   : true,
            "prefetch"      : true,
            "priority"      : 0,
            "shared"        : true
        },
```

```
      {
          "name"           : "DDR3 - DATA",
          "vaddr"          : "0x82000000",
          "paddr"          : ["0x802000000"],
          "size"           : "0x1000000",
          "secNamePat"     : ["WEBDATA"],
          "cores"          : [0],
          "permissions"    : ["UR", "UW", "SR","SW"],
          "cacheEnable"    : true,
          "prefetch"       : true,
          "priority"       : 0,
          "shared"         : true
      },
      {
          "name"           : "MSMCSRAM_MASTER",
          "vaddr"          : "0xc000000",
          "paddr"          : [ "0xc000000"],
          "size"           : "0x100000",
          "secNamePat"     : [ "emacComm", "NDK_PACKETMEM", "NDK_OBJMEM"],
          "cores"          : [0],
          "permissions"    : ["UR", "UW", "UX", "SR", "SW", "SX"],
          "cacheEnable"    : true,
          "prefetch"       : true,
          "priority"       : 0,
          "shared"         : false
      },
      {
          "name"           : "L2SRAM",
          "vaddr"          : "0x800000",
          "paddr"          : [ "0x800000", "0x800000", "0x800000", "0x800000",
"0x800000", "0x800000", "0x800000", "0x800000" ],
          "size"           : "0x80000",
          "secNamePat"     : [ "resmgr", "cio", "args", "cppi", "qmss", "^\\.far\\.",
"bss", "neardata", "rodata", "fardata", "defaultStackSection", "stack", "plt",
"platform_lib", "vecs", "switch","nimu_eth_l12"],
          "cores"          : [0,1,2,3,4,5,6,7],
          "permissions"    : ["UR", "UW", "UX", "SR", "SW", "SX"],
          "cacheEnable"    : false,
          "prefetch"       : false,
          "priority"       : 0,
          "shared"         : false
      }
    ],

    "applications" : [
      {
          "name"           : "master",
          "fileName"       :
          "../../../ipc/evmc66781/master/Debug/image_processing_evmc66781_master.out",
          "libPath"        : "../../../ipc/evmc66781/master/Debug",
          "allowedCores"   : [0]
```

```
        },
        {
            "name"              : "slave",
            "fileName"          :
            "../../../ipc/evmc6678l/slave/Debug/image_processing_evmc6678l_slave.out",
            "libPath"           : "../../../ipc/evmc6678l/slave/Debug",
            "allowedCores"      : [1,2,3,4,5,6,7]
        }
    ],

    "appDeployment" : [
        "master",
        "slave",
        "slave",
        "slave",
        "slave",
        "slave",
        "slave",
        "slave"
    ]
}
```

3. MAP 工具调用

对于预链接器模式,MAP 工具调用为:

```
python maptool.py  <maptoolCfg.json>
```

对于预链接器旁路模式,MAP 工具调用为:

```
python maptool.py  <maptoolCfg.json> bypass-prelink
```

其中 maptoolCfg.json 是 JSON 格式的输入配置文件。

对于 MAD Loader 的生成说明(Build Instructions):NOTE FOR BUILDING ON WINDOWS ENVIRONMENT。为了在 Windows 环境下生成(Build),需要像 Linux 环境下编译(Make)这样的 GNU 实用程序。Windows 生成环境需要安装 MINGW-MSYS。MINGW-MSYS 可以从 http://sourceforge.net/projects/mingw/files/下载。同时需要下载兼容的 Python 工具,并设置相应环境变量,如在环境变量"Path"行,添加 Python 安装路径即可。如果 CCS 安装路径有变化,需要修改相应的批处理文件(如 build_mad_image.bat)中 C6000 Code Generation Tools 的路径,如文件中"@set PATH="C:\ti\C6000 Code Generation Tools 7.4.0\bin";%PATH%"与 strip6x.exe 所在的目录不同,将路径修改成其所在目录,或在环境变量"Path"行添加 strip6x.exe 的路径。

IBL 相关资料在 C:\ti\mcsdk_x_xx_xx_xx\tools\boot_loader\ibl 目录中,可以从 http://linux-c6x.org/wiki/index.php/Bootloaders 获取更多 IBL 相关资料。MAD 工具在 C:\ti\mcsdk_x_xx_xx_xx\tools\boot_loader\mad-utils 目录中;MAD 详细说明见 http://processors.wiki.ti.com/index.php/MAD_Utils_User_Guide。

2.6.4　在目标上调试应用程序

1. 预链接器模式

当 MAD 工具在预链接器模式下使用时,应用程序将预链接到部署配置文件中指定的内存地址。在执行重新定位时,预链接器不会更新 ELF 文件中的 DWARF(Debugging With Attributed Record Formats,是许多编译器和调试器用来支持源代码级调试的调试文件格式)信息。因此,为了对重新定位的镜像进行符号调试(Symbolic Debugging),MAP 工具生成一个 CCS GEL 文件,该文件将应用程序的重新定位信息提供给 CCSdebug server。这种 GEL 是在"./images"目录中创建的(如 Image processing 演示程序中生成 mad_load_symbols.gel 文件)。

2. 预链接器旁路模式

在预链接器旁路模式下,不会重新定位应用程序可执行文件。因此,目标调试功能将正常工作。

3. 用 CCS 加载和运行 MAD 链接镜像

使用 CCS 加载和运行输出镜像以进行初始测试是很有用的。

请按照以下步骤使用 CCS 加载和运行镜像。

(1) 启动 CCS 并加载用户的 EVM 配置文件(mad_load_symbols.gel)。

(2) 连接到核 0。

(3) 打开 Memory Browser(View→Memory)并导航到 0x9E000000。在进行下一步操作前,确保 DDR 被初始化成功,可以通过 GEL 文件(evmc6678l.gel)初始化 DDR。选择 Core0,执行 Tools→Gel Files 命令,然后在 Gel Files 窗口右击进入 Load GEL,选择 evmc6678l.gel。此时菜单上出现 Scripts 选项(与 Tool 并列),执行 Scripts→EVMC6678L Init Functions→Global Default Setup 命令完成初始化操作。

(4) 在内存浏览器上单击鼠标右键,然后选择 Load Memory;浏览并选择从上一步生成的镜像(.bin)(可能需要更改"文件类型"选项才能看到.bin 文件)。

(5) 输入 0x9E000000 作为 Start Address。

(6) 请确定您的 Type-size 选择(C6678 中为 32 位)。单击 finish 按钮进入下一步。

(7) 要运行程序,请打开核 0 的 Register Browser(View→Registers)。

(8) 将 PC(Program Counter,程序计数器)更改为 0x9E001040。

(9) 运行核 0。

对于 2.6.5 节描述 Image Processing 示例程序,第(4)步选择的文件为生成的 mcip-c6678-le.bin 文件(位于< MCSDK INSTALL DIR >\demos\image_processing\utils\mad\evmc66♯♯l\images 目录,生成过程如下节所述),调试方法如下。

(1) 运行核 0 后,如果需要调试 Symbol,执行 Scripts→Multicore Application Deployment→refresh_symbos_master 命令。

(2) 运行其他所有内核。如果需要调试 Symbol,执行 Scripts→Multicore Application Deployment→refresh_symbos_master 命令。

(3) 在连接到 Hub 或 EVM 板的 PC 上打开 Web 浏览器。输入板卡的 IP 地址

(http://192.168.2.100),打开图像处理演示网页,如 1.11.5 节 image_processing 演示程序的说明一样操作即可。

2.6.5 Image Processing 示例程序使用 MAD 工具实现多核加载

Image Processing 演示程序:这个 Demo 使用 MAD 工具进行多核部署,可以作为一个有用的示例参考。其说明见 1.11.5 节 image_processing 演示程序。详细说明文档见 http://processors.wiki.ti.com/index.php/MCSDK_Image_Processing_Demonstration_Guide。

1. 使用 MAD 实用程序链接和创建可引导的应用程序镜像

BIOS MCSDK installation 在< MCSDK INSTALL DIR >\tools\boot_loader\mad-utils 中提供 MAD 工具。此包包含将应用程序链接到单个可引导镜像所需的工具。

Image Processing 演示程序有以下更新以创建 MAD 图像。

(1) master 和 slave 镜像通过--dynamic 和 --relocatable 选项链接。通过选择 CCS 软件菜单中 Project→Properties 命令,进入界面后选择 CCS Build→C6000 Linker 命令,在 Command-line pattern 窗口中键入--dynamic --relocatable,使得该行为"＄{command} ＄{flags} --dynamic --relocatable ＄{output_flag} ＄{output} ＄{inputs}"。然后,再重新生成(Rebuild)master 和 slave 工程。

(2) 用于链接 master 程序和 slave 程序的 MAD 配置文件在< MCSDK INSTALL DIR >\ demos\image_processing\utils\mad\evmc66♯♯l\config-files 文件中提供。下面是配置文件中需要注意的几个条目。

① maptoolCfg_evmc♯♯♯♯♯.json 具有工具的目录和文件名信息。

② deployment_template_evmc♯♯♯♯♯.json 有部署配置(有器件名、分区和应用程序信息)。下面是有关配置文件的更多说明。

- 对于 C66x 器件,物理地址为 36 位;对于外部器件,虚拟地址为 32 位,这包括 MSMC SRAM 和 DDR3 内存子系统。
- secNamePat 元素字符串是正则表达式字符串。
- bss、neardata、rodata 部分必须放在一个分区中,并按此处显示的顺序排列。

(3) 生成脚本(Build Script)< MCSDK INSTALL DIR >\demos\image_processing\ utils\mad\evmc66♯♯l\build_mad_image.bat 可用于重新创建镜像。注意:编译将分离出许多警告,如"Incompatible permissions for partition ...",现在可以忽略它。这是因为分区权限不匹配。在上述 Python 及其环境配置好后,通过"Windows 按钮"弹出菜单,在搜索程序和文件框中键入 cmd 进入 DOS 环境。在 DOS 通过命令进入< MCSDK INSTALL DIR >\demos\image_processing\utils\mad\evmc66♯♯l\目录,键入 build_mad_image.bat 命令。如果有工具因找不到路径而不被识别,也可以采用类似于 strip6x.exe 找不到路径的方式,通过修改文件(如 build_mad_image.bat 中"@set PATH="...""或 build_mad_ image.sh 中"CGT_INSTALL_DIR=")输入正确的路径或在环境变量中定义。在执行中如果出现"ERROR:Unassigned segment found:master ;seg-idx:4"错误,要核对 deployment_template_evmc♯♯♯♯♯.json 中各段"secNamePat"是否包含.cfg 文件 (Script View)中 sectMap 分配的所有段。如图 2.33 所示的 image_processing_evmc6678l_

master. cfg 文件分配了"nimu_eth_ll2",代码如下:"Program. sectMap[". nimu_eth_ll2"]＝〈loadSegment:"L2SRAM", loadAlign:16};"。而 deployment_template_C6678. json 文件里的""name":"L2SRAM""的"secNamePat"代码中没有定义"nimu_eth_ll2"。出现上述错误,解决方法是在"L2SRAM"中的"secNamePat"后面"[]"中添加"nimu_eth_ll2"。

```
190 Memory.defaultHeapSize = 0x10000;
191 Program.heap = 0x10000;
192 Program.sectMap[".vecs"]              = {loadSegment: "MSMCSRAM_MASTER", loadAlign:1024};
193 Program.sectMap[".switch"]            = {loadSegment: "MSMCSRAM_MASTER", loadAlign:8};
194 Program.sectMap[".cio"]               = {loadSegment: "L2SRAM", loadAlign:8};
195 Program.sectMap[".args"]              = {loadSegment: "L2SRAM", loadAlign:8};
196 Program.sectMap[".cppi"]              = {loadSegment: "L2SRAM", loadAlign:16};
197 Program.sectMap[".qmss"]              = {loadSegment: "L2SRAM", loadAlign:16};
198 Program.sectMap[".nimu_eth_ll2"]      = {loadSegment: "L2SRAM", loadAlign:16};
199 Program.sectMap[".far:NDK_PACKETMEM"]= {loadSegment: "MSMCSRAM_MASTER", loadAlign: 128};
200 Program.sectMap[".far:NDK_OBJMEM"]    = {loadSegment: "MSMCSRAM_MASTER", loadAlign: 16};
201 Program.sectMap[".far:WEBDATA"]       = {loadSegment: "DDR3", loadAlign: 8};
202 Program.sectMap[".resmgr_memregion"]  = {loadSegment: "L2SRAM", loadAlign:128};
203 Program.sectMap[".resmgr_handles"]    = {loadSegment: "L2SRAM", loadAlign:16};
204 Program.sectMap[".resmgr_pa"]         = {loadSegment: "L2SRAM", loadAlign:8};
205
206 Program.sectMap["systemHeapMaster"]   = "DDR3";
207 Program.sectMap[".cinit"]             = "MSMCSRAM_MASTER";
208 Program.sectMap[".const"]             = "MSMCSRAM_MASTER";
209 Program.sectMap[".text"]              = "MSMCSRAM_MASTER";
210 Program.sectMap[".far"]               = "L2SRAM";
211 Program.sectMap[".bss"]               = "L2SRAM";
212 Program.sectMap[".rodata"]            = "L2SRAM";
213 Program.sectMap[".neardata"]          = "L2SRAM";
214 Program.sectMap[".code"]              = "L2SRAM";
215 Program.sectMap[".data"]              = "L2SRAM";
216 Program.sectMap[".sysmem"]            = "L2SRAM";
217 Program.sectMap[".defaultStackSection"] = "L2SRAM";
218 Program.sectMap[".stack"]             = "L2SRAM";
219 Program.sectMap[".plt"]               = "L2SRAM";
220 Program.sectMap["platform_lib"]       = "L2SRAM";
```

图 2.33　image_processing_evmc6678l_master. cfg 文件 sectMap 配置

(4) 可引导镜像位于< MCSDK INSTALL DIR >\demos\image_processing\utils\mad\evmc66＃＃l\images。

生成脚本 build_mad_image_prelink_bypass. bat 可用于使用预链接旁路模式生成预链接旁路 MAD 镜像。

2. 使用 IBL 引导应用程序镜像

可以使用 IBL BootLoader 引导此镜像。

引导镜像时需要注意以下事项。

(1) 镜像类型/格式是 ibl_BOOT_FORMAT_BBLOB(Big Binary Large Object:BBLOB),因此需要配置 IBL 来引导此格式。

(2) 镜像的分支地址(加载(load)后的分支地址),在 MAL 应用程序中将其设置为0x9e001040(如果使用的是 BIOS MCSDK v 2.0.4 或更早版本,则设置为 0x80001040),与默认的 IBL 引导地址不同,因此需要更新 IBL 配置才能跳到此地址。

以下将简述用 IBL 从以太网和 NOR 引导镜像的步骤。有关 IBL 引导的详细信息,请参阅 IBL 文档。

1) 从 Ethernet 引导(TFTP Boot)

TFTP(Trivial File Transfer Protocol,简单文件传输协议)是 TCP/IP 协议族中的一个用来在客户机与服务器之间进行简单文件传输的协议。TFTP 是基于 UDP 协议实现的,提供简单、开销小的文件传输服务。可以先下载一个 Tftpd32 工具,设置 PC 端服务器(ServerInterfaces:192.168.2.101)和 TFTP 路径。

（1）更改 IBL 配置。

IBL 配置参数在 GEL 文件中< MCSDK INSTALL DIR >\tools\boot_loader\ibl\src\make\bin\i2cConfig.gel 提供。所有更改都需要在 GEL 文件的 setConfig_c66♯♯_main() 函数中完成。

① IBL 配置文件默认设置 PC IP 地址 192.168.2.101、掩码 255.255.255.0 和 EVM 板 IP 地址设置为 192.168.2.100。如果需要更改这些地址，请打开 GEL 文件，在函数 setConfig_c66♯♯_main()中更改 ethBoot.ethInfo 参数。

② 请确保 ethBoot.bootFormat 设置为 ibl_BOOT_FORMAT_BBLOB。

③ 将 ethBoot.blob.branchAddress 设置为 0x9e01040（如果使用的是 BIOS MCSDK v2.0.4 或更早版本，则设置为 0x80001040）。同时也要设置 ibl.bootModes[2].u.ethBoot.blob.startAddress＝0x9e000000，与 ethBoot.blob.branchAddress 匹配对应。

④ 应用程序名称默认为 app.out。

代码如下：

```
menuitem "EVM c66♯ IBL";
hotmenu setConfig_ c66♯♯ main()
{
    ibl.iblMagic = ibl MAGIC VALUE;
    ibl.iblEvmType = ibl_ FVM_C66♯♯L ;
    ...
    ibl.bootModes[2].u.ethBoct.doBootp = FALSE;
    ibl.bootModes[2].u.ethBoct.useBootpServerIp = TRUE;
    ibl.bootModes[2].u.ethBoct.useBootpFileName = TRUE;
    ibl.bootModes[2].u.ethBoct.bootFormat = ibl_BOOT_FORMAT_BBLOB;

    SETIP(ibl.bootModes[2].u.ethBoot.ethInfo.ipAddr,192,168,2,100);
    SETIP(ibl.bootModes[2].u.ethBoot.ethInfo.serverIp,192,168,2,101);
    SETIP(ibl.bootModes[2].u.ethBoot.ethInfo.gatewayIp,192,168,2,1);
    SETIP(ibl.bootModes[2].u.ethBoot.ethInfo.netmask,255,255,255,0);
    ...
    ibl.bootModes[2].u.ethBoot.ethInfo.fileName[0] = 'a';
    ibl.bootModes[2].u.ethBoot.ethInfo.fileName[1] = 'p';
    ibl.bootModes[2].u.ethBoot.ethInfo.fileName[2] = 'p';
    ibl.bootModes[2].u.ethBoot.ethInfo.fileName[3] = '.';
    ibl.bootModes[2].u.ethBoct.ethInfo.fileName[4] = 'o';
    ibl.bootModes[2].u.ethBoot.ethInfo.fileName[5] = 'u';
    ibl.bootModes[2].u.ethBoct.ethInfo.fileName[6] = 't';
    ibl.bootModes[2].u.ethBoct.ethInfo.fileName[7] = '\0'
    ibl.bootModes[2].u.ethBoot.ethInfo.fileName[8] = '\0';
    ibl.bootModes[2].u.ethBoct.ethInfo.fileName[9] = '\0';
    ibl.bootModes[2].u.ethBoct.ethInfo.fileName[10] = '\0';
    ibl.bootModes[2].u.ethBoct.ethInfo.fileName[11] = '\0';
    ibl.bootModes[2].u.ethBoct.ethInfo.fileName[12] = '\0';
    ibl.bootModes[2].u.ethBoot.ethInfo.fileName[13] = '\0';
    ibl.bootModes[2].u.ethBoot.ethInfo.fileName[14] = '\0';

    ibl.bootModes[2].u.ethBoot.blob.startAddress = 0x9e000000; /* Load start address */
    /* 0x0000000 for BIOS MCSDK v2.0.4 or prior */ /* Load start address */
    ibl.bootModes[2].u.ethBoct.blob.sizeBytes = 0x2000000;
```

```
    ibl.bootModes[2].u.ethBoct.blob.branchAddress = 0x9e001040; /* Branch address after
loading */
    /* 0x80001040 for BIOS MCSDK v2.0.4 or prior */ /* Branch address after loading */

    ibl.chkSum = 0;
}
```

（2）写入 IBL 配置。

① 使用 JTAG 连接板卡，给 EVM 板通电，打开 CCS，Load Target 并连接到核 0。选择 Tools→GEL Files 命令，然后在 GEL Files 窗口中右键单击并加载 GEL。然后选择并加载 < MCSDK INSTALL DIR >\tools\boot_loader\ibl\src\make\bin\i2cConfig.gel。

② 将 I²C writer < MCSDK INSTALL DIR >\tools\boot_loader\ibl\src\make\bin\i2cparam_0x51_c66♯♯_le_0x500.out 加载到核 0 并运行。它会要求在 console 窗口运行 GEL。选择 Scripts→EVM c66♯♯→setConfig_c66♯♯_main 命令运行 GEL 脚本。

③ 打开 CCS Console 窗口，按回车键完成 I²C 写入。

（3）引导镜像。

① 断开 CCS 与板的连接，断开板的电源。

② 将以太网从板连接到交换机/hub/PC，并将 UART 电缆从板连接到 PC。UART 串口的配置为：COM1 端口、波特率 115200、数据 8 位、无校验、1 位停止位、无流控制（Flow Control），如图 2.34 所示。

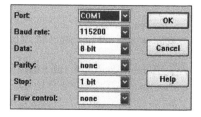

图 2.34　UART 串口的配置

③ 确保计算机按照上面指定的 IP 地址设置。

④ 按照硬件设置表（TMDXEVM6678L）的规定，如表 2.25 所示，将 EVM 板拨码开关设置为从以太网引导（TFTP 引导）。

⑤ 将演示镜像复制到 tftp 目录并将其名称更改为 app.out。

⑥ 启动 tftp 服务器并将其指向 tftp 目录。

⑦ 打开板上的电源。镜像将使用 TFTP 下载到板上，并且串口 Console 应该打印来自 Demo 的消息。这也将打印 EVM 板的配置 IP 地址。在 TFTP 服务器端 Log view 可以看到服务器连接和 app.out 被发送的信息：Connection received from 192.168.2.100 on port 1234...< app.out >: sent 8001 blks, 4096000 bytes in 2 s. 0 blk resent。

⑧ 使用 IP 地址在浏览器中打开演示页（http://192.168.2.100）并运行演示程序。

2）从 NOR 引导

（1）更改 IBL 配置。

IBL 配置参数在 GEL 文件 < MCSDK INSTALL DIR >\tools\boot_loader\ibl\src\make\bin\i2cConfig.gel 中提供。所有更改都需要在 GEL 文件的 setConfig_c66♯♯_main() 函数中完成。

① 确保 norBoot.bootFormat 设置为 ibl_BOOT_FORMAT_BBLOB。

② 将 norBoot.blob[0][0].branchAddress 设置为 0x9e001040（如果使用的是 BIOS MCSDK v2.0.4 或更早版本，则设置为 0x80001040）。同时也要相应地设置 ibl.bootModes[0].u.norBoot.blob[0][0].startAddress = 0x9e000000，与 norBoot.blob[0][0].branchAddress 匹配。

代码如下：

```
menuitem " EVM c66## IBL";
hotmenu setConfig_c66##_main()
{
    ibl.iblMagic = ibl_MAGIC_VALUE;
    ibl.iblEvmType = ibl_EVM_C66##L;
    ...
    ibl.bootModes[0].bootMode = ibl_BOOT_MODE_NOR;
    ibl.bootModes[e].priority = ibl_HIGHEST_PRIORITY;
    ibl.bootModes[0].port = 0;
    ibl.bootModes[0].u.norBoot.bootFormat = ibl_BOOT_FORMAT_BBLOB;
    ibl.bootModes[e].u.norBoot.bootAddress[0][0] = 0; /* Image 0 NOR offset byte address in
LE mode */
    ibl.bootModes[e].u.norBoot.bootAddress[0][1] = 0xA00000; /* Image 1 NOR offset byte
address in LE mode */
    ibl.bootModes[e].u.norBoot.bootAddress[1][0] = 0; /* Image 0 NOR offset byte address in
BE mode */
    ibl.bootModes[0].u.norBoot.bootAddress[1][1] = exA00000; /* Image 1 NOR offset byte
address in BE mode */
    ibl.bootModes[0].u.norBoot.interface = ibl_PMEM_IF_SPI;
    ibl.bootModes[e].u.norBoot.blob[0][0].startAddress = 0x9e000000 ; /* Image 0 load
start address in LE mode */
    /* 0x80000000 for BIOS MCSDK v2.0.4 or prior */ /* Image 0 load start address in LE
mode */
    ibl.bootModes[e].u.norBoot.lob[@][@].sizeBytes = 0xA00000; /* Image 0 size (10 MB)
in LE mode */
    ibl.bootModes[e].u.norBoot.blob[0][0].branchAddress = ex9e001040 ; /* Image 0 branch
address after loading inLE mode */
    /* 0x80001040 for BIOS MCSDK v2.0.4 or prior */ /* Image 0 branch address after loading in
LE mode */
    ...
    ibl.chkSum = 0;
}
```

（2）写入 IBL 配置。

① 使用 JTAG 连接板，给 EVM 板通电，打开 CCS，Load Target 并连接到核 0。选择 Tools→GEL Files 命令，然后在 GEL Files 窗口中右键单击并加载 GEL。然后选择并加载 < MCSDK INSTALL DIR >\tools\boot_loader\ibl\src\make\bin\i2cConfig. gel。

② 加载 I²C writer < MCSDK INSTALL DIR >\tools\boot_loader\ibl\src\make\bin\i2cparam_0x51_c66##_le_0x500. out 到核 0 并运行。

③ 它会要求在 Console 窗口运行 GEL。从"Scripts→EVM c66##→setConfig_c66## _main"运行 GEL 脚本。打开 CCS Console 窗口，按回车键完成 I²C 写入。

（3）写入 NOR 镜像。

① 将应用程序镜像（< MCSDK INSTALL DIR >\demos\image_processing\utils\mad \evmc66##l\images\mcip-c66##-le. bin）复制到< MCSDK INSTALL DIR >\tools\writer\nor\evmc66##l\bin\app. bin。

② 使用 JTAG 连接 EVM 板，给板通电，打开 CCS，Load Target 并连接到核 0。确保 PLL 和 DDR 寄存器是从 platform GEL 初始化的（如果不是自动完成，请从 GEL 文件运行

Global_Default_Setup 函数)。加载镜像 < MCSDK INSTALL DIR > \ tools \ writer \ nor \ evmc66♯♯l\bin\norwriter_evm66♯♯l. out。

③ 打开内存窗口,将应用程序镜像(< MCSDK INSTALL DIR >\ demos \ image_processing\utils\mad\evmc66♯♯l\images\mcip-c66♯♯-le. bin)加载到地址 0x8000000。

④ 确保 Type-size 选择 32 位。

⑤ 单击运行 NOR Writer 来写入镜像。

⑥ CCS Console 将显示 Write Complete 消息。

(4) 从 NOR 引导。

① 断开 CCS 并断开 EVM 板电源。

② 按照硬件设置表(TMDXEVM6678L)中的指定,如表 2.25 所示,将 EVM 板拨码开关设置为从 NOR(NOR boot on image 0)引导。

③ 将以太网电缆从 EVM 板连接到交换机/hub。

④ 将串行电缆从 EVM 板连接到 PC 并打开串行端口 Console 以查看输出。

⑤ 给 EVM 板通电,镜像应该从 NOR 引导并且 Console 应该显示引导消息。

⑥ 演示应用程序将在 Console 中打印 IP 地址。

⑦ 使用 IP 地址在浏览器中打开演示页(http://192.168.2.100)并运行演示程序。

2.7　设计建议和注意事项

1. 尽量共用程序

对于信号处理类的运算,处理的过程设计成流水方式容易提升 DSP 的性能,如后面将会提到的两级乒乓方式提升处理能力。每个核的程序不同将导致代码段膨胀,占用了内部有限的存储空间。过多的冗余代码段使得用于计算的 RAM 资源减少,特别是靠近内核的 L2 资源,在需要处理和并行的计算过程中影响处理传输并行性的设计。

对于信号处理类的代码,驻留在 L1P 程序区的时间越长越好,不要反复从程序区调程序。程序区可以放在 MSM 或 DDR3 中,而不是占用较多的 L2 存储器资源。各个核通过核编号来区别各核具体的任务。

2. 不要反复初始化硬件设备

根据不同的模式初始化的硬件不同,如在 RBL 引导过程初始化过 PLL 或 DDR3,不要在应用程序中再反复初始化已初始化的设备。

3. Flash 烧写器

TI 提供的 MCSDK 下的 NorWriter 程序,使用了 DDR3 作为程序缓存,如果在程序未初始化 DDR3 时,可以将缓冲放在 MSM RAM 中。或者设置 EVM 板拨码开关为 No-Boot 模式,在这种模式通过运行 GEL 文件(evmc66781. gel)以完成 DDR3 的初始化操作,如 8.5.2 节描述的方法设置。GEL 文件初始化 DDR 具体操作也可以参见 1.11.5 节 image_processing 演示程序中所描述的操作。如果使用了 DDR3 作缓冲,而当前模式未初始化 DDR3,可以设置程序中 init_flags. ddr=1 使能 DDR3 初始化。

NorWriter 支持 swap_byte 烧写,如果修改 swap_byte=1,程序中会默认在 L2 开辟缓

冲区,其限制了应用程序的大小。如果镜像文件过大,可以修改 cmd 文件,扩大堆的分配或将 scrach_block 分配到 MSM 中。

4. 用于引导搬移的程序和应用程序存储空间要分开

如果采用了二级或多级引导,引导搬移的程序被分配的地址和应用程序被分配的地址空间要分开,避免相互覆盖。

5. 嵌入式系统一般采用 NOR Flash 存放引导代码

由于 EEPROM 容量小,对于程序量较小的应用适用,通常的嵌入式系统引导采用 Flash 引导的方式比较方便。由于 NAND Flash 有坏块以及 NAND 读取是以一次读取一块的形式进行的,因而嵌入式系统通常采用 NOR Flash 来存放代码。采用 NOR Flash 二次引导方式相比于 I^2C IBL 二次引导方式可以减少一个 EEPROM。

6. 注意镜像文件的大小端和工具的使用

镜像文件的生成过程采用了很多工具,如 hex6x、b2i2c、b2ccs、romparse、ccs2bin 等。在转换过程中有的工具可以选择控制大小端的转换,如 hex6x 和 ccs2bin 等。RBL 使用的数据按照大端模式,应用程序使用的模式按照工程属性配置可以设定为 Little Endian 或 Big Endian 模式。确保使用的镜像文件的大小端与实际使用匹配。

另外有些工具限制了程序的大小,如 b2i2c 工具定义了最大长度 MAX_SIZE 为 0x20000,如果程序镜像超过限制,需要修改工具源码。

7. 注意目的地址为 L2 的要用全局地址

无论是 RBL 搬运程序到各个核的 L2 存储空间,还是核 0 写 Boot Magic Address 地址,都需要采用全局地址空间进行访问。

8. 加载相关工具

hex6x.exe 工具在 C:\ti\ccsv5\tools\compiler\c6000_x.x.x\bin 目录,其他一些工具可以从 C:\ti\mcsdk_x_xx_xx_xx\tools\boot_loader\ibl\src\util 目录找到。或者也可以通过 mergebtbl 工具从 http://processors.wiki.ti.com/images/d/d8/Boot_test_package.zip 下载,文件夹也包含其他工具。文件夹包含的加载实例是基于 C6474 的,其引导文件的生成仍有参考价值。

9. 更多引导示例

更多模式引导示例见< MCSDK INSTALL DIR >\tools\boot_loader\examples 目录,包含 Ethernet、I^2C、MAD、PCIE 和 SRIO,其详细说明见 docs 目录,.txt 文件建议用写字板打开,用记事本打开没有分行。< MCSDK INSTALL DIR >\tools 目录包含 boot_loader、post(Power on Self Test application)、program_evm、writer(将镜像文件写入 nor、nand 或 eeprom 的工具)及其他一些格式转换工具,详细的说明见相应的 docs 目录,编写 EVM 镜像文件说明见 program_evm 文件夹中 program_evm_userguide。POST 是一个测试程序,可编程到 I^2C EEPROM,在上电复位(POR)之后直接从 I^2C 总线地址 0x50 启动,它执行具体 EVM 板的测试,如外部存储器测试、NAND/NOR/EEPROM 读取测试、LED 测试等。

第3章

SRIO

RapidIO 是一种通用、高带宽、低引脚数、基于数据包交换的系统级互连体系结构的一种开放式互连技术标准。它主要用作系统内部接口,用于以每秒千兆字节的性能水平进行芯片到芯片及板到板通信。KeyStone 器件中使用的 RapidIO 外围设备称为串行 RapidIO(Serial RapidIO,SRIO)。

SRIO 接口支持 4 通道 SRIO 2.1 规范,每通道支持 1.25/2.5/3.125/5Gb/s 波特率传输。PCIE Gen2 单个接口支持 1 通道或两通道,每通道最高可支持 5Gb/s 波特率。

SRIO 端口在 C6678 器件上是一个高性能、接口数量少的内部连接方式。在一个基带板内部使用 RapidIO 进行连接设计,可以创建一个对等的互连环境,在部件间提供更多的连接和控制,性能可达 GB/s。RapidIO 基于处理器总线中存储器和器件寻址概念,事务处理完全由硬件管理。采用 RapidIO 互连不仅可以降低系统成本,还可以降低潜在风险,减小包数据处理的间接消耗并提供更高的系统带宽。

这种体系结构可以用于连接微处理器、内存和内存映射的 I/O 器件,通常应用于网络设备、内存子系统和通用处理系统。

RapidIO 的主要特点包括:

(1) 灵活的系统架构,允许点对点通信。

(2) 具有错误检测功能、强大的通信能力。

(3) 频率和端口宽度可扩展性。

(4) 非软件密集型操作。

(5) 高带宽互连,低开销。

(6) 引脚数少。

(7) 低功率。

(8) 低延迟。

3.1 SRIO 介绍

RapidIO 体系架构和 RapidIO 互连结构分别如图 3.1 和图 3.2 所示。

SRIO 中的 RapidIO 外部设备要求:SRIO 为所有符合 RapidIO 物理层 1×/4×LP 系

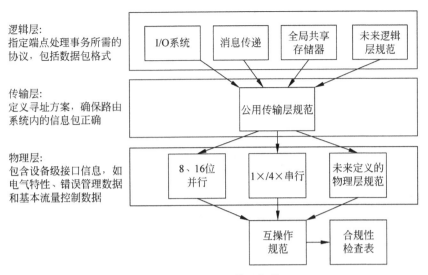

图 3.1　RapidIO 体系架构

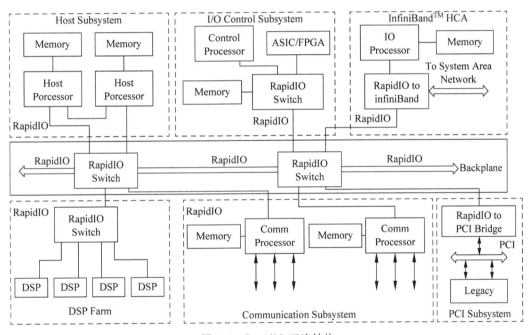

图 3.2　RapidIO 互连结构

列规范 V1.2 的设备提供无缝接口。这包括多个供应商提供的 ASIC、微处理器、DSP 和交叉开关网络(Switch Fabric)设备。

　　SRIO 的驱动库在 ti\pdk_C6678_x_x_x_x\packages\ti\drv\srio 目录下,相关文档在 docs 目录,例程在 example 目录下。

　　SRIO 的编程示例程序基于寄存器层 CSL(芯片支持层)。大多数代码使用如下定义的 SRIO 寄存器指针:

```
# include < ti/csl/cslr_srio.h >
```

```
# include < ti/csl/cslr_device.h>
CSL_SrioRegs * srioRegs = (CSL_SrioRegs * )CSL_SRIO_CONFIG_REGS;
```

3.1.1 物理层 1×/4×-LP 系列规范

目前，RapidIO 行业协会认可两种物理层规范：8/16 LP-LVDS 和 1×/4×LP 系列。8/16 LP-LVDS 规范是一个点对点同步时钟源 DDR 接口。1×/4×LP 串行规格是一个点对点、交流耦合、时钟恢复的接口。两个物理层规格不兼容。

SRIO 符合 1×/4×LP 系列规范。SRIO 中的 SerDes(Serializer/Deserializer)技术也与该规范一致。

RapidIO 物理层 1×/4×LP 串行规范目前涵盖四个频点：1.25Gb/s、2.5Gb/s、3.125Gb/s 和 5Gb/s。这定义了每个 I/O 信号差分对的总带宽。由于 8 位/10 位编码开销，每个差分对的有效数据带宽分别为 1.0Gb/s、2.0Gb/s、2.5Gb/s 和 4Gb/s。

SRIO 物理层结构如图 3.3 所示。

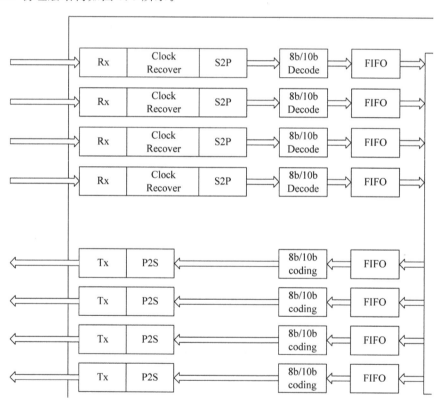

图 3.3 SRIO 物理层结构

1. 1×和 4×连接

SRIO 物理层 1×/4×互连结构如图 3.4 所示。SRIO 设备引脚采用高速差分信号接收数据。一个设备的每条正传输数据线(TDx)都连到另一个设备上对应编号的正接收数据线。同样，每条负传输数据线($\overline{\text{TDx}}$)连接到一个对应编号的负接收数据线($\overline{\text{RDx}}$)。图 3.4 中 RD 为接收数据线(Receive Data Line)的简写，TD 为传输数据线(Tranceive Data)的缩写。

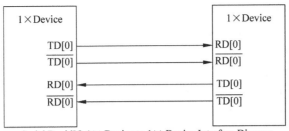

Serial RapidIO 1× Device to 1× Device Interface Diagram

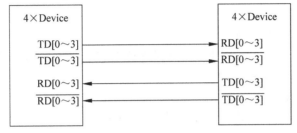

图 3.4　SRIO 1×和 4×互连结构

2. SRIO 引脚

SRIO 设备引脚是基于电流模式逻辑(Current-Mode Logic,CML)开关电平的高速差分信号。发送和接收缓冲区独立于时钟恢复块中。参考时钟输入未合并到 SerDes 宏中。它使用了一个差分输入缓冲器,与晶体振荡器制造商提供的 LVDS 和 LVPECL 接口兼容。表 3.1 描述了 SRIO 外围设备的引脚。

表 3.1　SRIO 外围设备的引脚

引　脚　名	引脚数	信号方向	描　　　述
RIOTX3/$\overline{\text{RIOTX3}}$	2	Output	发送数据-差分点对点单向总线。将数据包数据发送到接收设备的 Rx 引脚,用于 1 个 4×设备中的最高有效位,也可用于 4 个 1×设备
RIOTX2/$\overline{\text{RIOTX2}}$	2	Output	发送数据-差分点对点单向总线。将数据包数据发送到接收设备的 Rx 引脚,用于 4 个 1×设备和 1 个 4×设备的位
RIOTX1/$\overline{\text{RIOTX1}}$	2	Output	发送数据-差分点对点单向总线。将数据包数据发送到接收设备的 Rx 引脚,用于 4 个 1×设备和 1 个 4×设备的位
RIOTX0/$\overline{\text{RIOTX0}}$	2	Output	发送数据-差分点对点单向总线。将数据包数据发送到接收设备的 Rx 引脚,用于 1 个 1×设备、4 个 1×设备和 1 个 4×设备的位
RIORX3/$\overline{\text{RIORX3}}$	2	Input	接收数据-差分点对点单向总线。接收发送设备的 Tx 引脚的数据包数据。1 个 4×设备中的最高有效位,也可用于 4 个 1×设备
RIORX2/$\overline{\text{RIORX2}}$	2	Input	接收数据-差分点对点单向总线。接收发送设备的 Tx 引脚的数据包数据,用于 4 个 1×设备和 1 个 4×设备的位
RIORX1/$\overline{\text{RIORX1}}$	2	Input	接收数据-差分点对点单向总线。接收发送设备的 Tx 引脚的数据包数据,用于 4 个 1×设备和 1 个 4×设备的位
RIORX0/$\overline{\text{RIORX0}}$	2	Input	接收数据-差分点对点单向总线。接收发送设备 Rx 引脚的数据包数据。用于 1 个 1×设备、4 个 1×设备和 1 个 4×设备的位
RIOCLK/$\overline{\text{RIOCLK}}$	2	Input	外围时钟恢复电路的参考时钟输入缓冲器

3. RapidIO 支持的功能

（1）符合 RapidIO 互连规范 REV2.1.1。

（2）符合 LP 系列规范 REV2.1.1。

（3）4×串行 RapidIO：

- 1×端口,可选操作(4)个 1×端口；

- 2×端口,可选操作(2)个 2×端口；

- 2×端口和 1×端口操作,可选(1)个 2×端口和(2)个 1×端口；

- 4×端口,(1)个 4×端口。

（4）TI SerDes 集成时钟恢复。

（5）能够以不同波特率运行不同端口(仅支持整数倍速率,即支持 2.5Gb/s 和 5Gb/s,不支持 3.125Gb/s 和 5Gb/s)。

（6）硬件错误处理,包括 CRC。

（7）支持 1.25Gb/s、2.5Gb/s、3.125Gb/s 和 5Gb/s 的波特率。

（8）未使用端口的电源关闭选项。

（9）Read、Write、Write w/response、Streaming Write、输出原子化(Out-going Atomic)、维护(Maintenance)操作。

（10）中断生成到 CPU(门铃包和内部调度)。

（11）支持 8 位和 16 位 DeviceID。

（12）支持接收 34 位地址。

（13）支持生成 34 位、50 位和 66 位地址。

（14）支持数据大小：字节、半字、字、双字。

（15）定义为大端(Big Endian)。

（16）DirectIO 传输。

（17）消息传递传输。

（18）数据有效负载达到 256 字节。

（19）单个消息生成最多 16 个数据包。

（20）弹性存储 FIFO,用于时钟域切换。

（21）支持短线传输(Short Run：低功耗,板内或短的背板连接)和长线传输(Long Run：最低 50cm 和两个及以上连接器),AC 驱动特性不一样。

（22）支持错误管理扩展。

（23）支持拥塞控制扩展。

（24）支持组播(Multicast ID)。

（25）支持短控制符号和长控制符号。

（26）支持 IDLE1 和 IDLE2。

（27）基于优先级和 CRF 的协议单元之间的严格优先级段交织。

不支持以下功能。

（1）符合 Global Shared Memory Specification(GSM 规范)。

（2）8/16 LP-LVDS 兼容。

（3）目的地(Destination)支持 RapidIO 原子操作。

3.1.2 SRIO 外围数据流

该外围设备是一个外部驱动的从模块,能够作为 DSP 芯片内的主设备。这意味着外部设备可以根据需要将(突发写入)数据推送到 DSP,而不必向 CPU 生成中断或不依赖于 DSP EDMA。这有几个好处:减少了中断的总数,减少了与只读外围设备相关联的握手(延迟),并为其他任务释放了 EDMA。

SRIO 规定有效负载高达 256 字节的数据包。通常一个事务包含多个数据包。RapidIO 规定每条消息最多 16 个数据包。尽管为每个数据包事务生成了一个请求,以便 DMA 可以将数据传输到二级内存,但只有在消息的最后一个数据包之后才会生成中断。此中断通知 CPU 数据在二级内存中可用于处理。

作为一个端点设备,外围设备根据目标 ID 接收数据包。对于数据包接收,有两种模式可选项。第一个选项只接收 DestID 与本地 DeviceID 匹配的数据包,这提供了一个安全级别。第二个选项是系统组播操作。当通过表 3.2 组播操作的 DestID 检查启用组播时,所有与下面注释中提到的 DeviceID 匹配的传入数据包,表 3.3 中描述的组播 DeviceID 寄存器都被接收。

表 3.2 组播操作的 DestID 检查

模式 (Mode)	操 作	log_tgt_id_dis (PER_SET_CNTL, Bit 27,0x0020)	tgt_id_dis (TLM_SP{0..3} _CONTROL Bit 21,0x1b380, 0x1b400,0x1b480, 0x1b500)	mtc_tgt_id_dis (TLM_SP{0..3} _CONTROL Bit 20,0x1b380, 0x1b400,0x1b480, 0x1b500)
A	主机只能使用 DESTID=RIO_BASE_ID(0xB060)或其他 15 个 DeviceID 值之一执行维护枚举、发现和分配; 没有组播; 没有数据包转发	×	0	0
B	主机可以使用任何 DestID 执行维护枚举、发现和分配; 允许对 Base_ID 进行硬编码(引脚设置),然后主机读取维护数据; 没有组播; 没有数据包转发	×	0	1
C	主机可以执行维护枚举、发现,且仅使用 DestID = RIO _ Base _ ID(0xB060)或其他 15 个 DeviceID 值之一进行分配; 支持 8 个本地组播组; 支持所有数据包类型的数据包转发	0	1	0

续表

模式 （Mode）	操　　作	log_tgt_id_dis （PER_SET_CNTL， Bit 27，0x0020）	tgt_id_dis （TLM_SP{0..3} _CONTROL Bit 21，0x1b380， 0x1b400，0x1b480， 0x1b500）	mtc_tgt_id_dis （TLM_SP{0..3} _CONTROL Bit 20，0x1b380， 0x1b400，0x1b480， 0x1b500）
D	主机可以使用任何 DestID 执行维护枚举、发现和分配； 允许对 Base_ID 进行硬编码（引脚设置），然后主机读取维护数据； 支持 8 个本地组播组； 不进行 FType 8 维护包的包转发	0	1	1
E	主机只能使用 DestID＝RIO_Base_ID（0xB060）或其他 15 个 DeviceID 值之一执行维护枚举、发现和分配； 支持无限组播/单播组； 没有数据包转发	1	1	0
F	主机可以使用任何 DestID 执行维护枚举、发现和分配； 允许对 Base_ID 进行硬编码（引脚设置），然后主机读取维护数据； 支持无限组播/单播组； 没有数据包转发	1	1	1

表 3.3　检查 DeviceID 的寄存器

DeviceID 类型	寄 存 器 名	偏 移 地 址
Multicast ID	RapidIO Multicast ID0	0x00C0
	RapidIO Multicast ID1	0x00C4
	RapidIO Multicast ID2	0x00C8
	RapidIO Multicast ID3	0x00CC
	RapidIO Multicast ID4	0x00D0
	RapidIO Multicast ID5	0x00D4
	RapidIO Multicast ID6	0x00D8
	RapidIO Multicast ID7	0x00DC

（1）其中 log_tgt_id_dis＝0b0，仅支持 DestID 等于 Base_ID 或任何其他 15 个允许的 DeviceID 或 8 个 MulticastID 的数据包；log_tgt_id_dis＝0b1，支持混杂（Promiscuous）ID/单播 ID。逻辑层接收所有数据包，而不考虑 DestID，并由相应的功能块处理。

（2）tgt_id_dis 和 mtc_tgt_id_dis 一起使用以配置混杂模式。tgt_id_dis 和 mtc_tgt_id_dis 组合的行为如表 3.4 所示。

表 3.4　tgt_id_dis 和 mtc_tgt_id_dis 组合的行为

端　　点		TGT_ID_DIS	0	1	0	1
		MTC_TGT_ID_DIS	0	0	1	1
维护请求/保留数据包	匹配 Base DeviceID		路由到 LLM（Logical Layer Module）	路由到 LLM	路由到 LLM	路由到 LLM
	匹配 BRR（Base Routing Register）		由 BRR 路由	由 BRR 路由	路由到 LLM	路由到 LLM
	无匹配		忽略	路由到用户内核	路由到 LLM	路由到 LLM
除维护请求/保留数据包外的所有数据包	匹配 Base DeviceID		路由到用户内核	路由到用户内核	路由到用户内核	路由到用户内核
	匹配 BRR		路由到用户内核	路由到用户内核	路由到用户内核	路由到用户内核
	无匹配		忽略	路由到用户内核	忽略	路由到用户内核

下一步是时钟同步和数据对齐。这些功能由 FIFO 和线去偏斜(Lane De-skewing)块处理。FIFO 提供一种灵活存储机制,用于在恢复的时钟域和公共系统时钟之间转换时钟域。在 FIFO 之后,无论使用的是 $1\times$、$2\times$ 还是 $4\times$ 模式,四个线都在频率和相位上同步。FIFO 是 8 字深。在 $4\times$ 模式下,线去偏斜块用于对齐每个通道的字边界,从而使生成的 32 位字正确对齐。

CRC 错误检测块保持输入数据的运行计算,并且计算 $1\times$、$2\times$ 或 $4\times$ 模式的预期 CRC 值。将期望值与接收数据包末尾的 CRC 值进行比较。

在数据包到达逻辑层后,对数据包字段进行解码并缓冲有效负载。根据接收数据包的类型控制 DMA 访问的功能块处理,图 3.5 描述了这些块。

加载/存储单元(Load/Store Unit,LSU)控制 DirectIO 数据包的传输,内存访问单元(Memory Access Unit,MAU)控制 DirectIO 数据包的接收。LSU 还控制维护包的传输。消息包由 TXU 发送并由 RXU 接收。这四个单元使用内部 DMA 与内部存储器通信,它们使用缓冲区和接收/发送端口与外部设备通信。

RapidIO 数据流由与逻辑层、传输层和物理层相关的数据字段组成。

(1) 逻辑层由头(定义访问类型)和有效负载(如果存在)组成。

(2) 传输层在某种程度上依赖于系统中的物理拓扑结构,由发送和接收设备的源和目标 ID 组成。

(3) 物理层依赖于物理接口(即串行与并行 RapidIO),包括优先级、确认和错误检查字段。

3.1.3　SRIO 包

SRIO 事务基于请求和响应数据包。包是系统中端点设备之间的通信元素。主机或发起者生成一个发送到目标的请求包。然后,目标生成一个响应包返回给发起方以完成事务。

SRIO 端点通常不直接连接到彼此,而是具有中间交换结构(Fabric)互连。如图 3.6 所

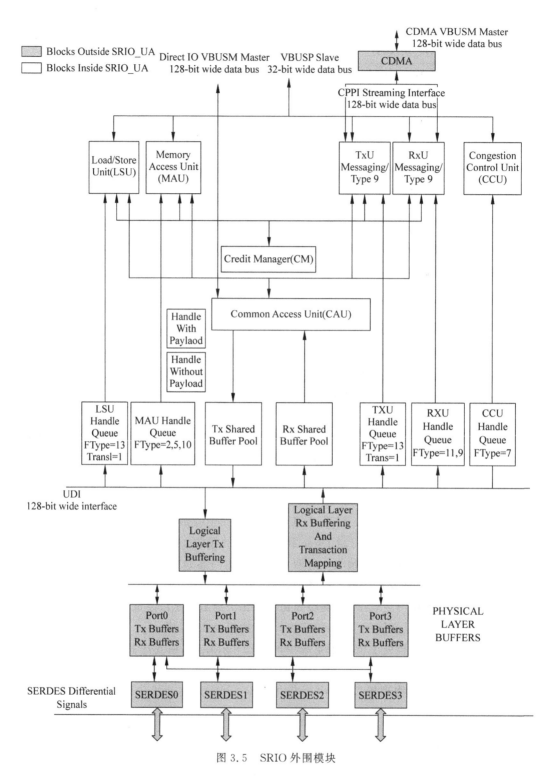

图 3.5　SRIO 外围模块

示为 SRIO 发起者与目标之间的操作顺序。控制符(Control Symbols)用于管理 SRIO 物理互连中的事务流。控制符用于包确认、流控制信息和维护功能。

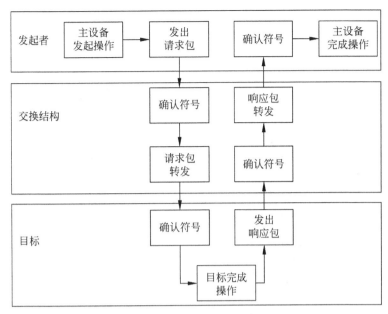

图 3.6   SRIO 操作顺序

1. 流式写(Streaming Write)包示例

图 3.7 描述了作为两个数据流的示例数据包。第一个适用于 80 字节或更小的有效负载,而第二个适用于 80 到 256 字节的有效负载。SRIO 数据包的长度必须是 32 位的偶数。如果物理层、逻辑层和传输层的组合长度为 16 位整数,则在 CRC 之后,在包的末尾添加一个值为 0000H 的 16 位 Pad(图中未描述)。定义为保留的 Reserved 位字段在生成时设置为 0,在接收时忽略。输入/输出逻辑规范(RapidIO Input/Output Logical Specification)和消息传递逻辑规范(Message Passing Logical Specification)中描述了所有请求和响应包格式。注:图 3.7 假设地址为 32 位,DeviceID 为 8 位。

DeviceID 如是一个 8 位字段,它最多可以寻址系统中的 256 个节点。如果使用 16 位地址,系统最多可以容纳 64K 个节点。

数据流包括一个循环冗余码(CRC)字段,以确保正确接收数据。CRC 值保护整个数据包,除了 ackID 和 PHY 字段的一位保留位(rsv)。外围设备在硬件上自动检查 CRC。如果 CRC 正确,接收设备将发送一个接受包的控制符。如果 CRC 不正确,则发送一个不接受的包控制符,以便重试传输。

2. 控制符

控制符(Control Symbols)是管理链路维护、包定界(Packet Delimiting)、包确认(Packet Acknowledgment)、错误报告和错误恢复的物理层消息元素。所有传输的数据包都由包的开始和包的结束分隔符分隔。SRIO 控制符的长度为 24 位,由它们自己的 CRC 保护(见图 3.8)。控制符号提供两种功能:stype0 符号表示发送该符号的端口的状态,stype1 符号是接收端口或发送分隔符(Transmission Delimiters)需要的。它们具有以下格式,详见 *Physical layer 1×/4×LP-Serial Specification* 的第 3 节。

控制符号由符号开头的特殊字符分隔。如果控制符号包含数据包分隔符(数据包开始、

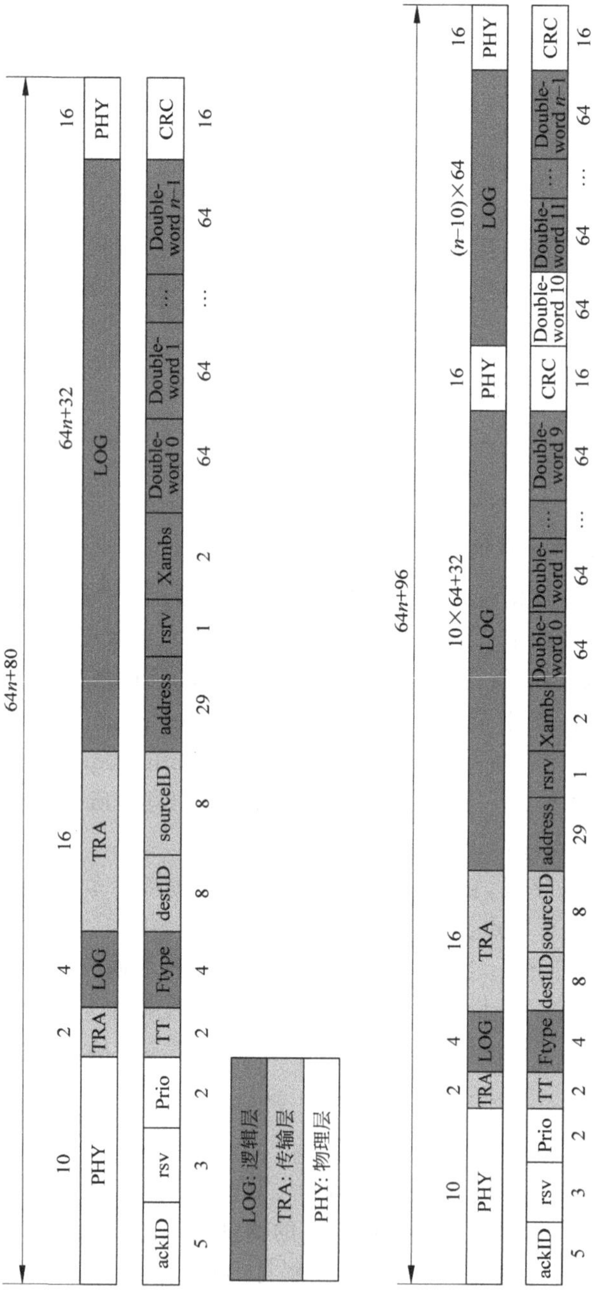

图 3.7 1×/R× RapidIO 数据流（Streaming-Write 类型）

分隔符 Delimiter	第一个字节		第二个字节		第三个字节	
SC或PD	stype0	Parameter0	Parameter1	stype1	cmd	CRC

图 3.8　控制符格式

数据包结束等),则使用特殊字符 PD(k28.3)。如果控制符号不包含数据包分隔符,则使用特殊字符 SC(k28.0)。使用特殊字符可以对控制符号的内容提供早期提醒注意。CRC 不保护特殊字符,但识别出非法或无效字符并标记为不接受数据包。因为控制符号是已知长度的,它们不需要结束分隔符。

接收数据包的类型决定了如何处理数据包路由。保留或未定义的数据包类型在被逻辑层功能块处理之前被销毁。这可以防止错误地将资源分配给它们。不支持的数据包类型将以错误响应数据包响应。

3. SRIO 包类型

SRIO 包类型(Packet Type)由包中的 FType 和 TType 字段的表 3.5 组合决定。表 3.5 列出了所有受支持的 FType/TType 组合以及数据包上相应的解码操作。

表 3.5　包类型

FType	TType(4 位)	操　　作
0	不关心(don't care)	无
1	不关心	无
2	0100	NREAD
	1100	原子增加(Atomic Increment)
	1101	原子减少(Atomic Decrement)
	1110	原子置位(Atomic Set)
	1111	原子清零(Atomic Clear)
	其他	
3	不关心	无
4	不关心	无
5	4'b0100	NWRITE
	4'b0101	NWRITE_R
	4'b1110	原子测试交换(Atomic Test & Swap)
	其他	
6	不关心	SWRITE
7	不关心	拥塞控制(Congestion Control)
8	4'b0000	维护读(Maintenance Read)
	4'b0001	维护写(Maintenance Write)
	4'b0010	维护读响应(Maintenance Read Response)
	4'b0011	维护写响应(Maintenance Write Response)
	4'b0100	维护端口写(Maintenance Port-Write)
	其他	
9	不关心	数据流(Data Streaming)(CPDMA Packet Type 30)

续表

FType	TType(4 位)	操　作
10	不关心	门铃(Doorbell)
11	不关心	消息(Message)(CPDMA Packet Type 31)
12	不关心	无
13	4'b0000	响应包(+门铃包)(Response(+Doorbell Response))
	4'b0001	消息响应包(Message Response)
	4'b1000	带有效数据的响应包(Response W/Payload)
	其他	
14	不关心	无
15	不关心	无

3.2　SerDes 宏及其配置

1. 使能 PLL

物理层 SerDes 有一个内置的 PLL,用于时钟恢复电路。PLL 负责低速基准时钟的时钟倍频。该参考时钟与串行数据没有时间关系,与任何 CPU 系统时钟都是异步的。倍频高速时钟仅在 SerDes 块内路由。拥有一个高质量的基准时钟并将其和锁相环与所有噪声源隔离是非常重要的。

要启用内部 PLL,必须设置 SRIO_SERDES_CFGPLL(地址 0x02620360)的 ENPLL 位(bit 0)。设置该位后,必须允许 1s 使调节器(Regulator)稳定。此后,PLL 将花费不超过 200 个参考时钟周期来锁定到所需频率,前提是 $\overline{\text{RIOCLK}}$ 且 RIOCLK 是稳定的。

为了确保 PLL 稳定,可以对 SRIO_SERDES_STS 寄存器(地址 0x02620154)的 lock 位(bit 0)进行轮询以确定 PLL 状态。有关此寄存器的更多信息,请参阅器件特定数据手册。

2. 使能接收器

为了使接收器(Receiver)能够解码串行数据,相关 SERDES_CFGRXn_CNTL 寄存器的 ENRX 位(bit 0)必须设置为高。SERDES_CFGRXn_CNTL 的字段及其描述如图 3.9 和表 3.6 所示。

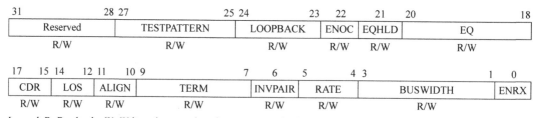

Legned: R=Read only; W=Write only; −n=value after reset; −x, value is indeterminate—see the device-specific data manual

图 3.9　SerDes 接收通道配置寄存器 n(SRIO_SERDES_CFGRX[0-3])(0x02620364+(n×0x8))

表 3.6 SerDes 接收通道配置寄存器 n(SRIO_SERDES_CFGRX[0-3])描述

位	字 段	值	描 述
31~28	Reserved		保留
27~25	TESTPATTERN	000b ~ 101b, 11xb 保留	使能并选择测试模式。启用并选择三个 PRBS (Pseudo-Random Binary Sequence, 伪随机二进制序列)模式中的一个、用户定义的模式或时钟测试模式的验证
24~23	LOOPBACK		Loopback。00: 禁用 loopback; 01、10 保留; 11 如果 Los(cfgrxi[15~13])=00,来自发送器的差分电流将转换为电压并应用于接收器输入;如果 Los=10,则应用于丢失信号检测器
22	ENOC		启用偏移补偿。启用取样器(samplers)补偿
21	EQHLD 保持均衡器。保持均衡器处于当前状态	0	均衡器自适应已启用。均衡器自适应和分析算法已启用。这应该是默认状态
		1	保持均衡器自适应。均衡器保持在当前状态,自适应分析算法复位
20~18	EQ	000b~111b	均衡器。启用和配置自适应均衡器以补偿传输介质中的损耗
17~15	CDR	000b~111b	时钟/数据恢复。配置时钟/数据恢复算法
14~12	LOS	000b~111b	信号丢失(Loss of Signal)。使用 2 个可选阈值启用信号丢失检测。000b,001b、01xb,100b; 101b、11xb 保留
11~10	ALIGN 符号对齐。启用内部或外部符号对齐	00b	禁用对齐。选择此设置或从其他选项切换到此选项时,将不执行符号对齐
		01b	启用 Comma 对齐。每当接收到未对齐的 Comma 符号时,将执行符号对齐
		10b	对齐点动(Alignment Jog)。选择此模式时,符号对齐将调整一个 bit 位置(即对齐值从 0xb 更改为 1xb)
		11b	保留
9~7	TERM	001b	输入端接。此字段的唯一有效值是 001B; 所有其他值都是保留值。值 001B 将公共点设置为 0.8 VDDT,并支持使用 CML 发送器的交流耦合系统
6	INVPAIR	0~1	颠倒极性。反转 RIORXn 和 $\overline{\text{RIORX}n}$ 的极性。0: 正常极性; 1: 极性颠倒
5~4	RATE 操作速度。选择全速、半速、四分之一或八分之一速操作	00b	全速。每个 PLL 输出时钟周期采集四个数据样本
		01b	半速。每个 PLL 输出时钟周期采集两个数据样本
		10b	四分之一速。每个 PLL 输出时钟周期采集一个数据样本
		11b	八分之一速。每两个 PLL 输出时钟周期采集一个数据样本
3~1	BUSWIDTH	010b	总线宽度。始终向该字段写入 010b,以指示与时钟的 20 位宽并行总线。所有其他值为保留值
0	ENRX	0~1	使能接收器。0: 禁用接收器; 1: 使能接收器

当 ENRX 低时,接收器内的所有数字电路将被禁用,时钟将被关闭。除了与信号丢失检测器和 IEEE1149.6 边界扫描比较器相关的电流源外,接收器内的所有电流源都将完全断电。

通过 SERDES_CFGRX*n*_CNTL 的 LOS 位,信号丢失断电是独立控制的。启用后,监测接收信号的差分信号振幅。当检测到信号丢失时,时钟恢复算法被冻结,以防止被低电平信号噪声修改恢复时钟的相位和频率。

CDR 位中列出的时钟恢复算法用于调整用于对接收到的消息进行采样的时钟,以便在数据转换中间提取数据样本。二阶算法可以选择性地禁用,并且二者都可以配置为优化其动态。一阶算法对多数表决票进行单相调整。二阶算法根据提前和滞后多数表决票的净差反复作用,从而调整相位变化率。

将 ALIGN 字段设置为 01,可以对齐到由 IEEE 定义并由许多传输标准使用的 8b:10b 数据编码方案中包含的 K28 Comma 符号。Comma 符号指的写用于对齐序列的一个特定符号,如常用的 K28.0、K28.7、K23.7、K27.7、K29.7、K30.7 等。对于不能使用基于 Comma 符号对齐的系统,单比特对齐 jog 功能提供了一种方法,直接由 ASIC 内核实现的逻辑控制接收器的符号重新对齐功能。这种逻辑可以设计成支持所需的任何对齐检测协议。选择此模式时,符号对齐,调整一个比特位置(即对齐值从 0xb 改为 1xb)。

EQ 位允许使能和配置所有接收信道中的自适应均衡器。该均衡器可以补偿信道插入损耗,通过衰减信号相对于高频分量的低频分量来,从而减少符号间(Inter-Symbol)干扰。在零频以上,增益以 6dB/倍频程增加,直到达到高频增益。

启用后,接收器均衡逻辑分析数据模式和转换时间,以确定均衡器的低频增益应增加还是减少。

(1) 无自适应均衡。均衡器在最大增益下提供平坦响应。如果接收机的抖动主要是由于串扰而不是频率相关损耗造成的,则此设置可能是适当的。

(2) 完全自适应均衡。通过对接收数据中的数据模式和过渡位置的分析,从算法上确定了均衡器的低频增益和零位。此设置应用于大多数应用程序。

(3) 部分自适应均衡。通过对接收数据中的数据模式和过渡位置的分析,从算法上确定了均衡器的低频增益。零位固定在八个零位之一。对于任何给定的应用,最佳设置是损失的函数。信道特性和信号的频谱密度以及数据速率,这意味着仅通过数据速率无法确定最佳设置,尽管一般来说,线速率越低,所需的零频率越低。

相对于 SRIO 的示例程序(SRIO_LoopbackDioIsrexampleproject、SRIO_LoopbackDioIsrexampleproject 等),用户通常需要调整 LOOPBACK 字段(设置 00 禁用 Loopback)和 RATE,SRIO_SERDES_CFGRX[0~3]其他字段非特殊要求可以保持。

SRIO 线速率的设置由参考时钟(Refclk)、MPY(SRIO_SERDES_CFGPLL 寄存器 bits 8~1)和 RATE(SRIO_SERDES_CFGRX[0~3]寄存器 bits 5~4)决定,见表 3.7。线速率＝Refclk×MPY×SamplePerClk,SamplePerClk 由 RATE 的设置决定。

3. 使能发送器

为了使发送器(Transmitter)能够串行化发送,相应的 SERDES_CFGTX*n*_CNTL 寄存器的 ENTX 位(bit 0)必须设置为高。当 ENTX 为低时,发射器内的所有数字电路将被禁用,时钟将被关闭,除了发送时钟(TXBCLK[*n*])输出,它将继续正常工作。除电流模式逻辑

表 3.7 SerDes 通道速率设置

Refclk/MHz	MPY	数据率/(Gb/s)			
		Full(RATE:0b00)	Half(0b01)	Qtr(0b10)	Eighth(0b11)
		×4(SamplePerClk)	×2	×1	×0.5
156.25	10 (0b00101000)	×	3.125	×	×
156.25	16 (0b01000000)	×	5	2.5	1.25
250	10 (0b00101000)	×	5	2.5	1.25
250	5 (0b00010100)	5	2.5	1.25	×
312.5	5 (0b00010100)	×	3.125	×	×
312.5	8 (0b00100000)	×	5	2.5	1.25

(CML)驱动器外,发送器内的所有电流源都将完全断电,如果选择边界扫描,则电流模式逻辑(CML)驱动器将保持通电状态。图 3.10 描述了 SERDES_才 CFGTXn_CNTL 的字段,其字段描述如表 3.8 所示。

31		26 25		23 22	21	20	19	18	14
Reserved			TESTPATTERN	LOOPBACK	MSYNC	FIRUPT		TWPST1	
R/W			R/W	R/W	R/W	R/W		R/W	

13		11 10		7 6	5	4 3		1 0
TWPRE			SWING	INVPAIR	RATE	BUSWIDTH		ENTX
R/W			R/W	R/W	R/W	R/W		R/W

Legend: R=Read only; W=Write only; −n=value after reset; −x, value is indeterminate—see the device-specific data manual

图 3.10 SerDes 发送通道配置寄存器 n(SRIO_SERDES_CFGTX[0-3])(0x02620368+(n×0x8))

与接收类似,相对于 SRIO 的示例程序(SRIO_LoopbackDioIsrexampleproject、SRIO_LoopbackDioIsrexampleproject 等),用户通常需要调整 LOOPBACK 字段(设置 00 禁用 Loopback)和 RATE。相应的寄存器说明参考具体的器件手册。

表 3.8 SerDes 发送通道配置寄存器 n(SRIO_SERDES_CFGTX[0～3])描述

位	字段	值	描　　述
31～26	Reserved		保留
25～23	TESTPATTERN	000b～101b,11xbReserved	使能并选择测试模式。启用并选择三个 PRBS(Pseudo-Random Binary Sequence,伪随机二进制序列)模式中的一个,用户定义的模式或时钟测试模式的验证
22～21	LOOPBACK		Loopback。00:禁用 Loopback;01 保留;10 禁用 Loopback Tx 驱动器。Loopback 路径覆盖发送器的所有阶段,除了 Tx 输出本身;11 启用 Loopback TC 驱动器。如上所述,但传输驱动器工作正常

续表

位	字段	值	描　述
20	MSYNC	1	同步主控设备。使能该通道作为主通道进行同步。仅对聚合链路中的从通道拉低。对于单通道应用,请将 MSYNC 设置为高。当聚合多个线时,每个聚合正好有一个线的 MSYNC 必须设置为1,并且它必须始终是聚合中编号最低的线
19	FIRUPT	0	发射器 Pre 和 Post Cursor FIR 滤波器更新。更新 FIR 抽头权重控制。当 SerDes 字节时钟和此输入都很高时,可以更新字段 TWPRE 和 TWPST1
18～14	TWPST1	00000b～11111b	相邻的 Post cursor 抽头权重。为 Tx 波形调节选择 32 个输出抽头权重之一。设置范围从 −37.5% 到 +37.5%,步幅为 2.5%
13～11	TWPRE	000b～111b	PreCursor 抽头权重。为 Tx 波形调节选择 8 个输出抽头权重之一。设置范围从 0 到 −17.5%,步幅为 2.5%
10～7	SWING	0000b～1111b	输出摆幅(Swing)。在 795 和 1275mVdfpp 之间选择 16 个输出振幅设置之一
6	INVPAIR	0～1	颠倒极性。反转 RIOTXn 和 $\overline{RIOTXn}$ 的极性。0:正常极性;1:极性颠倒
5～4	RATE 操作速度。选择全速、半速、四分之一或八分之一速操作	00b	全速。每个 PLL 输出时钟周期采集四个数据样本
		01b	半速。每个 PLL 输出时钟周期两个数据样本
		10b	四分之一速。每个 PLL 输出时钟周期一个数据样本
		11b	八分之一速。每两个 PLL 输出时钟周期一个数据样本
3～1	BUSWIDTH	010b	总线宽度。始终向该字段写入 010b,以指示与时钟的 20 位宽并行总线。所有其他值为保留值
0	ENTX	0～1	使能发送器。0:禁用发送器;1:使能发送器

4. SerDes 配置示例

以下为配置 SerDes 的示例程序。

```
/* Set Rx/Tx config values based on the lane rate specified */
switch (linkRateGbps)
{
    case srio_lane_rate_5p000Gbps: /* Pll setting determines 5.0Gpbs or 3.125Gb/s */
    case srio_lane_rate_3p125Gbps: /* Same Tx and Rx settings for 5.0Gbps or 3.125Gb/s */
        rxConfig = 0x00440495;
        // (0) Enable Receiver
        // (1-3) Bus Width 010b (20 bit)
        // (4-5) Half rate. Two data samples per PLL output clock cycle
        // (6) Normal polarity
```

```
                // (7 - 9) Termination programmed to be 001
                // (10 - 11) Comma Alignment enabled
                // (12 - 14) Loss of signal detection disabled
                // (15 - 17) First order. Phase offset tracking up to +- 488 ppm
                // (18 - 20) Fully adaptive equalization
                // (22) Offset compensation enabled
// (23 - 24) Loopback disabled
                // (25 - 27) Test pattern mode disabled
                // (28 - 31) Reserved

txConfig = 0x00180795;
                // (0) Enable Transmitter
                // (1 - 3) Bus Width 010b (20 bit)
// (4 - 5) Half rate. Two data samples per PLL output clock cycle
                // (6) Normal polarity
                // (7 - 10) Swing max.
                // (11 - 13) Precursor Tap weight 0 %
                // (14 - 18) Adjacent post cursor Tap weight 0 %
                // (19) Transmitter pre and post cursor FIR filter update
                // (20) Synchronization master
// (21 - 22) Loopback disabled
                // (23 - 25) Test pattern mode disabled
                // (26 - 31) Reserved
    break;

    case srio_lane_rate_2p500Gb/s: /* Tx and Rx settings for 2.50Gb/s */
        rxConfig = 0x004404A5;
// (4 - 5) Quarter rate. One data sample per PLL output clock cycle
        txConfig = 0x001807A5;
// (4 - 5) Quarter rate. One data sample per PLL output clock cycle
    break;

    case srio_lane_rate_1p250Gb/s: /* Tx and Rx settings for 1.25Gb/s */
        rxConfig = 0x004404B5;
// (4 - 5) Eighth rate. One data sample every two PLL output clock cycles
        txConfig = 0x001807B5;
// (4 - 5) Eighth rate. One data sample every two PLL output clock cycles
    break;
    default: /* Invalid SRIO lane rate specified */
    return - 1;
}
```

在 TI Serdes 模块上提供的四条线路可配置为各种端口宽度,如图 3.11 所示。当配置为 1× 模式时,一个端口将消耗 1 个发射和 1 个接收路径,并通过 SRIO_SERDES_CFGPLL、SRIO_SERDES_CFGTX[0~3]和 SRIO_SERDES_CFGRX[0~3]寄存器在标准线路速率下运行。配置为 2x 模式的端口将消耗两线,运行速度为两倍;而 4× 配置将使用所有可用的线连接到单个端口,速率为单线的四倍。

5. 端口宽度 1×/2×/4× 配置

Keyston 端口宽度通过 RapidIO 物理层模块(Physical Layer Module,PLM)端口路径

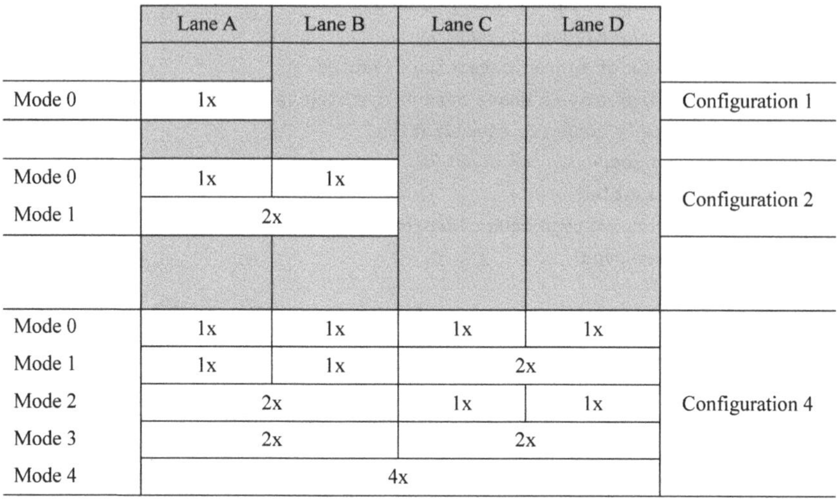

	Lane A	Lane B	Lane C	Lane D	
Mode 0	1x				Configuration 1
Mode 0	1x	1x			Configuration 2
Mode 1	2x				
Mode 0	1x	1x	1x	1x	Configuration 4
Mode 1	1x	1x	2x		
Mode 2	2x		1x	1x	
Mode 3	2x		2x		
Mode 4	4x				

图 3.11　SerDes 端口宽度配置

控制寄存器(PLM Port {0..3} Path Control registers)控制。

　　Keystone 系列 SRIO 端口配置使用 PLM 端口路径控制寄存器(PLM Port Path Control Register)配置 SRIO 端口模式,路径配置字段用于配置使用的通道数,路径模式字段用于选择 1×、2×或 4×端口的组合。表 3.9 为端口配置的详细描述。

表 3.9　PLM 端口(n)路径控制寄存器(地址偏移 0x1B0b0,0x1B130,0x1B1b0,0x1B230)

位	名　　称	R/W	复位源	复位值	描　　述
31~21	Reserved	R		0b0	保留
20~16	PATH_ID	R	VBUS_rst	0b0	标识此端口所在的路径
15~11	Reserved	R		0b0	保留
10~8	PATH_CONFIG	R	VBUS_rst	3'b100	指示路径的配置(Configuration), 01:Configuration 1-1 线,1 个端口; 010:Configuration 2-2 线,最多 2 个端口; 100:Configuration 4-4 线,最多 4 个端口; 所有其他设置为保留
7~3	Reserved	R		0b0	保留
2~0	PATH_MOD	R/W	VBUS_rst	3'b000	设置路径的模式(mode), 000:Mode 0; 001:Mode 1; 010:Mode 2; 011:Mode 3; 100:Mode 4

　　下面是配置 PLM 端口路径控制寄存器的示例程序,首先对 SRIO 路径控制进行类型定义用于枚举端口路径状态。

```
typedef enum
{
    SRIO_PATH_CTL_1xLaneA =
        (1 << CSL_SRIO_RIO_PLM_SP_PATH_CTL_PATH_CONFIGURATION_SHIFT)|
        (0 << CSL_SRIO_RIO_PLM_SP_PATH_CTL_PATH_MODE_SHIFT),
    SRIO_PATH_CTL_1xLaneA_1xLaneB =
        (2 << CSL_SRIO_RIO_PLM_SP_PATH_CTL_PATH_CONFIGURATION_SHIFT)|
        (0 << CSL_SRIO_RIO_PLM_SP_PATH_CTL_PATH_MODE_SHIFT),
    SRIO_PATH_CTL_2xLaneAB =
        (2 << CSL_SRIO_RIO_PLM_SP_PATH_CTL_PATH_CONFIGURATION_SHIFT)|
        (1 << CSL_SRIO_RIO_PLM_SP_PATH_CTL_PATH_MODE_SHIFT),
    SRIO_PATH_CTL_1xLaneA_1xLaneB_1xLaneC_1xLaneD =
        (4 << CSL_SRIO_RIO_PLM_SP_PATH_CTL_PATH_CONFIGURATION_SHIFT)|
        (0 << CSL_SRIO_RIO_PLM_SP_PATH_CTL_PATH_MODE_SHIFT),
    SRIO_PATH_CTL_2xLaneAB_1xLaneC_1xLaneD =
        (4 << CSL_SRIO_RIO_PLM_SP_PATH_CTL_PATH_CONFIGURATION_SHIFT)|
        (1 << CSL_SRIO_RIO_PLM_SP_PATH_CTL_PATH_MODE_SHIFT),
    SRIO_PATH_CTL_1xLaneA_1xLaneB_2xLaneCD =
        (4 << CSL_SRIO_RIO_PLM_SP_PATH_CTL_PATH_CONFIGURATION_SHIFT)|
        (2 << CSL_SRIO_RIO_PLM_SP_PATH_CTL_PATH_MODE_SHIFT),
    SRIO_PATH_CTL_2xLaneAB_2xLaneCD =
        (4 << CSL_SRIO_RIO_PLM_SP_PATH_CTL_PATH_CONFIGURATION_SHIFT)|
        (3 << CSL_SRIO_RIO_PLM_SP_PATH_CTL_PATH_MODE_SHIFT),
    SRIO_PATH_CTL_4xLaneABCD =
        (4 << CSL_SRIO_RIO_PLM_SP_PATH_CTL_PATH_CONFIGURATION_SHIFT)|
        (4 << CSL_SRIO_RIO_PLM_SP_PATH_CTL_PATH_MODE_SHIFT)
}SRIO_1x2x4x_Path_Control;
```

下面是配置 PLM 端口路径控制寄存器的示例函数。

```
void Keystone_SRIO_set_1x2x4x_Path(SRIO_1x2x4x_Path_Control srio_1x2x4x_path_control)
{
    /* This register is a global register, even though it can be accessed
    from any port. So you do not need to program from each port, it is
    basically a single register. */
    srioRegs->RIO_PLM[0].RIO_PLM_SP_PATH_CTL =
        (srioRegs->RIO_PLM[0].RIO_PLM_SP_PATH_CTL&(~SRIO_1x2x4x_PATH_CONTROL_MASK))|
        srio_1x2x4x_path_control;
}
……
Keystone_SRIO_set_1x2x4x_Path(SRIO_PATH_CTL_1xLaneA);
```

注意,一条路径中的端口号(Port Number)是根据其使用的最低通道编号的。
- 如果通道 A 被一个端口使用,则端口号为零,并且端口可以是 1×、2×或 4×。
- 如果通道 B 是最低的通道,则端口号为 1,并且端口必须是 1×端口。
- 如果通道 C 是最低的通道,则端口号为 2,并且端口可以是 1×或 2×。
- 如果通道 D 是最低通道,则端口号为 3,端口必须是 1×端口。

图 3.12 描述了不同配置的端口号。

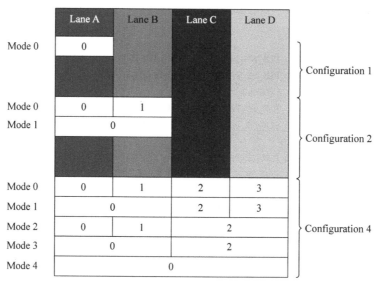

图 3.12　不同配置下的端口号

3.3　DeviceID 配置

Keystone 系列 SRIO 支持 16 个本地 DeviceID 和 8 个组播（Multicast）DeviceID。对于本地 DeviceID 配置，应使用传输层模式（Transport Layer Module，TLM）端口基本路由控制寄存器（TLM Port Base Routing Register(n)Control Registers）和 TLM 端口基本路由寄存器(n)模式与匹配寄存器（TLM Port Base Routing Register(n)Pattern & Match Register）。

TLM 端口基本路由寄存器(n)模式与匹配寄存器保留 15 个允许的 DestID，如表 3.10 所示，每个端口有 4 个寄存器。第一个寄存器集不使用；第一个 DestID 保留在 Base_ID CSR 中。

```
typedef struct {
    /* PATTERN provides the 16 bits compared one-for-one against the inbound DestID. */
    Uint16 idPattern;
    /* MATCH indicates which of the 16 bits of the DestID is compared against PATTERN. */
    Uint16 idMatchMask;
    /* maintenance request/reserved packets with DestIDs which match this BRR are routed to the LLM */
    Uint8 routeMaintenance;
} SRIO_Device_ID_Routing_Config;

/* configure SRIO DeviceID */
void Keystone_SRIO_set_device_ID(
    SRIO_Device_ID_Routing_Config * device_id_routing_config,Uint32 uiDeviceIdNum)
{
    int i;
```

```
/* The TLM_SP(n)_BRR_x_PATTERN_MATCH registers hold the 15 allowable DestIDs,
note that the first register is not used. We use the RIO_Base_ID register
to hold the first ID */
srioRegs -> RIO_Base_ID = device_id_routing_config[0].idPattern|/* Large ID */
((device_id_routing_config[0].idPattern&0xFF)<< 16); /* small ID */
uiDeviceIdNum = _min2(SRIO_MAX_DEVICEID_NUM, uiDeviceIdNum);
for(i = 1; i < uiDeviceIdNum; i++)
{
    /* please note, SRIO block 5~8 must be enabled for corresponding
    RIO_TLM[0:3] taking effect */
    srioRegs -> RIO_TLM[i/4].brr[i&3].RIO_TLM_SP_BRR_CTL =
        (device_id_routing_config[i].routeMaintenance <<
        CSL_SRIO_RIO_TLM_SP_BRR_1_CTL_ROUTE_MR_TO_LLM_SHIFT)|
        (0 << CSL_SRIO_RIO_TLM_SP_BRR_1_CTL_PRIVATE_SHIFT)|
        (1 << CSL_SRIO_RIO_TLM_SP_BRR_1_CTL_ENABLE_SHIFT);
      srioRegs -> RIO_TLM[i/4].brr[i&3].RIO_TLM_SP_BRR_PATTERN_MATCH =
        (device_id_routing_config[i].idPattern <<
        CSL_SRIO_RIO_TLM_SP_BRR_1_PATTERN_MATCH_PATTERN_SHIFT)|
        (device_id_routing_config[i].idMatchMask <<
        CSL_SRIO_RIO_TLM_SP_BRR_1_PATTERN_MATCH_MATCH_SHIFT);
    }
}
/* up to 16 DeviceID can be setup here */
SRIO_Device_ID_Routing_Config dsp0_device_ID_routing_config[] =
{
    /* idPattern idMatchMask routeMaintenance */
    {DSP0_SRIO_Base_ID + 0, 0xFFFF, 1},
    {DSP0_SRIO_Base_ID + 1, 0xFFFF, 1},
    {DSP0_SRIO_Base_ID + 2, 0xFFFF, 1},
    {DSP0_SRIO_Base_ID + 3, 0xFFFF, 1},
    {DSP0_SRIO_Base_ID + 4, 0xFFFF, 1},
    {DSP0_SRIO_Base_ID + 5, 0xFFFF, 1},
    {DSP0_SRIO_Base_ID + 6, 0xFFFF, 1},
    {DSP0_SRIO_Base_ID + 7, 0xFFFF, 1},
};
......
Keystone_SRIO_set_device_ID(&dsp0_device_ID_routing_config,
    sizeof(dsp0_device_ID_routing_config)/sizeof(SRIO_Device_ID_Routing_Config));
```

表 3.10　TLM 端口(n)基本路由控制寄存器 0/1/2/3 模式与匹配寄存器

位	名称	R/W	复位源	复位值	描　述
31~16	PATTERN	R/W	VBUS_rst	0b0	PATTERN 提供 16 位,这些位与入站的 DestID 一一比较
15~0	MATCH	R/W	VBUS_rst	0xFFFF	MATCH 表示将入站 DestID 的 16 位中的哪一位与 PATTERN 进行比较

四个 TLM 端口基本路由寄存器组(TLM Port Base Routing Register Sets)属于四个端口数据路径,因此必须为寄存器集启用相应的 BLK5～BLK8。如果只启用了部分端口数据路径块,那么可以支持更少的 DestID。例如,如果仅启用 BLK5(端口 0 数据路径),则只能支持 4 个 DestID。另一个例子是,如果使用 Configuration 1、Mode 0(1×模式),通常只需要启用 BLK5,但是如果想要支持 4 个以上的 ID,则必须启用 BLK6～BLK8。

在寄存器中为一个端口数据路径配置的 ID,如果 PRIVATE 位(bit24)为 0,则可用于其他端口。PATTERN 和 MATCH 字段是 16 位。在专门使用 8 位 DeviceID 的系统中,通过相应设置匹配字段,可以从比较中删除高位的 8 位。在使用 8 位和 16 位 DeviceID 混合的系统中,可以使用完整的 16 位进行比较,在这种情况下,接收到的 8 位 DestID 由硬件预加 8 位零进行比较。相应寄存器的具体情况要查看 *KeyStone Architecture Serial Rapid IO(SRIO)User Guide*。

3.4　支持 Rx 组播和多个 DestID

RapidIO 外围设备支持 Rx 组播和单播操作。要支持组播,节点必须能够接受来自传入数据包的独立多个 DestID,或者在不检查传入数据包的情况下接受所有 DestID。在后一种情况下,系统依赖交换结构将相应的包传递到端点(正确的交换路由表)。RapidIO 外围设备通过使用三个配置位(见表 3.3)来控制 DestID 检查以支持这两种方法。设备的主BaseID(0xB060)现在通过硬件自动复制到 RIO_DEVICEID_REG1 中,不需要单独的软件写入。RIO_DEVICEID_REGn(n=1～15)是逻辑层的输入,而不是存储器映射寄存器(Memory Mapped Register,MMR)空间的一部分。它们继承在基本路由寄存器中找到的值。

模式 A 和模式 C 是传统模式。模式 B 是模式 A 的超集(Superset),模式 F 是模式 E 的超集。最常见的模式是模式 C、模式 D 和模式 F。

对于 FType 8 数据包,物理层 DestID 检查 f8_tgt_id_dis 控制,该位仅在物理层禁用维护数据包检查。也就是说,如果这个位是有效(Active)的,那么不管 Ftype 8 数据包的DestID 是什么,物理层都将接受并处理维护请求。如果该位不是有效的,那么不匹配的FType 8 数据包将被转发到逻辑层,在逻辑层中可以相应地转发或销毁数据包。

src_tgt_id_dis 位是用于禁用对所有其他数据包类型的 DestID 检查的控制位。如果这个位是有效的,那么不管目标 ID 是什么,所有数据包都将被转发到逻辑层。如果这个位是无效状态,那么不匹配的数据包将在到达逻辑层之前被销毁。

log_tgt_id_dis 位禁用逻辑层中的 DestID 检查。如果这个位是有效的,并且我们处于E 或 F 模式,那么不管 DestID 是什么,所有的包都将被转发到外设的相应功能块。如果该位非有效,那么所有不匹配的数据包都将被销毁。此位允许所有支持的数据包类型的混合组播/单播 ID,而不仅仅是 posted 操作。这意味着不能使用包转发功能。

由于当前的 RTL 实现,当 log_tgt_id_dis 位处于有效状态时,需要考虑一些事项。

(1) MAU 和 RXU:对于以 MAU 为目标的请求包没有副作用。这意味着,如果 log_tgt_id_dis 位处于有效状态,那么不管目标 ID 如何,所有数据包都将被接受并转发到相应的功能块。

（2）RXU：如果映射表的 dest_prom 为 0，并且 DestID 没有匹配，那么请求将被丢弃。

（3）LSU：由于当前的 LSU 实现（LSU 将为响应数据包记录 DestID），那些目标不为当前端点设备的 DirectIO 响应数据包将不被接受。

（4）TXU：由于当前的 TXU 实现，DestID 在 CAM 中。不接受那些目标不为当前端点设备的消息响应数据包。

（5）CCU（Congestion Control Unit）：由于当前的 CCU 实现（CCU 不会验证其请求数据包的 DestID），那些目标不为当前端点设备的拥塞控制数据包将被接受。

3.4.1 离散组播 ID 支持

传统的组播模式支持单个组播 ID，可用于将来的组播请求。支持已扩展为包括 8 个组播 ID。在操作模式 C 和 D 中，允许的组播 DeviceID 存储在 RIO_MULTIID_REG1、RIO_MULTIID_REG2、RIO_MULTIID_REG3、RIO_MULTIID_REG4、RIO_MULTIID_REG5、RIO_MULTIID_REG6、RIO_MULTIID_REG7、RIO_MULTIID_REG8 中。

当接收到一个包时，包的 tt 字段和 DestID 将对照所有 DeviceID 和 MulticastID 进行检查。如果不匹配其中任何一个并且包转发是禁用的，包将被销毁，而不会转发到协议单元。如果它与其中一个匹配，它将被转发到相关的协议单元。由于组播操作被定义为不需要响应的操作，因此它们仅限于 NWRITE、SWRITE 和 Type9 操作，并转发给 MAU 和 RXU（仅用于 Type9）。只需将主 DeviceID(0x080) 写入组播 ID 寄存器即可禁用组播模式。

组播事务是在头中指定目标内存地址的 I/O 包。此地址直接用于 VBUSM 传输，不会以任何方式修改。因此，组播支持仅限于包含具有相同内存映射的设备的组，或其他可以执行地址转换的设备。系统设计者有责任预先确定有效的组播地址范围。

3.4.2 混杂 ID 和 DestID 支持

在表 3.3 所示的模式 E 和 F 中，可以支持混杂（Promiscuous）ID 和单播 DestID。在这些模式中，所有支持的包类型将被接收并发送到相应的外围功能块，而不管传入的 DestID 是什么。这意味着，可以将 Non-Posted 的事务类型（如 NWRITE_R 和 Messages 请求）发送到除 Base_ID 值以外的 DestID。当发送响应包时，将交换传入请求包的 DestID 和 SourceID。包转发不能在这些模式中使用。

RapidIO 现在要求设备支持设备发现和枚举的混杂操作模式。这意味着设备应该能够响应所有传入的 DestID，以便在引导后进行 FType 8 维护。模式 F 支持这一要求，并且更有可能被使用。

3.4.3 接收模式设置

SRIO 如何处理接收模式（Rx Mode）数据包由三个配置位控制。

请注意，如果 log_tgt_id_dis＝1，无论 tgt_id_dis 值如何，所有数据包都将在本地接收，数据包转发将不起作用。

以下代码为 Rx 模式配置的描述。

```
typedef struct {
    Bool accept_maintenance_with_any_ID;
```

```
        /* if accept_data_with_any_ID, no packet will be forwarding */
        Bool support_multicast_forwarding;
}SRIO_Port_RX_Mode;
typedef struct {
        /* if accept_data_with_any_ID, no packet will be forwarding */
        Bool accept_data_with_any_ID;
        SRIO_Port_RX_Mode port_rx_mode[4];
}SRIO_RX_Mode;
/* Rx Mode configuration */
void Keystone_SRIO_RxMode_Setup(SRIO_RX_Mode * rxMode)
{
    int i;
    if(rxMode)
    {
        srioRegs -> RIO_PER_SET_CNTL = (srioRegs -> RIO_PER_SET_CNTL&
            (~CSL_SRIO_RIO_PER_SET_CNTL_LOG_TGT_ID_DIS_MASK))|
            (rxMode -> accept_data_with_any_ID
<< CSL_SRIO_RIO_PER_SET_CNTL_LOG_TGT_ID_DIS_SHIFT);
        /* set RX mode for all ports */
        for(i = 0; i < SRIO_MAX_PORT_NUM; i++)
        {
            srioRegs -> RIO_TLM[i].RIO_TLM_SP_CONTROL =
                (srioRegs -> RIO_TLM[i].RIO_TLM_SP_CONTROL&
                (~(CSL_SRIO_RIO_TLM_SP_CONTROL_TGT_ID_DIS_MASK
                |CSL_SRIO_RIO_TLM_SP_CONTROL_MTC_TGT_ID_DIS_MASK)))
                |(rxMode -> port_rx_mode[i].accept_maintenance_with_any_ID
<< CSL_SRIO_RIO_TLM_SP_CONTROL_MTC_TGT_ID_DIS_SHIFT)
                |(rxMode -> port_rx_mode[i].support_multicast_forwarding
<< CSL_SRIO_RIO_TLM_SP_CONTROL_TGT_ID_DIS_SHIFT);
        }
    }
}
......
SRIO_RX_Mode rxMode;
......
/* clear configuration structrue to make sure unused field is 0 */
memset(&rxMode, 0, sizeof(rxMode));
rxMode.port_rx_mode[0].support_multicast_forwarding = TRUE;
rxMode.port_rx_mode[1].support_multicast_forwarding = TRUE;
rxMode.port_rx_mode[2].support_multicast_forwarding = TRUE;
rxMode.port_rx_mode[3].support_multicast_forwarding = TRUE;
Keystone_SRIO_RxMode_Setup(&rxMode);
```

3.5 回环

Keystone 系列 SRIO 支持 3 种回环(Loopback)模式,它们对调试和测试非常有用。

3.5.1 内部数字回环

在内部数字回环(Digital Loopback)模式下,Tx 数据是数字域中的回环,如图 3.13 所示。

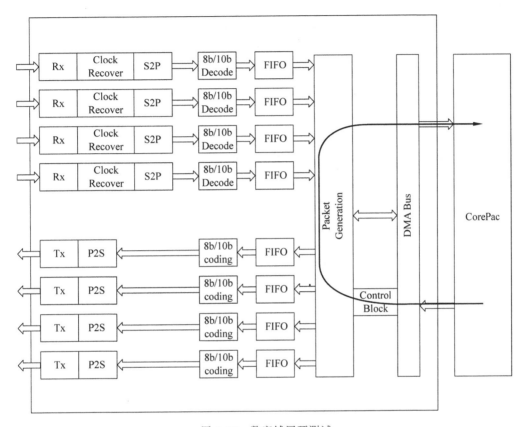

图 3.13 数字域回环测试

外围设置控制寄存器 1(Peripheral Settings Control Register 1)中的 Loopback[3:0]字段用于设置数字回环测试。其配置描述代码如下。

```
srioRegs -> RIO_PER_SET_CNTL1 | =
    (0xF << CSL_SRIO_RIO_PER_SET_CNTL1_LOOPBACK_SHIFT);
```

3.5.2 SERDES 回环

如果配置了 SERDES 回环,则 Tx 数据是 SERDES 内的回环,如图 3.14 所示。

SRIO SERDES 发送信道配置寄存器(Transmit Channel Configuration Registers)中的 Loopback 字段[22:21]和 SRIO SERDES 接收信道配置寄存器 (Receive Channel Configuration Registers)中的回环字段[24:23]用于启用 SERDES Loopback 测试。其配置描述代码如下。

```
serdesRegs -> link[i].CFGTX | =
```

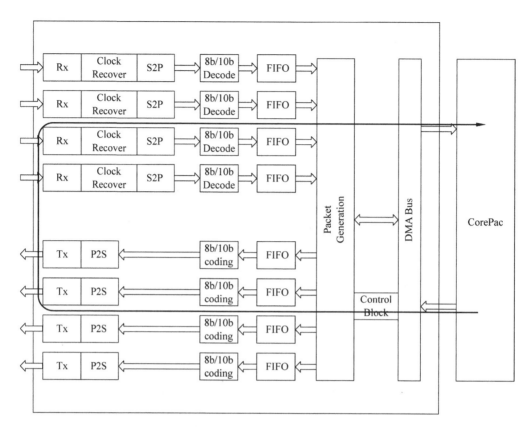

图 3.14　SERDES 回环测试

```
    (serdes_cfg - > linkSetup[i] - > loopBack << 21);
serdesRegs - > link[i].CFGRX | =
    (serdes_cfg - > linkSetup[i] - > loopBack << 23);
```

3.5.3　外部线路回环

如果启用了外部线路回环(External Line Loopback),接收到的 Rx 线路上的数据将直接发送回 Tx 线路。图 3.15 描述了一个外部线路回环测试。在本测试中,DSP 1 配置为线路回环模式,以支持 DSP 0 测试两个 DSP 之间的外部线路。在此模式下,DSP 1 不能发送或接收数据。

PLM_SP(*n*)_IMP_SPEC_CTL(PLM Port(*n*)Implementation Specific Control Register)位 23 的 LLB_EN 用于控制外部线路回环测试。其配置描述代码如下。

```
for(i = 0; i < SRIO_MAX_PORT_NUM; i++)
{
    srioRegs - > RIO_PLM[i].RIO_PLM_SP_IMP_SPEC_CTL =
    (1 << CSL_SRIO_RIO_PLM_SP_IMP_SPEC_CTL_LLB_EN_SHIFT);
}
```

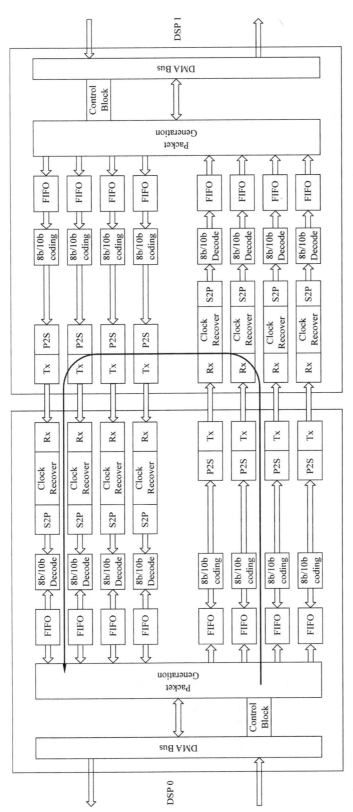

图 3.15 外部线路回环测试

3.6   菊花链操作和包转发

有些应用可能需要将设备菊花链连接在一起,而不是使用交换机结构。Keystone 系列 SRIO 支持包转发功能,可以将接收到的数据从一个端口转发到任意一个端口。使用此功能,可以将多个 DSP 连接为菊花链。为了支持菊花链或环拓扑,外围设备具有硬件包转发功能。此功能无须软件将数据包路由到链中的下一个设备。

3.6.1   包转发介绍

硬件包转发逻辑背后的基本思想是提供一个输入端口到输出端口的路径,这样包就永远不会离开外围设备(没有 DMA 传输)。表 3.3 所示的模式 C 支持硬件包转发。对传入数据包的 DestID 与设备的 DeviceID 和组播进行简单检查,以确定是否应转发数据包。如果数据包的 DestID 与 DeviceID 匹配,则该数据包将被设备接收和处理。如果数据包的 DestID 与任何组播匹配,则设备将接收该数据包,并根据下面概述的规则进行转发。如果数据包的 DestID 也不匹配,则数据包将被销毁或转发,具体取决于硬件数据包转发设置。

此外,如果目的地 ID 是链/环中的一个设备,那么只有转发数据包是有益的。否则,rogue packet(行为失常的包)可能会被无限地转发,从而耗尽宝贵的带宽。硬件包转发使用 4 条目映射表。这些映射条目允许根据输入数据包的 DestID 范围对输出端口进行可编程选择。算法如下:

将包的 DestID 与基于包的 tt 字段的映射条目进行比较。如果 tt=2'b00,那么将使用 8 位版本的 ID 范围,见 PF_8b_CNTL[0~7]。如果 tt=2'b01,那么将使用 16 位版本的 ID 范围,PF_16b_CNTL[0~7]。

(1) 如果任何包的 DestID=DeviceID,它将被正常处理,而不是转发。这是最高优先级检查。

(2) 如果任何包的 DestID=MulticastID,它将被接收。如果包的 DestID 也属于硬件包转发映射条目中指定的范围之一,则数据包也将转发到编程的出站端口。

(3) 如果数据包是 DestID!=DeviceID 和 DestID!=MulticastID,但属于硬件包转发映射项中指定的范围之一,包将被转发。

(4) 如果多个表条目范围匹配,则表条目 0 的优先级最高,其次是表条目 1,依此类推。

(5) 如果包是 DestID!=DeviceID 和 DestID!=MulticastID,且不属于硬件包转发映射项中指定的范围之一,数据包将被销毁。

(6) 通过将所有硬件包转发表条目的高位、低位 DeviceID 指定为本地 DeviceID 值,可以禁用硬件包转发。

表 3.11 详细介绍了硬件包转发和多播支持的行为,以及这些特定的包类型。

表 3.11   RapidIO 包类型

序号	包　类　型	FType 和 TType 配置
1	nread	(FType=2,TType=4'b0100)
2	atomic inc	(FType=2,TType=4'b1100)
3	atomic dec	(FType=2,TType=4'b1101)

续表

序号	包 类 型	FType 和 TType 配置
4	atomic set	(FType=2,TType=4'b1110)
5	atomic clr	(FType=2,TType=4'b1111)
6	nwrite	(FType=5,TType=4'b0100)
7	nwrite_r	(FType=5,TType=4'b0101)
8	atomic t&s	(FType=5,TType=4'b1110)
9	swrite	(FType=6)
10	congestion	(FType=7)
11	maint read	(FType=8,TType=4'b0000)
12	maint write	(FType=8,TType=4'b0001)
13	maint rd resp	(FType=8,TType=4'b0010)
14	maint wr resp	(FType=8,TType=4'b0011)
15	maint port wr	(FType=8,TType=4'b0100)
16	doorbell	(FType=10)
17	message	(FType=11)
18	resp w/o payload	(FType=13,TType=4'b0000)
19	message resp	(FType=13,TType=4'b0001)
20	resp w/ payload	(FType=13,TType=4'b1000)
21	Type9 Traffic	(FType=9)

表 3.12 描述了 RapidIO Packet Type 行为,Packet type 编号引用了表 3.11。

表 3.12 RapidIO 包类型行为

传入数据包 DestID 匹配			行　　为
本地 DeviceID	MulticastID	包转发表条目 范围之一	
Yes	N/A	N/A	所有包类型 1 到 21 将由本地相应的逻辑层协议单元 (LSU、MAU、TXU、RXU 和 CCU)进行相应处理。物理层处理 11、12 和 15
No	Yes	No	所有包类型 1 到 21 都转发给 MAU。MAU 仅支持 1、6、7、9 和 16。不支持所有其他类型,可能导致未定义的行为,包括生成错误响应。21 也转发给 RXU

将响应数据包从与传入请求数据包不同的端口传输不是标准的 RapidIO 实践。如果由于系统拓扑结构而禁止这样做,则只应使用包 Type 6 和 9。由于包转发是在逻辑层而不是物理层完成的,因此将为每个转发的包重新生成 CRC。

3.6.2 包转发设置

图 3.16 描述了一个外部转发收回测试。在这种模式下,当某些数据包转发出去时,DSP 1 可以发送或接收自己的数据。

Keystone 系列 SRIO 转发功能由内存访问单元(Memory Access Unit,MAU)模块处理,仅支持 NREAD、NWRITE、NWRITE_R、SWRITE 和门铃(Doorbell)。所有其他类型都

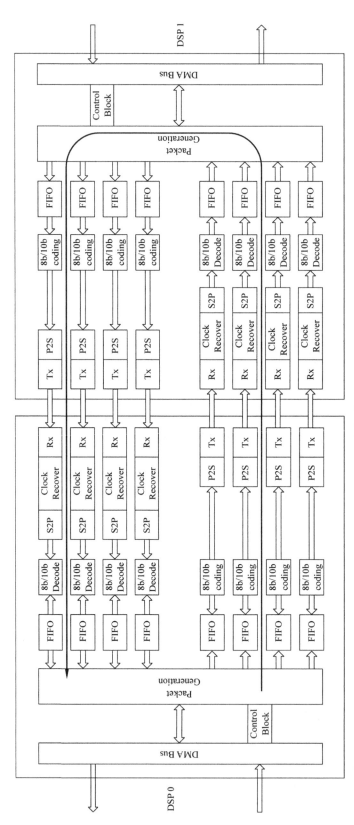

图 3.16　外部转发回环测试

不支持,可能导致未定义的行为,包括生成 ERROR 响应。

PF_16b_CNTL[0:7]和 PF_8b_CNTL[0:7] 控制包转发 DeviceID 范围和输出端口选择。当入站 DeviceID 与数据包转发条目设置匹配时,数据包将转发到 MAU 并进行进一步处理。

描述包转发配置描述代码如下:

```
typedef struct
{
    Uint16 forwardingID_up_8; /* Upper 8b DeviceID boundary */
    Uint16 forwardingID_lo_8; /* Lower 8b DeviceID boundary */
    Uint16 forwardingID_up_16; /* Upper 16b DeviceID boundary */
    Uint16 forwardingID_lo_16; /* Lower 16b DeviceID boundary */
    /* Output port number for packets whose DestID falls within the
    8b or 16b range for this table entry */
    Uint32 outport;
}SRIO_PktForwarding_Cfg;
/* configure SRIO packet forwarding */
void Keystone_SRIO_packet_forwarding_Cfg(
    SRIO_PktForwarding_Cfg * PktForwardingEntry_cfg,
    Uint32 pktForwardingEntryNum)
{
    int i = 0;
    pktForwardingEntryNum = _min2(SRIO_MAX_FORWARDING_ENTRY_NUM,
    pktForwardingEntryNum);
    for(i = 0; i < pktForwardingEntryNum; i++)
    {
        srioRegs -> PF_CNTL[i].RIO_PF_16B_CNTL =
            (PktForwardingEntry_cfg[i].forwardingID_up_16
<< CSL_SRIO_RIO_PF_16B_CNTL_DEVID_16B_UP_SHIFT)
            |(PktForwardingEntry_cfg[i].forwardingID_lo_16
<< CSL_SRIO_RIO_PF_16B_CNTL_DEVID_16B_LO_SHIFT);
        srioRegs -> PF_CNTL[i].RIO_PF_8B_CNTL =
            (PktForwardingEntry_cfg[i].forwardingID_up_8
<< CSL_SRIO_RIO_PF_8B_CNTL_DEVID_8B_UP_SHIFT)
                |(PktForwardingEntry_cfg[i].forwardingID_lo_8
<< CSL_SRIO_RIO_PF_8B_CNTL_DEVID_8B_LO_SHIFT)
            |(PktForwardingEntry_cfg[i].outport
<< CSL_SRIO_RIO_PF_8B_CNTL_OUT_PORT_SHIFT);
    }
}
/* up to 8 entries can be setup here */
SRIO_PktForwarding_Cfg DSP1_PktForwarding_Cfg[] =
{
    /* ID 8 up */ /* ID 8 lo */ /* ID 16 up */ /* ID 16 lo */ /* outport */
    {DSP0_SRIO_Base_ID + 0, DSP0_SRIO_Base_ID + 1, DSP0_SRIO_Base_ID + 0, DSP0_SRIO_Base_ID + 1, 2},
    {DSP0_SRIO_Base_ID + 2, DSP0_SRIO_Base_ID + 2, DSP0_SRIO_Base_ID + 2, DSP0_SRIO_Base_ID + 2, 2},
    {DSP0_SRIO_Base_ID + 3, DSP0_SRIO_Base_ID + 3, DSP0_SRIO_Base_ID + 3, DSP0_SRIO_Base_ID + 3, 3},
    {DSP0_SRIO_Base_ID + 4, DSP0_SRIO_Base_ID + 7, DSP0_SRIO_Base_ID + 4, DSP0_SRIO_Base_ID + 7, 3}
```

```
};
……
Keystone_SRIO_packet_forwarding_Cfg(&DSP1_PktForwarding_Cfg,
    sizeof(DSP1_PktForwarding_Cfg)/sizeof(SRIO_PktForwarding_Cfg));
```

包转发 0 使用寄存器 PF_8b_CNTL0、PF_16b_CNTL0。

包转发 1 使用寄存器 PF_8b_CNTL1、PF_16b_CNTL1。

包转发 2 使用寄存器 PF_8b_CNTL2、PF_16b_CNTL2。

包转发 3 使用寄存器 PF_8b_CNTL3、PF_16b_CNTL3。

包转发 4 使用寄存器 PF_8b_CNTL4、PF_16b_CNTL4。

包转发 5 使用寄存器 PF_8b_CNTL5、PF_16b_CNTL5。

包转发 6 使用寄存器 PF_8b_CNTL6、PF_16b_CNTL6。

包转发 7 使用寄存器 PF_8b_CNTL7、PF_16b_CNTL7。

3.7 DirectIO 操作

3.7.1 LSU 模块介绍

在 KeyStone 系列 SRIO 中，DirectIO、门铃维护包在 LSU 模块中实现。共有 8 个 LSU。每个 LSU 寄存器集代表一个传输请求，为了支持多个挂起的 DirectIO 传输请求，有两组影子 LSU 寄存器，每组有 16 个影子寄存器组（Shadow Register Set），组 0 由 LSU0~LSU3 共享，组 1 由 LSU4~LSU7 共享。

DirectIO LSU 模块用作所有输出 DirectIO 包的源。对于 DirectIO，RapidIO 数据包包含目标设备中存储或读取数据的具体地址。DirectIO 要求在 RapidIO 源设备中保留目标设备中内存的本地地址表。一旦建立了这些表，RapidIO 源控制器就使用这些表的数据计算目标地址并将其插入数据包头中。RapidIO 目标外围设备从接收的数据包头中提取目标地址，并通过 DMA 将有效负载传输到内存。

当 CPU 想要将数据从内存发送到外部处理单元（Processing Element，PE）或从外部 PE 读取数据时，它提供有关传输的 RIO 外围设备重要信息，如 DSP 内存地址、目标 DeviceID、目标目地地址、包优先级等。本质上，必须存在一种方法来填充 RapidIO 包的所有头字段。LSU 提供了一种机制，通过一组充当传输描述符（Descriptor）的 MMR（Memory Mapped Register）来处理此信息交换。这些寄存器如图 3.17 所示，具体描述见表 3.13，CPU 可以通过配置总线（Configuration Bus）进行寻址。共有 8 个 LSU，每个 LSU 都有自己的一组寄存器。LSU_Reg0~4 用于存储"控制"信息，LSU_Reg5~6 用于"命令"和"状态"信息。除了 LSU_REG6，它有一个 RO（Read Only）和一个 WO（Write Only）视图，所有其他寄存器都是 RW（Read and Write），LSU_REG6 寄存器 RO 和 WO 视图分别如表 3.14 和表 3.15 所示。

完成对 LSUn_REG5 的写入后，将为 NREAD、NWRITE、NWRITE_R、SWRITE、ATOMIC 或 MAINTENANCE RapidIO 事务启动数据传输。某些字段（如 RapidIO SrcTID/TargetTID 字段）由硬件分配，没有相应的命令寄存器字段。

	31-0							
LSU_Reg0	RapidIO Address MSB							
LSU_Reg1	RapidIO Address MSB/Config_Offset							
LSU_Reg2	DSP Address							
LSU_Reg3	31		30-20			19-0		
	Drbll_val		RSVD			Byte_Count		
LSU_Reg4	31-16	15-12	11-10	9-8	7-4	3-2	1	0
	DestID	SrcID_MAP	ID_Size	OutPortID	Priority	Xambs	Sup_gint	Int_Req
LSU_Reg5	31-16		15-8	7-4		3-0		
	Drbll_Info		Hop Count	FType		TType		
LSU_Reg6 (RO)	31	30	29-5	4		3-0		
	Busy	Full	RSVD	LCB		LTID		
LSU_Reg6 (WO)	31-28	27	26-6	5-2		1	0	
	PrivID	CBUSY	RSVD	SrcID_MAP		Restart	Flush	

图 3.17 RapidIO LSU 寄存器

表 3.13 控制命令寄存器描述

Reg	控制/命令寄存器字段	复位值	RapidIO 数据包头字段
LSU_REG0	RapidIO Address MSB	32'h0	32 位外部目的地址字段——Type 2、5 和 6 包
LSU_REG1	RapidIO Address LSB/Config_offset	32'h0	(1) 32 位目的地址——Type 2、5 和 6 包(将与 BYTE_COUNT 一起使用以创建 64 位对齐的 RapidIO 包头地址); (2) 24 位配置偏移字段——Type 8 维护包(Maintenance Packets)(将与 BYTE_COUNT 一起使用,以创建 64 位对齐的 RapidIO 包头配置偏移量(Config_offset);由于最小配置访问为 4 字节,此字段的 2 LSB 必须为零)
LSU_REG2	DSP Address	32'h0	32b DSP 源地址。对于 RapidIO Header 为 NA(不可用)
LSU_REG3	Byte_Count	20'h0	要读/写的数据总字节数高达 1MB。(与 RapidIO 目的地址结合使用,在 RapidIO 包头中创建 WRSIZE/RDSIZE 和 WDPTR)。 0x0000:1MB; 0x0001:1B; 0x0010:2B; …; 0xFFFFF:1048575B。 维护请求仅限于 4 字节或字的倍数
	Drbll_val	1'b0	对于 FType!=10, 0:表示没有门铃信息需要在包的末尾发送; 1:表示门铃信息有效。 如果不需要回复,发送最后一段后发送门铃; 如果需要响应,则在收到所有响应后,如果没有错误,则生成带有 Drbll_Info 的门铃; 如果需要响应,如果收到错误响应,则不会生成门铃

Reg	控制/命令寄存器字段	复位值	RapidIO 数据包头字段
LSU_REG4	Interrupt Req	1'b0	对于 RapidIO Header 为 NA(不可用) CPU 控制的请求位,用于生成中断。通常与 Non-Posted 的命令一起使用,以在请求的数据/状态存在时提醒 CPU。 0b0:命令完成时不请求中断; 0b1:命令完成后请求中断
	SUP_GINT	1'b0	抑制 Good Interrupt。如果设置了 Interrupt Request,则该位为: 0:中断将在 good completion 时生成; 1:中断将在 good completion 时被抑制
	Xambs	2'b0	RapidIO Xambs 字段指定扩展地址的 Msb 位
	Priority	4'b0	Priority={VC, PRIO[1-0], CRF} CRF=RapidIO CRF 字段与 priority 一起使用。 包的优先级将低于具有相同 PRIO、VC,而 CRF=1 的包; 包的优先级将高于具有相同 PRIO、VC,而 CRF=0 的包。 PRIO=0-3 RapidIO PRIO 字段指定包优先级。为了避免系统死锁,请求数据包不应该以 3 的优先级发送。软件负责分配适当的外发的优先级。 00:priority of 0; 01:Priority of 1; 10:Priority of 2; 11:Priority of 3(LSU 不使用); VC:RapidIO 虚拟通道位,当前不支持 VC; 1'b0:(注意目前只支持 VC0)
	OutPortID	2'b0	对于 RapidIO Header 为 NA(不可用)。 指示要从中传输的数据包的输出端口号,由 CPU 和 NodeID 指定
	ID Size	2'b0	RapidIO tt 字段指定 8 位或 16 位 DeviceID, 0b00:8b DeviceIDs; 0b01:16b DeviceIDs; 0b10:保留; 0b11:保留
	SrcID_MAP	4'h0	定义要用于此事务的 sourceID 寄存器。 0b0000:使用 RIO_DEVICEID_REG0 寄存器的内容; 0b0001:使用 RIO_DEVICEID_REG1 寄存器的内容; 0b0010:使用 RIO_DEVICEID_REG2 寄存器的内容; 0b0011:使用 RIO_DEVICEID_REG3 寄存器的内容; 0b0100:使用 RIO_DEVICEID_REG4 寄存器的内容; 0b0101:使用 RIO_DEVICEID_REG5 寄存器的内容;

续表

Reg	控制/命令寄存器字段	复位值	RapidIO 数据包头字段
	SrcID_MAP	4'h0	0b0110：使用 RIO_DEVICEID_REG6 寄存器的内容； 0b0111：使用 RIO_DEVICEID_REG7 寄存器的内容； 0b1000：使用 RIO_DEVICEID_REG8 寄存器的内容； 0b1001：使用 RIO_DEVICEID_REG9 寄存器的内容； 0b1010：使用 RIO_DEVICEID_REG10 寄存器的内容； 0b1011：使用 RIO_DEVICEID_REG11 寄存器的内容； 0b1100：使用 RIO_DEVICEID_REG12 寄存器的内容； 0b1101：使用 RIO_DEVICEID_REG13 寄存器的内容； 0b1110：使用 RIO_DEVICEID_REG14 寄存器的内容； 0b1111：使用 RIO_DEVICEID_REG15 寄存器的内容； 请注意，RIO_DeviceID_Regn 是逻辑层的输入，而不是其内存映射。它们继承在基本路由寄存器（Base Routing Registers）中找到的值
	DestID	16'b0	RapidIO DestinationID 字段指定目标设备
LSU_REG5	TType	4'b0	事务（Transaction）字段，仅与 FType 2、5、8 相关
	FType	4'b0	所有包的 FType 字段， 2：NREAD, Atomic 指令（TType 有更详细信息）； 5：NWRITE, NWRITE_R, Atomic（TType 有更详细信息）； 6：SWRITE； 8：Maintenance； 10：Doorbell； 所有其他编码都是保留的。如果使用其中一个保留编码，则发送值为 0b100 的完成代码（Complete Code, CC）以指示发生了错误
	Hop Count	8'hFF	RapidIO Hop_count 字段为 Type8 维护数据包指定
	Drbll Info	16'h0	Type 10 包的 RapidIO 门铃信息字段

表 3.14 LSU*n*_REG6 状态寄存器字段描述只读视图描述

位	状态字段	复位值	功　能
31	BUSY	1'b0	指示命令寄存器的状态， 0b0：命令寄存器可用于（可写）下一组传输描述符； 0b1：命令寄存器正忙于当前传输
30	Full	1'b0	指示所有影子寄存器（Shadow Register）都在使用中， 0b0：至少有一个影子寄存器可供写入； 0b1：没有可用于设置任何事务的影子寄存器
29～5	Reserved	所有为 0	—
4	LCB	1'b1	LSU Context Bit。事务使用此信息来标识 CC（Completion Code，完成代码）的上下文是否与当前事务相关
3:0	LTID	4'b0	LSU 事务索引。 LSU 可以支持多个事务。此索引有助于标识事务的 CC 信息

表 3.15   LSU*n*_REG6 状态寄存器字段描述只写视图描述

位	状态字段	复位值	功　　能
31~28	PrivID	4'b0	当试图手动释放 Busy 位时,原始锁定 CPU 的 PrivID 必须与用于释放 Busy 位的 PrivID 匹配
27	CBusy	1'b0	1:如果 PrivID 匹配,则清除 Busy 位; 0:不采取行动
26~6	Reserved	所有为 0	—
5~2	SrcID_MAP	4'b1	由软件编写,用于指示需要刷新的影子寄存器的 SRCID
4	Restart	1'b0	如果 LSU 在错误条件下被冻结,则向该位写入 1 将从出错条件发生前工作的事务重新启动 LSU
3:0	Flush	1'b0	如果 LSU 在错误情况下被冻结,则将 1 写入该位将刷新与 SRCID 匹配的所有影子寄存器。该位将比 Restart 位具有更高的优先级

　　每个 LSU 后面都有一组影子寄存器。每个影子寄存器都可以编程,以便提前设置事务。当 LSU 空闲时,数据从影子寄存器传输到 LSU 寄存器。数据实际从影子寄存器传输到实际 LSU 寄存器时,可以读取 LSU0~5 寄存器的值。在此之前,读取这些寄存器将指示这些寄存器中存在的最后一个值。这意味着在写入 Reg5 之前无法读取新值,并且进一步受到以下事实的限制:在当前命令设置之前没有其他命令。Reg6 可以在写入时读取,因为它用于锁定和释放。

　　可以为每个 LSU 分配的影子寄存器总数是可配置的,共有 32 组寄存器。在 32 个影子寄存器中,16 个用于 LSU0~3,另外 16 个只能用于 LSU4~7。分配给 LSU 的影子寄存器总数是通过 RIO_LSU_SETUP_REG0 设置的。

　　写入 LSU_SETUP_REG0 时必须遵循以下顺序。

　　(1) 通过向 BLK1_EN 寄存器写入 0 来禁用 LSU 块。

　　(2) 将 BLK1_EN_STAT 寄存器轮询为 0,以确保 LSU 已禁用。

　　(3) 写到 LSU_SETUP_REG0。

　　(4) 通过将 1 写入 BLK1_EN 寄存器来启用 LSU。

　　以下限制也适用于影子寄存器。

　　(1) 每个 LSU 至少有一个影子寄存器。

　　(2) 一个 LSU 最多只能分配 9 个影子寄存器。LSU0~3 所有寄存器的总和不能超过 16。这一要求通过软件设计来确保。

　　影子寄存器没有唯一的 MMR 映射。它们用分配给它们的 LSU 的地址。

3.7.2　定义 LSU 寄存器组合及中断状态方式

　　表 3.16 列出了影子寄存器的预定义组合。不支持其他组合。有一个设置寄存器(RIO_LSU_SETUP_REG0)与 32 个影子寄存器关联。配置编号写入设置寄存器。根据配置编号,硬件为每个 LSU 分配了影子寄存器。LSU0~3(Group 0)和 LSU4~7(Group1)的配置号可以不同。只有当外围设备启用时,LSU 被禁用时,该寄存器才可编程。

表 3.16 LSU 影子寄存器组合

配置	LSU0/LSU4	LSU1/LSU5	LSU2/LSU6	LSU3/LSU7
5'h00	4	4	4	4
5'h01	5	5	5	1
5'h02	5	5	4	2
5'h03	5	5	3	3
5'h04	5	4	4	3
5'h05	6	6	3	1
5'h06	6	6	2	2
5'h07	6	5	4	1
5'h08	6	5	3	2
5'h09	6	4	4	2
5'h0A	6	4	3	3
5'h0B	7	6	2	1
5'h0C	7	5	3	1
5'h0D	7	5	2	2
5'h0E	7	4	4	1
5'h0F	7	4	3	2
5'h10	7	3	3	3
5'h11	8	6	1	1
5'h12	8	5	2	1
5'h13	8	4	3	1
5'h14	8	4	2	2
5'h15	8	3	3	2
5'h16	9	5	1	1
5'h17	9	4	2	1
5'h18	9	3	3	1
5'h19	9	3	2	2

LSU 寄存器的组成如图 3.18 所示。

LSU 影子寄存器组合由 RIO_LSU_SETUP_REG0（WO 视图）设置，如表 3.17 所示。设置结果从 RIO_LSU_SETUP_REG0（RO 视图）读取，如图 3.19 所示。

表 3.17 RIO_LSU_SETUP_REG0（WO 视图）字段描述

位	状态字段	复位值	功 能
31～21	Reserved	所有为 0	—
20～16	Shadow_grp1	5'h0	与 LSU4～7 所有关联的影子寄存器总数，见表 3.16
15～5	Reserved	所有为 0	—
4～0	Shadow_grp0	5'h0	与 LSU0～3 所有关联的影子寄存器总数，见表 3.16

Lsux_cnt 与 LSUx 关联的影子寄存器总数。RIO_LSU_SETUP_REG0 寄存器仅在 LSU 逻辑被禁用时可编程。只读视图反映与每个 LSU 关联的影子寄存器总数，合理范围为 4'h1～4'h9，所有其他值为保留。

推荐使用 LSU 的模式如下。

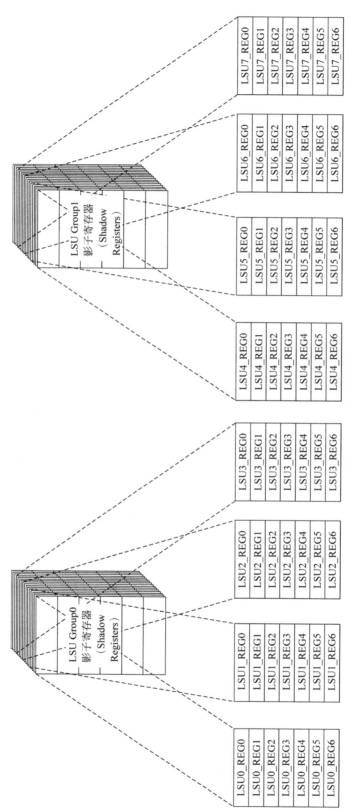

图 3.18　LSU 寄存器

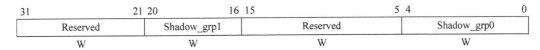

31		21 20	16 15		5 4	0
Reserved		Shadow_grp1	Reserved		Shadow_grp0	
W		W	W		W	

图 3.19 RIO_LSU_SETUP_REG0(RO 视图)

1. 由内核设置 LSU

每个内核可以有固定数量的影子寄存器分配给 LSU。如果一个 LSU 有 6 个影子寄存器,软件需要专门设定,如其中 4 个用于核 0,另外 2 个用于核 1。这保证了寄存器在内核之间是公平共享的,并且其中一个内核永远不会缺少影子寄存器。当释放内核的影子寄存器时,该内核可以在影子寄存器中设置新事务。

一个 LSU 所有影子寄存器专用于单个内核,还建议用户以相同的优先级将所有事务分配给特定的 LSU,这将有助于缓解 LSU 中的 HOL 阻塞问题。

2. 由 EDMA 设置 LSU

LSU 模式只能支持在专用于单个内核的 LSU 上的一个 EDMA 通道,该 LSU 无法共享。此 LSU 只能分配一个影子寄存器。但是,如果用户希望使用多个影子寄存器,则没有限制。

每个影子寄存器组(set)都有一个 LSU_Reg0～5 的副本。对于具体的 LSU,LSU_Reg6 是共享的。通过写入 LSU_Reg0～5 来设置 LSU 事务。此写入实际上发生在影子寄存器中。如果 LSU HW 是空闲的,则会取下一个可用的影子寄存器,并为 NREAD、NWRITE、NWRITE_R、SWRITE、ATOMIC 或 MAINTENANCE RapidIO 事务启动数据传输。如果 LSU HW 已经在处理当前影子寄存器集,则剩余影子寄存器中的挂起 LSU 事务应等待当前事务完成。一旦 LSU HW 完成当前事务,它将加载下一组可用的影子寄存器信息。因此,如果一个 LSU 分配了 3 个影子寄存器,那么它的队列中可以有一个活动事务和 2 个挂起事务。

LSU_SETUP_REG1 用于选择 LSU 传输完成时设置的中断标志位,如图 3.20 所示。

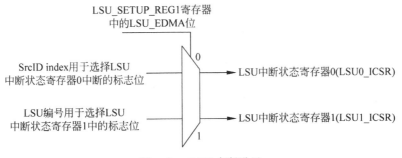

图 3.20 LSU 中断设置

如果 LSU_SETUP_REG1 中的 LSU_EDMA 位被清为 0,传输的 SourceID 索引被用于选择 LSU 中断状态寄存器 0(LSU0_ICSR)中的 flag 位。SourceID 索引是 TLM 端口基本路由寄存器(n)模式与匹配寄存器(TLM Port Base Routing Register(n)Pattern & Match Registers)中 16 个 DeviceID 的索引。例如,如果传输使用 DeviceID 1 作为 SourceID,那么当传输完成时,将设置 LSU 中断状态寄存器 0(LSU0_ICSR)的位 1。

如果 LSU_SETUP_REG1 中的 LSU EDMA 位设置为 1,则传输的 LSU 编号用于选择
LSU 中断状态寄存器 1 中的标志位。例如,如果 LSU 编号为 2,则设置 LSU 中断状态寄存
器 1(LSU1_ICSR)的位 2。

请注意,只有当 LSU 被禁用并且外围设备使能时,LSU_SETUP_REG0 和 LSU_
SETUP_REG1 才是可编程的。如果 SRIO 初始化代码首先禁用 SRIO,则这些寄存器也无
法正确写入,如下代码描述了该过程。

```
typedef enum
{
    SRIO_LSU_SHADOW_REGS_SETUP_4_4_4_4,
    SRIO_LSU_SHADOW_REGS_SETUP_5_5_5_1,
    SRIO_LSU_SHADOW_REGS_SETUP_5_5_4_2,
    SRIO_LSU_SHADOW_REGS_SETUP_5_5_3_3,
    SRIO_LSU_SHADOW_REGS_SETUP_5_4_4_3,
    SRIO_LSU_SHADOW_REGS_SETUP_6_6_3_1,
    SRIO_LSU_SHADOW_REGS_SETUP_6_6_2_2,
    SRIO_LSU_SHADOW_REGS_SETUP_6_5_4_1,
    SRIO_LSU_SHADOW_REGS_SETUP_6_5_3_2,
    SRIO_LSU_SHADOW_REGS_SETUP_6_4_4_2,
    SRIO_LSU_SHADOW_REGS_SETUP_6_4_3_3,
    SRIO_LSU_SHADOW_REGS_SETUP_7_6_2_1,
    SRIO_LSU_SHADOW_REGS_SETUP_7_5_3_1,
    SRIO_LSU_SHADOW_REGS_SETUP_7_5_2_2,
    SRIO_LSU_SHADOW_REGS_SETUP_7_4_4_1,
    SRIO_LSU_SHADOW_REGS_SETUP_7_4_3_2,
    SRIO_LSU_SHADOW_REGS_SETUP_7_3_3_3,
    SRIO_LSU_SHADOW_REGS_SETUP_8_6_1_1,
    SRIO_LSU_SHADOW_REGS_SETUP_8_5_2_1,
    SRIO_LSU_SHADOW_REGS_SETUP_8_4_3_1,
    SRIO_LSU_SHADOW_REGS_SETUP_8_4_2_2,
    SRIO_LSU_SHADOW_REGS_SETUP_8_3_3_2,
    SRIO_LSU_SHADOW_REGS_SETUP_9_5_1_1,
    SRIO_LSU_SHADOW_REGS_SETUP_9_4_2_1,
    SRIO_LSU_SHADOW_REGS_SETUP_9_3_3_1,
    SRIO_LSU_SHADOW_REGS_SETUP_9_3_2_2
}SRIO_LSU_Shadow_Registers_Setup;

typedef enum {
    LSU_INT_DRIVE_BY_SRCID = 0,
    LSU_INT_DRIVE_BY_LSU_NUM
}SRIO_LSU_Interrupt_setup;
typedef struct
{
    SRIO_LSU_Shadow_Registers_Setup lsuGrp0ShadowRegsSetup;
    SRIO_LSU_Shadow_Registers_Setup lsuGrp1ShadowRegsSetup;
    SRIO_LSU_Interrupt_setup lsuIntSetup[8];
}SRIO_LSU_Cfg;
……
/* enable globally used blocks including MMR block in SRIO */
```

```
Keystone_SRIO_GlobalEnable();
/ * The LSU setup registers are only programmable
while the LSU is disabled while the peripheral is enabled. * /
if(srio_cfg - > lsu_cfg)
{
      / * setup the shadow registers allocation between LSU * /
      srioRegs - > RIO_LSU_SETUP_REG0 =
         (srio_cfg - > lsu_cfg - > lsuGrp0ShadowRegsSetup <<
          CSL_SRIO_RIO_LSU_SETUP_REG0_SHADOW_GRP0_SHIFT)|
         (srio_cfg - > lsu_cfg - > lsuGrp1ShadowRegsSetup <<
         CSL_SRIO_RIO_LSU_SETUP_REG0_SHADOW_GRP1_SHIFT);
         / * setup LSU interrupt based on LSU number or Source ID * /
         cfgValue = 0;
         for(i = 0; i < SRIO_MAX_LSU_NUM; i++)
         {
             cfgValue | = srio_cfg - > lsu_cfg - > lsuIntSetup[i] << i;
         }
      srioRegs - > RIO_LSU_SETUP_REG1 = cfgValue;
}
/ * enable other optional blocks * /
Keystone_SRIO_enable_blocks(&srio_cfg - > blockEn);
```

3.7.3 设置 LSU 寄存器

LSU 是否可用和确保两个 CPU 不会同时访问可以分别通过 Full 位和 Busy 位来判断。

1. Full 位

在 CPU 尝试写入影子寄存器之前,必须检查影子寄存器的可用性。CPU 必须读取 LSU_REG6 以检查 Full 位的状态。如果位是 1,这意味着没有更多的影子寄存器可用;如果位为 0,则表示至少有一个影子寄存器可用。

只有当最后一个空闲影子寄存器的 LSU_REG5 写入完成时,才会设置 Full 位。因此,不能同时设置 Full 位和 Busy 位。

2. Busy 位

为了确保两个 CPU 不会同时访问同一组寄存器,LSU_REG6 中存在一个 Busy 位。当 CPU 试图获取 LSU 时,执行以下 3 个步骤。

1) 锁定寄存器

锁定寄存器读取 LSU_REG6 以确保 Busy 位和 Full 位为 0,可能会发生以下情况。

(1) 设置了 Full 位。

设置了 Full 位意味着没有可用的影子寄存器。CPU 必须再次读取寄存器以检查影子寄存器的可用性。如果软件限制所有影子寄存器的数量超过每个内核可以使用的数量,则不应发生这种情况。

(2) 其他一些 CPU 锁定了 LSU。

在多核环境中,LSU 可能被另一个内核锁定,在这种情况下,LSU_Reg6 的读取将指示 Busy 位为 1。内核必须再次尝试读取 LSU_Reg6,以锁定它。EDMA 不需要这种读取,因为它有一个专用的 LSU,所以不存在所有权冲突的可能性。可以确定 LSU 是否专用于

EDMA,参见图 3.28 和表 3.21 RIO_LSU_SETUP_REG1 寄存器描述。

（3）正常。

读取出现 Busy 位为 0,意味着内核现在锁定了 LSU 寄存器以供使用。硬件将保存锁定影子寄存器的主机的 PRIVID,Busy 位将设置为 1。唯一的例外是如果读取是从调试器（Debugger）端进行的。在这种情况下,尽管寄存器的值将被返回,但是没有其他操作会从该寄存器的读取操作中产生。

如果某个特定的主设备锁定了一个 LSU,而同一个主设备在其他背景中（如在 ISR 中）读取 LSU Busy 位,则 Busy 位将始终读取为 1,而不是 0。因此,LSU Busy 位可用于在同一主机的不同任务之间共享特定的 LSU 影子寄存器集。一旦主机完成对 LSU_REG5 的写入,则会清除 Busy 位。

LSU_Reg6 的读取将返回以下内容。

（1）LTID(LSU 事务 ID)。

LTID 是附加到事务的临时 ID,在事务结束时,软件可以使用此 ID 读取相关的完成代码。此 ID 不能超过映射到 LSU 的影子寄存器的最大数目。因此,对于 LSU0,如果分配的最大影子寄存器是 4,那么 LTID 只能在 0~3。

（2）LCB(LSU 上下文(Context)位:LSU_Reg6 bit 4)。

LSU 上下文位给出了状态位的参考帧是否为当前事务,还是上一个或下一个事务。复位后,当 LSU 为特定 LTID 获取锁时,返回的 LCB 为 1。下次 LSU 为同一 LTID 获取锁时,返回的 LCB 为 0。因此,如果此值在读取时为 1,并且完成代码指示 LCB（LSU_STAT_REG0~LSUx_STATn 寄存器 bit 0)为 0,则软件知道完成信息不是感兴趣的事务。复位后,将提供 LTID 的第一个 LCB 将为 1。

锁定 LSU 流程如图 3.21 所示。

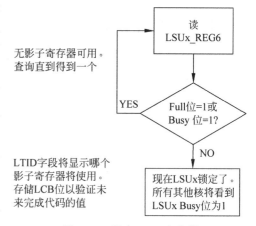

图 3.21　锁定 LSU 寄存器

注意:Busy 位和 Full 位必须同时从 LSU_REG6 读。这样做的原因是,一旦主控设备检查到 Full 位的状态并获得使用 LSU 寄存器的权限,Busy 位随后将被设置为 1。稍后尝试轮询 Busy 位总是会导致该位被设置位 1。

2）设置寄存器

Reg0~Reg4 由 CPU 设置,如图 3.22 所示。这些写请求的 PRIVID 必须与锁定 LSU Busy 位的原始请求的 PRIVID 匹配,否则写请求将被忽略。如果 EDMA 正在使用 LSU,则会忽略 PRIVID 检查。请注意,在设置寄存器时,LSU 此时可能正忙于处理另一个请求。

3）释放锁

完成对 REG5 的最后一次写入,以清除 Busy 位。影子寄存器现在可以被 LSU 使用了。如果 LSU 已经很忙,数据将简单地保存在影子寄存器中。当 LSU 完成事务后,影子寄存器就可以供 LSU 使用了。释放锁并触发传输流程见图 3.23。

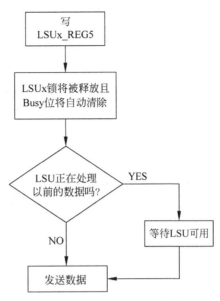

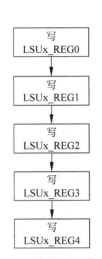

图 3.22 设置 LSU 寄存器

图 3.23 释放锁并触发传输

4) LSU 由于挂起(hang)而被锁定

如果出于某种原因,锁定 LSU 的 CPU 没有返回来完成其余寄存器的写入和最后一次写入 LSU5,则 LSU 可以被锁定。试图锁定 LSU 影子寄存器的 CPU 可以继续轮询 REG6。如果多次尝试后,发现 LSU 总是由于 Busy 位被置位时锁定(这意味着无法设置 Full 位),并且 LTID(对应 LSU 编号)和 LCB 保持不变,CPU 可以推断 LSU 被不再访问 LSU 的设备锁定。为了克服这个问题,在 LSU_REG 的 WO 视图中存在一个 CBUSY (Clear Busy)位。设备上的主机可以干预和设置 CBUSY 位以及 PRIVID 信息。如果 PRIVID 与 LSU 最初锁定时的信息匹配,硬件将释放 Busy 位。它将把 CC 位设置为 111(表示事务已完成)。该影子寄存器写入现在已完成。请注意,Busy 位的下一个锁将获得下一个 LTID 和 LCB,并且不会重用当前 LTID 和 LCB。

每个 LSU 可支持的最大 LTID 如表 3.18 所示。

表 3.18 每个 LSU 的最大 LTID

LSU♯	LTID	LSU♯	LTID
0/4	9(0～8)	2/6	5(0～4)
1/5	6(0～5)	3/7	4(0～3)

需要额外的寄存器 RIO_LSU_STAT_REG0-2 来跟踪各种事务的完成代码(CC)。LTID 用于将信息与 CC 位联系起来。因为软件知道事务分配给的 LSU,所以它可以知道要查看 RIO_LSU_STAT_REG0-2 的哪些位。寄存器中的 LCB 将通知软件参考是当前事务还是上一个或下一个事务。如果软件正在轮询 CC 位,则需要此信息。因此,影子寄存器的状态位如表 3.19 所示。LSU4～7 也有一组类似的三个寄存器(RIO_LSU_STAT_REG3～5),如表 3.20 所示。

表 3.19 LSU_STATUS（LSU*x*_STAT）

控制/命令寄存器	访问类型	复位值	说　明
Completion Code	RO	3'b0	指示挂起命令的状态： 0b000 表示事务完成，没有错误（Posted/Non-posted）； 0b001 表示 Non-posted 事务交易发生事务超时； 0b010 表示事务完成，由于流控制阻塞（Xoff）而未发送数据包； 0b011 表示事务完成，Non-posted 响应数据包（type 8 和 13）包含 ERROR 状态，或响应有效负载长度错误； 0b100 表示事务完成，由于一个或多个 LSU 寄存器字段的事务类型不受支持或编程编码无效而未发送数据包； 0b101 表示 DMA 数据传输错误； 0b110 表示收到 Retry 门铃响应，或不允许 Atomic Test-and-swap（Semaphore 正在使用中）； 0b111 表示事务已完成，在使用 CBUSY 位终止事务时未发送任何数据包。如果命令中还请求了门铃，则在遇到错误条件或收到门铃事务响应后立即设置完成代码
LSU Context Bit	RO	1'b0	提供当前 CC 位的参考。对于事务，这需要匹配在读取 LSU_Reg6 时返回的 LCB

表 3.20 RIO_LSU_STAT_REG0～2 和 RIO_LSU_STAT_REG3～5

31～28	27～24	23～20	19～16	15～12	11～8	7～4	3～0
Lsu0_Stat7	Lsu0_Stat6	Lsu0_Stat5	Lsu0_Stat4	Lsu0_Stat3	Lsu0_Stat2	Lsu0_Stat1	Lsu0_Stat0
Lsu2_Stat0	Lsu1_Stat5	Lsu1_Stat4	Lsu1_Stat3	Lsu1_Stat2	Lsu1_Stat1	Lsu1_Stat0	Lsu0_Stat8
Lsu3_Stat3	Lsu3_Stat2	Lsu3_Stat1	Lsu3_Stat0	Lsu2_Stat4	Lsu2_Stat3	Lsu2_Stat2	Lsu2_Stat1

CPU 为一个 LSU 发出一个 Flush 或 Restart 命令（如下所述），该 LSU 的上下文指定的 CC 位被复位回 000。所有 RIO_LSU_STAT_REG0-5 的复位值为零。

所有与上述错误相关的中断都会立即报告。如果出现错误代码 011，也会立即报告错误，没有提交新事务。但是，LSU 只有在以下操作之后才会被释放。

（1）CPU 写入 Restart 或 Flush 位启动命令。

（2）已收到未处理的 Non-Posted 事务的所有响应，或者在获取响应时发生响应超时。如果存在响应超时，则不会为该响应超时设置额外的中断或 CC 位。如果接收到所有响应并接收到 Restart 命令，则 LSU 将仅刷新当前事务并加载下一组影子寄存器。如果用户写了一个 flush，并且收到了所有响应，那么用户将刷新指定 LSU 的影子寄存器中指定 SRCID_MAP 的所有事务。如果既没有收到 Restart 命令，也没有收到 Flush 命令，并且收到了所有响应，则外围设备将一直等待，直到其得到 CPU Restart/Flush 超时信号。LSU 将丢弃影子寄存器中的所有事务，以及导致来自同一 SRCID_MAP 的错误的当前事务。然后它将自己重新加载下一个影子寄存器。

共有 8 个 LSU 寄存器集。对于所有需要响应的事务类型，这允许有 8 个未完成的请求（即 Non-Posted）。对于多核设备，软件管理寄存器的使用。共享配置总线（VBUSP 接口）用于访问所有寄存器组。一个单核设备可以利用所有 8 个 LSU 模块。

图 3.24 为突发 NWRITE_R 事务数据流和字段映射的示例。

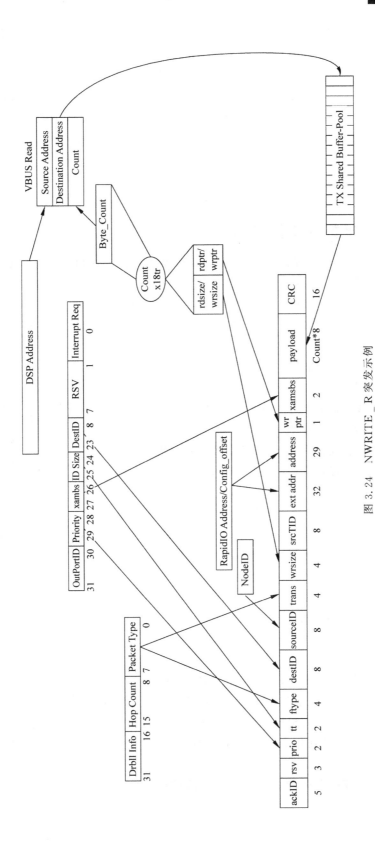

图 3.24 NWRITE_R 突发示例

对于写命令,有效负载与来自控制/命令(Control/Command)寄存器的头信息组合在一起,并在共享的 Tx 缓冲区资源池(Shared Tx Buffer Resource Pool)中进行缓冲。最后,它被转发到 Tx FIFO 进行发送。

READ 命令没有有效负载。在这种情况下,只有控制/命令寄存器字段被缓冲并用于创建一个 RapidIO NREAD 包,该包被转发到 Tx FIFO。当从接收端口转发时,来自 READ 事务的相应响应数据包有效负载被缓冲在共享 Rx 缓冲区资源池(Shared Rx Buffer Resource Pool)中。Posted 和 Non-Posted 操作依靠 OutPortID 命令寄存器字段指定相应的输出端口 FIFO。

数据以 DMA 时钟速率在内部突发到 LSU。

3.7.4 详细数据路径描述

LSU 模块用于生成输出的 RapidIO DirectIO 数据包。此接口不支持消息传递接口。此外,通过该接口生成外发的(Outgoing)门铃包。每个 LSU 最多可支持 16 个 SRCTID。因此,LSU0 可以使用 SRCTID 0~15 生成事务,LSU1 可以从 SRCTID 16~31 生成事务,等等(SRCTID < 128,用于标记 LSU 事务编号)。每次从 LSU 启动一个新命令时,它都会从起始 SRCTID 重新启动。因此,对于 LSU1,每个新命令将从 16 开始。

LSU 模块的数据路径使用 VBUSM 作为 DMA 接口。SRIO 最大有效负载大小为 256B。每个 LSU 可能生成多个 VBUSM 事务,以并行获得大于 256B 的有效负载。然后可以在 UDI 接口上发送这些有效负载。但是,要区分这些事务,必须有不同的 SRCTID。即使数据将被发送到同一个 LSU,当响应从 UDI(Uniform Driver Interface)接口返回时,事务也可以彼此区分。

图 3.25 描述了从端口发送数据的操作流程图。

VBUSP 配置总线被 CPU 用来访问控制/命令寄存器。寄存器包含启动 READ 和 WRITE 数据包生成所需的传输描述符(Transfer Descriptor)。写入传输描述符后,查询流控制状态。该单元检查命令寄存器的 DESTID 和 PRIORITY 字段,以确定该流是否为 Xoff'd(关闭状态)。此外,检查 Tx FIFO 的空闲缓冲区状态(基于 OutPortID 命令寄存器字段)。只有在授予流控制访问权限并分配了 Tx FIFO 缓冲区后,才能为要移

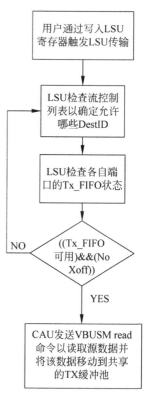

图 3.25 包数据路径

入的有效负载数据发出 VBUSM read 命令。根据 VBUSM 事务的完成情况,以简单的顺序将数据从共享缓冲池移动到相应的输出 Tx FIFO。一旦进入 FIFO,数据就保证通过引脚传输。

图 3.26 描述了支持 LSU 模块所需的数据路径和缓冲。

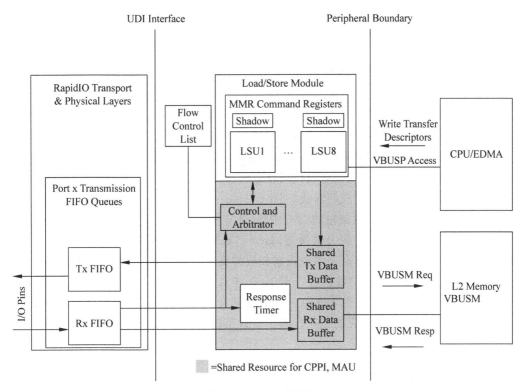

图 3.26　LSU 数据流

3.7.5　Tx 操作

1. WRITE 事务

图 3.27 描述了串行 RapidIO 模块内的缓冲机制。共享的 Tx 数据缓冲区在多个核之间共享。状态机在 LSU 和其他协议单元之间仲裁和分配可用的缓冲区。只有在 VBUSM 响应的最后一个有效负载（Payload）字节已写入共享的 Tx 数据缓冲区（Shared Tx Data Buffer）之后，LSU 模块将数据包转发到 Tx FIFO。一旦转发到 Tx FIFO，就可以释放共享缓冲区并使其可用于新事务。

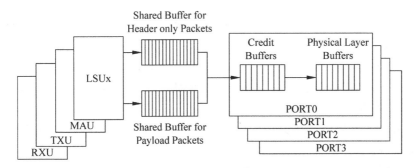

图 3.27　SRIO 缓冲机制

Tx 缓冲空间在所有输出源之间动态共享，包括 LSU、Tx CPPI 以及 Rx CPPI 和内存访问单元(MAU)的响应包。因此,需要对缓冲区空间内存进行分区,以处理有或无有效负载的数据包。

可以有 16 个负载大小高达 256 字节的有效负载包,16 个没有有效负载的头数据包(Header Packet)。这里的头数据包是没有有效负载的数据包,如响应数据包。数据按接收顺序依次离开共享缓冲池。它不考虑包优先级。优先级会影响数据离开 Tx FIFO 的顺序。

对于不需要 RapidIO 响应数据包的 Posted WRITE 操作,内核可以提交多个未完成的请求。例如,一个内核可能在任何给定时间缓冲了许多流写入数据包,并给出了输出资源。在这个应用程序中,LSU 可以在数据包写入共享 Tx 缓冲池后立即释放给影子寄存器。如果请求被流控制,外围设备将设置完成代码状态寄存器和 ICSR 的相应中断位。控制/命令寄存器可以在中断服务程序完成后释放。

对于需要 RapidIO 响应数据包的 Non-Posted WRITE 操作,在任何给定时间内每个内核只能有一个未完成的请求。如上文所述,数据包被写入共享的 Tx 缓冲池,但是,在响应数据包被路由回模块并在状态寄存器中设置相应的完成代码之前,不能释放 LSU。原子输出测试和交换(Test-and-Swap)数据包(FType 5,事务 0b1110)有一种特殊情况。这是唯一需要有效负载响应的 WRITE 类数据包。这个响应负载被路由到 LSU,它被检查以验证信号量是否被接受,然后设置相应的完成代码。有效负载不会通过 VBUSM 从外围设备传输出去。

所以,一般的流程如下。

(1) 使用配置总线(VBUSP)写入命令寄存器。

(2) 确定流控制(Flow Control)。

(3) Tx FIFO(Tx 共享缓冲池)空闲缓冲可用性已确定。

(4) 数据有效负载的 VBUSM 读取请求。

(5) VBUSM 响应将数据写入共享 Tx 缓冲区空间中的指定模块缓冲区。

(6) 监控 VBUSM 读响应的最后一个有效负载字节。

(7) 命令寄存器中的头数据被写入共享 Tx 缓冲区空间。

(8) 将有效负载和头传输到 Tx FIFO。

(9) 如果不需要 RapidIO 响应,加载下一个影子寄存器。

(10) 据优先级从 Tx FIFO 传输到外部设备。

2. READ 事务

生成 READ 读事务的流程类似于带响应事务的 Non-Posted WRITE。有两个主要区别:①READ 读包不包含数据有效负载;②READ 读响应具有有效负载。所以 READ 命令只需要在共享池中有一个 Non-Payload Tx 缓冲区。此外,它们还需要一个共享的 Rx 数据缓冲区。在发送读请求数据包之前,不会预先分配此缓冲区,因为这样做可能会导致发送到其他功能块的其他输入包的流量拥塞。

同样,在响应包被路由回模块并在状态寄存器中设置相应的完成代码之前,不能释放 LSU。因此,一般流程如下。

(1) 使用配置总线(VBUSP)写入命令寄存器。

(2) 确定流量控制。

(3) Tx FIFO 缓冲区分配。

（4）命令寄存器中的 Header 头数据写入共享 Tx 缓冲区。

（5）传输 Header 头到 Tx FIFO。

（6）根据优先级从 Tx FIFO 传输到外部设备。

（7）当数据返回到 UDI 接口时，数据通过 VBSM 发出。

对于所有事务，一旦数据包被转发到 Tx FIFO，共享的 Tx 缓冲区就会被释放；如果接收到 Non-Posted 事务的错误或重试响应，CPU 必须通过写入 LSU_Reg6 重新启动该进程，或者完全启动一个新事务。

LSU 处理两种类型的出站（Outbound）分段请求。首先，当读/写请求的字节数超过 256B 时；其次，当读/写请求 RapidIO 地址不对齐时。在这两种情况下，传出请求必须分成多个 RapidIO 请求包。例如，CPU 希望对外部 RapidIO 设备执行 1KB 存储操作。设置完 LSU 寄存器后，CPU 只需对 LSU_Reg5 命令寄存器执行一次写入操作。然后外围硬件将存储操作分成 4 个 RapidIO 写入数据包，每包 256 字节，并根据需要计算 64 位对齐的 RapidIO 地址、WRSIZE 和 WDPTR。在所有发送的请求数据包都传递给 Tx FIFO 前，LSU 寄存器不能被释放。或者，对于 Non-Posted 操作（如 CPU Loads），必须在释放 LSU 寄存器之前接收所有数据包响应。

3.7.6　Rx 操作

响应包始终是 Type 13 RapidIO 包。事务类型不等于 0b0001，且 SRCTID 小于 128 的所有响应包按接收顺序依次路由到 LSU 块。根据最初发送的相应请求数据包的类型，这些数据包可能有负载，也可能没有负载。由于 RapidIO 交换结构系统的特性，响应包可以以任何顺序到达。

数据有效负载（如果有）和头数据从 Rx FIFO 移动到共享 Rx 缓冲区。检查包的 TargetTID 字段，以确定哪个内核寄存器和相应的寄存器组正在等待响应。记住，每个内核只能有一个未完成的请求。所有有效负载数据通过正常的 VBUSM 操作从共享的 Rx 缓冲池移到内存中。所有传入的 DirectIO 数据包都包含一个内存地址字段。地址是设备内存映射中写入或读取数据的位置。外设不支持 Rx 地址转换窗口。来自 RapidIO 数据包的确切地址将用于 DMA 事务。这种方法要求 DirectIO 事务的源具有目标设备内存映射的详细信息。另外，应该注意的是，对于同一目的地数据互相改写的源，没有硬件内存保护方案。这必须在系统级使用软件进行管理。某些内存访问可能在设备级别被限制为管理员权限。通过用户（User）权限可以访问常规访问内存区域。MAU 将用户权限分配给每个接收到的 DMA 包，除非该包的 SOURCEID 与 RIO_SUPRVSR_ID 值匹配。只有与此寄存器匹配时，才会分配管理员权限。复位后，LSU 模块将所有寄存器字段置于其默认值，等待 CPU 写入。

如果应用程序不支持 DirectIO 协议，则可以关闭 LSU 的供电。例如，如果消息协议正在用于数据传输，那么关闭 LSU 模块有利于节省电源。在这种情况下，命令寄存器应该关闭并不能被访问。在断电状态下，时钟应被选通到到这些块。

3.7.7　DirectIO 操作特殊情况

1. 超时

所有 Non-Posted 操作的寄存器只能保存有限的时间,以避免在请求或响应数据包在交换结构中不知何故丢失时阻塞资源。如果时间到期,应在 ERROR MANAGEMENT RapidIO 寄存器中记录错误。响应超时的处理方式与其他任何错误条件完全相同。LSU 将等待 CPU 发送 Flush 或 Restart 命令。RapidIO 规范规定最大时间间隔为 3~65。如果在倒计时定时器(初始化为此 CSR 值)达到零之前未收到响应数据包,则会发生逻辑层超时。

每个未完成的包响应定时器都需要一个 4 位寄存器。发送事务时,寄存器将加载当前时间代码。时间代码来自一个与 24 位向下计数器相关联的 4 位计数器,该计数器持续倒数,当其达到 0 时,用 SP_RT_CTL(地址偏移 1124h)的值重新加载。

每次时间码改变时,对寄存器进行 4 位比较。如果寄存器再次等于时间码,而没有看到响应,则事务已超时。硬件支持可编程配置寄存器字段以正确衡量时钟频率。

2. 软件中处理基于 SRCID 的 LSU 错误中断

LTID 和 LCB 信息只能在步骤中读取,其中当 LSU_REG6.FULL=0 和 LSU_REG6.BUSY=0 时读 LSU_REG6。每个主控系统(CorePac)可以使用特定 LSU,将负责维护源自该主控系统的所有未完成 DIO 事务的 LTID 和 LCB 信息。然后,CorePac 使用 LTID 来准确地知道它必须查看哪个 RIO_LSU_Status_Reg 字段来跟踪完成代码和 LCB。例如,让我们考虑一下 LSU0,它被配置为有 4 个影子寄存器。如果 LSU0 仅由 CorePac0 使用,那么 CorePac0 应该维护 8 个最新事务的历史记录(对于 LTID 和 LCB 的所有可能组合)。当 CorePac0 想要检查 LSU0_Status 时,如由于中断,它会读取 RIO_LSU_Status_Reg0 的位 15:0(对应于影子寄存器 3~0),并将其未完成事务的历史记录与寄存器字段值进行比较。它可以根据 LTIDn=Stat$n$ 字段和寄存器内匹配的 LCB 来确定完成代码。

现在,如果 LSU0 是由 COREPac0 和 COREPac1 使用,那么 COREPac0 和 COREPac1 都应保存一个独立的源于它的 8 个最新事务历史(包括 LTID 和 LCB 的所有组合)。

每当使用 LSU 影子寄存器时,应使用基于 SRCID 的 LSU 中断(LSU_ICSR0)。在这里,每个 SRCID 映射到 SoC 中的特定主设备(CorePac)。特定 SRCID 的 good(好)中断或 Bad(坏)中断将由与此 SRCID 关联的 CorePac 处理。通常,为了获得更好的性能,可以在配置 LSU 寄存器的同时抑制 LSU 生成的 Good 中断。因此,它主要是 LSU Bad 或错误中断,必须采取处理和纠正措施。

每当 CorePac 接收到基于 SRCID 的错误中断时,它必须读取与 LSU 资源相关的所有 RIO_LSU_STAT_REG,它可以配置这些资源以发送 DIO 事务。一旦识别出错误事务的 LSU 编号、LTID 和 LCB,将此信息与历史记录进行比较,以准确确定导致错误的 LSU 事务。

3. 门铃的输入重试响应

硬件不负责尝试重新传输门铃。其他 Non-Posted 的事务只能得到 DONE 或 ERROR 的响应。如果门铃响应数据包指示重试状态,则 LSU 模块通过生成中断通知 CPU。一旦逻辑层接收到响应数据包,就可以释放控制/命令寄存器。硬件不负责尝试重新传输门铃事务。因此,一般流程如下。

(1) 事先,控制/命令寄存器被写入,请求数据包被发送。

(2) 响应包 Type13,Trans！＝0b0001 到达模块接口,按顺序处理(不基于优先级)。

(3) 检查 TargetTID 以确定响应到相应内核的路由。

(4) 检查响应包的状态字段有无 ERROR、RETRY 或 DONE。

(5) 如果完成,提交 VBUSM 请求并将有效负载(如果有)传输到 DSP 地址;如果 ERROR/RETRY,设置中断。

(6) 可选地中断到 CPU,通知数据包接收。

3.7.8 调度

在任何时候,多个 LSU 都可以进行事务处理。在考虑事务进行调度之前,将应用以下条件。

(1) 优先权 CRF:每个端口的调度(Scheduling)只考虑最高优先权和 CRF(Critical Request Flow)事务。

(2) 流控制:事务的 DESTID 不应被流控制。

(3) Non-Posted 事务的 SRCID:如果 SRCID 已用于 Non-Posted 的事务,而另一个 Non-Posted 的事务来自同一 SRCID,则请求将被挂起,直到上一个 SRCID 事务完成为止。

(4) SRIO VBUSM 限制:VBUSM 接口最多可支持 4 个读和 4 个写事务,这些事务在 MAU、LSU 和 TXU 之间共享。如果 LSU 需要在 VBUSM 接口上发送命令,那么 VBUSM 接口中应该是可用的。

(5) FIFO:FIFO 应该有空间来容纳事务。如果多个 LSU 满足了以上的要求,该计划将在它们之间进行轮流调度(Round Robin),最大的 SRIO 包尺寸为 256B。

3.7.9 错误处理

在 RIO_LSU_STAT_REGx 的 CC 位中可能会出现各种错误(Error)。此外,如果 Int_req 和 Sup_gcomp(仅影响 Good Completion 中断位)位解除有效状态,相应位在 LSU_Reg4 中设置,中断被路由回 CPU/EDMA。

该信息是为 LSU_Reg4 中指定的每个 SRCID 以及所有 8 个 LSU 生成的(通过 LSUx_edma 的设置选择)。在旧设备上,信息仅对每个 LSU 可用。但是,如果多个内核正在使用 LSU,即使 Completion 只是对一个内核的,LSU 将中断所有内核。因此,区分每个内核的中断和 LSU 是很重要的。RIO_LSU_SETUP_REG1 寄存器用于设置 LSU 的 LSUx_edma 信息和超时计数器 Timeout_cnt。其中,LSUx_edma 位用于设置相应的 LSU 是否被 EDMA 使用的信息。Timeout_cnt 用于设置在出现错误情况后,在 LSU 事务被丢弃和新的事务从影子寄存器加载之前的超时参数。RIO_LSU_SETUP_REG1 寄存器仅在 LSU 被禁用时可编程。RIO_LSU_SETUP_REG1 寄存器的组成及其字段描述见图 3.28 和表 3.21。

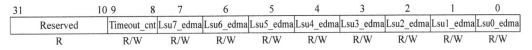

31	10 9	8	7	6	5	4	3	2	1	0
Reserved	Timeout_cnt	Lsu7_edma	Lsu6_edma	Lsu5_edma	Lsu4_edma	Lsu3_edma	Lsu2_edma	Lsu1_edma	Lsu0_edma
R	R/W	R/W	R/W	R/W	R/W	R/W	R/W	R/W	R/W

图 3.28 RIO_LSU_SETUP_REG1 寄存器

表 3.21 RIO_LSU_SETUP_REG1 寄存器字段描述

领域	RW	RESET	描 述
LSUx_edma	RW	1'b0	0：Good Completion 将根据 SRCID 驱动到中断； 1：Good 状态的中断将被驱动到 LSU 特定的中断位
Timeout_cnt	RW	2'h0	00：在出现错误情况后，在 LSU 事务被丢弃和新的事务从影子寄存器加载之前，TimeCode 更改了 1 次（有关 TimeCode 信息，请参阅 RXU 部分）； 01：在出现错误情况后，在 LSU 事务被丢弃和新事务从影子寄存器加载之前，TimeCode 更改了 2 次； 10：在出现错误情况后，在 LSU 事务被丢弃和新事务从影子寄存器加载之前，TimeCode 更改了 3 次； 11：在出现错误情况后，在 LSU 事务被丢弃和新事务从影子寄存器加载之前，TimeCode 更改了 4 次

对于每个事务，将生成以下中断。软件决定使用这些中断中的哪一个，并相应地路由 Good Completion 和 Error Completion 中断。Good Completion 和 Eroor Completion 中断来源如下。

（1）根据表 3.21 设置每个 SRCID 或 LSU 的 Good Completion。

（2）LSU_Reg4 中定义的每个 SRCID 的 Error Completion。

如果发生错误，LSU 不会自动加载到下一个影子寄存器，它等待软件介入。当 CPU 收到中断时，它读取相关的 RIO_LSU_STAT_REGx 以确定错误的详细信息。现在，软件可以执行以下操作之一。

（1）软件可以选择不做任何事情。在这种情况下，定时器将超时（基于 Timeout_cnt）。LSU 将丢弃影子寄存器中的所有事务，以及导致来自同一 SRCID 的错误的当前事务。然后它将自己重新加载下一个影子寄存器。如果 LSU 是为 EDMA 设置的，它将向 EDMA 额外发送一个 Good Completion 中断，从而使 EDMA 能够自动加载下一个事务。

（2）软件修复了这个问题（例如，启用了关断（XOff）的端口），并为特定的 LSU 设置了一个 Restart 位。LSU 将终止当前事务并加载下一组影子寄存器。

（3）软件决定 Flush 事务。它写入 LSU 的 Flush 位。来自特定 LSU 的影子寄存器中存在的同一 SRCID 的所有事务都将被 Flush。Flush 可能需要一个以上的周期。Flush 位和 Restart 位实际上是 LSU_Reg6 的写入版本。

3.7.10 DirectIO 编程注意事项

以下程序步骤描述了 LSU 的编程细节。在这里，它使用 CSL 寄存器层 API 来执行寄存器读写。

```
/***** STEP# 1: LOCK LSU *********************************************** /
/* Check the FULL and BUSY bit simultaneously to determine whether or not the shadow registers
are idle and unlocked . */
    value = CSL_FEXTR(SRIO_REGS -> LSU[Lsuno].LSU_REG6, 31, 30);
    while (value != 0)
    {
```

```
        value = CSL_FEXTR(SRIO_REGS -> LSU[Lsuno].LSU_REG6, 31, 30);
    }
    /***** Store the LTID field to get the LSU Shadow Register Number ***** /
    LTID = CSL_FEXT(SRIO_REGS -> LSU[Lsuno].LSU_REG6, SRIO_LSU_REG6_LTID);
    /***** Store the LCB bit for Verifying the validity of the Completion Code ***** /
    LCB = CSL_FEXT(SRIO_REGS -> LSU[Lsuno].LSU_REG6, SRIO_LSU_REG6_LCB);
    /***** STEP♯ 2: SETUP LSUx_REG 0 - 4 ***************************************** /
    /***** Program Address For The Destination DSP Buffer ***** /
    SRIO_REGS -> LSU[Lsuno].LSU_REG0 = SL_FMK( SRIO_LSU_REG0_ADDRESS_MSB,0 );
    SRIO_REGS -> LSU[Lsuno].LSU_REG1 =
        CSL_FMK( SRIO_LSU_REG1_ADDRESS_LSB_CONFIG_OFFSET,(int )&rcvBuff[0] );
    /***** Program Address For The Source DSP Buffer ***** /
    SRIO_REGS -> LSU[Lsuno].LSU_REG2 = CSL_FMK( SRIO_LSU_REG2_DSP_ADDRESS, (int )&xmtBuff[0]);
    /***** Program The Payload Size & No Doorbell After Completion ***** /
    SRIO_REGS -> LSU[Lsuno].LSU_REG3 = CSL_FMK( SRIO_LSU_REG3_BYTE_COUNT,byte_count )|
    CSL_FMK( SRIO_LSU_REG3_DRBLL_VAL, 0);
    /***** Send the Data Out from Port♯0, Generate Interrupt only for Error Condition ***** /
    SRIO_REGS -> LSU[Lsuno].LSU_REG4 = CSL_FMK( SRIO_LSU_REG4_OUTPORTID,0 )|
        ___CSL_FMK( SRIO_LSU_REG4_PRIORITY,0 )|
    CSL_FMK( SRIO_LSU_REG4_XAMBS,0 )|
    CSL_FMK( SRIO_LSU_REG4_ID_SIZE,1 )|
    CSL_FMK( SRIO_LSU_REG4_DESTID,0xBEEF )|
    CSL_FMK( SRIO_LSU_REG4_INTERRUPT_REQ,1 )|
        _____CSL_FMK( SRIO_LSU_REG4_SUP_GINT, 1)|
    CSL_FMK( SRIO_LSU_REG4_SRCID_MAP, 0);
    /***** STEP♯ 3: TRIGGER THE TRANSFER ******************************** /
    SRIO_REGS -> LSU[Lsuno].LSU_REG5 = CSL_FMK( SRIO_LSU_REG5_DRBLL_INFO,0x0000 )|
        CSL_FMK( SRIO_LSU_REG5_HOP_COUNT,0x00 )|
        CSL_FMK( SRIO_LSU_REG5_PACKET_TYPE,type );
```

在第 3 步结束时,如果确定没有其他主机将使用此 LSU,则无须为下一个 LSU 操作执行 Busy 位检查。只需检查 FULL 位并锁定 LSU 寄存器,以便写入下一组影子寄存器。

3.8　消息传递

通信端口编程接口(Communications Port Programming Interface,CPPI)DMA 模块是 RapidIO 外围设备的入、出消息(Message)传递协议引擎。消息包含推送到接收设备的专用于应用程序的数据,与流写入类似。消息不包含读取操作,但具有响应数据包。

消息传递,未指定目的地址。相反,在 RapidIO 包中使用邮箱标识符(Mailbox Identifier)。邮箱由本地(目的)设备控制并映射到内存。对于多包(Multipacket)消息,指定了 4 个邮箱位置。每个邮箱可以包含 4 个独立的事务(或 Letters),有效地提供 16 个目的地址。单包(Single Packet)消息提供 64 个邮箱和 4 个 Letters,有效地提供 256 个目标地址。可以为不同的数据类型或优先级定义邮箱。消息传递的优点是源设备不需要知道目地设备的内存映射。DSP 包含每个邮箱的缓冲区描述表。这些表为每个邮箱定义内存映射和指针。PKTDMA(Packet DMA)通过 DMA 总线将消息传输到相应的内存位置。

接收到的 RapidIO 消息包的 FType 头字段由外围设备的逻辑层解码。只有 Type 11、

Type 9 和 Type 13(Transaction Type 1：TType＝1)数据包被路由到 PKTDMA 模块。数据从基于优先级的 Rx FIFO 路由到共享缓冲池中的 CPPI 模块的数据缓冲区。Mbox(邮箱)头字段由 Mailbox Mapper Block 检查。根据邮箱、信件、源 ID 和目的 ID,数据被分配到目标 CPPI 队列 ID(QID)和流 ID。最大缓冲空间应容纳 256 字节的数据,因为这是 RapidIO 数据包的最大有效负载大小。内存中的每条消息都将由 CPPI 队列中的缓冲区描述符表示。

SRIO 消息传递功能支持以下功能。

(1) 专用流的顺序消息接收是模式可编程的。

(2) 支持 16 个分段上下文(Segmentation Context)用于接收和 16 个分段上下文用于传输。

① 允许同时跟踪多段消息。每个支持的同时多段 Rx 或 Tx 消息都需要一个分段上下文。

② Rx 分段上下文以先到先得的服务为基准。

(3) 对于 Type 11 消息,每条消息的一个包描述符被放置在一个 CPPI 队列上以接收或发送消息。这对于网络间消除聚集/分散(Gather/Scatter)操作是可取的。Type 9 操作可以支持每个消息多个数据包描述符。

(4) 允许接收无序段。

(5) 允许无序响应。

(6) 传输源必须能够重试传输消息的任何给定段。

(7) 针对以下情况发送错误响应。

① 无法使用可编程 Rx 映射条目之一将传入消息映射到 CPPI 目的队列。

② 如果收到本地设备的消息,但设备已断电(外围设备仅处于包转发模式)。

(8) 在下列情况下发送重试响应。

① 目标 Rx 空闲描述符队列没有空缓冲区(溢出)。

② 当所有接收分段上下文都在使用时,接收多段消息的第一段。在分段上下文可用之前,可能必须为接收到的后续段发送后续重试响应。

3.8.1　Rx 操作

SRIO 外围设备能够接收输入的 Type 11 或 Type 9 RapidIO 信息。它还负责向发送 Type 11 消息的原始源设备发送消息响应。对 Type 11 消息的每个段发送响应。响应具有最高的系统优先级。SRIO 外围设备从相应的请求中以＋1 的优先级生成响应。此外,CRF 位可以设置在输出消息响应上。根据 RIO_PER_SET_CNTL 寄存器中的 Promote_Dis 位,可以进一步提升优先级以克服拥塞时间。

1. Rx 消息存储

SRIO 外围设备中的 Rx 功能跟踪所有消息段,并使用 PKTDMA 在内存中正确地重新组装消息有效负载。在队列管理器和 PKTDMA 中使用 CPPI 包描述符提供了跟踪单包和多包消息、完成时为接收实体排队消息以及生成中断的方案。除了有效负载外,它还提供了一种将 SRIO 数据包头信息与 DSP 内核进行通信的方法。队列管理器子系统(QMSS)支持数据目标的中断生成,以及基于消息接收计数和运行时间的中断调整机制。

对于每个分段上下文,都有资源跟踪给定 Type 11 消息的所有消息段的接收。还有一个接收段定时器,它限制接收一条消息的两个相邻段之间的时间长度。如果超过此定时器,硬件会通知 PKTDMA 关闭上下文。如果消息的新段最终在定时器过期后出现,则将为消息打开一个新上下文。如果所有 Rx 分段上下文都在使用中,并且收到另一条 Type 11 消息,则外围设备将向发送设备发送重试响应,直到分段上下文被打开。如果在没有上下文可用的情况下接收到 Type 9 消息,外围设备将丢弃该消息。

2. Rx 消息映射

SRIO 外设中的 Rx 消息映射功能将入站消息定向到相应的 FlowID,还可以重写在 FlowID 配置中指定的目的队列。映射是可编程的,必须在设备复位后进行配置。通常,一旦接收到整个消息,接收到的消息将被放置在指定给 CPU 或包加速器(Packet Accelerator)的目的队列上。

当接收到消息段时,采取以下步骤。

(1) Type 11:基于 SRCID、DESTID、MBOX 和 Letter,将消息映射到一个 FlowID。映射这些字段到 FlowID 通过 RIO_RXU_MAPxx_L/H 和 RIO_RXU_MAPxx_QID 寄存器完成。

(2) Type 9:基于 SRCID、DESTID、STREAMID、COS(Class of Service)、PRIO、CRF 映射消息到一个 FlowID。映射这些字段到 FlowID 通过 RIO_RXU_TYPE9_MAPxx_L/H 和 RIO_RXU_MAPxx_QID 寄存器完成。

有 64 个可编程映射条目,每个映射条目由 3 个寄存器组成。Type 11 消息使用 RIO_RXU_MAPxx_L、RIO_RXU_MAPxx_H 和 RIO_RXU_MAPxx_QID 寄存器,而 Type 9 消息使用 RIO_RXU_TYPE9_MAPxx_L、RIO_RXU_TYPE9_MAPxx_H 和 RIO_RXU_MAPxx_QID 寄存器。每个映射条目的前两个寄存器提供与传入消息匹配的条件,而第三个寄存器指定 FlowID 和可选的目的队列 ID。请注意,Type 11 和 Type 9 都使用相同的 RIO_RXU_MAPxx_QID 寄存器。这些寄存器的详细信息可在 *Keystone Architecture Serial Rapid IO(SRIO)User Guide* 中的寄存器描述部分找到。

映射条目可以针对特定访问(即给定的 Mailbox/Letter 或 COS/StreamID、SourceID 或 DestID)进行编程,也可以使用 Mask 和 Promiscuous 字段提供更一般的访问。例如,Mask 字段可用于授予多个 Mailbox/Letter 组合使用同一个表条目(Table Entry)访问队列的权限。Mailbox 或 Letter 掩码字段中的屏蔽值 0 表示 Mailbox 或 Letter 字段中的相应位将不会用于匹配此队列映射条目。所有 0 的邮箱掩码将允许为所有传入邮箱使用映射项。同样,由于 RapidIO 外围设备可以支持允许多个 DeviceID 的操作模式,因此如果需要,可以将映射寄存器分配给特有的 DestID。

映射表条目的另一个功能是提供安全功能,以启用/禁用从特定外部设备到本地邮箱的访问。SOURCEID 字段用于指示哪个外部设备可以访问映射条目和相应的 CPPI 队列。在传入消息包的 SOURCEID 和每个相关邮箱/信件表映射条目 SOURCEID 字段之间执行比较。Promiscuous 位允许禁用此安全功能。当 Promiscuous 位设置置为 1 时,允许从任何 SOURCEID 完全访问映射项。注意,当设置了 Promiscuous 位时,邮箱/信件和相应的屏蔽位仍然有效。当 Promiscuous 位为 0 时,它相当于一个 0xFFFF 的掩码值,并且只允许匹配的 SOURCEID 访问邮箱。

每个表条目还指示它是否用于单段或多段消息映射。单段消息映射条目使用邮箱的所有 6 位和相应的掩码字段。多段(Multisegment)仅使用 2 个低位。

如果传入消息与至少一个映射条目不匹配,则将丢弃该消息并发送错误响应。此外,事务记录在逻辑层错误管理捕获寄存器(Error Management Capture Register)中,并设置一个中断。将传入消息与映射项进行比较时,它可能匹配多个映射项。它将使用 64 个可用的第一个匹配条目。

在正确映射消息之后,FlowID 标识应该使用哪个缓冲区和描述符队列来存储有效负载。PKTDMA 可以从一个基于 FlowID 的空闲描述符队列中提取一个新的包描述符。设备的每个内存区域(独享的 L2、共享内存和 DDR)都可以支持 4 个空闲描述符队列。

如果计算出的 Rx 消息长度大于可用的空闲描述符队列提供的长度,PKTDMA 将使用多个缓冲区描述符(分散的有效负载缓冲区)。Type 9 与此模型没有问题。但是,对于 Type 11,在重试的情况下,这可能会导致不确定的行为,如缓冲区中的无序段、缓冲区中的段覆盖写入或缓冲区中的非连续有效负载。

目的队列信息被传递到 PKTDMA。一旦 PKTDMA 拥有事务的整个有效负载,它将把数据从队列管理器传输到相关的目的队列。软件必须确保定义的最大队列大小足够大以接受最大尺寸的有效负载加上单个缓冲区中的任何控制包,这一点很重要。此外,建议用户从四个区域中选择最后一个缓冲区作为 DDR 缓冲区描述符。因此,如果本地内存已满,则数据可以存储在 DDR 中。

1) 可用的多个空闲队列

虽然 CDMA(Central Direct Memory Access)允许每个 FlowID 最多有 4 个空闲描述符队列,但是 SRIO 外围设备很可能只使用两个队列来处理 Type 11 的消息。其原因是,当向 SRIO 外围设备发送新消息时,连接到 SRIO 外围设备的 CDMA 需要 SRIO 外围设备的精确字节数,它将这个确切的消息大小放入描述符中,它不能对多段消息使用 SSize × Segment 来给 CDMA 一个最坏情况时的数字,这是 SRIO 外围设备所能做的最好的,因为消息的最后一段可以小于 SSize。SRIO 外围设备知道单段消息的确切大小,并且可以传递此信息。

对于多段消息,SRIO 外围设备将消息大小的 Unknown 状态传递给 CDMA。然后,当消息段传递给 CDMA 时,CDMA 保持运行时计数。当消息被完全接收时,总大小由 CDMA 写入描述符。

由于 SRIO RETRY 和消息段接收不正常的性质,要求 Type 11 消息只能使用一个描述符/缓冲区。如果不是这样,RXU 的行为是未定义的。SRIO 只支持主机包描述符(Host Packet Descriptor)类型。主机包描述符有一个固定大小的信息(或描述)区域,其中包含指向数据缓冲区的指针,也可以有一个指向链接一个或多个主机缓冲区描述符的指针。主机数据包在 Tx 操作中通过主机应用程序链接,在 Rx 操作中由 Rx DMA 链接(在初始化期间创建 Rx FDQ 时,不应预链接主机包)。

对于多段 Type 11 消息,唯一的解决方案是支持系统中最大尺寸的消息,几乎所有情况下都是 4KB。Type 9 传输量略有不同。同样,它将 Unknown 大小发送到 CDMA;但是,Type 9 消息可以对每条消息使用多个缓冲区/描述符,这些缓冲区/描述符将链接在一起。这是因为没有无序的问题需要处理。

2）无序处理（只对 Type 11）

在重试情况下（由于缺乏分段上下文或包描述符的可用性），在该消息的 Non-SOP 段到达期间，Rx 资源变得可用。这会导致接受不正常的部分。为了管理这一点，SRIO 外围设备将缓冲区偏移量信息以及每个段的一个线程 ID 传递给 PKTDMA，以便 CPPI 缓冲区反映完全有序的消息。

3）0 字节数（Zero Bytecount）

如果有一个 EOP 伴随这个 0 字节数段，它将终止 PDU（Protocol Data Unit），立即关闭段上下文。如果零字节数没有伴随 EOP，这意味着有后续的段，因此上下文将保持开放。如果没有收到，最终会有一个超时。

4）Rx 协议特定的描述符信息

PKTDMA 按照 CPPI V4.2 规范的规定创建 Rx 主机包描述符，这些描述符用于指向内存中相应的数据缓冲区。描述符还保存协议具体的信息，这些信息可用于构造/解构数据包，并帮助将数据包路由到正确的目的地。RapidIO 数据包头信息存储在数据包描述符中。头信息由 RXU 通过 CPPI FIFO 流接口传递，并由 PKTDMA 填充到包描述符中。当接收到的消息段到达时，监视每个段的 msgseg 字段，以检测接收到的消息的完成情况。收到完整消息后，PKTDMA 将完成描述符，队列管理器子系统将该描述符传递到目标队列。图 3.29 描述了主机包描述符 RapidIO 协议具体信息。

Rapidio 包描述符是一个连续块，至少 10 个 32 位数据字在 16B（4 个 32 位字）边界上对齐。对这些寄存器的访问仅限于 32 位边界。图 3.29 中的偏移量与 CPPI 规范中的协议专有字（Protocol Specific Words）有关。PKTDMA 负责根据 RXU 发送的边带（Side-Band）信号构造这些描述符。在整个有效负载被发送到 PKTDMA 之后，RXU 将协议特定的描述符字段作为"状态字"发送到 PKTDMA。

图 3.29 为 Type 11 Rx RapidIO 协议的特定描述符字段，表 3.22 为其字段描述。

Word	Bit Fields																															
Offset	31	30	29	28	27	26	25	24	23	22	21	20	19	18	17	16	15	14	13	12	11	10	9	8	7	6	5	4	3	2	1	0
0	SRC_ID																DEST_ID															
1	Reserved													CC			PRI				tt		LTR			MailBox						

图 3.29 Type 11 Rx RapidIO 协议特定描述符字段

表 3.22 Type 11 Rx RapidIO 协议特定描述符字段描述

字　　段	描　　述
Src_ID	Source Node ID 表示消息源的唯一节点标识符
Dest_ID	消息发送到的目标节点 ID
tt	指定 8 位或 16 位 DeviceID 的 RapidIO TT 字段。 00：8b DeviceID； 01：16b DeviceID； 10：保留； 11：保留
PRI	Message Priority：具体说明消息发出时的 SRIO 优先事项。 VC‖PRIO‖CRF

字　段	描　述
CC	Completion Code(完成代码)， 00：Good Completion，收到消息； 01：拆卸(Teardown)； 10：错误，接收其中一个段时超时； 11：UDI 数据包中的大小和接收的有效负载之间的长度不匹配报错
LTR	Destination Letter：指定消息发送到的信件(Letter)。为如下 0b100 编码，硬件将检查一个未使用的上下文起始 Letter=0，并增加到 Letter=3。该 Letter 的第一个未使用的上下文将被使用。如果没有任何信件(Letter)可用的上下文，那么消息包都会在 TXU 中停止并重新仲裁，直到有一个信件(Letter)可用的上下文。 0b000：Letter 0； … 0b011：Letter 3； 0b100：第一个可用。由硬件分配； 0b1xx：保留
Mailbox	目标邮箱：指定邮件发送到的邮箱。 0b000000：Mailbox 0； 0b000001：Mailbox 1； … 0b000100：Mailbox 4； … 0b111111：Mailbox 63

图 3.30 为 Type 9 Rx RapidIO 协议的特定描述符字段，表 3.23 为其字段描述。

Word Offset	Bit Fields																															
	31	30	29	28	27	26	25	24	23	22	21	20	19	18	17	16	15	14	13	12	11	10	9	8	7	6	5	4	3	2	1	0
0	SRC_ID																DEST_ID															
1	STRM_ID																R	PRI			T	CC			COS							

图 3.30　Type 9 Rx RapidIO 协议特定描述符字段

表 3.23　Type 9 Rx RapidIO 协议特定描述符字段描述

Field	描　述
Src_ID	Source Node IDD：消息源的唯一节点标识符。如果 TT 指示 8b DeviceID，该字段的高 8 位必须是 8'b0
Dest_ID	消息发送到的目的节点 ID(Destination Node ID)。如果 TT 指示 8b DeviceID，则该字段的高 8 位必须是 8'b0
STRM_ID	Stream ID
PRI	消息优先级(Message Priority)：指定发送消息的 SRIO 优先级。 VC‖PRIO‖CRF
CC	完成代码(Completion Code)， 00：Good Completion。收到消息； 01：拆卸(Teardown)； 10：错误，接收其中一个段时超时； 11：UDI 数据包中的大小和接收的有效负载之间的长度不匹配

续表

Field	描　述
T	这只有 tt[0] 位。 指定 8 位或 16 位 DeviceID 的 RapidIO TT 字段； 0：8b DeviceID； 1：16b DeviceID
COS	服务类别
R	保留

3. Rx 错误处理

以下情况将由 SRIO 处理，相关错误代码如表 3.24 所示。

表 3.24　Rx 错误处理

错　误　条　件	行为	CC	Type 9/11
包来自 UDI，但共享缓冲区已满	重试		11
数据位于共享缓冲区中，但当我们尝试为其打开上下文时，没有与描述符匹配的映射表	错误		11
打开了一个上下文，但是后续的段超时了	关闭上下文	010	9、11
描述符中描述的总长度与消息附带的实际有效负载不匹配	不采取行动	011	9、11

3.8.2　Tx 操作

TXU 是负责传输 Type 11 RapidIO 消息以及 Type 9 数据流包的逻辑层协议单元。它将 PKTDMA 描述符指向的数据缓冲区中的有效负载数据作为消息段传输。它支持以下功能。

（1）Type 11：每个传出消息段都会返回一个响应包。它负责接收发送出去的每个消息段的消息响应。如果是重试（RETRY）响应，则会重新传输 RETRY 响应所在的特定段。一旦收到所有消息段的响应，它也会释放相应的描述符。

（2）Type 9：不需要响应。一旦发送了一个段，TXU 就完成了。

Tx PKTDMA 在 SRIO 子系统中，它具有以下特点。

（1）PKTDMA 每个队列有一个 Tx 预取 FIFO。

（2）与队列管理器对话并访问描述符，并将它们存储在其内部预取缓冲区中。一旦将数据发送到 SRIO，它就不负责释放描述符。一旦收到有效负载的所有 Good Completion 响应数据包，SRIO 就会向 PKTDMA 指示它可以释放 Type 11 的缓冲区描述符。SRIO 将描述符信息发送到 PKTDMA。对于 Type 9，SRIO 请求描述符在获得所有有效负载后立即释放，因为没有等待的响应数据包。

（3）正在将负载从数据缓冲区提取到其内部预取缓冲区。将负载提取到预取缓冲区的延迟是不确定的。

（4）通过以下方式与 TXU 调度程序接口。

① 告诉 TXU 它有可用的数据总数。

② 告诉 TXU 缓冲空间中是否至少有一个 EOP。

③ 在需要时将数据和描述符信息传输到 TXU。

PKTDMA 具有固定每个队列优先级的寄存器。可以将多个队列编程为具有相同优先级。在 TXU 中,每个队列都被编程为以特定的 CRF 值向固定端口传输数据。TXU 还从 PKTDMA 获取优先级信息。操作顺序如下。

(1) 外部主控(External Master),如可以是 CPU 内核或包加速器,首先将有效负载写入数据缓冲区。

(2) 同一主机为特定队列设置 CPPI 包描述符。

(3) PKTDMA 预取包描述符,然后预取有效负载信息,并将其存储在预取 FIFO 中。一旦该 FIFO 中的数据可用,PKTDMA 将通知 TXU。

(4) 基于在此有可用数据的各种队列,TXU 请求 PKTDMA 发送数据。TXU 从 PKTDMA 接收的第一件事是协议特定的包。一旦 Credit Manager 授予 TXU 传输数据的权限,根据协议特定包中的信息,TXU 就从具有最高优先级的队列中获取有效负载。

(5) 数据被发送到 Tx 共享缓冲区,并通过 UDI 接口发送到端口。图 3.31 描述了用于 SRIO 的 Tx CPPI 方案的高级架构。

(6) 对于 Type 9,当 PKTDMA 在消息上发送 EOP,TXU 请求 PKTDM 通过发送要释放的描述符索引(Descriptor Index)立即关闭描述符,就像描述符想要被发送到的队列一样,然后 PKTDMA 关闭描述符。

(7) 对于 Type 11,响应包返回到 UDI 接口上。

(8) TXU 检查响应包,并跟踪 CAM 中的所有段和响应。如果响应是重试,则 TXU 通过 CAU(Common Access Unit)中的 VBUSM 接口为消息段启动 RETRY;如果响应是 error,那么在发送整个消息并接收所有响应时,PKTDMA 将被请求将描述符发送到其中一个垃圾队列(Garbage Queues);如果响应是 Good,则在 CAM 中检查该段。当所有段得到 Good 响应时,PKTDMA 被要求释放描述符。

1. Tx 协议特定描述符信息

Tx RapidIO 数据包描述符是至少 10 个 32 位数据字在 16B 边界上对齐的连续块。每个 RapidIO 消息都有一个包描述符。描述符信息拆分如下。

(1) 描述符的字 0~7 保存控制信息,如数据缓冲区起始地址和消息有效负载总字节数。此信息作为边带(Sideband)发送到 TXU。

(2) Tx CPPI 特定信息存储在描述符的协议特定部分中。如果控制包[0~7]没有其他信息包,那么这些信息包将在包 8 和 9 中。但是,对描述符没有这样的限制。协议特定描述符的详细信息如图 3.31 所示,表 3.25 为其字段描述。注意,字偏移(Word Offset)与主机包描述符的协议特定字有关。

Word Offset	Bit Fields																															
	31	30	29	28	27	26	25	24	23	22	21	20	19	18	17	16	15	14	13	12	11	10	9	8	7	6	5	4	3	2	1	0
0	SRC_ID																DEST_ID															
1	Rsv					Retry_Count				SSIZE			Rsvd					tt		LTR				MailBox								

图 3.31　Tx RapidIO 协议特定描述符字段

应注意,传输消息长度字段(在 Non-RapidIO 特定的 Tx 数据包描述符字段中设定)必须是 RapidIO 消息规范要求的双字倍数。请注意,目的端口号以及优先级(VC‖PRIO‖

CRF)是隐含在队列中的,来自于该队列的数据是通过使用 RIO_TX_QUEUE_SCH_
INFOx 寄存器到达 TXU 的。

表 3.25 Tx RapidIO 协议特定描述符字段描述

Field	描 述
Src_ID	Source Node ID:消息源的唯一节点标识符
Dest_ID	消息发送到的目标节点 ID(Destination Node ID)
Retry_Count	Message Retry Count:由 CPU 设置,用于指示此消息(包括所有段)允许的重试总数。每次重试消息时由端口递减。 0b000000:无限次重试; 0b000001:重试消息 1 次; 0b000002:重试消息 2 次; … 0B111111:重试消息 63 次
SSIZE	RIO 标准消息有效负载大小。指示硬件应如何通过指定每个段的最大字节数来分段传出消息。如果消息是多段消息,则对于所有输出段,此字段保持不变。除最后一段外,全部消息段的有效负载与此大小相等。最后一个消息段可以等于或小于这个尺寸。16 段消息的最大消息大小如下所示。消息长度/16 必须小于或等于 SSIZE,如果没有,则消息不会被发送,描述符将被发送到 Garbage_QID_SSIZE。 0b0000~0b1000:保留; 0b1001:8 字节消息段(最多支持 16 段每段 128B 消息); 0b1010:16 字节消息段(最多支持 16 段每段 256B 消息); 0b1101:32 字节消息段(最多支持 16 段每段 512B 消息); 0b1100:64 字节消息段(最多支持 16 段每段 1024B 消息); 0b1101:128 字节消息段(最多支持 16 段每段 2048B 消息); 0b1110:256 字节消息段(最多支持 16 段每段 4096B 消息); 0b1111:保留
TT	指定 8 位或 16 位 DeviceID 的 RapidIO TT 字段: 00:8b DeviceID; 01:16b DeviceID; 10:保留; 11:保留
LTR	Destination Letter:具体说明发出的信件: 0b000:Letter 0; … 0B011:Letter 3; 0b1xx:保留
Mailbox	Destination Mailbox:指定邮件发送到的邮箱; 0b000000:邮箱 0; 0B0000001:邮箱 1; … 0B000100:邮箱 4; … 0B111111:邮箱 63

2. Type 9 Tx 协议特定描述符信息

应注意,传输消息长度字段不能超过 64KB。事务的优先级、CRF、VC 信息来自 RIO_TX_Queue_Scheduler_Info[1~4]寄存器。目标端口也基于 RIO_TX_Queue_Scheduler_Info[1-4]寄存器。段大小基于 CAR(Capability Registers)寄存器的 MTU(Maximum Transmission Unit)字段。最小有效负载可以是 1 字节,但是在这种情况下,它被填充,以使一个双字的最小 PDU。在发送有效负载之前,整个有效负载的长度由 PKTDMA 发送。图 3.32 为 Type 9 Tx RapidIO 协议特定描述符字段,表 3.26 为其字段描述。

Word Offset0	SRCID[31:16]			DEST_ID(15:0)	
Word Offset1	StreamID[31:16]	Reserved[15:11]	TT[10]	Reserved[9:8]	COS[7:0]

图 3.32　Type 9 Tx RapidIO 协议特定描述符字段

表 3.26　Type 9 Tx RapidIO 协议特定描述符字段描述

名　　称	描　　述
Src_ID	Source Node Id:消息源的唯一节点标识符
Dest_ID	消息发送到的目标节点 ID(Destination Node ID)
COS	Class of Service。在打开新上下文之前,此字段用作其中一个条件
TT	指定 8 位或 16 位 DeviceID 的 RapidIO TT 字段: 00:8b DeviceID; 01:16b DeviceID; 10:保留; 11:保留
StreamID	事务的流 ID。这将在第一个包中发送到 UDI 接口,但是对于同一个事务,它将在后续的包中被抑制

3. Tx 调度程序

调度程序(Tx Scheduler)比早期设备支持的传统加权循环方法更具有确定性。16 个 Tx 队列由输出端口号和优先级组织。除了 2 个正常优先级位外,优先级还包括 CRF 位,这允许调度程序考虑 8 个优先级。当前未使用 VC 位。分配给每个 Tx 队列的端口和优先级在 TX_QUEUE_SCH_INFO1/2/3/4 寄存器中编程设置。这些寄存器只能在外围设备被禁用时写入,其对 Type 9 和 Type 11 传输很常见。寄存器的详细信息可参见 *KeyStone Architecture Serial Rapid IO(SRIO)User Guide* 寄存器描述部分。

调度程序查看每个队列中包含数据的描述符信息,并按如下方式对其进行限定。

(1) 数据包描述符错误检查:检查特定于 CPPI 的包描述符信息和有效负载字节计数信息,以确保没有错误。例如,有效负载字节计数必须是双字对齐的,并且有效负载字节计数必须小于 SSIZE×16。如果不是这样,则避免数据包传输,并将描述符返回到垃圾收集队列(Garbage Collection Queue),而不是返回到空闲描述符队列。注意,如果描述符信息是合法的,但是 SSIZE 被设置为小于 256B 的值,那么外围设备负责将发送的数据分解成多个 RapidIO 包。

(2) XOff Check:根据 TX_CPPI_Flow_Mask 寄存器检查 DestID,以确定哪些队列可

用于传输,哪些队列受流控制(参见拥塞控制)。如果队列已被流控制,其暂时不被允许,并且它不是调度算法的一部分且被暂停,从而导致该队列被 HOL 阻塞。如果队列不受流控制,则调度程序算法可以使用该队列。

(3) Mailbox、Letter、SrcID、DestID 唯一性检查:下一个检查是对于一个给定的源和目的地的位置。在任何给定时间对于特定 SrcID/DestID 对,只有一个特定的 Mailbox 和 Letter 的组合可以是未完成的。如果与已在使用中的现有 Mailbox、Letter、SrcID 和 DestID 组合冲突,暂时忽略一个新的消息,即使新消息处于不同的优先级,直到在上一个事务上收到完成代码(CC)。

一旦确定哪些队列可用,调度程序将只查看最高优先级的队列。它将此优先级、端口信息发送给 Credit Manager,然后 Credit Manager 根据自己的资格授予它 Credit。如果多个队列有资格以相同的优先级进行传输,调度程序只需在这些队列之间简单轮询调度。

这意味着它将在移动到特定端口的低优先级队列之前发送高优先级队列的所有数据包。如果两个不同的端口具有不同的优先级,调度程序仍将在它们之间进行轮询调度,以确保每个端口都不受限制。CRF 位将优先处理那些没有 CRF 位编程的队列。调度算法将以段为基础交错来自不同队列的 Tx 消息。例如,如果将 4 个 Tx 队列分配给优先级 2(每个出站端口的上一个),并且所有这些队列都不是空的,调度程序将在移动到第二个段(Segment)之前从每个队列发送任何队列的一个段。Credit 是基于最大尺寸(256B)的有效负载。如果 SSIZE 小于 256B,则每个数据包可能只占用 Tx 共享 FIFO 中 256B 的一部分。来自给定队列的事务保证是有序的。

4. Tx 响应处理

所有输出消息段都有指示事务状态的响应。响应可能指示 DONE、ERROR 或 RETRY。在接收到包描述符对每个段的所有响应之后,TXU 必须释放该描述符。

描述符的释放机制取决于接收到的响应。

DONE:如果所有段都返回 DONE 响应,调度程序请求 PKTDMA 释放特定描述符。它将描述符详细信息发送到 PKTDMA。

ERROR:描述符被写入垃圾收集队列,而不是返回到空闲描述符队列。有几个垃圾队列,每个支持的错误类型对应一个。根据软件正在读取的垃圾队列,它将显示发生的确切错误。垃圾收集队列的地址写入垃圾收集队列编号寄存器,见 RIO_Garbage_Coll_QID0 字段描述。指定的 CPU 将为垃圾收集队列提供服务。

RETRY:一旦收到重试响应,TXU 将通过 CAU 中的 VBUSM 端口发出相应大小的读取。当 PKTDMA 第一次开始发送消息时,它还发送必须从中传输有效负载的基址(作为边带信号)。因此,为了计算必须从中发出重试的确切地址,TXU 使用原始基址、SSIZE 以及响应中返回的 SRCTID 来计算必须从中进行重试的地址。在重试时,数据通过 CAU VBUSM 有效负载位而不是 PKTDMA 有效负载位接收,重试消息段并不意味着重试整个消息,只应重新传输接收重试响应的段。如果重试次数超过 RETRY_COUNT(由用户设置),试图传输的描述符将被发送到重试垃圾队列。

由于 RapidIO 允许无序响应,TXU 硬件必须支持此功能。消息的实际传输顺序不相关,只有完成响应的顺序决定了何时释放数据包描述符。这将限制 SRIO 仅通过 PKTDMA 使用单个数据缓冲区描述符。不幸的是,无法进行缓冲区链接。注意,为了支持更高的性能,在继续传输该队列中的下一个描述符之前,不需要等待释放描述符。

事务超时由所有输出消息段使用,它由端口响应超时 CSR 中的 24 位值定义。

5. 消息传递软件要求

使用消息传递的主要软件要求是设置前面提到的 Rx 消息映射寄存器和 Tx 调度程序(端口/优先级信息)寄存器。

有些应用程序需要按顺序传递消息。由于消息重试可以存在于任何给定的消息段上,这一要求变得复杂。唯一真正保证有序消息传递的方法是使用相同的 DeviceID 在两个端点之间显式地使用相同的 Mailbox 和 Letter 组合。这将通过确保只有在前一条消息完成后才发送消息来确保按顺序交付(除了任何错误条件)。这由上面讨论的 CAM 功能管理。使用此方法会影响性能,因为在给定的时间内不能有多条消息在传输中。

在以下限制条件下,可以实现更高性能的 DSP 到 DSP 传输。由于 Tx 队列是基于优先级的,因此可以保证,重新排序不是由结构或外围设备的物理层完成的,这样,即使使用第一个可用 letter,也可以通过使用相同的 Tx 队列来按顺序发送到给定的 DestID。在这种情况下,只有逻辑层重试才能导致消息接收顺序错误。

为防止逻辑层重试的发生,必须遵守以下要求:①确保 Rx 空闲描述符队列从不为空;②不要超过 RXU 中 16 个开放分段上下文的限制;③硬件无须执行任何特殊操作即可启用此功能;④这由用户控制。

以下为消息传递 Tx 和 Rx 通道配置的示例程序。

1. 禁用 Tx 和 Rx SRIO 通道

```
enable_tx_chan(SRIO_CDMA_TX_CHAN_REGION, CHANNEL0, DISABLE);
for (idx = 0; idx < 16; idx++)
    enable_rx_chan(SRIO_CDMA_RX_CHAN_REGION, idx, DISABLE);

//为 Tx 队列 672 的 Tx 操作创建主机包描述符
/ ***** POP THE DESCRIPTOR # 1 ***** /
host_desc[0] = pop_queue(HOST_TX_COMPLETE_Q);

/ ***** INITIALIZE THE GENERAL PART OF THE DESCRIPTOR # 1 ***** /
// CPPI_HostPacketDescriptor is the Host Descriptor Structure Type
host_pkt = (CPPI_HostPacketDescriptor * )host_desc[0];

// Protocol Specific Words are located in the Descriptor
host_pkt -> ps_reg_loc = 0;

// SRIO Peripheral has 2 words of Protocol Specific Descriptor Words
host_pkt -> psv_word_count = 2;

// TX_PACKET_LENGTH is the length of the Transmit Packet
host_pkt -> packet_length = TX_PACKET_LENGTH;

// Descriptor has just two buffers so link it to next buffer
host_pkt -> next_desc_ptr = host_desc[1];
host_pkt -> src_tag_lo = 0;
```

```
// TX_PAYLOAD0_PTR is the Pointer to the Tx Payload
host_pkt -> buffer_ptr = TX_PAYLOAD0_PTR;
/***** INITIALIZE THE PROTOCOL SPECIFIC PART OF THE DESCRIPTOR # 1 *****/
// Point after 8 words to the End of the Descriptor for Protocol Specific Part
temp = (Uint32 *) (host_pkt + 1);

// Source Id = 0x1234, Destination Id = 0x5678
temp[0] = 0x12345678;

// tt = 1, Letter = 1, Mail Box = 2
temp[1] = 0x00000242;

/***** POP THE DESCRIPTOR # 2 *****/
host_desc[1] = pop_queue(HOST_TX_COMPLETE_Q);

/***** INITIALIZE THE GENERAL PART OF THE DESCRIPTOR # 2 *****/
// CPPI_HostPacketDescriptor is the Host Descriptor Structure Type
host_pkt = (CPPI_HostPacketDescriptor * )host_desc[1];

// TX_PACKET_LENGTH is the length of the Transmit Packet
host_pkt -> packet_length = TX_PACKET_LENGTH;

// Descriptor has just two buffers so link it to next buffer
host_pkt -> next_desc_ptr = NULL;
host_pkt -> src_tag_lo = 0;

// TX_PAYLOAD1_PTR is the Pointer to the Tx Payload
host_pkt -> buffer_ptr = TX_PAYLOAD1_PTR;

CONFIGURE THE TX QUEUES & TX CHANNELS
// Set the Tx queue threshold to be 1 for Queue # 672
set_queue_threshold (672, 0x81);

// Disable & then configure the Tx channel # 0
config_tx_chan (SRIO_CDMA_TX_CHAN_REGION, CHANNEL0, HOST_TX_COMPLETE_Q);
```

2. 配置 Rx 通道流

```
***** Create flow configuration 0 for the Host packets *****/
// Rx descriptor is Host type and having protocol specific fields. Rx destinationQueue is 900.
flow_a = 0x24000000 + 900;

// Configure the Host Rx Free Descriptor Queue for Descriptors to be Queue # 2000
flow_d = (HOST_RX_FDQ << 16) + HOST_RX_FDQ;
flow_e = flow_d;

// Write above configured values to the CDMA Channel Flow # 0
config_rx_flow(SRIO_CDMA_RX_FLOW_REGION, FLOW0, flow_a, 0, 0, flow_d, flow_e, 0, 0, 0);
```

3. 配置 Rx 映射表

```
// Host Message # 1
value = 0x3 << 30 // LTR_MASK
```

```
        | 0x3F << 24 // MBX_MASK
        | 1 << 22 // LTR
        | 2 << 16 // MBX
        | 0x1234 << 0; // SRCID
reg = ((Uint32 *)&srioRegs->RIO_RXU_MAP_L0) + (0 * 3);
* reg = value;


value = 0x5678 << 16 // DESTID
        | 0 << 15 // DEST_PROM
        | 1 << 13 // TT
        | 0 << 1 // SRC_PROM
        | 0 << 0; // SEG_MAP
reg = ((Uint32 *)&srioRegs->RIO_RXU_MAP_H0) + (0 * 3);


value = 0 << 16 // FLOWID
        | 900 << 0; // DEST_QID
reg = ((Uint32 *)&srioRegs->RIO_RXU_MAP_QID0) + (0 * 3);
* reg = value;


// Host Message #2
value = 0x3 << 30 // LTR_MASK
        | 0x3F << 24 // MBX_MASK
        | 3 << 22 // LTR
        | 7 << 16 // MBX
        | 0x9abc << 0; // SRCID
reg = ((Uint32 *)&srioRegs->RIO_RXU_MAP_L0) + (1 * 3);
* reg = value;


value = 0xdef0 << 16 // DESTID
        | 0 << 15 // DEST_PROM
        | 1 << 13 // TT
        | 0 << 1 // SRC_PROM
        | 0 << 0; // SEG_MAP
reg = ((Uint32 *)&srioRegs->RIO_RXU_MAP_H0) + (1 * 3);
* reg = value;


value = 0 << 16 // FLOWID
        | 900 << 0; // DEST_QID
reg = ((Uint32 *)&srioRegs->RIO_RXU_MAP_QID0) + (1 * 3);
* reg = value;
```

4. 配置 Tx 端口和优先级寄存器

```
// Configure Tx port/priority registers
value = 0 << 28 // Queue 3 Port (0 ~ 3)
        | 0 << 24 // Queue 3 Priority (0 ~ 7) (includes PRIO bits and CRF bit)
        | 0 << 20 // Queue 2 Port (0 ~ 3)
        | 0 << 16 // Queue 2 Priority (0 ~ 7) (includes PRIO bits and CRF bit)
        | 0 << 12 // Queue 1 Port (0 ~ 3)
        | 0 << 8 // Queue 1 Priority (0 ~ 7) (includes PRIO bits and CRF bit)
        | 0 << 4 // Queue 0 Port (0 ~ 3)
```

```
       | 0 << 0; // Queue 0 Priority (0 ～ 7) (includes PRIO bits and CRF bit)
reg = ((Uint32 *)&srioRegs->RIO_TX_QUEUE_SCHEDULER_INFO0) + 0;
*reg = value;


value = 0 << 28 // Queue 7 Port (0 ～ 3)
       | 0 << 24 // Queue 7 Priority (0 ～ 7) (includes PRIO bits and CRF bit)
       | 0 << 20 // Queue 6 Port (0 ～ 3)
       | 0 << 16 // Queue 6 Priority (0 ～ 7) (includes PRIO bits and CRF bit)
       | 0 << 12 // Queue 5 Port (0 ～ 3)
       | 0 << 8 // Queue 5 Priority (0 ～ 7) (includes PRIO bits and CRF bit)
       | 0 << 4 // Queue 4 Port (0 ～ 3)
       | 0 << 0; // Queue 4 Priority (0 ～ 7) (includes PRIO bits and CRF bit)
reg = ((Uint32 *)&srioRegs->RIO_TX_QUEUE_SCHEDULER_INFO0) + 1;
*reg = value;
value = 0 << 28 // Queue 11 Port (0 ～ 3)
       | 0 << 24 // Queue 11 Priority (0 ～ 7) (includes PRIO bits and CRF bit)
       | 0 << 20 // Queue 10 Port (0 ～ 3)
       | 0 << 16 // Queue 10 Priority (0 ～ 7) (includes PRIO bits and CRF bit)
       | 0 << 12 // Queue 9 Port (0 ～ 3)
       | 0 << 8 // Queue 9 Priority (0 ～ 7) (includes PRIO bits and CRF bit)
       | 0 << 4 // Queue 8 Port (0 ～ 3)
       | 0 << 0; // Queue 8 Priority (0 ～ 7) (includes PRIO bits and CRF bit)
reg = ((Uint32 *)&srioRegs->RIO_TX_QUEUE_SCHEDULER_INFO0) + 2;
*reg = value;


value = 0 << 28 // Queue 15 Port (0 ～ 3)
       | 0 << 24 // Queue 15 Priority (0 ～ 7) (includes PRIO bits and CRF bit)
       | 0 << 20 // Queue 14 Port (0 ～ 3)
       | 0 << 16 // Queue 14 Priority (0 ～ 7) (includes PRIO bits and CRF bit)
       | 0 << 12 // Queue 13 Port (0 ～ 3)
       | 0 << 8 // Queue 13 Priority (0 ～ 7) (includes PRIO bits and CRF bit)
       | 0 << 4 // Queue 12 Port (0 ～ 3)
       | 0 << 0; // Queue 12 Priority (0 ～ 7) (includes PRIO bits and CRF bit)
reg = ((Uint32 *)&srioRegs->RIO_TX_QUEUE_SCHEDULER_INFO0) + 3;
```

5. 使能 Tx 和 Rx 信道

```
enable_tx_chan(SRIO_CDMA_TX_CHAN_REGION, CHANNEL0, ENABLE);


for (idx = 0; idx < 16; idx++)
    enable_rx_chan(SRIO_CDMA_RX_CHAN_REGION, idx, ENABLE);


TRIGGER THE TX OPERATION
// Trigger the Tx Operation by Pushing the Tx Descriptor in the Queue#672
push_queue(672, 1, 0, host_desc[0]);


CHECK WHETHER TX OPERATION COMPLETE OR NOT


while (hostRxCount < 1)
{
// Get current descriptor count for host Rx destination queue#900 value = get_descriptor_
```

```
count(900);
    hostRxCount = value;
}
```

注意：尽管建议启用 Rx 中的所有信道,但启用信道子集也可以的。

3.8.3　消息 Packet DMA 设置

在 Keystone 系列 SRIO 中,Type 11(消息)和 Type 9(数据流)使用 Packet DMA 在 DSP 内传输和接收数据。

SRIO 消息 Tx 有 16 个专用队列,队列号从 672 到 687,如图 3.33 所示,有关队列资源的使用参见 *KeyStone Architecture Multicore Navigator User's Guide*。

由于有 16 个 Tx 队列和 4 个端口,我们需要将 Tx 队列映射到端口,并为每个队列设置优先级。RIO_TX_QUEUE_SCH_INFO 寄存器用于配置 Tx 队列输出端口和 CRF(Critical Request Flow,关键请求流)优先级标志,表 3.27 为其寄存器字段,表 3.28 为其字段描述。

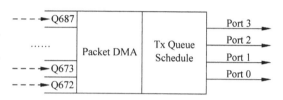

图 3.33　SRIO Tx 队列

表 3.27　TX_QUEUE_SCH_INFOx

寄 存 器	31～24	23～16	15～8	7～0
RIO_TX_QUEUE_SCH_INFO1	Queue3_info	Queue2_info	Queue1_info	Queue0_info
RIO_TX_QUEUE_SCH_INFO2	Queue7_info	Queue6_info	Queue5_info	Queue4_info
RIO_TX_QUEUE_SCH_INFO3	Queue11_info	Queue10_info	Queue9_info	Queue8_info
RIO_TX_QUEUE_SCH_INFO4	Queue15_info	Queue14_info	Queue13_info	Queue12_info

表 3.28　QueueN_info 字段描述

位	字段	说明	复位值	访问类型	说　　明
7～6	Reserved	保留	2'b0	RO	Reserved
5～4	QueueN_Port	端口映射(Port Map)	2'b0	R/W	将数据传输到的端口; 00:数据到端口 0; 01:数据到端口 1; 10:数据到端口 2; 11:数据到端口 3
3	Priority[3]	VC 位	1'b0	R/W	当前不支持
2～1	Priority[2-1]	00:PRIO 0 01:PRIO 1 10:PRIO 2 11:PRIO 3	2'b00	RO	PRIO 0 最低,3 最高。 PRIO 3 不能用于 TXU,因为消息响应 PRIO 必须比发送消息高 1,以防止死锁优先级信息来自 PKTDMA
0	Priority[0]	CRF 位	1'b0	R/W	CRF 本身没有任何专用的缓冲资源。如果设置了这个位,这个队列将被安排在另一个相同 PRIO 和 CRF=0 队列之前

Packet DMA Tx 通道 N 调度配置寄存器（Tx Channel N Scheduler Configuration Register）用于配置 Type 11 和 Type 9 输出数据包优先级，以下代码描述了配置。

请注意，优先级不能设置为 3，因为消息响应 PRIO 必须比传输消息高 1，以防止死锁。以下为 Tx 队列配置的示例程序。

```
typedef struct
{
    Uint8 outputPort;
    Uint8 priority;
    Uint8 CRF;
}SRIO_TX_Queue_Sch_Info;
void Keystone_SRIO_TX_Queue_Cfg(
    SRIO_TX_Queue_Sch_Info * TX_Queue_Sch_Info,
    Uint32 uiNumTxQueue)
{
    int i;
    Uint32 uiMask, uiShift, uiRegIndex;
    /* For SRIO, priority 3 is highest, 0 is lowest
    For PktDMA channel, priority 0 is highest, 3 is lowest */
    Uint32 mapSrioPriToTxChPri[4] = {3,2,1,0};
    uiNumTxQueue = _min2(SRIO_PKTDMA_MAX_CH_NUM, uiNumTxQueue);
    for(i = 0; i < uiNumTxQueue; i++)
    {
        uiRegIndex = i/4;
        uiShift = (i&3) * 8;
        uiMask = 0xFF << uiShift;
        srioRegs -> RIO_TX_QUEUE_SCH_INFO[uiRegIndex] =
            (srioRegs -> RIO_TX_QUEUE_SCH_INFO[uiRegIndex]&(~uiMask))/* clear the field */
            |((TX_Queue_Sch_Info[i].CRF
            |(TX_Queue_Sch_Info[i].outputPort << 4))<< uiShift);
        /* PRIO field in TX_QUEUE_SCH_INFOx is read only,
        the priority information comes from the PKTDMA TX channel
        actually takes effect */
        srioDmaTxChPriority[i] =
            mapSrioPriToTxChPri[TX_Queue_Sch_Info[i].priority];
    }
}
......
/* up to 16 Tx queues can be setup here */
SRIO_TX_Queue_Sch_Info TX_Queue_Sch_Info[] =
{
    /* outputPort */ /* priority */ /* CRF */
    {0, 0, 0},
    {1, 0, 0},
    {2, 0, 0},
    {3, 0, 0},
    {0, 0, 1},
    {1, 0, 1},
    {2, 0, 1},
    {3, 0, 1},
```

```
    {0, 1, 0},
    {1, 1, 0},
    {2, 1, 0},
    {3, 1, 0},
    {0, 1, 1},
    {1, 1, 1},
    {2, 1, 1},
    {3, 1, 1}
};
    ……
Keystone_SRIO_TX_Queue_Cfg(&TX_Queue_Sch_Info,
sizeof(TX_Queue_Sch_Info)/sizeof(SRIO_TX_Queue_Sch_Info));
```

图 3.34 描述了 SRIO Type 9 和 Type 11 数据包 Rx 数据路径。

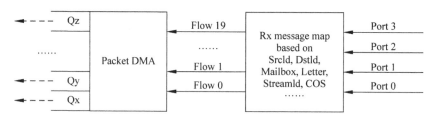

图 3.34　SRIO Type 9 和 Type 11 Message Rx 数据包路径

队列号从 704 到 735(32 个)通常用于高优先级的累加器(Accumulator)。高优先级累加器最多使用 32 个队列,每个通道一个。每个通道触发一个内核专用的中断,如表 3.29 所示。这些队列也可以用作通用队列。累加器的工作是轮询选定数量的队列,以查找已推入其中的描述符。

表 3.29　TMS320C6678 System Event 输入与队列 704 到 735 对应关系

输入 System Event Number	Interrupt Event	描　　述
48	QM_INT_HIGH_n	QM Interrupt for Queue 704+n
49	QM_INT_HIGH_$(n+8)$	QM Interrupt for Queue 712+n
50	QM_INT_HIGH_$(n+16)$	QM Interrupt for Queue 720+n
51	QM_INT_HIGH_$(n+24)$	QM Interrupt for Queue 728+n

说明:n 是内核编号。

3.8.4　消息传送编程示例

Keystone 系列 SRIO Type 11 和 Type 9 数据包由 QMSS 和 Packet DMA 处理。有关 QMSS 和 Packet DMA 的详细信息,请参见 *KeyStone Architecture Multicore Navigator User Guide*。

对于消息传送(Message Transfer)数据接收,如果消息 Rx 映射和 Rx 流设置正确,一旦接收到数据,Packet DMA 会将数据包推送到 Rx 目标队列,然后应用程序可以从 Rx 队列中获取数据包;对于数据传输,应用程序只需将数据包推送到 16 个 Tx 队列中的一个,Packet DMA 和 SRIO 外围设备就会传输根据 Tx 队列规划配置的数据包。

SRIO 的特殊点是包描述符中协议特定的字段。定义如下：

```
/ ************************************************************************** /
/ * Define the bit and word layouts for the SRIO Type 9 message Tx descriptor * /
/ ************************************************************************** /
# ifdef _BIG_ENDIAN
typedef struct
{
    / * word 0 * /
    Uint32 SRC_ID : 16; //Source Node ID
    Uint32 Dest_ID : 16; //Destination Node ID the message was sent to.
    / * word 1 * /
    Uint32 StreamID : 16; //Stream ID for the transaction
    Uint32 reserved0 : 5;
    Uint32 TT : 2; //RapidIO tt field, 8 or 16bit IDs
    Uint32 reserved1 : 1;
    Uint32 COS : 8; //Class of Service
} SRIO_Type 9_Message_TX_Descriptor;
# else
typedef struct
{
    / * word 0 * /
    Uint32 Dest_ID : 16; //Destination Node ID the message was sent to.
    Uint32 SRC_ID : 16; //Source Node Id
    / * word 1 * /
    Uint32 COS : 8; //Class of Service
    Uint32 reserved1 : 1;
    Uint32 TT : 2; // RapidIO tt field, 8 or 16bit IDs
    Uint32 reserved0 : 5;
    Uint32 StreamID : 16; //Stream ID for the transaction
} SRIO_Type 9_Message_TX_Descriptor;
# endif
/ ************************************************************************** /
/ * Define the bit and word layouts for the SRIO Type 9 message Rx descriptor * /
/ ************************************************************************** /
# ifdef _BIG_ENDIAN
typedef struct
{
    / * word 0 * /
    Uint32 SRC_ID : 16; //Source Node ID
    Uint32 Dest_ID : 16; //Destination Node ID the message was sent to.
    / * word 1 * /
    Uint32 StreamID : 16; //Stream ID for the transaction
    Uint32 reserved0 : 1;
    Uint32 PRI : 4; //Message Priority (VC||PRIO||CRF)
    Uint32 T : 1; //This is TT [0] bit only.
    Uint32 CC : 2; //Completion Code
    Uint32 COS : 8; //Class of Service
} SRIO_Type 9_Message_RX_Descriptor;
```

```
#else
typedef struct
{
    /* word 0 */
    Uint32 Dest_ID : 16; //Destination Node ID the message was sent to.
    Uint32 SRC_ID : 16; //Source Node ID
    /* word 1 */
    Uint32 COS : 8; //Class of Service
    Uint32 CC : 2; //Completion Code
    Uint32 T : 1; //This is TT [0] bit only.
    Uint32 PRI : 4; //Message Priority (VC||PRIO||CRF)
    Uint32 reserved0 : 1;
    Uint32 StreamID : 16; //Stream ID for the transaction
} SRIO_Type 9_Message_RX_Descriptor;
#endif
/ ***************************************************************************** /
/ * Define the bit and word layouts for the SRIO Type 11 message Rx descriptor * /
/ ***************************************************************************** /
#ifdef _BIG_ENDIAN
typedef struct
{
    /* word 0 */
    Uint32 SRC_ID : 16; //Source Node ID
    Uint32 Dest_ID : 16; //Destination Node ID the message was sent to.
    /* word 1 */
    Uint32 reserved0 : 15;
    Uint32 CC : 2; //Completion Code
    Uint32 PRI : 4; //Message Priority (VC||PRIO||CRF)
    Uint32 TT : 2; //RapidIO tt field, 8 or 16bit DeviceIDs
    Uint32 LTR : 3; //Destination Letter
    Uint32 MailBox : 6; //Destination Mailbox
} SRIO_Type 11_Message_RX_Descriptor;
#else
typedef struct
{
    /* word 0 */
    Uint32 Dest_ID : 16; //Destination Node ID the message was sent to
    Uint32 SRC_ID : 16; //Source Node ID
    /* word 1 */
    Uint32 MailBox : 6; //Destination Mailbox
    Uint32 LTR : 3; //Destination Letter
    Uint32 TT : 2; //RapidIO tt field, 8 or 16bit DeviceIDs
    Uint32 PRI : 4; //Message Priority (VC||PRIO||CRF)
    Uint32 CC : 2; //Completion Code
    Uint32 reserved0 : 15;
} SRIO_Type 11_Message_RX_Descriptor;
#endif
/ ***************************************************************************** /
```

```
/* Define the bit and word layouts for the SRIO Type 11 message Tx descriptor */
/* ******************************************************************** */
# ifdef _BIG_ENDIAN
typedef struct
{
    /* word 0 */
    Uint32 SRC_ID : 16; //Source Node ID
    Uint32 Dest_ID : 16; //Destination Node ID the message was sent to
    /* word 1 */
    Uint32 reserved0 : 5;
    Uint32 Retry_Count : 6; //Message Retry Count
    Uint32 SSIZE : 4; //standard message payload size
    Uint32 reserved1 : 6;
    Uint32 TT : 2; //RapidIO tt field, 8 or 16bit DeviceIDs
    Uint32 LTR : 3; //Destination Letter
    Uint32 MailBox : 6; //Destination Mailbox
} SRIO_Type 11_Message_TX_Descriptor;
# else

typedef struct
{
    /* word 0 */
    Uint32 Dest_ID : 16; //Destination Node ID the message was sent to.
    Uint32 SRC_ID : 16; //Source Node ID
    /* word 1 */
    Uint32 MailBox : 6; //Destination Mailbox
    Uint32 LTR : 3; //Destination Letter
    Uint32 TT : 2; //RapidIO tt field, 8 or 16bit DeviceIDs
    Uint32 reserved1 : 6;
    Uint32 SSIZE : 4; //standard message payload size
    Uint32 Retry_Count : 6; //Message Retry Count
    Uint32 reserved0 : 5;
} SRIO_Type 11_Message_TX_Descriptor;
# endif
```

另一个需要注意的是,对于数据传输,必须正确设置主机包描述符的 Packet_Type 字段,用于标识 SRIO 事务类型,Type 9 的 Packet_Type 应设置为 30(CPDMA Packet Type);如果 Packet_Type 为 31,则选择 Type 11。应用程序只需要从 FDQ(Free Descriptor Queue)中弹出个描述符并将 PS 字段填充到该描述符中,然后将该描述符推送到相关的 Tx 队列。

以下是填充 Tx 包描述符的示例代码。

```
typedef enum
{
    SRIO_TYPE9_CPPI_PACKET = 30,
    SRIO_TYPE11_CPPI_PACKET = 31
}SRIO_CPPI_Packet_Type;
//Build SRIO Type 11 message descriptor
void Keystone_SRIO_Build_Type11_Msg_Desc(
```

```
    HostPacketDescriptor * hostDescriptor, Uint32 uiSrcID, Uint32 uiDestID,
    Uint32 uiByteCount, Uint32 uiMailBox, Uint32 uiLetter)
{
    SRIO_Type 11_Message_TX_Descriptor * type11MsgTxDesc;
    hostDescriptor - > packet_type = SRIO_TYPE11_CPPI_PACKET;
    hostDescriptor - > packet_length = uiByteCount;
    hostDescriptor - > buffer_len = uiByteCount;
    hostDescriptor - > psv_word_count = 2; //SRIO uses 2 Protocol Specific words
    type 11MsgTxDesc = (SRIO_Type 11_Message_TX_Descriptor * )
        (((Uint32)hostDescriptor) + 32);
    type 11MsgTxDesc - > Dest_ID = uiDestID;
    type 11MsgTxDesc - > SRC_ID = uiSrcID;
    type 11MsgTxDesc - > Retry_Count = 1;
    type 11MsgTxDesc - > SSIZE = SRIO_SSIZE_256_BYTES;
    type 11MsgTxDesc - > TT = 0;
    type 11MsgTxDesc - > LTR = uiLetter;
    type 11MsgTxDesc - > MailBox = uiMailBox;
//Build SRIO Type 9 data stream message Descriptor
void Keystone_SRIO_Build_Type 9_Msg_Desc(
HostPacketDescriptor * hostDescriptor, Uint32 uiSrcID, Uint32 uiDestID,
Uint32 uiByteCount, Uint32 uiStreamID, Uint32 uiCOS)
{
    SRIO_Type 9_Message_TX_Descriptor * type9MsgTxDesc;
    hostDescriptor - > packet_type = SRIO_TYPE9_CPPI_PACKET;
    hostDescriptor - > packet_length = uiByteCount;
    hostDescriptor - > buffer_len = uiByteCount;
    hostDescriptor - > psv_word_count = 2; //SRIO uses 2 Protocol Specific words
    type 9MsgTxDesc = (SRIO_Type 9_Message_TX_Descriptor * )
        (((Uint32)hostDescriptor) + 32);
    type 9MsgTxDesc - > Dest_ID = uiDestID;
    type 9MsgTxDesc - > SRC_ID = uiSrcID;
    type 9MsgTxDesc - > StreamID = uiStreamID;
    type 9MsgTxDesc - > TT = 0;
    type 9MsgTxDesc - > COS = uiCOS;
}
```

请注意,Type 9 数据包最多可支持 64KB 字节的有效负载,Type 11 最多只支持 4KB 字节的有效负载。

3.9 维护

Type 8 维护(Maintenance)包格式访问 RapidIO 能力寄存器(Capability Register, CAR),命令和状态寄存器(Command and Status Register,CSR)和数据结构。与其他请求格式不同,Type 8 包格式同时用作维护操作的请求和响应格式。Type 8 的包不包含地址,只包含写请求和读响应的数据有效负载。所有配置寄存器读取访问都是字(4 字节)访问。所有配置寄存器写入访问也是字(4 字节)访问。

WRSIZE 字段指定多个双字事务的最大数据负载大小。数据有效负载可能不会超过该大小,但如果需要,可能会更小。维护读取和维护写入请求都会生成相应的维护响应。

维护端口写入操作是一个没有保证传递且没有关联响应的写入操作。此维护操作对于不包含端点(如交换机)的设备发送消息(如 Error 指示器或状态信息)非常有用。数据有效负载通常放置在目标端点的队列中,并且中断通常生成到本地处理器。对队列的端口写入请求已满或正忙于为另一个请求提供服务,可能会被丢弃。

3.10 门铃操作

门铃操作如图 3.35 所示,它由门铃(DOORBELL)事务和响应(RESPONSE)事务(通常是已完成的响应)组成,处理单元(PE)使用它通过互连结构向另一个处理单元发送非常短的消息。门铃事务包含用于保存信息的信息字段,并且没有数据有效负载。此字段是软件定义的,可用于任何需要的目的。接收门铃事务的处理单元接收该包并将其放入处理单元内的门铃消息队列中。此队列可以在硬件或本地内存中实现。此行为类似于典型的消息传递邮箱硬件。本地处理器将读取队列以确定发送处理单元和信息字段,并确定要采取的操作。

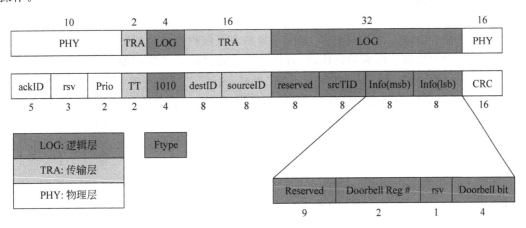

图 3.35　门铃操作

门铃功能是用户定义的,但这种包类型通常用于启动 DSP 内核(CPU)中断。门铃数据包与之前传输的具体数据包没有关联,因此必须将该数据包的信息字段配置为要反映待处理的正确 TID(传输信息描述符)信息提供服务的门铃位。

门铃包的 16 位 INFO 字段指示要设置的门铃寄存器中断位。有四个门铃寄存器,每个寄存器当前有 16 位(见 DOORBELL[0~3]_ICSR 和 DOORBELL[0~3]_ICCR),允许 64 个中断源或循环缓冲区。每个位可以通过中断条件路由寄存器分配给任何内核。此外,每个状态位都是用户为应用程序定义的。例如,如果控制数据使用高优先级(如优先级=2),而数据包以优先级 0 或 1 发送,则可能需要支持多个优先级,每个内核有多个 TID 循环缓冲区。这允许控制包在交换结构中具有优先权并尽快到达。由于可能需要分别中断 CPU 进行数据和控制包处理,因此使用独立的循环缓冲区,门铃包需要区分它们进行中断服务。如果在门铃信息字段中设置了任何保留位,则发送错误响应。

表 3.30 介绍了 DOORBELL_INFO 描述的例子。

表 3.30   DOORBELL_INFO 描述的例子

Info 字段部分				写到 LSUn_REG5 [31:16] DOORBELL_INFO 字段的值	相关的门铃中断路由位	映射到该门铃中断状态位
Reserved [31:23]	Doorbell Reg# [22:21]	Rsv [20]	Doorbell 位 [19:16]			
000000000b	00b	0b	0000b	0000h	DOORBELL0_ICRR[3:0]	DOORBELL0_ICSR[0]
000000000b	00b	0b	1001b	0009h	DOORBELL0_ICRR2[7:4]	DOORBELL0_ICSR[9]
000000000b	01b	0b	0111b	0027h	DOORBELL1_ICRR[31:28]	DOORBELL1_ICSR[7]
000000000b	01b	0b	1100b	002Ch	DOORBELL1_ICRR2[19:16]	DOORBELL1_ICSR[12]
000000000b	10b	0b	0101b	0045h	DOORBELL2_ICRR[23:20]	DOORBELL2_ICSR[5]
000000000b	10b	0b	1111b	004Fh	DOORBELL2_ICRR2[31:28]	DOORBELL2_ICSR[15]
000000000b	11b	0b	0110b	0066h	DOORBELL3_ICRR[27:24]	DOORBELL3_ICSR[6]
000000000b	11b	0b	1011b	006Bh	DOORBELL0_ICRR2[15:12]	DOORBELL3_ICSR[11]

门铃的中断路由通过 DOORBELLn_ICRR(n:0~3)寄存器设置。

3.11   原子操作

原子(Atomic)操作是读写操作的组合。目的地读取指定地址的数据,将读取的数据返回给请求者,对数据执行所需的操作,然后将修改后的数据写回指定地址,而不允许对该地址进行任何干预活动。定义的操作包括递增、递减、测试和交换、设置和清除。其中,只有测试和交换(Test-and-Swap)需要请求处理单元来提供数据。内部 L2 内存或寄存器不支持以器件为目标的传入原子操作。支持对外部设备的原子请求操作,并具有响应数据包。

请求原子操作(Ftype 2)从不包含数据负载。这些操作类似于 NREAD(24h)事务。对原子事务的响应的数据负载大小为 8 字节。为原子事务的读取部分定义的寻址方案还控制内存中原子操作的大小,以便字节是连续的,大小为字节、半字(2 字节)或字(4 字节),并与常规读取事务一样与该边界和字节通道对齐。不允许双字(8 字节)、3 字节、5 字节、6 字节和 7 字节原子事务。

外部设备的原子测试和交换操作(FType 5)仅限于一个双字(8 字节)的有效负载。这些操作类似于带有响应(55h)事务的 NWRITE。为写事务定义的寻址方案还控制内存中原子操作的大小,以便字节是连续的,大小为字节、半字(2 字节)或字(4 字节),并与常规写事务一样与该边界和字节通道对齐。不允许进行双字(8 字节)、3 字节、5 字节、6 字节和 7 字节的原子测试和交换事务。收到请求后,目标设备交换指定内存位置和有效负载的内容(如果内存位置的内容均为 0)。返回内存位置的内容,并在 LSU 状态寄存器(LSUn_REG6)中设置相应的完成代码。

3.12   拥塞控制

本节描述了外围设备中拥塞控制的要求和实现。通过 Type 7 RapidIO 包通知外围设备交换结构拥塞。这些包被称为拥塞控制包(Congestion Control Packets,CCP)。这些数据包的目的是关闭(Xoff)或打开(Xon)由 DESTID 和 PRIORITY 的指定的传出数据包定义的流。CCP 以最高优先级发送,以尽快解决结构拥塞问题。CCP 没有响应包,也没有保证交付。

当外设接收到一个 Xoff CCP 时,外设必须阻止该流指定的传出的 LSU 和 CPPI 包。当外围设备接收到 Xon 时,可以启用流。由于 CCP 可能来自结构内的不同 switch,因此可以为同一个流接收多个 Xoff CCP。因此,外围设备必须为每个流维护一个表和 Xoff CCP 计数。例如,如果为给定的流接收两个 Xoff CCP,则在启用该流之前必须接收两个 Xon CCP。

由于 CCP 无法确保送达,并且可以被交换结构(Fabric)丢弃,因此必须存在启用已关闭流的隐式方法。可以使用简单的超时方法来实现。此外,可以通过传输源流控制屏蔽启用/禁用流控制检查。接收到的 CCP 不会通过 VBUS 接口传递。

1. 详细描述

为了避免大而复杂的表管理,采用一种基本方案来实现 RIO 拥塞管理。主要目标是避免针对每个输出包请求对集中式拥塞路由表进行大规模并行搜索。如果所有可能的 DESTID 和 PRIORITY 组合都有自己的条目,那么拥塞的路由表需求和随后的搜索量将非常巨大。为了实施更基本的方案,做以下假设。

(1) 少量流(Flow)构成了大部分流量(Traffic),这些流极有可能造成拥堵。

(2) 不希望使用 HOL 阻塞,但允许 Tx CPPI 队列使用。

(3) 无论优先级如何,流量控制仅基于 DESTID。

因此,拥挤路由表在本质上更为静态(Static)。软件设置并配置一个小的有限条目表,以反映正在使用的更关键的流,而不是在到达时用每个 CCP 的流信息动态更新一个表。只有这些流有一个离散的表条目(Discrete Table Entry)。16 个入口表用于反映 15 个关键流量,留下第 16 个入口用于一般其他流(Other Flows),这些流集中在一起。表 3.31 描述了可由 CPU 通过 VBUSP 配置总线编程的 MMR 表条目。为表条目 0 到 14 实现了一个 3 位硬件计数器,以维护该流的 Xoff CCP 计数。其他流表条目统计除离散条目以外的所有流的 Xoff CCP。此表条目的计数器为 5 位。所有具有非零 Xoff 计数的输出流都被禁用。对于接收到的每个相应的 Xon CCP,计数器值都会递减,但不应递减到零以下。此外,每个表条目都需要一个硬件定时器来打开可能被丢失的 Xon CCP 放弃的流。定时器值需要比 32 位端口响应超时 CSR 值大一个数量级。因此,每个传输源将在其 4 位响应超时计数器中添加 2 位,"Tx 操作"和"Rx 操作"所述。另外两个位将用于计数三次时间码(TimeCode)循环数,并提供一个等于响应超时计数器值 3 倍的隐式 Xon(Implicit Xon)定时器。

表 3.31 流量控制表条目寄存器(地址偏移 0x07D0～0x080C)

寄存器名称	31～18 位	17～16 位	15～0 位
RIO_FLOW_CNTL0	保留	tt	Flow_Cntl_ID0
RIO_FLOW_CNTL1	保留	tt	Flow_Cntl_ID1
...	...	...	...
RIO_FLOW_CNTL15	保留	tt	Flow_Cntl_ID15
	R，All zeros	R/W，0b01	R/W. 0x0000

RapidIO 流量控制表条目寄存器详细说明见表 3.32。

表 3.32　流量控制表条目寄存器描述

名　　称	位	访问	复位源	复位值	描　　述
tt	17～16	R/W	VBUS_rst	0b01	选择 Flow_Cntl_ID 长度。 0b00：8b ID； 0b01：16b ID； 0b10～0b11：保留
Flow_Cntl_ID0	15～0	R/W	VBUS_rst	0x0000	DestID of Flow 0
Flow_Cntl_ID1	15～0	R/W	VBUS_rst	0x0000	DestID of Flow 1
Flow_Cntl_ID2	15～0	R/W	VBUS_rst	0x0000	DestID of Flow 2
Flow_Cntl_ID3	15～0	R/W	VBUS_rst	0x0000	DestID of Flow 3
Flow_Cntl_ID4	15～0	R/W	VBUS_rst	0x0000	DestID of Flow 4
Flow_Cntl_ID5	15～0	R/W	VBUS_rst	0x0000	DestID of Flow 5
Flow_Cntl_ID6	15～0	R/W	VBUS_rst	0x0000	DestID of Flow 6
Flow_Cntl_ID7	15～0	R/W	VBUS_rst	0x0000	DestID of Flow 7
Flow_Cntl_ID8	15～0	R/W	VBUS_rst	0x0000	DestID of Flow 8
Flow_Cntl_ID9	15～0	R/W	VBUS_rst	0x0000	DestID of Flow 9
Flow_Cntl_ID10	15～0	R/W	VBUS_rst	0x0000	DestID of Flow 10
Flow_Cntl_ID11	15～0	R/W	VBUS_rst	0x0000	DestID of Flow 11
Flow_Cntl_ID12	15～0	R/W	VBUS_rst	0x0000	DestID of Flow 12
Flow_Cntl_ID13	15～0	R/W	VBUS_rst	0x0000	DestID of Flow 13
Flow_Cntl_ID14	15～0	R/W	VBUS_rst	0x0000	DestID of Flow 14
Flow_Cntl_ID15	15～0	R/W	VBUS_rst	0x0000	DestID of Flow 15

　　每个传输源,包括 LSU 或 Tx CPPI 队列,通过拥有一个掩码寄存器来指示它使用的 16 个流中的哪一个。表 3.33 为 16 位带屏蔽的 SRIO LSU 流屏蔽寄存器,表 3.44 为其字段描述。CPU 必须在复位时配置这些寄存器。默认设置为全部 1,表示传输源支持所有流。如果寄存器设置为全部 0,则传输源声称它不支持任何流,因此该源从不受流控制。如果传输源支持的任何表条目计数器具有相应的非零 Xoff 计数,则传输源是流控制的。一个简单的 16 位总线指示所有 16 个流的 Xoff 状态,并与传输源掩码寄存器进行比较。每个源解释此结果并相应地执行流控制。例如,流控制的 LSU 模块可以重新加载其寄存器并尝试将数据包发送到另一个流,而流控制的 Tx CPPI 队列可能会在该队列上产生 HOL 阻塞问题。当 Vbus_rst 被断言时,以下寄存器被复位。

表 3.33　传输源流控制屏蔽寄存器

寄存器名称	重　置　值	31～16 位	15～0 位
RIO_LSU_FLOW_MASKS0	32'hFFFFFFFF	LSU1 Flow Mask	LSU0 Flow Mask
RIO_LSU_FLOW_MASKS1	32'hFFFFFFFF	LSU3 Flow Mask	LSU2 Flow Mask
RIO_LSU_FLOW_MASKS2	32'hFFFFFFFF	LSU5 Flow Mask	LSU4 Flow Mask
RIO_LSU_FLOW_MASKS3	32'hFFFFFFFF	LSU7 Flow Mask	LSU6 Flow Mask
RIO_TX_CPPI_FLOW_MASKS0	32'hFFFFFFFF	Tx Queue1 Flow Mask	Tx Queue0 Flow Mask
RIO_TX_CPPI_FLOW_MASKS1	32'hFFFFFFFF	Tx Queue3 Flow Mask	Tx Queue2 Flow Mask

寄存器名称	重 置 值	31~16 位	15~0 位
RIO_TX_CPPI_FLOW_MASKS2	32'hFFFFFFFF	Tx Queue5 Flow Mask	Tx Queue4 Flow Mask
RIO_TX_CPPI_FLOW_MASKS3	32'hFFFFFFFF	Tx Queue7 Flow Mask	Tx Queue6 Flow Mask
RIO_TX_CPPI_FLOW_MASKS4	32'hFFFFFFFF	Tx Queue9 Flow Mask	Tx Queue8 Flow Mask
RIO_TX_CPPI_FLOW_MASKS5	32'hFFFFFFFF	Tx Queue11 Flow Mask	Tx Queue10 Flow Mask
RIO_TX_CPPI_FLOW_MASKS6	32'hFFFFFFFF	Tx Queue13 Flow Mask	Tx Queue12 Flow Mask
RIO_TX_CPPI_FLOW_MASKS7	32'hFFFFFFFF	Tx Queue15 Flow Mask	Tx Queue14 Flow Mask

表 3.34 传输源流控制屏蔽寄存器描述

名 称	Bit	访问	描 述
Flow Mask	0	R/W	0b0：Tx 源不支持表条目中的流 0； 0b1：Tx 源不支持表条目中的流 0
Flow Mask	1	R/W	0b0：Tx 源不支持表条目中的流 1； 0b1：Tx 源不支持表条目中的流 1
Flow Mask	2	R/W	0b0：Tx 源不支持表条目中的流 2； 0b1：Tx 源不支持表条目中的流 2
Flow Mask	3	R/W	0b0：Tx 源不支持表条目中的流 3； 0b1：Tx 源不支持表条目中的流 3
Flow Mask	4	R/W	0b0：Tx 源不支持表条目中的流 4； 0b1：Tx 源不支持表条目中的流 4
Flow Mask	5	R/W	0b0：Tx 源不支持表条目中的流 5； 0b1：Tx 源不支持表条目中的流 5
Flow Mask	6	R/W	0b0：Tx 源不支持表条目中的流 6； 0b1：Tx 源不支持表条目中的流 6
Flow Mask	7	R/W	0b0：Tx 源不支持表条目中的流 7； 0b1：Tx 源不支持表条目中的流 7
Flow Mask	8	R/W	0b0：Tx 源不支持表条目中的流 8； 0b1：Tx 源不支持表条目中的流 8
Flow Mask	9	R/W	0b0：Tx 源不支持表条目中的流 9； 0b1：Tx 源不支持表条目中的流 9
Flow Mask	10	R/W	0b0：Tx 源不支持表条目中的流 10； 0b1：Tx 源不支持表条目中的流 10
Flow Mask	11	R/W	0b0：Tx 源不支持表条目中的流 11； 0b1：Tx 源不支持表条目中的流 11
Flow Mask	12	R/W	0b0：Tx 源不支持表条目中的流 12； 0b1：Tx 源不支持表条目中的流 12
Flow Mask	13	R/W	0b0：Tx 源不支持表条目中的流 13； 0b1：Tx 源不支持表条目中的流 13
Flow Mask	14	R/W	0b0：Tx 源不支持表条目中的流 14； 0b1：Tx 源不支持表条目中的流 14
Flow Mask	15	R/W	0b0：Tx 源不支持表条目中的流 15； 0b1：Tx 源不支持表条目中的流 15

表 3.34 中关于 0～15 位的信息同样适用于流控制屏蔽寄存器的 31～16 位。

3.13　字节存储顺序

RapidIO 的字节存储顺序(Endianness)基于大端(Big-Endian)模式。实际上,大端模式首先将地址顺序指定为最高有效位/字节。例如,在 RapidIO 数据包的 29 位地址字段中,在串行位流中首先传输的最左边的位是地址的最大有效位。同样,数据包的数据有效负载是双字对齐的大端模式,这意味着首先传输 MSB。在所有 RapidIO 定义的 MMR 寄存器中,位 0 是 MSB。

所有特定的字节存储顺序的转换都在外围设备中处理。对于双字对齐的有效负载,数据应该连续地写入从指定地址开始的内存中。任何未对齐的有效负载都将被填充,并在 8字节边界内正确对齐。在这种情况下,WDPTR、RDSIZE 和 WRSIZE RapidIO 头字段指示双字边界内数据的字节位置。

3.13.1　内存映射寄存器空间的转换

访问本地内存映射的寄存器空间没有字节存储顺序(Endian)转换要求。无论设备内存端配置如何,所有配置总线访问都在固定地址位置的 32 位值上执行。这意味着将被复制到内存映射寄存器 MMR 的内存映像在小端(little-endian)和大端配置之间是完全相同的。配置总线读取以相同的方式执行,图 3.36 描述了这个概念。所需的操作是使用配置总线本地更新串行 RapidIO MMR(偏移量 0x1000),值为 0xA0A1A2A3。

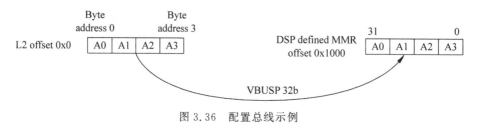

图 3.36　配置总线示例

当访问外部设备中的 RapidIO 定义的内存映射寄存器时,RapidIO 允许对 Type 8(维护)数据包进行 4 字节、8 字节或任何多个双字访问(最多 64 字节)。外围设备作为目标仅支持 4 字节访问,但可以生成所有大小的请求包。RapidIO 仅定义为大端,并具有双字对齐的大端包有效负载。

3.13.2　有效负载数据的转换

DMA 还支持字节范围的访问。如果设备上使用了小端(Little-Endian)模式,则外围设备将对有效负载执行字节存储顺序转换。此转换不仅适用于 Type 8 数据包,而且与 NWRITE、NWRITE_R、SWRITE、NREAD 和消息传递的所有传出有效负载相关。基于应用模型,在小端模式下运行时,可以根据不同的边界交换原来的大端数据:8 字节边界交换、4 字节边界交换、2 字节边界交换、1 字节边界交换,如图 3.37 所示。

用于 LSU、MAU 和消息传递的小端数据交换模式(TXU/RXU)都可以在 PER_SET_

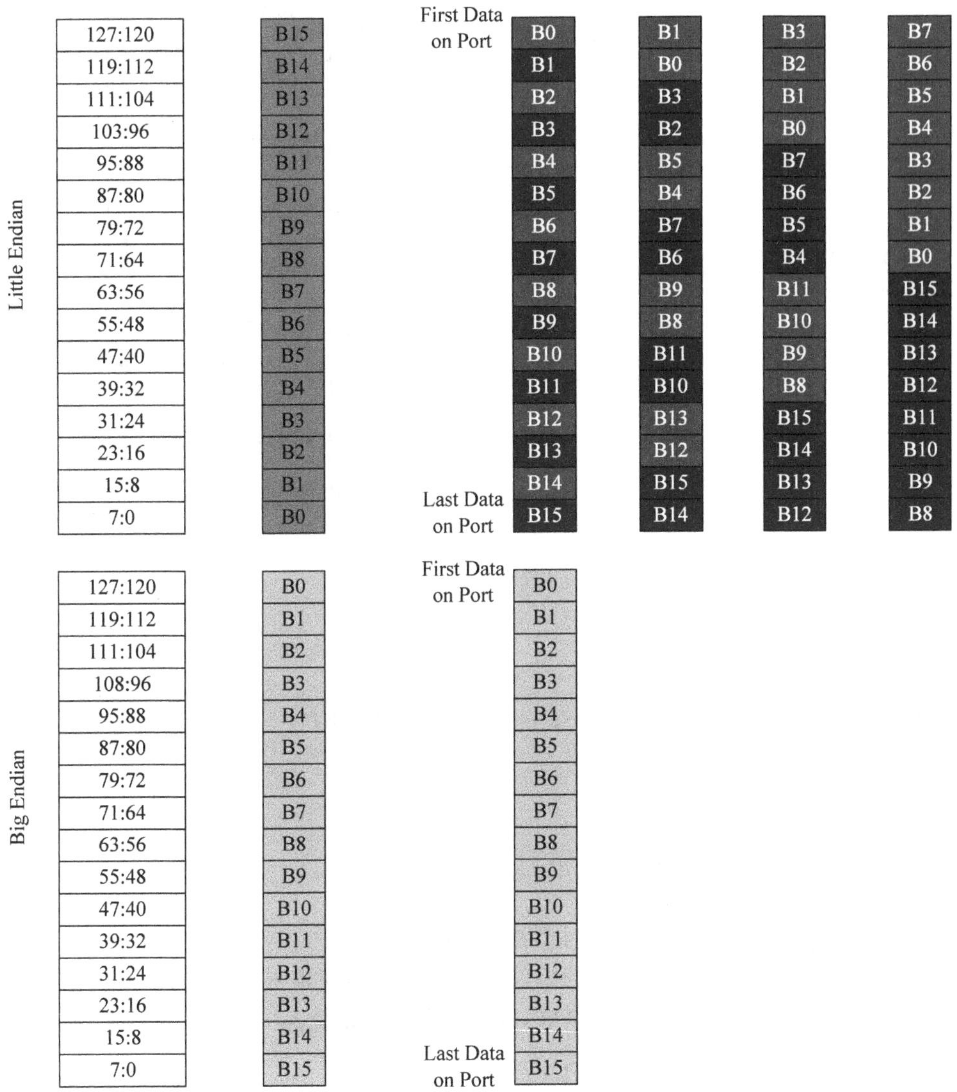

图 3.37 有效负载数据的转换

CNTL 寄存器中进行不同的设置。

3.14 中断操作

本节描述外设的中断功能。

SRIO 块有 25 条输出中断线。它们的分组和命名如下。

- INTDST0～INTDST15：通用中断线。
- INTDST16～INTDST23：专用门铃中断线（没有中断调步，No Interrupt Pacing）。
- RapidIO_INT_CDMA_0：PKTDMA Starvation 中断线。

图 3.38 描述了到 CPU 和 EDMA 的中断映射。

可以配置为生成中断的条件分为以下类别。

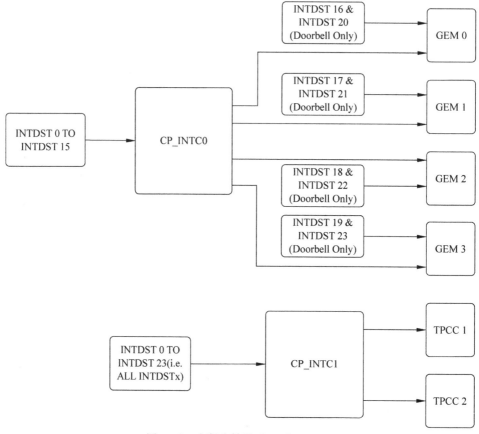

图 3.38　中断映射到 CPU 和 EDMA

（1）CPU 服务：CPU 应服务于外围设备的事件。

（2）错误状态：发生运行时错误的事件。中央处理器应重置/重新同步外围设备。

（3）严重错误：发生严重错误的事件。CPU 应重置系统。

3.14.1　DirectIO（门铃）服务中断

由于 RapidIO 是一个面向包的接口，外围设备必须识别并响应来自串行接口的 in-band 带内中断信号。GPIO 或外部引脚没有用于指示中断请求。

CPU 服务的中断滞后于相应的数据，通常从外部处理单元传到本地二级内存。使用 DirectIO 协议，一旦单包或多包数据传输完成，外部 PE 或外围设备本身需要通知本地处理器数据可用于处理。注意，为了避免本地 CPU 处理错误数据，在 CPU 中断服务之前，确保通过 DMA 完成数据传输是非常重要的。这种情况很容易出现，因为数据和中断队列彼此独立，并且 DMA 传输可能会暂停。为了避免这种情况，所有通过 DMA 从外设传输的数据都将使用响应 VBUSM 命令写入。这将允许外围设备始终知道正在进行的传输已完成。只有在接收到所有 VBUSM 响应后才会生成中断。由于所有 RapidIO 数据包都是按顺序处理的，并在同一个 DMA 优先级队列上提交，因此要求外围设备跟踪提交的 TR 请求数和接收的响应数。通过这种方式，可以使用外围设备中的一个简单计数器来确保数据包在提交中断之前已经到达内存中。

CPU 服务中断的另一个重要方面是在多核设备中寻址正确的内核。例如,多核设备的一个目标是使所有外部组件看起来像一个单核设备。要求是可以从任何 1x 端口到任何内核生成中断。在 DirectIO 模式下使用门铃可以满足此要求。

当 DirectIO 模式用于数据传输时,已经知道哪个内核应该根据数据的 L2 地址范围来处理中断。例如,在图 3.39 中,有两个传输原始数据和传输信息描述符(Transfer Information Descriptor,TID)信息。TID 包含有关原始数据的信息,包括块计数、地址和具体实现的详细信息。TID 信息被写入 L2 内的循环缓冲区,读指针由 CPU 软件管理。当向内核发出中断时,如上文所述,内核读取与当前读取指针对应的 TID,然后处理相应的数据。可以跟踪多个循环缓冲区,例如,每个输入端口都需要一个循环缓冲区,以避免端口重写彼此的 TID 信息,并维护正确的 CPU 读取指针。

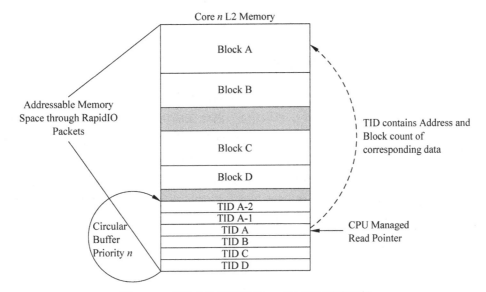

图 3.39　用于中断管理的 DirectIO 循环缓冲机制

发送设备通过使用 RapidIO 定义的门铃消息来启动中断。门铃包格式如图 3.40 所示。门铃功能是用户定义的,但在行业中使用这种包类型来启动 CPU 中断是常见的做法。门铃数据包与以前传输的特定数据包没有关联,因此必须将数据包的信息字段配置为反映要服务的门铃位,以便处理正确的 TID 信息。

门铃包的 16 位信息字段用于指示要设置的门铃寄存器和该寄存器中的中断位。有 4 个门铃寄存器,每个寄存器有 16 位,允许 64 个中断源(或循环缓冲区)。每个位可以通过相应的中断条件路由寄存器分配给一个输出中断线。中断控制寄存器决定门铃中断是路由到通用中断线还是专用门铃中断线。

此外,每个状态位都是用户为应用程序定义的。例如,如果控制数据使用高优先级(即优先级=2),而数据包以优先级 0 或 1 发送,则可能需要支持多个优先级,每个内核有多个 TID 循环缓冲区。这允许控制包在交换结构中具有优先权并尽快到达。由于可能需要分别中断 CPU 进行数据和控制包处理,因此使用单独的循环缓冲区,门铃包需要区分它们进行中断服务。如果在门铃信息字段中设置了任何保留位,则发送错误响应。DirectIO 的中断调步(Interrupt Pacing)由 SRIO 外围设备实现,以管理中断速率。

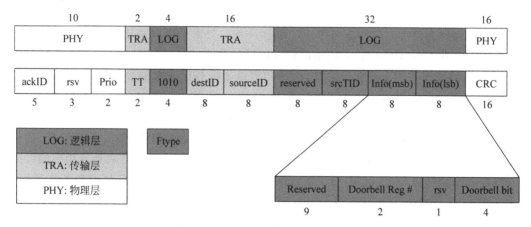

图 3.40   中断使用的 RapidIO 门铃包

3.14.2   消息传递服务中断

消息传递协议中的中断方法有些不同。由于源设备不知道数据物理存储在目标设备中的位置,并且由于每个消息包包含大小和段信息,因此在成功接收到包含完整消息的所有包段之后,可以自动生成中断。通信端口编程接口(CPPI)DMA 用于将数据传输到目的地。本质上,这是一种链表方法,而不是循环缓冲方法。数据缓冲区描述符包含数据包开始(SOP)、数据包结束(EOP)和数据包长度等信息,这些描述符是从 RapidIO 头字段构建的。数据缓冲区描述符还包含由接收设备分配的相应数据缓冲区的地址。然后,数据缓冲区描述符被链接在一起,因为多个数据包被接收并通过队列管理器放置在一个 CPPI 队列中。在接收到一条消息(或多条消息)的所有段之后,队列管理器将生成中断。队列管理器子系统还实现了消息传递的中断调步,以管理中断率。

RapidIO 链路上的错误处理由外围设备处理,因此不需要软件干预进行恢复。这包括由于可能导致错误或无效操作的比特率错误导致的 CRC 错误。此说明的例外情况是使用了 RapidIO 错误管理扩展功能。该规格接口错误管理功能监控和列出每个端口发生的错误。如果错误数量超过预先确定的可配置数量,外围设备应中断 CPU 软件,并通知存在错误情况。或者,如果使用系统主机,外围设备可以发出端口写入操作,以通知系统软件错误链接(Bad Link)。

系统复位或严重错误中断可通过 RapidIO 链路初始化。此过程允许外部设备复位本地设备,使所有状态机和配置寄存器复位为其原始值。为了避免器件意外复位,需要四个顺序复位器件(Reset-Device)控制符号。

3.14.3   中断寄存器

本节简要介绍各种中断寄存器。详细描述可参见 *Keystone Architecture Serial Rapid IO(SRIO)User Guide* 寄存器描述部分。

对于每个 INTDSTn 输出中断线,都有一个中断状态解码寄存器(ISDRn)。这些寄存器描述中断组(Interrupt Group)(以及门铃中断时的特定位),并最小化确定中断源所需的寄存器读取总数。

所有可能导致 CPU 中断的外围设备条件都被分组,以便可以以尽可能少的寄存器读取次数访问中断。中断组包括门铃、LSU 和错误。这些组中的每一个都有一组或多组以下寄存器。

(1) 中断条件路由寄存器(Interrupt Condition Routing Register,ICRR):将输出中断线的命令寄存器分配给每个中断条件。

(2) 中断条件状态寄存器(Interrupt Condition Status Register,ICSR):反映可以触发中断的每个条件的状态的状态寄存器,也可写用于测试目的。

(3) 中断条件清除寄存器(Interrupt Condition Clear Register,ICCR):允许清除每个条件的命令寄存器。这通常是在启用某个条件之前需要的,这样就不会生成假中断。

(4) 中断控制寄存器(INTERRUPT_CTL)决定门铃中断是路由到通用中断线还是专用门铃中断线。

(5) 中断率控制寄存器(INTDSTn_RATE_CNTL 和 INTDST_RATE_DIS)用于控制 INTDST0～INTDST15 中断线上的中断生成速度。此功能在 INTDST16～INTDST23 上不可用。

3.14.4　中断处理

当 CPU 被中断时,它读取 ISDRn 和 ICSR 寄存器,以确定中断的来源和要采取的相应措施。例如,如果是门铃中断,CPU 将从由软件管理的循环缓冲区读取指针指定的二级地址读取。每个内核可能有多个循环缓冲区。读取和递增的正确循环缓冲区取决于 ICSR 寄存器中的位设置。然后 CPU 清除状态位。

对于错误状态中断,外围设备需要向所有 CPU 指示其中一个链路端口已达到错误阈值。在这种情况下,外围设备设置状态位,指示已达到降级或故障限制,并通过 ICRR 映射向每个内核生成中断。然后,内核可以扫描 ICSR 寄存器,以确定存在错误问题的端口。然后可以根据用户的应用程序决定采取进一步的操作。

3.14.5　中断调步

对于每个物理中断目的地,可以控制产生中断的速率。速率控制是通过一个可编程的计数器实现的。计数器的加载值由 CPU 写入到 RIO_INTDSTn_RATE_CNTL 寄存器中。每当 CPU 写入这些寄存器时,计数器都会重新加载并立即开始向下计数。一旦速率控制计数器寄存器被写入,并且计数器值达到零(注意 CPU 可以立即为零计数写入零),如果在相应的 ICSR 寄存器位中设置了任何位(或在达到零计数后设置),则允许中断脉冲产生逻辑(Interrupt Pulse Generation Logic)触发单个脉冲,速率控制计数器(Rate Control Counter Register)保持为零。一旦产生单个脉冲,无论中断状态如何变化,中断脉冲产生逻辑将不会产生另一个脉冲,尤其是中断状态的变化,直到速率控制计数器寄存器(Rate Control Counter Register)被再次写入。

如果某个特定的中断目的地(Interrupt Destinations,INTDST)不需要中断调步,则可以使用 RIO_INTDST_RATE_DIS 禁用它。如果 ICSR 未映射到中断目标,则 ICSR 内的挂起的中断位将保持当前状态。一旦启用中断调步,中断逻辑重新评估所有挂起的中断,并在任何中断条件挂起时重新生成脉冲中断信号。向下计数器(Down Counter)基于 DMA 时钟周期计数。

3.15 中断设置

SRIO 生成 112 个中断事件,这些事件映射到 24 个中断输出,这些中断输出可以路由到 DSP 内核或 DMA。SRIO 中断控制连接关系如图 3.41 所示。

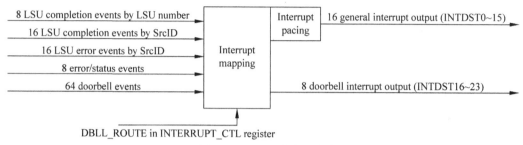

图 3.41　SRIO 中断控制

所有 112 个中断都可以映射到 INTDST0~15。64 个门铃事件可以根据 INTERRUPT_CTL 中断控制器寄存器映射到 INTDST0~15 或 INTDST16~23,如果 INTERRUPT_CTL=0,则门铃事件映射到 INTDST16~23;INTERRUPT_CTL=1,则门铃事件映射到 INTDST0~15。

请注意,默认情况下会启用中断调步。中断调步要求每个中断服务后 DSP 内核重写 INTDSTn_RATE_CNT 寄存器以启用下一个中断,否则,无论内部中断状态如何变化,都不会再次触发中断。这是用户只看到一个 SRIO 中断的常见原因。如果某个特定的 INTDST 不需要中断调步,则可以使用 INTDST_RATE_DIS 寄存器禁用它。

有与消息相关的中断或事件都由 Packet DMA 和 QMSS(队列管理器子系统)处理,详细信息请参阅 *KeyStone Architecture Multicore Navigator User Guide*。

如果 INTERRUPT_CTL 中断控制寄存器 INTERRUPT_CTL[0]=1,则表 3.35 用于所有中断路由表,包括门铃中断。

表 3.35　通用中断的中断条件路由选择

字　　段	访　　问	复位值	值	功　　能
ICRx	R	0000b	0000b	路由到 INTDST0
			0001b	路由到 INTDST1
			0010b	路由到 INTDST2
			0011b	路由到 INTDST3
			0100b	路由到 INTDST4
			0101b	路由到 INTDST5
			0110b	路由到 INTDST6
			0111b	路由到 INTDST7
			1000b	路由到 INTDST8
			1001b	路由到 INTDST9
			1010b	路由到 INTDST10
			1011b	路由到 INTDST11
			1100b	路由到 INTDST12
			1101b	路由到 INTDST13
			1110b	路由到 INTDST14
			1111b	路由到 INTDST15

如果 INTERRUPT_CTL 中断控制寄存器 INTERRUPT_CTL[0]=0,则表 3.36 仅用于门铃中断路由。

表 3.36 仅用于专用门铃中断的中断条件路由选项

字 段	访 问	复位值	值	功 能
ICRx	R	0000b	0000b	路由到 INTDST16
			0001b	路由到 INTDST17
			0010b	路由到 INTDST18
			0011b	路由到 INTDST19
			0100b	路由到 INTDST20
			0101b	路由到 INTDST21
			0110b	路由到 INTDST22
			0111b	路由到 INTDST23
			1xxxb	保留

以下为 SRIO 中断设置程序:

```
/* Word index of the Interrupt Routing Registers */
typedef enum
{
    DOORBELL0_ICRR1 = (0x00/4),
    DOORBELL0_ICRR2 = (0x04/4),
    DOORBELL1_ICRR1 = (0x0C/4),
    DOORBELL1_ICRR2 = (0x10/4),
    DOORBELL2_ICRR1 = (0x18/4),
    DOORBELL2_ICRR2 = (0x1C/4),
    DOORBELL3_ICRR1 = (0x24/4),
    DOORBELL3_ICRR2 = (0x28/4),
    LSU_SRCID_ICRR1 = (0x30/4),
    LSU_SRCID_ICRR2 = (0x34/4),
    LSU_SRCID_ICRR3 = (0x38/4),
    LSU_SRCID_ICRR4 = (0x3C/4),
    LSU_ICRR1 = (0x40/4),
    ERR_RST_EVNT_ICRR1 = (0x50/4),
    ERR_RST_EVNT_ICRR2 = (0x54/4),
    ERR_RST_EVNT_ICRR3 = (0x58/4)
}SRIO_ICRR_Index;
typedef enum
{
    /* SRIO interrupt source constant,
    high 16 bits is the ICRR register index,
    lower 16 bits is the offset of the field in the register */
    DOORBELL0_0_INT = ((DOORBELL0_ICRR1 << 16) | 0x0000),
    DOORBELL0_1_INT = ((DOORBELL0_ICRR1 << 16) | 0x0004),
    DOORBELL0_2_INT = ((DOORBELL0_ICRR1 << 16) | 0x0008),
    DOORBELL0_3_INT = ((DOORBELL0_ICRR1 << 16) | 0x000C),
    DOORBELL0_4_INT = ((DOORBELL0_ICRR1 << 16) | 0x0010),
    DOORBELL0_5_INT = ((DOORBELL0_ICRR1 << 16) | 0x0014),
    DOORBELL0_6_INT = ((DOORBELL0_ICRR1 << 16) | 0x0018),
```

```
DOORBELL0_7_INT  = ((DOORBELL0_ICRR1 << 16) | 0x001C),
DOORBELL0_8_INT  = ((DOORBELL0_ICRR2 << 16) | 0x0000),
DOORBELL0_9_INT  = ((DOORBELL0_ICRR2 << 16) | 0x0004),
DOORBELL0_10_INT = ((DOORBELL0_ICRR2 << 16) | 0x0008),
DOORBELL0_11_INT = ((DOORBELL0_ICRR2 << 16) | 0x000C),
DOORBELL0_12_INT = ((DOORBELL0_ICRR2 << 16) | 0x0010),
DOORBELL0_13_INT = ((DOORBELL0_ICRR2 << 16) | 0x0014),
DOORBELL0_14_INT = ((DOORBELL0_ICRR2 << 16) | 0x0018),
DOORBELL0_15_INT = ((DOORBELL0_ICRR2 << 16) | 0x001C),

DOORBELL1_0_INT  = ((DOORBELL1_ICRR1 << 16) | 0x0000),
DOORBELL1_1_INT  = ((DOORBELL1_ICRR1 << 16) | 0x0004),
DOORBELL1_2_INT  = ((DOORBELL1_ICRR1 << 16) | 0x0008),
DOORBELL1_3_INT  = ((DOORBELL1_ICRR1 << 16) | 0x000C),
DOORBELL1_4_INT  = ((DOORBELL1_ICRR1 << 16) | 0x0010),
DOORBELL1_5_INT  = ((DOORBELL1_ICRR1 << 16) | 0x0014),
DOORBELL1_6_INT  = ((DOORBELL1_ICRR1 << 16) | 0x0018),
DOORBELL1_7_INT  = ((DOORBELL1_ICRR1 << 16) | 0x001C),
DOORBELL1_8_INT  = ((DOORBELL1_ICRR2 << 16) | 0x0000),
DOORBELL1_9_INT  = ((DOORBELL1_ICRR2 << 16) | 0x0004),
DOORBELL1_10_INT = ((DOORBELL1_ICRR2 << 16) | 0x0008),
DOORBELL1_11_INT = ((DOORBELL1_ICRR2 << 16) | 0x000C),
DOORBELL1_12_INT = ((DOORBELL1_ICRR2 << 16) | 0x0010),
DOORBELL1_13_INT = ((DOORBELL1_ICRR2 << 16) | 0x0014),
DOORBELL1_14_INT = ((DOORBELL1_ICRR2 << 16) | 0x0018),
DOORBELL1_15_INT = ((DOORBELL1_ICRR2 << 16) | 0x001C),

DOORBELL2_0_INT  = ((DOORBELL2_ICRR1 << 16) | 0x0000),
DOORBELL2_1_INT  = ((DOORBELL2_ICRR1 << 16) | 0x0004),
DOORBELL2_2_INT  = ((DOORBELL2_ICRR1 << 16) | 0x0008),
DOORBELL2_3_INT  = ((DOORBELL2_ICRR1 << 16) | 0x000C),
DOORBELL2_4_INT  = ((DOORBELL2_ICRR1 << 16) | 0x0010),
DOORBELL2_5_INT  = ((DOORBELL2_ICRR1 << 16) | 0x0014),
DOORBELL2_6_INT  = ((DOORBELL2_ICRR1 << 16) | 0x0018),
DOORBELL2_7_INT  = ((DOORBELL2_ICRR1 << 16) | 0x001C),
DOORBELL2_8_INT  = ((DOORBELL2_ICRR2 << 16) | 0x0000),

DOORBELL2_9_INT  = ((DOORBELL2_ICRR2 << 16) | 0x0004),
DOORBELL2_10_INT = ((DOORBELL2_ICRR2 << 16) | 0x0008),
DOORBELL2_11_INT = ((DOORBELL2_ICRR2 << 16) | 0x000C),
DOORBELL2_12_INT = ((DOORBELL2_ICRR2 << 16) | 0x0010),
DOORBELL2_13_INT = ((DOORBELL2_ICRR2 << 16) | 0x0014),
DOORBELL2_14_INT = ((DOORBELL2_ICRR2 << 16) | 0x0018),
DOORBELL2_15_INT = ((DOORBELL2_ICRR2 << 16) | 0x001C),

DOORBELL3_0_INT  = ((DOORBELL3_ICRR1 << 16) | 0x0000),
DOORBELL3_1_INT  = ((DOORBELL3_ICRR1 << 16) | 0x0004),
DOORBELL3_2_INT  = ((DOORBELL3_ICRR1 << 16) | 0x0008),
DOORBELL3_3_INT  = ((DOORBELL3_ICRR1 << 16) | 0x000C),
DOORBELL3_4_INT  = ((DOORBELL3_ICRR1 << 16) | 0x0010),
DOORBELL3_5_INT  = ((DOORBELL3_ICRR1 << 16) | 0x0014),
```

```
DOORBELL3_6_INT = ((DOORBELL3_ICRR1 << 16) | 0x0018),
DOORBELL3_7_INT = ((DOORBELL3_ICRR1 << 16) | 0x001C),
DOORBELL3_8_INT = ((DOORBELL3_ICRR2 << 16) | 0x0000),
DOORBELL3_9_INT = ((DOORBELL3_ICRR2 << 16) | 0x0004),
DOORBELL3_10_INT = ((DOORBELL3_ICRR2 << 16) | 0x0008),
DOORBELL3_11_INT = ((DOORBELL3_ICRR2 << 16) | 0x000C),
DOORBELL3_12_INT = ((DOORBELL3_ICRR2 << 16) | 0x0010),
DOORBELL3_13_INT = ((DOORBELL3_ICRR2 << 16) | 0x0014),
DOORBELL3_14_INT = ((DOORBELL3_ICRR2 << 16) | 0x0018),
DOORBELL3_15_INT = ((DOORBELL3_ICRR2 << 16) | 0x001C),

SRCID0_Transaction_Complete_OK = ((LSU_SRCID_ICRR1 << 16) | 0x0000),
SRCID1_Transaction_Complete_OK = ((LSU_SRCID_ICRR1 << 16) | 0x0004),
SRCID2_Transaction_Complete_OK = ((LSU_SRCID_ICRR1 << 16) | 0x0008),
SRCID3_Transaction_Complete_OK = ((LSU_SRCID_ICRR1 << 16) | 0x000C),
SRCID4_Transaction_Complete_OK = ((LSU_SRCID_ICRR1 << 16) | 0x0010),
SRCID5_Transaction_Complete_OK = ((LSU_SRCID_ICRR1 << 16) | 0x0014),
SRCID6_Transaction_Complete_OK = ((LSU_SRCID_ICRR1 << 16) | 0x0018),
SRCID7_Transaction_Complete_OK = ((LSU_SRCID_ICRR1 << 16) | 0x001C),
SRCID8_Transaction_Complete_OK = ((LSU_SRCID_ICRR2 << 16) | 0x0000),

SRCID9_Transaction_Complete_OK = ((LSU_SRCID_ICRR2 << 16) | 0x0004),
SRCID10_Transaction_Complete_OK = ((LSU_SRCID_ICRR2 << 16) | 0x0008),
SRCID11_Transaction_Complete_OK = ((LSU_SRCID_ICRR2 << 16) | 0x000C),
SRCID12_Transaction_Complete_OK = ((LSU_SRCID_ICRR2 << 16) | 0x0010),
SRCID13_Transaction_Complete_OK = ((LSU_SRCID_ICRR2 << 16) | 0x0014),
SRCID14_Transaction_Complete_OK = ((LSU_SRCID_ICRR2 << 16) | 0x0018),
SRCID15_Transaction_Complete_OK = ((LSU_SRCID_ICRR2 << 16) | 0x001C),

SRCID0_Transaction_Complete_ERR = ((LSU_SRCID_ICRR3 << 16) | 0x0000),
SRCID1_Transaction_Complete_ERR = ((LSU_SRCID_ICRR3 << 16) | 0x0004),
SRCID2_Transaction_Complete_ERR = ((LSU_SRCID_ICRR3 << 16) | 0x0008),
SRCID3_Transaction_Complete_ERR = ((LSU_SRCID_ICRR3 << 16) | 0x000C),
SRCID4_Transaction_Complete_ERR = ((LSU_SRCID_ICRR3 << 16) | 0x0010),
SRCID5_Transaction_Complete_ERR = ((LSU_SRCID_ICRR3 << 16) | 0x0014),
SRCID6_Transaction_Complete_ERR = ((LSU_SRCID_ICRR3 << 16) | 0x0018),
SRCID7_Transaction_Complete_ERR = ((LSU_SRCID_ICRR3 << 16) | 0x001C),
SRCID8_Transaction_Complete_ERR = ((LSU_SRCID_ICRR4 << 16) | 0x0000),
SRCID9_Transaction_Complete_ERR = ((LSU_SRCID_ICRR4 << 16) | 0x0004),
SRCID10_Transaction_Complete_ERR = ((LSU_SRCID_ICRR4 << 16) | 0x0008),
SRCID11_Transaction_Complete_ERR = ((LSU_SRCID_ICRR4 << 16) | 0x000C),
SRCID12_Transaction_Complete_ERR = ((LSU_SRCID_ICRR4 << 16) | 0x0010),
SRCID13_Transaction_Complete_ERR = ((LSU_SRCID_ICRR4 << 16) | 0x0014),
SRCID14_Transaction_Complete_ERR = ((LSU_SRCID_ICRR4 << 16) | 0x0018),
SRCID15_Transaction_Complete_ERR = ((LSU_SRCID_ICRR4 << 16) | 0x001C),

LSU0_Transaction_Complete_OK = ((LSU_ICRR1 << 16) | 0x0000),
LSU1_Transaction_Complete_OK = ((LSU_ICRR1 << 16) | 0x0004),
LSU2_Transaction_Complete_OK = ((LSU_ICRR1 << 16) | 0x0008),
LSU3_Transaction_Complete_OK = ((LSU_ICRR1 << 16) | 0x000C),
LSU4_Transaction_Complete_OK = ((LSU_ICRR1 << 16) | 0x0010),
```

```
    LSU5_Transaction_Complete_OK = ((LSU_ICRR1 << 16) | 0x0014),
    LSU6_Transaction_Complete_OK = ((LSU_ICRR1 << 16) | 0x0018),
    LSU7_Transaction_Complete_OK = ((LSU_ICRR1 << 16) | 0x001C),

    Multicast_event = ((ERR_RST_EVNT_ICRR1 << 16)|0),
    Port_write_In_received = ((ERR_RST_EVNT_ICRR1 << 16)|4),
    Logical_Layer_Error = ((ERR_RST_EVNT_ICRR1 << 16)|8),
    Port0_Error = ((ERR_RST_EVNT_ICRR2 << 16)|0),
    Port1_Error = ((ERR_RST_EVNT_ICRR2 << 16)|4),
    Port2_Error = ((ERR_RST_EVNT_ICRR2 << 16)|8),
    Port3_Error = ((ERR_RST_EVNT_ICRR2 << 16)|12),
    Device_Reset = ((ERR_RST_EVNT_ICRR3 << 16)|0)
}SRIO_Interrupt_Source;

typedef enum
{
    /* SRIO interrupt destination */
    INTDST_0 = 0,
    INTDST_1 = 1,
    INTDST_2 = 2,
    INTDST_3 = 3,
    INTDST_4 = 4,
    INTDST_5 = 5,
    INTDST_6 = 6,
    INTDST_7 = 7,
    INTDST_8 = 8,
    INTDST_9 = 9,
    INTDST_10 = 10,
    INTDST_11 = 11,
    INTDST_12 = 12,
    INTDST_13 = 13,
    INTDST_14 = 14,
    INTDST_15 = 15,

    /* doorbell only */
    INTDST_16 = 0,
    INTDST_17 = 1,
    INTDST_18 = 2,
    INTDST_19 = 3,
    INTDST_20 = 4,
    INTDST_21 = 5,
    INTDST_22 = 6,
    INTDST_23 = 7
}SRIO_Interrupt_Dest;

typedef struct
{
    SRIO_Interrupt_Source interrupt_event;
    SRIO_Interrupt_Dest INTDST_number;
}SRIO_Interrupt_Map;
```

```
typedef struct
{
    SRIO_Interrupt_Dest INTDST_number;
    Uint32 interrupt_rate_counter;
}SRIO_Interrupt_Rate;

typedef enum
{
    SRIO_DOORBELL_ROUTE_TO_DEDICATE_INT = 0,
    SRIO_DOORBELL_ROUTE_TO_GENERAL_INT
}SRIO_Doorbell_Route_Coutrol;
    typedef struct
{
    SRIO_Interrupt_Map * interrupt_map;
    Uint32 uiNumInterruptMap;
    SRIO_Interrupt_Rate * interrupt_rate;
    Uint32 uiNumInterruptRateCfg; /* number of INTDST with rate conifguration */
    SRIO_Doorbell_Route_Coutrol doorbell_route_ctl;
}SRIO_Interrupt_Cfg;
void Keystone_SRIO_Interrupt_init(
    SRIO_Interrupt_Cfg * interrupt_cfg)
{
    Uint32 i;
    Uint32 reg, shift;
    volatile Uint32 * ICRR = (volatile Uint32 *)srioRegs -> DOORBELL_ICRR;
    if(NULL == interrupt_cfg)
        return;
    /* Clear all the interrupts */
    for(i = 0; i < 2; i++)
    {
        srioRegs -> LSU_ICSR_ICCR[i].RIO_LSU_ICCR = 0xFFFFFFFF ;
    }
    for(i = 0; i < 4; i++)
    {
        srioRegs -> DOORBELL_ICSR_ICCR[i].RIO_DOORBELL_ICCR = 0xFFFFFFFF;
    }
    srioRegs -> RIO_ERR_RST_EVNT_ICCR = 0xFFFFFFFF;
    if(NULL != interrupt_cfg -> interrupt_map)
    {
        for(i = 0; i < interrupt_cfg -> uiNumInterruptMap; i++)
        {
            /* Get register index for the interrupt source */
            reg = interrupt_cfg -> interrupt_map[i].interrupt_event >> 16;
            /* Get shift value for the interrupt source */
            shift = interrupt_cfg -> interrupt_map[i].interrupt_event & 0x0000FFFF;
            ICRR[reg] = (ICRR[reg]&(~(0xF << shift))) /* clear the field */
            |(interrupt_cfg -> interrupt_map[i].INTDST_number << shift);
        }
    }
    srioRegs -> RIO_INTERRUPT_CTL = interrupt_cfg -> doorbell_route_ctl;
    /* disable interrupt rate control */
```

```
srioRegs - > RIO_INTDST_RATE_DIS = 0xFFFF;
for(i = 0; i < 16; i++)
{
    srioRegs - > RIO_INTDST_RATE_CNT[i] = 0;
}

if(NULL != interrupt_cfg - > interrupt_rate)
{
    /* setup interrupt rate for specific INTDST */
    for(i = 0; i < interrupt_cfg - > uiNumInterruptRateCfg; i++)
    {
        /* enable rate control for this INTDST */
        srioRegs - > RIO_INTDST_RATE_DIS & =
            ~(1 << interrupt_cfg - > interrupt_rate[i].INTDST_number);
        /* set interrupt rate counter for this INTDST */
        srioRegs - > RIO_INTDST_RATE_CNT[i] =
        interrupt_cfg - > interrupt_rate[i].interrupt_rate_counter;
    }
}
return;
}
SRIO_Interrupt_Map interrupt_map[] =
{
    /* interrupt_event */ / /* INTDST_number */
    {DOORBELL0_0_INT, INTDST_16}, /* route to core 0 */
    {DOORBELL0_1_INT, INTDST_16}, /* route to core 0 */
    {DOORBELL0_2_INT, INTDST_16}, /* route to core 0 */
    {DOORBELL0_3_INT, INTDST_16}, /* route to core 0 */
    {DOORBELL0_4_INT, INTDST_16} /* route to core 0 */
};
SRIO_Interrupt_Cfg interrupt_cfg;
......
interrupt_cfg.interrupt_map = interrupt_map;
interrupt_cfg.uiNumInterruptMap =
    sizeof(interrupt_map)/sizeof(SRIO_Interrupt_Map);
/* interrupt rate control is not used in this test */
interrupt_cfg.interrupt_rate = NULL;
interrupt_cfg.uiNumInterruptRateCfg = 0;
interrupt_cfg.doorbell_route_ctl = SRIO_DOORBELL_ROUTE_TO_DEDICATE_INT;
Keystone_SRIO_Interrupt_init(&interrupt_cfg);
```

3.16 其他 SRIO 编程注意事项

3.16.1 匹配 ACKID

根据 SRIO 规范,SRIO 接口两侧的每个事务都会增加 ACKID(AcknowledgementID),如果双方的 ACKID 不同,则不会接收任何数据。ACKID 是三位的,允许相邻处理单元之间有 1 到 8 个未确认的请求或响应数据包,但是在任何时候只允许最多有 7 个未确认的数据包。ACKID 按顺序分配(按递增顺序,溢出时返回 0),以指示包传输的顺序。

有很多情况可能会使 ACKID 不同,典型的情况是,SRIO 接口的一侧被复位,但我们不想复位另一侧。特别是当调试两个 DSP 之间的 SRIO 传输时,可能会频繁地重新运行其中一个 DSP,但不希望影响另一个 DSP。例如,当调试外部转发回收(Forwarding Back)测试时,可以先运行 DSP1,然后运行 DSP0,停止 DSP0,修改 DSP0 中的代码,然后重新运行 DSP0。

对于这些情况,应该在 SRIO 接口吞吐(Interface Throughput)软件的两侧匹配 ACKID,否则,必须复位接口的两侧以使其工作。

以下是与 ACKID 匹配的过程。

(1) 写 4 到寄存器 RIO_SP_LM_REQ 发送"从错误重启 Restart-from-Error"命令,请求另一侧的入站 ACK_ID。

(2) 检查 RIO_SP_LM_RESP,轮询响应有效位,直到正确接收到响应,提取另一侧的入站 ACK_ID。

(3) 将本地 OUTBOUND_ACKID 设置为与上述步骤中获得的 ACKID 相同。

(4) 将带有维护包的远程出站(Remote Outbound)ACK_ID 设置到远程端的 RIO_ACKID_STATUS 状态寄存器。

(5) 通过维护包读取远程出站 ACK_ID,以验证它是否与本地入站 ACK_ID 匹配。

下面是 ACKID 匹配的示例程序。

```
/ * Make the ACK_ID of both sides match * /
void Keystone_SRIO_match_ACK_ID(Uint32 uiLocalPort,
Uint32 uiDestID, Uint32 uiRemotePort)
{
    Uint32 uiMaintenanceValue, uiResult;
    Uint32 uiLocal_In_ACK_ID, uiRemote_In_ACK_ID, uiRemote_out_ACK_ID;
    //send a "restart - from - error" commond, request the ACK_ID of the other side
    srioRegs - > RIO_SP[uiLocalPort].RIO_SP_LM_REQ = 4;
    //wait for link response
    while(0 == (srioRegs - > RIO_SP[uiLocalPort].RIO_SP_LM_RESP >>
        CSL_SRIO_RIO_SP_LM_RESP_RESP_VALID_SHIFT))
    asm(" nop 5");
    uiRemote_In_ACK_ID = (srioRegs - > RIO_SP[uiLocalPort].RIO_SP_LM_RESP&
        CSL_SRIO_RIO_SP_LM_RESP_ACK_ID_STAT_MASK)>>
        CSL_SRIO_RIO_SP_LM_RESP_ACK_ID_STAT_SHIFT;
    //Set the local OUTBOUND_ACKID to be same as the responsed ACKID
    srioRegs - > RIO_SP[uiLocalPort].RIO_SP_ACKID_STAT = uiRemote_In_ACK_ID;
    do
    {
        //set the remote OUTBOUND_ACKID to be same as local INBOUND_ACKID
        uiLocal_In_ACK_ID = (srioRegs - > RIO_SP[uiLocalPort].RIO_SP_ACKID_STAT&
        CSL_SRIO_RIO_SP_ACKID_STAT_INB_ACKID_MASK)>>
        CSL_SRIO_RIO_SP_ACKID_STAT_INB_ACKID_SHIFT;
        uiMaintenanceValue = ((uiRemote_In_ACK_ID + 1)<<
CSL_SRIO_RIO_SP_ACKID_STAT_INB_ACKID_SHIFT)|uiLocal_In_ACK_ID;
        //set the remote ACK_ID through maintenance packet
        uiResult = Keystone_SRIO_Maintenance(uiLocalPort, uiLocalPort, uiDestID,
```

```
            0x148 + (0x20 * uiRemotePort), GLOBAL_ADDR(&uiMaintenanceValue),
            SRIO_PKT_TYPE_MTN_WRITE);
        if(uiResult) //fail
            continue;

    //readback the remote ID
        uiResult = Keystone_SRIO_Maintenance(uiLocalPort, uiLocalPort,
            uiDestID, 0x148 + (0x20 * uiRemotePort), GLOBAL_ADDR(&uiMaintenanceValue),
            SRIO_PKT_TYPE_MTN_READ);
            uiRemote_out_ACK_ID = uiMaintenanceValue&
            CSL_SRIO_RIO_SP_ACKID_STAT_OUTB_ACKID_MASK;
    }while(uiResult|(uiLocal_In_ACK_ID + 1 != uiRemote_out_ACK_ID));
}
```

3.16.2　软件复位

KeyStone SRIO 可以通过软件复位,应用程序可以通过以下步骤实现软件复位。

(1) 在 Rx/Tx 通道全局配置寄存器中设置 Teardown 位。

(2) Flush 所有 LSU 传输,等待完成。

(3) 禁用 RIO_PCR 寄存器的 PEREN 位以停止所有新的逻辑层事务。

(4) 使用 BLK_EN 和 GBL_EN 禁用所有 SRIO 块。

(5) 通过将 0 写入 SRIO SERDES 配置寄存器来禁用 Serdes。

(6) 通过 PSC 模块禁用 SRIO。

以下是软件复位 SRIO 的示例程序。

```
/ * soft shutdown and reset SRIO * /
void Keystone_SRIO_soft_reset()
{
    int i, j, k;
    / * shut down TXU/RXU transaction * /
    for(i = 0; i < SRIO_PKTDMA_MAX_CH_NUM; i++)
    {
        KeyStone_pktDma_RxCh_teardown(srioDmaRxChCfgRegs, i);
        KeyStone_pktDma_TxCh_teardown(srioDmaTxChCfgRegs, i);
    }
    for(i = 0; i < SRIO_MAX_LSU_NUM ; i++)
    {
        / * flash LSU transfer for all Source ID * /
        for(j = 0; j < SRIO_MAX_DEVICEID_NUM; j++)
        {
            srioRegs -> LSU_CMD[i].RIO_LSU_REG6 =
                CSL_SRIO_RIO_LSU_REG6_FLUSH_MASK| / * flash * /
                (j << CSL_SRIO_RIO_LSU_REG6_SCRID_MAP_SHIFT);
            / * This can take more than one cycle to do the flush. wait for a while * /
            for(k = 0; k < 100; k++)
            asm(" nop 5");
        }
```

```
    }
        / * disable the PEREN bit of the PCR register to stop all
        new logical layer transactions. * /
        srioRegs - > RIO_PCR & = (~CSL_SRIO_RIO_PCR_PEREN_MASK);
        / * Wait one second to finish any current DMA transfer. * /
        for(i = 0; i < 100000000; i++)
            asm(" nop 5");
        //reset all logic blocks in SRIO
        Keystone_SRIO_disable_all_blocks();
        //disable Serdes
        Keystone_Serdes_disable(srioSerdesRegs, 4);
        //disable SRIO through PSC
        Keystone_disable_PSC_module(CSL_PSC_PD_SRIO, CSL_PSC_LPSC_SRIO);
        Keystone_disable_PSC_Power_Domain(CSL_PSC_PD_SRIO);
    }
```

完成上述步骤后,可以再次启用和初始化 SRIO。为了在不复位板的情况下重新运行 SRIO 程序,通常调用上述函数作为 SRIO 初始化的第一步,下面是示例。

```
void Keystone_SRIO_Init(SRIO_Config * srio_cfg)
{
    if(srioRegs - > RIO_PCR&CSL_SRIO_RIO_PCR_PEREN_MASK)
    Keystone_SRIO_soft_reset(); //soft reset SRIO if it is already enabled
    //enable SRIO power and clock domain
    Keystone_enable_PSC_module(CSL_PSC_PD_SRIO, CSL_PSC_LPSC_SRIO);
    ……
```

3.16.3 优化和技巧提示

1. 消息传递模式优化

对于优化技术可按操作来源总结如下(仅适用于 Type 9 和 Type11,除非另有规定)。

1) 发送操作

(1) 对描述符使用最大可能的包长度。如果不可能,请将大小保持为 2 的倍数。

(2) 使用传输协议特定信息中的最大段大小(256B),除非整个消息小于 256B。

(3) 除非确实需要,否则避免链接传输描述符。相反,在尽可能多的传输队列中均匀地分布描述符,以便同时使用更多的 Packet DMA 通道。

(4) 使能所有传输上下文。

(5) 避免以相同的优先级发送混合数据包尺寸(适用于包括 DirectIO 在内的所有数据包类型)。

2) 接收操作

(1) 对描述符使用最大可能的包长度。如果不可能,请将大小保持为 2 的倍数。

(2) 通过使用多个接收队列,使用尽可能多地接收 Packet DMA 接收通道。

(3) 启用所有接收上下文。

(4) 启用所有接收流。

2. 基于优先级的 Rx 缓冲分配

在 SRIO 物理层中,每个 SRIO 端口都有内存,内存作为链接数据节点的池进行维护

（类似于链接内存分配中的可用空间链接列表）。每个数据节点存储 32 个字节的数据。出口 PBM(egress PBM)(物理缓冲模块)和入口 PBM(ingress PBM)模块都有一个单独的数据节点池,用于存储传出和传入数据包。每个端口的数据节点数为 72。

　　PBM 入口(PBM ingress)水印寄存器,指定在事务处理期间应可用的数据节点数,以便接收具有特定优先级的数据包(PRIO＋CRF)。默认情况下,低优先级的水印接近最大值(SRIO 物理缓冲区只有在有这么多空闲数据节点时才接收低优先级数据包),低优先级数据包的 SRIO 吞吐量将受到限制。用户可以根据自己的应用程序调整这个值,缓冲区数目越小,吞吐量越高。下面是配置它的示例程序。

```
/* Allocates ingress Data Nodes and Tags based on priority.
These registers must only be changed while boot_complete is
deasserted or while the port is held in reset. */
for(i = 0;i < SRIO_MAX_PORT_NUM;i++)
{
    if(FALSE == srio_cfg -> blockEn.bBLK5_8_Port_Datapath_EN[i])
    continue;
    /* maximum data nodes and tags are 72 (0x48).
    Each data node stores 32 bytes of data */
    srioRegs -> RIO_PBM[i].RIO_PBM_SP_IG_WATERMARK0 =
        (36 << CSL_SRIO_RIO_PBM_SP_IG_WATERMARK0_PRIO0_WM_SHIFT)
        |(32 << CSL_SRIO_RIO_PBM_SP_IG_WATERMARK0_PRIO0CRF_WM_SHIFT);

    srioRegs -> RIO_PBM[i].RIO_PBM_SP_IG_WATERMARK1 =
        (28 << CSL_SRIO_RIO_PBM_SP_IG_WATERMARK1_PRIO1_WM_SHIFT)
        |(24 << CSL_SRIO_RIO_PBM_SP_IG_WATERMARK1_PRIO1CRF_WM_SHIFT);
    srioRegs -> RIO_PBM[i].RIO_PBM_SP_IG_WATERMARK2 =
        (20 << CSL_SRIO_RIO_PBM_SP_IG_WATERMARK2_PRIO2_WM_SHIFT)
        |(16 << CSL_SRIO_RIO_PBM_SP_IG_WATERMARK2_PRIO2CRF_WM_SHIFT);
    srioRegs -> RIO_PBM[i].RIO_PBM_SP_IG_WATERMARK3 =
        (12 << CSL_SRIO_RIO_PBM_SP_IG_WATERMARK3_PRIO3_WM_SHIFT)
        |8 << CSL_SRIO_RIO_PBM_SP_IG_WATERMARK3_PRIO3CRF_WM_SHIFT);
}
```

3. 查看 SRIO 寄存器

　　调试 SRIO 程序时,经常需要检查 SRIO 寄存器值,在 CCS 中检查 SRIO 寄存器值的最好方法是通过 Watch 窗口中的 SRIO 寄存器指针进行监视,寄存器可以显示在结构树中。请注意,如果程序员想在 Watch 窗口中监视寄存器,则必须选择编译器选项-g,否则寄存器不能显示在 Watch 窗口中。

3.17　SRIO_LoopbackDioIsrexampleproject 介绍

　　SRIO_LoopbackDioIsrexampleproject 是 SRIO DirectIO Loopback 的示例程序,目录为 C:\ti\pdk_C6678_x_x_x_x\packages\ti\drv\exampleProjects\。该目录下还有 SRIO_LoopbackTestProject、SRIO_MulticoreLoopbackexampleProject 和 SRIO_TputBenchmarkingTestProject 与 SRIO 相关的示例程序。SRIO_LoopbackDioIsrexampleproject 是最常用

的 DirectIO 的示例程序,以下简要介绍该程序并详细描述可能会修改的部分。

1. SRIO 初始化 SrioDevice_init

SrioDevice_init 负责完成 SRIO 的初始化。

1) Loopback 模式改成 Normal Mode

```
int32_t SrioDevice_init (void)
{
...
    /* Configure SRIO ports to operate in loopback mode. */
    CSL_SRIO_SetLoopbackMode(hSrio, 0); -> CSL_SRIO_SetNormalMode(hSrio,0);
    CSL_SRIO_SetLoopbackMode(hSrio, 1); -> CSL_SRIO_SetNormalMode(hSrio,1);
    CSL_SRIO_SetLoopbackMode(hSrio, 2); -> CSL_SRIO_SetNormalMode(hSrio,2);
    CSL_SRIO_SetLoopbackMode(hSrio, 3); -> CSL_SRIO_SetNormalMode(hSrio,3);
...
```

2) 选择设置 SRIO 预分频

SRIO 预分频选择用于设置 VBUS 频率预分频器,用于驱动请求到响应定时器(Request-to-Response Timer)。RapidIO 规范规定最大时间间隔为 3~6s。定时设置如下式:

$$\text{TimeOut} = 15 \times ((\text{PrescaleValue} + 1) \times \text{DMA 时钟周期} \times \text{TimeOutValue})$$

其中对于 C6678,DMA 时钟周期 SYSCLK3 提供,为 1/2 CPU 时钟,如内核 1GHz,则 DMA 时钟周期为 2ns。TimeOutValue 由 SP_RT_CTL 寄存器设置,最大为 FFFFFFh(16777216)。设置 Prescalar Select 为 5,其设置参见表 3.37。因而,$\text{TimeOut} = 15 \times (5+1) \times 2\text{ns} \times 16777215 = 3.0199\text{s}$。代码如下:

```
/* Set the SRIO Prescalar select to operate in the range of 44.7 to 89.5 */
CSL_SRIO_SetPrescalarSelect (hSrio, 0); -> CSL_SRIO_SetPrescalarSelect (hSrio, 5)
```

表 3.37 预分频位设置

预 分 频 位	最小 VBUS 频率/MHz	最大 VBUS 频率/MHz
0000	44.7	89.5
0001	89.5	179.0
0010	134.2	268.4
0011	180.0	360.0
0100	223.7	447.4
0101	268.4	536.8
0110	313.2	626.4
0111	357.9	715.8
1000	402.7	805.4
1001	447.4	894.8
1010	492.1	984.2
1011	536.9	1073.8
1100	581.6	1163.2
1101	626.3	1252.6
1110	671.1	1342.2
1111	715.8	1431.6

3) CFGPLL 设置

MPY(SRIO_SERDES_CFGPLL 寄存器 bits 8~1)是选择 PLL 的倍频倍数。PLL 使能通过设置 SRIO_SERDES_CFGPLL(地址 0x02620360)的 ENPLL 位(bit 0)实现,该位必须置 1。代码如下:

```
/* Assuming the link rate is 3125; program the PLL accordingly. */
CSL_BootCfgSetSRIOSERDESConfigPLL (0x229);
```

SRIO 输入时钟 312.50MHz(SRIO_SGMII_CLKP/N 输入),MPY 为 5(SRIO_SERDES_CFGPLL),RATE 为 Half Rate(每个周期两个数据),从而 SRIO 数据率为 3.125G。RATE 在 SRIO_SERDES_CFGRX[0~3] 和 SERDES_CFGTXn_CNTL 中设置。表 3.38 为 SRIO_SERDES_CFGPLL 寄存器字段的描述。

表 3.38　SRIO_SERDES_CFGPLL 字段描述

位	字　　段	值	说　　明
31~15	Reserved		保留
14~13	CLKBYP		时钟旁路
12~11	LOOP BANDWIDTH	00b	指定 Loop Bandwidth 设置频率相关的带宽。PLL 带宽设置为 RIOCLK/$\overline{RIOCLK}$ 频率的 1/12。此设置适用于通过低抖动输入单元输入参考时钟的大多数系统,并且是标准符合性所必需的
		01b	保留
		10b	低带宽。PLL 带宽设置为 RIOCLK/$\overline{RIOCLK}$ 频率的 1/20 或 3MHz,以较大者为准。在参考时钟直接输入低抖动输入单元但质量较低的系统中,此设置可能提供更好的性能。它减少了通过 PLL 传输的参考时钟抖动量,然而,它也增加了对 PLL 内部产生的环路接地噪声的敏感性。很难预测前者的改进是否会抵消后者的退化
		11b	高带宽。PLL 带宽设置为 RIOCLK/$\overline{RIOCLK}$ 频率的 1/8。此设置适用于参考时钟通过基于超低抖动 LC 的 PLL 清除的系统。即使参考时钟输入更清洁的 PLL 超出了标准规范,也能达到标准要求
10	SLEEPPLL		将 PLL 置于休眠状态
9	VRANGE		VCO 范围。在高和低 VCO 范围之间选择
		0	将 VCO 速度范围设置为高频
		1	将 VCO 速度范围设置为低频
8-1	MPY	00010000b	PLL 倍数。选择 4~60 的 PLL 倍数。 4×
		00010100b	5×
		00110000b	6×
		00100000b	8×
		00100001b	8.25×
		00101000b	10×
		00110000b	12×

续表

位	字　　段	值	说　　明
8-1	MPY	00110010b	12.5×
		00111100b	15×
		01000000b	16×
		01000001b	16.5×
		01010000b	20×
		01011000b	22×
		01100100b	25×
0	ENPLL		启用 PLL。
		0	PLL 禁用；
		1	PLL 启用

4) 接收速率(Rx Rate)设置

Rx Rate 通过 SRIO_SERDES_CFGRX[0-3]寄存器配置。代码和意义如下：

```
...
  /* Configure the SRIO SERDES Receive Configuration.      */
  CSL_BootCfgSetSRIOSERDESRxConfig (0, 0x00440495);
  CSL_BootCfgSetSRIOSERDESRxConfig (1, 0x00440495);
  CSL_BootCfgSetSRIOSERDESRxConfig (2, 0x00440495);
  CSL_BootCfgSetSRIOSERDESRxConfig (3, 0x00440495);
  // (0) Enable Receiver: 1b
  // (1 - 3) Bus Width 010b (20 bit):010b
  // (4 - 5) Half rate. Two data samples per PLL output clock cycle   : 01b
  // (6) Normal polarity:0b
  // (7 - 9) Termination programmed to be: 001b
  // (10 - 11) Comma Alignment enabled:01b
  // (12 - 14) Loss of signal detection disabled: 000b
  // (15 - 17)econd order. Phase offset tracking up to ±313 ppm with 15 vote threshold. :000b
  // (18 - 20) Fully adaptive equalization:001b
  // (22) Offset compensation enabled:1b
  // (23 - 24) Loopback disabled:00b
  // (25 - 27) Test pattern mode disabled:000b
  // (28 - 31) Reserved
```

5) 发送速率(Tx Rate)设置

Tx Rate 通过 SERDES_CFGTXn_CNTL[0-3]寄存器配置。代码和意义如下：

```
/* Configure the SRIO SERDES Transmit Configuration. */
  CSL_BootCfgSetSRIOSERDESTxConfig (0, 0x00180795);
  CSL_BootCfgSetSRIOSERDESTxConfig (1, 0x00180795);
  CSL_BootCfgSetSRIOSERDESTxConfig (2, 0x00180795);
  CSL_BootCfgSetSRIOSERDESTxConfig (3, 0x00180795);
  // (0) Enable Transmitter:1b
  // (1 - 3) Bus Width 010b (20 bit):010b
  // (4 - 5) Half rate. Two data samples per PLL output clock cycle:01b
  // (6) Normal polarity:0b
```

```
// (7 - 10) Swing max. :1111b
// (11 - 13) Precursor Tap weight 0 % :000b
// (14 - 18) Adjacent post cursor Tap weight 0 % :00000b
// (19) Transmitter pre and post cursor FIR filter update:1b
// (20) Synchronization master:1b
// (21 - 22) Loopback disabled:00b
// (23 - 25) Test pattern mode disabled:000b
// (26 - 31) Reserved
```

6）DeviceID 设置和 CAR 设置

以下示例程序设置了设备信息，包含 DeviceID 和 CAR 的设置。

```
/ * Set the Device Information * /
CSL_SRIO_SetDeviceInfo (hSrio, DEVICE_ID1_16BIT, DEVICE_VENDOR_ID, DEVICE_REVISION);
//B000h DEV_ID Device Identity CAR 3.14.1, DeviceIdentity (bits31 - 16), Device VendorIdentity
(bits15 - 0)
//B004h DEV_INFO Device Information CAR 3.14. (bits 31 - 0)Vendor supply device revision

   / * TODO: Configure the processing element features
    * The SRIO RL file is missing the Re - transmit Suppression Support (Bit6) field definition * /
...
peFeatures. isEndpoint                      = 0;
...
CSL_SRIO_SetProcessingElementFeatures (hSrio, &peFeatures);

/ * Configure the source operation CAR * /
memset ((void * ) &opCar, 0, sizeof (opCar));
...
opCar. atomicTestSwapSupport               = 1;
opCar. doorbellSupport                     = 1;
opCar. dataMessageSupport                  = 1;


...
opCar. writeSupport                        = 1;
opCar. readSupport                         = 1;
opCar. dataStreamingSupport                = 1;
CSL_SRIO_SetSourceOperationCAR (hSrio, &opCar);

/ * Configure the destination operation CAR * /
memset ((void * ) &opCar, 0, sizeof (opCar));
...
opCar. writeSupport                        = 1;
opCar. readSupport                         = 1;
CSL_SRIO_SetDestOperationCAR (hSrio, &opCar);

/ * Set the 16 bit and 8 bit identifier for the SRIO Device. * /
CSL_SRIO_SetDeviceIDCSR (hSrio, DEVICE_ID1_8BIT, DEVICE_ID1_16BIT);
```

其中 Base_ID 设置通过 DeviceID CSR（B060h）设置，其中 23～16 位为 BASE_DEVICEID、15～0 位为 LARGE_BASE_DEVICEID。

以下为设置 TLM 基本路由信息的示例程序。

```
/* Enable TLM Base Routing Information for Maintainance Requests & ensure that
 * the BRR's can be used by all the ports. */
CSL_SRIO_SetTLMPortBaseRoutingInfo(hSrio, 0, 1, 1, 1, 0);
CSL_SRIO_SetTLMPortBaseRoutingInfo(hSrio, 0, 2, 1, 1, 0);
CSL_SRIO_SetTLMPortBaseRoutingInfo(hSrio, 0, 3, 1, 1, 0);
CSL_SRIO_SetTLMPortBaseRoutingInfo(hSrio, 1, 0, 1, 1, 0);
```

7) 模式匹配(Pattern Match)设置

配置 TLM 基本路由模式匹配寄存器的代码如下,使所有匹配的设备标识符和从设备标识符的报文都被允许通过。

```
/* Configure the Base Routing Register to ensure that all packets matching the
 * Device Identifier & the Secondary DeviceID are admitted. */
CSL_SRIO_SetTLMPortBaseRoutingPatternMatch(hSrio, 0, 1, DEVICE_ID2_16BIT, 0xFFFF);
CSL_SRIO_SetTLMPortBaseRoutingPatternMatch(hSrio, 0, 2, DEVICE_ID3_16BIT, 0xFFFF);
CSL_SRIO_SetTLMPortBaseRoutingPatternMatch(hSrio, 0, 3, DEVICE_ID4_16BIT, 0xFFFF);
CSL_SRIO_SetTLMPortBaseRoutingPatternMatch(hSrio, 1, 0, DEVICE_ID2_8BIT, 0xFF);
...
```

8) Host PE Base ID 设置

如下为设置主设备标识符的示例程序。

```
/* Set the Host Device Identifier. */
CSL_SRIO_SetHostDeviceID (hSrio, DEVICE_ID1_16BIT);
//  This is the base ID for the Host PE that is initializing this PE.
HOST_Base_ID_LOCK 偏移地址为 B068h, HOST_BASE_DEVICEID 为 bits 15 - 0。

/* Configure the component tag CSR */
CSL_SRIO_SetCompTagCSR (hSrio, 0x00000000);

/* Configure the PLM for all the ports. */
for (i = 0; i < 4; i++)
{       /* Set the PLM Port Silence Timer. */
        CSL_SRIO_SetPLMPortSilenceTimer (hSrio, i, 0x2);

        /* TODO: We need to ensure that the Port 0 is configured to support both
         * the 2x and 4x modes. The Port Width field is read only. So here we simply
         * ensure that the Input and Output ports are enabled. */
        CSL_SRIO_EnableInputPort (hSrio, i);
        CSL_SRIO_EnableOutputPort (hSrio, i);

        /* Set the PLM Port Discovery Timer. */
        CSL_SRIO_SetPLMPortDiscoveryTimer (hSrio, i, 0x2);

        /* Reset the Port Write Reception capture. */
        CSL_SRIO_SetPortWriteReceptionCapture(hSrio, i, 0x0);
    }

/* Set the Port link timeout CSR */
CSL_SRIO_SetPortLinkTimeoutCSR (hSrio, 0x000FFF);
```

```
/* Set the Port General CSR: Only executing as Master Enable */
CSL_SRIO_SetPortGeneralCSR (hSrio, 0, 1, 0);

/* Clear the sticky register bits. */
CSL_SRIO_SetLLMResetControl (hSrio, 1);

/* Set the device id to be 0 for the Maintenance Port - Write operation
 * to report errors to a system host. */
CSL_SRIO_SetPortWriteDeviceId (hSrio, 0x0, 0x0, 0x0);

/* Set the Data Streaming MTU */
CSL_SRIO_SetDataStreamingMTU (hSrio, 64);
```

9) 端口路径模式(Path Mode)设置

如下为配置端口路径模式的示例程序。

```
/* Configure the path mode for the ports. */
for(i = 0; i < 4; i++)
    CSL_SRIO_SetPLMPortPathControlMode (hSrio, i, 0);
//hSrio->RIO_PLM[0].RIO_PLM_SP_PATCH_CTL unsigned int 0x00000400    0x0291B0B0
//hSrio->RIO_PLM[1].RIO_PLM_SP_PATCH_CTL unsigned int 0x00000400    0x0291B130
//hSrio->RIO_PLM[2].RIO_PLM_SP_PATCH_CTL unsigned int 0x00000400    0x0291B1B0
//hSrio->RIO_PLM[3].RIO_PLM_SP_PATCH_CTL unsigned int 0x00000400    0x0291B230
```

其中10~8位 PATH_CONFIG 设置为100,配置为4表示路径设置为4线、最多4个端口;
2~0位 PATH_MODE 设置为000,配置为 Mode 0(4个1×端口)。

10) RIO 端口 IP 预分频

RIO IP 模块的时钟由 SYSCLK10 输入,其频率为 1/3 CPU 专供 SRIO。

```
/* Set the LLM Port IP Prescalar. */
CSL_SRIO_SetLLMPortIPPrescalar (hSrio, 0x21); // 333MHz...
```

11) Tx 队列安排

如下为设置 Tx 队列安排的示例程序。

```
/* Set all the queues 0 to operate at the same priority level and to send packets onto Port 0 */
    for (i = 0 ; i < 16; i++)
        CSL_SRIO_SetTxQueueSchedInfo(hSrio, i, 0, 0);
```

12) 门铃路由

每个寄存器当前有16位,允许64个中断源或循环缓冲区。如下为设置门铃中断路由
的示例程序。

```
/* Set the Doorbell route to determine which routing table is to be used
 * This configuration implies that the Interrupt Routing Table is configured as
 * follows: -
 * Interrupt Destination 0 - INTDST 16
 * Interrupt Destination 1 - INTDST 17
 * Interrupt Destination 2 - INTDST 18
 * Interrupt Destination 3 - INTDST 19
 * /
```

```
CSL_SRIO_SetDoorbellRoute(hSrio, 0);

/* Route the Doorbell interrupts.
 * Doorbell Register 0 - All 16 Doorbits are routed to Interrupt Destination 0.
 * Doorbell Register 1 - All 16 Doorbits are routed to Interrupt Destination 1.
 * Doorbell Register 2 - All 16 Doorbits are routed to Interrupt Destination 2.
 * Doorbell Register 3 - All 16 Doorbits are routed to Interrupt Destination 3. */
for (i = 0; i < 16; i++)
{
    CSL_SRIO_RouteDoorbellInterrupts(hSrio, 0, i, 0);
    CSL_SRIO_RouteDoorbellInterrupts(hSrio, 1, i, 1);
    CSL_SRIO_RouteDoorbellInterrupts(hSrio, 2, i, 2);
    CSL_SRIO_RouteDoorbellInterrupts(hSrio, 3, i, 3);
}

/* Initialization has been completed. */
return 0;
}
```

2. dioExampleTask 任务程序

如下为 dio 示例任务的函数。

```
static Void dioExampleTask(UArg arg0, UArg arg1)//Function 2
{
...
    /* Driver Managed: Receive Configuration */
    drvCfg.u.drvManagedCfg.bIsRxCfgValid          = 1;
    drvCfg.u.drvManagedCfg.rxCfg.rxMemRegion = Qmss_MemRegion_MEMORY_REGION0;
    drvCfg.u.drvManagedCfg.rxCfg.numRxBuffers     = 4;
    drvCfg.u.drvManagedCfg.rxCfg.rxMTU            = SRIO_MAX_MTU;

    /* Accumulator Configuration. */
    {
        int32_t coreToQueueSelector[4];

      /* This is the table which maps the core to a specific receive queue. */
        coreToQueueSelector[0] = 704;
        coreToQueueSelector[1] = 705;
        coreToQueueSelector[2] = 706;
        coreToQueueSelector[3] = 707;

        /* Since we are programming the accumulator we want this queue to be a HIGH RIORITY
Queue */
    drvCfg.u.drvManagedCfg.rxCfg.rxCompletionQueue = Qmss_queueOpen (Qmss_QueueType_HIGH_
PRIORITY_QUEUE, coreToQueueSelector[coreNum], &isAllocated);
        if (drvCfg.u.drvManagedCfg.rxCfg.rxCompletionQueue < 0)
        {
            System_printf ("Error: Unable to open the SRIO Receive Completion Queue\n");
            return;
        }
```

```
/* Accumulator Configuration is VALID. */
    drvCfg.u.drvManagedCfg.rxCfg.bIsAccumlatorCfgValid = 1;
/* Accumulator Configuration. */
    drvCfg.u.drvManagedCfg.rxCfg.accCfg.channel = coreNum;
...
}

/* Driver Managed: Transmit Configuration */
drvCfg.u.drvManagedCfg.bIsTxCfgValid = 1;
drvCfg.u.drvManagedCfg.txCfg.txMemRegion = mss_MemRegion_MEMORY_REGION0;
drvCfg.u.drvManagedCfg.txCfg.numTxBuffers = 4;
drvCfg.u.drvManagedCfg.txCfg.txMTU = SRIO_MAX_MTU;  //Maximum Transmission Unit
/* Start the Driver Managed SRIO Driver. */
hDrvManagedSrioDrv = Srio_start(&drvCfg);
if (hDrvManagedSrioDrv == NULL)
{
    System_printf ("Error(Core %d): SRIO Driver failed to start\n", coreNum);
    return;
}
```

48 为 QM_INT_HIGH_n 事件对应的内核 System Event 编号,对应于 Queue $704+n$ 的中断事件(n 为核号)。中断可通过 EventCombiner dispatchPlug 进行挂接,示例程序如下。

```
/* Hook up the SRIO interrupts with the core. */
EventCombiner_dispatchPlug (48, (EventCombiner_FuncPtr) Srio_rxCompletionIsr, (UArg)
hDrvManagedSrioDrv, TRUE);
EventCombiner_enableEvent(48);

/* Enable Time Stamp Counter */
CSL_tscEnable();
```

该中断配置完成后,System Event 48 的中断连接关系如图 3.42 所示,其中连接到硬件中断 8 是由 SysBios 的.cfg 文件中配置事件合并器输出连接到 INT8。

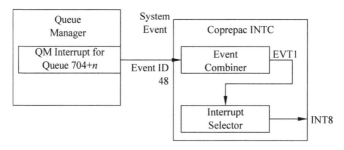

图 3.42 EventID 48 中断事件的连接关系

3. dioSocketsWithISR 程序

如下为 dioSocketsWithISR 的示例程序,为 DirectIO 传输并具有中断功能。

```
static Int32 dioSocketsWithISR (Srio_DrvHandle hSrioDrv, uint8_t dio_ftype, uint8_t dio_
ttype)//Function 3
{
...
        /* SRIO DIO Interrupts need to be routed from the CPINTC0 to GEM Event.
         * - We have configured DIO Interrupts to get routed to Interrupt Destination 0
         * (Refer to the CSL_SRIO_RouteLSUInterrupts API configuration in the SRIO Initialization)
         * - We want this System Interrupt to mapped to Host Interrupt 8 */

        /* Disable Interrupt Pacing for INTDST0 */
        CSL_SRIO_DisableInterruptPacing (hSrioCSL, 0);
```

1）路由 LSU0 Interrupts 到 INTDST0

其中中断 0、1、2 分别为 SRCID0、SRCID1、SRCID2 的 Transaction complete，No Errors（Posted/Non-Posted）状态。如下示例程序通过 CSL_SRIO_RouteLSUInterrupts 将中断事件路由到 INTDST0。

```
/* Route LSU0 ICR0 to INTDST0 */
CSL_SRIO_RouteLSUInterrupts (hSrioCSL, 0, 0);

/* Route LSU0 ICR1 to INTDST0 */
CSL_SRIO_RouteLSUInterrupts (hSrioCSL, 1, 0);

/* Route LSU0 ICR2 to INTDST0 */
CSL_SRIO_RouteLSUInterrupts (hSrioCSL, 2, 0);
```

2）CpIntc_dispatchPlug 中断挂接

中断服务程序为 myDioTxCompletionIsr。如下示例程序将中断服务程序挂接到 CpIntc 的中断 dispatchTab 的 CSL_INTC0_INTDST0 的位置。

```
/* Map the System Interrupt i.e. the Interrupt Destination 0 interrupt to the DIO ISR Handler. */
CpIntc_dispatchPlug(CSL_INTC0_INTDST0, (CpIntc_FuncPtr)myDioTxCompletionIsr, (UArg)
hSrioDrv, TRUE);

/* The configuration is for CPINTC0. We map system interrupt 112 to Host Interrupt 8. */
CpIntc_mapSysIntToHostInt(0, CSL_INTC0_INTDST0, 8);
//CSL_INTC0_INTDST0    0x70 = 112 CIC0 Input
//8 CIC0_OUT8
    /* Enable the Host Interrupt. */
    CpIntc_enableHostInt(0, 8);

    /* Enable the System Interrupt */
    CpIntc_enableSysInt(0, CSL_INTC0_INTDST0);
    /* Get the event id associated with the host interrupt. */
    eventId = CpIntc_getEventId(8);  // eventId 0x00000068 = 104 system event into corepac
```

3）EventCombiner_dispatchPlug 中断（hostInt）挂接

将 CpIntc_dispatch 挂接到 c64p_EventCombiner_Module_state_V 的 eventId 处，代码如下。

```
/* Plug the CPINTC Dispatcher. */
EventCombiner_dispatchPlug (eventId, CpIntc_dispatch, 8, TRUE);
```

4）硬件中断的连接

*.cfg 文件中将 Event Combiner4 个合并的中断分别连接到 7、8、9、10。代码如下：

```
* Enable Event Groups here and registering of ISR for specific GEM INTC is done
* using EventCombiner_dispatchPlug() and Hwi_eventMap() APIs
*/
ECM.eventGroupHwiNum[0] = 7;
ECM.eventGroupHwiNum[1] = 8;
ECM.eventGroupHwiNum[2] = 9;
ECM.eventGroupHwiNum[3] = 10;
```

5）CpIntc_dispatch 函数

CpIntc_dispatch 函数用于服务挂接到 Host Interrupt 所有 System Interrupt 中断，代码如下。

```
Void CpIntc_dispatch(UInt hostInt)    //对 hostInt 挂接对应的所有使能并挂起的 System
Interrupt 中断
{
...
    /*
     *   If only one system interrupt is mapped to a host interrupt
     *   we don't need to read the Sys Status Raw Registers. We
     *   know exactly which system interrupt triggered the interrupt.
     */
    if (sysInt != 0xff && sysInt != 0xfe) {
        /* clear system interrupt associated with host interrupt */
        CpIntc_clearSysInt(id, sysInt);
        /* call function with arg */
        CpIntc_module->dispatchTab[sysInt].fxn(
            CpIntc_module->dispatchTab[sysInt].arg);

    }
    else {
        /*
         *   Loop through System Interrupt Status Enabled/Clear Registers for
         *   pending enabled interrupts. The highest numbered system interrupt
         *   will be processed first from left to right.
         */
        for (i = CpIntc_numStatusRegs - 1; i >= 0; i--) {
            offset = i << 5;

            srsrVal = CpIntc_module->controller[id]->SECR[i];

            /* Find pending interrupts from left to right */
            while (srsrVal) {
...
                }
            }
        }
    }
}
```

6) 中断连接关系

dioSocketsWithISR 中的中断连接关系如图 3.43 所示。

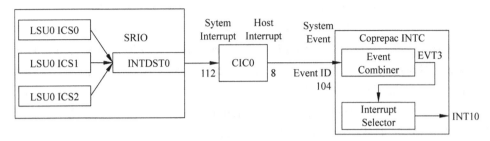

图 3.43 dioSocketsWithISR 中断事件的连接关系

SRIO 模块将 LSU0 ICS0、LSU0 ICS1、LSU0 ICS2 事件连接到 INTDST0。INTDST0
对应 CIC0 的 System Interrupt 编号为 112,通过映射连接到 Host Interrupt 8,对应内核
INTC 的事件 ID 为 104。在内核 INTC 中又通过事件合并器和中断选择器连接到 INT10,
至此完成了整个中断信号的路由过程。

以下为配置软件 socket 的程序代码,完整的程序参见 dioSocketsWithISR 示例程序原码。

```
...
for (sockIdx = 0; sockIdx < SRIO_DIO_LSU_ISR_NUM_SOCKETS; sockIdx++)
    {
        /* Open DIO SRIO Non - Blocking Socket */
        srioSocket[sockIdx] = Srio_sockOpen (hSrioDrv, Srio_SocketType_DIO, FALSE);
        if (srioSocket[sockIdx] == NULL)
        {
            System_printf ("Error: Unable to open the DIO socket -  % d\n", sockIdx);
            return - 1;
        }

        /* DIO Binding Information: Use 16 bit identifiers and we are bound to the first
source id.
         * and we are using 16 bit device identifiers. */
        bindInfo.dio.doorbellValid        = 0;
        bindInfo.dio.intrRequest          = 1;
        bindInfo.dio.supInt               = 0;
        bindInfo.dio.xambs                = 0;
        bindInfo.dio.priority             = 0;
        bindInfo.dio.outPortID            = 0;
        bindInfo.dio.idSize               = 1;
        bindInfo.dio.srcIDMap             = sockIdx;
        bindInfo.dio.hopCount             = 0;
        bindInfo.dio.doorbellReg          = 0;
        bindInfo.dio.doorbellBit          = 0;
    ...
```

表 3.39 列出了串行 RapidIO(SRIO)外围设备的内存映射寄存器的名称和地址偏移
量,C6678 SRIO 外围设备寄存器的基地址为 02900000,最大地址为 02920FFF。有关这些
寄存器的确切内存地址,请参阅具体的器件数据表。地址偏移量小于 1000h 的寄存器为
DSP 外围控制和状态寄存器。1000h 以上的寄存器是 RapidIO 专用寄存器。RapidIO 特定

寄存器的集合在 RapidIO 互连规范、LP 串行（LP-Serial）物理层规范和错误管理扩展规范中有详细说明。

RapidIO 术语指两种寄存器：能力寄存器（Capability Registers，CAR）及命令和状态寄存器（Command and Status Registers，CSR）。这些寄存器允许外部处理单元确定另一个处理单元的能力，以及控制/确定其内部硬件的状态，所以这些寄存器可以从外部处理单元访问。这些寄存器通过使用维护包的 IO 逻辑维护操作访问。维护包指定要访问的 CAR/CSR 的配置偏移量（21 位）。因此，如果维护数据包指定寄存器偏移量为 0x0000，那么它将在偏移量为 0x1000 的位置寄存。不允许通过维护包访问非 CAR/CSR 寄存器，如 DSP 外围控制/状态寄存器。DSP 访问 RapidIO CAR/CSR 空间需要通过 0x1000 偏移量进行调整。所有寄存器都是 32 位宽，从 RapidIO 维护包以 32 位（4 字节）的数量访问。通过配置总线（VBUSP）允许从 DSP 侧访问这些寄存器。表 3.39 是 SRIO 寄存器偏移地址的概述。

表 3.39　SRIO 寄存器偏移地址

偏 移 地 址	寄　存　器
0000h～0010h	所需的外围寄存器
0014h～0018h	外围设置控制寄存器
0024h～0078h	全局和块使能寄存器
007Ch～00DCh	ID 寄存器
00E0h～0118h	硬件包转发寄存器
0180h～0310h	中断寄存器
0400h～09FCh	RXU 寄存器
0D00h～0E4Ch	LSU/MAU 寄存器
0E50h～0EACh	流量控制寄存器
0EB0h～0EFCh	TXU 寄存器
1000h～2FFCh	CDMAHP 寄存器
B000h～B1BCh	RIO CSR/CAR 寄存器
C000h+	错误管理寄存器

SRIO SerDes 相关的寄存器见表 3.40。

表 3.40　SRIO SerDes 宏寄存器

偏 移 地 址	首字母缩略词	寄存器描述
0x02620154	SRIO_SERDES_STS	SerDes 宏状态寄存器
0x02620360	SRIO_SERDES_CFGPLL	SerDes 宏配置寄存器
0x02620364	SRIO_SERDES_CFGRX0	SerDes 接收通道配置寄存器 0
0x02620368	SRIO_SERDES_CFGTX0	SerDes 传输信道配置寄存器 0
0x0262036C	SRIO_SERDES_CFGRX1	SerDes 接收通道配置寄存器 1
0x02620370	SRIO_SERDES_CFGTX1	SerDes 传输信道配置寄存器 1
0x02620374	SRIO_SERDES_CFGRX2	SerDes 接收通道配置寄存器 2
0x02620378	SRIO_SERDES_CFGTX2	SerDes 传输信道配置寄存器 2
0x0262037C	SRIO_SERDES_CFGRX3	SerDes 接收通道配置寄存器 3
0x02620380	SRIO_SERDES_CFGTX3	SerDes 传输信道配置寄存器 3

第4章

C66x存储器组织

在多核并行设计中,存储器的使用非常重要。一些存储器的使用问题对并行性能影响很大。例如,存储器作为数据区还是作为代码区? C66x 内部存储区作为 SRAM 还是作为 Cache? 在什么地方开辟数据缓冲?

C6678 存储器包括 L1P 程序存储器、L1D 数据存储器、L2 存储器、MSM 多核共享存储器和 DDR 存储器。各级存储器容量:L1 数据存储器和 L1 程序存储器为 32KB、L2 存储器为 512KB、多核共享存储器为 4MB、DDR3 为 8GB。器件的 L3 ROM 是 128KB,BOOT ROM 包含用于加载器件的程序,起始地址为 0x20B00000。

内核存储控制器数据带宽的概况如下:在内核主频为 1GHz 的情况下,L1D 数据存储器和 L1P 程序存储器通信带宽为 32GB/s(每核),L2 存储器通信带宽为 16GB/s(每核),多核共享存储器通信带宽为 64GB/s。DDR3 在主频 1333MHz 的情况下带宽为 10.664GB/s。从 L1、L2、MSM SRAM 到 DDR3 存储器,存储器通信带宽越来越低。因而,在设计时尽量多重用靠近内核的数据,避免频繁在处理器和 DDR3 之间交换数据。

内核与存储相关的控制器还有外部存储控制器(External Memory Controller,EMC)和扩展存储控制器(Extended Memory Controller,XMC)。外部存储控制器是内核与器件其他部分的桥梁。XMC 实现以下功能:共享存储器访问路径,为 C66x 内核外部地址〔如 MSMC(Multicore Shared Memory Controller)存储器和 EMIF〕进行存储器保护,地址扩展/转换,支持预取功能。EMC 和 XMC 使 C6678 处理器的存储器管理更加灵活、方便。

在存储器的使用上,尽量发挥存储器的特点才能使其性能最大化,如 MSM 的多通道设计、在外部存储器与 L2 之间 EDMA 的 Snoop 机制等。本章首先介绍 C66x 存储器控制器和多核共享存储器,接着介绍 XMC、存储器保护架构、带宽管理等与存储器组织相关的知识,并介绍存储器在 C6678 中的具体实施情况,最后给出一些设计建议。

4.1 C66x 存储控制器

C66x 存储控制器包括 L1P 存储控制器、L1D 存储控制器、L2 存储控制器、外部存储控制器(EMC)和扩展存储控制器(XMC)。C66x 存储控制器位于每个 C66x 内核中,而多核共享存储控制器(MSMC)在内核外,是器件上多核共享的一个组件。本节描述 C66x 内核中的存储控制器,其中对 XMC 的扩展描述单独放在 4.3 节中。

4.1.1　L1P 存储控制器

L1P 存储控制器作为 DSP 从 L1P 流水取指令的接口,可以把 L1P 的部分或全部设置成一路(one way)Cache。Cache 的容量可以支持 4KB、8KB、16KB 和 32KB。

L1P 支持带宽管理、存储器保护及休眠功能。L1P 复位后总是被初始化成或者全为 SRAM,或者为最大容量 Cache,其状态与每个 C66x 器件相关。

对于 C6678 器件,复位后 L1P 被配置为 Cache,大小为 32KB。

4.1.2　L1D 存储控制器

L1D 存储控制器作为 DSP 和 L1D 的数据通道,可以把 L1D 的一部分或全部设置成两路(two way)Cache。Cache 的容量可以支持 4KB、8KB、16KB 和 32KB。

L1D 支持带宽管理、存储器保护及休眠功能。L1D 复位后总是被初始化成或者全为 SRAM,或者为最大容量的 Cache,由各个 C66x 器件决定其初始化设置。

对于 C6678 器件,复位后 L1D 被配置为 Cache,大小为 32KB。

4.1.3　L2 存储控制器

L2 存储控制器作为 L1 存储器和更高级存储器的接口,可以把 L2 的部分设定成四路(four way)Cache。Cache 的容量可以支持 32KB、64KB、128KB、256KB、512KB 和 1MB(L2 存储器理论上的值,最大值要根据 C66x 器件的具体配置,如 C6678 最大为 512KB)。L2 支持带宽管理、存储器保护及休眠功能。

如果把 L2 部分内容设置成 Cache,为了维持数据一致性,L2 控制器提供以下方法,如写回(writeback)被改变的内容或者失效(invalidate)Cache 的内容。

对于 C6678 器件,器件复位后 L2 全为 SRAM。L2 SRAM 的本地起始地址为 0x00800000h。核 0 的 L2 SRAM 全局地址起始为 0x10800000,核 0 可以从起始地址 0x10800000 或 0x00800000 访问本核的 L2 SRAM,任何器件的其他主设备只能从起始地址 0x10800000 对核 0 的 L2 SRAM 进行访问。0x00800000 可以被用作任何核访问该核本身的 L2 SRAM 的基地址,而每个核的 L2 SRAM 也可以通过全局地址进行访问。对于核 0,其 L2 SRAM 全局地址的基地址为 0x10800000;对于核 1,其 L2 SRAM 全局地址的基地址为 0x11800000;对于核 2,其 L2 SRAM 全局地址的基地址为 0x12800000;以此类推,对于核 i,其 L2 SRAM 全局地址的基地址为 $0x10800000 + i \times 0x1000000$。

注意:对于 L2 SRAM 的 DMA 访问必须使用全局地址。

以下介绍 L2 存储器结构、L2 存储器分块情况。

C66x 内核 L2 存储器组织成两个物理地址为 128 位宽的 bank,每个 bank 具有 4 个子块。两个 128 位 bank 在 128b(16B)地址的最低位(LSB)上交错(如 Bank0 第一个 128b 地址为 00~0F 字节,Bank1 的第一个 128b 地址为 0x10~0x1F,如此依次 128b 交错位于两个子 bank 中)。一个 256b 数据阶段跨越了两个物理 bank,并且占用了两个物理 bank 中相同的子 bank。只要被请求的子 bank 不忙,一个给定的 128 位子块每个周期可以接受一个新的请求。

图 4.1 显示了 L2 存储器 bank 结构。

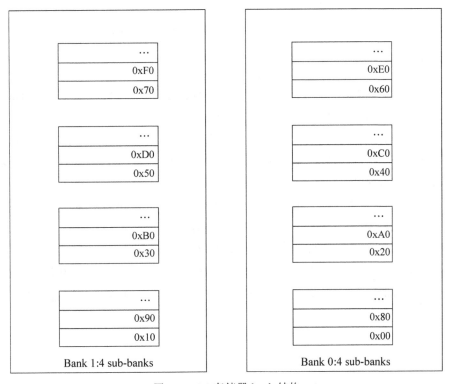

| Bank 1:4 sub-banks | Bank 0:4 sub-banks |

图 4.1　L2 存储器 bank 结构

注意:当多个请求者(如 L1P、L1D、IDMA 等)试图同时访问 L2 存储器时,根据 4.5 节的带宽管理规则处理。

4.1.4　外部存储控制器

外部存储控制器是内核与器件其他部分的桥梁,包含外部配置空间(External Configuration Space,CFG)和从 DMA(Slave DMA,SDMA)两部分。

外部配置空间(CFG)端口可以访问用于控制器件的配置寄存器,这些寄存器的地址是外围设备和资源地址映射的。

注意:该端口不提供访问那些在 DSP 或内核内部的控制寄存器。

从 DMA 提供由内核外部的系统主设备访问 C66x 内核内部的资源,这些系统主设备可以是 DMA 控制器、SRIO 等。也就是说,数据传输由内核外部启动,内核在传输中是被动设备。

4.1.5　扩展存储控制器

C66x 还包含扩展存储控制器(XMC),XMC 的功能将在 4.3 节详细描述。

4.2　多核共享存储控制器

如前所述,多核共享存储控制器(MSMC)在内核外,是器件上多核共享的一个组件。MSMC 是多个内核、DMA 控制器、其他外围主设备和 EMIF 之间的桥梁。

4.2.1　概览

多核共享存储控制器(MSMC)管理在一个器件内多个 TMS320C66x 内核、DMA 控制器、其他外围主设备、EMIF 之间的数据通信。MSMC 也提供一个共享的片上 SRAM,该存储器可被器件上所有 C66x 内核和外围主设备访问。对于来自系统主设备到 MSMC SRAM 和 DDR3 存储器的访问,MSMC 提供存储器保护。

MSMC 模块具有以下特征。

(1) L2 或 L3 共享 MSMC SRAM,并可被所有 C66x 内核和主外围设备访问。

(2) 对访问 MSMC SRAM 和 DDR3 存储器保护。

(3) 为获得更大的寻址空间,支持 32 位到 36 位地址扩展。

如图 4.2 所示,MSMC 具有 8 个从接口连接到 C66x 内核(每个核的从接口)、2 个从接口连接到系统内部连接(TeraNet)、1 个主接口连接到 EMIF、1 个主端口连接到系统内部连接。

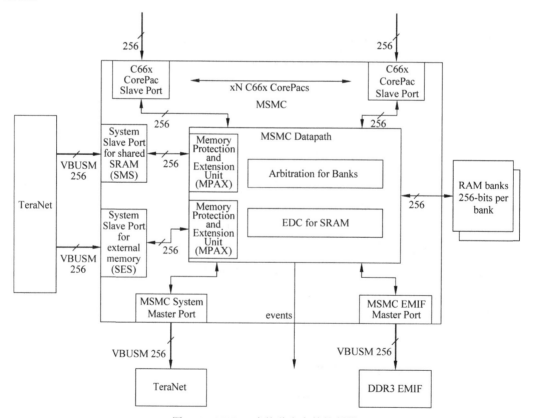

图 4.2　MSMC 多核共享存储控制器

4.2.2　C66x 内核从接口

MSMC 具有从接口连接到各个 C66x 内核的 MDMA 端口。C66x 内核使用这些接口访问 MSMC 片上存储器、外部存储器，通过 MSMC-EMIF 主端口访问 EMIF 存储器映射寄存器或者通过 MSMC 系统主端口访问系统级资源。

4.2.3　系统从接口

MSMC 具有两个从接口，用于处理来自系统中主外围设备访问 MSMC RAM 和 EMIF（除了 C66x 内核通过 C66x 内核从端口连接到 MSMC 外）。

1. 系统 EMIF 访问从接口

系统 EMIF 访问从接口（System EMIF Access Slave Interface，SES）处理来自系统主设备（非 C66x 内核）到外部 DDR3 存储器和 EMIF 模块内部存储器映射的寄存器的访问。如果该接口的访问超出任何上述地址范围外，会导致一个地址错误返回给正在请求的主设备。

注意：当用 MPAX（Memory Protection and Address Extension）使 MSMC SRAM 被重映射到一个外部地址空间时，只要访问在一个有效的外部地址范围，则该访问不会导致一个地址错误。SES 接口上的地址宽度是 32 位，MSMC 内部实现将该地址从 32 位地址扩展到 36 位外部存储器地址。

2. 系统 MSMC SRAM 访问从接口

系统 MSMC SRAM 访问从接口（System MSMC SRAM Access Slave Interface，SMS）处理起源于一个非 C66x 系统主设备到 MSMC SRAM 的访问。来自系统中主设备到 MSMC 配置寄存器的访问也由这个接口提供。任何从 SMS 接口的访问没有映射到 MSMC SRAM 或配置寄存器，会产生一个地址错误，并返回给请求的主设备。

4.2.4　系统主接口

除了访问 MSMC SRAM、MSMC MMRs、DDR3 存储器和 EMIF MMRs 资源外，MSMC 还扮演一个用于 C66x 内核访问系统资源的主接口。

注意：系统从接口之间的数据流动不会传给主设备接口。

4.2.5　外部存储器主接口

外部存储器接口（EMIF）模块通过外部存储器主接口连接到 MSMC。由于它支持扩展的存储器地址空间超过 4GB，这个接口的地址宽度设置为 36b(bit)。

4.2.6　MSMC 存储器

1. MSMC SRAM

MSMC SRAM 可以充当共享 2 级或 3 级存储器。

1）共享 2 级存储器（Shared Level 2 Memory）

MSMC 存储器是可被 L1D（Level 1 Data Memory）和 L1P（Level 1 Program Memory）Cache 缓存的存储器。L2（Level 2 Memory）不会有 Cache 缓存请求到 MSMC SRAM。

2）共享 3 级存储器(Shared Level 3 Memory)

MSMC 存储器不是直接在 L2 Cache 缓存,但是可以被 L1D 和 L1P Cache 缓存。然而,如果使用在 C66x CorePac 中的 MPAX 地址扩展能力重新映射到一个外部地址,MSMC 存储器可以被 Cache 缓存为一个共享的 3 级存储器,可以被 L1 和 L2 Cache 缓存。为了实现这个功能,在 MAR 寄存器(Memory Attribute Registers)中(使用 MAR. PC 位),Cache 功能必须被使能。

为了在接近内核的存储器中开辟缓存,通常 MSMC SRAM 充当共享 L2 存储器模式。

2. MSMC 存储器分块

存储器用 Bank 组织起来,Bank 内部由两个子 Bank 组成,子 Bank 地址在存储器临近的位置。Bank 地址被 64B(Byte)对齐,64B 存储器块被分配在不同的 Bank。此外,在每个 64B 块中,32B 对齐地址位于不同的子 Bank。

图 4.3 为 MSMC SRAM Bank 地址分配,显示了在 MSMC 存储器 4 个 Bank 组织的地址分配情况。字节地址的第 6 位和第 7 位被用来在 4 个 Bank 中选择,第 5 位地址被用来选择 Bank 中的子 Bank。

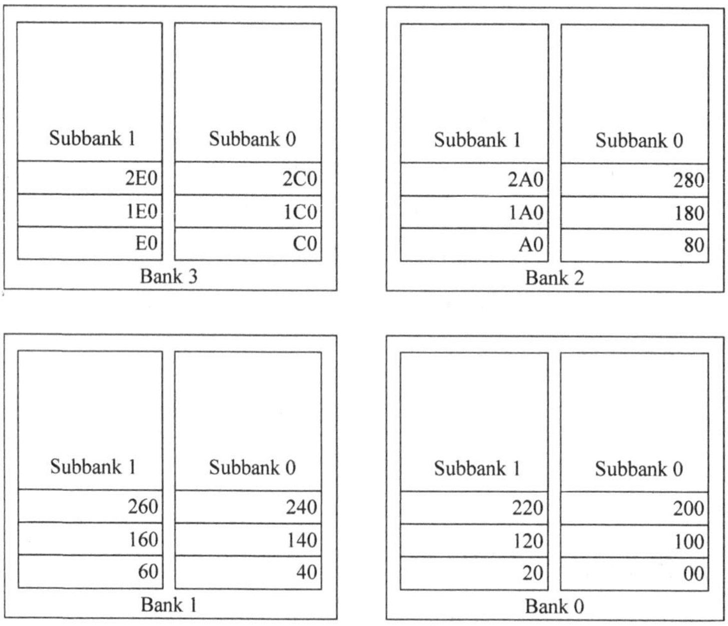

图 4.3　MSMC SRAM Bank 地址分配

MSMC SRAM 的 4 Bank 组织形式提高了 MSM SRAM 的带宽,有效缓解了多核对该存储器的通信瓶颈。

4.3　扩展存储控制器 XMC

与 L1P、L1D、L2 存储控制器和外部存储控制器(EMC)一样,扩展存储控制器(XMC)位于 C66x 内核中。

扩展存储控制器负责 L2 存储器到多核共享存储控制器(MSMC)的 MDMA(Master DMA)路径。

XMC 担当以下角色。

(1) 共享存储器访问路径。

(2) 为 C66x 内核外部地址(如 MSMC 存储器和 EMIF)进行存储器保护。

(3) 地址扩展/转换。

(4) 支持预取功能。

存储器保护和地址扩展由 MPAX(Memory Protection and Address Extension)中一个单元一并提供。MPAX 单元定义了 16 个运行中可选择尺寸的段,使 C66x 内核 32 位逻辑地址映射到更大的 36 位物理地址。此外,每段具有一个相应的许可设置,用于控制每段的访问。这两点合起来为多核在一个大的共享存储器中相互合作提供一个方便的机制。

存储器保护机制用于与其他存储器保护单元和系统可能存在的防火墙合作。在 XMC 中支持预取是为了减少流数据进入 C66x 内核读缺失(Read Miss)的损失,有助于减小阻塞周期,从而提高从 MSMC RAM 和 EMIF 读数据的性能。

4.3.1 存储器映射寄存器概要

XMC 没有为存储寄存器提供单独的配置接口,而是内部将地址转换为位于 0x0800_0000~0x0800_FFFF 范围的地址,通过 L2 存储控制器到 XMC 的接口访问,就像属于内部配置地址空间一样。

XMC 自己处理所有这些地址范围的读和写,而且不会使这些访问出现在外界。尽管 XMC 使用 MPAX 的保护错误寄存器,用于报告和存储器映射寄存器相关的错误;在 MPAX 提供的基于段的保护功能之外,XMC 另外执行所有与这些地址访问相关的保护检查。对于访问无效的寄存器或访问未生效的地址空间,XMC 报告保护错误(MDMAERREVT 事件)。

注意:任何对未生效的存储器映射寄存器空间的访问,读、写或程序预取都会引起一个保护错误。

表 4.1 概述了 XMC 中的存储器映射的寄存器,更多寄存器信息详见 *C66x CorePac User's Guide*。

表 4.1 XMC 存储器映射寄存器

寄 存 器	描 述	地址	可被…读	可被…写
XMPAXL0	MPAX 段 0 寄存器	0800_0000	所有	仿真(Emulation)
XMPAXH0		0800_0004	所有	管理(Supervisor)
XMPAXL1	MPAX 段 1 寄存器	0800_0008	所有	仿真、管理模式
XMPAXH1		0800_000C	所有	仿真、管理模式
XMPAXL2	MPAX 段 2 寄存器	0800_0010	所有	仿真、管理模式
XMPAXH2		0800_0014	所有	仿真、管理模式
XMPAXL3	MPAX 段 3 寄存器	0800_0018	所有	仿真、管理模式
XMPAXH3		0800_001C	所有	仿真、管理模式
XMPAXL4	MPAX 段 4 寄存器	0800_0020	所有	仿真、管理模式
XMPAXH4		0800_0024	所有	仿真、管理模式

寄 存 器	描 　　述	地址	可被⋯读	可被⋯写
XMPAXL5	MPAX 段 5 寄存器	0800_0028	所有	仿真、管理模式
XMPAXH5		0800_002C	所有	仿真、管理模式
XMPAXL6	MPAX 段 6 寄存器	0800_0030	所有	仿真、管理模式
XMPAXH6		0800_0034	所有	仿真、管理模式
XMPAXL7	MPAX 段 7 寄存器	0800_0038	所有	仿真、管理模式
XMPAXH7		0800_003C	所有	仿真、管理模式
XMPAXL8	MPAX 段 8 寄存器	0800_0040	所有	仿真、管理模式
XMPAXH8		0800_0044	所有	仿真、管理模式
XMPAXL9	MPAX 段 9 寄存器	0800_0048	所有	仿真、管理模式
XMPAXH9		0800_004C	所有	仿真、管理模式
XMPAXL10	MPAX 段 10 寄存器	0800_0050	所有	仿真、管理模式
XMPAXH10		0800_0054	所有	仿真、管理模式
XMPAXL11	MPAX 段 11 寄存器	0800_0058	所有	仿真、管理模式
XMPAXH11		0800_005C	所有	仿真、管理模式
XMPAXL12	MPAX 段 12 寄存器	0800_0060	所有	仿真、管理模式
XMPAXH12		0800_0064	所有	仿真、管理模式
XMPAXL13	MPAX 段 13 寄存器	0800_0068	所有	仿真、管理模式
XMPAXH13		0800_006C	所有	仿真、管理模式
XMPAXL14	MPAX 段 14 寄存器	0800_0070	所有	仿真、管理模式
XMPAXH14		0800_0074	所有	仿真、管理模式
XMPAXL15	MPAX 段 15 寄存器	0800_0078	所有	仿真、管理模式
XMPAXH15		0800_007C	所有	仿真、管理模式
XMPFAR	存储器保护错误地址寄存器	0800_0200	所有	不允许
XMPFSR	存储器保护错误状态寄存器	0800_0204	所有	不允许
XMPFCR	存储器保护错误清除寄存器	0800_0208	不允许	仿真、管理模式
MDMAARBX	MDMA 仲裁优先级寄存器	0800_0280	所有	仿真、管理模式
XPFCMD	预取命令	0800_0300	不允许	仿真、管理、用户模式
XPFACS	预取分析计数器状态	0800_0304	所有	不允许
XPFAC0	预取分析计数器 0	0800_0310	所有	不允许
XPFAC1	预取分析计数器 1	0800_0314	所有	不允许
XPFAC2	预取分析计数器 2	0800_0318	所有	不允许
XPFAC3	预取分析计数器 3	0800_031C	所有	不允许
XPFADDR0	槽位 0 预取地址	0800_0400	所有	不允许
XPFADDR1	槽位 1 预取地址	0800_0404	所有	不允许
XPFADDR2	槽位 2 预取地址	0800_0408	所有	不允许
XPFADDR3	槽位 3 预取地址	0800_040C	所有	不允许
XPFADDR4	槽位 4 预取地址	0800_0410	所有	不允许
XPFADDR5	槽位 5 预取地址	0800_0414	所有	不允许
XPFADDR6	槽位 6 预取地址	0800_0418	所有	不允许
XPFADDR7	槽位 7 预取地址	0800_041C	所有	不允许

4.3.2　XMC 存储器保护和地址扩展

有了 XMC 的 MPAX(Memory Protection and Address eXtension)特征,尽管内部只支持 32 位地址,C66x 内核可以支持的系统地址宽度最大可达 36 位。MPAX 把存储器保护和地址扩展功能合并统一。存储器保护阶段决定什么类型访问是允许的,并在 C66x 内核内部将 32 位地址变换为各不相同的地址范围从而进行访问,而地址扩展阶段则将那些允许的访问投射到更大的 36 位地址空间。

注意:32 位地址十六进制可以写成 2345_ABCD,36 位系统地址写成十六进制如 1:2345_ABCD。

1. XMC MPAX 段寄存器

MPAX 单元支持 16 个用户定义地址方位(MPAX 段)用于存储器保护和地址扩展。段寄存器形式为:

每对寄存器在地址映射中占用两个 32 位的字(64 位),尽管不是所有 64 位都会被使用。

注意:保留区域必须被写 0 以保证未来的通用性。

图 4.4 和图 4.5 显示一对地址映射寄存器的构成,图 4.4 为 XMPAXH[15:2]寄存器构成,图 4.5 为 XMPAXL[15:2]寄存器构成。

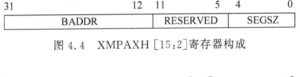

图 4.4　XMPAXH [15:2]寄存器构成

图 4.5　XMPAXL [15:2]寄存器构成

BADDR 为 C66x 本地 32 位地址的高 20 位,内核本地地址的低 12 位为 0。RADDR 为替换和扩展与 BADDR 匹配的高位地址,低 12 位不变。RADDR 比 BADDR 多 4 位,从而将地址扩展为 36 位。

MPAX 寄存器各个区域定义如下:

PERM 区分成多个单 bit 子区,其构成如图 4.6 所示,说明见表 4.2,用于描述各个允许位。

| 保留 | 保留 | SR | SW | SX | UR | UW | UX |

图 4.6　MPAXL. PERM 构成

表 4.2　MPAXL. PERM 允许位说明

bit	被置位的意义	bit	被置位的意义
SR	管理模式可能从该段读	UR	用户模式可能从该段读
SW	管理模式可能对该段写	UW	用户模式可能对该段写
SX	管理模式可能从该段执行	UX	用户模式可能从该段执行

XMPAXH[15:2]寄存器 SEGSZ 段的意义见表 4.3,用于描述每段的长度。

表 4.3　MPAXH. SEGSZ 段大小编码

SEGSZ	意　义	SEGSZ	意　义	SEGSZ	意义	SEGSZ	意义
00000b	Seg. Disabled	01000b	Rsvd(Disabled)	10000b	128KB	11000b	32MB
00001b	Rsvd(Disabled)	01001b	Rsvd(Disabled)	10001b	256KB	11001b	64MB
00010b	Rsvd(Disabled)	01010b	Rsvd(Disabled)	10010b	512KB	11010b	128MB
00011b	Rsvd(Disabled)	01011b	4KB	10011b	1MB	11011b	256MB
00100b	Rsvd(Disabled)	01100b	8KB	10100b	2MB	11100b	512MB
00101b	Rsvd(Disabled)	01101b	16KB	10101b	4MB	11101b	1GB
00110b	Rsvd(Disabled)	01110b	32KB	10110b	8MB	11110b	2GB
00111b	Rsvd(Disabled)	01111b	64KB	10111b	16MB	11111b	4GB

MPAXH 和 MPAXL 寄存器的地址分配见表 4.4。

表 4.4　MPAXH/L 地址分配

寄存器	地址	寄存器	地址
XMPAXH0	0800_0004	XMPAXL0	0800_0000
XMPAXH1	0800_000C	XMPAXL1	0800_0008
XMPAXH2	0800_0014	XMPAXL2	0800_0010
XMPAXH3	0800_001C	XMPAXL3	0800_0018
XMPAXH4	0800_0024	XMPAXL4	0800_0020
XMPAXH5	0800_002C	XMPAXL5	0800_0028
XMPAXH6	0800_0034	XMPAXL6	0800_0030
XMPAXH7	0800_003C	XMPAXL7	0800_0038
XMPAXH8	0800_0044	XMPAXL8	0800_0040
XMPAXH9	0800_004C	XMPAXL9	0800_0048
XMPAXH10	0800_0054	XMPAXL10	0800_0050
XMPAXH11	0800_005C	XMPAXL11	0800_0058
XMPAXH12	0800_0064	XMPAXL12	0800_0060
XMPAXH13	0800_006C	XMPAXL13	0800_0068
XMPAXH14	0800_0074	XMPAXL14	0800_0070
XMPAXH15	0800_007C	XMPAXL15	0800_0078

2. MPAX 寄存器复位默认值

XMC 配置 MPAX 段 0 和 1 的寄存器,这样 C66x 内核才可以访问系统存储空间。MPAX 寄存器上电配置状态为:段 1 重新映射 C66x 内核地址 8000_0000~FFFF_FFFF 到 8:0000_0000~8:7FFF_FFFF 系统地址空间,这些地址相当于 MSMC 控制器专门用于 EMIF 空间的第一个 2GB 地址空间。C6678 存储器地址空间映射概览见附录 A 所示。

MPAXH [15:2]和 MPAXL [15:2]初始设置均为 0。

图 4.7 显示了 MPAXH0、MPAXH1、MPAXL0 和 MPAXL1 寄存器的初始配置。

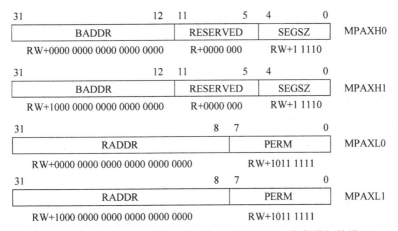

图 4.7　MPAXH0、MPAXH1、MPAXL0、MPAXL1 寄存器初始设置

说明：R = 只读；W = 只写；-n = 复位后的值；-x,值不确定（具体见相应的数据手册）。
复位后存储器映射如图 4.8 所示。

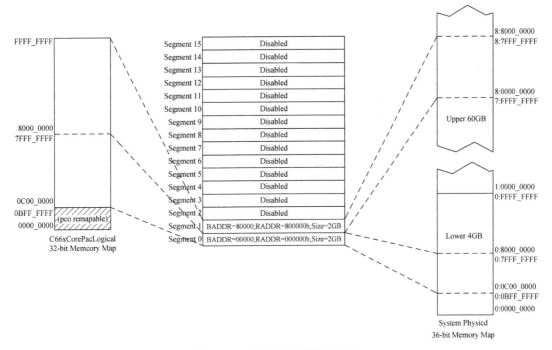

图 4.8　复位后的存储器映射图

MPAX 段 0 对应的设置为：32 位内核逻辑地址 0x0000_0000～0x7FFF_FFFF 映射到
0x0:0000_0000～0x0:7FFF_FFFF,大小为 2GB。其中 0x0000_0000～0x0BFF_FFFF 是不
可重新映射的区域,因而实际的映射为 32 位内核逻辑地址 0x0C00_0000～0x7FFF_FFFF
映射到 0x0:0C00_0000～0x0:7FFF_FFFF。

MPAX 段 1 对应的设置为：32 位内核逻辑地址 0x8000_0000～0xFFFF_FFFF 映射到
0x8:0000_0000～0x8:7FFF_FFFF,大小为 2GB。

4.3.3 存储器保护和地址扩展过程

存储器保护和地址扩展过程（MPAX Process）由三个主要步骤组成：地址范围查找、存储器保护检查和地址扩展。

1. 地址范围查找

BADDR 和 SEGSZ 区域描述每个 MPAX 段在 C66x 核内部 32 位地址空间的位置。SEGSZ 区域指示段的大小，从 4KB 到 4GB。BADDR 域指出了 C66x 内核逻辑地址空间的段起始地址。

段的大小总是 2 的幂，而且起始于相应的 2 的幂界限。因而一个 4KB 的段总是起始于一个 4KB 分界的地址，一个 4GB 段对应整个 32 位地址空间。

一个给定的 MPAX 段的逻辑地址，如果高位地址与 BADDR 域相应位匹配，则匹配地址的位宽是 SEGSZ 的一个函数，如图 4.9 所示。例如，对于 32KB 的段，所有 BADDR 域的高 17 位必须与 C66x 内核地址的高 17 位匹配，其他位可以忽略。对于 16MB 的段，BADDR 域的高 8 位必须和 C66x 内核地址的高 8 位匹配，其他位可以忽略。对于 4GB 的段，因为一个段已经映射了整个 32 位地址空间的所有地址，无须考虑 BADDR 位。

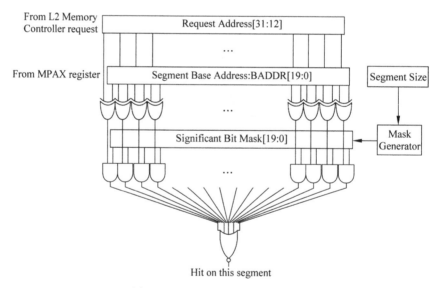

图 4.9 MPAX 地址范围比较过程

2. 匹配多个段

一个给定的 C66x 内核地址可能分成多于一个 MPAX 段，更高段的优先级要比更低段的优先级高。在所有匹配中，XMC 只处理最高编号的段，并忽略所有其他匹配。通过段的重载（overlay），允许程序用少量的段描述定义复杂的存储器映射关系。

例如，对所有的访问，一个 4GB 段在段 0（最低优先级的段）可以描述默认的许可和地址扩展；同时，对特定的地址范围，更高的段可以修改这些默认设置。在图 4.10 中，段 1 匹配 8000_0000～FFFF_FFFF，段 2 匹配 C000_7000～C000_7FFF。因为段 2 比段 1 有更高的优先级，因此它的设置具有更高优先级，有效地在段 1 的 2GB 地址空间中割出了一个 4KB 的洞。

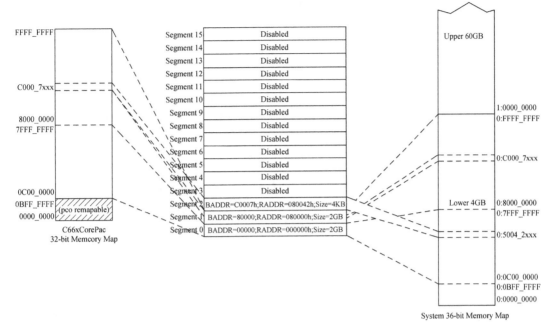

图 4.10　MPAX 段优先级例子

3. 无匹配段

一个给定的逻辑地址很有可能没有匹配 MPAX 的段。MPAX 把这些请求看成是匹配一个零许可的段,而且会产生一个保护错误(MDMAERREVT 事件)。

注意:"零许可"意味着"所有访问不被允许",并等价于 PERM[5:0] = 000000b。为了建立对整个存储器映射的默认许可(和一个默认地址扩展),用一个低的段(如 MPAX 段 0),分配一个大的段尺寸。没有匹配其他段的地址会"失败",并与该段匹配。

4. 地址范围不受 MPAX 影响

C66x 内核不会把所有访问都发给 XMC。访问地址 0000_0000~07FF_FFFF 都是内核内部译码且不发给 XMC,所以这些访问不会陷入任何 MPAX 段,并且也不用检测 MPAX 基于段的许可。与 L1D、L1P 和 L2 存储空间一样,这些地址范围包括内部和外部配置总线。由于 XMC 从不接收这些请求,因此 XMC 不包含任何特殊逻辑来处理这些地址范围的请求。

此外,访问地址 0000_0000~0BFF_FFFF 被认为是访问存储器映射控制寄存器。这些地址从不匹配任何段。MPAX 单元不修改这些地址,对这些范围的访问也不执行一个基于段的保护检查,无论一个段与这个范围是否部分重叠。

注意:XMC 不明确检查它自身的存储器映射寄存器,该项检查不是由 MPAX 基于段的保护机制完成的。

4.3.4　地址扩展

MPAX 地址扩展通过用 RADDR 相应的位替换逻辑地址的高位来实现。替换地址域比被替换的地址域更宽,从而实现扩展 32 位逻辑地址到 36 位物理地址。

1. 在本地地址直接访问 MSMC RAM

如果访问的逻辑地址是本地的 MSMC 地址范围(默认为 0C00_0000~0CFF_FFFF),那么 36 位地址的高 12 位地址被设置为 00C,从而一个 C66x 内核地址形式 0Cxx_xxxx 会总是导致一个输出地址形式为 0:0Cxx_xxxx。

这允许在 MSMC 存储器地址范围内移动地址,但是它阻止移动 MSMC 的地址空间到不同的终端。C66x 内核预计在 MSMC RAM 地址范围内的访问,在一个 Fast RAM 路径上,用这个信息替换请求,减少一个周期延时。

2. MSMC RAM 替换场景

C66x 内核的 MAR 只允许配置 Cache 能力为 16MB 范围,C66x 内核还通过硬连线的方式实现特殊地址范围的 Cache 能力,如 MSMC RAM 范围内的地址。

使用 MPAX 段,程序可以提供在 C66x 内核 32 位地址空间的不同地址范围的多个别名(alias)。基于设置相应的 MAR 寄存器位,L2 控制器把这些别名看作是可被 Cache 缓存或不可被 Cache 缓存的,因而每个别名的 Cache 能力可以分别被控制。该原理也应用到 MSMC RAM,用其他地址产生一个 MSMC RAM 的别名,它的 Cache 能力被相应的 MAR 位控制;而不是访问 0C00_0000~0C1F_FFFF 范围时,应用于 MSMC RAM 的默认机制。

注意:通过这些别名访问 MSMC RAM 不使用 Fast RAM 路径且导致一个额外的周期延时。别名提供一个通用机制用于给一个特定范围提供不同语义。

表 4.5 为 MSMC RAM 替换场景的描述。

表 4.5 MSMC RAM 替换场景

场　　景	Cache 缓存到			使 用 情 况
	L1D	L1P	L2	
MSMC RAM 在本地地址 (0C00_0000~0C1F_FFFF)	是	是	否	共享程序或数据(一致性由软件管理)
MSMC RAM 在别名地址; MAR. PC 设置为 1	是	是	是	在 MSMC RAM 中,Private 程序或数据
MSMC RAM 在别名地址; MAR. PC 设置为 0	否	是	否	在 MSMC RAM 中,"一致"的共享存储器(因为没有东西被 Cache 缓存,所以一致)

3. MSMC RAM 别名使用例子

图 4.11 显示使用三个段来映射 MSMC RAM 地址空间到 C66x 内核的地址空间作为三个截然不同的 2MB 范围。通过相应编程设置 MAR(Memory Attribute Register),三个段中的每段都可以具有不同的语意(如之前详述)。

4. 使用 MPAX 访问低存储空间(0:0000_0000~0:07FF_FFFF)

对于 C66x 内核内部译码逻辑地址 0000_0000~07FF_FFFF,尽管系统可能仍然映射外围设备到该物理空间,C66x 内核不发送这些地址的访问到 MDMA 端口。为了允许 C66x 内核从一些其他逻辑地址窗口访问这个地址范围,C66x 内核必须用一个与这些范围相应的 RADDR 来配置一个或多个 MPAX 段。

注意:XMC 自身的寄存器在 0800_0000~0800_FFFF,不能通过任何别名访问,XMC

在 MPAX 改变地址前就捕获这些访问。

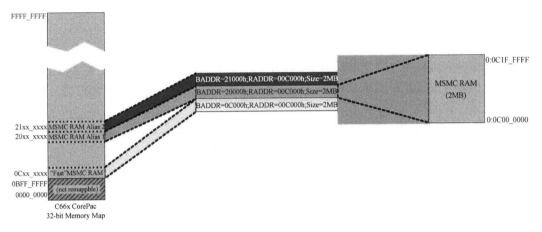

图 4.11 MSMC RAM 别名例子

4.3.5 XMC 存储器保护结构支持

与 C66x 内核其他模块一样,XMC 的 MPAX 单元提供一个相似的接口用于保护错误报告和控制到其自身寄存器的访问,作为存储器保护架构的一部分。

以下简要介绍存储器错误报告寄存器。

为了使程序能在异常发生后诊断存储器保护错误,XMC 使用了两个寄存器(XMPFAR 和 XMPFSR)专门存储错误信息,以及第三个存储器(XMPFCR)用来允许清除错误。

XMPFAR 和 XMPFSR 寄存器只存储一个错误的详细信息。通常,硬件记录第一个错误信息并为此产生一个异常。XMC 保持错误信息,直到软件通过写 1 到 XMPFCR. MPFCLR 清除它。如果软件写 0 到 XMPFCR. MPFCLR,XMC 不做任何反应,同时 XMC 忽略写到 XMPFCR 31:1 位的值,然而为了保持兼容性,程序必须写 0 到这些位。

4.3.6 预取缓冲

XMC 中的预取缓冲目的是为数据流进入 C66x 内核减少缺失(miss)损失,因而,预取帮助减少阻塞周期,并因此提高存储器读 MSMC RAM 和 EMIF 的性能。XMC 包含一个多流预取缓冲,在 4 个单独的 32 字节条目(entry)程序预取缓冲之外,具有 8 个 128 字节条目用于预取数据流缓冲。

通过一个简单的预取过滤器,数据流被识别。L1D 和 L2 的数据请求被 8 条目数据预取缓冲处理,L1P 和 L2 程序请求被 4 条目程序预取缓冲处理。

1. 数据预取缓冲

数据预取缓冲处理来自 L1D 和 L2 的读请求。L2 请求可表现为程序和数据预取,可以从系统中任何地方的地址请求(包括 MSMC RAM 和 EMIF 地址空间)。数据预取缓冲只考虑数据预取。

1) 容量

数据预取缓冲包含 8 个槽位,整个槽位分配为一个单元。每个槽位保持 128 字节数据,具有两个 64 字节的半槽位,XMC 分别追踪半槽位。在预取缓冲之外,XMC 围绕 12 个地址候选缓冲建立流检测过滤器。这个流检测过滤器存储 12 个潜在的流,首地址作为逻辑地址,用一位来指示预测与那个槽位相关的流方向。

2) 分配策略

预取缓冲和流检测过滤器都使用一个 FIFO,分配顺序用一个简单计数器实现,每个预取缓冲中的新分配缓冲使用由计数器指示的下一个槽位号码。流检测过滤器内的分配候选的缓冲也是一样的处理过程。

因此,在预取缓冲中,槽位♯0 第一个被使用,紧接着是槽位♯1,直到最大槽位♯7,而后又循环回到槽位♯0。流检测过滤器中候选缓冲的处理类似,起始于槽位♯0,记数直到♯11 而后又循环回去到槽位♯0。

数据预取缓冲阻止一个忙的槽位被使用直到那个槽位变成不忙,可以通过阻塞分配请求来实现。槽位处于忙的状态,包括槽位上一个命中(hit)悬而未决,以及一个命中等待预取从系统返回。

流检测过滤器(候选缓冲):流检测过滤器是在 12 条目候选缓冲基础上建立的,候选缓冲的条目具有潜力成为预取数据流。

3) 有效请求准则

流检测过滤器检测符合以下准则的访问。

① 可以预取。

② Cache Line 填满数据。

③ L1D Line 或 L2 Line 中非临界(non-critical)区的那一半。

④ 尚未存在于预取缓冲中。

符合这个准则的请求取数与在候选缓冲中存在的条目比较。L1D 请求在 64 字节粒度上比较,而 L2 请求是在 128 字节粒度上比较。下一步发生什么由请求预取是否与候选缓冲中的条目匹配决定。以下为可能发生的场景。

(1) 没有找到匹配条目。

过滤器分配一个新的过滤槽位,把预测的下一个地址和在这个槽位上预测的流方向放在这个槽位。过滤器不保护多余的条目,因为当废弃 Cache 后再使用这些内容仅仅是一种可能性,而且这种可能性并不常见。

(2) 取出匹配一个存在的条目。

如果请求与已经存在的条目一致,过滤器为流在预取缓冲中分配一个新的流槽。根据那个槽中的方向标志位,初始设置其地址到下一个地址。同时它也开始为那个槽产生预取。当跨过一个 128 字节(L1D 流)或 256 字节(L2 流)的分界线时,所有新的流开始。这个特性对 L1D 数据流是最重要的,它保证流的前两个预取总是与一个槽位的两半槽相对应。

2. 程序预取缓冲

程序预取缓冲是一个简单预取引擎,目的是服务直接的 L1P 请求和 L2 程序取出。这个缓冲把所有可 Cache 缓存、可预取的程序取出看作是预取的候选。缓冲支持一个简单的程序预取流。

1) 容量

预取缓冲由 4 槽组成,每个槽包含 32 字节(一个取出包)。程序预取缓冲并不包括一个流过滤器,相反,它仅仅假设程序取出朝着往前的方向。它也只跟踪一个活动的程序流。

2) 分配策略

预取缓冲按照 FIFO 顺序分配槽。也就是说在折回到槽♯0 前,按照槽♯0、♯1、♯2 和♯3 的顺序。

每个槽有两个 32B 数据缓冲与它相关,如同一种双缓冲的构造一样。如果两半槽中至少一个不忙,预取缓冲可以立即重新分配一个槽位。

3) 预取一致性问题例子

预取缓冲总是一直向前读,不是往更高就是往更低的地址,随流方向而定。当 DSP 与另一个主设备在与可预取共享存储器(MSMC 或 EMIF)合作时,可能导致一致性问题,原因是预取缓冲读的数据可能比 DSP 需要的更多。例如,一个 MSMC 中的双缓冲有两个缓冲(乒和乓),乒在乓之后出现。DSP0 写到缓冲,DSP1 从其中读,两者通过一个中断同步。考虑以下系列事件。

① DSP0 写 1024 字节到"乒"。

② DSP0 中断 DSP1。

③ DSP1 从"乒"读 1024 字节。这触发预取缓冲来读一个在"乒"之后额外的 128 字节并到了"乓"。

④ DSP0 写 1024 字节到"乓"。

⑤ DSP0 中断 DSP1。

⑥ DSP1 从"乓"读 1024 字节。

在步骤⑥中发生了什么?取决于在步骤③DSP1 读缓冲速度,这可能已经触发在 DSP0 写之前预取"乓"的第一部分。因而在步骤⑥时,DSP1 能够看到在"乓"数据块前面少数字节的旧数据。

对预取一致性问题有如下两种基本解决方法。

(1) 共享缓冲位置分开,这样对预取缓冲的读不会从一个块的末尾跨到另外一个块的起始地址。

(2) 当在 DSP 间传送一个缓冲的拥有权时,使用 XPFCMD. INV 来失效预取缓冲。

3. 预取缓冲存储器映射寄存器

1) 预取缓冲指令寄存器:XPFCMD

XPFCMD 指令寄存器提供一个机制,用于给预取缓冲设置不同的命令。这是一个只写寄存器,可被所有优先级和安全等级写,包括仿真。对于任何优先级,这个寄存器是不可读的。XPFCMD 寄存器提供多个独立的命令输入,每个命令输入与其他独立。写 1 到一个命令输入位置触发相应的命令,写 0 没有影响。因而,通过写 1 到 XPFCMD. INV、写 0 到其他位,用户可以失效预取缓冲,而不会打断别的设备。因此写 1 到多于一个指令位是合法的。例如,用一个简单写指令写 11111b 会失效预取缓冲,加载一个新分析计数使能(ACEN)和复位分析计数器。因为 XPFCMD 是不可读的,程序可以发出一个读操作到 XPFACS 或任何其他在 XMC 可读寄存器,从而在写 XPFCMD 之后确保 XMC 已经收到并处理了写操作。

2）预取缓冲性能分析寄存器

XMC预取缓冲产生一组事件并提供一组相应的寄存器设置，允许程序员在运行系统的上下文间分析预取缓冲的性能。这些寄存器是可被所有优先级读的。

3）分析计数器概览

预取分析计数器寄存器组成如图4.12所示，预取分析计数器寄存器描述见表4.6。

31		4	3	2	1	0	
Reserved			ACEN		Reserved		XPFACS
R+0			R+0		R+0		

31	20	19	0	
Reserved		SENT		XPFCA0
R+0		R+0		

31	20	19	0	
Reserved		CANCELED		XPFCA1
R+0		R+0		

31	20	19	0	
Reserved		HIT		XPFCA2
R+0		R+0		

31	20	19	0	
Reserved		MISS		XPFCA3
R+0		R+0		

图4.12 预取分析计数器寄存器组成

表4.6 预取分析计数器寄存器描述

寄 存 器 名	描　述
XPFACS	XMC预取分析计数器状态
XPFAC0～XPFAC3	XMC预取分析计数器0到3

数据和程序预取缓冲每个产生4个与这些计数器相关的不同事件，每个事件与一个32字节传输数据阶段对应，因而与L1D和L2请求相关的事件出现间隔为2。表4.7列出各分析事件的描述。

表4.7 分析事件描述

事　件	计数器	描　述
SENT	XPFAC0	一个产生的预取正在被送进系统
CANCELED	XPFAC1	一个以前发送预取返回一个非零状态或其他错误
HIT	XPFAC2	一个可预取的取数请求（demand fetch）成功收到预取数据
MISS	XPFAC3	可预取的取数请求（demand fetch）正被送进系统作为一个取数请求

4）计数模式

每个预取缓冲的4个事件在被计数前合并在一起，计数与当前设置分析计数器XPFACS.ACEN中的使能位相对应。分析计数器的使能模式在表4.8中列出。

表 4.8　分析计数器使能模式

ACEN	事件计数模式
00b	计数器失效,计数器会保持它们的值但不会增加
01b	只计数程序事件
10b	只计数数据事件
11b	计数程序和数据事件

5) 解释分析计数器

基于与每个命令相关的数据阶段计数,计数器的值递增。这允许程序请求(一个 32 字节和 64 字节混合的请求)被自由地与数据请求(这都是 64b 请求)相加,同时还会产生一个有意义的计数值。计数器每个是 20 位宽。假设 XMC 设法保持它的 CLK/2 数据接口饱和,对于一个工作在 1GHz 的器件,这提供最小 2ms 的计数间隔。当 XPFAC0～XPFAC3 任何一个达到 000F_FFFF,所有 4 个计数器停止。这允许用户去决定所有 4 个事件的相对值,即使计数器没有被频繁截掉或复位。

用户可以从全部分析计数器中得到一组有用的值,表 4.9 列出从预取分析计数器得到的值所对应的意义。

表 4.9　从预取分析计数器得到的值

数　量	相应的表达
总的可预取的取出请求	HIT ＋ MISS
总的有效的预取	SENT － CANCELED
被使用的总带宽	SENT － CANCELED ＋ MISS
浪费的带宽(未使用的预取)	SENT － CANCELED － HIT
带宽放大百分比/%	100% ＊ ((SENT － CANCELED － HIT) / (HIT ＋ MISS))
命中比例/%	100% ＊ (HIT / (HIT ＋ MISS))
取消比例/%	100% ＊ (CANCELED / SENT)

4. 数据预取缓冲地址可见性寄存器:XPFADDR

数据预取缓存的内容由 8 个只读的状态寄存器表示,这些寄存器在所有特权级别下都是可读的,而写操作将会产生错误保护(MDMAERREVT 事件)。

图 4.13 显示了这些寄存器的布局,表 4.10 描述了这些寄存器中的各个域,表 4.11 列出了这些寄存器的地址映射。

31		7	6	5	4	3	2	1	0	
ADDR			DIR	DPH	DVH	AVH	DPL	DVL	AVL	XPFADDR*n*
R+0			R+0	R+0	R+0	R+0	R+0	R+0	R+0	

图 4.13　XPFADDR 寄存器布局

表 4.10　XPFADDR 寄存器各个域描述

位	域	描　述
31～7	ADDR	与槽位相关的 32 位逻辑地址的 31:7 位
6	DIR	流的方向 DIR ＝ 0 用于递增,DIR ＝ 1 用于递减

续表

位	域	描　　述
5	DPH	对于槽位的高 64 字节数据待定（预取发送）
4	DVH	槽位的高 64 字节数据有效
3	AVH	槽位的高 64 字节地址有效
2	DPL	对于槽位的低 64 字节数据待定（预取发送）
1	DVL	槽位的低 64 字节数据有效
0	AVL	槽位的低 64 字节地址有效

预取缓冲的地址如表 4.11 所示，但是没有办法去发现程序预取缓冲的内容。

表 4.11　XPFADDR 寄存器地址映射

寄　存　器	地　　址	寄　存　器	地　　址
XPFADDR0	0800_0400	XPFADDR4	0800_0410
XPFADDR1	0800_0404	XPFADDR5	0800_0414
XPFADDR2	0800_0408	XPFADDR6	0800_0418
XPFADDR3	0800_040C	XPFADDR7	0800_041C

5. 预取优先级寄存器

XMC 添加一个额外的寄存器 MDMAARBX，通过控制它产生预取的优先级，不要给预取请求的优先级比需要的请求更高。MDMAARBX 只写，通过管理者模式和仿真模式写入。MDMAARBX 寄存器的设计如图 4.14 所示，MDMAARBX 寄存器各个域的描述见表 4.12。

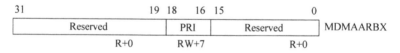

图 4.14　MDMAARBX 寄存器布局

表 4.12　MDMAARBX 寄存器各个域描述

位	域	值	描　　述
31～19	Reserved	0	Reserved
18～16	PRI	0～7h	优先级域
		0	优先级 0（最高）
		1h	优先级 1
		2h	优先级 2
		3h	优先级 3
		4h	优先级 4
		5h	优先级 5
		6h	优先级 6
		7h	优先级 7（最低）
15～0	Reserved	0	Reserved

4.4　存储器保护架构

C66x 内核给本地存储器 L1P、L1D 和 L2 提供存储器保护支持。系统级存储器保护是和器件相关的,并非所有的器件都支持。存储器保护在全局定义,但在本地生效,因而全部的保护方案都为整个 C66x 内核定义,但是每个资源只落实其自身的保护硬件。这种分布的存储器保护方法意味着用户只需要知道一个存储器保护接口。

为使存储器保护计划生效,存储器映射被分成很多页,每页都有相关的准许设置,MPA 还支持特权模式(管理者和用户)及存储器加锁功能。

4.4.1　存储器保护的目的

存储器保护给系统提供很多益处,通过合并 DSP 优先权级别和存储器系统许可结构,存储器保护功能可以:

(1) 从表现蹩脚的程序中保护操作系统数据结构。

(2) 提供更多关于非法存储器访问的信息,便于调试。

(3) 允许操作系统在管理和用户模式访问时强化定义清楚的边界,从而使得系统健壮性更强。

4.4.2　特权级别

一个线程的特权级别决定线程可能获得什么级别的许可。在 DSP 上运行的代码执行两个特权模式之一:管理模式或用户模式,管理者代码被认为比用户代码更加可信。管理者线程的例子包括操作系统内核和硬件设备驱动。管理者模式通常准许访问外围设备寄存器和存储器保护配置。用户模式通常限制于 OS 特殊指定的存储器空间之内。DSP 访问与内部 DMA 和其他访问一样,具有一个和它们相关的特权级别。在内部 DMA 访问被 DSP 发起时,继承了 DSP 的特权级别。

4.4.3　存储器保护架构

1. 存储器保护页

C66x 存储器保护架构把 DSP 内部存储器(L1P、L1D、L2)分成页。每个页具有一个相关的许可设置。存储器典型地具有 2 的幂次方的页尺寸。L1 和 L2 的存储器页尺寸对器件是明确的。

2. 许可结构

存储器保护架构定义一个每页许可结构,在一个 16 位许可条目中有两个许可域。

1) 基于请求者 ID 的访问控制

器件上的每个请求者具有与其特权意图相关的 N 位编码,用于识别特权级别。这个 ID 伴随所有存储器访问和 IDMA,可以代表请求者。也就是说,当一个请求者通过写 IDMA 寄存器直接触发一个 IDMA 传输,IDMA 引擎会与传输一起提供那个 ID。每个 DSP 和每个主外围设备(RapidIO、HPI 和 EMAC)具有一个 ID。多个主系统在一个器件内共享 ID。每个存储器保护条目有一个允许 ID 域与其相关,指示请求者可能访问给定的页。存储器保护硬件映射所有可能的请求者 ID 到存储器保护允许 ID(Allowed ID)域中的位。

允许 ID 域在不同 DSP、非 DSP 请求和给定的 DSP 访问其自身本地存储器之间进行区分。允许 ID 域意义如下。

① AID0~AID5 映射小编号 ID 到允许 ID 位。

② 一个额外的允许 ID 位 AIDX,捕获由更高编号的 PrivIDs 产生的访问。

③ 当 DSP 访问本地 L1 和 L2 时,LOCAL 位提供特殊的处理给 DSP。

以上对 AID0~AID5 的 ID 分配,除了 DSP 的本地 L1 和 L2 存储器,适用于所有 IDMA 和 DSP 存储器访问。LOCAL 位管理 DSP 访问到其自身 L1 和 L2 存储器,AIDX 位映射到那些没有专用 AID 位的 ID。

2）基于许可的请求类型

存储器保护模型定义三种基本功能访问类型：读、写和执行。读和写指的是针对源自 DSP 的 load/store 单元或通过 IDMA 引擎的数据访问；执行指的是与程序取出相关的访问。对用户和管理者模式,存储器保护模型允许控制读、写和执行独立的许可。这样的设计导致 6 个许可位,共允许 64 种不同编码。对于其中的每一位,1 表示允许访问类型,0 表示拒绝,因而"UX = 1"意味着用户模式可能从给定的页执行。存储器保护架构允许用户分别指定所有这些位。

3. 无效访问和异常

无效访问是指那些存储器访问,其需要的许可比相关页和寄存器指定的许可更大。

当遇到一个无效访问,存储器保护硬件具有以下两个职责。

1）阻止访问发生

当出现一个无效访问,存储器保护阻止请求者产生访问,并确保存储器正被保护,不会由于无效访问改变它的状态。

2）报告错误给操作环境

当检测到一个无效访问,存储器保护硬件向操作环境报告错误。

4.5　带宽管理

C66x 内核包括一些资源(L1P、L1D、L2 及配置总线)和需要使用这些资源的一些请求使用资源者(DSP、SDMA、IDMA 及一致性操作)。为了避免一个请求者很长时间访问不了资源,C66x 内核的带宽管理机制确保所有请求者具有一定的带宽。

4.5.1　介绍

1. 带宽管理的目的

带宽管理是为了确保一些请求不会持续很长时间地阻塞 C66x 内核中可用的资源。与 C66x DSP 存储器保护能力相似,带宽管理(BWM)是全局定义的(对整个 C66x 内核),但是由每个 C66x 内核资源本地实现。

2. 被带宽管理保护的资源带宽

BWM 控制硬件管理以下资源。

（1）Level 1 程序（L1P）SRAM/Cache。

（2）Level 1 数据（L1D）SRAM/Cache。

（3）Level 2（L2）SRAM/Cache。

（4）存储器映射的寄存器配置总线。

3. 被带宽管理的请求

以下为潜在的 C66x 内核资源的请求者。

（1）DSP 发起的传输：数据访问（例如 load/store），程序访问。

（2）可编程的 Cache 一致性操作：包括基于块的或全局的（例如 writeback）。

（3）内部 DMA（IDMA）发起的传输（且会导致一致性操作）。

（4）外部发起的从 DMA（SDMA）传输（且会导致一致性操作）。

4.5.2　带宽管理架构

带宽管理规划可视为权重驱动的带宽分配。

1. 通过优先级进行带宽仲裁

每个请求者（DMA、IDMA、DSP 等）在每次传输基准上被分配一个优先级，共有 9 个优先级。当多个请求者为获得一个资源而竞争时，为了解决冲突，准许访问最高优先级请求者。当冲突发生并持续多个周期时，一个冲突计数器确保更低优先级请求者每 n 个仲裁周期获得 1 次资源访问，其中 n 是可以被 MAXWAIT 位设置的。每当一个资源请求被阻塞，BWM 则递增一个冲突计数器值。当一个请求被允许处置，阻塞计数器复位到 0。当阻塞计数器达到 MAXWAIT 的值，更低优先级请求者的值设置成 -1 并允许执行至少一次传输（冲突计数器对用户不可见）。

2. 优先级：-1

在 9 个优先级之外，当一个传输的冲突计数器溢出时或者该传输在指定的资源上拥有固定的最高优先级时，硬件使用 -1 来表示其优先级。用户不能向 BWM 仲裁控制寄存器中写入 -1。

3. 优先级申明

为了一致性，BWM 仲裁寄存器中使用的优先级值被加权，并与相关模块中定义的值相等（例如 IDMA）。最高的优先级为 0，最低的优先级为 8。优先级声明的方法见表 4.13。

表 4.13　优先级声明方法

请　求　者	优先级申明在…中
DSP	BWM 仲裁寄存器（PRI 域）
IDMA	IDMA 传输参数
SDMA	外部系统主传输参数专用
用户定义的 Cache 一致性	固定优先级

4.5.3　带宽管理寄存器

带宽管理寄存器是用于带宽管理架构的一组仲裁寄存器，寄存器应用于以下块：L1P、L1D、L2 和 EMC，如表 4.14 所示。

表 4.14　仲裁控制寄存器

块	缩　　写	寄存器名	地　　址
L1P	无	NA	N/A
L1D	CPUARBD	DSP 仲裁控制寄存器	0184 1040h
	IDMAARBD	IDMA 仲裁控制寄存器	0184 1044h
	SDMAARBD	从 DMA 仲裁控制寄存器	0184 1048h
	UCARBD	用户一致性仲裁控制寄存器	0184 104Ch
L2	CPUARBU	DSP 仲裁控制寄存器	0184 1000h
	IDMAARBU	IDMA 仲裁控制寄存器	0184 1004h
	SDMAARBU	从 DMA 仲裁控制寄存器	0184 1008h
	UCARBU	用户一致性仲裁控制寄存器	0184 100Ch
	MDMAARBU	主 DMA 仲裁控制寄存器	0184 1010h
EMC	CPUARBE	DSP 仲裁控制寄存器	0182 0200h
	IDMAARBE	IDMA 仲裁控制寄存器	0182 0204h
	SDMAARBE	从 DMA 仲裁控制寄存器	0182 0208h
	ECFGARBE	CFG 仲裁控制寄存器	0182 0210h

这些寄存器的默认值见表 4.15。表中显示 L1P 没有仲裁寄存器，这是因为实际上对于 L1P 没有可编程的带宽管理寄存器；然而，L1P 控制器具有固定带宽管理特征。

表 4.15　仲裁控制寄存器默认值

缩　　写	寄存器名	寄存器位默认值		寄存器存在于			
		PRI	MAXWAIT	L1P	L1D	L2	EMC
CPUARBD	DSP 仲裁控制寄存器	1	16	否	是	是	是
IDMAARBD	IDMA 仲裁控制寄存器	NA	16	否	是	是	是
SDMAARBD	从 DMA 仲裁控制寄存器	NA	1	否	是	是	是
UCARBD	用户一致性仲裁控制寄存器	NA	32	否	是	是	否
MDMAARBU	主 DMA 仲裁控制寄存器	7	NA	否	否	是	否
ECFGARBE	CFG 仲裁控制寄存器	7	NA	否	否	否	是

注意每个资源有一组仲裁寄存器。每个仲裁寄存器与不同请求者对应。属于相同组（DSP，IDMA，SDMA，UC）的仲裁寄存器具有一样的默认值，如表 4.15 所示。对于大部分应用，CPUARBD、IDMAARBD、SDMAARBD 和 UCARBD 的默认值已经足够，这些寄存器定义 C66x 内核内部优先级。MDMAARBU 寄存器在 C66x 内核外为 MDMA 传输定义优先级。用户可能需要根据系统设计，通过设置 MDMAARBU 寄存器改变优先级。在大多数情况下，MDMAARBU 必须被设置到更高优先级（更低的值）。ECFGARBE 寄存器用于为来自 EMC 的配置总线传输定义优先级。

更多详细信息见 *C66x CorePac User's Guide*。

4.6　设计建议

4.6.1　合理规划使用存储器

1. 合理规划多级存储器

合理规划 DDR3、MSM、L2 和 L1D 等各层存储器的使用,保持各核资源占用的独立性,避免多核频繁竞争存储器资源。

2. 数据对齐

在存储器中分配存储空间要保持数据对齐,例如,为了避免因 Cache 缓存导致虚假地址从而产生依赖关系,需要保持 Cache Line 对齐;为了调用浮点矢量库需要 8 字节对齐;为了提升 EDMA3 突发传输的效率,需要 64 字节或 128 字节对齐等。

3. 开辟缓冲

在各级存储器(如 L2 SRAM 或 L1D)中开辟数据缓冲区,提升处理和传输的并行能力。

4. 处理好数据一致性

处理 Cache 和预取的一致性操作,避免因 Cache 缓存或预取关系导致数据错误。

4.6.2　存储器设置成不被 Cache 缓存和预取

用于控制的信号,为了保持其数据控制的独立性及一致性,可以将其设置成不被 Cache 缓存和预取。通过设置相应地址空间的 MAR 寄存器的 PC 位和 PFX 位分别关闭 Cache 缓存和预取功能。

共享存储器空间 MSM SRAM 的空间对应的 MAR 寄存器为只读,无法直接设置为不被 Cache 缓存和预取。设置 MAR 寄存器关闭 Cache 缓存和预取功能的空间为 16MB,要使部分空间的 Cache 缓存和预取功能关闭,通过扩展地址映射可以实现。设置扩展存储器控制(XMC)的 MPAX 寄存器映射,将逻辑空间映射到需要设置的部分物理地址空间(最小为 4KB),可以参见 4.3.2 节。将逻辑空间对应的 MAR 寄存器设置成不被 Cache 缓存和预取,访问该逻辑空间就不被 Cache 缓存和预取,可以参见 5.7.5 节。

第5章

Cache缓存和数据一致性

与其他处理器一样,基于C66x内核的处理器也存在内核处理能力与存储器容量不匹配的问题。越靠近内核,存储器的通信带宽要求越高,但容量也就越小;越远离内核,处理器容量越大,但带宽也就越小。C66x处理器内核使用寄存器,其用到的存储器从内到外依次是L1(L1P和L1D)、L2 SRAM、MSM SRAM(L3)、DDR3。如前所述,L1和L2位于C66x内核中,L3位于处理器中(C66x内核外面),DDR3位于处理器外。

为了缓解处理器内核和外部存储器的矛盾,采用了Cache机制来实现外部数据在靠近处理器内核的存储器中保留一份复制,处理器内核经常与该数据复制交互数据,而不是直接和外部存储器交互数据。

本章首先介绍了为什么使用Cache、Cache存储器结构概览、Cache基础知识,然后对C66x的各个Cache进行了详细介绍,并介绍了使用Cache、数据一致性、片上Debug支持和运行中改变Cache配置等内容,最后介绍了如何优化Cache性能和一些设计建议。

5.1 为什么使用Cache

从DSP应用的角度,拥有一个大容量、快速的片上存储器是非常重要的。然而,处理器性能的提升比存储器发展的步伐更快,导致在内核与存储器速度间出现了一个性能缺口。越靠近内核内存速度越快,但容量也就越小。

Cache的机制是基于位置原理设计的,在讲述Cache机制前先介绍一下位置原理。

所谓位置原理,即假设如果一个存储器位置被引用,则其相同或相邻位置非常可能会很快又被引用。在一段时间内访问存储器的位置被指为时间位置,涉及相邻存储器的位置被指为空间位置。通过利用存储器访问位置原理,Cache缓存减少平均存储器访问时间。

基于位置原理,在一小段时间内,通常一个程序从相同或相邻存储器位置重用数据。

如果数据从一个慢速存储器映射到一个快速Cache存储器,在另一组数据替代前,尽可能经常访问Cache中的数据以提高数据访问效率。

5.2　C64x 和 C66x DSP 之间的 Cache 区别

对于使用过 C64x 内核的程序员来说,C66x 内核 Cache 的概念与 C64x 内核中的相似,但也有很大不同。本节介绍 C66x 内核与 C64x 内核之间的 Cache 区别,主要有以下几点。

1. 存储器尺寸和类型

对于 C66x 器件,每个 L1D 和 L1P 在 Cache 之外实现 SRAM。Cache 的尺寸是用户配置的,可以被设置成 4KB、8KB、16KB 或 32KB。可用的 SRAM 数量是器件相关的,并在器件特性数据手册中明确。而对于 C64x 器件,Cache 被设计成尺寸为固定的 16KB。C66x 器件相对于 C64x 器件,L2 的尺寸增加了。

2. 写缓冲

对于 C66x 器件,写缓冲的宽度增加到 128 位;对于 C64x 器件,宽度是 64 位。

3. Cache 能力

对于 C66x 器件,外部存储地址的 Cache 能力设置(通过 MAR 位)只影响 L1D 和 L2 Cache 缓存;也就是说,到外部存储器地址的程序取指令(program fetch)总是被 Cache 缓存进来。不管 Cache 能力设置状况。这和 C64x 器件上的情况不一样,在 C64x 器件上 Cache 能力设置影响所有 Cache,即 L1P、L1D 和 L2。

对于 C66x 器件,外部存储地址的 Cache 能力控制覆盖整个外部地址空间。对于 C64x 器件,外部存储地址的 Cache 能力控制只覆盖地址空间的一个子集。

4. Snooping 协议

在 C66x 器件上的 Snooping Cache 一致性协议直接发送数据到 L1D Cache 和 DMA。C64x 器件通过 invalid 和 writeback Cache Line 来维持一致性。由于减少了由 invalidate 导致的 Cache 缺失开支,C66x Snooping 机制更加有效。

与 C64x 器件一样,Snoop 协议在 C66x 器件中不维护 L1P Cache 和 L2 SRAM 之间的一致性,程序员负责维护其一致性。

5. Cache 一致性操作

对于 C66x 器件,L2 Cache 一致性操作总是操作在 L1P 和 L1D,即使 L2 Cache 功能被禁用。这与 C64x 器件情况不同,其需要明确调用 L1 一致性操作。

C66x 器件支持一整套的区域和全局(Range and Global)L1D Cache 一致性操作,而 C64x 器件只支持 L1D 区域 invalidate 和 writeback-invalidate 操作。

在 Cache 尺寸上有改变,C66x 器件在初始设置一个新尺寸前,自动 writeback-invalidate Cache。而 C64x 器件需要执行一个完整的 writeback-invalidate 程序(虽然这些是被一部分 CSL 函数处理的)。

对于 C66x 器件,L2 Cache 不包括 L1D 和 L1P,两者不相关。这意味着一个行从 L2 驱逐(evict),不会导致相应的行在 L1P 和 L1D 被驱逐。不相关的优势在于:由于程序取指令导致的 L2 中的行分配不会从 L1D Cache 驱逐数据;由于数据访问导致 L2 中的行分配不会从 L1P 驱逐程序代码,这减少 Cache 缓存缺失的数量。

以下介绍 C66x Cache 存储器结构概览、Cache 基础知识并详细介绍各级 Cache。

5.3　Cache 存储器结构概览

C66x DSP 存储器由内部两级基于 Cache 的存储器和外部存储器组成。L1P 和 L1D 都可以被配置成 SRAM 和 Cache,Cache 最大可以达到 32KB。所有 Cache 和数据路径自动被 Cache 控制器管理,如图 5.1 所示。1 级存储器通过核访问,不需要阻塞。2 级存储器可以被配置,并可被分成 L2 SRAM 和 Cache。外部存储器可以为几兆字节大小。

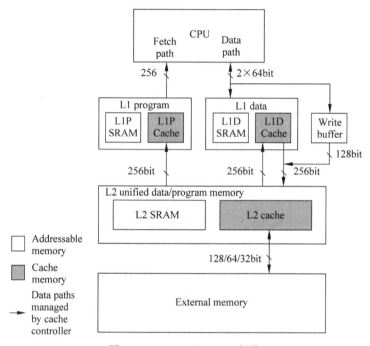

图 5.1　C66x DSP Cache 概览

C6678 器件上电配置如下。

复位后 L1P 被配置为 Cache,大小为 32KB。

复位后 L1D 被配置为 Cache,大小为 32KB。

复位后 L2 全是 SRAM,Cache 的容量可以被配置为 32KB、64KB、128KB、256KB 或全为 Cache。

访问时间取决于接口和使用的存储器技术。

5.4　Cache 基础知识

通常,Cache 可以分为直接映射 Cache(direct-mapped Caches)和组相联 Cache(set-associative Caches)两种类型。本节介绍 Cache 的一些基本知识。

为了较好理解 Cache 机制,首先介绍几个 Cache 的基本概念。

(1) Cache Line(Cache 行):Cache 处理的最小单位。Cache Line 的尺寸要比内存存取

的数据尺寸要大，一个行的大小为一个行尺寸（Line Size）。例如，C66x 内核可以访问单个字节，而 L1P Cache 行尺寸为 32B，L1D Cache 行尺寸为 64B，L2 Cache 行尺寸为 128B。但是，如果发生一次读失效，则 Cache 会将整条 Cache Line 的数据读入。

（2）Line Frame（行帧）：Cache 中用于存储 Cache Line 的位置，包含被 Cache 的数据（1 行）、一个关联的 Tag 地址和这一行的状态信息。这一行的状态信息包括是否 Valid（有效）、Dirty（脏）和 LRU 状态。

（3）Set（集）：Line Frame 的一个集合。直接映射的 Cache 中一个 Set 包含一个 Line Frame，n 路组相联的 Cache 每个 Set 包含 n 个 Line Frame。

（4）Tag（标签）：Cache 中被 Cache 的物理地址的高位作为一个 Tag 存储在 Line Frame 中，在决定 Cache 是否命中的时候，Cache 控制器会查询 Tag。

（5）Valid（有效）：当 Cache 中的一个 Line Frame 保存了从下一级存储器取的数据，那么这个 Line Frame 的状态就是 Valid 的，否则，这个 Line Frame 的状态就是无效的（Valid = 0）。

（6）Invalidate（失效）：是将 Cache 中标记为 Valid 的 Line Frame 状态标记为无效的过程，受影响的 Cache Line 内容被废弃。为了维持数据一致性，与 writeback 组合成 writeback-invalidate，先将标记为 Dirty 的行写回到保存有这个地址的下一级存储器，再标记该行为无效状态。

（7）Dirty（脏）和 Clean（干净）：当一个 Cache Line 是 Valid 并包含更新后的数据，但还未更新到下一层更低的内存，则在 Line Frame 的 Dirty 位标志该 Cache Line 为脏的。一个 Valid 的 Cache Line 与下一层更低的内存一致，则 Line Frame 的 Dirty 位标志该 Cache Line 是 Clean 的（Dirty = 0）。

（8）Hit（命中）和 Miss（缺失）：当请求的内存地址的数据在 Cache 中，那么 Tag 匹配并且相应的 Valid 有效，则称为 Hit，数据直接从 Cache 中取给 DSP。相反，如果请求的内存地址的数据不在 Cache 中，Tag 不匹配或相应的 Valid 无效，则称为 Miss。

（9）Victim Buffer（Victim 缓冲）：Cache 中的一条 Cache Line 为新的 Line 腾出空间的过程称为驱逐（Evict），被驱逐的 Cache Line 被称为 Victim（Line）。当 Victim Line 是 Dirty 的时，为了保持数据一致性，数据必须写回到下一级存储器中。Victim Buffer 保存 Vitim 直到它们被写回到下一级存储器中。

（10）Miss Pipelining（缺失流水）：对连续的缺失进行流水操作，提高对缺失处理的效率，降低阻塞（Stall）周期。

（11）Touch：对一个给定地址的存储器操作，被称为 Touch 那个地址。Touch 也可以指的是读数组元素或存储器地址的其他范围，唯一目的是分配它们到一个特定级别 Cache 中。一个内核中心循环用作 Touch 一个范围的内存，是为了分配它到 Cache 中，经常被称为一个 Touch 循环。Touch 一个数组是软件控制预取数据的一种形式。

5.4.1　直接映射 Cache——L1P Cache

直接映射 Cache 的工作原理可以参照 C66x L1P Cache。任何时候内核访问 L2 SRAM 或外部空间中的指令，指令都被调入 L1P Cache。

1. 读缺失

如果一个程序从地址 0020h 取出，假设那个 Cache 是完全无效的，意味着 Cache 中没有

Cache Line 包含该数据的缓存,这就是一个读缺失。

一个行帧的有效状态被 Valid (V) 位指示:Valid 位为 0 表示相应的 Cache Line 是无效的,也就是说,不包含被 Cache 缓存的数据。

当核请求读地址 0020h,Cache 控制器把这个地址分为三块(Tag、Set 和 Offset),如图 5.2 所示。

Set 部分(bits 13～5)指示地址映射到哪一个 Set(如果是直接映射 Cache,一个 Set 等于一个行帧)。对于地址 0020h,Set 部分检测为 1。

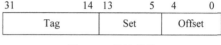

图 5.2　地址分块

然后控制器检测 Tag (bits 31～14)和 Valid 位。由于我们假设 Valid 位为 0,控制器寄存器是一个缺失,也就是说被请求的地址没有包含在 Cache 中。一个缺失也意味着:为了容纳请求地址的行,一个行帧会被分配。然后控制器从存储器取行(0020h～0039h),并存数据到行帧 1。地址的 Tag 部分存储在 Tag RAM 中,Valid 位变成 1 用以指示该 Set 包含有效数据。取出的数据同时也发送给核,访问结束。一个地址的 Tag 部分之所以必须被存储,这是因为当地址 0020h 再次被访问时会更清楚该地址已经被 Cache 缓存。

2. 读命中

Cache 控制器把地址分割为三个部分:Tag、Set 和 Offset,如图 5.2 所示。Set 部分决定地址映射到哪一个 Set;存储的 Tag 部分用于与请求的地址 Tag 部分比较。这个比较是必要的,因为存储器中多个行映射同一 Set,通过 Tag 可以判断出请求的地址是否映射到 Cache 中。如果访问地址 4020h 也映射到同一个 Set,Tag 部分会不同,因而访问会是一个缺失。如果地址 0020h 被访问,Tag 比较为真且 Valid 位为 1,那么控制器寄存器为一个命中,并发送 Cache Line 中的数据到核,该访问结束。

5.4.2　Cache 缺失的类型

在组相联被讨论之前,最好理解不同类型的 Cache 缺失。Cache 最大的目的是减少平均存储器访问时间。从存储器到 Cache 取一个行帧的数据,对于每个缺失,都会有损失。因而,对于最常使用的 Cache Line,在被其他行替换前,要尽可能多地重复使用。这样一来,初始损失影响最小且平均存储器访问时间变得最短。

Cache 使用相同行帧来存储冲突的 Cache Line,替换一个行帧将导致从 Cache 中驱逐另一个行帧。如果后续驱逐的行帧又被访问,那么访问会缺失且这个行帧必须再次从低速存储器取出。因而,只要一个行帧还会被使用,应避免它被驱逐。

1. 冲突和容量缺失

一个 Set 对应的数据已经被 Cache 缓冲,随后同一个 Set 的其他存储器位置被访问,就会由于冲突导致驱逐,这个类型的缺失被称为冲突缺失。一个冲突缺失的产生是因为一个 Cache Line 在它被使用前因为冲突被驱逐,更深层次的原因可能是因为 Cache 容量被耗尽,从而导致冲突发生。

如果 Cache 容量被耗尽,当缺失发生时,Cache 中的所有行帧被分配,这就是一个容量缺失。如果一个数据组超过重用 Cache 容量,容量缺失发生。当容量耗尽,新行访问从数组开始逐步替代旧行。

确认一个缺失的原因有助于选择相应措施避免缺失。冲突缺失意味着数据访问合乎Cache 大小,但是 Cache Line 因为冲突被驱逐。在这种情况下,我们可能需要改变存储器布局,以便数据访问被分配到存储器中 Cache 没有冲突的地址中。或者,从硬件设计上,我们可以创建多个 Set 保持两个或更多行。因而,存储器的两个行映射到相同 Set 可以都被保持在 Cache 中,相互不驱逐。这就是组相联的 Cache。为了避免容量缺失,需要减少一次操作数据的数量。

2. 强制性缺失

第三类缺失是强制性缺失或首次引用缺失。当数据第一次传入,在 Cache 中没有该数据的缓存,因而肯定发生该类型 Cache 缺失。与其他两种缺失不同,这种缺失不刻意避免,因而是强制的。

5.4.3 组相联 Cache

组相联 Cache 具有多路 Cache 以减少冲突缺失的可能性。C66x L1D Cache 是一个 2路组相联的 Cache,具有 4KB、8KB、16KB 或 32KB 容量,并且 Cache 行尺寸为 64 字节。L1D Cache 的特点在表 5.1 中描述。表 5.2 提供了 L1D 缺失阻塞特征。

表 5.1 L1D Cache 特点

特 征	C66x DSP	C64x DSP
组织	2 路组相联	2 路组相联
协议	读分配 Read Allocate,Writeback	读分配 Read Allocate,Writeback
内核访问时间	1 周期	1 周期
容量	4KB、8KB、16KB 或 32KB	16KB
行尺寸	64 字节	64 字节
替换策略	最近经常使用(LRU)	最近最少使用(LRU)
写缓冲	4 × 128 位	4 × 64 位
外部存储器容量	可配置	可配置

表 5.2 L1D 缺失阻塞特征

参 数	L2 类型			
	0 Wait-State,2×128-bit Banks		1 Wait-State,4×128-bit Banks	
	L2 SRAM	L2 Cache	L2 SRAM	L2 Cache
单个读缺失	10.5	12.5	12.5	14.5
2 并行读缺失(流水)	10.5+4	12.5+8	12.5+4	14.5+8
M 连续的读缺失(流水)	$10.5+3×(M-1)$	$12.5+7×(M-1)$	$12.5+3×(M-1)$	$14.5+7×(M-1)$
M 连续的并行读缺失(流水)	$10.5+4×(M/2-1)+3×M/2$	$12.5+8×(M/2-1)+7×M/2$	$12.5+4×(M-1)$	$14.5+8×(M/2-1)+7×M/2$
在读缺失时 Victim 缓冲清空	破坏缺失流水最大 11 个周期阻塞	破坏缺失流水最大 11 个周期阻塞	破坏缺失流水最大 10 个周期阻塞	破坏缺失流水最大 10 个周期阻塞
写缓冲流出速度	2 周期/条目	6 周期/条目	2 周期/条目	6 周期/条目

与直接映射 Cache 相比,2 路组相联 Cache 的每个 Set 由两个行帧组成:一个行帧在路 0;另一个行帧在路 1。存储器中的一条 Cache Line 仍然映射一个 Set,不过现在可以存入两个行帧中的任一条。从这个意义上讲,一个直接映射的 Cache 也可以被看成一个 1 路 Cache。组相联的 Cache 架构如图 5.3 所示。与直接映射类似,除了两个 Tag 比较不一样(组相联的 Cache 中多路都进行 Tag 比较),Cache 命中和缺失的机理相似。

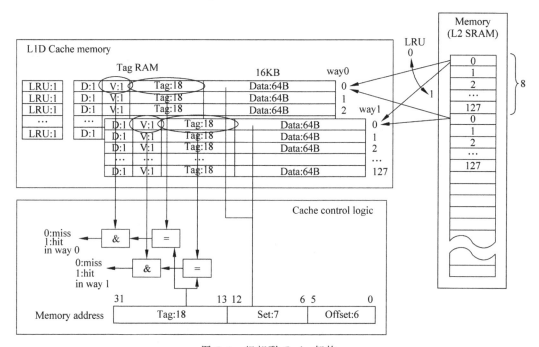

图 5.3　组相联 Cache 架构

1. 读缺失

如果两路都为读缺失,数据首先从存储器被取出。LRU(Least Recently Used)位决定 Cache 行帧被分配在哪一路中。每个 Set 有一个 LRU 位,可以被认为是一个开关。如果 LRU 位是 0,行帧在路 0 被分配;如果 LRU 位是 1,行帧在路 1 被分配。任何时候只要存在一个到该行帧的访问,LRU 的状态位就被改变。当一路被访问,LRU 位总是切换到相反的路,为的是保护最近使用的行帧不被驱逐。

基于位置原理,最近最少使用原则(LRU)被用来在同一 Set 里选择一个行帧作为被驱逐的行,用于保存新的 Cache 数据。

2. 写缺失

L1D 是一个读分配的 Cache,意味着在读缺失时一个行帧被分配到 Cache。在一个写缺失时,数据通过一个写缓冲被写到更低级存储器,不会因此而产生新的 L1D Cache 关系。写缓冲有 4 个条目(entry),在 C66x 器件中每个 entry 是 128 位宽。

3. 读命中

如果在路 0 有一个读命中,该行帧的数据在路 0 被访问;如果在路 1 有一个读命中,该行帧的数据在路 1 被访问。

4. 写命中

在一个写命中活动中,数据被写到 Cache,但是不是立即传递到更低的存储器。这种类型的 Cache 被称为写回 write-back Cache,因为数据被一个内核的写访问修改并且在之后被写回到存储器。为了写回被修改的数据,哪一行被核写回必须清楚。为了实现这个目的,每条 Cache Line 具有一个 Dirty 位和它相关。最初,Dirty 位是 0。只要核写到一个被 Cache 的行,相应的 Dirty 位被设置。因为读缺失冲突,当 Dirty 的行需要被驱逐,它会被写回到存储器。如果那一行没有被修改(Clean Line),它的内容被丢弃。例如,假设行在 Set 0,路 0 被内核写,LRU 位指示在下一个缺失时路 0 将会被替换;如果内核当前产生一个到存储器位置映射到 Set 0 的地址的读访问,当前的 Dirty 行首先写回到存储器,随后新数据被存储到这个行帧。一个写回可能被程序发起,通过发送一个写回命令到 Cache 控制器。

5.4.4 二级 Cache

如果在存储器尺寸和访问时间上,Cache 和主存储器之间有较大差别,二级 Cache 被引进用于减少更多存储器访问数量。二级 Cache 基本操作方式与 1 级 Cache 相同;然而,2 级 Cache 在容量上更大。1 级和 2 级 Cache 相互作用如下:一个地址在 L1 缺失就传给 L2 处理;L2 使用相同的 Valid 位和 Tag 比较来决定被请求的地址是否在 L2 Cache。L1 命中直接从 L1 Cache 得到服务,并不需要牵涉 L2 Cache。

与 L1P 和 L1D 一样,L2 存储空间可以被分成一个可寻址的内部存储器(L2 SRAM)和一个 Cache (L2 Cache)部分。与 L1 Cache 只有读分配(read allocate)不一样,L2 Cache 是读分配和写分配(write allocate)的 Cache。L2 Cache 只被用来 Cache 缓存外部存储器地址,然而,L1P 和 L1D 被用于 Cache 缓存 L2 存储器和外部存储器地址。L2 Cache 特征概述如表 5.3 所示。

表 5.3 L2 Cache 特征

特　　征	C66x DSP	C64x DSP
组织方式	4 路组相联	4 路组相联
协议	读分配和写分配	读分配和写分配
	写回	写回
容量	32KB、64KB、128KB 或 256KB	32KB、64KB、128KB 或 256KB
行尺寸	128B	128B
替换策略	最近使用(LRU)	最近最少使用(LRU)
外部存储器容量	可配置	可配置

1. 读缺失和读命中

考虑一个内核读请求的场景,即访问可被 Cache 缓存的外部存储器地址,而 Cache 在 L1 缺失(可能是 L1P 或 L1D)。如果地址也在 L2 Cache 缺失,相应的行会引入 L2 Cache。LRU 位决定了哪路行帧被分配到其中。如果行帧包含 Dirty 数据,在新行被取出前,首先会写回到外部存储器(如果这一行的数据也包含在 L1D,在 L2 Cache Line 被发送给外部存储器前,首先会写回到 L2。为保持 Cache 一致性,这个操作是需要的)。最新分配的一行形成一个 L1 Line 并包含请求的地址,然后传送给 L1。L1 在其 Cache 存储器中存储该行,并最后发送请求的数据到内核。如果在 L1 中新行替换一个 Dirty 行,它的内容首先写回到 L2。如果地址是一个 L2 命中,相应的行直接从 L2 传到 L1 Cache。

2. 写缺失和写命中

如果一个核写请求到一个外部存储器地址在 L1D 中缺失,它将被通过写缓冲传送给 L2。如果对于这个地址 L2 检测到一个缺失,相应的 L2 Cache Line 被从外部存储器取出,被用内核写操作修改并被存入分配的行帧中。LRU 位决定哪路行帧用于分配给新数据。如果行帧包含 Dirty 数据,它会在新行取出前首先被写回到外部存储器。注意新行没有存储进 L1D,因为它只是一个 read-allocate Cache。如果地址是一个 L2 命中,相应的 L2 Cache Line 直接更新为核写的数据。

3. 外部存储地址 Cache 能力

L2 SRAM 地址总是 Cache 缓存进 L1P 和 L1D,然而,默认状态下,外部存储地址在 L1D 和 L2 Cache 中,被分配为不可 Cache 缓存的。因此,Cache 能力必须首先被用户明确使能。注意 L1P Cache 是不被配置影响的,并且总是 Cache 缓存外部存储器地址。如果地址是不可 Cache 缓存的,任何存储器访问(数据访问或程序取)无须分配行到 L1D 或 L2 Cache。

5.5　L1P Cache

C66x 内核中 L1P 与 L1D 上电后默认全为 Cache,与 L1D Cache 不同的是 L1P Cache 为直接映射 Cache。本节描述 L1P Cache 的相关知识。

5.5.1　L1P 存储器和 Cache

L1P 存储器和 Cache 的目的就是最大化程序执行效率。L1P Cache 的可配置性为系统设计提供了灵活性。

L1P Cache 的特点为:L1P Cache 可配置成 0KB、4KB、8KB 和 32KB,存储器保护可配置,Cache 块和全局一致性操作可配置。

L1P 存储器支持最大 128KB 的 RAM 空间(具体参见器件配置情况)。L1P 存储器不能被同一个核内的 L1D、L1P 和 L2 Cache 缓存。

L1P 只能被 EDMA 和 IDMA 写,不能被 DSP 存储写入。L1P 可以被 EDMA、IDMA 和 DSP 访问读取。

L1P 存储器最大的等待状态为 3 周期,等待周期不能被软件配置,这是由具体器件决定的。L1P 存储器等待状态通常为 0 个周期。

为了在一个较高的时钟频率取程序代码并维持一个较大的系统空间,L1P Cache 是很有必要的,并可以把部分或全部的 L1P 都作为 Cache。从 L1P 存储器地址映射的最顶端开始,采用自顶向下的顺序,L1P 把存储器转换为 Cache。最高地址的 L1P 存储器首先被 Cache 缓存。

用户可以通过寄存器控制 L1P Cache 的操作。表 5.4 列出了这些寄存器概要。

表 5.4 L1P Cache 寄存器概要

地　　　址	缩　略　词	寄存器描述
0184 0020h	L1PCFG	L1 程序配置寄存器
0184 0024h	L1PCC	L1 程序 Cache 控制寄存器
0184 4020h	L1PIBAR	L1 程序无效基址寄存器
0184 4024h	L1PIWC	L1 程序无效计数(字)寄存器
0184 5028h	L1PINV	L1 程序无效寄存器

5.5.2　L1P Cache 结构

L1P Cache 是直接映射的 Cache,意味着系统中每个物理存储位置都在 Cache 中有一个可能归属的位置。当 DSP 想取一段代码,DSP 首先要检查请求的地址是否在 L1P Cache 中。为了实现这个功能,DSP 提供的 32 位地址被分割成三段(Tag、Set 和 Offset),如图 5.2 所示。

Offset 占 5b,是因为 L1P 行尺寸为 32 字节。Cache 控制逻辑忽略地址的 0～4 位信息。如果被 Cache 缓存,Set 域指示被 Cache 缓存的数据位于 L1P Cache 中行的地址。Set 域的宽度主要取决于 L1P 被配置为 Cache 的大小。对于任何已经在这些地址被 Cache 缓存的数据,L1P 用 Set 来查找,并检查 Tag,如 Valid 标志位指示在 Tag 中地址是否代表 Cache 中的一个有效的地址。

如果 L1P 读缺失,请求被发给 L2 控制器,数据从系统中的位置中被取出。L1P 缺失可能会,也可能不会直接导致 DSP 阻塞(Stall)。L1P 通常情况下不能被 DSP 写。

替换规则:在所有 Cache 配置中,L1P Cache 都是直接映射的。这意味着每个系统存储位置在 L1P Cache 中有且只有一个对应位置。由于 L1P 直接映射,其替换策略为:每个新的 Cache Line 替换之前被 Cache 的数据。

L1P Cache 结构允许在运行中更改 L1P Cache 的大小,以实现 L1P 模式改变操作。具体操作为向 L1PCFG 寄存器中 L1PMODE 域写入与 L1P Cache 大小相对应的模式设置,对照表如表 5.5 所示。

表 5.5 L1 Cache 配置大小

L1PCFG 中 L1PMODE 设置	L1P Cache 大小	L1PCFG 中 L1PMODE 设置	L1P Cache 大小
000b	0KB	100b	32KB
001b	4KB	101b	最大的 Cache 对应 32KB
010b	8KB	110b	
011b	16KB	111b	最大的 Cache 对应 32KB

L1P Cache 模式的范围取决于实际的 L1P 存储器的大小。例如,如果 L1P 存储器的真实大小为 16KB,那么 L1P Cache 最大为 16KB(L1PMODE 为 111b 对应最大的 Cache)。

当程序发起一个 Cache 模式转换,L1P Cache 使当前内容无效。这样可以保证在更改 Cache Tag 的说明时没有错误的命中发生。

为保证正确的 Cache 缓存行为,使数据无效是必要的,但对于防止由于重新分配 L1P RAM 成为 Cache 而导致的数据丢失,还是不够的。为了安全转换 L1P 模式,应用程序必须遵循以下步骤,如表 5.6 所示。

表 5.6　L1P Cache 模式切换准则

由 此 切 换	到	程序必须执行以下步骤
没有或具有较少 L1P Cache	更多的 L1P Cache	(1) DMA、IDMA 或复制任何影响范围之外的 L1P RAM 数据(如果不需要保存,就不用 DMA); (2) 把想写入的模式写入 L1PCFG 寄存器的 L1PMODE 域; (3) 读回 L1PCFG,这样使 DSP 暂停直到模式转换结束
具有较多的 L1P Cache	没有或具有较少 L1P Cache	(1) 把想写入的模式写入 L1PCFG 寄存器的 L1PMODE 域; (2) 读回 L1PCFG,这样使 DSP 暂停直到模式转换结束

5.5.3　L1P 冻结模式

对于应用层面,L1P Cache 直接支持一种冻结模式。这种模式下允许应用避免 DSP 的数据访问破坏 Cache 中的程序代码。这种特征在中断上下文时十分有用。在冻结模式,L1P 仍然支持命中访问,读命中从 Cache 返回数据。但是,在该模式,既不允许对新的读缺失分配 Cache Line,也不允许现存的 Cache Line 内容被标志为 Invalid。

L1PCC 寄存器的 OPER 域控制 L1P 是正常工作还是被冻结。DSP 可以向 L1PCC 的 OPER 域写 001b 使 L1P 进入冻结模式,向 L1PCC 的 OPER 区域写 000b 使 L1P 进入正常状态。

L1P 冻结模式 Cache 可以通过 CSL 函数被控制:

```
Cache_freezeL1p();
Cache_unfreezeL1p();
```

5.5.4　程序启动的一致性操作

1. 全局一致性操作

在主要的事件如任务切换、L1P 模式改变、存储器保护设置改变等活动中,全局一致性操作使 L1P 与系统同步。全局一致性操作可以在软件控制中使 L1P Cache 全局无效,通过向 L1PINV 寄存器中的 1 位写入 1 发起全局无效操作。

2. 块一致性操作

块一致性操作与全局一致性操作相似,但块一致性只应用于定义好的程序块。L1PIBAR 和 L1PIWC 分别定义块的基址和字数(32 位)。

5.6　L1D Cache

如上一节所述,C66x 内核中 L1P 与 L1D 上电后默认全为 Cache,不同的是 L1D Cache 为两路组相联 Cache。本节描述 L1D Cache 的相关知识。

5.6.1　L1D 存储器和 Cache

L1D 存储器和 Cache 的目的就是最大化数据处理性能。L1D 存储器和 Cache 可配置性为系统设计提供了灵活性。

L1D 存储器和 Cache 具有以下特征。

（1）L1D Cache 可配置成 0KB、4KB、8KB 和 32KB，具备存储器保护功能，可以进行 Cache 块和全局一致性操作。

（2）L1D 存储器不能被同一个核内 L1D、L1P 和 L2 Cache 缓存。L1D 被初始化成全是 Cache。C66x L1D 存储器和 Cache 结构允许转换一部分或全部 L1D 为一个 read-allocate、writeback、两路组相联 Cache。

5.6.2　L1D Cache 结构

L1D Cache 是一个两路组相联 Cache，意味着系统中每个物理存储器位置在 Cache 中具有两个可能的映射位置。当 DSP 试图访问一片数据，L1D Cache 必须检查请求的地址是否保留在 L1D Cache 任一路中。

为此，DSP 提供的 32 位地址被分割成 6 个域，如图 5.4 所示。

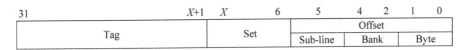

图 5.4　L1D 数据访问地址结构

6 位的 Offset 说明实际上 L1D 行尺寸为 64 字节。Cache 控制逻辑忽略地址的 0～5 位（Byte、Bank 和 Sub-line 域）。0～5 位决定哪个 Bank 及 Bank 中哪个字节被访问，因而它们与 Cache 的 Tag 比较逻辑是无关的。Set 域指示数据如果被 Cache 缓存，将会被保存的 L1D Cache Line 地址。Set 域的宽度取决于用户配置 L1D Cache 的大小，如表 5.5 所示。与检查 Valid 位一样，使用 Set 域来查找并对任何已经从那个地址被 Cache 缓存的数据检查每一路的 Tag 域，Valid 指示 Tag 中的地址是否实际代表一个保存在 Cache 中的有效地址。

Tag 域是地址的高位部分，确定数据元素的真实物理位置。Cache 功能检查 L1D Cache 中两路保存的 Tag。如果一个 Tag 匹配，在读操作时，相应的 Valid 位如果被设置，那么就是一个命中，数据缓存直接从 L1D Cache 中返回数据，否则，读为缺失。DSP 也可以写数据到 L1D。当 DSP 执行存储（store）操作，L1D 执行与读操作类似的 Tag 比较操作。如果发现为一个有效的匹配，写操作就为一个命中，数据被直接写到 L1D Cache 位置。否则，写操作为一个缺失，并且数据在 L1D 写缓冲排队，这个缓冲被用于在写缺失时减少 DSP 阻塞周期。由于 DSP 不等待数据从写操作返回，因而不会在 L2 访问时阻塞。

L1D Cache 配置决定 Set 尺寸和 Tag 域，如表 5.7 所示。

表 5.7   L1D Cache 配置大小

L1DCFG 中 L1DMODE 设置	L1D Cache 大小	'X' Bit 位置	描　述
000b	0KB	N/A	L1D 全为 RAM
001b	4KB	10	32 L1D Cache line
010b	8KB	11	64 L1D Cache line
011b	16KB	12	128 L1D Cache line
100b	32KB	13	256 L1D Cache line
101b	保留,映射为 32KB		
110b			
111b	最大的 Cache 对应 32KB		

5.6.3　L1D 冻结模式

对于应用的操作,L1D Cache 直接支持冻结模式。这个模式允许实时应用在不同代码段执行时(如中断处理程序)限制从 L1D 被驱逐的数据数量。L1D 冻结模式只影响 L1D Cache。L1D RAM 不会被冻结模式影响。

在冻结模式,L1D Cache 正常服务于读命中和写命中,稍微不同的是 LRU 位不被修改。读命中从 Cache 返回数据,写命中更新 Cache Line 中被 Cache 缓存的数据并且根据需要标记为 Dirty;LRU 位没有被更新。在冻结模式,当读缺失时,L1D Cache 不再分配新 Cache Line,也不会驱逐任何已经存在的 Cache 内容。

写缺失在 L1D 写缓冲中被正常排队。在冻结模式,L1D Cache 仍然正常响应从 L2 发起的 Cache 一致性命令(snoop-read、snoop-write),与任何程序发起的 Cache 控制一样(writeback、invalidate、writeback-invalidate 和模式切换)。L1D 的冻结模式对 L2 是否分配 Cache Line 没有影响。同样地,L2 的冻结模式对 L1D 是否分配 Cache Line 没有影响。L1DCC 寄存器中的 OPER 域控制 L1D 冻结模式。通过写 1 到 OPER 域,DSP 把 L1D 置为冻结模式;通过写 0 到 L1DCC 寄存器 OPER 域,DSP 恢复 L1D 为正常操作状态。

L1DCC 寄存器 POPER 域保存 OPER 域以前的值。L1DCC 寄存器 OPER 域的值复制到 L1DCC 寄存器 POPER 域。这缓解了在被写之前读 L1DCC 寄存器的读开销周期(为了保存 OPER 以前的值)。

当用户需要执行一个写操作到 L1DCC 寄存器,执行以下操作。

(1) L1DCC 寄存器中 OPER 域的内容复制到 POPER 域。

(2) POPER 域失去之前的值。

(3) OPER 域根据 DSP 写 L1DCC 寄存器 bit 0 的值更新,因而,写 L1DCC 寄存器只修改了 L1DCC 的 OPER 域。

为了确保 L1PCC 寄存器更新了,软件必须在执行一个写操作到 L1PCC 寄存器之后紧跟一个读 L1PCC 寄存器的操作,这确保请求的模式生效。程序不能用一个写操作直接修改POPER 域。

5.6.4　程序发起的 Cache 一致性操作

C66x L1D Cache 支持程序发起的 Cache 一致性操作,这些操作或操作在块地址,或操作在整个 L1D Cache。

以下 Cache 一致性操作被支持。

（1）失效（Invalidate）：有效的 Cache Line 被设置成无效，受影响的 Cache Line 被废弃。

（2）写回（Writeback）：所有 Dirty 的 Cache Line 写回到更低级别的存储器。

（3）写回-失效（Writeback-Invalidate）：写回操作之后紧接着是失效操作，只有 Dirty 的 Cache Line 被写回到更低级别的存储器，但是所有行被失效。

5.7　L2 Cache

通常，L2 被配置为全是 SRAM，可以用于做数据缓冲。不过，L2 也可以配置为 Cache，与 L1P 和 L1D Cache 不同的是，L2 Cache 为 read allocate 和 write allocate 的 4 路组相联 Cache。

5.7.1　L2 存储器和 Cache

在一个使用 C66x 内核的器件中，L2 存储器和 Cache 提供灵活的配置方式，为系统设计提供了灵活性。

L2 存储器和 Cache 具有以下特征：

L2 Cache 可配置成 32KB、64KB、128KB、256KB、512KB 或 1MB（最大值由器件配置决定），具备存储器保护功能，支持 Cache 块和全局一致性操作。

C66x 内核默认配置映射所有 L2 存储器全为 RAM。L2 存储器控制器支持容量为 32KB、64KB、128KB、256KB、512KB 或 1MB 的 Cache，为 4 路组相联 Cache。

L2 Cache 通过一些寄存器来被控制，如表 5.8 所示。

表 5.8　L2 Cache 寄存器概要

地　　址	缩　略　词	寄存器描述
0184 0000h	L2CFG	L2 配置寄存器
0184 4000h	L2WBAR	L2 Writeback 基址寄存器
0184 4004h	L2WWC	L2 Writeback 字（word）数寄存器
0184 4010h	L2WIBAR	L2 Writeback-Invalidate 基址寄存器
0184 4014h	L2WIWC	L2 Writeback-Invalidate 字（word）数寄存器
0184 4018h	L2IBAR	L2 Invalidate 基址寄存器
0184 401Ch	L2IWC	L2 Invalidate 字（word）数寄存器
0184 5000h	L2WB	L2 Writeback 寄存器
0184 5004h	L2WBINV	L2 Writeback-Invalidate 寄存器
0184 5008h	L2INV	L2 Invalidate 寄存器
	MARn	存储器属性寄存器

5.7.2　L2 Cache 结构

L2 Cache 是一个读和写分配（read allocate 和 write allocate）的 4 路组相联 Cache。为

了跟踪 L2 Cache Line 的状态,L2 Cache 控制器包含一个 4 路 Tag RAM。L2 Tag 中的地址结构是一个 Cache 和 RAM 分割的函数,由 L2CFG 寄存器 L2MODE 域控制。

L2 数据访问地址结构如图 5.5 所示。

图 5.5　L2 数据访问地址结构

7 位的 Offset 说明 L2 行尺寸实际上为 128 字节。Cache 控制逻辑忽略地址的这部分域。数据如果被 Cache 缓存,Set 域指示数据将会存进每路中 L2 Cache Line 的地址。Set 域的宽度取决于用户配置 L2 为 Cache 的大小,如表 5.9 所示。

表 5.9　L2 Cache 配置大小

L2CFG 中 L2MODE 设置	L2 Cache 大小	'x' Bit 位置	描　　　述
000b	0KB	N/A	L2 全为 RAM
001b	32KB	12	64 L2 Cache Line
010b	64KB	13	128 L2 Cache Line
011b	128KB	14	256 L2 Cache Line
011b	256KB	15	512 L2 Cache Line
100b	512KB	16	1024 L2 Cache Line
110b	1024KB	17	2048 L2 Cache Line
111b	最大的 Cache 对应 1024KB		

L2 控制器用 Set 域查找,并检查任何已经被 Cache 缓存的数据每一路的 Tag 域。同时控制器检查 Valid 位,以确认 Cache Line 的内容对 Tag 比较是否有效。

注意:总的来说,一个大的 L2MODE 值指定一个大的 Cache 尺寸,最大为器件有效的 L2 存储器容量。

Tag 域是指示 Cache Line 的物理位置地址的高位部分。Cache 对一个给定的地址与存储的所有 4 路的 Tag 域进行比较。如果任何一个 Tag 匹配成功并且 Cache 数据是 Valid,那么访问就为命中,数据元素直接从 L2 Cache 读或直接写到 L2 Cache 位置。否则,就是一个缺失。当 L2 从系统存储器位置取完整的行时,请求者保持阻塞。

L2 Cache 的替换机制为典型的(LRU)机制。

5.7.3　L2 冻结模式

L2 Cache 提供一个冻结模式。L2 Cache 的内容在这种模式被冻结(也就是说,在正常操作时不会更新)。L2 冻结模式允许一个实时应用在不同代码段期间(如中断服务程序)限制从 L2 驱逐数据的数量。用 L2CFG 寄存器 L2CC 域来设置这种模式。冻结模式只影响 L2 Cache 的操作。同样地,L1 的冻结模式不影响 L2 Cache。

在冻结模式,L2 Cache 正常响应读和写命中。L2 直接发送读和写缺失到外部存储器,就像 L2 Cache 不存在。当冻结时,L2 不分配新的 Cache Line。在冻结模式,只可能由程序发起的 Cache 一致性操作从 L2 驱逐 Cache Line。

5.7.4　程序发起的 Cache 一致性操作

L2 存储器架构支持多种一致性操作,分成两种基本类型:到一个指定地址范围的块操作和操作一个或更多 Cache 的全部内容的全局操作。下面列出了存储器支持的 Cache 一致性操作。

(1) 失效(Invalidate):有效的 Cache Line 被设置成无效,受影响的 Cache Line 内容被废弃。

(2) 写回(Writeback):Valid 和 Dirty 的 Cache Line 内容被写到更低级别存储器中。

(3) 写回失效(Writeback-invalidate):写回操作紧跟一个失效,只有受影响的 Cache Line 内容被写回到更低级别的存储器,但是所有行都失效了。

1. 全局一致性操作

全局一致性操作在整个 L2 Cache 上执行。一些全局一致性操作也会影响 L1 Cache。表 5.10 列出了所有 L2 全局一致性命令和它们在每个 Cache 上执行的操作。

表 5.10　全局一致性操作

Cache 操作	使用的寄存器	L1P 影响	L1D 影响	L2 影响
L2 写回	L2WB	没影响	所有更新的数据写回 L2 或外部存储器,但 L1D 中 Cache 关系保持有效	所有更新的数据写回外部存储器,但 L2 中 Cache 关系保持有效
L2 写回并失效	L2WBINV	所有在 L1P 的行失效	所有更新的数据写回 L2 或外部存储器,所有 L1D 中的行无效	所有更新的数据写回外部存储器,所有 L2 中的行无效
L2 失效	L2INV	所有在 L1P 的行失效	所有 L1D 中的行无效,更新的数据被废弃	所有 L2 中的行无效,更新的数据被废弃

程序发起全局 Cache 一致性操作通过写 1 到每个 L2WB、L2WBINV 和 L2INV 寄存器中相应的寄存器位。操作完成后,程序可以查询相应的寄存器位以决定什么时候命令结束。

以下给出如何使用 L2WBINV 寄存器的示例。

```
L2WBINV = 1; /* Write back and Invalidate anything held in cache. */
/* ------------------------------------------------------------- */
/* OPTIONAL: Spin waiting for operation to complete. */
/* ------------------------------------------------------------- */
while ((L2WBINV & 1) != 0)
;
```

对于这些命令的完成,硬件实现查询,不需要软件参与。然而,当全局命令正在进行时,硬件可能使程序阻塞。不考虑 L2 冻结的状态,全局一致性操作正常工作。而且,全局一致性操作不会改变 L2 冻结的状态。

2. 块一致性操作

块一致性操作具有与全局一致性类似的功能,但是块一致性操作只能应用于一个限定的数据块。块通过相关寄存器中的基地址和字长度来确定。表 5.11 为块 Cache 操作。

表 5.11   块 Cache 操作

Cache 操作	使用的寄存器	L1P 影响	L1D 影响	L2 影响
L2 写回	L2WBAR L2WWC	没影响	所有更新的数据写回 L2 或外部存储器,但 L1D 中保持有效	所有更新的数据写回外部存储器,但 L2 中 Cache 关系保持有效
L2 写回并失效	L2WIBAR L2WIWC	所有范围内的 L1P 行失效	所有更新的数据写回 L2 或外部存储器,所有范围内的行在 L1D Cache 中失效	所有更新的数据写回外部存储器,所有范围内的行在 L2 中失效
L2 失效	L2IBAR L2IWC	所有范围内的 L1P 行失效	所有地址范围内的行在 L1D 中失效,更新的数据被废弃	所有范围内的行在 L2 中的 Cache 关系失效,更新的数据被废弃

程序通过写一个字的地址到基地址寄存器发起块 Cache 操作,然后写一个字的计数到计数寄存器(写 1 到 WC 表示 4 个字节)。如有必要,C66x 内核需严格实施以下准则。

(1) 每次只有一个程序发起的一致性操作正在进行中。

(2) 当另一个块或全局 Cache 一致性操作在进行中,写到 L2XXBAR 或 L2XXWC 导致阻塞。

L2XXBAR/L2XXWC 用于建立块 Cache 操作机制,允许用户指定范围,最小颗粒度为字。然而,存储器系统操作粒度以 Cache Line 为单位,因而,所有覆盖范围的行被执行。

对于 C66x DSP,推荐程序等待块一致性操作完成后再继续。为了执行一个块一致性操作,执行以下命令。

(1) 写起始地址到 L2XXBAR 寄存器。

首先,写一个非 0 值到 L2XXBAR 寄存器设置了下一个 Cache 一致性操作的基地址。

(2) 写字计数到 L2XXWC 寄存器。

写一个非 0 值到 L2XXWC 发起这个操作。在一个 Cache 操作之后或正在操作中,程序必须依赖 L2XXBAR 的内容。最好的方式是:程序应该总是先写一个新值到 L2XXBAR,然后再写 L2XXWC。

(3) 通过以下途径之一等待完成。

①执行一个 MFENCE 指令(推荐);②查询 L2XXWC 寄存器直到字计数域读为 0。

MFENCE 指令对于 C66x DSP 是新的,它使 DSP 阻塞直到所有未完成的存储器操作完成。

当一个块 Cache 操作正在进行中,读 L2XXWC 返回一个非 0 的值,当它完成返回为 0。无论 L2 是否为冻结状态,块一致性操作正确地工作。

5.7.5   Cache 能力控制

在一些应用中,访问一些指定的地址可能需要从它们物理位置读(如 FPGA 中的状态寄存器、多核共享的控制信号等)。L2 控制器提供寄存器组,用来控制特定范围内的存储器是否可以 Cache 缓存、是否一个或更多请求者实际被允许访问这些范围。这些寄存器指的是 MAR(存储器属性寄存器)寄存器。

注意：使用 C 语言中 volatile 关键字不能保护一个变量不被 Cache 缓存。

如果一个应用使用一个周期性被外部硬件更新的存储器位置，为了在 C 代码中保护这个操作，需要遵循以下两步：

(1) 使用 volatile 关键字阻止代码产生工具不正确地优化变量。

(2) 用户必须设置覆盖范围包含该变量的 MAR 寄存器，以阻止 Cache 缓存功能。

1. MAR 功能

每个 MAR 寄存器为 2b：许可复制(Permit Copies，PC)和外部可预取(Prefetchable Externally，PFX)。每个 MAR 寄存器的 PC 位控制 Cache 功能是否可以保持被影响地址范围的一份复制。如果 PC = 1，影响的地址范围可以被 Cache 缓存；如果 PC = 0，影响的地址范围不可以被 Cache 缓存。每个 MAR 寄存器的 PFX 位用来向 XMC 表达一个给定地址范围是否可以预取。如果 PFX = 1，影响的地址范围是可以预取的；如果 PFX = 0，影响的地址范围是不可以预取的。

2. 特殊 MAR 寄存器

MAR0~MAR15 代表 C66x 内核中保留的地址范围，并按如下处置：

(1) MAR0 是一个只读寄存器。MAR0 的 PC 总是被读为 1。

(2) MAR1~MAR11 与内部和外部配置地址空间相对应。因而，这些寄存器是只读的，并且 PC 域总是被读为 0。

(3) MAR12~MAR15 与 MSMC 存储器对应。这些是只读寄存器，PC 总是读为 1。这使得 MSMC 存储器通过其最初地址范围访问总是在 L1D 内可被 Cache 缓存。

MAR 寄存器定义如图 5.6 所示，存储器属性寄存器(MARn)域描述如表 5.12 所示。

图 5.6 MAR 寄存器结构

说明：R 表示只读；W 表示只写；-n 表示复位后的值；SRW 表示只被管理者读写。

表 5.12 存储器属性寄存器(MARn)域描述

位	域	值	描　　述
31~4	Reserved	0	Reserved
3	PFX	0	存储器范围不可以预取
		1	存储器范围可以预取
2~1	Reserved	0	Reserved
0	PC	0	存储器范围不可以 Cache 缓存
		1	存储器范围可以 Cache 缓存

存储器属性寄存器 MAR 地址对照表见附录 B，其中列出了各 MAR 寄存器地址、描述和定义属性的地址范围。MAR 寄存器只能被管理代码修改。

5.8　使用 Cache

如何正确地使用 Cache 是提升内核综合处理能力的一个重要因素。本节描述如何正确
配置 Cache。

5.8.1　配置 L1 Cache

器件加载后的状态取决于特定的 C66x 器件，器件可能加载成全为 Cache、全为 SRAM
或为两者混合。对于 C6678，L1P 加载后全为 Cache。

在程序代码中执行相应的(CSL)命令(Cache_L1psetSize()、Cache_L1dsetSize())可以
改变 L1P 和 L1D Cache 尺寸。

此外，在连接命令文件(Linker Command File)中，如果存储器被用作 SRAM 则其必须
被指定。因为 Cache 不能被连接器用作代码或数据放置，所有连接命令文件中的段必须连
接到 SRAM 或外部存储器。

5.8.2　配置 L2 Cache

在加载时，L2 Cache 被禁用，所有 L2 被配置为 SRAM(可寻址的内部空间)。如果
SYS/BIOS 被使用，L2 Cache 功能被自动使能；否则，在程序代码中 L2 Cache 可以通过使
用相应的(CSL)命令 Cache_L2setSize()使能。

此外，在连接命令文件中，如果存储器被用作 SRAM，则其必须被指定。因为 Cache 不
能通过连接器被用作代码或数据位置，所有连接命令文件的段必须连接到 SRAM 或外部存
储器。

对于 L1D 和 L2，用户可以通过控制外部存储器以决定地址是否被 Cache 缓存或不被
Cache 缓存。每个 16MB 外部存储器地址空间由一个 MAR 寄存器控制(MAR 寄存器值为
0 表示不被 Cache 缓存，值为 1 表示可被 Cache 缓存)。例如，为使能外部存储器 Cache 范
围 8000 0000h～80FF FFFFh，可以使用 CSL 函数 CHE_enableCaching(Cache_MAR128)
设置 MAR128 为 1(PC=1)。外部存储器空间 MAR 位被设置后，通过核的新地址访问会
被 Cache 缓存。如果它被设为不被 Cache 缓存，访问数据会简单地从外部存储器发送给核，
而不会被存在 L1D 或 L2 Cache。

注意：程序取 L1P 总是被 Cache 缓存的，无论 MAR 的设置如何。

在加载时，外部存储地址空间的 Cache 功能是被禁用的。

以下描述假设 L2 存储器容量为 2048KB，并且 L1P 及 L1D 都是 Cache。对于具有不同
的 L2 尺寸的 C66x 器件，具体参数需查相应的器件数据手册。

连接命令文件配置 1792KB SRAM 和 256KB Cache，如示例 5.1 所示。

请求的 CSL 命令顺序使能外部存储器位置的 Cache 并使能 L2 Cache，如示例 5.2 所
示。通过设置相应的 MAR 位，第一个命令允许 Cache 缓存第一个外部存储空间的 16MB。
最后，L2 Cache 尺寸被设置为 256KB。

图 5.7 显示对于有 2048KB L2 存储器的 C66x 器件，所有 Cache 配置的可能情况。在
其他 C66x 器件中配置略有不同。

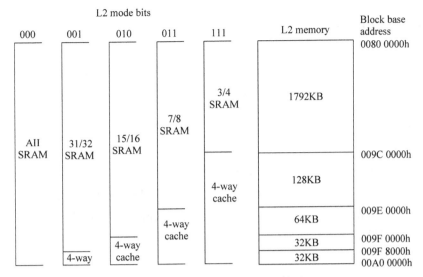

图 5.7 L2 存储器配置 Cache 情况

注意：当 L2 Cache 尺寸增大，高位存储器地址被占用。

L2 Cache 尺寸设置如示例 5.1 和示例 5.2 所示。

注意：不要在 MEMORY 指示中定义将被用作或加载起来作为 Cache 的存储器。对于连接器放置代码或数据的位置，存储器是无效的。如果要使用 L1D SRAM、L1P SRAM，首先通过减少 Cache 尺寸使 RAM 是可用的。数据或代码必须连接到 L2 SRAM 或外部存储器，然后在运行中被复制到 L1。

【示例 5.1】 C66x 连接命令文件。

```
MEMORY
{
    L2SRAM: origin = 00800000h length = 001C0000h
    CE0: origin = 80000000h length = 01000000h
}
SECTIONS
{
    …
    .external > CE0
}
End of 示例
```

【示例 5.2】 C66x 使能 Cache 的 CSL 命令顺序。

```
# include < csl.h >
# include < csl_Cache.h >
…
Cache_enableCaching(Cache_CE00);
Cache_setL2Size(Cache_256KCache);
End of 示例
```

5.9 数据一致性

通常,如果多个设备(如内核或外围设备)共享可被 Cache 缓存的存储器区域,Cache 和存储器可以变得不一致。了解数据一致性产生的机理,有助于正确使用 Cache。本节介绍数据一致性的相关知识。

考虑如图 5.8 所示的系统,以下描述步骤(1)到(3)与图对应。假设内核访问一个存储器位置,这导致其后该存储器相应的行被分配在 Cache 中(1)。随后,外围设备写数据到同一物理位置,这些数据打算被用于内核读取和处理(2)。然而,因为这个存储器的值保留在Cache 中,存储器访问会命中 Cache,内核从 Cache 中读旧数据而不是从物理位置中读新数据(3)。如果核写数据到被 Cache 缓存的存储器位置,同时该数据要被外围设备读,相似的问题出现了,外围设备读的是物理位置的旧数据而不是 Cache 中的新数据。这些情况下,Cache 和存储器被称为不一致。

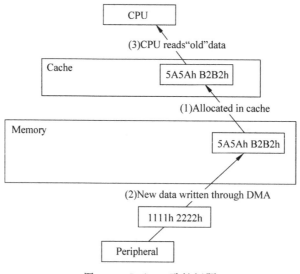

图 5.8 Cache 一致性问题

如果存在以下情况,需要考虑一致性问题。

(1) 多个请求者(CORE 数据通道、CORE 取指令通道、外围设备、DMA 控制器、其他外部实体)共享一个存储器区域用于数据交换。

(2) 这个存储器区域可以被至少一个设备 Cache 缓存。

(3) 该区域中的一个存储器位置已经被 Cache 缓存。

(4) 这个存储器位置被修改(被任何设备)。

因此,如果一个存储器位置被分享、被 Cache 缓存,并被修改,这就存在 Cache 一致性问题。

通过基于 snoop 命令的一种硬件 Cache 一致性协议,对于内核访问和 EDMA/IDMA 访问,C66x DSPs 自动保持 Cache 一致性。

在一个 DMA 读和写访问时,一致性机制被激活。当一个 DMA 读一个被 Cache 缓存的 L2 存储器位置,数据直接从 L1D Cache 传到 DMA,不需要被 L2 SRAM 更新。在一个 DMA 写,数据传送到 L1D Cache 并在 L2 SRAM 中更新。

在以下情况中,需要靠编程人员来维护 Cache 一致性。

(1) DMA 或其他外部实体写数据或代码到外部存储器,然后被内核读。

(2) 内核写数据到外部存储器,然后被 DMA 或其他外部实体读。

(3) DMA 写代码到 L2 SRAM,然后被内核执行(这种情况在 C621x/C671x 和 C64x DSPs 硬件协议中被支持,但在 C66x DSPs 中不被支持)。

(4) 内核写代码到 L2 SRAM 或外部存储器,然后被该内核执行。

为了这个目的,Cache 控制器提供多种命令允许手动保持 Cache 一致性。

5.9.1 Snoop 一致性协议

Cache 控制器使用基于 Snoop 的协议来维持 L1D Cache 和 L2 SRAM 之间的 DMA 访问一致性。通常,snooping 是由更低级存储器发起的一个 Cache 操作,用来检查请求的地址是否在更高级的存储器中被 Cache 缓存(valid),如果是,则相应的操作被触发。C66x Cache 控制器支持以下 snoop 命令:L1D Snoop-Read 和 L1D Snoop-Write。

1. DMA 访问 L2 SRAM 的 Cache 一致性协议

为了说明 snooping,假设一个外围设备通过 DMA 写数据到一个分配在 L2SRAM 的输入缓冲中。然后内核读取、处理、输出缓存该数据,数据最终通过 DMA 发送到其他外围设备。

一个 DMA 写的过程如图 5.9 所示,并按如下步骤执行。

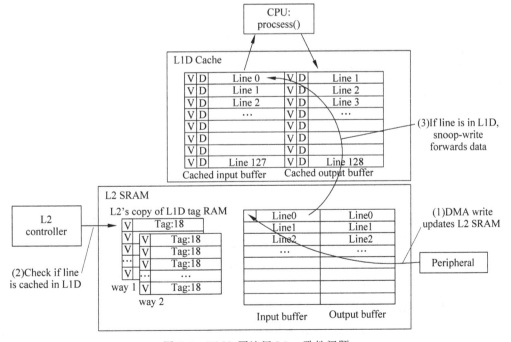

图 5.9 DMA 写访问 L2 一致性问题

（1）外围设备请求一个写访问到 L2 SRAM 的一行，该行映射到 L1D 的 set 0。

（2）L2 Cache 控制器检查其 L1D tag RAM 的本地副本，并确定刚刚被请求的行是否被 L1D Cache 缓存（通过检查 Valid 位和 Tag 位）。如果该行没有被 L1D Cache 缓存，不需要进一步的行动，数据被写入存储器。

（3）如果该行在 L1D 被 Cache 缓存，L2 控制器更新在 L2 SRAM 的数据，并通过执行一个 snoop-write 命令直接更新 L1D Cache。注意 Dirty 位不影响这个操作。

一个 DMA 读的过程如图 5.10 所示，并按如下步骤执行。

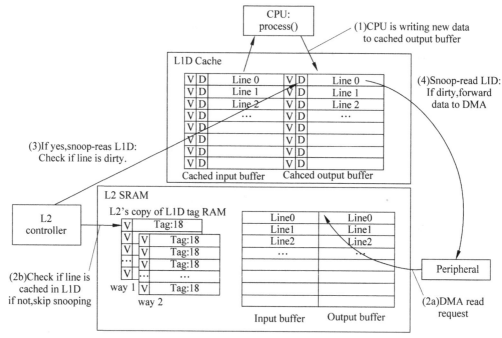

图 5.10　DMA 读访问 L2 一致性问题

（1）内核写结果到输出缓冲。假设输出缓冲被预先分配在 L1D。因为缓冲是被 Cache 缓存的，只有被 Cache 缓存的复制数据更新，而不是在 L2 SRAM 中的数据更新。

（2）当外围设备执行一个 DMA 读请求到 L2 SRAM 中的存储器位置，控制器检查以决定包含请求存储器位置的行是否被 L1D Cache 缓存。在这个例子中，我们已经假设它是被 Cache 缓存的。然而，如果它没有被 Cache 缓存，不需要进一步的操作发生，且外围设备会完成读访问。

（3）如果该行被 Cache 缓存，L2 控制器发送一个 snoop-read 命令给 L1D。snoop 首先检查以确定相应的行是否为 Dirty。如果不是，外围设备允许完成读访问。

（4）如果 Dirty 位被设置，snoop-read 导致数据被直接传给 DMA，无须把它写到 L2 SRAM。这正是这个例子的情况，因为我们假设内核已经把数据写到输出缓冲了。

2. L2 SRAM 双缓冲例子

假设数据从一个外围设备读入、处理并写到另一个外围设备，这是一个典型的信号处理应用场景，数据流如图 5.11 所示。当内核正在对一对缓冲（如 InBuffA 和 OutBuffA）的数据进行处理，外围设备使用另外一对缓冲（InBuffB 和 OutBuffB）正在写、读数据，这样

DMA 数据传输可以与核处理并行执行。示例中,假设 InBuffA 已经被外围设备填充,流程如下。

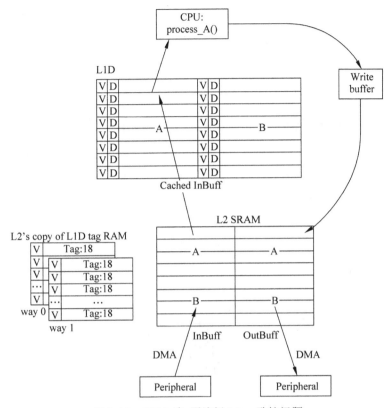

图 5.11　DMA 读、写访问 L2 一致性问题

（1）当内核正在处理 InBuffA 中的数据,InBuffB 正在被填充。InBuffA 的行被分配到 L1D。数据正在被内核处理,并被通过写缓冲写到 OutBuffA（注意 L1D 只是 read-allocate 的）。

（2）当外围设备正在用新数据填充 InBuffA,第二个外围设备正从 OutBuffA 读,并且内核正在处理 InBuffB。对于 InBuffA,L2 Cache 控制器通过 snoop-writes 自动向前传输数据到 L1D。对于 OutBuffA,由于没有被 L1D Cache 缓存,没有必要进行 snoop 操作。

（3）缓冲又被交换,一直下去。

对每个 Cache 缺失,为了得到最高的回报（对被 Cache 缓存的数据而言）,使 L2 SRAM 缓冲中放入多条 L1D Cache Line 可能是有益的。伪码如示例 4.3 所示,显示一个双缓冲如何设计实现。

【示例5.3】　L2 SRAM DMA 双缓冲代码。

```
for (I = 0; i <(DATASIZE/BUFSIZE) - 2; i += 2)
{
  /* ------------------------------------------------- */
  /* InBuffA -> OutBuffA Processing */
  /* ------------------------------------------------- */
  <DMA_transfer(peripheral, InBuffB, BUFSIZE)>
  <DMA_transfer(OutBuffB, peripheral, BUFSIZE)>
```

```
            process(InBuffA, OutBuffA, BUFSIZE);
            /* -------------------------------------------------------- */
            /* InBuffB -> OutBuffB Processing */
            /* -------------------------------------------------------- */
            <DMA_transfer(peripheral, InBuffA, BUFSIZE)>
            <DMA_transfer(OutBuffA, peripheral, BUFSIZE)>
            process(InBuffB, OutBuffB, BUFSIZE);
        }
    End of 示例
```

5.9.2 在外部存储器和 Cache 之间维持一致性

考虑相同的双缓冲情景,但是缓冲位于外部存储器。因为 Cache 控制器在这种情况下不会自动维持一致性,程序员需要考虑一致性的问题。内核从外围设备读取数据并进行处理,之后通过 DMA 写数据到另外一个外围设备。但是现在数据传输通过 L2 Cache,如图 5.12 所示。假设传输已经发生了,InBuff 和 OutBuff 都被 Cache 缓存进 L2 Cache,并且

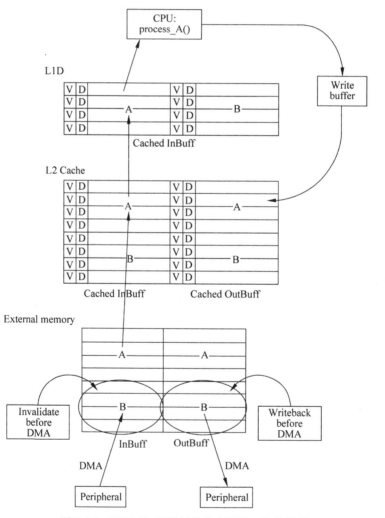

图 5.12　DMA 读、写访问外部存储器一致性问题

被 Cache 缓存进 L1D。更进一步假设内核已经完成对 InBuffB 的处理,结果填充了 OutBuffB,并正要开始处理 InBuffA 的行,即将开始引入新数据传输到 InBuffB,同时 OutBuffB 中的结果也要传到外围设备。为了维持一致性,在 DMA 传输开始前,所有映射外部存储器输入缓冲的 L1D 和 L2 Cache 的行需要被 invalidate。采用这个方法,当下次从外部存储器输入缓冲读数据时,内核会重新分配这些行。相似地,在 OutBuffB 被传输给外围设备前,数据首先必须从 L1D 和 L2 Cache 被写回到外部存储器。通过执行一个 writeback 操作,数据写回操作就被执行了。这是必要的,内核写数据只写到 OutBuffB 存储器位置的 Cache 缓存备份中,而数据可能还保存在 L1D 和 L2 Cache 中。

　　CSL(Chip Support Library)提供一组程序用于发起需要的 Cache 一致性操作。外部存储器中缓冲的起始地址和字节数需要被指定。

```
Cache_invL2(InBuffB, BUFSIZE, Cache_WAIT);
Cache_wbL2(OutBuffB, BUFSIZE, Cache_WAIT);
```

　　如果 Cache_WAIT 被使用,程序等待直到操作完成,这是推荐的做法。如果 Cache_NOWAIT 被使用,程序发起操作并立即返回。这允许内核继续执行程序,同时一致性操作在后台执行。

　　然而,需要小心,必须确保内核没有访问 Cache 控制器正在操作的地址。因为这可能导致非预期的结果。为了确保一致性操作执行完,程序 Cache_wait()可以在 DMA 传输被发起之前使用。

　　示例 5.4 中的伪码准确展示了 Cache 一致性调用和 DMA 传输必须发生的顺序。

　　【示例 5.4】　外部存储器 DMA 双缓冲代码。

```
for (i = 0; i <(DATASIZE/BUFSIZE) - 2; i += 2)
{
    /* ------------------------------------------------------ */
    /* InBuffA - > OutBuffA Processing */
    /* ------------------------------------------------------ */
    Cache_InvL2(InBuffB, BUFSIZE, Cache_WAIT);
    < DMA_transfer(peripheral, InBuffB, BUFSIZE)>
    Cache_wbL2(OutBuffB, BUFSIZE, Cache_WAIT);
    < DMA_transfer(OutBuffB, peripheral, BUFSIZE)>
    process(InBuffA, OutBuffA, BUFSIZE);
    /* ------------------------------------------------------ */
    /* InBuffB - > OutBuffB Processing */
    /* ------------------------------------------------------ */
    Cache_InvL2(InBuffA, BUFSIZE, Cache_WAIT);
    < DMA_transfer(peripheral, InBuffA, BUFSIZE)>
    Cache_wbL2(OutBuffA, BUFSIZE, Cache_WAIT);
    < DMA_transfer(OutBuffA, peripheral, BUFSIZE)>
    process(InBuffB, OutBuffB, BUFSIZE);
}
End of 示例
```

　　在一致性操作之外,所有 DMA 缓冲是 L2 Cache Line 对齐的,而且是 Cache Line 大小的整数倍。可以按照如下操作实现。

```
# pragma DATA_ALIGN(InBuffA, Cache_L2_LINESIZE)
# pragma DATA_ALIGN(InBuffB, Cache_L2_LINESIZE)
# pragma DATA_ALIGN(OutBuffA, Cache_L2_LINESIZE)
# pragma DATA_ALIGN(OutBuffB, Cache_L2_LINESIZE)
unsigned char InBuffA [N * Cache_L2_LINESIZE];
unsigned char OutBuffA[N * Cache_L2_LINESIZE];
unsigned char InBuffB [N * Cache_L2_LINESIZE];
unsigned char OutBuffB[N * Cache_L2_LINESIZE];
```

或者，CSL 宏 Cache_ROUND_TO_LINESIZE(Cache，element count，element size)可以被用来自动向上取整对齐队列到下一个 Cache Line 尺寸倍数的位置。第一个参数为 Cache 的类型，可以为 L1D、L1P 或 L2。

数组定义可以看起来如下。

```
unsigned char InBuffA [Cache_ROUND_TO_LINESIZE(L2, N, sizeof(unsigned char))];
unsigned char OutBuffA[Cache_ROUND_TO_LINESIZE(L2, N, sizeof(unsigned char))];
unsigned char InBuffB [Cache_ROUND_TO_LINESIZE(L2, N, sizeof(unsigned char))];
unsigned char OutBuffB[Cache_ROUND_TO_LINESIZE(L2, N, sizeof(unsigned char))];
```

5.9.3　对 L2 Cache 一致性操作使用指导

表 5.13 为 C66x 器件可用的 L2 Cache 一致性操作概览。注意这些操作总是操作在 L1P 和 L1D 上，即使 L2 Cache 被禁用。表 5.13 诠释如下。

(1) 首先，Cache 控制器操作在 L1P 和 L1D 上。

(2) 然后，一致性操作在 L2 Cache 上被执行。

表 5.13　L2 Cache 一致性概览

范围	一致性操作	CSL 命令	L2 Cache 上的操作	L1D Cache 上的操作	L1P Cache 上的操作
有效范围	Invalidate L2	Cache_invL2 (start address，byte count，wait)	所有在范围内的行 invalidate（任何 Dirty 数据被忽略）	所有在范围内的行 invalidate（任何 Dirty 数据被忽略）	所有在范围内的行 in-validate
	Writeback L2	Cache_wbL2 (start address，byte count，wait)	在范围内的 Dirty 行写回，所有行保持 valid	在范围内的 Dirty 行写回，所有行保持 valid	无
	Writeback Invalidate L2	Cache_wbInvL2 (start address，byte count，wait)	在范围内的 Dirty 行写回。所有范围内的行 invalidate	在范围内的 Dirty 行写回。所有范围内的行 invalidate	所有在范围内的行 in-validate
所有 L2 Cache	Writeback All L2	Cache_wbAllL2 (wait)	所有 L2 中的 Dirty 行写回。所有行保持有效	所有范围内的行 in-validate，所有 L1D 的 Dirty 行写回。所有行保持 valid，L1D snoop-invalidate	无
	Writeback Invalidate All L2	Cache_wbInvAllL2 (wait)	所有 L2 中的 Dirty 行被写回。所有 L2 的行 invalidate	所有在 L1D 中的 Dirty 行被写回。所有在 L1D 的行 inval-idate	所有在 L1P 的行 invali-date

注意：一个行被 Cache 缓存进 L1P 或 L1D,未必被 Cache 缓存进 L2。一个行可能被从 L2 驱逐,不一定被从 L1P 或 L1D 驱逐。

重要提示：尽管起始地址和字节计数被指定,Cache 控制器总是操作在整个行上。因而,为了维持一致性,数组必须如下。

(1) L2 Cache Line 倍数大小。

(2) 在 L2 Cache Line 分界处对齐。

一条 L2 Cache Line 长 128 字节。Cache 控制器操作在所有被指定地址范围涉及的行上。注意最大字节数可以被指定为 4×65535 字节(在一些 C66x 器件上最大为 4 × 65408 字节,参考器件手册),也就是说,一个 L2 Cache 操作可以操作最多 256KB。如果被操作的外部存储器缓存更大,多个 Cache 操作必须被执行。如果核与 DMA(或其他外部实体)分享一个可 Cache 缓存的外部存储空间区域,才需要用户发起 L2 Cache 一致性操作。也就是说,在以下场景需要一致性操作,当内核读被 DMA 写的数据或 DMA 读被内核写的数据时,最安全的规则就是,在任何 DMA 传输对外部存储器读或写之前,执行一个 Writeback-Invalidate All。然而,这种做法的缺点是,可能需要更多的 Cache Line 被操作,而导致更大的开销。一个精准的方法更加有效,首先,它只需要操作在那些真实包含共享缓冲的 Cache Line 上;其次,以下三种场景可以被区别对待,如表 5.14 所示。

表 5.14 L2 Cache 一致性操作

场　　景	需要的一致性操作
DMA/Other 读的数据被内核写	在 DMA/Other 开始读之前 Writeback L2
DMA/Other 写的数据(代码)将被内核读	在 DMA/Other 开始之前 Invalidate L2
DMA/Other 修改被内核写的数据之后又将被内核读回	在 DMA/Other 开始写之前 Writeback-Invalidate L2

在场景 3,DMA 可能修改被核写的数据且数据被内核读回。例如,内核在一个外围设备写到缓冲前初始化存储器(如把它清 0)。在 DMA 开始之前,被核写的数据需要被传到外部存储器并且缓冲必须被 Invalidate。

5.9.4 对 L1 Cache 一致性操作使用指导

表 5.15 和表 5.16 显示 C66x 器件可用的 L1 Cache 一致性操作概览。

表 5.15 L1D Cache 一致性操作

范围	一致性操作	CSL 命令	L1D Cache 上的操作
有效范围	Invalidate L1D	Cache _ invL1d （start address,byte count,wait)	所有范围内的行 invalidate (任何 Dirty 数据被忽略)
	Writeback L1D	Cache _ wbL1d （start address,byte count,wait)	范围内的 Dirty 行被写回。所有行保持 valid
	Writeback Invalidate L1D	Cache_wbInvL1d (start address,byte count, wait)	范围内的 Dirty 行写回。所有范围内的行 invalidate
所有 L1D Cache	Writeback All L1D	Cache_wbAllL1d （wait)	所有在 L1D 的 Dirty 行被写回。所有行保持 valid
	Writeback Invalidate All L1D	Cache_wbInvAllL1d （wait)	所有在 L1D 的 Dirty 行被写回。所有行 invalidate

表 5.16 列出了 L1P Cache 一致性操作。

表 5.16　L1P Cache 一致性操作

范　　围	一致性操作	CSL 命令	L1D Cache 上的操作
有效范围	Invalidate L1P	Cache_invL1p(start address, byte count, wait)	所有范围内的行 invalidate
所有 L1P Cache	Invalidate All L1P	Cache_wbInvAllL1p (wait)	所有 L1P 的行 invalidate

注意：尽管一个起始地址和一个字节计数被指定，Cache 控制器操作总是在整个行上。因而，为维护一致性的目的，数组必须如下。

(1) L1D Cache Line 大小的倍数。

(2) 对齐 L1D Cache Line 分界线。

一个 L1D Cache Line 是 64 字节。Cache 控制器操作在所有指定地址范围涉及的行上。注意最大字节数可以被指定为 4×65535。表 5.17 中列出了 Cache 一致性操作必须被执行的场景。

表 5.17　需要 L1 一致性操作的场景

场　　景	需要的一致性操作
DMA/Other 写代码到 L2 SRAM 将要被内核执行	在内核开始执行前 Invalidate L1P
内核修改在 L2 SRAM 或外部存储器的代码，该代码将被内核执行	在内核开始执行前 Invalidate L1P 和 Writeback-Invalidate L1D

5.10　片上 Debug 支持

C66x DSPs 提供片上 Debug 功能用于 Debug Cache 一致性问题。C66x 存储器系统允许仿真直接访问个别 Cache 并报告 Cache 状态信息(Valid、Dirty、LRU 位)。

用户可以通过 CCS IDE 中 Memory 窗口的显示功能，获得 Debug 能力。如果怀疑出现 Cache 一致性问题，可以遵循以下步骤：首先，确保排除任何不可预测的、影响内核访问一致性的操作，这需要先排除除了 Cache 一致性以外的其他原因。其次，确保缓冲对齐 L2 Cache Line 边界以减少虚假地址(False Addresses)。为了达到这个目的，存储器窗口提供可视的 Cache Line 边界标记，帮助用户很容易确定是否对齐。

下一步，确保正确使用 Cache 一致性操作，如下。

(1) 在完成 invalidate 一致性操作之后暂停内核执行，但是必须在第一次 DMA 写访问之前。

(2) 核实此刻缓冲中没有行是 Dirty 的。为了检查该信息，用户可以使能存储器分析功能(通过属性窗口，任何 Dirty 行会被显示成醒目的字体格式)。

(3) 继续内核执行。

(4) 在第一次内核读之前再次暂停内核。

(5) 确定缓冲仍然是 invalidate 并且包含期望的新数据。如果存在问题或数据被 Cache 缓存，用户可以使用 Cache 旁路复选框去观察在外部存储器中的数据内容。

5.11 在运行中改变 Cache 配置

5.11.1 禁用外部存储器 Cache 功能

在 Cache 功能被使能后,通常是不需要禁用外部存储器 Cache 功能的。然而,如果确实需要,就必须考虑。如果 MAR 中 PC 位被从 1 变到 0,已经被 Cache 缓存的外部存储器地址保持 Cache 关系,并且访问那些地址仍为命中。如果外部存储器地址在 L2 缺失,MAR 位是唯一的参考(这包括 L2 是全 SRAM 的情况,因为没有 L2 Cache,这也可以被解释为一个 L2 缺失)。如果在各个外部存储器地址空间中所有地址被设置成不可 Cache 缓存,首先需要被 write back 和 invalidate。

5.11.2 在运行中改变 Cache 尺寸

在运行中改变 Cache 尺寸可能对一些应用是有必要的,例如,有的任务把 L2 作为 SRAM,将程序、一些全局变量等都放在 L2 SRAM 更有利;有的程序把 L2 大部分作为 Cache 更有利。

当 Cache 尺寸被改变时,需要按照一定的步骤执行以保证正确性。改变 L2 Cache 尺寸的具体步骤如表 5.18 所示,该步骤适用于 L1P 和 L1D Cache。

表 5.18 为 L1P、L1D 和 L2 改变 Cache 尺寸的步骤

切换到	执 行
更多 Cache (更少 SRAM)	(1) 用 DMA 或复制方式将需要的代码/数据移出将被转换为 Cache 的 SRAM; (2) 等待步骤(1)完成; (3) 改变 Cache 大小,使用 Cache_setL1pSize()、Cache_setL1dSize() 或 Cache_setL2Size()
更少 Cache (更多 SRAM)	(1) 减小 Cache 大小,使用 Cache_setL1pSize()、Cache_setL1dSize() 或 Cache_setL2Size(); (2) DMA 或复制回任何需要的代码/数据; (3) 等待步骤(2)完成

5.12 优化 Cache 性能

5.12.1 Cache 性能特征

Cache 性能多半依赖于重用 Cache Line。访问没有被 Cache 缓存的存储器中的一个行会导致内核出现阻塞周期。只要这个行被保留在 Cache 中,随后对该行的访问不会导致任何阻塞。因而,该行在被从 Cache 驱逐前越经常被使用,阻塞周期越少。因此,优化一个应用的 Cache 性能的一个重要目标是最大化 Cache Line 重用这可以通过恰当的代码和数据的存储器布局,以及改变内核存储器访问顺序来实现。

为了执行这些优化,用户必须熟悉 Cache 存储器架构,熟悉在 Cache 存储器中独有的特征,如行大小、关联性、容量、替换机制、读/写分配、缺失流水和写缓冲。

5.12.2　阻塞情况

在 C66x 器件上最常见的阻塞情况如下。

1）交叉路径阻塞(Cross Path Stall)

当一个指令试图通过一个交叉路径去读一个在之前周期被更新的寄存器,一个阻塞周期被引入。编译器在任何可能的时候试图自动避免这些阻塞。

2）L1D 读和写命中

内核访问在 L1D SRAM 或 Cache 命中通常不会导致阻塞,除非与其他请求者存在访问冲突。访问优先级被带宽管理设置控制。

3）L1D Cache 写命中

内核写那些在 L1D Cache 命中的区域通常不会导致阻塞。然而,在高速率情况下,一个写命中流使之前干净的(Clean)Cache Line 变成 Dirty,可以导致阻塞周期。原因是一个 Tag 更新缓冲,其排队缓冲 clean-to-dirty 转换到 L1D Tag RAM 的 L2 复制(这也称为影子 tag RAM,被用于 snoop Cache 一致性协议)。

4）L1D Bank 冲突

L1D 存储器被组织成 8×32 字节块。并行访问都命中 L1D 的同一个 bank,导致 1 个周期阻塞。

5）L1D 读缺失

由于 L2 SRAM、L2 Cache 或外部存储器的行分配,阻塞周期被引入。L1D 读缺失可以被以下情况加长。

① L2 Cache 读缺失:数据必须先从外部存储器取出,阻塞周期数取决于特定的器件和外部存储器类型。

② L2 访问/bank 冲突:L2 每次只可以服务一个请求,访问优先级别由带宽管理设置控制。L2 请求者包括 L1P(Line Fills)、L1D(Line Fills、Write Buffer、Tag Update Buffer、Victim Buffer)、IDMA 或 EDMA 及 Cache 一致性操作。

③ L1D Write Buffer Flush:如果写缓冲包含数据并且一个读缺失发生,在 L1D 读缺失被服务之前,写缓冲首先完全排干。为保持写之后紧跟一个读操作的适当的顺序,这是需要的。通过 L2 访问/bank 冲突和 L2 Cache 写缺失(the Write Buffer Data Misses L2 Cache),写缓冲排干可以被拉长。

④ L1D Victim 缓冲写回:如果 Victim 缓冲包含数据并且一个读缺失发生,在 L1D 读缺失被服务之前,内容首先被写回 L2。对于写后紧随一个读,保持正确的顺序是必要的。写回可以被 L2 访问/bank 冲突加长。

如果没有出现上述阻塞延长的情况,并且两个并行、连续的缺失不在同一 Set,则连续的、并行的缺失将部分重叠。

6）L1D 写缓冲满

如果一个 L1D 写缺失发生,并且写缓冲满,阻塞发生直到一个条目有效。写缓冲排干可以被以下情况加长。

① L2 Cache 读缺失:数据必须首先被从外部存储器取出。阻塞周期数量取决于特定

器件和外部存储器类型。

② L2 访问/bank 冲突：每次 L2 只可以服务一个请求。访问的优先级由带宽管理设置管理。

③ L1P 读命中：在 L1P SRAM 或 Cache 命中，内核访问通常不会导致阻塞，除非一个访问与其他请求者冲突或者到 L1P ROM 的访问具有等待状态。访问优先级由带宽管理设置控制。L1P 请求者包含核程序访问、IDMA、EDMA 和 Cache 一致性操作。

7) L1P 读缺失

对于来自 L2 SRAM、L2 Cache 和外部存储器的行分配，阻塞周期被引入。L1P 读缺失阻塞可以被以下情况加长。

(1) L2 Cache 读缺失：首先数据必须从外部存储器取出。阻塞周期数取决于特定器件和外部存储器。

(2) L2 访问/块冲突：每次 L2 只可以服务一个请求。访问优先级别由带宽管理设置控制。L2 请求者包含 L1P (Line Fills)、L1D (Line Fills、Write Buffer、Tag Update Buffer、Victim Buffer)、IDMA 或 EDMA 和 Cache 一致性操作。

假如没有任何一个以上阻塞加长情况发生，连续的缺失会部分交叠。

图 5.13 显示了 C66x 存储器结构，其中会有所有重要特征的详细描述。

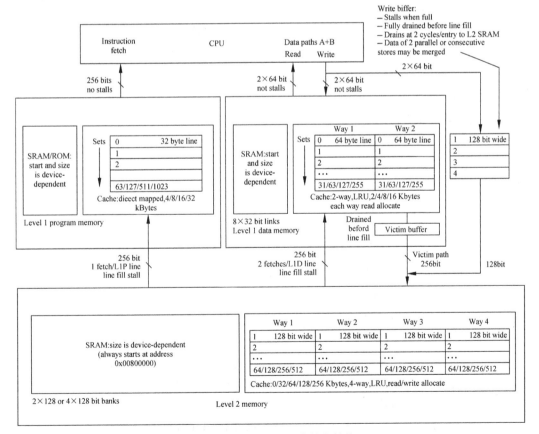

图 5.13　C66x Cache 存储器结构

5.12.3　优化技术概览

优化技术聚焦于 L1 Cache 的效率。因为 L1 特征(容量、关联性、行大小)比 L2 Cache 特征更严格,优化 L1 几乎肯定意味着 L2 Cache 也被高效地使用,而只优化 L2 Cache,则没有很多好处。对于应用中的通用部分,具有很大不可预期的存储器访问,推荐使用 L2 Cache。对时间严苛的信号处理算法,L1 和 L2 SRAM 必须被使用。使用 EDMA 或 IDMA,数据可以被直接流入 L1 SRAM;或使用 EDMA,流入 L2 SRAM。然后,存储器访问可以针对 L1 Cache 优化。有两个重要途径来减少 Cache 间接成本。

1. 减少 Cache 缺失数(在 L1P、L1D 和 L2 Cache)

减少 Cache 缺失数可以通过以下途径获得。

(1) 最大化 Cache 重用。

访问在一条 Cache Line 的所有存储器位置。

在一条 Cache Line 中相同存储器位置必须被重用,越经常越好。或者相同数据被重读或新数据被写到已经被 Cached 的位置,这样随后的读操作会命中。

(2) 只要 Cache Line 还在重用,避免驱逐。

如果数据被分配进存储器,当它被访问时,对应 Cache 路数没有被超出,驱逐可以被阻止(如果比 Cache 可用路数更多的行被映射到同一 Set,路数就被超出)。

如果这不可能,通过在时间上分开访问那些导致更多驱逐的地址,驱逐可以被延长。

同样,可以让行在一个被控制的方式被驱逐,依赖 LRU 替换机制,那样只有行不再被使用时才被驱逐。

2. 减少每个缺失阻塞数

通过充分利用缺失流水实现。

对于优化 Cache 性能,采用 top-down 方式是一个好的策略。在应用级开始,再到过程级,并且如有必要可以考虑算法级优化。应用级优化方法倾向于直接应用,典型地对全局性能提升具有更高的影响。如果必须,使用更低级别优化方法,可以执行微调。

5.12.4　应用级优化

在应用级和系统级,为了实现更佳的 Cache 性能,以下建议是非常重要的。

1. 分配数据流到外部存储器或 L1/L2 SRAM

对于 DSP 内核与一个外围设备或协处理器进行数据流交互的场景,使用 DMA 传送数据流,建议在 L1 或 L2 SRAM 中分配数据缓冲。数据流在 L1 或 L2 存储器分配缓冲,具有以下优点。

(1) L1 和 L2 SRAM 更接近内核,因而,可以减少延迟。如果缓冲被分配在外部存储器,数据会首先通过 DMA 从外围设备写到外部存储器,之后被 L2 Cache 缓存,最后在到达核之前还需要被 L1D Cache 缓存。

(2) 对于通过 Cache 控制器到 L2 SRAM 的数据访问,Cache 一致性自动维护。如果缓冲被分配在外部存储器,用户必须手动执行 L2 Cache 一致性操作,小心地维持数据一致性。

在有些情况下,由于存储器容量限制,缓冲可能必须分配到外部存储器。

（3）由于一致性操作,不会产生额外的延迟。延时可以被认为是添加到用于处理缓冲数据需要的时间。在一个典型的双缓冲机制中,选择缓冲的尺寸时就必须考虑。

对于快速原型应用,应用 DMA 双缓冲机制被认为消耗太长时间,应该尽量避开,分配所有代码和数据在外部存储器,使用 L2 作为全部 Cache 可能会是一个恰当的方法。

一旦正确的应用功能被验证,存储器管理瓶颈和关键的算法可以被确定和被优化。

2. 使用 L1 SRAM

C66x 器件提供 L1D 和 L1P SRAM,可能被用作代码和数据,对 Cache 损失敏感,如:

（1）性能关键的代码和数据;

（2）代码和数据被很多算法共享;

（3）代码和数据被经常访问;

（4）函数具有大的代码尺寸或大的数据结构;

（5）数据结构因不规律的访问会使 Cache 更低效;

（6）流缓冲(如 L2 很小的器件,最好配置为 Cache)。

由于 L1 SRAM 大小是有限的,因此需要很小心地决定什么代码和数据应该分配在 L1 SRAM。分配大量的 L1 SRAM 可能需要减少 L1 Cache 尺寸,对于代码和数据在 L2 和外部存储器的情况,这意味着更低的性能。

L1 SRAM 尺寸可以保持更小,如果代码和数据可以根据需要被复制到 L1 SRAM,使用代码、数据覆盖。IDMA 可被用来快速地从 L2 SRAM 寻找代码或数据。如果代码、数据要从外部存储器寻找,EDMA 必须被使用。然而,非常频繁的寻找可能会导致比用缓冲更高的代价。因而在 SRAM 和 Cache 尺寸之间,需要一个权衡。

3. 区分信号处理和常规处理代码

在一个应用中,区分信号处理类型和常规处理类型可能非常有益。常规处理通常包含控制流和条件分支,这些代码没有呈现多少并行性,而且执行依赖很多条件,处理的过程通常是不可预测的。

也就是说,数据存储器访问大多数是随机的,访问程序存储器是线性的,具有很多分支,这使得优化更加困难。因而,在 L2 SRAM 足够保留整个应用的代码和数据的情况下,推荐分配常规代码和相关的数据到外部空间并且允许 L2 Cache 去处理存储器访问。这使得对性能严苛的信号处理代码,有更多的 L2 存储空间可用。对于不可预测的常规代码类型,L2 Cache 应当被设置成尽可能大。Cache 可以被配置在 32~256KB。

DSP 代码和数据可能从被分配到 L2 SRAM 或 L1 SRAM 中获益。分配进 L2 SRAM 减少间接 Cache 损失,并给用户更多对存储器访问的控制,因为只有 L1 Cache 被包含,其行为更加容易分析。在内核访问数据的方式上,允许用户修改一些算法或改变数据结构,以提供更加 Cache 友好的存储器访问形式。分配进 L1 SRAM 消除全部 Cache,并且除了 bank 冲突,不需要存储器优化。

5.12.5　过程级优化

随着数据和函数被分配进存储器的方式以及函数被调用的方式的改变,过程级优化需要被考虑。那些基于线性的存储器模型实现的算法(如 FIR 滤波等),不需要对单个算法进行优化。只有当通过算法访问的数据结构优化产生更高效的 Cache 使用时,算法才需要被优化。在多数情况下,过程级优化是有效的。除了一些算法(如 FFT),为了利用 Cache,其算法结构必须被修改。一个 Cache 优化的 FFT 在 C66x DSP 库(DSPLIB)中提供。

过程级优化的目标是减小 Cache 缺失的数量和一个缺失相关的阻塞周期。通过减少被 Cache 缓存的存储器数量和重用已经被 Cache 缓存的行,可以减少缺失的数量。可以通过避免驱逐和写入到预分配的行实现重用。通过利用缺失流水,一个缺失的阻塞周期可以被减少。

我们可以区分以下三种不同读缺失场景:

(1) 所有工作集的数据、代码都纳入到 Cache(按照定义没有容量缺失),但是冲突缺失发生。通过在存储器中连续性分配代码或数据,冲突缺失可以被减少。

(2) 数据集比 Cache 大,连续分配,并且没有重用。冲突缺失发生,但是没有容量缺失(因为数据没有被重用)。冲突缺失可以被减少,如通过交叉 Cache Set。

(3) 数据集比 Cache 更大,容量缺失(因为一些数据被重用)并且冲突缺失发生。通过将数据的 Set 分开并且每次只处理一个 Set,冲突和容量缺失可以被减少。这个方法指的是分割数据组,并且一次处理一个组。

采用链式(chain)处理,除了 chain 中的第一个算法为强制性缺失,在链式处理中一个算法的结果成为下一个算法的输入,这样减少 Cache 缺失的机会。

以下介绍一些应用场景中,过程级 Cache 优化设计的经验。

1. 通过选择相应的数据类型减少存储器带宽需求

数据类型选择需要确保存储器效率。例如,如果数据长度最大是 16bit,应该被声明为 short 类型而不是 integer。这减半了数组对存储器的需求,也减少了了强制缺失因子,使其为 2。典型地,接受新数据类型只需要算法中的一个小改变。因为更小的数据容器可以允许 SIMD 优化被编译器执行,算法可以执行得更快。

2. 链式处理

链式处理通常的流程是一个算法的结果作为下一个算法的输入。如果算法操作与链式处理流程不匹配(也就是说,结果放置的数组和输入不同),会产生较大的 Cache 缺失损失。例如,输入数组被分配进 L1D,但是输出通过写缓冲被传送到下一个更低存储器级(L2 或外部存储器)。然后,当下一个算法读该数据时,又承受缺失的代价。相反,如果第一个算法的输出被写到 L1D,然后数据可以从 Cache 中直接被重用,则无须引起 Cache 阻塞。对链式处理,有很多可能的配置。链式处理概念示意如图 5.14 所示。

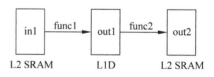

图 5.14　链式处理示意图

3. 避免 L1P 冲突缺失

在这个读缺失场景,所有工作集代码适合 Cache(定义没有容量缺失),但是冲突缺失发生。存储器地址映射到相同 Set 并且没有包含在同一 Cache Line 会互相驱逐。

编译和连接不会考虑 Cache 冲突，在执行过程中不适当的存储器布局可能导致冲突缺失。通常，这可以通过在存储器中连续分配在一些本地时间窗内访问的代码解决。

考虑示例 5.5 的代码：假设 function_1 和 function_2 已经被连接器放置，并且它们在 L1P 中交叠，如图 5.15 所示。当 function_1 第一次被调用，它被分配进 L1P 导致 3 个缺失（1）。一个紧接着调用的 function_2 导致其代码被分配在 L1P，导致 5 个缺失（2）。这也会驱逐 function_1 的部分代码（Cache Line 3 和 4），因为这些行在 L1P 交叠（3）。当在下一个循环，function_1 又被调用，这些行必须被调进 L1P，却又将被 function_2 驱逐。因而，对于所有随后的循环，每个函数调用导致两个缺失，每个循环共 4 个 L1P 缺失。这些类型缺失被称为冲突缺失。通过分配两个函数代码到不冲突的 Set，这些冲突可以被完全避免。最直接的方式是在存储器连续放置两个程序代码。

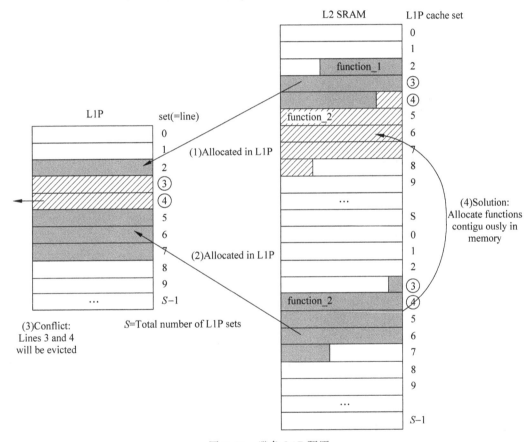

图 5.15　避免 L1P 驱逐

注意：也可以移动 function_2 到任何与 function_1 没有 Set 冲突的位置，这也可以阻止驱逐。然而，第一个方法有优势，用户不必担心绝对地址位置，只需简单改变函数在存储器中的顺序。

【示例 5.5】　L1P 冲突。

```
for (i = 0; i < N; i++)
{
```

```
        function_1();
        function_2();
    }
    End of 示例
```

注意：采用代码产生工具 5.0(CCS 3.0)或以后版本,为了强制一个指定的连接顺序,GROUP 编译指示必须被使用。

有以下两种方法用于在存储器连续分配函数。

1) 使用编译器选项-mo

使用编译器选项-mo,放置每个 C 和线性汇编函数到自身的独立段中,汇编函数必须用.sect 指令放置到段中。

在这个例子中,段名是.text:_function_1 和.text:_function_2。现在,连接命令文件可以被指定为:

```
...
SECTIONS
{
    .cinit > L2SRAM
    .GROUP > L2SRAM
    {
        .text:_function_1
        .text:_function_2
        .text
    }
    ...
}
```

连接器会按照 GROUP 声明中指定的顺序连接所有段。在这个例子中,function_1 代码接着的是 function_2,然后接着的是分配在该段的其他函数,在源代码中不需要被改变。然而,小心使用-mo 编译器优化选项,可能导致总的代码量增大,因为任何包含代码的段会在 32 字节分界线对齐。

注意,连接器只能放置完整段,而不是分配存在于相同段的每个函数。如果预编译的库或对象文件多个函数在一个段或没有用-mo 编译,则没有办法重新分配每个函数到不同的段,除非重新编译库。`

2) 使用 SECTION 编译指示

为了避免使用-mo 的缺点,通过使用 SECTION 编译指示,只有那些需要连续放置的函数可以被分配到单独段中。

```
#pragma
CODE_SECTION 在函数定义前:
#pragma CODE_SECTION(function_1,".funct1")
#pragma CODE_SECTION(function_2,".funct2")
void function_1(){…}
void function_2(){…}
```

连接命令文件可以被指定如下:

```
...
SECTIONS
{
    .cinit > L2SRAM
    .GROUP > L2SRAM
    {
        .funct1 .funct2
        .text
    }
    ...
}
```

在同一个循环中或者在一些时段中反复被调用的函数,可以考虑被重新安排。

如果 Cache 容量不足以保持一个循环的所有函数,如果为了获得代码重用、不被驱逐,循环必须被分割。这可能提高对临时缓冲的存储器需求来保持输出数据。假设合并的 function_1 和 function_2 的代码尺寸比 L1P 尺寸更大。在示例 5.6,代码循环被分割,这样两个函数可以从 L1P 重复地被执行,从而显著地减少缺失。然而,临时缓冲 tmp[ ] 必须保持从每次调用 function_1 的所有中间结果,导致了一定的数据依赖性。

【示例 5.6】 代码分割从 L1P 执行。

```
for (i = 0; i < N; i++)
{
    function_1(in[i], tmp[i]);        //代码分割可以在 L1P 执行
}
for (i = 0; i < N; i++)
{
    function_2(tmp[i], out[i]);       //代码分割可以在 L1P 执行
}
End of 示例
```

4. 避免 L1D 冲突缺失

在这个读缺失场景,所有工作集的数据与 Cache 相适应(定义为没有容量缺失),但是冲突缺失发生。下面首先说明 L1D 冲突缺失如何被产生,描述如何通过在存储器中连续分配数据减少冲突缺失。

在一个直接映射的 Cache(如 L1P),如果这些地址不在同一 Cache Line 上,它们会被相互驱逐。然而,在一个 2 路组相联的 L1D Cache,两个冲突行可以被保存在 Cache 中,无须被驱逐。只有当又有第三个存储器位置被分配并映射到相同 Set,之前分配的行的其中一个必须被驱逐(会被驱逐的行由最近使用规则 LRU 决定)。

编译器和连接器不考虑 Cache 冲突。在执行期间,不适当的存储器布局可能导致冲突缺失。通过改变存储器数组布局,可以最大限度地避免被驱逐。通常,对于同一时间窗的数据访问,通过在存储器中连续分配可以避免驱逐。然而,在代码和数据之间不同的是:L1D 是一个 2 路组相联 Cache,L1P 是直接映射的。这意味着在 L1D,两个数据队列可以映射到相同 Set 且在同一时间还驻留在 L1D。以下例子说明了 L1D Cache 的相关性。

假设每个数组是 1/4 总 L1D 容量,这样所有 4 个数组可以装进 L1D。然而,假如我们不考虑存储器布局和声明数组,如下:

```
short in1 [N];
short other1 [N];
short in2 [N];
short other2 [N];
short w1 [N];
short other3 [N];
short w2 [N];
```

　　数组 other1、other2 和 other3 在相同应用中被其他程序使用。假设数组以它们被声明的顺序被连续分配在段.data 中,因为在 L1D 中每一路是总容量的一半,所有存储器位置到相同 Set 是一路大小的间隔。在这个例子中,in1、in2、w1 和 w2 都映射到 L1D 中相同的Set,如图 5.16(a)所示(图中 S 为 L1D Set 的总数目)。注意,这只是许多可能的配置中的一种。确切地配置取决于第一个数组起始地址 in1 和 LRU 位置的状态(这决定了行被分配到哪一路)。然而,就 Cache 性能而言,所有配置是相同的。

　　如图 5.16 所示为点乘例子中数组映射到 L1D Set 的情况。

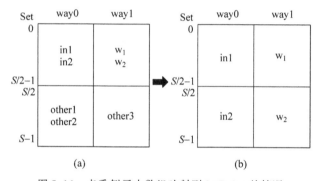

图 5.16　点乘例子中数组映射到 L1D Set 的情况

　　为了减少读缺失,可以在存储器中分配连续数组,如下所示:

```
short in1 [N];
short in2 [N];
short w1 [N];
short w2 [N];
short other1 [N];
short other2 [N];
short other3 [N];
```

　　把程序使用的数组放在一块定义,现在所有数组(in1、in2、w1 和 w2)可以装进 L1D,如图 5.16(b)所示。注意,由于连接器存储器分配规则,不能总是确信数组的连续定义被分配在相同的段(如 const 数组会被替换在.const 段,而不在.data 段)。因而,数组必须被分配到用户定义段中。

　　此外,数组对齐一条 Cache Line 边界用于减少额外的缺失。注意,可能有必要在不同的存储器 bank 对齐数组,以避免 bank 冲突,例如:

```
#pragma DATA_MEM_BANK(in1, 0)
#pragma DATA_MEM_BANK(in2, 0)
#pragma DATA_MEM_BANK(w1, 2)
```

```
# pragma DATA_MEM_BANK(w2, 2)
```

利用缺失流水可以更多地减少 Cache 缺失阻塞。在 L1D 中用户预分配所有数组 in1、in2、w1 和 w2。

因为所有数组在存储器中被连续地分配,调用一个 touch 程序就足够:

```
touch(in1, 4 * N * sizeof(short));
r1 = dotprod(in1, w1, N);
r2 = dotprod(in2, w2, N);
r3 = dotprod(in1, w2, N);
r4 = dotprod(in2, w1, N);
```

5. 避免 L1D 崩溃(Thrashing)

在这个读缺失场景,数据 Set 比 Cache 大,是连续分配的,但是数据没有被重用。冲突缺失发生,但是没有容量缺失(因为数据没有被重用)。本节描述如何减少冲突缺失,如通过交叉分配 Cache Set。如果多于两个读缺失发生在相同 Set,在所有数据访问前驱逐一个行,导致 L1D 崩溃。假设所有数据在存储器中连续地分配,如果被访问总数据集比 L1D 容量更大,这种情况可能发生。通过在存储器连续分配数据集并填充数组强制形成一个交叉映射到 Cache Set,这些冲突缺失可以被完全减少。

例如,如果被分配在存储器中的三个数组 w[ ]、x[ ]和 h[ ]都被分配到相同 Set,L1D 崩溃发生。可以看到任何时候一个数组元素试图被读,都不包含在 L1D。考虑第一个循环迭代,所有三个数组被访问并导致到相同组的三个读缺失。通过在存储器中连续分配数据组并填充数组来强制交叉映射到 Cache Set,冲突缺失可以被完全消除,如图 5.17 所示。

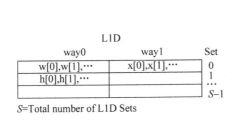
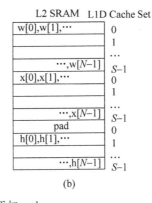

图 5.17 存储器分配添加 pad

例如:

```
# pragma DATA_SECTION(w, ".mydata")
# pragma DATA_SECTION(x, ".mydata")
# pragma DATA_SECTION(pad,".mydata")
# pragma DATA_SECTION(h, ".mydata")
# pragma DATA_ALIGN (w, Cache_L1D_LINESIZE)
short w [N]; short x [N];
char pad [Cache_L1D_LINESIZE];
short h [N];
```

连接命令文件可以被指定:

```
...
SECTIONS
{
    GROUP > L2SRAM
    {
        .mydata:w
        .mydata:x
        .mydata:pad
        .mydata:h
    }
    ...
}
```

6. 避免容量缺失

在这个读缺失场景,数据被重用,但是数据集比 Cache 大,导致容量和冲突缺失。通过分割数据集并每次处理一个子块,这些缺失可以被消除(每个子块比 Cache 小)。这个方法被指为分块(block)或平铺(tiling)。例如,用一个参考向量和 4 个不同输入向,点乘程序被调用 4 次:

```
short in1[N];
short in2[N];
short in3[N];
short in4[N];
short w [N];
r1 = dotprod(in1, w, N);
r2 = dotprod(in2, w, N);
r3 = dotprod(in3, w, N);
r4 = dotprod(in4, w, N);
```

假设每个数组是 L1D 容量的两倍。对于首次调用 in1[ ]和 w[ ],预期为强制缺失。对于剩下的调用,对于 in2[ ]、in3[ ]和 in4[ ],预期为强制缺失;但是会更愿意从 Cache 重用 w[ ]。然而,在每次调用后,因为容量不够,w[ ]起始已经被 w[ ]的结束替代。对于 w[ ],后续调用后又遭受缺失。

如果处理完 in1[ ]的 1/4 并开始处理 in2[ ],可以重用刚刚分配进 Cache 的 w[ ]元素。同样的,在计算完另一个 N/4 输出,跳过去处理 in3[ ]和最后到 in4[ ]。在那之后,开始计算对于 in1[ ]第二个 N/4 输出,……。这个结构代码会看起来像如下这样:

```
for (i = 0; i < 4; i++)
{
    o = i * N/4; dotprod(in1 + o, w + o, N/4);
    dotprod(in2 + o, w + o, N/4);
    dotprod(in3 + o, w + o, N/4);
    dotprod(in4 + o, w + o, N/4);
}
```

上述点乘例子中的存储器分配如图 5.18 所示。

通过利用缺失流水,可以进一步减少读缺失的数目。一旦在循环开始,touch 循环被用来分配 w[ ]。然后在每个点乘调用前,需要的数组被分配:

```
for (i = 0; i < 4; i++)
{
  o = i * N/4;
  touch(w + o, N/4 * sizeof(short));
  touch(in1 + o, N/4 * sizeof(short));
  dotprod(in1 + o, w + o, N/4);
  touch(w + o, N/4 * sizeof(short));
  touch(in2 + o, N/4 * sizeof(short));
  dotprod(in2 + o, w + o, N/4);
  touch(w + o, N/4 * sizeof(short));
  touch(in3 + o, N/4 * sizeof(short));
  dotprod(in3 + o, w + o, N/4);
  touch(w + o, N/4 * sizeof(short));
  touch(in4 + o, N/4 * sizeof(short));
  dotprod(in4 + o, w + o, N/4);
}
```

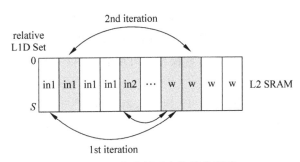

图 5.18　点乘例子存储器分配图

重要提醒:只要两条在相同 Set 的行总是以相同顺序被访问,LRU 策略自动保留命中的行(在这个例子中为 w[])。如果访问的顺序改变,这个 LRU 行为就不能保证,这可以通过在分配下一个 in[]前重新 touch w[]实现。

这样强制 w[ ]成为 MRU 并被保护以免被驱逐。外部 touch 不会消耗很多周期,因为没有 Cache 缺失发生,也就是说需要(行数/2+16)周期。

在这个例子中,数组 w[ ]和 in[]必须和不同的存储器 bank 对齐以免 bank 冲突。

```
#pragma DATA_SECTION(in1, ".mydata")
#pragma DATA_SECTION(in2, ".mydata")
#pragma DATA_SECTION(in3, ".mydata")
#pragma DATA_SECTION(in4, ".mydata")
#pragma DATA_SECTION(w,".mydata") /* this implies #pragma DATA_MEM_BANK(w, 0) */
#pragma DATA_ALIGN(w, Cache_L1D_LINESIZE) short w[N]; /* avoid bank conflicts */
#pragma DATA_MEM_BANK(in1, 2)
short in1[N];
short in2[N];
short in3[N];
short in4[N];
```

7. 避免写缓冲相关的阻塞

L1D 写缓冲可以导致另外的阻塞。通常,写缺失不会导致阻塞,因为写的数据直接通过写缓冲传递给较低层存储器(L2 或外部存储器)。然而,写缓冲的深度被限制在 4 个条目。为了确保每个 128 位宽的条目效率更高,写缓冲把对顺序地址的连续写缺失合并到同一条目。如果写缓冲满了并且另外一个写缺失发生,内核阻塞直到缓冲中的一个条目可用。另外,在读缺失被处理前,一个读缺失会导致写缓冲被完全用光。确保正确的写之后读的顺序是有必要的(导致缺失的读操作可能访问还在写缓冲中的数据)。阻塞周期为排干写缓冲的周期数加上正常的读缺失阻塞周期。

通过在 L1D Cache 中分配输出缓冲,写缓冲相关阻塞会很容易被避免。写会命中 L1D 而不是被传递给写缓冲。

5.12.6　C66x DSP Cache 一致性操作小结

在以上描述中,不存在硬件一致性协议,程序员负责保持 Cache 一致性。为了实现这个目的,C66x DSP 存储器控制器支持程序启动的 Cache 一致性操作。一致性操作包括以下几个。

(1) Invalidate (INV):驱逐 Cache Line 并忽略数据。

(2) Writeback (WB):写回数据,行保留在 Cache 中并被标记为 Clean。

(3) Writeback-Invalidate (WBINV):写回数据并驱逐 Cache Line。

对于 L1P、L1D 以及 L2 Cache,这些操作是可用的。注意 L2 Cache 一致性操作总是首先操作在 L1P 和 L1D 上。

对于 C66x DSP 存储器系统,表 5.19 和表 5.20 列出了一致性矩阵。如果存在于 Cache 中的一个物理地址(L2 SRAM 或外部存储器)的复制在被一个源实体写访问时,一致性矩阵指示对于读访问数据如何使其被目的实体可见。

表 5.19　L2 SRAM Cache 一致性矩阵

源	目　　的	在写访问时行的位置	
(写访问)	(读访问)	L1P Cache	L1D Cache
DMA	DMA	不需要操作,因为内在的一致性(L1P Cache 不会影响可见性)	L1D WB、INV 或 WBINV 以避免潜在地破坏新写的数据:在 DMA 写的时候,行必须不为 Dirty
	CORE 数据路径	不需要操作,因为内在的一致性(L1P Cache 不会影响可见性)	Snoop-write:写到 L2 SRAM 的数据直接传递给 L1D Cache
	CORE Fetch Path 内核取指令路径	L1P INV 用于可见性,在写之后核第一次取指令访问时,行必须被 invalid	L1D WB、INV 或 WBINV 以避免潜在地对新写代码的破坏:在 DMA 写访问时行必须不为 Dirty
CORE 数据路径	DMA	不需要操作,因为内在的一致性(L1P Cache 不会影响可见性)	Snoop-read:数据直接传递给 DMA,无须更新 L2 SRAM
	CORE 数据路径	不需要操作,因为内在的一致性(L1P Cache 不会影响可见性)	不需要操作,因为内在的一致性
	CORE Fetch Path 内核取指令路径	L1P INV 用于可见性:在写之后第一次取指令访问时,行必须被 invalid	L1D WB 或 WBINV 用于可见性:在取指令访问发生前有新代码的 Dirty 行必须已经被写回

表 5.20 外部 SRAM Cache 一致性矩阵

源	目 的	在写访问时行的位置		
（写访问）	（读访问）	L1P Cache	L1D Cache	L2 Cache
DMA/Other	DMA/Other	不需要操作,因为内在的一致性（L1P Cache 不会影响可见性）	L1D WB、INV 或 WBINV 以避免潜在地破坏新写的数据:在 DMA/Other 写的时候,行必须不为 Dirty	L2 WB、INV 或 WBINV 以避免潜在地破坏新写的数据:在 DMA/Other 写的时候,行必须不为 Dirty
	CORE 数据路径	不需要操作,因为内在的一致性（L1P Cache 不会影响可见性）	L1D WB、INV 或 WBINV 以避免潜在地破坏新写的数据:在 DMA/Other 写的时候,行必须不为 Dirty;L1D INV 或 WBINV 用于可见性:在写之后第一次核访问时,行必须为 invalid	L2 WB、INV 或 WBINV 以避免潜在地破坏新写的数据:在 DMA/Other 写的时候,行必须不为 Dirty;L2 INV 或 WBINV 用于可见性:在写之后第一次核访问时,行必须被 invalid
	CORE Fetch Path 内核取指令路径	L1P INV 用于可见性:在写之后核第一次取指令访问时,行必须被 invalid	L1D WB、INV 或 WBINV 以避免潜在地破坏新写的代码:在 DMA/Other 写访问时,行必须不为 Dirty	L2 WB、INV 或 WBINV 以避免潜在地破坏新写的代码:在 DMA/Other 写访问时,行必须不为 Dirty;L2 INV 或 WBINV 用于可见性:在写之后核第一次取指令访问时,行必须被 invalid
CORE 数据路径	DMA/Other	不需要操作,因为内在的一致性（L1P Cache 不会影响可见性）	L1D INV 或 WBINV 用于可见性:在 DMA/Other 读访问时,有新数据的 Dirty 行必须被写回	L2 WB 或 WBINV 用于可见性:在 DMA/Other 读访问发生时,有新数据的 Dirty 行已经被写回
	CORE 数据路径	不需要操作,因为内在的一致性（L1P Cache 不会影响可见性）	不需要操作,因为内在的一致性	不需要操作,因为内在的一致性
	CORE Fetch Path 内核取指令路径	L1P INV 用于可见性:在写之后核第一次取指令访问时,行必须被 invalid	L1D WB 或 WBINV 用于可见性:在内核取指令访问发生时,有新代码的 Dirty 行已经被写回。不需要操作,因为内在的一致性	不需要操作,因为内在的一致性

这可以通过多种方法获得,例如:

（1）使新数据到一个 Cache 或存储器,并对目标实体可见,具体操作包括 snoop-write、L1D WB/WBINV、L2 WB/WBINV。

（2）使新数据直接到目的实体，具体操作为 snoop-read。

（3）从 Cache 中移除 Cache 的复制，使得对于目的实体而言，存储器中保持新数据可见，具体操作为 L1P INV、L1D INV/WBINV、L2 INV/WBINV。

对于目的实体，使数据部分可见也是要确保数据没有被任何驱逐 Dirty 行破坏。如果由于某些原因写入的地址的 Cache 始终是 Dirty 状态，驱逐可以覆盖被其他实体写的数据。驱逐是一部分常规核存储器行为，并且不总是可预测的。在一致性矩阵中指出如何获得一致性。

最通用的场景是 DMA 写入、内核数据路径读（DMA-to-data）和内核数据路径写、之后 DMA 读（data-to-DMA）。对于 DMA 写入、内核取指令（DMA-to-fetch）情况的例子是代码覆盖，对于内核写、内核取指令（data-to-fetch）情况的例子是代码覆盖、复制加载代码（memcpy）和自我修改代码。DMA 写、DMA 读（DMA-to-DMA）是一个典型使用场景，例如，考虑数据被 DMA 写到一个外部地址空间，该空间被指定用于内核数据路径。如果地址被内核缓存进 Cache，而 DMA 写该地址时，首先任何通过潜在地驱逐 Dirty 行、破坏新数据的操作必须被避免；其次，由于数据在 L2 Cache"掩盖下"被写入，新写的数据对于内核必须可见（readable）。通过使行 Clean（通过 writeback 指令）或从 Cache 全部失效（通过 invalidate 指令），可以避免数据破坏。通过 invalidate 相应的地址可以获得数据可见性，从而一个内核读访问从外部存储器获得新数据，而不是 L2 中的旧数据。事实上，用户可能不需要像一致性矩阵指示的那样操作每个行。通过指定起始地址和长度，发起对一块地址的一致性操作。注意零散的内核访问可以降低一致性操作的效果。这里假定零散的内核访问不存在或被消除了。如果没有，那么一个零散访问可能潜在地重新分配或 Redirty 刚刚一致性操作的一个行，甚至是在 DMA 或其他访问期间。这个结果是不可预期的。为了确保一致性矩阵中的需求，提供如下重要的实践经验。

（1）在最后一次写操作之后，发起块一致性操作，一致性操作需要在第一次访问该块前完成。

（2）可见性的需求："在写之后第一次核访问（读数据/取指令：read/fetch）时，行必须为 invaild"。如果没有虚假地址，并且在第一次写之前块一致性操作完成，也可以确保可见性。

（3）避免数据破坏的需要："在 DMA/Other 写的时候，行必须不为 Dirty"。在第一次 DMA/Other 的写访问前，如果块一致性操作完成，可以确保避免数据被破坏，但是多个主设备之间必须没有虚假地址依赖关系。

（4）通过使用 invalidate 操作（没有 writeback），避免数据破坏（虚假地址必须被消除）。

一些可以简化的一致性操作如下。

（1）必须假定一个地址被保留在所有 Cache，因为每个地址在哪里被保存通常是不被知道的。因而，对于一个给定的 source-destination 场景，多种一致性操作必须被执行。然而实际上，在外部存储器场合发起一个 L2 一致性操作是足够的。因为任何 L2 Cache 一致性操作隐含首先操作在 L1D 和 L1P。例外的情况是 data-to-fetch 路径场景，对于 L1D 和 L1P 不同的一致性操作需要被执行（**注意**：与外部存储地址一样，L2 SRAM 也必须执行相同的操作）。

（2）如果可以确定 DMA/Other 不会写 Cache 中 Dirty 的行，在 DMA/Other 访问时

write back 或 Invalidate 相应的行是不需要的。

（3）为了可见性以及避免数据破坏，在第一个写 DMA/Other 访问之前完成一个 INV 或 WBINV 操作，需要执行的两个一致性操作可以合成一个。

注意：该操作只在没有虚假地址时起作用。

图 5.19～图 5.23 显示了在每个场景用户发起的 Cache 一致性操作的正确时序。

图 5.19 所示的场景为外部存储器：DMA 写、CORE 读（数据）。

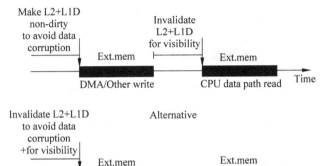

图 5.19　外部存储器：DMA 写、CORE 读（数据）

如图 5.20 所示为外部存储器：DMA 写、CORE 取指令（代码）场景。

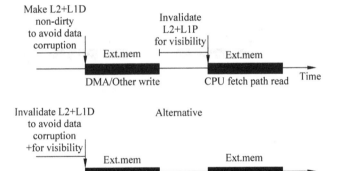

图 5.20　外部存储器：DMA 写、CORE 取指令（代码）

图 5.21 所示的场景为外部存储器：CORE 写、DMA 读（数据）。

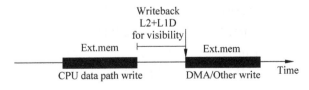

图 5.21　外部存储器：CORE 写、DMA 读（数据）

图 5.22 所示的场景为 L2 SRAM、外部存储器：CORE 写（数据）、CORE 取指令（代码）。

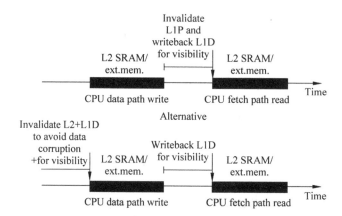

图 5.22　SRAM、外部存储器：CORE 写（数据）、CORE 取指令（代码）

图 5.23 所示的场景为 L2 SRAM：DMA 写、CORE 取指令（代码）。

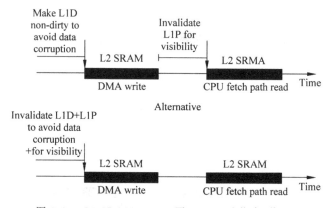

图 5.23　L2 SRAM：DMA 写、CORE 取指令（代码）

5.13　设计建议

5.13.1　消除虚假地址

在一致性矩阵中，假定每个行只包含打算操作的地址，没有打算操作的地址被认为是虚假地址（False Addresses）。如果它们存在，那么：

（1）为内核数据可见性准备的一致性操作的影响可以被破坏。

在一致性矩阵中，注明的条件如果满足，可以确保数据的可见性，例如"在写之后的第一次读，取指令访问时行必须被 invalid"。然而，如果在虚假地址所在行已经 invalid 之后，内核因虚假地址关系而又访问了该行，这一行可能因为虚假地址读缺失导致又被 Cache 缓存，这样在写操作之前数据又为 invallid。

（2）为消除潜在的对被 DMA/Other 新写入的数据的破坏准备的 Cache 一致性操作的影响可能被毁坏。

这种情况在一致性矩阵中标注为"在 DMA/Other 写访问时，行必须不为 Dirty"。然而,在行已经被置成 Clean 或失效(通过 WB、INV 或 WBINV)后,如果内核写到 Cache 中的虚假地址,可能该行又被弄成 Dirty。

(3) 如果这些虚假地址最近被核写,但是还没有写回(Writeback)到物理存储地址,使用 L1D INV 或 L2 INV 会导致数据丢失。

使用 WBINV 代替 INV 会避免这种数据破坏。因为控制内核访问到虚假地址非常困难,强烈推荐消除虚假地址。通过以 L2 Cache Line 边界大小对齐一个外部缓冲起始地址,并使其长度是 L2 Cache Line 大小(128 字节)的整数倍,就可以消除虚假地址。对于 L2 SRAM 地址,L1D Cache Line 大小(64 字节)可能被使用。对于内核数据路径相对于取指令(fetch)路径一致性情况,L1P Cache Line 尺寸(32 字节)可能被使用(不考虑 L2 SRAM 或外部存储器地址)。

5.13.2 数据一致性问题

在多核设计中,如果由于 Cache 功能经常导致数据一致性问题,可以根据需要按照表 5.19 和表 5.20 要求进行数据一致性操作。除了 Cache 会导致一致性问题外,预取也可能导致数据一致性问题,可以参见 4.3.6 节的方法进行预取数据一致性处理。

## 第6章

DMA传输

DMA(Direct Memory Access,直接内存存取)由 DMA 控制器完成将数据从一个地址空间复制到另一个地址空间,当处理器对 DMA 的设置完成后,DMA 控制器负责数据移动,无须处理器内核参与数据移动过程。因而,DMA 可用于实现数据传输和内核处理并行。例如,在存储器中开辟两个数据缓冲:一个用于 DMA 传输,另一个用于内核处理,当内核处理完成后切换这两个数据缓冲的功能就可以实现传输和处理并行。

基于 C66x 内核的处理器具有两种 DMA 传输,一种是 IDMA、另一种是 EDMA3。IDMA 只提供核内部(L1P、L1D、L2、CFG)的数据移动服务,EDMA3 实现器件上两个存储器映射的从终端(Slave Endpoint)之间的数据传输(如 DDR3、MSM SRAM、L2)。C6678 处理器中,IDMA 具有两个通道,EDMA3 具有三个通道控制器和 10 个传输控制器。丰富的 DMA 资源有利于多核的并行设计。例如,通道控制器 EDMA3CC0 优化内部 MSMC 和 DDR3 子系统之间数据传输,多个传输控制器可以实现多个 EDMA3 传输并行。

根据并行任务的特点,配合多个处理器内核,正确使用好 DMA 传输也是提升多核并行软件设计的一个关键。内核处理需要大的数据带宽,而数据存在外部存储器中数据带宽较小,通过 DMA 的使用在处理器内核和外部存储器之间建立了独立于内核操作的数据传输,一定程度上缓解了内核处理和数据传输之间的矛盾。

本章首先介绍了 IDMA、EDMA3 控制器、EDMA3 传输类型、参数 RAM(PaRAM)等相关基本概念,然后介绍了如何发起 DMA 传输,最后给出了提升 DMA 性能的几点建议。

6.1 IDMA

IDMA 是本地存储器与内核间的 DMA,只提供核内部(L1P、L1D、L2、CFG)的数据移动服务。

IDMA 有两个 DMA 通道(通道 0 和通道 1)。

(1)通道 0 可以允许数据在外围设备配置空间(CFG)和任何本地存储空间(L1P、L1D 和 L2)之间传递数据(不能是 CFG 和 CFG 之间)。

(2)通道 1 允许数据在本地存储空间(L1P、L1D 和 L2)之间传递数据。

IDMA 活动可以不需要处理器操作独立执行,DSP 可以执行其他操作,实现数据传输和 DSP 运算并行化。

IDMA 可用于存储器块间突发传输(持续传输),通过中断通知 DSP 传输完成。

6.1.1 IDMA 结构

IDMA 控制器允许在本地存储器之间快速传输数据和快速设置配置寄存器。IDMA 控制器由两个通道组成,通道 0 和通道 1。两个通道之间是相互独立的,支持并行操作。IDMA 操作由一些寄存器控制。IDMA 寄存器如表 6.1 所示。

表 6.1 IDMA 寄存器

寄 存 器	描　　述	寄 存 器	描　　述
IDMA0_STAT	IDMA0 状态寄存器	IDMA1_STAT	IDMA1 状态寄存器
IDMA0_MASK	IDMA0 屏蔽寄存器	IDMA1_MASK	IDMA1 屏蔽寄存器
IDMA0_SOURCE	IDMA0 源地址寄存器	IDMA1_SOURCE	IDMA1 源地址寄存器
IDMA0_DEST	IDMA0 目的地址寄存器	IDMA1_DEST	IDMA1 目的地址寄存器
IDMA0_COUNT	IDMA0 块计数寄存器	IDMA1_COUNT	IDMA1 块计数寄存器

6.1.2 IDMA 通道 0

IDMA 通道 0 用于快速设置位于外部配置空间(CFG)的寄存器,负责从本地存储空间(L1P、L1D 和 L2)传输数据到外部可配置空间。外部可配置空间包括位于 C66x 外部的外围设备寄存器;而内部配置空间包括位于 C66x 核内的寄存器,如被用来控制 L1D Cache 的寄存器是配置空间的一部分。内部配置空间通过 load/store 指令只能被 DSP 访问。IDMA 通道 0 只可以访问外部配置空间,每次访问一块由 32 个连续的寄存器组成的空间。IDMA 通道 0 具有 5 个寄存器,包括状态(Status)、屏蔽(Mask)、源地址(Source Address)、目的地址(Destination Address)和块计数(Block Count)。

以下介绍 IDMA 通道 0 的操作。

IDMA 通道 0 使用的源和目的地址必须是对齐的 32 字节。

如图 6.1 所示是一个 IDMA 传输的例子。首先,在本地存储器(L1P、L1D 和 L2)定义一块 32 字的块,包含预置 CFG 寄存器的值。然后,IDMA 通道 0 设置用于传输这些值到 CFG 寄存器。因为并不总是设置所有 32 个连续地址,屏蔽寄存器用来屏蔽那些不要设置的地址。

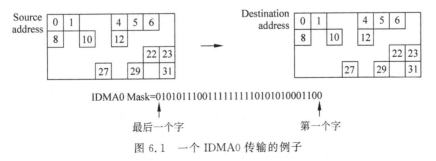

图 6.1 一个 IDMA0 传输的例子

屏蔽寄存器是一个32位寄存器,寄存器中每个bit映射到将被传输的块中32个字中的一个。如图6.1中,bit 0映射到字0,bit 1映射到字1,等等。如果设置屏蔽位为1,相应的块中的字将不被传输。

当源地址和目的地址都是CFG时,IDMA通道0产生一个异常,连接到C66x内核中断控制器。IDMA停止的第一个时钟周期内将产生一个异常,所有挂起在IDMA通道0的请求都将被处理。IDMA通道0异常不会影响IDMA通道1。

设置IDMA通道0:

当DSP写到相应的配置寄存器,IDMA传输自动提交。为了触发一个IDMA传输,DSP必须按照递增的顺序写到所有该通道的寄存器。对于通道0,DSP应该按照源地址、目的地址和计数寄存器的顺序写。写到计数寄存器后IDMA就提交了。对于IDMA的每一个通道,在任何指定的时间都是活跃的。DSP可以更新参数用于随后的一个传输排队;但是,直到活跃的传输完成,随后的传输才被发起。这允许每个通道在任何给定时间,在DSP后台完成两次传输。

传输完成后,可以选择性地采用一个中断来通知DSP。

一个使用IDMA通道0更新配置寄存器的伪码示例如下:

```
IDMA0_MASK = 0x00000F0F;              //Set mask for 8 regs -- 11:8, 3:0
IDMA0_SOURCE = MMR_ADDRESS;           //Set source to config location
IDMA0_DEST = reg_ptr;                 //Set destination to data memory address
IDMA0_COUNT = 0;                      //Set mask for 1 block

while (IDMA0_STATUS);                 //Wait for transfer completion

IDMA0_MASK = 0x00000F0F;              //Set mask for 8 regs -- 11:8, 3:0
IDMA0_SOURCE = reg_ptr;               //Set source to updated value pointer
IDMA0_DEST = MMR_ADDRESS;             //Set destination to config location
IDMA0_COUNT = 0;                      //Set mask for 1 block
```

6.1.3　IDMA 通道1

IDMA通道1专用于本地存储器间传输数据,它在后台运行用于传输数据和程序段,无须DSP参与传输。为了达到这个目的,IDMA通道1具有4个寄存器:状态寄存器(Status)、源地址寄存器(Source Address)、目的地址寄存器(Destination Address)和计数器寄存器(Count)。

以下介绍IDMA通道1的操作。

在传输期间,所有源和目的地址线性递增。传输的大小(以字节为单位)由IDMA通道1计数寄存器COUNT区域设置。传输完成后,一个DSP中断可选地被设置。基于Count寄存器Options区域的优先级设置,对与Cache或EDMA的任何冲突进行仲裁。

设置IDMA通道1:

当DSP写相应的配置寄存器,IDMA传输自动提交。为使IDMA传输触发,DSP必须按依次递增的顺序写所有通道寄存器。对于通道1,DSP必须写源地址、目的地址,然后是计数寄存器。IDMA提交发生在写计数寄存器之后。对于IDMA的每一个通道,在任何指定的时间都是活跃的。DSP可以更新参数用于一个随后的传输排队,但是传输不会被发起,直到有效传输完成。与 IDMA 通道 0 一样,这允许每个通道在任何给定时间,在 DSP 后台完成两次传输。

IDMA 通道 1 的例子如下:

```
//Transfer ping buffers to/from L1D
//Return output buffer n - 1 to slow memory
IDMA1_SOURCE = outBuffFastA;          //Set source to fast memory output (L1D)
IDMA1_DEST = &outBuff[n-1];           //Set destination to output buffer (L2)
IDMA1_COUNT = 7 << IDMA_PRI_SHIFT |   //Set priority to low
0 << IDMA_INT_SHIFT |                 //Do not interrupt DSP
buffsize;                             //Set count to buffer size

//Page in input buffer n + 1 to fast memory
IDMA1_SOURCE = inBuff[n+1];           //Set source to buffer location (L2)
IDMA1_DEST = inBuffFastA;             //Set destination to fast memory (L1D)
IDMA1_COUNT = 7 << IDMA_PRI_SHIFT |   //Set priority to low
1 << IDMA_INT_SHIFT |                 //Interrupt DSP on completion
buffsize;                             //Set count to buffer size
... Process input buffer n in Pong -- inBuffFastB -> outBuffFastB ...
```

这个例子如图 6.2 所示,描述了使用 IDMA 返回输出数据到存储空间,并将新数据块导入到快存储器中用于处理。在处理 Pong 的时候进行 Ping 的传输,在处理 Ping 的时候进行 Pong 的数据传输。这样采用乒乓处理,可以使处理器计算和 IDMA 传输并行。

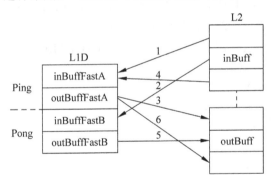

图 6.2 一个 IDMA1 传输的例子

6.2 EDMA3 控制器

6.2.1 EDMA3 控制器介绍

EDMA3 控制器由用户设定,服务于器件上两个存储器映射的从终端之间的数据传输。

EDMA3 控制器服务于软件驱动的页传输(例如,在外部存储器和内部存储器之间),执行分解或子帧取出多种数据结构,服务事件驱动的外围设备并减轻器件 CPU 数据传输任务。

C6678DSP 有三个 EDMA 通道控制器:EDMA3CC0、EDMA3CC1 和 EDMA3CC2。

(1) EDMA3CC0 具有两个传输控制器:EDMA3TC1 和 EDMA3TC2。

(2) EDMA3CC1 具有 4 个传输控制器:EDMA3TC0、EDMA3TC1、EDMA3TC2

和 EDMA3TC3。

（3）EDMA3CC2 具有 4 个传输控制器：EDMA3TC0、EDMA3TC1、EDMA3TC2 和 EDMA3TC3。

在本书的上下文中，与 EDMA3TCx 相关联的 EDMA3CCy 被指为 EDMA3CCy TCx。每个传输控制器直接连接到交叉开关网络（Switch Fabric）。

EDMA3CC0 被优化用于内部 MSMC 和 DDR3 子系统之间的数据传输，其他被用作剩余的传输。每个 EDMA3 通道控制器包括以下特征。

（1）完全正交的传输类型。

① 3 个传输维度：组 Array（多字节）、帧 Frame（多组）、块 Block（多帧）。

② 单个事件可以触发组、帧或整个块传输。

③ 独立的源和目的指示。

（2）灵活的传输定义。

① 递增或 FIFO 传输地址模式。

② 连接机制允许乒乓缓冲、循环缓冲和重复/连续传输，所有都不需要 CPU 干预。

③ 链式传输（Chain）允许用一个事件执行多个传输。

（3）EDMA3CC0 有 128 个 PaRAM 条目，EDMA3CC1 和 EDMA3CC2 各有 512 个。

① 被用来定义传输通道上下文。

② 每个 PaRAM 条目可以被用作一个 DMA 条目、QDMA 条目或连接条目。

（4）EDMA3CC0 有 16 DMA 通道，EDMA3CC1 和 EDMA3CC2 各有 64 个：手动触发（CPU 写通道控制寄存器）、外部事件触发和链式触发（完成一个传输触发另一个）。

（5）每个 EDMA3 通道控制器有 8 个快速 DMA（QDMA）通道。

① 被用作软件驱动的传输。

② 通过写一个 PaRAM 集，条目被触发。

（6）EDMA3CC0 有两个传输控制器和两个系统级优先权可配置的事件队列。EDMA3CC1 和 EDMA3CC2 有 4 个传输控制器和 4 个系统级优先权可配置的传输事件队列。

（7）传输完成和错误情况产生中断。

（8）Debug 可见：

① 队列水印阈值允许检测事件队列最大使用的情况。

② 错误和状态记录，便于调试。

6.2.2　EDMA3 器件特定的信息

EDMA 支持两个地址模式：不变地址模式和地址递增模式。不变地址模式被应用于非常有限的使用场景，对大多数应用场景来说，必须使用递增模式。

在 C6678 DSP 上，只在增强 Viterbi 解码协处理器（Enhanced Viterbi-Decoder Coprocessor，VCP）和增强 Turbo 协处理器（Enhanced Turbo Decoder Coprocessor，TCP）的情况下，EDMA 可以使用不变地址模式。

不变地址模式不被任何其他外围设备或 DSP 内部存储器支持。注意地址递增模式被所有外围设备支持，包括 VCP 和 TCP。

6.2.3 EDMA3 通道控制器配置

表 6.2 列出了 EDMA3 通道控制器资源,包含 EDMA3CC0、EDMA3CC1 和 EDMA3CC2 的资源。

表 6.2 EDMA3 通道控制器资源

类　型	EDMA3CC0	EDMA3CC1	EDMA3CC2
通道控制器中 DMA 通道数	16	64	64
QDMA 通道数	8	8	8
中断通道数	16	64	64
PaRAM 参数集条目数	128	512	512
事件队列数	2	4	4
传输控制数	2	4	4
存在存储器保护	是	是	是
存储器保护和 Shadow Region 数	8	8	8

6.2.4 EDMA3 传输控制器配置

基于如性能需求、系统拓扑(如主 TeraNet 总线宽度、外部存储器总线宽度)等的考虑,器件上每个传输控制器的设计各不相同。决定传输控制器配置的参数如下。

(1) FIFOSIZE:决定了数据 FIFO 的字节大小,这是传输中数据的临时缓冲。数据 FIFO 是读返回数据的地方,通过 TC 读控制器从存储的源终端(endpoint)读并且随后通过 TC 写控制器写出到目的终端。

(2) BUSWIDTH:读和写数据总线字节宽度,分别对应 TC 读和写控制器。典型值等于主 TeraNet 接口总线宽度。

(3) 默认突发大小(Default Burst Size,DBS):DBS 是被一个传输控制器执行每个读/写命令的最大字节数。

(4) DSTREGDEPTH:决定了目标 FIFO 寄存器组数目。一个传输控制器目标 FIFO 寄存器组数目,决定了最大待处理的传输请求数目。

所有以上列出的 4 个参数被器件的设计固定,表 6.3 为 C6678 EDMA3 传输控制器的配置情况。

表 6.3 EDMA3 传输控制器的配置

参　数	EDMA3CC0		EDMA3CC1				EDMA3CC2			
	TC0	TC1	TC0	TC1	TC2	TC3	TC0	TC1	TC2	TC3
FIFOSIZE	1024 字节	1024 字节	1024 字节	512 字节	1024 字节	512 字节	1024 字节	512 字节	512 字节	1024 字节
BUSWIDTH	32 字节	32 字节	16 字节	16 字节	16 字节	16 字节	16 字节	16 字节	16 字节	16 字节
DSTREGDEPTH	4 条目	4 条目	4 条目	4 条目	4 条目	4 条目	4 条目	4 条目	4 条目	4 条目
DBS	128 字节	128 字节	128 字节	64 字节	128 字节	64 字节	128 字节	64 字节	64 字节	64 字节

6.2.5　EDMA3 通道同步事件

EDMA3 对 EDMA3CC0 最多支持 16 个 DMA 通道,对 EDMA3CC1 和 EDMA3CC2 各最多支持 64 个通道,可被用于服务系统外围设备和在系统存储器间移动数据。DMA 通道可以被系统外围设备产生的同步事件触发。附录 C 列出了与 EDMA EDMA3CC DMA 通道相关同步事件的来源。在 C6678,每个相关的同步事件与 DMA 通道是固定的,并且不能被重新设置。

详细信息见 *TMS320C6678 Multicore Fixed and Floating-Point Digital Signal Processor*。

6.2.6　EDMA3 通道控制器

图 6.3 所示为 EDMA3 通道控制器(EDMA3CC)的功能框图。

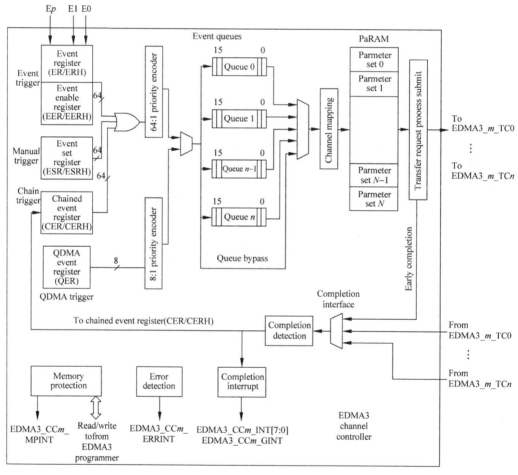

图 6.3　EDMA3 通道控制器的功能框图

EDMA3CC 的主要模块有以下几个。

(1) DMA/QDMA 通道逻辑。

这个模块由捕获外部系统或外围设备事件的逻辑组成,这些事件可以被用来发起事件触发的传输；它还包括允许配置 DMA/QDMA 通道(队列映射、PaRAM 条目映射)的寄存器。它包括所有用于使能/禁用事件及监视事件状态的寄存器,这些寄存器具有不同触发类型(手动、外部事件、链式及自动触发)。

(2) 参数 RAM(PaRAM)。

参数 RAM(PaRAM)包含通道的参数集(Parameter Set)条目和重新加载(Reload)参数集。PaRAM 需要用传输上下文写入,该传输上下文用于请求的通道和连接的参数集。

(3) 事件队列(Event Queue)。

事件队列形成事件监测逻辑、传输请求提交逻辑之间的接口。

(4) 传输请求提交逻辑(Transfer Request Submission Logic)。

这个逻辑处理基于提交到事件队列的一个触发事件的 PaRAM 参数集,并且提交一个传输请求(TR)给与事件队列相关的传输控制器。

(5) EDMA3 事件和中断处理寄存器。

EDMA3 事件和中断处理寄存器允许事件映射到参数集,使能、禁用事件,使能、禁用中断条件和清除中断。

(6) 完成检测(Completion Detection)。

这个模块检测被 EDMA3TC、外围从设备完成的传输。完成传输可以选择性地用来链式触发新的传输或用来声明中断。逻辑包含中断处理寄存器的逻辑用于使能、禁用中断(被送给 DSP)、中断状态/清除寄存器。

(7) 内存保护寄存器。

内存保护寄存器定义了访问 DMA 通道的影子区域视图和 PaRAM 区域的特权级别和请求者。

附加的功能包含如下几种。

(1) 区域寄存器(Region Registers)。

区域寄存器允许 DMA 资源(DMA 通道和中断)被分配到特定的区域,其可以被特定的 EDMA 设置者(对多核器件的一个使用模型)或通过特定任务或线程(一个对单核器件的使用模型)拥有。

Global Region 和 Shadow Region 的区别是：当使用 Global Region 配置 EDMA 时,所有内核都会响应；当使用 Shadow Region 配置 EDMA 时,通过 DRAE/DRAEH(对于 DMA)和 QRAE(对于 QDMA)寄存器将不想触发的事件屏蔽,这样即使系统中的事件触发了,Shadow Region 中对应的事件也不会触发。

(2) Debug 寄存器。

通过提供寄存器去读队列状态、通道控制器状态和缺失事件状态,调试寄存器使得调试变得可见。

EDMA3CC 包括两种通道类型：DMA 通道和 QDMA 通道。每个通道与一个给定事件队列、传输控制器相关,并与一个给定的 PaRAM 参数集相关。DMA 通道和 QDMA 通道的主要区别在于传输是如何被系统触发的。

对于发起一个 DMA 传输,一个触发事件是非常必要的。对于 DMA 通道,一个触发事件可能是外部事件、手动写到事件设置寄存器或链式事件。当一个写操作执行用户设定的触发字,QDMA 通道是自动触发的。所有这些触发被识别后装入相应的寄存器。

一旦一个触发事件被识别,事件类型及通道在相应的 EDMA3CC 事件队列中排队。每个 DMA、QDMA 通道分配到队列是可编程的。每个队列深度是 16,所以同一个时刻,最多16 个事件可以在 EDMA3CC 中排队(在单个队列)。当事件队列空间满时,待定事件无法在队列中排队而被挂起;当事件队列空间变得可用,挂起的事件进入队列中排队。

如果在不同的通道上,事件同时被检测,事件排队基于一个固定优先级仲裁机制,DMA通道具有比 QDMA 通道更高的优先级事件。在两组通道中,最小编号的通道具有最高优先级。每个事件在事件队列中按照 FIFO 顺序被处理。当到达队列的头时,通道相关的PaRAM 被读出用来决定传输细节。TR 提交逻辑评估 TR 的有效性,并负责提交一个有效传输请求(TR)到相应的 EDMA3TC(基于事件队列到 EDMA3TC 组,Q0 到 TC0、Q1 到 TC1 等)。

EDMA3TC 接收请求,并负责按照传输请求包(Transfer Request Packets,TRP)指定的设置进行数据移动和其他必要的任务(如缓冲、确保传输以任何可能优化的方式完成)。

用户可能已经选择在完成当前传输后接收一个中断或链式连接到另一个通道。在这个场景中,当传输完成,EDMA3TC 产生完成信号到 EDMA3CC 完成检测逻辑。

当一个 TR 离开了 EDMA3CC 界限,用户也可以选择触发完成,而不是等待所有数据传输完成。基于 EDMA3CC 中断寄存器设置,中断完成产生逻辑负责产生 EDMA3CC 完成中断到 DSP。

此外,EDMA3CC 也具有一个错误检测逻辑,在各种不同的错误情况下导致一个错误中断产生(如缺失事件、超过事件队列门限等)。

6.2.7　EDMA3 传输控制器

图 6.4 为一个 EDMA3 传输控制器(EDMA3TC)的功能框图。EDMA3TC 主模块包括以下几个。

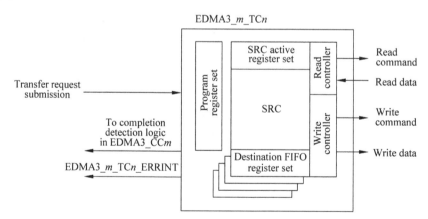

图 6.4　EDMA3 传输控制器的功能框图

(1) DMA 程序寄存器组:DMA 程序寄存器组从 EDMA3 通道控制器(EDMA3CC)接收的存储传输请求。

(2) DMA 源活跃寄存器组(Source Active Register Set):DMA 源活跃寄存器组存储当前在读控制器中进行的 DMA 传输请求的上下文。

(3) 读控制器:读控制器执行到源地址的读命令。

（4）目的 FIFO 寄存器组：目的（DST）FIFO 寄存器组存储当前在写控制器进行中的 DMA 传输请求上下文。

（5）写控制器：写控制器执行写命令或写数据到目的从端。

（6）数据 FIFO：数据 FIFO 用于保存临时传输中的数据。

（7）完成接口：当一个传输完成并产生中断和链式事件，完成接口发送完成代码到 EDMA3CC。

注意：'m'指示 EDMA3CC 的数目，'n'指示 EDMA3TC 的数目。

当 EDMA3TC 空闲并接收其第一个 TR，TR 被接收进 DMA 程序寄存器组中，它立即过渡到 DMA 源活跃寄存器组和目的 FIFO 寄存器组。源活跃寄存器组跟踪传输源端的命令，目的 FIFO 寄存器组跟踪传输目的端的命令。第二个 TR（如果待定来自 EDMA3CC）被加载进 DMA 程序寄存器组，当活跃的传输完成，可以确保传输尽可能快地开始。只要当前活跃寄存器组被耗尽，TR 就被从 DMA 程序寄存器组加载进 DMA 源活跃寄存器组，相应目的 FIFO 寄存器的条目也是一样的。

在命令分段和优化规则的管理下，读控制器执行读命令。只有当数据 FIFO 有空间用于读数据时才执行这些命令。读命令数量取决于 TR 传输尺寸。一旦从数据 FIFO 中读出了充足的数据，TC 写控制器将发出写命令。FIFO 中的数据遵循了命令分段和优化规则，用于优化写控制器能够优化写指令的大小。

DSTREGDEPTH 参数（对于一个给定的传输控制器是固定的）决定目的 FIFO 寄存器组条目数量。对于一个给定的 TC，条目数决定了 TR 流水可能性的数量。写控制器可以管理关于目的 FIFO 寄存器组中的条目数的写上下文。当目的 FIFO 寄存器组为之前的 TR 管理写命令和数据时，允许读控制器继续并对随后的 TR 执行读命令。总之，如果 DSTREGDEPTH 是 n，读控制器可以在写控制器之前处理最大 n 个 TR。然而，全部 TR 流水也受制于数据 FIFO 中空余空间的数量。

6.3 EDMA3 传输类型

一个 EDMA3 传输总是被定义为三个维度。如图 6.5 所示为 EDMA3 传输使用的三维设置，这三个维度分别被定义如下。

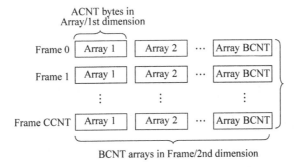

图 6.5 EDMA3 ACNT、BCNT、CCNT 示意图

（1）第一维为数组（Array：A）：在一个传输中第一维由 ACNT 个连续字节组成。

（2）第二维为帧（Frame：B）：在一个传输中第二维由 BCNT 个 ACNT 字节的数组组成。Frame 中每个数组相互之间可以有一定的间距，其间距通过一个用 SRCBIDX 或 DSTBIDX 设置的索引指定。

（3）第三维为块（Block：C）：在一个传输中，第三维由 CCNT 个帧组成，每帧为 BCNT 个 ACNT 字节的数组。在第三维传输中，每个传输与上一次传输的间距通过使用一个 SRCCIDX 或 DSTCIDX 的索引来设置。

注意，index 的参考点取决于同步类型。基于收到一个触发/同步事件（Trigger/Synchronization Event）的数据传输数量被同步类型控制（OPT 中的 SYNCDIM 位）。在这三个维度中，只支持两种同步类型：A 同步传输和 AB 同步传输。

6.3.1　A 同步传输

在一个 A 同步传输中，每个 EDMA3 同步事件发起传输第一维 ACNT 字节或一个 ACNT 字节数组。换句话说，每个事件/TR 包只传递一个数组的传输信息。因而，需要 BCNT×CCNT 事件去完全服务一个 PaRAM 参数集。

数组总是被 SRCBIDX 和 DSTBIDX 间隔隔开，如图 6.6 所示。数组 N 的起始地址等于数组 $N-1$ 的起始地址加上源（SRC）或目的（DST）的 BIDX。

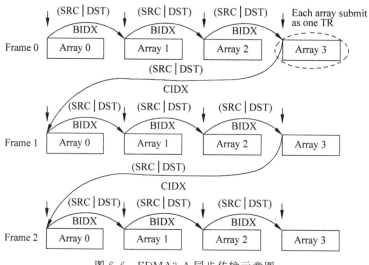

图 6.6　EDMA3 A 同步传输示意图

帧总是被 SRCCIDX 和 DSTCIDX 间隔隔开。对于 A 同步的传输，在帧被用完后，通过 SRCCIDX/DSTCIDX 加帧中最后一个数组的起始地址来更新地址。如图 6.6 所示，帧 0 数组 3 的起始地址到帧 1 数组 0 起始地址的间距为 SRCCIDX/DSTCIDX。

6.3.2　AB 同步传输

在一个 AB 同步的传输，每个 EDMA3 同步事件启动第二维传输或一帧。换句话说，对于整个一帧，每个事件/TR 包表达的信息是：BCNT 个 ACNT 字节的数组。因而，需要 CCNT 个事件来完全服务一个 PaRAM 参数集。

数组总是被 SRCBIDX 和 DSTBIDX 间隔隔开，如图 6.7 所示。

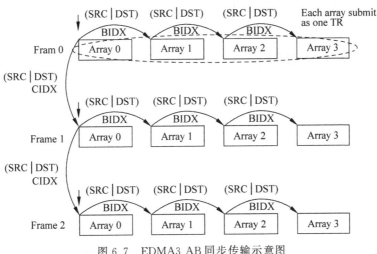

图 6.7　EDMA3 AB 同步传输示意图

帧总是被 SRCCIDX 和 DSTCIDX 间隔隔开。

注意：对于 AB 同步的传输，在一个帧 TR 被提交之后，地址更新为加 SRCCIDX/DSTCIDX 到帧中开始数组的起始地址。这与 A 同步传输不同，A 同步传输的地址更新为加 SRCCIDX/DSTCIDX 到一个帧中最后数组的起始地址。

图 6.7 显示了一个 AB 同步的传输：3（CCNT）帧、4（BCNT）数组、数组为 n（ACNT）字节。在这个例子中，一个 PaRAM 参数集共消耗三个同步事件（CCNT）；也就是说：共三次传输，每个完成 4 个数组传输。

注意：EDMA3 不直接支持 ABC 同步传输，但是可以通过链式传输多个 AB 同步传输，在逻辑上实现该功能。

6.4　参数 RAM

EDMA3 控制器是一个基于 RAM 的结构。对于 DMA 或 QDMA 通道的传输上下文（源/目的地址、计数值、索引等），在 EDMA3CC 内参数 RAM 表中被程序配置，参数 RAM 称为 PaRAM。PaRAM 表划分成多个 PaRAM 参数集。每个 PaRAM 参数集包括 8 个 4 字节 PaRAM 参数集条目（每个 PaRAM 参数集最多 32 字节），PaRAM 参数集条目包含典型的 DMA 传输参数，如源地址、目的地址、传输计数、索引、选项等。

PaRAM 结构支持灵活的乒乓、循环缓冲、通道链式传输和自动重加载（连接）。第一组 n 个 PaRAM 参数集直接映射到 DMA 通道（这里 n 是对于指定器件在 EDMA3CC 中支持的 DMA 通道数），剩下的 PaRAM 集可以被用作连接（Link）条目或与 QDMA 通道相关。此外，如果 DMA 通道没有被使用，与未用的 DMA 通道相关的 PaRAM 集可以被用作连接条目或 QDMA 通道。

PaRAM 内容包括：

（1）多 PaRAM 参数集（支持的 PaRAM 参数集数和相应的地址，要查看器件具体的数据手册）。

（2）任何 PaRAM 条目可以被用作 DMA、QDMA 或 Link 参数集。

（3）默认地，所有通道映射到 PaRAM 参数集 0，在使用前应该被重新映射。

6.4.1　PaRAM 参数集

每个 PaRAM 参数集被组织成 8 个 32 位字或 32 字节，如图 6.8 所示，并在表 6.4 中描述。每个 PaRAM 参数集包含 10 个 16 位和 3 个 32 位参数。

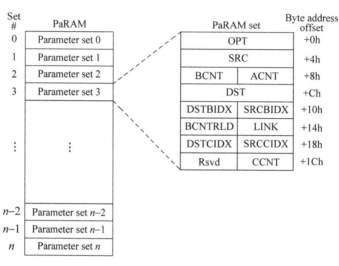

图 6.8　PaRAM 参数集示意图

注意：n 是对于一个具体器件 EDMA3CC 中支持的 PaRAM 参数集的数目。

表 6.4　EDMA 通道参数描述

偏移字节	缩写	参　　数	描　　　　述
0h	OPT	通道选项	传输配置选项
4h	SRC	通道源地址	数据被发送的源字节地址
8h[1]	ACNT	第 1 维计数值	无符号值，在一个数组中连续的字节数，范围为 1～65 535
	BCNT	第 2 维计数值	无符号值，在一帧中的数组（ACNT 字节）个数，范围为 1～65 535
Ch	DST	通道目的地址	数据被传输到的目的字节地址
10h[1]	SRCBIDX	源 BCNT 索引	有符号值，在一个帧（第 2 维）内源数组之间的字节偏移，有效范围为 －32 768～32 767
	DSTBIDX	目的 BCNT 索引	有符号值，在一个帧（第 2 维）内目的数组之间的字节偏移，有效范围为 －32 768～32 767
14h[1]	LINK	Link 地址	如果当前 PaRAM 参数集被消耗完，PaRAM 地址包含将要被连接（Link）的 PaRAM 参数集（从这里复制）。FFFFh 值指定为一个 null link
	BCNTRLD	BCNT 重加载	当 BCNT 递减到 0，被用于重加载 BCNT 的值（TR 被提交因第二维中最后的数组）。只与 A 同步传输有关

续表

偏移字节	缩写	参 数	描 述
18h[1]	SRCCIDX	源 CCNT 索引	有符号值,指定在一个块中两个帧之间的字节地址偏移(第3维),有效范围为 $-32\,768 \sim 32\,767$; A 同步传输:从帧中最后一个源数组的起始地址到下一帧中第一个源数组起始地址的字节地址偏移; AB 同步传输:从帧中第一个源数组起始地址到下一帧中第一个源数组起始地址的字节地址偏移
	DSTCIDX	目的 CCNT 索引	有符号值,指定在一个块中两个帧之间的字节地址偏移(第3维),有效范围为 $-32\,768 \sim 32\,767$; A 同步传输:从帧中最后一个目的数组的起始地址到下一帧中第一个目的数组的起始地址的字节地址偏移; AB 同步传输:从帧中第一个目的数组起始地址到下一帧中第一个目的数组起始地址的字节地址偏移
1Ch	CCNT	第 3 维计数	无符号值,指定块中帧的数目,这里一个帧是 BCNT 个 ACNT 字节数组。有效范围为 $1 \sim 65\,535$
	Rsvd	Reserved	Reserved

注:表中(1)表示参数集必须以 32 位字访问。

32 位通道选项参数(Channel Options Parameter,OPT)指定传输配置选项。通道选项参数的构成如图 6.9 所示,详细的描述如表 6.5 所示。

31	30	28	27	24	23	22	21	20	19	18	17	16
PRIV	Reserved		PRIVID		ITCCHEN	TCCHEN	ITCINTEN	TCINTEN	Reserved		TCC	
R-0	R-0		R-0		R/W-0	R/W-0	R/W-0	R/W-0	R/W-0		R/W-0	

15	12	11	10	8	7			4	3	2	1	0
TCC		TCCMOD	FWID		Reserved				STATIC	SYNCDIM	DAM	SAM
R/W-0					R/W-0				R/W-0	R/W-0	R/W-0	R/W-0

R/W=Read/Write; $-n$=value after reset

图 6.9 通道选项参数的构成

表 6.5 通道选项参数的字段描述

位	缩写	描 述	复位值	访问类型	说 明
31	PRIV	0h:用户级权限; 1h:管理级权限	1'b0	R	设置此 PaRAM 参数集的 host/DSP/DMA 的权限级别(管理者与用户)。该值是在写入 PaRAM 参数集的任何部分时,用 EDMA3 主设备的权限标识值设置的
30~28	Reserved	保留	3'b0	R	始终将 0 写入此位;不支持将 1 写入此位,尝试这样做可能会导致未定义的行为
27~24	PRIVID	0~Fh	4'b0	R	设置此 PaRAM 参数集的 host/DSP/DMA 的权限标识。该值是在写入 PaRAM 参数集的任何部分时,用 EDMA3 主设备的权限标识值设置

位	缩写	描 述	复位值	访问类型	说 明
23	ITCCHEN	0h：中间传输完成链接禁用； 1h：中间传输完成链接使能	1'b0	R/W	中间传输完成链接使能（Intermediate Transfer Complete Chaining Enable）。使能时，在每个中间链式传输完成时，链式事件寄存器（Chained Event Register，CER/CERH）位设置（在 PaRAM 参数集中的每个中间传输请求 TR 完成时，PaRAM 参数集中的最后 TR 除外）。CER 或 CERH 中置位的位置是由 TCC 值指定的
22	TCCHEN	0h：传输完成链接禁用； 1h：传输完成链接使能	1'b0	R/W	传输完成链接使能（Transfer Complete Chaining Enable）。使能时，链式事件寄存器（CER/CERH）位在最终链式传输完成时设置（在 PaRAM 参数集中的最终 TR 完成时）。CER 或 CERH 中置位的位置是由 TCC 值指定的
21	ITCINTEN	0h：中间传输完成中断禁用； 1h：中间传输完成中断使能	1'b0	R/W	中间传输完成中断使能。使能时，中断挂起寄存器（Interrupt Pending Register，IPR/IPRH）位在每个中间传输完成时设置（在 PaRAM 参数集中的每个中间 TR 完成时，PaRAM 参数集中的最终 TR 除外）。IPR 或 IPRH 中置位的位置是由 TCC 值指定的。要产生对 DSP 的完成中断，必须设置相应的 IER[TCC]/IERH[TCC]位
20	TCINTEN	0h：禁用； 1h：使能	1'b0	R/W	传输完成中断使能（Transfer Complete Interrupt Enable）标志。0：传输完成中断禁用；1：传输完成中断使能
19~18	Reserved	保留	2'b0	R/W	始终将 0 写入此位；不支持将 1 写入此位，尝试这样做可能会导致未定义的行为
17~12	TCC	0~3Fh	6'b0	R/W	传输完成码（Transfer Complete Code，TCC）。此 6 位代码设置链接使能寄存器（CER[TCC]/CERH[TCC]）中用于链接的相应位或中断挂起寄存器（IPR[TCC]/IPRH[TCC]）中用于中断的相应位
11	TCCMODE	0h：正常完成； 1h：提前完成	1'b0	R/W	传输完成码模式（Transfer Complete Code Mode）。指示传输被视为完成链接和中断生成的点； 正常完成（Normal Completion）：是在数据已经传送之后，传输被认为完成； 提前完成（Early Completion）：在 EDMA3CC 向 EDMA3TC 提交传输请求（Transfer Request，TR）后，传输被视为已完成。触发中断/链接时，TC 可能仍在传输数据

位	缩写	描　述	复位值	访问类型	说　明
10~8	FWID	FIFO 宽度	3'b0	R/W	如果 SAM 或 DAM 设置为恒定寻址模式,则使用。 0h：FIFO 宽度为 8 位； 1h：FIFO 宽度为 16 位； 2h：FIFO 宽度为 32 位； 3h：FIFO 宽度为 64 位； 4h：FIFO 宽度为 128 位； 5h：FIFO 宽度为 256 位； 6h~7h：保留
7~4	Reserved	保留	4'b0	R/W	始终将 0 写入此位；不支持将 1 写入此位,尝试这样做可能会导致未定义的行为
3	STATIC	0：PaRAM 参数集不是静态的； 1：PaRAM 参数集是静态的	1'b0	R/W	Static 设置。 STATIC =0：提交一个 TR 后,参数集将被更新或连接(link)。值 0 应当用于 DMA 通道和 QDMA (Quick DMA)传输的连接列表中的非最终传输； STATIC =1：提交一个 TR 后,参数集不更新或连接。值 1 应当用于独立的 QDMA 传输或 QDMA 传输的连接列表中的最终传输
2	SYNCDIM	0h：A 同步； 1h：AB 同步	1'b0	R/W	传输同步维度(Synchronization Dimension)。A 同步：每个事件触发单个 ACNT 字节数组的传输；AB 同步：每个事件触发 BCNT 个数组(每个数组 ACNT 字节)的传输
1	DAM	0h：递增寻址 (INCR)模式； 1h：恒定寻址 (CONST)模式	1'b0	R/W	目的地址模式。 0：数组中的目的地址递增,目的地不是 FIFO； 1：当达到 FIFO 宽度时,数组中的目的地址将折回
0	SAM	0h：递增寻址 (INCR)模式； 1h：恒定寻址 (CONST)模式	1'b0	R/W	源地址模式。 0：数组中的源地址递增,源不是 FIFO； 1：恒定寻址(CONST)模式。当达到 FIFO 宽度时,数组中的源地址将折回

6.4.2　Dummy 与 Null 传输比较

1. Null PaRAM 参数集

一个 Null PaRAM 集被定义为一个所有计数域(ACNT、BCNT 和 CCNT)被清为 0 的 PaRAM 集。如果一个与通道相关的 PaRAM 集是一个 NULL 参数集,当 EDMA3CC 按该参数集执行,与通道对应的丢失事件寄存器(EMR、EMRH 或 QEMR)相关的位被设置,被设置的位保持在相关的次级事件寄存器(SER、SERH 或 QSER)中。这意味着任何将来在相同通道上的事件被 EDMA3CC 忽略,需要用户清除该通道的 SER、SERH 或 QSER。这被认为是一种错误情况,因为在一个通道上的事件没有被预期为一个 NULL 传输。

2. Dummy PaRAM 参数集

一个 Dummy PaRAM 参数集被定义为一个 PaRAM 参数集,其中至少一个计数区域(ACNT、BCNT 或 CCNT)被清除为 0,且至少一个计数区为非 0。

如果与一个通道相关的一个 PaRAM 参数集是一个 Dummy 参数集,当 EDMA3CC 被服务,与通道(DMA/QDMA)对应的丢失事件寄存器(EMR、EMRH 或 QEMR)相应位不会被设置,并且次级寄存器(SER、SERH 或 QSER)位和正常传输一样被清除。

EDMA3CC 逻辑对待 Dummy 和 Null 传输请求有一些不同。

一个 Null 传输请求是一个错误条件,但是一个 Dummy 传输是一个合法的、传输 0 字节的传输。一个 Null 传输导致在 EMR 中的一个错误位(En)被设置,并且在 SER 中的 En 位保持被设置,如果不清除相关错误寄存器,本质上阻止在那个通道上的任何传输。

表 6.6 总结了 Null 和 Dummy 传输请求的条件和影响。

表 6.6　Null 和 Dummy 传输的影响

特　　征	Null TR	Dummy TR
EMR/EMRH/QEMR 被设置	是	否
SER/SERH/QSER 保持被设置	是	否
Link 更新(OPT 中 STATIC = 0)	是	是
QER 被设置	是	是
IPR/IPRH CER/CERH 被设置,使用提前完成(early completion)	是	是

6.4.3　参数集更新

对一个给定的 DMA/QDMA 通道和与之对应的 PaRAM 参数集,当一个 TR 被提交,EDMA3CC 负责更新预期的下一个触发事件的 PaRAM 参数集。如果不是最后一个事件,这包括地址和计数更新;如果最后一个事件,这包括 Link 更新。

具体被更新的 PaRAM 参数集条目,由通道的同步类型(A 同步或 B 同步)和当前 PaRAM 参数集的状态决定。一个 B 更新指的是:在 A 同步传输相继的 TR 被提交之后,减少 BCNT。一个 C 更新指的是在 A 同步传输 BCNT 个 TR(每个为 ACNT 字节传输)提交后,减少 CCNT。对于 AB 同步的传输,一个 C 更新指的是在每个传输请求提交之后,减少 CCNT。

在 TR 从 PaRAM 被读之后(在被提交给 EDMA3TC 过程中),以下域是必须更新的。

(1) A 同步: BCNT、CCNT、SRC、DST;

(2) AB 同步: CCNT、SRC、DST。

以下域没有被更新(除了在连接的时候,所有域被连接 PaRAM 参数集覆盖)。

(1) A 同步: ACNT、BCNTRLD、SRCBIDX、DSTBIDX、SRCCIDX、DSTCIDX、OPT、LINK。

(2) AB 同步: ACNT、BCNT、BCNTRLD、SRCBIDX、DSTBIDX、SRCCIDX、DSTCIDX、OPT、LINK。

注意: PaRAM 只更新与正确提交下一个传输请求给 EDMA3TC 需要的有关信息。传输请求在传输控制器中被跟踪,当传输请求中的数据被移动,更新就发生了。

对于 A 同步传输,EDMA3CC 总是提交一个 ACNT 字节的 TRP(BCNT=1 和 CCNT=1)。对于 AB 同步传输,EDMA3CC 总是提交一个 BCNT 个数组(每个 ACNT 字节)的 TRP

（CCNT＝1）。EDMA3TC 负责基于 ACNT 和 FWID（在 OPT 内）更新数组中的源和目的地址。对于 AB 同步传输，EDMA3TC 也负责基于 SRCBIDX 和 DSTBIDX 更新数组中的源和目的地址。

注意：当一个索引地址更新计算上溢出/下溢出，EDMA3CC 没有包含特殊硬件来检测。地址更新会卷过用户设定的边界。用户必须确保在外围设备之间没有传输被允许跨过内部端口边界。一个单个的 TR 必须瞄准一个单个的源/目的从端。

表 6.7 描述了在 EDMA3CC 中对 A 同步传输和 AB 同步传输进行的参数更新的详细信息。

表 6.7　EDMA3CC 中参数更新（对于非 Null、非 Dummy PaRAM 参数集）

	A 同步传输			AB 同步传输		
字段	B-Update	C-Update	Link Update	B-Update	C-Update	Link Update
条件	BCNT ＞ 1	BCNT＝＝1 && CCNT＞1	BCNT＝＝1 && CCNT＝＝1	N/A	CCNT ＞ 1	CCNT＝＝1
SRC	＋＝SRCBIDX	＋＝SRCCIDX	＝Link. SRC	in EDMA3TC	＋＝SRCCIDX	＝Link. SRC
DST	＋＝DSTBIDX	＋＝DSTCIDX	＝Link. DST	in EDMA3TC	＋＝DSTCIDX	＝Link. DST
ACNT	None	None	＝Link. ACNT	None	None	＝Link. ACNT
BCNT	－＝1	＝BCNTRLD	＝Link. BCNT	in EDMA3TC	N/A	＝Link. BCNT
CCNT	None	－＝1	＝Link. CCNT	in EDMA3TC	－＝1	＝Link. CCNT
SRCBIDX	None	None	＝Link. SRCBIDX	in EDMA3TC	None	＝Link. SRCBIDX
DSTBIDX	None	None	＝Link. DSTBIDX	None	None	＝Link. DSTBIDX
SRCCIDX	None	None	＝Link. SRCCIDX	in EDMA3TC	None	＝Link. SRCCIDX
DSTCIDX	None	None	＝Link. DSTCIDX	None	None	＝Link. DSTCIDX
LINK	None	None	＝Link. LINK	None	None	＝Link. LINK
BCNTRLD	None	None	＝Link. BCNTRLD	None	None	＝Link. BCNTRLD
OPT[1]	None	None	＝LINK. OPT	None	None	＝LINK. OPT

注意：(1) 在所有情况下，如果当前 PaRAM 参数集的 OPT.STATIC＝＝1，则不会发生更新。

推荐的设计是：地址对齐、Acnt 为默认突发大小（Default Burst Size，DBS）或其倍数、Acnt 为 2 的幂、BIDX＝ACNT、SAM/DAM 为递增寻址（INCR）模式。

6.4.4　连接传输

EDMA3CC 提供一个连接机制，它允许整个 PaRAM 参数集从 PaRAM 存储器映射（对 DMA 和 QDMA 通道）的一个位置被重加载。对于没有 DSP 介入的场合，维护乒乓缓冲、循环缓冲和重复/连续的传输，连接是非常有用的。在完成一个传输后，用 16 位连接地址域（当前参数集）指向的参数集，重加载当前的传输参数。只有当 OPT 中 STATIC 位清 0，连接才会发生。

注意：一个传输（DMA 或 QDMA）必须总是被连接到另一个有用的传输。如果需要终止一个传输，传输必须被连接到一个 NULL 参数集。

当前 PaRAM 参数集事件参数被消耗完后，连接更新发生。当 EDMA3 通道控制器已经提交与 PaRAM 参数集相关的所有传输，一个事件参数被消耗完。

对于 Null 和 Dummy 传输，一个连接更新发生取决于 OPT 中 STATIC 的状态和 LINK 域。在两种情况下（Null 传输或 Dummy 传输）一样，如果 LINK 的值是 FFFFh，那么一个 Null PaRAM 参数集(所有为 0 且 LINK 设置为 FFFFh)被写到当前的 PaRAM 参数集。相似地,如果 LINK 被设置为一个不是 FFFFh 的值,相应地被 LINK 指向的 PaRAM 参数集复制到当前 PaRAM 参数集。

对于一个事件,一旦通道符合完成条件,在连接(Link)地址中的传输参数被加载进当前 DMA 或 QDMA 通道的相关参数集中。EDMA3CC 从被 LINK 指定的 PaRAM 参数集读整个 PaRAM 集(8 字),并写与当前通道相关的所有 8 字到 PaRAM 集。

任何 PaRAM 中的 PaRAM 参数集可以被用作一个连接地址或重加载参数集。然而,推荐的做法是:如果与通道映射到那个 PaRAM 集无关的同步事件被禁用,与外围设备同步事件相关的 PaRAM 集只能被用作连接。

如果一个 PaRAM 集位置被映射到一个 QDMA 通道(通过 QCHMAPn),那么复制连接(Link)PaRAM 集到当前 QDMA 通道 PaRAM 集被认作一个触发事件。由于一个写操作到触发字被执行,它被锁进 QER。使用一个单个 QDMA 通道和多个 PaRAM 集,这个特征可以被用来创建一个传输的连接(Link)表。

连接传输的例子如图 6.10～图 6.12 所示。图 6.10 为 Link 传输初始设定的状态,参数集 3 的连接地址为 5FE0(指向参数集 5 的地址),参数集 255 的连接地址为 FFFF(Null 参数集)。图 6.11 为 Link 传输 PaRAM Set 3 完成后的状态,参数集 255 的参数 Link 更新到参数集 3 中。图 6.12 为 Link 传输 PaRAM Set 255 完成后的状态,Null 参数集的参数 Link 更新到参数集 3 中。

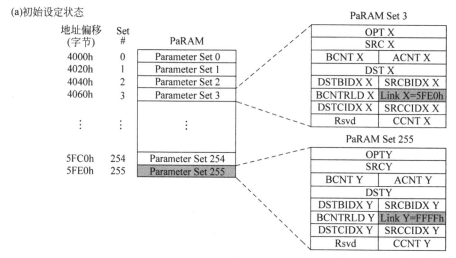

图 6.10   Link 传输初始设定的状态

连接到自己(Link-to-Self)传输重复自动初始化的行为,它使得使用循环缓冲和重复传输更加便利。在一个 EDMA3 通道消耗完其当前 PaRAM 集后,它从另一个 PaRAM 集重新加载了所有参数集条目,这个 PaRAM 集被用原来的参数集的值初始化。

Link-to-Self 的过程如图 6.13～图 6.15 所示。图 6.13 为 Link-to-Self 传输初始设定的状态,参数集 3 的连接地址为 5FE0(指向参数集 5 的地址),参数集 255 的连接地址为 5FE0(指向自己的参数集)。图 6.14 为 Link-to-Self 传输 PaRAM Set 3 完成后的状态,参数集 255 的参数 Link 更新到参数集 3 中。图 6.15 为 Link 传输 PaRAM Set 255 完成后的

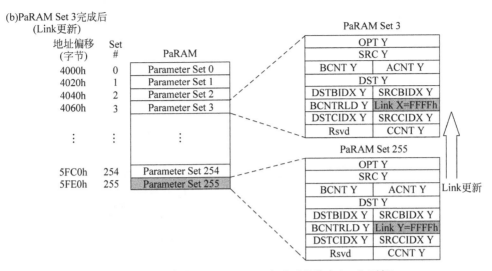

图 6.11 Link 传输 PaRAM Set 3 完成后的状态（Link 更新）

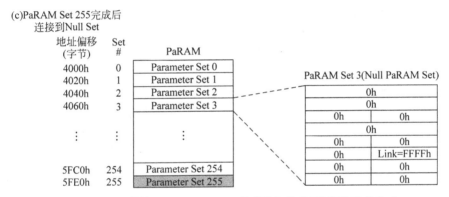

图 6.12 Link 传输 PaRAM Set 255 完成后的状态（连接到 Null Set）

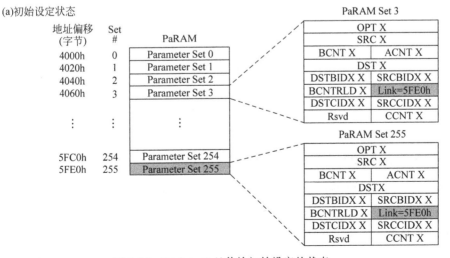

图 6.13 Link to Self 传输初始设定的状态

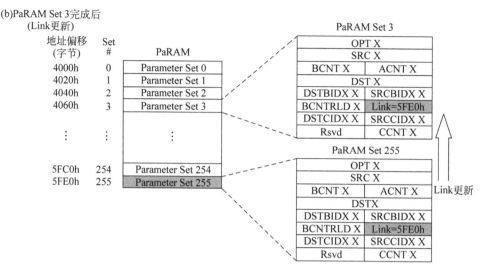

图 6.14　Link to Self 传输 PaRAM Set 3 完成后的状态（Link 更新）

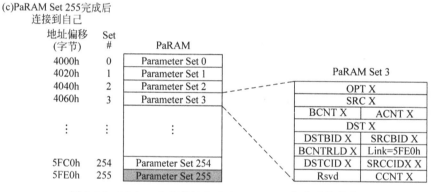

图 6.15　Link to Self 传输 PaRAM Set 255 完成后的状态

状态，自己的参数集的参数 Link 更新到参数集 3 中。

　　注意：对于一个 PaRAM 集，如果 OPT 中的 STATIC 位被设置，那么连接更新不会被执行。EDMA3CC 内部执行连接更新，是原子操作。这意味着当 EDMA3CC 正在更新一个 PaRAM 集，通过其他 EDMA3 设置者（如 DSP 配置访问）到 PaRAM 的访问不会被允许。对于 QDMA 也一样，例如，若 PaPAM 条目第一个字被定义为一个触发字，在新的 QDMA 事件可以触发对那个 PaRAM 条目的传输前，EDMA3CC 逻辑确保所有 8 PaRAM 字被更新。

6.4.5　常数地址模式传输/对齐问题

　　如果 SAM 或 DAM 被设置成 1（常数地址模式），那么，源或目的地址必须分别对齐到一个 256-bit 对齐的地址，而且 BIDX 必须为 32 字节的整数倍。这里 EDMA3CC 不识别错误，但是如果这些不满足，EDMA3TC 声明一个错误。

　　注意：常数地址模式（CONST）具有有限的适用性。只有当传输的源或目的（片上存储器、片外存储控制器、外围从设备）支持常数地址模式，EDMA3 才应被配置为常数地址模式

(SAM/DAM=1)。

要看器件数据手册和外围设备使用指南,以核实常数地址模式是否被支持。如果不支持常数地址模式,可以用递增(INCR)模式(SAM/DAM = 0)设置合适的计数和索引值,相似的逻辑传输也能实现。

6.4.6 单元大小

EDMA3 控制器没有使用单元大小(Element Size)和单元索引(Element Indexing)。相反的,所有传输被定义为三个维度：ACNT、BCNT 和 CCNT。通过设置 ACNT 为单元大小及 BCNT 个需要被传输的单元数目,逻辑上实现一个单元索引的传输。例如,如果有 16-bit 数据的 256 个采样必须被传输到一个串口,用户只能通过设置成 ACNT=2(2 字节)和 BCNT=256 完成传输。

6.5 发起一个 DMA 传输

使用 EDMA3 通道控制器,有多种方式来发起一个已配置的数据传输。在 DMA 通道上传输可以被三种源发起,分别如下所示。

(1) 事件触发的传输请求(这是典型的 EDMA3 使用场景)：一个外围设备、系统或外部产生的事件触发一个传输请求。

(2) 手动触发传输请求：通过写一个 1 到事件设置寄存器(ESR/ESRH)中的相应位,DSP 手动触发一个传输。

(3) 链式触发传输请求：在另一个传输或子传输完成后,触发另一个传输。

在 QDMA 通道传输被两个源启动,分别如下所示。

(1) 自动触发传输请求：写到已配置的触发字触发一个传输。

(2) 链式触发传输请求：当连接发生,写到触发字触发传输。

6.5.1 DMA 通道

1. 事件触发的传输请求

当从一个外围设备或器件引脚中声明一个事件,在事件寄存器相应的位上被锁存(ER. En=1)。如果在相应事件的事件使能寄存器(EER)使能(EER. En=1),那么 EDMA3CC 根据优先级在相应的事件队列里缓冲事件。当事件到达队列的首部,它被用来作为传递给传输控制器的一个传输请求。

如果 PaRAM 参数集是有效的(不是一个 NULL 集),随后一个传输请求包(TRP)递交给 EDMA3TC,ER(Event Register)中的 En 位被清除。此时,一个新的事件可以安全地被 EDMA3CC 接收。

如果与通道相关的 PaRAM 集是一个 NULL 集,那么没有传输请求(TR)被递交,且相应 ER 中的 En 位被清除,同时丢失事件寄存器中通道的相应位被设置(EMR. En=1,用于指示事件因为一个 Null TR 被服务而被忽略)。好的编程经验为：在重新触发 DMA 通道前,清除丢失事件错误。

当一个事件被接收,事件寄存器中相应事件的位被设置(ER. En=1),与 EER. En 的状态无关。如果事件被禁止,当一个外部事件被接收(ER.En=1且EER.En=0),ER.En位保持置位。如果事件随后被使能(EER.En=1),那么待定的事件被EDMA3CC执行并且TR被处理、提交,而后ER.En位被清除。

如果对于相同通道,一个事件正在被处理(分优先级或在事件队列中),并且在原先事件被清除(ER.En!=0)之前另一个同步事件被接收,那么第二个事件作为一个缺失事件(Missed Event),在缺失事件寄存器(Event Missed Register)相应位上(EMR.En=1)被寄存。

2. 手动触发传输请求

通过DSP到事件设置寄存器(Event Set Register,ESR)的一个写操作,一个DMA传输被触发。不考虑ERR.En的状态,写1到一个ESR中事件相应的位导致该事件根据优先级到相应的事件队列排队。当事件到达队列的顶端,则该事件被用作一个到传输控制器的传输请求提交。

在事件触发的传输中,如果与通道相关的PaRAM参数集有效(不是一个Null Set),那么TR被提交给相应的EDMA3TC并且通道可以被再一次触发。

如果与通道相关的PaRAM参数集是一个Null集,那么没有传输请求(TR)被提交,ER中相应的En位被清除,同时丢失事件寄存器的相应通道位被设置(EMR.En=1,用于指示事件因为一个Null TR被服务而被忽略)。

如果一个事件正在被处理(区分优先或在事件队列中),在原先值被清零之前(ESR.En=0),相同通道被通过一个写到相应事件设置寄存器通道的位(ESR.En=1)手动设置,那么第二个事件作为一个缺失事件,在缺失事件寄存器相应的位(EMR.En=1)被寄存。

3. 链式触发的传输请求

链式是一个机制,通过它可以在一个传输完成后自动设置另一个通道的事件。当一个链式传输通过传输完成码(TCC[5:0])被指定,这导致链式事件寄存器(Chained Event Register,CER)的相应位被设置(CER.E[TCC]=1)。其中,TCC[5:0]在与该通道相关的PaRAM参数集的OPT中。

一旦CER中的一个位被设置,EDMA3CC在相应的事件队列进行优先级分级并缓冲事件。当事件达到了队列的顶部,被作为一个到传输控制器的传输请求提交。作为事件触发传输,如果与通道相关的PaRAM参数集有效(不是一个NULL集),那么TR被提交给相应的EDMA3TC,通道可以被再一次触发。

如果与通道相关的PaRAM参数集是一个NULL集,那么没有传输请求(TR)被提交,CER中相应的En位被清除;同时,缺失事件寄存器相应通道的位被设置(EMR.En=1),用来指示事件因为一个Null TR被服务而被忽略。

在这种情况下,在DMA通道可以被重新触发前,错误条件必须被用户清除。好的编程习惯为:在重新触发DMA通道前,清除缺失事件错误。如果一个链式事件正被处理(区分优先或在事件队列),在原先被清零之前(CER.En!=0),相同通道的另一个链式事件被接收,那么第二个链式事件在丢失事件寄存器相应的位(EMR.En=1)被寄存,作为一个缺失事件。

注意:链式事件寄存器、事件寄存器和事件设置寄存器是相互独立操作的。一个事件可以被这些触发源的任意一个触发(链式事件寄存器、事件寄存器或事件设置寄存器)。

6.5.2　QDMA 通道

1. 自动触发和连接触发请求

当一个 QDMA 事件被锁存进 QDMA 事件寄存器(QER. En=1),基于 QDMA 的传输请求被执行。当以下情况发生,在 QDMA 事件寄存器(QDMA Event Register,QER)中,一个与 QDMA 通道相应的位设置。

(1) DSP(或任何 EDMA3 设置者)写到一个指定的 PaRAM 地址。该指定的 PaRAM 地址被定义为特定 QDMA 通道的一个 QDMA 通道触发字(在 QDMA 通道映射寄存器,即 QCHMAPn 中设置),并且 QDMA 是使能状态(通过使能 QMDA 事件使能寄存器(QEER. En=1))。

(2) EDMA3CC 执行一个连接更新到一个 PaRAM 参数集地址(被配置为一个 QDMA 通道,匹配 QCHMAPn 设置),并且通过 QDMA 事件使能寄存器(QEER. En=1),相应通道被使能。

一旦 QER 中一个位被设置,EDMA3CC 根据优先分级并在相应事件队列中缓冲事件。当事件达到了队列的顶部,该事件被作为一个到传输控制器的传输请求提交。

事件触发传输,如果与通道相关的 PaRAM 参数集有效(不是一个 NULL 集),那么 TR 被提交给相应的 EDMA3TC 并且通道可以被再一次触发。

如果 QER 中的一个位已经被设置(WER. En=1),在原先的位被清除之前,对于相同 QDMA 通道,第二个 QDMA 事件发生,在 QDMA 缺失事件寄存器中(QEMR. En=1)第二个 QDMA 事件被捕获。

2. DMA 和 QDMA 通道比较

DMA 和 QDMA 两者基本的不同在于事件/通道同步。QDMA 事件是自动触发或者连接触发的。自动触发允许 QDMA 通道被 DSP 用一个到 PaRAM 的很小数量的线性写来触发。使用一个单个 QDMA PaRAM 参数集和多个连接 PaRAM 参数集,连接触发允许一个传输的链表被执行。

当一个 DSP(或其他 EDMA3 设置者)写到参数集的 QDMA 通道触发字,或当 EDMACC 执行连接更新到一个被映射到 QDMA 通道(连接触发)的 PaRAM 参数集,一个 QDMA 传输被触发。

注意:对于 DSP 触发(手动触发)的 DMA 通道,在写到 PaRAM 参数集之外,需要写到事件设置寄存器(ESR)来发起传输。

在一个事件完成了一个完整的传输的情况下,QDMA 通道对于一些场合来说是典型的应用,因为为了重新触发通道,DSP(或 EDMA3 设置者)必须重新设置 QDMA PaRAM 参数集的一部分。换句话说,QDMA 传输对于 A 同步传输设置成 BCNT=CCNT=1,对于 AB 同步传输设置成 CCNT=1。

此外,对于 QDMA 传输,由于也支持连接(如果 OPT 中的 STATIC=0),允许用户触发一个 QDMA 连接表。当 EDMA3CC 复制一个连接 PaRAM 参数集(包括写到触发字),当前 PaRAM 参数集映射到 QDMA 通道会自动被认作一个有效的 QDMA 事件,并开始另一个按连接的参数集指定的传输。

6.5.3　完成一个 DMA 传输

当需要的传输请求数被提交(基于接收同步事件数),对于一个给定通道的一个参数集的 DMA 传输完成。对于一个非 Null/非 Dummy 传输,在最后 TR 被提交之前,对于同步类型及 PaRAM 集状态,期望的 TR 数目如表 6.8 所示。当计数器(BCNT、CCNT)是表中列出的这些值,下一个 TR 将导致以下行为之一发生。

表 6.8　非 Null 传输期望的 TR 数

同步类型	时刻 0 计数值	共计传输请求数目	最后一次 TR 前计数值
A 同步	ACNT BCNT CCNT	(BCNT × CCNT) 次 TR,每次 ACNT 字节	BCNT == 1 && CCNT == 1
AB 同步	ACNT BCNT CCNT	CCNT 次 TR,每次 ACNT × BCNT 字节	CCNT == 1

(1) 最后的链式传输或中断代码被传输控制器发送。

(2) 连接更新(连接到 Null 或另一个有效的 Link 集)。

用户必须用一个指定的传输完成码(TCC)设置 PaRAM OPT 域及其他 OPT 域(TCCHEN、TCINTEN、ITCCHEN 和 ITCINTEN 位),用来指示在完成一个传输时,完成代码是否被用于产生一个链式(Chained)事件或用于产生一个中断。

用户必须设置指定的 TCC 值(6 位二进制值),用以指示在 64 位链式事件寄存器(CER[TCC])和中断待定寄存器(IPR[TCC])中的哪个位被设置。

在最后参数集(TCCHEN 或 TCINTEN)传输请求(TR)完成之后,对于所有、而不是一个参数集(ITCCHEN 或 ITCINTEN)最后的传输请求(TR)或对于一个参数集的所有 TR,用户也可以选择性地设置一个传输控制器是否发送回传完成码。

在 EDMA3 通道控制器和传输控制器之间存在一个完成检测接口。这个接口从传输控制器到通道控制器发送回信息,用来指示一个指定的传输已经完成。所有 DMA/QDMA PaRAM 参数集也必须指定一个连接地址值。对于重复传输,如乒乓缓冲,连接地址的值必须指向另一个预先定义好的参数集。对于非重复传输,必须设置连接地址值到一个 Null 连接值,Null 连接值被定义为 FFFFh。

注意:任何映射到一个 Null PaRAM 参数集的输入事件将导致一个错误状态。在相应通道被重新使用前,错误状态必须被清除。

EDMA3CC 获得关于一个传输完成的消息,有三种方法:正常完成(Normal Completion)、提前完成(Early Completion)和 Dummy/Null 完成。

(1) 正常完成。

在正常完成模式(OPT 中 TCCMODE=0),当 EDMA3 通道控制器从 EDMA3 传输控制器接收到完成码,传输或子传输被认为完成。

在这种模式下,当传输控制器接收到来自目的外围设备(Destination Peripheral)的信号之后,通道控制器的完成码被传输控制器设置。正常完成通常被用来产生一个中断,通知

DSP 一组待处理的数据已经准备好。

（2）提前完成。

在提前完成模式（OPT 中 TCCMODE＝1），当 EDMA3 通道控制器提交一个传输请求到 EDMA3 传输控制器，传输被认为完成。在这种模式里，通道控制器内部产生完代码。提前完成典型应用于链式传输，当传输控制器中之前的传输还在进行中，其允许后续的传输被链式触发，最大化传输整体带宽。

（3）Dummy 或 Null 完成。

这是提前完成的一种变形，Dummy 或 Null 完成与 Dummy 参数集或 Null 参数集相关。在这两种情形中，EDMA3 通道控制器不提交相关的传输请求给 EDMA3 传输控制器。然而，如果参数集（Dummy/Null）的 OPT 域被设置成返回完成码（中间过渡/最后中断/链式完成），那么它会设置在待定中断寄存器（IPR/IPRH）或链式事件寄存器（CER/CERH）中的相应位。内部提前完成路径被通道控制器用来内部返回完成码（也就是说，EDMA3CC 产生完成码）。

6.5.4 EDMA3 中断

EDMA3 中断分为两类：传输完成中断和错误中断。

传输完成中断如表 6.9 所示。表 6.10 列出了错误中断。

表 6.9 EDMA3 传输完成中断

名 称	描 述
EDMA3_CCm_GINT	EDMA3CC Global 传输完成中断
EDMA3_CCm_INT0	EDMA3CC Shadow Region 0 传输完成中断
EDMA3_CCm_INT1	EDMA3CC Shadow Region 1 传输完成中断
EDMA3_CCm_INT2	EDMA3CC Shadow Region 2 传输完成中断
EDMA3_CCm_INT3	EDMA3CC Shadow Region 3 传输完成中断
EDMA3_CCm_INT4	EDMA3CC Shadow Region 4 传输完成中断
EDMA3_CCm_INT5	EDMA3CC Shadow Region 5 传输完成中断
EDMA3_CCm_INT6	EDMA3CC Shadow Region 6 传输完成中断
EDMA3_CCm_INT7	EDMA3CC Shadow Region 7 传输完成中断
EDMA3_CCm_AET	EDMA3CC 高级事件触发事件（Advanced Event Triggering Event）

表 6.10 EDMA3 错误中断

名 称	描 述
EDMA3_CCm_ERRINT	EDMA3CC 错误中断（Error Interrupt）
EDMA3_CCm_MPINT	EDMA3CC 存储器保护中断
EDMA3_m_TCn_ERRINT	TCn 错误中断

注意：m 表示 EDMA3CC 实例号（0～2），n 表示 EDMA3TC 号。

EDMA3CC 负责产生传输完成中断到 DSP。每个 Shadow Region EDMA3 产生单个完成中断；对于 Global Region，代表所有 DMA/QDMA 通道产生一个完成中断。各种控制寄存器和位域有助于产生 EDMA3 中断。

对于给定的 DMA/QDMA 通道,软件体系结构应该使用 Global Interrupt 或 Shadow Interrupt,但不能同时使用两者。

传输完成码(TCC)值直接映射到中断挂起寄存器(IPR/IPRH)的位。例如,如果 TCC=10 0001b,则在传输完成后设置 IPRH[1],并且如果为 DSP 使能了完成中断,则会导致向 DSP 生成中断。

当返回完成码(由提前完成或正常完成导致)时,如果在与传输相关联的 PaRAM 参数集的通道选项参数(OPT)中使能传输完成中断(TCINTEN/ITCINTEN),则设置 IPR/IPRH 中的相应位。

对于一个 DMA/QDMA 通道,传输完成码(TCC)可以设置为任何值。通道号和传输完成码值之间不需要存在直接关系。这允许多个通道具有相同传输完成码值,DSP 可对不同通道执行相同的中断服务例程(ISR)。

通道选项参数(OPT)中的 TCC 字段是一个 6 位字段,可设置为 0 到 63 之间的任何值。对于具有 16/32 DMA 通道的设备,TCC 的值应在 0 到 15/31 之间,以便在 IPR 中设置相应的位(0 到 15/31),并且可以在 IER 使能寄存器位(0 到 15/31)时中断 DSP。

如果通道是在 Shadow Region 的上下文中使用的,并且用户打算断言 Shadow Region 中断,那么需要确保在 IER/IERH 和相应 Shadow Region 的 DMA 区域访问寄存器(DMA Region Access Register,DRAE/DRAEH)中使能与 TCC 码相对应的位。

用户可以在最终传输完成或中间传输完成时使能中断产生,也可以同时使能这两种情况。以 m 通道为例:

如果使能了最终传输中断(OPT 中 TCINTEN=1),则中断发生在提交或完成通道 m 的最后传输请求之后(取决于提前或正常完成)。

如果使能了中间传输中断(OPT 中 ITCINTEN=1),则中断发生在通道 m 的每个中间传输请求被提交或完成(取决于提前或正常完成)之后。

如果最终和中间传输完成中断(OPT 中 TCINTEN=1,ITCINTEN=1)均已使能,则在提交或完成通道 m 的每个传输请求后(取决于提前或正常完成)发生中断。

要使 EDMA3 通道控制器断言传输完成到 EDMA3 控制器外部,必须在 EDMA3CC 中使能中断。这是除了在相关 PARAM 参数集的 OPT 中设置 TCINTEN 和 ITCINTEN 位之外,还需要设置的寄存器。

EDMA3 通道控制器有中断使能寄存器(Interrupt Enable Register,IER/IERH),IER/IERH 中的每个位都作为相应中断挂起寄存器(Interrupt Pending Register,IPR/IPRH)的基本使能。

所有中断寄存器(IER、IESR、IECR 和 IPR)要么从全局 DMA 通道区域(Global DMA Channel Region)进行操作,要么通过 DMA 通道 shadow region 进行操作。IESR 为中断使能设置寄存器(Interrupt Enable Set Register),IECR 为中断使能清除寄存器(Interrupt Enable Clear Register)。

注意:所有区域的 DRAE/DRAEH 需要在系统初始化时设置,并在较长时间内保持不变。中断使能寄存器应当用于动态使能/禁用单个中断。TCC 值与 DMA/QDMA 通道之间没有关系,例如,DMA 通道 0 可以在其相关联的 PaRAM 参数集中具有 OPT.TCC=63。这意味着,如果传输完成中断被使能(OPT.TCINTEN 或 OPT.ITCINTEN 被设置),那么基于 TCC 值,IPRH.E63 在完成时被设置。为了正确的通道操作并用 Shadow Region 映射生成中断,必须对与 Shadow Region 相关联的 DRAE/DRAEH 进行设置。

1. 清除传输完成中断

传输完成中断被锁定到中断挂起寄存器(IPR/IPRH),通过向中断挂起清除寄存器(Interrupt Clear Register,ICR/ICRH)中的相应位写入 1 来清除相应的中断挂起标志。例如,向 ICR.E0 写入 1 将清除 IPR.E0 中的挂起中断。

如果传入的传输完成码(TCC)被锁定到 IPR/IPRH 中的某个位,则由于后续传输完成而附加设置的位将不会导致断言 EDMA3CC 完成中断。为了使完成中断脉冲化,所需的转换是从未设置使能中断的状态到设置了至少一种使能中断的状态。

2. EDMA3 Interrupt 服务

传输完成后(提前完成或正常完成),EDMA3 通道控制器按照传输完成码的指定,在中断挂起寄存器(IPR/IPRH)中设置相应的位。

如果完成中断被相应地使能,那么当完成中断被断言时,DSP 进入中断服务程序(ISR)。

中断被服务后,ISR 应清除 IPR/IPRH 中的相应位,从而能够识别后续的中断。EDMA3CC 只在清除所有 IPR/IPRH 位时断言附加的完成中断。

当一个中断被服务时,许多其他的传输完成可能导致在 IPR/IPRH 中设置附加的位,从而导致附加的中断。IPR/IPRH 中的每个位可能需要不同类型的服务。因此,ISR 可以检查所有挂起的中断并继续,直到所有发布的中断得到相应的服务。

下面是 EDMA3CC 完成中断服务程序的伪码,中断服务 1 中的 ISR 例程更加详尽,并且产生更大的延迟。

1) 中断服务 1

(1) 读取中断挂起寄存器(IPR/IPRH)。

(2) 执行所需的操作。

(3) 写入中断挂起清除寄存器(ICR/ICRH)以清除相应的 IPR/IPRH 位。

(4) 再次读取 IPR/IPRH:

① 如果 IPR/IPRH 不等于 0,从步骤(2)开始重复(意味着在步骤(2)到步骤(4)之间发生新事件)。

② 如果 IPR/IPRH 等于 0,这将确保所有使能的中断都是非活动的。

当 IPR/IPRH 位读取为 0 且应用程序仍在中断服务例程中,步骤(4)期间可能发生事件。如果发生这种情况,一个新的中断被记录在器件中断控制器中,一旦应用程序退出中断服务程序,就会产生一个新的中断。

中断服务 2 不那么严格,软件在轮询设置的中断位时负担较少,但有时会造成上述竞争条件。如果希望保留任何已使能和挂起(可能是低优先级)的中断,则需要通过在中断评估寄存器(Interrupt Evaluation Register,IEVAL)中设置 EVAL 位来强制中断逻辑重新插入中断脉冲。

2) 中断服务 2

(1) 进入 ISR。

（2）读取 IPR/IPRH。

（3）对于 IPR/IPRH 中设置的用户希望服务的条件，执行以下操作：

① 按照应用程序的要求服务中断。

② 清除服务条件的位（其他可能仍然设置，其他传输可能已导致在步骤（2）后将 TCC 返回到 EDMA3CC）。

（4）在退出 ISR 之前读取 IPR/IPRH：

① 如果 IPR/IPRH 等于 0，则退出 ISR。

② 如果 IPR/IPRH 不等于 0，则设置 IEVAL，以便在 ISR 退出时，如果任何使能的中断仍处于挂起状态，则触发新的中断。

当 IPR/IPRH 被读取为 0 时，不能设置 EVAL 位，以避免产生另外的中断脉冲。

EDMA3 中断经过芯片中断控制器（Chip Interrupt Controller，CIC）后连接到 DSP 内核中断控制器（Interrupt Controller，INTC），然后再中断 C66x DSP。更多与中断相关的内容将在下一章中详细描述。

6.6 提升 DMA 性能的几点建议

与 DMA 相关的库和示例比较全，建议先学习库中的示例代码获取相关经验。EDMA 的相关库见 ti\ edma3_lld_xx_xx_xx_xx 目录，相关示例程序见 edma3_lld_xx_xx_xx_xx\examples\edma3_driver\src。

IDMA 的 CSL 驱动库在 pdk_C6678_x_x_x_x\pakages\ti\csl 目录下，相关示例程序在 example 目录下。

以下为提升 EDMA 的几点建议。

6.6.1 尽量用较大的 ACNT

为了充分利用 EDMA 的传输带宽，尽量传输大的数据块。

为了充分利用 128-bit 或 256-bit 的总线，ACNT 应该是 16B 的整数倍；为了充分利用 EDMA 的突发数据块，ACNT 需要是 64B 的整数倍；为了充分利用 EDMA FIFO，ACNT 应该至少是 512B。

图 6.16 画出了在 1GHz C6678 EVM（64-bit 1333MTS DDR）上，从 SL2 到 DDR 传输 1～24KB 数据时测得的吞吐量。

从测试结果可以看出，ACNT 越大，带宽的利用率越高。

6.6.2 线性传输

线性传输（Index＝ACNT）能充分利用带宽，其他 Index 设置会降低 EDMA 性能。

6.6.3 地址对齐

地址对齐对 EDMA 效率稍有影响。EDMA3 默认突发数据块大小是 64B 或 128B，如果传输跨越 64B 或 128B 边界，EDMA3 TC 会把大小为 ACNT 的数据块分割成 64B 或 128B 的突发数据块。这对 1～256B 的数据传输的影响会比较明显，而对更大块数据的传输

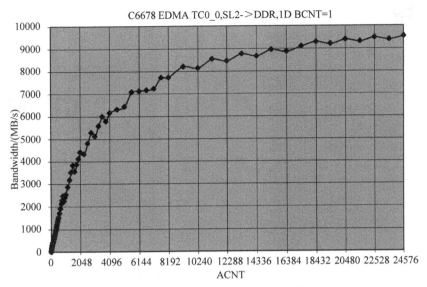

图 6.16 ACNT 对 EDMA 效率的影响

的影响则不明显。

6.6.4 恰当使用多个 CC 和 TC 传输

表 6.11 列出了多个 EDMA 共享 SL2 的性能,从表中看出从 SL2 到 LL2 之间宜采用多个 CC 和 TC 并行以提高通信带宽。一种典型的应用场景是,DDR3 和 SL2 之间采用 CC0 的 TC0 完成数据 EDMA,SL2 和 LL2 之间采用多个 CC 和 TC 并行 EDMA 传输。

表 6.11 多个 EDMA 共享 SL2 的性能

	带宽/(MB/s)	用 DMA CC0 从 DDR 到 SL2 传输数据,用其他 DMA 从 LL2 到 SL2 LL2 为本地的 512KB L2,SL2 为共享 4MB(Shared Level 2)SRAM							
DMA0 TC0	9942	5245	4011	2670	2003	1996			
DMA0 TC1		5245	4011	2670	2003	1996			
DMA1 TC0			3963	2645	1989	1336	1788		
DMA1 TC1			3963	2645	1989	692	938		
DMA1 TC2				2645	1989	1983	2642		
DMA1 TC3				2645	1989	1982	2639		
DMA2 TC0					1983	1977	2629	3973	
DMA2 TC1					1983	1976	2628	3973	
DMA2 TC2						673	904	3973	5064
DMA2 TC3						1317	1755	3973	5064	5064
总和	9942	10490	15948	15920	15928	15923	15920	15892	10128	5064

以上数据来源于"TMS320C6678 存储器访问性能"。

第7章

中断和异常

中断是指处理器对系统发生的某些事件做出的一种反应,处理器保留现场,改变正常程序流并在中断处理完成后能返回保留的现场。按照中断事件的来源分为中断和异常(来源于错误事件)。

基于 C66x 内核的处理器具有非常丰富的事件来源,如 DMA 事件(IDMA、EDMA3)、定时器事件、接口事件(SRIO、PCIE、TSIP、GPIO 等)、异常事件(如 EDMA CC 错误、MSMC 保护错误等)等。

通常,C66x 处理器内核与处理器件的外围设备是异步、并行执行的,C6678 处理器丰富的中断资源为它们的相互合作提供了灵活的方式。例如,在实现 EDMA3 数据传输和内核处理并行时,EDMA3 控制器可以通过完成时产生中断来通知内核完成的状态;在 SRIO 完成接口数据传输时,通过中断通知内核数据已经传送到指定区域。通过中断的方式通知处理器内核保证了对事件响应的及时性,并可以根据优先级排序来决定哪个先处理、哪个后处理。

本章首先介绍了 C6678 处理器中断简介、芯片中断控制器(Chip Interrupt Controller,CIC)、C66x 内核中断控制器概述、中断控制结构的内容,随后介绍了中断控制器与 DSP 交互,最后介绍了中断设计的一些建议。

7.1 C6678 处理器中断简介

C66x DSP 提供两种类型异步信号服务:中断和异常。

以下列出了系统事件、中断和异常的一些定义。

(1)系统事件:任何内部或外部产生的信号,目的在于通知 DSP 一些活动已经发生,也可能需要一个应答。

(2)中断:当外部或内部硬件信号(事件)发生时,提供方法改变正常程序流。

(3)异常:和中断类似,也改变程序流,但是异常通常和系统的错误情况相关联。

C6678 器件的中断是通过 C66x 内核中断控制器配置的。中断控制器允许最大 128 个系统事件,被规划到任何 12 个 CPU 中断输入(CPUINT4~CPUINT15)、CPU 异常输入(EXCEP)或高级仿真逻辑。128 个系统事件由内部产生事件(CorePac 内部)和芯片级事件组成。

附加的系统事件被连接到每个 C66x 内核,用于提供芯片级事件。此外,错误类事件或极少用到的事件通过系统事件路由器连接,以减轻 C66x 内核中断选择器的负担。这通过芯片中断控制器模块实现。时钟频率为 CPU/6。

事件控制器由简单的组合逻辑组成,用于提供附加事件到每个 C66x CorePac,加上 EDMA3CC、CIC0 和 CIC1 共 17 个附加事件,每个 C66x 内核也提供 8 个广播事件,CIC2 分别提供 26 和 24 个附加事件到 EDMA3CC1 和 EDMA3CC2,CIC3 分别提供 8 个和 32 个附加事件到 EDMA3CC0 和 HyperLink。

7.2 芯片中断控制器

在芯片级有很大数量的事件,有一些事件需要在系统层面上通过芯片中断控制器

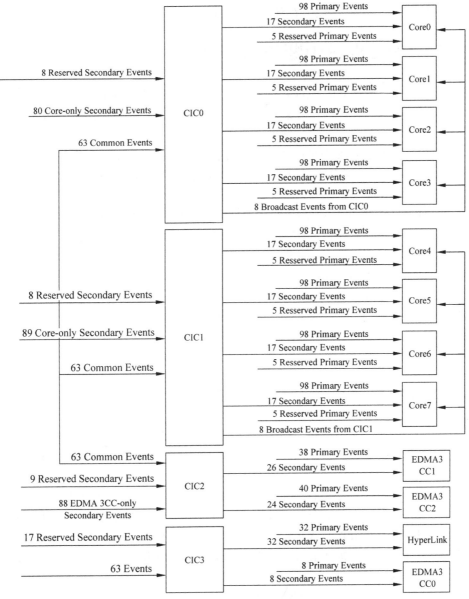

图 7.1 C6678 中断拓扑关系

(CIC)聚集一下,然后再连接到 EDMA3CC 和 C66x 内核。芯片中断控制器提供一个灵活的方式来合并和重新映射这些事件。为此,在芯片中添加了一些芯片中断控制器。芯片中断控制器接收芯片级事件(系统事件),通过合并、选择这些芯片级事件完成聚集,然后连接到 EDMA3CC 和 C66x 内核。

通过芯片级 CIC,多种事件可以被合并为一个单个事件。然而,一个事件只能被映射到从芯片级 CIC 输出的唯一事件。芯片级 CIC 允许软件通过存储器写来触发系统事件。在多个内核之间或内部处理器通信目的等,C66x 内核广播事件可以被用作同步。

C6678 中断拓扑关系见图 7.1。对于芯片中断控制器(CIC)的更多信息见 *KeyStone Architecture Chip Interrupt Controller (CIC) User Guide*。

C66x 内核、CIC0、CIC1、CIC2、CIC3 事件输入源详细信息见 *TM320C6678 Multicore Fixed and Floating-Point Digital Signal Processor*。

7.3　C66x 内核中断控制器概述

与芯片中断控制器(CIC)不同,内核中断控制器(Interrupt Controller,INTC)位于 C66x 内核内部,其部分事件的输入来源于芯片中断控制器(CIC)的输出。本节描述内核中断控制器(INTC)的概述,下节对其结构进行详述。

C66x DSP 可以接收 12 个可屏蔽/可配置的中断、1 个可屏蔽的异常和 1 个不可屏蔽/不可配置的中断/异常。DSP 也可以对一系列内部异常状况做出反应,参见 *TMS320C66x DSP CPU and Instruction Set Reference Guide*。

C66x 内核包含一个中断控制器,可以允许最多 124 个系统事件连接到中断/异常输入端口。这些 124 个事件可以直接连接到可屏蔽中断,组合起来作为中断或异常。这些多种多样的连接方式在处理中断的时候提供非常大的灵活性。

如果 DSP 上相应的中断标志已经被挂起,那么此时给 DSP 发送中断将产生一个错误事件。在路由事件之外,中断控制器检测 DSP 丢失中断。当 DSP 丢失实时中断事件时,用户可以用错误事件通知 DSP。INTC 硬件保存丢失的中断号到一个寄存器,从而可以保证正确行为被执行。

C66x 内核提供大量各式各样的系统事件。中断控制器提供一种方法来选择必要的事件,并将它们连接到相应的中断和异常输入。用户可以使用这些系统事件来驱动其他外围设备(如 EDMA),C66x 内核的中断控制器专门用于管理 DSP。

7.3.1　特征

注意:不是所有的 C6000 器件都支持不可屏蔽的中断(NMI),要参考器件手册获得更多信息。

中断控制器提供了系统事件到 DSP 的中断和异常的输入。中断控制器支持最多 128 个系统事件(124 个事件＋4 个合并事件)。128 个系统事件作为中断控制器的输入。它们由(C66x)内部产生事件和芯片级事件组成。在 128 个事件之外,INTC 寄存器还接收不可屏蔽和复位事件并直接连接到 DSP。中断控制器输出多种信号到 C66x DSP,DSP 中断信号从如下事件输入。

(1) 一个可屏蔽的,硬件异常(EXCEP)。

（2）12 个可屏蔽的硬件中断（INT4～INT15）。

（3）一个不可屏蔽中断信号可以用作中断或异常（NMI）。

（4）一个复位信号（RESET）。

中断控制器包含以下模块，用于促进事件连接到中断和异常。

（1）中断选择器：连接任何系统事件到 12 个可屏蔽中断。

（2）事件合并器：将大量的系统事件合并到 4 个。

（3）异常合并器：使任何系统事件组合在一起，从而用一个硬件异常输入。

7.3.2　功能块图

中断控制器功能块图如图 7.2 所示。

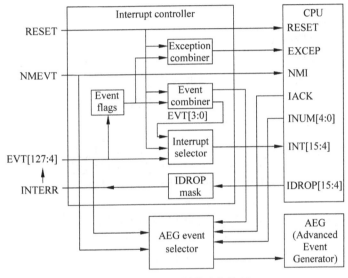

图 7.2　中断控制器功能块图

◁ 7.4　中断控制器结构

C66x 内核中断控制器设计用于提供灵活的系统事件管理，中断控制器相关的寄存器如表 7.1 所示。

表 7.1　中断控制器寄存器

寄　存　器	描　　述	类　型
EVTFLAG［3：0］	Event Flag Registers	状态
EVTCLR［3：0］	Event Clear Registers	状态
EVTSET［3：0］	Event Set Registers	控制
EVTMASK［3：0］	Event Mask Registers	控制
MEVTFLAG［3：0］	Masked Event Flag Registers	状态
EXPMASK［3：0］	Exception Mask Registers	控制
MEXPFLAG［3：0］	Masked Exception Flag Registers	状态
INTMUX［3：1］	Interrupt Mux Registers	控制

续表

寄 存 器	描 述	类 型
AEGMUX [1:0]	Advanced Event Generator Mux Registers	控制
INTXSTAT	Interrupt Exception Status Register	状态
INTXCLR	Interrupt Exception Clear Register	命令
INTDMASK	Dropped Interrupt Mask Register	控制

7.4.1　事件寄存器

中断控制器包含一组寄存器用于管理控制器收到的系统事件状态,这些寄存器可以被分组如下。

(1) 事件标志寄存器(EVTFLAGx)。

(2) 清除标志寄存器(EVTCLRx)。

(3) 设置标志寄存器(EVTSETx)。

事件标志寄存器获取所有中断控制器收到的系统事件,有 4 个 32bit 寄存器覆盖 124 个系统事件输入。每个系统事件在一个事件标志寄存器中分配到一个特定的位(EFxx),事件标志寄存器(EVTFLAGx)如图 7.3 所示。

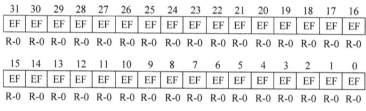

图 7.3　事件标志寄存器

所有 124 个系统事件都单独地分配到 4 个 32bit EVTFLAGx 的一个 bit 位。

这导致最小 4 位 EVTFLAG0(EF03:EF00)与系统事件不相关,这 4 位是保留位并总是为 0。也就是说,没有与相应区域对应的系统事件输入。相反,与事件 0~3 相关的系统事件是由事件合并器(Event Combiner)内部产生的(到中断控制器),事件合并器连接到中断选择器,如图 7.2 所示。

事件标志(EFxx)是闩锁寄存器位,也就是说,对任何收到的事件,它们保持值为 1。EVTFLAGx 寄存器是只读寄存器并且必须通过只写清除寄存器 EVTCLR[3:0]来清除。

使用事件清除寄存器来清除事件标志寄存器,其为 4 个 32 位事件清除寄存器,这些寄存器的区域和事件标志寄存器一一对应。事件清除寄存器如图 7.4 所示。

图 7.4　事件清除寄存器

写1到事件清零寄存器的特定区域,导致相应的事件寄存器区域清零。

事件设置寄存器与事件清除寄存器的概念是类似的。使用事件设置寄存器手动设置事件标志寄存器中的任何位(例如,用事件设置寄存器产生中断有益于测试中断服务程序)。有4个32-bit事件设置寄存器,与事件标志寄存器的区域一一对应。写1到一个事件设置寄存器中的特定区域,导致相应的事件标志寄存器设置成1。事件设置寄存器如图7.5所示。

31	30	29	28	27	26	25	24	23	22	21	20	19	18	17	16
ES	ES	ES	ES	ES	ES	ES	ES	ES	ES	ES	ES	ES	ES	ES	ES
W-0	W-0	W-0	W-0	W-0	W-0	W-0	W-0	W-0	W-0	W-0	W-0	W-0	W-0	W-0	W-0

15	14	13	12	11	10	9	8	7	6	5	4	3	2	1	0
ES	ES	ES	ES	ES	ES	ES	ES	ES	ES	ES	ES	ES	ES	ES	ES
W-0	W-0	W-0	W-0	W-0	W-0	W-0	W-0	W-0	W-0	W-0	W-0	W-0	W-0	W-0	W-0

图7.5 事件设置寄存器

中断控制器使用事件清除和设置寄存器,用以防止潜在的竞争情况,而不是直接写到事件标志寄存器。没有这些附加的寄存器,当一个标志位读、修改、写操作执行,DSP可能会意外地清除事件标志设置。

如果在同一周期内收到一个新的事件,一个清除指令通过EVTCLRx寄存器被设置,新的事件输入作为额外预防缺失事件出现。

7.4.2 事件合并器

事件合并器允许多个系统事件合并到一个事件,如图7.6所示。

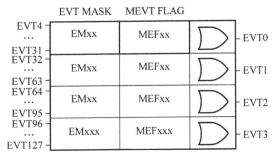

图7.6 事件合并器

合并的事件连接到中断选择器上。尽管DSP只有12个可用中断,这种机制允许DSP服务所有可用的系统事件。

事件合并器的基本概念是在一组系统事件的子集上执行一个OR操作。OR操作的结果提供一个新的"合并"事件。事件合并器把124个系统事件分成4组。

第一组包括事件4~31,第2组包括事件32~63,第三组包括事件64~95,第四组包括事件96~127。用户可以在每组中合并的事件提供一个新的"合并"事件。这些新"合并"的事件定名为EVT0、EVT1、EVT2和EVT3。这些事件连接到中断选择器,与原来的124个系统事件一起组合成128个事件。对每个组,分别有一个事件屏蔽寄存器。

在事件屏蔽寄存器中的事件屏蔽位,表现为使能/屏蔽收到的应该被合并的系统事件。寄存器默认为0,因而所有系统事件是非屏蔽的,并合并形成相关的EVTx。为了屏蔽一个事件源(例如,从被合并的事件中禁止一个事件),相应的屏蔽位必须被设置成 1。注意事件 0～3 的事件屏蔽位是保留的并且总是被屏蔽的。事件屏蔽寄存器如图 7.7 所示, EVTMASK0 低 4 位为只读,默认为 0x000F。

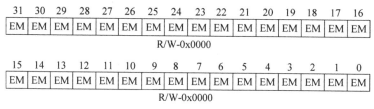

图 7.7　事件屏蔽寄存器

Event Mask 示例如下。

假设一个应用需要事件 124～127 被合并。为了实现这个功能,需要将 EVTMASK3 定为如下:

```
EVTMASK3 = 00001111111111111111111111111111
```

事件合并器基于可编程事件组合产生一个合并输出事件,此外,事件合并器还提供一个事件标志寄存器的屏蔽视角。屏蔽的事件标志寄存器如图 7.8 所示。

31	30	29	28	27	26	25	24	23	22	21	20	19	18	17	16
MEF	MEF	MEF	MEF	MEF	MEF	MEF	MEF	MEF	MEF	MEF	MEF	MEF	MEF	MEF	MEF
R-0	R-0	R-0	R-0	R-0	R-0	R-0	R-0	R-0	R-0	R-0	R-0	R-0	R-0	R-0	R-0

15	14	13	12	11	10	9	8	7	6	5	4	3	2	1	0
MEF	MEF	MEF	MEF	MEF	MEF	MEF	MEF	MEF	MEF	MEF	MEF	MEF	MEF	MEF	MEF
R-0	R-0	R-0	R-0	R-0	R-0	R-0	R-0	R-0	R-0	R-0	R-0	R-0	R-0	R-0	R-0

图 7.8　屏蔽的事件标志寄存器

对于那些在事件屏蔽寄存器中使能的事件,屏蔽的事件标志寄存器的内容和事件标志寄存器内容是完全相同的。通过读取屏蔽的事件标志寄存器,DSP 只查看与相应合并事件相关的事件标志(EVT [3:0]),这在服务于合并事件的中断服务程序中可能非常有用。

以下为事件标志示例,假设以下配置:

```
EVTFLAG3 = 01101010010011001110001110010101
EVTMASK3 = 00001111111111111111111111111111
```

屏蔽的事件标志寄存器 3 会成为:

```
MEVTFLAG3 = 01100000000000000000000000000000
```

当服务一个合并的中断,用户必须按以下步骤执行:

(1) 读 MEVTFLAGx 寄存器,其与合并的事件 EVTx 对应;

(2) 检查第一个待定的事件;

(3) 写 MEVTFLAGx 值到 EVTCLRx 寄存器;

(4) 服务步骤(2)指示的事件;

(5) 重复步骤(1)～(4)直到 MEVTFLAGx 寄存器=0。

这个程序只评估和清除那些合并到 EVTx 的事件。更进一步,尽管如果它们在 EVTFLAGx 寄存器中被设置(这允许用户使用它们产生一个异常),任何被 EVTMASKx 寄存器屏蔽的事件寄存器没有被清除(它们不需要清除)。

注意:DSP 应该反复迭代步骤(1)～(4),直到在中断服务程序中返回前,没有发现挂起的事件。这确保在中断服务程序期间,任何事件都能被捕获(如果一个事件 EVTx 被接收的同时,在 EVTCLRy[x]中该标志被清除,这也会被记住,而且它不会清除)。

7.4.3 中断选择器

1. 中断选择操作

DSP 有 12 个可屏蔽中断(DSPINT4～DSPINT15)输入是可用的,中断选择器允许任何 128 个系统事件连接到任何 12 个 DSP 中断输入,如图 7.9 所示。

128 个系统事件或者是事件输入或者是由事件合并器合并产生的事件。事件合并器逻辑具有将多个事件输入合并到 4 个可能的事件输出的能力。这些输出会提供给中断选择器,并作为额外的系统事件对待(EVT0～EVT3)。

DSP 中断连接关系如图 7.10 所示。

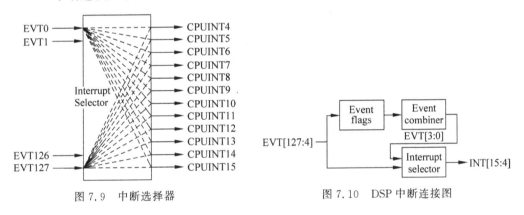

图 7.9 中断选择器   图 7.10 DSP 中断连接图

事件合并器允许在中断选择器基础上,设计一个灵活的中断连接。INTC 模块的灵活性允许在 C66x 内核中服务大量的系统中断,同时允许在一个 DSP 内同时服务大量的中断,从而提高中断效率。

中断选择器包含中断复用寄存器,INTMUX[3:1]允许用户设置 12 个可用的 DSP 中断的每个源。每个出现在中断选择器的中断具有一个事件编号被用来设置这些寄存器。

DSP 中断的顺序(DSPINT4～DSPINT15)决定未决中断(pending interrupt)的优先级。因为任何中断服务程序可以被原子化(不可嵌套),DSP 中断优先级只应用于未决中断(pending interrupt)。

2. 中断错误事件

任何时候 DSP 检测到一个中断已被撤销,C66x DSP 和中断控制器一起可以产生一个系统事件(EVT96)。当相关的 DSP 中断标志位已经被设置,同时又收到一个该 DSP 中断,中断错误事件产生。这个错误事件可以指示程序员在代码中可能存在的问题,例如,中断是否在一个较长的时间周期被禁用,或者不可中断的代码段是否太长。

　　因为中断撤销逻辑是在 DSP 内部,只有来自一个单独系统事件的中断源会被检测。基于合并事件的中断撤销,只能指示哪个组中一个或更多中断导致了错误。

　　当 DSP 检测撤销错误情况,它把这个信息传回到中断控制器的中断异常状态寄存器(INTXSTAT),记录撤销的中断号并声明一个系统事件。一个包含与异常信号产生相关的框图如图 7.11 所示。

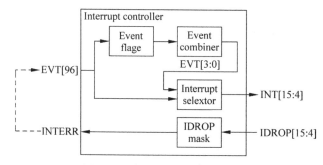

图 7.11　中断异常事件功能框图

　　INTERR 事件从中断控制器输出并且内部连接回系统事件 EVT96。

　　因为 INTXERR 只能保持一个撤销的 DSP ID,只有第一个撤销的中断被检测并通过 INTERR(EVT96)报告。通过异常清除寄存器(INTXCLR),中断异常状态被清除,它由一个单个清除位组成。写一个 1 到 INTXCLR 寄存器中的 CLEAR 域,将 INTXSTAT 寄存器相应域复位为 0。只有在状态位被硬件清除后,一个新的 IDROPx 事件才可以被检测。当服务撤销中断错误事件,服务程序必须:

　　(1) 读 INTXSTAT 寄存器。

　　(2) 检测错误情况。

　　(3) 通过 INTXCLR 寄存器清除错误。

　　为阻止一个或多个 DSP 中断产生撤销中断错误,可以通过设置中断屏蔽寄存器(INTDMASK)来忽略它们。

7.4.4　异常合并器

　　C66x DSP 具有单一事件输入用于系统级、可屏蔽的异常,这个输入用 EXCEP 表示。异常合并器允许多个系统事件合并到一个异常事件,如图 7.12 所示。尽管只有一个 DSP 异常输入可用,所有可用系统事件都允许被 DSP 服务。异常合并器允许系统设计者选择一个系统事件标志子集,在其中执行一个 OR 操作来决定 EXCEP 值。图 7.12 显示系统通过异常合并器实现异常的连接。

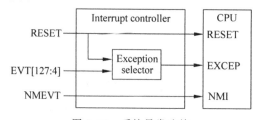

图 7.12　系统异常连接

注意：RESET 和 NMI 也出现在该图上。事实上,当异常在 C66x DSP 内部被使能,NMI 信号被用作非屏蔽异常的输入。这两个信号与多种其他 DSP 异常一起在 DSP 内部合并,为了只允许一个系统事件子集产生一个异常到 DSP。异常合并器提供一组 4 个屏蔽寄存器,EXPMASK[3:0] 被用于禁止不需要的事件。因为只有一个异常输入到 DSP,所有屏蔽寄存器相互合作,以合并最多 128 个事件到一个 EXCEP。这允许 DSP 服务所有可用的系统异常。异常屏蔽寄存器如图 7.13 所示。

31	30	29	28	27	26	25	24	23	22	21	20	19	18	17	16
XM	XM	XM	XM	XM	XM	XM	XM	XM	XM	XM	XM	XM	XM	XM	XM

R/W-0xFFFF

15	14	13	12	11	10	9	8	7	6	5	4	3	2	1	0
XM	XM	XM	XM	XM	XM	XM	XM	XM	XM	XM	XM	XM	XM	XM	XM

R/W-0xFFFF

图 7.13　异常屏蔽寄存器

7.5　C66x 内核事件

有一些事件是由 C66x 内核多个不同组件产生的,这些事件连接到中断控制器,以便当这些事件被声明时,它们可以被 DSP 服务。表 7.2 为系统事件映射关系。

注意：显示为可用的事件,对 C66x CorePac 而言是芯片级事件。因而,每个新 C66x 器件必要时可以使用这些事件作为输入。

表 7.2　系统事件映射关系

EVT 编号	Event	来　源	描　　述
0	EVT0	INT 中断控制器	对于事件 1~31,事件合并器 0 的输出
1	EVT1	INT 中断控制器	对于事件 32~63,事件合并器 1 的输出
2	EVT2	INT 中断控制器	对于事件 64~95,事件合并器 2 的输出
3	EVT3	INT 中断控制器	对于事件 96~127,事件合并器 3 的输出
4~8	可用的事件		
9	保留		
10	可用的事件		
11~12	保留		
13	IDMAINT0	EMC	IDMA 通道 0 中断
14	IDMAINT1	EMC	IDMA 通道 1 中断
15~95	可用的事件		
96	INTERR	中断控制器	撤销的 DSP 中断事件
97	EMC_IDMAERR	EMC	无效的 IDMA 参数
98	保留		
99	可用的事件		
100~101	保留		
102~109	可用的事件		

续表

EVT 编号	Event	来　　源	描　　述
110	MDMAERREVT	L2	MDMA 总线错误事件
111	保留		
112	可用的事件		
113	L1P_ED	L1P	DMA 读时检测到单 bit 错误
114～115	可用的事件		
116	L2_ED1	L2	检测到修正的位错误
117	L2_ED2	L2	检测到未修正的位错误
118	PDC_INT	PDC	PDC 休眠中断
119	SYS_CMPA	SYS	DSP 存储器保护错误
120	L1P_CMPA	L1P	DSP 存储器保护错误
121	L1P_DMPA	L1P	DMA 存储器保护错误
122	L1D_CMPA	L1D	DSP 存储器保护错误
123	L1D_DMPA	L1D	DMA 存储器保护错误
124	L2_CMPA	L2	DSP 存储器保护错误
125	L2_DMPA	L2	DMA 存储器保护错误
126	EMC_CMPA	EMC	DSP 存储器保护错误
127	EMC_BUSERR	EMC	CFG 总线错误事件

7.6　中断控制器与 DSP 交互

7.6.1　DSP 中断控制器接口

中断控制器的输出,如由异常合并器和中断选择器产生的,提供给 C66x DSP。12 个中断信号在 DSP 中断标志寄存器(Interrupt Flag Register,IFR)中反映,如图 7.14 所示。为了使 DSP 识别出中断,用户必须使能中断。DSP 需要通过中断使能寄存器(Interrupt Enable Register,IER)单独使能,并使能在中断任务寄存器(Interrupt Task Register, ITSR)中的全局中断使能域(ITSR.GIE)。

另外,注意异常信号(EXCEP)被记录进 DSP 的异常标志寄存器(Exception Flag Register,EFR),如图 7.14 所示。

在异常标志寄存器可被识别前,用户必须使能异常。为了易于系统设计和向后兼容,在器件复位后异常识别被禁止。通过设置在 ITSR 寄存器中的全局异常使能域(Global Exceptions Enable Field,GEE),打开异常使能。必须在使能任何中断前使能异常,以确保当其模式(异常对中断)正改变期间一个 NMI(Non-Maskable Interrupt)没有被接收。

当系统异常在 DSP 中没有被使能,非屏蔽中断(NMI)表现为一个中断,并且当收到后会设置一个标志到 IFR 寄存器中的 BIT1 域。当 DSP 的系统异常未使能时,非屏蔽中断(NMI)作为一个正常中断,当收到后会设置 IFR 的 BIT1 域。当 DSP 的系统异常被使能时,该标志位将不会被设置。异常标志寄存器(EFR)指示中断源是 NMI、EXCEP、内部异常

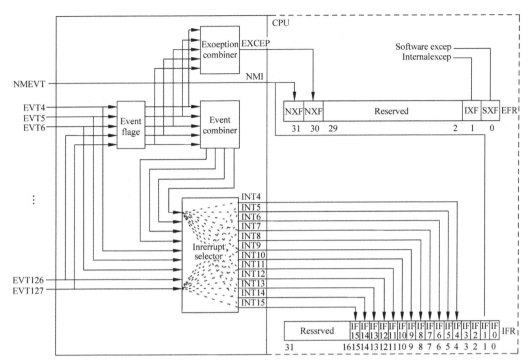

图 7.14　中断异常标志寄存器和中断标志寄存器

或软件异常。所有 NMI 处理共享 NMI 中断向量,无论用户是否正使用它作为中断或作为一个异常。在 SWENR(Software Exception—No Return)指令产生一个异常而不是 SWE(Software Exception)指令产生的场合,DSP 只把 REP(Restricted Entry Point)寄存器用作一个向量而不是 NMI 向量。

7.6.2　DSP 服务中断事件

在 DSP 服务单一事件(系统事件在中断选择器中被直接指定)中断情况,没有必要读或清除事件标志(EVTFLAGx)寄存器(在中断控制器中)。然而,当服务合并系统事件,用户必须在一个中断服务程序或一个异常服务程序使用这些事件标志。这些标志被用来决定是发起一个中断还是一个异常。换句话说,DSP 的中断标志寄存器(或异常标志寄存器)告诉DSP 一个合并的事件已经发生,服务程序必须使用事件标志寄存器去确定确切的起因。注意,在一个服务程序中,为了接收后续的事件,相应的事件标志寄存器位必须被软件清除。如果事件标志没有被清除,一个新的系统事件不会被识别。新的系统事件不能被识别为一个撤销中断,这是因为 DSP 撤销中断逻辑应用于 DSP 中断输入(不是中断控制事件输入),在中断控制器由于事件被合并,因而在 DSP 中不具备可见性。

在很多系统中,可能打算让中断服务程序读,然后清除整个事件标志寄存器(EVTFLAGx)。尽管这在很多系统中可以工作正常,但用户仍必须小心确保一些事件标志没有被任何系统代码查询。如果一个特定事件必须被查询(偶尔被一些系统中的代码读,而不是允许那个事件去中断 DSP),那么无差别地被清除所有事件标志位可能会导致意想不到的结果。

7.7　C6678 中断的设计

C66x 器件的中断设计十分灵活,这同时也带来了设计的复杂性,使中断设计不易理解。以下以 C6678 为例介绍中断的设计。前面已经介绍了中断相关的各个部件,下面介绍如何在系统层面把它们联系起来,芯片级中断连接关系如图 7.15 所示。

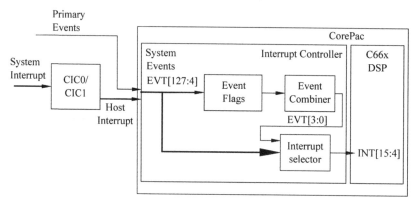

图 7.15　芯片级中断连接关系

其中系统中断(System Interrupt)为芯片中断控制器(Chip Interrupt Controller,CIC)的输入,Host Interrupt 为 CIC 的输出。输入 C66x 内核中断控制器(INTC)的为系统事件(System Events)。System Events 包含两部分来源:一是直接输入 CorePac 中断控制器的事件为内核主事件(CorePac Primary Events),二是经过 CIC 输出的 Host Interrupt。

CIC 和事件合并器都是可配选的中断路由,对于是否经过 CIC 和事件合并器构成以下四个中断映射路径。

(1) Primary Events 直接经过中断选择器映射到 INT[15:4]。这是推荐的最简单路径,映射路径只要配置中断选择器寄存器 INTMUXn。

(2) Primary Events 经过事件合并器合并成 EVT[3:0],然后进入中断选择器映射到 INT[15:4]。这种情况下需要配置事件合并寄存器 EVTMASKn 和中断选择器寄存器 INTMUXn。

(3) System Interrupt 经过 CIC 映射到 Host Interrupt,然后直接经过中断选择器映射到 INT[15:4]。这种情况下要配置 CIC 的寄存器和中断选择器寄存器 INTMUXn。

(4) System Interrupt 经过 CIC 映射到 Host Interrupt,然后经过事件合并器合并成 EVT[3:0],最后进入中断选择器映射到 INT[15:4]。这种是最复杂的中断路径。需要配置 CIC 的寄存器、事件合并寄存器 EVTMASKn 和中断选择器寄存器 INTMUXn。

中断合并器上面已经介绍过,下面用实例介绍经过 CIC 和不经过 CIC 的中断如何配置,以及中断的挂接方式。

7.7.1　不经过 CIC 的中断事件

CorePac 的主系统事件(Primary System Event)输入是直接接入 CorePac 内部的中断控制器(INTC),无须经过芯片中断控制器路由。主系统事件与 CorePac 的连接关系如图 7.16 所示,详细的系统事件编号见附录 D。

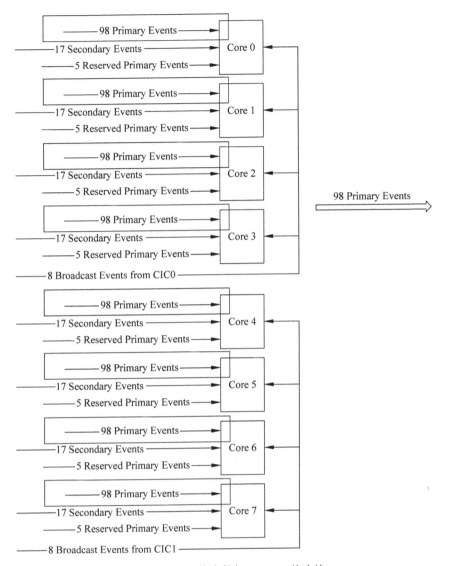

图 7.16 主系统事件与 CorePac 的连接

主系统事件在中断标志寄存器 IFR(Interrupt Flag Register)中有相应的位与之对应，需要将 IFR 对应的事件连接到中断向量表。首先配置 IER(相应位置 1，并且保证 NMIE 位置 1)和 GIE(CSR 寄存器中 GIE 位)置 1。IER 和 CSR 配置寄存器参见 *TMS320C66x DSP CPU nd Instruction Set Reference Guide*，分别如图 7.17 和图 7.18 所示。

31															16
Reserved															
R-0															

15	14	13	12	11	10	9	8	7	6	5	4	3	2	1	0
IE15	IE14	IE13	IE12	IE11	IE10	IE9	IE8	IE7	IE6	IE5	IE4	Reserved		NMIE	1
R/W-0	R/W-0	R/W-0	R/W-0	R/W-0	R/W-0	R/W-0	R/W-0	R/W-0	R/W-0	R/W-0	R/W-0	R-0		R/W-0	R-1

图 7.17 Interrupt Enable Register(IER)寄存器

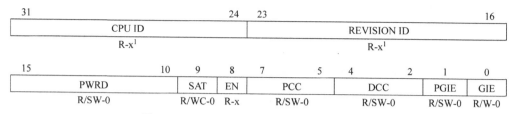

图 7.18 Control Status Register(CSR)寄存器

使用中断选择器(Interrupt Selector)、事件合并器等中断控制器部件或其组合,将 128 个系统事件中直接输入到 CorePac 的 Primary Events 对应的系统事件映射到任何 12 个 DSP 中断输入 INT[15:4]。

中断选择器寄存器如图 7.19 所示,其字段描述见表 7.3。只需在对应的 INTSEL*nn* (对应 INT[*nn*],*nn* 为 4 到 15)中写入对应的 EVT 编号(0 到 127)。

Interrupt Mux Register 1(INTMUX1)

31	30		24	23	22		16
Reserved	INTSEL7			Reserved	INTSEL6		
R-0	R/W-7h			R-0	R/W-6h		

15	14		8	7	6		0
Reserved	INTSEL5			Reserved	INTSEL4		
R-0	R/W-5h			R-0	R/W-4h		

Interrupt Mux Reglster 2(INTMUX2)

31	30		24	23	22		16
Reserved	INTSEL11			Reserved	INTSEL10		
R-0	R/W-8h			R-0	R/W-Ah		

15	14		8	7	6		0
Reserved	INTSEL9			Reserved	INTSEL8		
R-0	R/W-9h			R-0	R/W-8h		

Interrupt Mux Reglster 3(INTMUX3)

31	30		24	23	22		16
Reserved	INTSEL15			Reserved	INTSEL14		
R-0	R/W-Fh			R-0	R/W-Eh		

15	14		8	7	6		0
Reserved	INTSEL13			Reserved	INTSEL12		
R-0	R/W-Dh			R-0	R/W-Ch		

Legend: R=Read on ly: W=Write only; −n=value after reset; −x, value in inderminate—see the devke-spedfic data manual

Interrupt Mux Reglster 3(INTMUX3)

31	30		24	23	22		16
Reserved	INTSEL7			Reserved	INTSEL14		
R-0	R/W-Fh			R-0	R/W-Eh		

15	14		8	7	6		0
Reserved	INTSEL13			Reserved	INTSEL12		
R-0	R/W-Dh			R-0	R/W-Ch		

Legend: R=Read on ly: W=Write only; −n=value after reset; −x, value in inderminate—see the devke-spedfic data manual

图 7.19 中断选择器 INTMUX*n* 寄存器配置

表 7.3 中断选择寄存器（**INTMUX***n*）字段描述

字 段	值	描 述
INTSEL*nn*	0~7Fh	包含映射到 DSPINT*nn* 的事件号

在 Hwi 中断向量表（Vector Table）对应的 *nn* 位置挂接中断服务程序，当中断信号 INT*nn* 被触发时就会跳转到相应的中断处理函数 ISR。

7.7.2 经过 CIC 的中断

经过 CIC 的中断如图 7.20 所示。

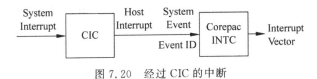

图 7.20 经过 CIC 的中断

与不经过 CIC 的中断不同的是，内核中断控制器 INTC 的 System Event 输入来源于 CIC 的输出 Host Interrupt。该类型中断要进行 CIC 的中断配置，CIC 的功能图如图 7.21 所示。

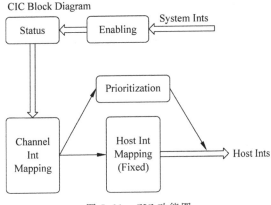

图 7.21 CIC 功能图

1. 使能（Enabler）

CIC 的这个阶段是基于编程的设置使能 System Interrupt。对于每个 System Interrupt，SOC 使用软件可编程的使能寄存器来启用或禁用系统中断。那些被禁用的 System Interrupt 不会生成任何 Host 主机中断。

2. 中断状态（Interrupt Status）

CIC 的下一个阶段是捕获挂起的 System Interrupt。该状态被捕获到一个状态寄存器中，该寄存器可被系统读取。挂起状态反映自上次清除状态寄存器位以来是否发生 System Interrupt。状态寄存器中的每个位都可以单独清除。当特定状态被清除时，状态也被清除。软件也可以设置中断而不触发硬件。

有两种状态：原始状态（Raw Status）和使能状态（Enabled Status）。原始状态是系统中断的挂起状态,与 System Interrupt 的使能位无关。使能状态是系统中断的挂起状态,使能位处于有效状态。当使能位处于无效状态时,使能状态将始终处于无效状态。在 CIC 的后期阶段,只使用使能状态,而为软件或调试使用提供原始状态。

3. 通道映射(Channel Mapping)

CIC 的下一个阶段是将已使能的 System Interrupt 映射到内部通道(Channel)。通道用于将 System Interrupt 分组为可提供给主机(Host)接口的少量中断输入,如 CIC0 可将 160 System Interrupt 映射到 Host Interrupt:对于每个内核而言,有 17 个 Host Interrupt 作为 Secondary System Events 输入和 8 个作为 Broadcast System Event 输入。附录 D 中 17 个 Host Interrupt 连接到 System Event 21~31、62~63、92~95 个作为内核中断控制器 Secondary System Events,8 个 Host Interrupt 连接到 System Event 102~109 作为内核中断控制器 Broadcast System Events。

当多个 System Interrupt 被映射到同一个通道时,它们的中断可以是同时发生的,这样当其中一个处于有效状态时,输出就处于有效状态。图 7.8 描述了通道映射功能(请注意,中断不能映射到多个通道,但连接是由通道映射寄存器值选择的)。System Interrupt 到通道的映射是可编程的。每个 System Interrupt 都有一个寄存器来定义其映射。通道映射功能框图如图 7.22 所示,通道映射寄存器分别如图 7.23 所示,通道映射寄存器字段描述见表 7.4。

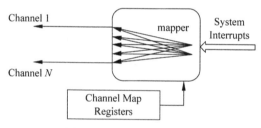

图 7.22 通道映射功能图

31 24	23 16	15 8	7 0
CH3_MAP	CH2_MAP	CH1_MAP	CH0_MAP
R/W-0	R/W-0	R/W-0	R/W-0

Legend: R=Read only; −n=value after reset

图 7.23 通道映射寄存器

表 7.4 通道映射寄存器描述

字 段	值	描 述
31~24	CH3_MAP	设置系统中断(System Interrupt)N+3 的通道(Channel)
23~16	CH2_MAP	设置系统中断(System Interrupt)N+2 的通道(Channel)
15~8	CH1_MAP	设置系统中断(System Interrupt)N+1 的通道(Channel)
7~0	CH0_MAP	设置系统中断(System Interrupt)N 的通道(Channel)

通道映射寄存器为每个 System Interrupt 定义通道。每四个 System Interrupt 有一个寄存器。System Interrupt 数是器件特定的,最大值是 1024。最大寄存器数为 256(=1024/4)。偏移量从 0x400 到 0x7fc。对于 C6678:CIC0/1/2:40 个寄存器对应 160 个 System Interrupt;

CIC3：16 registers 对应 64 System Interrupt。

4. Host Interrupt 映射（Host Interrupt Mapping）

CIC 的下一个阶段是 Host 映射。此阶段将定义的通道数映射到 Host Interrupt。通道到 Host Interrupt 的映射是固定的（一对一映射）。每个通道都有一个寄存器来定义其 Host Interrupt，寄存器是只读的。

5. 优先级（Prioritization）

CIC 的下一个阶段是优先级划分。并不是所有 keystone 器件的 CIC 实现优先级划分。有关详细信息，请参阅器件具体数据手册。

如果多个中断馈送到单个通道/Host Interrupt（由于通道到 Host Interrupt 的一对一映射），则有必要在所有 Host Interrupt 之间确定优先级，以决定要处理的单个 Host Interrupt。CIC 提供硬件以使用给定的方案执行此优先级排序，因此软件不必执行此操作。索引号为 0 的系统中断具有最高优先级，索引最高的系统中断具有最低优先级。因此，单 Host Interrupt 级别的优先级选择索引最低的活动系统中断。主机中断的优先系统中断存储在主机中断优先索引寄存器中，软件可以读取该寄存器，以便快速处理系统中断。

服务 CIC 映射中断的流程如表 7.5 所示。

表 7.5　服务 CIC 中断的流程

步骤	描　　述	C66x 的示例操作
1	接收中断	相应 IFR 寄存器被设置（由硬件完成）； GIE 位被清除（由硬件完成）； 从中断服务表（Interrupt Servicing Table，IST）开始，进入 ISR（由硬件完成）； 在 IFR 寄存器中清除的相应位（由硬件完成）
2	禁用 Host Interrupt	禁用 CIC Host Interrupt 使能寄存器中相应的 Host Interrupt 输出
3	确定确切的中断并清除 System Interrupt 的状态（两种方法之一）	读取优先索引寄存器（Prioritized Index Register，如果有该功能并决定使用优先顺序）； 在 System Interrupt Status Clear Register 中清除 CIC System Interrupt 标志
		读取 System Interrupt Status Enabled/Clear Register（用于位标志）； 清除 CIC System Interrupt Status Clear Register 中的 System Interrupt 标志
4	服务中断	执行用户代码服务中断
5	重新使能 Host Interrupt	在 CIC Host Interrupt Enable Register 中启用相应的 Host Interrupt 输出
6	从中断返回	GIE 位被设置（由硬件完成）； 从 ISR 返回用户应用程序

以下以 cpintc_test 的例子说明通过 CIC 映射的中断，其路径为 C:\ti\pdk_C6678_x_x_x_x\packages\ti\csl\example\cpintc。

该例中使用 EDMA3 CC1，采用 EDMA3CC1 TC_ERRINT1 作为 System Interrupt，通过附录 E 可以查到 CIC0 的 System Interrupt 编号为 3。Host Interrupt 可以有多种选择，选择的 Host Interrupt 为 CIC0_OUT$(3+8n)$，对于 core0，$n=0$，则 Host Interrupt 为 3。

System Event 的 Event ID 是随 Host Interrupt 二确定的,对于 CIC0_OUT$(3+8n)$可以从附录 D 中查到对应 Event ID 为 63。CPU Interrupt Vector 是自定义的,这里选择的是 4。

该例中中断连接关系如图 7.24 所示。

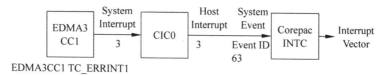

图 7.24　cpintc_test 中断连接关系

芯片级中断控制器(CPINTC: CIC)设置如下。

(1) System Interrupt 映射到通道。

CSL_CPINTC_mapSystemIntrToChannel (hnd,3,3)。

(2) 使能 System Interrupt 3。

CSL_CPINTC_enableSysInterrupt (hnd,3)。

(3) 使能 Host Interrupt 3。

CSL_CPINTC_enableHostInterrupt (hnd,3);

CSL_CPINTC_enableAllHostInterrupt(hnd)。

配置代码如下。

```
/* Open the handle to the CPINT Instance */
hnd = CSL_CPINTC_open(0);
if (hnd == 0)
{
    printf ("Error: Unable to open CPINTC - 0\n");
    return;
}

/* Disable all host interrupts */
CSL_CPINTC_disableAllHostInterrupt(hnd);

/* Configure no nesting support in the CPINTC Module */
CSL_CPINTC_setNestingMode (hnd, CPINTC_NO_NESTING);

/* We now map System Interrupt 0 - 3 to channel 3 */
CSL_CPINTC_mapSystemIntrToChannel (hnd, 0 , 2);
CSL_CPINTC_mapSystemIntrToChannel (hnd, 1 , 4);
CSL_CPINTC_mapSystemIntrToChannel (hnd, 2 , 5);
CSL_CPINTC_mapSystemIntrToChannel (hnd, 3 , 3);

/* We now enable system interrupt 0 - 3 */
CSL_CPINTC_enableSysInterrupt (hnd, 0);
CSL_CPINTC_enableSysInterrupt (hnd, 1);
CSL_CPINTC_enableSysInterrupt (hnd, 2);
CSL_CPINTC_enableSysInterrupt (hnd, 3);

/* We enable host interrupts */
```

```
CSL_CPINTC_enableHostInterrupt (hnd, 3);

/* Enable all host interrupts also */
CSL_CPINTC_enableAllHostInterrupt(hnd);
```

将 IFR(Interrupt Flag Register)连接到中断向量表示例过程如下：

中断使能 IER(相应位置 1,并且保证 NMIE 位置 1)；GIE 置 1；将中断服务程序挂接到中断向量表(Vector Table),中断发生时根据中断向量表跳转到相应的中断处理函数 ISR。本例中断向量 vectId 为 4,中断服务程序为 test_isr_handler。代码如下：

```
/* Enable NMIs */
if (CSL_intcGlobalNmiEnable() != CSL_SOK)
{
    printf("Error: GEM - INTC global NMI enable failed\n");
    return;
}

/* Enable global interrupts */
if (CSL_intcGlobalEnable(&state) != CSL_SOK)
{
    printf ("Error: GEM - INTC global enable failed\n");
    return;
}

/* Open the INTC Module for Vector ID: 4 and Event ID: 63 (C6678) 59 (C6670)
 * Refer to the interrupt architecture and mapping document for the Event ID  (INTC0_OUT3) */
vectId = CSL_INTC_VECTID_4;
hTest = CSL_intcOpen (&intcObj, 63, &vectId , NULL);
if (hTest == NULL)
{
    printf("Error: GEM - INTC Open failed\n");
    return;
}

/* Register an call - back handler which is invoked when the event occurs */
EventRecord. handler = &test_isr_handler;
EventRecord. arg = 0;
if (CSL_intcPlugEventHandler(hTest,&EventRecord) != CSL_SOK)
{
    printf("Error: GEM - INTC Plug event handler failed\n");
    return;
}

/* Enabling the events */
if (CSL_intcHwControl(hTest,CSL_INTC_CMD_EVTENABLE, NULL) != CSL_SOK)
{
    printf("Error: GEM - INTC CSL_INTC_CMD_EVTENABLE command failed\n");
    return;
}
```

7.7.3 中断挂接

CIC、事件合并器和硬件中断的中断挂接分别对应 CpIntc_module、EventCombiner_module、Hwi_module 处理。CpIntc_module-> dispatchTab 用于建立 System Interrupt 在 CIC 中对应的中断服务表，EventCombiner_module-> dispatchTab 用于建立 Systen Event 在事件合并器中对应的中断服务表，Hwi_module-> IST 用于建立在硬件中断中对应的中断服务表。以下列出 CpIntc_module、EventCombiner module、Hwi module 的中断挂接程序 CpIntc_dispatchPlug、EventCombiner_dispatchPlug、Hwi_plug 的源程序。

1. CpIntc_dispatchPlug

CpIntc_dispatchPlug 的代码如下。

```
Void CpIntc_dispatchPlug(UInt sysInt, CpIntc_FuncPtr fxn, UArg arg, Bool unmask)
{
    UInt32 id = 0;
    extern volatile cregister UInt32 DNUM;

    /* for core# 4-7 use INTC1 otherwise use INTC0 */
    if (DNUM > 3) {
        id = 1;
    }

    CpIntc_module->dispatchTab[sysInt].fxn = fxn;
    CpIntc_module->dispatchTab[sysInt].arg = arg;

    if (unmask) {
        CpIntc_enableSysInt(id, sysInt);
    }
}
```

CpIntc_dispatchPlug 挂接示例程序如下。

```
/* Map the System Interrupt i.e. the Interrupt Destination 0 interrupt to the DIO ISR Handler. */
```

CpIntc_dispatchPlug(CSL_INTC0_INTDST0, (CpIntc_FuncPtr) myDioTxCompletionIsr, (UArg)hSrioDrv, TRUE)。该例中 CIC0 的输入 System Interrupt 为 CSL_INTC0_INTDST0（System Interrupt 编号为 112），对应 SRIO 模块的 INTDST0 中断输出，挂接的函数为 myDioTxCompletionIsr。

2. EventCombiner_dispatchPlug

EventCombiner_dispatchPlug 中断挂接程序代码如下。

```
Void EventCombiner_dispatchPlug(UInt eventId, EventCombiner_FuncPtr fxn, UArg arg, Bool unmask)
{
    EventCombiner_module->dispatchTab[eventId].fxn = fxn;
    EventCombiner_module->dispatchTab[eventId].arg = arg;

    if (unmask) {
        EventCombiner_enableEvent(eventId);
    }
}
```

如在 SRIO_LoopbackDioIsrexampleproject 示例程序中的 SRIO 接收挂接中断函数为：

```
EventCombiner _ dispatchPlug (48, ( EventCombiner _ FuncPtr) Srio _ rxCompletionIsr, ( UArg )
hDrvManagedSrioDrv, TRUE);
```

其挂接了接收队列 QM Interrupt for Queue 704+n 的中断，对应 System Event 为 48，服务函数为 Srio_rxCompletionIsr。

3. Hwi_plug

采用 Hwi_plug 在 Hwi_module 中断的中断服务表 IST 中相应中断位置挂接。

```
/*
 * ======== Hwi_plug ========
 */
Void Hwi_plug(UInt intr, Hwi_PlugFuncPtr fxn)
{
    Assert_isTrue( intr < Hwi_NUM_INTERRUPTS, Hwi_A_interNum);
    Hwi_module -> IST[ intr] = fxn;
}
```

对于单个映射的中断相对比较简单，完成中断路由的设置后，挂接相应的中断并使能。但是对于多个事件映射同一中断的情况就比较复杂。

7.7.4 多个事件映射同一中断的挂接

事件合并器可以合并多个 System Event，这样会出现一个中断发生时可能对应多个 System Event，此时需要通过事件合并器的 Event Flag Registers（EVTFLAGn）寄存器来定位哪个中断并进行中断服务。

同样的多对一映射可能在 CIC 中发生，CIC 可能将多个 System Interrupt 到同一 Host Interrupt，从 CIC 系统中断状态清除寄存器（System Interrupt Status Clear Register）定位确切的 System Interrupt（如果有优先级也可以根据优先索引寄存器），然后根据中断向量表进行中断事件的处理。

1. 事件合并器中断的处理

事件合并器的多个 System Event 的挂接采用 EventCombiner_dispatchPlug 分别挂接。如 System Event 48 挂接了 Srio_rxCompletionIsr(hDrvManagedSrioDrv)：

```
EventCombiner _ dispatchPlug (48, ( EventCombiner _ FuncPtr) Srio _ rxCompletionIsr, ( UArg )
hDrvManagedSrioDrv, TRUE);
```

System Event 49 挂接了 Srio_myrxCompletionIsr1(hDrvManagedSrioDrv1)：

```
EventCombiner _ dispatchPlug (49, ( EventCombiner _ FuncPtr) Srio _ myrxCompletionIsr1, ( UArg )
hDrvManagedSrioDrv1, TRUE);
```

System Event 48 和 System Event 49 经过事件合并器后都映射到 EVT1。

此时需要通过 EventCombiner_dispatch（UInt eventId）来触发中断服务，合并后的 EventId 对应的每个挂接好的 System Event 进行精确定位并服务相应有效的 System Event。该函数必须被挂接到 Hwi 中断服务表中，其中 EventId 取值范围为 0 到 3，要和

System Event 映射后的 EventId 对应。

```
Void EventCombiner_dispatch(UInt eventId)
{
    UInt index;
    UInt offset;
    volatile UInt eventRcv;
    volatile UInt * mevtFlag = (volatile UInt * )MEVTFLAGREG;
    volatile UInt * evtClr = (volatile UInt * )EVTCLRREG;

    offset = eventId * 32;
    eventRcv = mevtFlag[eventId];
    while (eventRcv) {
        evtClr[eventId] = eventRcv;
        do {
            index = 31 - _lmbd(1, eventRcv);
            eventRcv &= ~(1 << index);
            EventCombiner_module->dispatchTab[index + offset].fxn(
                EventCombiner_module->dispatchTab[index + offset].arg);
        } while (eventRcv);
        eventRcv = mevtFlag[eventId];
    }
}
```

2. CIC 中断映射处理

CIC 的多个 System Interrupt 挂接采用 CpIntc_dispatchPlug 分别挂接。如 CIC0 的输入 System Interrupt 为 CSL_INTC0_INTDST0(System Interrupt 编号为 112)，对应 SRIO 模块的 INTDST0 中断输出，挂接的函数为 myDioTxCompletionIsr0。代码如下：

```
CpIntc_dispatchPlug(CSL_INTC0_INTDST0,(CpIntc_FuncPtr)myDioTxCompletionIsr0,(UArg)
hSrioDrv,TRUE);
```

同时另一 CIC0 的输入 System Interrupt 为 CSL_INTC0_INTDST1(System Interrupt 编号为 113)，对应 SRIO 模块的 INTDST1 中断输出，挂接的函数为 myDioTxCompletionIsr1。代码如下：

```
CpIntc_dispatchPlug(CSL_INTC0_INTDST1,(CpIntc_FuncPtr)myDioTxCompletionIsr1,(UArg)
hSrioDrv, TRUE);
```

此后在 CIC0 将 CSL_INTC0_INTDST0 和 CSL_INTC0_INTDST1 都映射到 Host Interrupt 8，代码如下：

```
/* The configuration is for CPINTC0. We map system interrupt 112 to Host Interrupt 8. */
CpIntc_mapSysIntToHostInt(0, CSL_INTC0_INTDST0, 8);
/* The configuration is for CPINTC0. We map system interrupt 113 to Host Interrupt 8. */
CpIntc_mapSysIntToHostInt(0, CSL_INTC0_INTDST1, 8);
```

这样会出现一个中断发生时(由同一 Host Interrupt)可能对应多个 System Interrupt。此时需要在 CIC 之后的模块中对相应的 System Event(与 Host Interrupt 对应)挂接

CpIntc_dispatch，通过 CpIntc_dispatch(UInt hostInt)来对指定的 hostInt 进行中断服务。CpIntc_dispatch 对合并后的 Host Interrupt(与内核中断控制器输入端 System Event 对应)对应的每个挂接好的 System Interrupt 进行精确定位并服务相应有效的 System Interrupt。以下为通过事件合并器中挂接 CpIntc_dispatch 的示例代码：

```
/* Get the event Id associated with the host interrupt. */
eventId = CpIntc_getEventId(8);   // eventId 0x00000068 = 104 system event into corepac
/* Plug the CPINTC Dispatcher. */
EventCombiner_dispatchPlug (eventId, CpIntc_dispatch, 8, TRUE);
```

CpIntc_dispatch(UInt hostInt)程序中 hostInt 为 CIC 的输出编号。sysInt = 0xff 表示无 SysInt 挂起；sysInt = 0xfe 表示有两个以上 SysInt 挂起，通过 CpIntc_dispatch 可以逐一服务。

CpIntc_dispatch(UInt hostInt)的代码如下：

```
Void CpIntc_dispatch(UInt hostInt)
{
    Int32 i;
    UInt32 index;
    UInt32 offset;
    UInt32 srsrVal;
    Int32   sysInt;
    UInt32 id = 0;
    extern volatile cregister UInt32 DNUM;

    /* for core# 4 - 7 use INTC1 otherwise use INTC0 */
    if (DNUM > 3) {
        id = 1;
    }

    sysInt = CpIntc_module -> hostIntToSysInt[hostInt];

    /* disable host interrupt */
    CpIntc_disableHostInt(id, hostInt);

    /*
     *   If only one system interrupt is mapped to a host interrupt
     *   we don't need to read the Sys Status Raw Registers. We
     *   know exactly which system interrupt triggered the interrupt.
     */
    if (sysInt != 0xff && sysInt != 0xfe) {
        /* clear system interrupt associated with host interrupt */
        CpIntc_clearSysInt(id, sysInt);

        /* call function with arg */
        CpIntc_module -> dispatchTab[sysInt].fxn(
            CpIntc_module -> dispatchTab[sysInt].arg);

    }
```

```
else {
    /*
     *  Loop through System Interrupt Status Enabled/Clear Registers for
     *  pending enabled interrupts. The highest numbered system interrupt
     *  will be processed first from left to right.
     */
    for (i = CpIntc_numStatusRegs - 1; i >= 0; i--) {
        offset = i << 5;

        srsrVal = CpIntc_module->controller[id]->SECR[i];

        /* Find pending interrupts from left to right */
        while (srsrVal) {
            index = 31 - _lmbd(1, srsrVal);
            srsrVal &= ~(1 << index);

            /* Make sure pending interrupt is mapped to host interrupt */
            if (CpIntc_module->controller[id]->CMR[convertToLE(offset
                + index)] == hostInt) {
                /* clear system interrupt first */
                CpIntc_clearSysInt(id, offset + index);

                /* call function with arg */
                CpIntc_module->dispatchTab[offset + index].fxn(
                    CpIntc_module->dispatchTab[offset + index].arg);
            }
        }
    }
}

/* enable host interrupt */
CpIntc_enableHostInt(id, hostInt);
}
```

7.8　中断设计建议

以上介绍了中断和异常的相关知识,C6678 中断控制器包括芯片级 CIC 和内核中的 INTC。本节介绍在中断设计中的一些建议。首先,学习库文件中有关中断的示例程序掌握相关概念。

芯片级 CIC 的事件输入以及 CIC 寄存器映射参见 *TMS320C6678Multicore Fixed and Floating-Point Digital Signal Processor Data Manual*,具体使用见 *KeyStone Architecture Chip Interrupt Controller（CIC）User Guide*。INTC 相关寄存器见 *TMS320C66x DSP CorePac*。

INTC 和 CPINTC 的 CSL 驱动库在 pdk_C6678_x_x_x_x\pakages\ti\csl 目录下,相关示例程序在 example 目录下。

7.8.1　不要过多使用中断或中断嵌套

不要过多使用中断或中断嵌套,当中断过多时,可以不用中断设计实现的功能尽量用其他方式实现。过多的中断会导致系统设计和分析更加复杂,降低可靠性。

7.8.2　中断服务程序中代码不宜过长

过长的中断服务程序会阻塞其他中断信号的输入,使系统丢失了检测其他信号状态的机会。另外中断中不宜申请存储空间,以避免系统紊乱。在中断服务程序中可以加上一个全局的中断服务标识用于指示中断状态,程序中根据检测中断服务标识的值来做相应的处理。

7.8.3　中断服务程序改变的全局变量要加上 volatile 标志

为了防止中断程序中中断服务标识全局变量被优化,使用 volatile 关键字阻止代码产生工具不正确地优化变量。但是,使用 C 语言中 volatile 关键字不能保护变量不被 Cache 缓存。

第8章

如何使用CCS

Code Composer Studio(CCS)是基于 Eclipse 组件开发的编程环境,支持多核、多处理器的设计与调试。多核软件开发环境如图 8.1 所示,CCS 在软件开发环境中处于主机端,用于编辑、编码、调试、分析等功能。在 Eclipse 环境中还可以集成第三方的一些插件。CCS 通过用仿真器(如 XDS560V2)与目标板连接。应用软件可以基于多核软件开发包(Multicore Software Development Kit)开发。

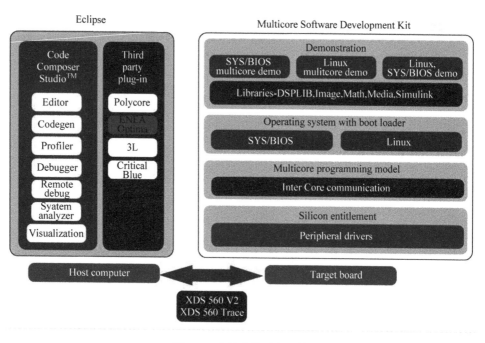

图 8.1 多核软件开发环境

8.1　常用界面

8.1.1　Project Explorer

Project Explorer 可以看到工程的组织情况,便于管理工程,通过选择 View→Project Explorer 打开 Project Explorer 界面。

8.1.2　程序窗口

需要查看哪个程序,选中 project 目录下的程序文件并双击,或用 File→Open File 命令打开对应的文件即可。

8.1.3　目标配置窗口

需要与目标器件进行连接,单击 View→Target Configurations,出现 Target Configurations 窗口。该窗口用于配置仿真器与目标器件连接。

双击 Target Configurations 窗口内 Projects 下面 ccxml 文件,出现 .ccxml 配置的相关设置情况,可以对 .ccxml 文件进行编辑修改。

在 Target Configurations 窗口内 Projects 下面选中 ccxml 文件,单击鼠标右键出现如图 8.2 所示的弹出菜单。选择 Lauch Selected Configuration 连接仿真器,在 Debug 窗口中出现仿真器连接的情况。

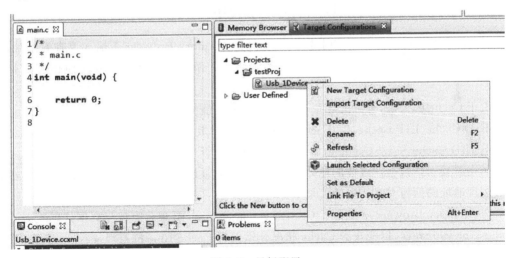

图 8.2　目标配置

8.1.4　Debug 窗口

在程序调试过程中需要查看 Debug 情况。Debug 窗口提供了观测调试的一个窗口,通过选择 View→Debug,出现 Debug 窗口。在该窗口中可以查看每个核内程序的 Debug 运行状态。

8.1.5　Memory 窗口

在程序调试中,经常需要对用到的存储器空间进行查看,以便确定程序是否执行正确。在菜单目录中选择 View→Memory 菜单,可以看到 Memory Browser 窗口,如图 8.3 所示。

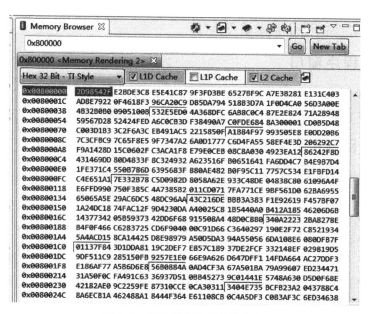

图 8.3　存储器内数据存储分布

Memory 要在选中某一个核时才可以查看,在 Memory Browser 下输入要查看的地址。数据显示格式的选择通过在 Hex 32 Bit - TI Style 右边的下拉菜单中选择相应的格式显示。

由于 Cache 的关系,有可能导致存储器中物理地址的值与 Cache 中的值不一致。通过勾选 L1D Cache、L1P Cache、L2 Cache,可以切换查看数据 Cache 的值和物理地址的值。通过勾选 L1D Cache 和 L2 Cache 前后存储器内数据是否一致,判断该部分数据是否被 Cache 缓存。在需要保持数据一致性的地方打断点,通过勾选 L1D Cache 和 L2 Cache 查看此处存储器物理地址的值与 Cache 中的值是否保持一致。

在 Memory Browser 中显示了 Cache Line 的分界线,图 8.3 中被半框框住的就是一个 Cache Line 的分界线,以便查看 Cache 状况。示例中 Cache Line 的行尺寸为 64 字节。

8.1.6　Expressions 窗口

调试过程中,需要查看运行过程中表达式的结果。通过选择 View→Expressions 显示 Expressions 窗口,可以使用 Add new expression 添加要查看的表达式。添加后可以在 Expressions 观察该表达式的地址和实际值,如图 8.4 所示。

注意:观察变量需要在 Debug 窗口选择一个核,对于多个内核值不同的表达式,需要分别选择不同核查看。如果表达式中有宏定义,在 Expression 是观测不了的。

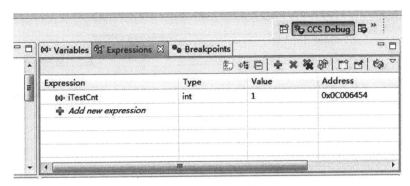

图 8.4　Expressions 窗口

8.1.7　Breakpoints 窗口

在程序中添加断点对于调试是十分有必要的,选择 View → Breakpoints 显示 Breakpoints 窗口,可以看到断点设置和运行情况,如图 8.5 所示。

Identity	Name	Condition	Count	Action
☑ 🖳 main.c, Breakpoint			0 (0)	Remain Halted
☑ 🖳 main.c, Breakpoint			0 (0)	Remain Halted
☑ 🖳 main.c, Breakpoint			0 (0)	Remain Halted
☑ 🖳 main.c, Breakpoint			0 (0)	Remain Halted
☑ 🖳 main.c, Breakpoint			0 (0)	Remain Halted
☑ 🖳 main.c, Breakpoint			0 (0)	Remain Halted
☑ 🖳 main.c, Breakpoint			0 (0)	Remain Halted
☑ 🖳 main.c, Breakpoint			0 (0)	Remain Halted

图 8.5　Breakpoints 窗口

需要注意的是:如果程序放在 L3 时,应增加软件断点程序(可以添加断点的、没有实际功能的函数代码)用于添加断点,避免因在有效的工作代码上添加断点而可能导致调试出错的情况发生。

8.1.8　Problems 窗口

调试过程中的错误或警告可以通过 Problems 查看。在菜单中选择 View → Problems 显示 Problems 窗口,用于查看 Warnings 和 Errors。

在 Problems 窗口只显示 Warnings 和 Errors 的结果,更加详细的信息需要在 Console 窗口中才能看得到。Problems 窗口如图 8.6 所示。

8.1.9　Console 窗口

运行中的详细信息在 Console 窗口中显示,通过在菜单中选择 View → Console 打开 Console 窗口。Console 窗口可以查看系统运行相关信息以及输出的信息等,编译过程中更详细的信息也可以在这里看。Console 窗口如图 8.7 所示。

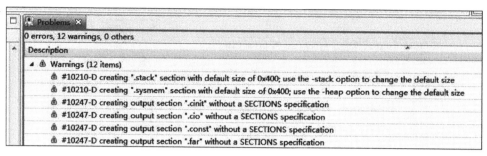

图 8.6　Problems 窗口

```
Console ⊠                                    📑 📲 | 🖻 🖵 ▾ | 🗂 ▾ 🗂 ▾
EvmUsb.ccxml:CIO
[C66xx_6] Hello, this is core6 work add opration here!
[C66xx_0] Hello, this is core0 work add opration here!
[C66xx_1] Hello, this is core1 work add opration here!
[C66xx_2] Hello, this is core2 work add opration here!
[C66xx_3] Hello, this is core3 work add opration here!
[C66xx_4] Hello, this is core4 work add opration here!
[C66xx_5] Hello, this is core5 work add opration here!
[C66xx_7] Hello, this is core7 work add opration here!
```

图 8.7　Console 窗口

8.2　新建工程

新建 CCS Project 的过程如下：

依次选择菜单选项 File→ New → CCS Project，具体的配置选项见图 8.8。

其中，在 Project name 中输入工程名称。

Output type 有三个选项以供选择：Executable 为可执行程序，Static Library 为静态函数库，Others 为其他选项。如果建立可执行程序选择 Executable 选项。

在 Family 选项中选择 C6000。

Variant 选项：在该选项右面方框中选择 Generic C66xx Device。

Project templates and examples 中可以根据需要选择工程模板。典型的 SYS/BIOS 工程模板有 Minimal、Typical 和 Typical(with separate config project)。

展开 Advanced settings，如图 8.9 所示。

Advanced settings 可以根据具体需要进行设置。

(1) Device endianness：选择大小端，如果工程为小端，则选择 little；

(2) Compiler version：选择编译器版本；

(3) Output format：eabi(ELF) 和 legacy COFF。EABI 需要 ELF(Executable and Linking Format)对象文件格式，其支持最新的语言特征(如早期模板示例)，并支持导出 inline 函数。COFF(Common Object File Format)ABI 是老编译器只支持的版本。如果不考虑与老的 COFF 对象文件格式兼容，优先使用 EABI 格式。

ABI 为应用程序二进制接口(Application Binary Interface)。ABI 是一套编译器遵循的规则，遵循这些规则单独编译的对象模块和库可以连接成可执行文件。这些规则包括许

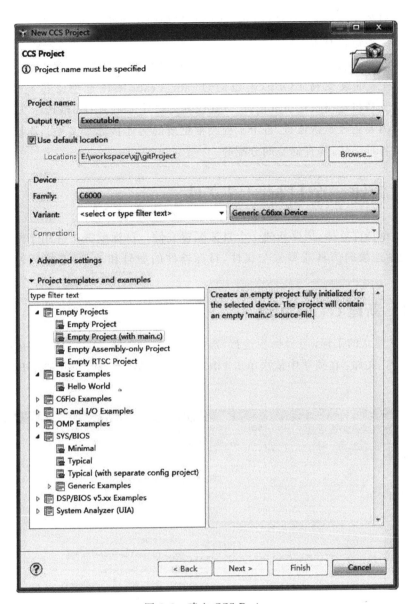

图 8.8　建立 CCS Project

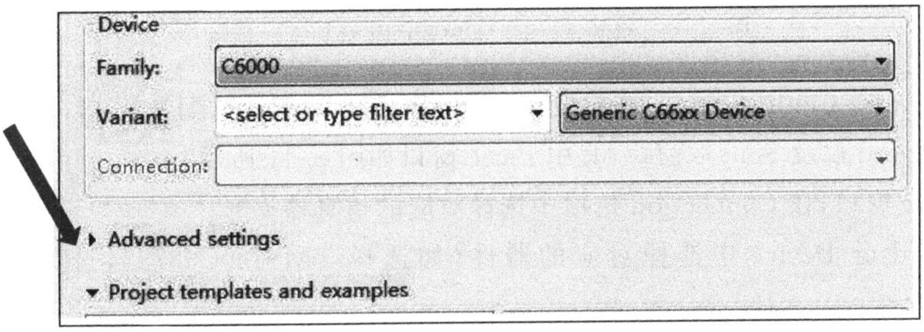

图 8.9　展开 Advanced settings

多细节,例如,对象文件格式(如 EABI 的 ELF)包括如何传递给函数的参数,Char、Int、Long 长整型等数据类型包含有多少位等。

C6000 编译器在 7.2.x 版本之前的版本支持 COFF 的 ABI。从 v7.2.x 编译器版本开始,C6000 编译器继续支持 COFF,但也通过--abi＝eabi 编译选项支持新的 EABI。对 COFF ABI 的支持将慢慢地逐步取消,所以建议新的设计选用 EABI 格式。

可以根据需要更改默认设置,各个工程经常更改的为连接命令文件。连接命令文件用于配置连接的各种属性,如存储空间分配等。

8.3   新建一个目标配置文件

为了与目标器件连接,需要新建一个目标配置文件。目标配置文件用于配置与目标器件的连接,包括连接的仿真器型号与属性、目标器件的型号和个数、连接是否添加.gel 文件等。

8.3.1   新建 ccxml 文件

利用 CCS 建立的工程,与目标板连接,需要建立目标配置文件 ccxml。按照以下步骤可以新建 ccxml 文件:在菜单中依次单击 File→New→Target Configuration File,具体步骤见图 8.10。

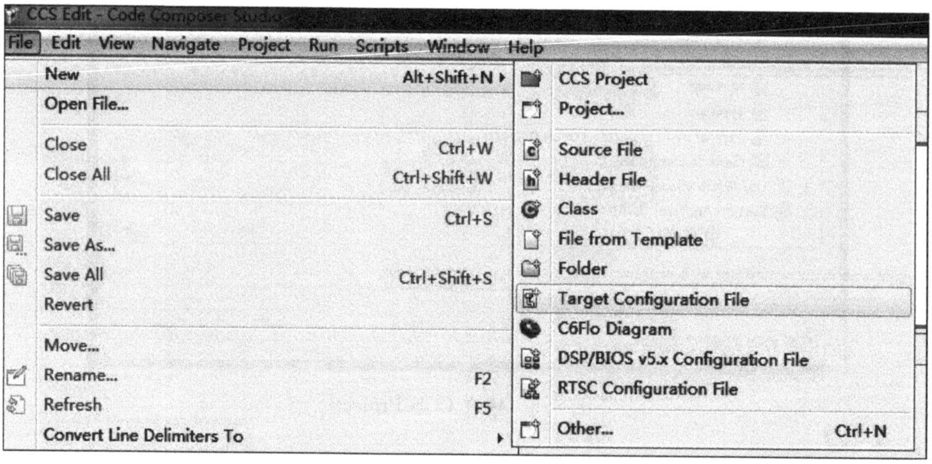

图 8.10   建立 Target Configuration File 设置路径

单击 Target Configuration File 后,出现如图 8.11 所示的配置窗口,其左下方分为 Basic、Advanced 以及 Source 窗口,其中 Basic 窗口如图 8.11 所示。

在 Basic 窗口,在 Connection 选项中选择对应的仿真器型号。

在 Board or Device 中选择对应的器件(如选择 TMS320C6678),选好后单击 Save 按钮。

执行 Test Connection 可以测试仿真器是否连通,测试完后出现一个报告,显示与目标器件的连接是否正确。

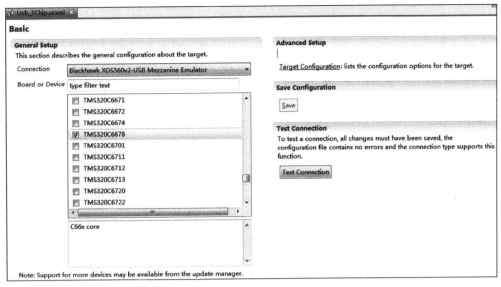

图 8.11 Target Configuration File 设置：选择仿真器件和器件

Advanced 窗口如图 8.12 所示。对于 EVM 板，如果器件没有初始化，可以在 initialization script 中选择 evmc6678l.gel 文件初始化。具体操作如下：在左边窗口选中 C66xx-0，然后在右边 CPU Properties 窗口的 initialization script 选项中选择 evmc6678l.gel 文件，并单击 Save 按钮保存。

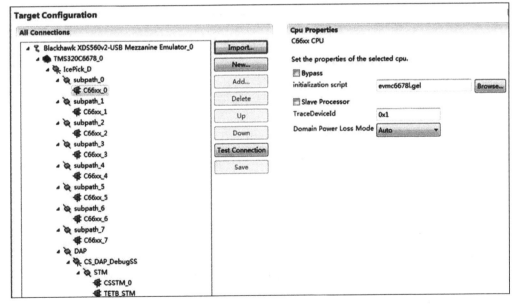

图 8.12 gel 文件设置

8.3.2 设置仿真器

在 Advanced 窗口，还可以实现仿真器的相关设置。如图 8.13 所示，单击仿真器中的

Blackhawk XDS560v2-USB Mezzanine Emulator_0 可以配置仿真器的相关设置。通常遇到仿真器信号完整性不好时,可以尝试将 JTAG TCLK Frequency(MHz)中的频率降低一点。这样仿真器的速度也会变慢,有可能解决信号完整性带来的问题。

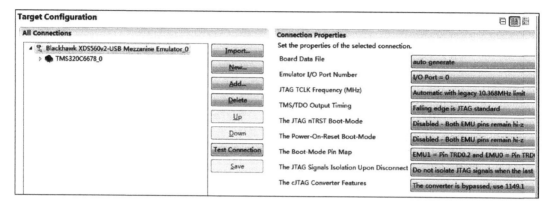

图 8.13　设置仿真器

8.3.3　添加器件

在 Advanced 窗口,可以为 Jtag 链路连接设置添加器件(Jtag 链上有多个器件)。按照以下操作顺序,选中仿真器(Blackhawk XDS560v2-USB Mezzanine Emulator_0),单击鼠标右键菜单中的 Add 选项,如图 8.14 所示。

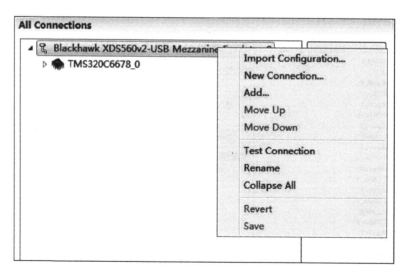

图 8.14　添加器件选择菜单

按照以上步骤操作后,出现如图 8.15 所示的界面。

在 Devices 中选择对应的器件(如选择 TMS320C6678),出现如图 8.16 所示的结果,一个仿真器下面挂了两个器件。仿真器下面挂的器件个数由 Jtag 链路上实际连接的器件个数决定,如果不一致将会导致连接错误。

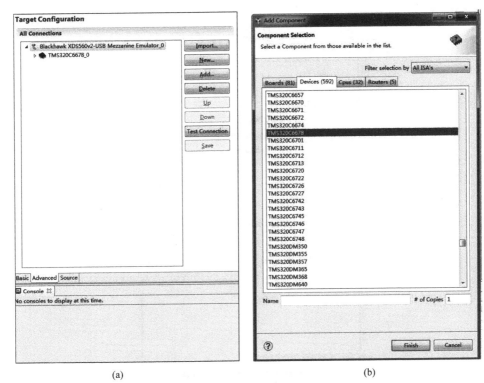

图 8.15　添加器件选项

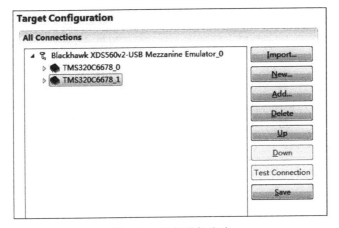

图 8.16　添加器件成功

8.4　常用操作

8.4.1　Launch

为了与目标器件相连,需要通过仿真器配置文件(. ccxml)连接仿真器,再通过仿真器连接到目标器件。首先,在 Target Configurations 窗口选中对应的仿真器配置文件(. ccxml),鼠标右键菜单界面如图 8.17 所示,单击 Launch Selected Configuration 启动连接。

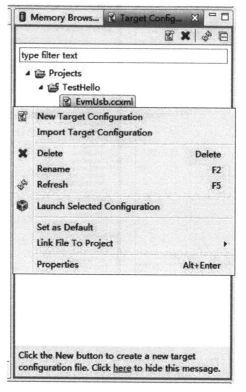

图 8.17　Launch 操作窗口

Launch 成功后在 Debug 窗口出现如图 8.18 所示的界面,这时候仿真器连接成功但尚未与目标器件连接。

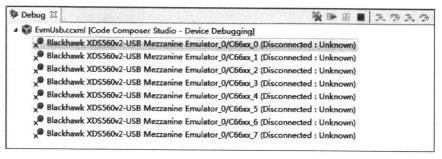

图 8.18　Debug 窗口

8.4.2　Group

对于多核器件,多个 C66x 内核组成一个器件,通常为了便于管理和调试,可以将一个器件的多个 CorePac 组成一个 Group。选中图 8.18 中的 C66xx_0~C66xx_7,单击鼠标右键选择 Group core(s),8 个核形成了 Group1,如图 8.19 所示。如果选中一个 Group(如 Group1),对 Group1 的操作影响到该 Group 内的所有 CorePac;如果选中一个 CorePac,只影响被选中的 CorePac。

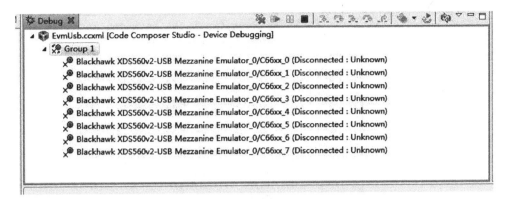

图 8.19 Group 后窗口

8.4.3 Connect

连接仿真器后,需要进一步连接目标器件才能开始调试。选中图 8.19 中的 Group1 单击鼠标右键,出现如图 8.20 所示的界面。

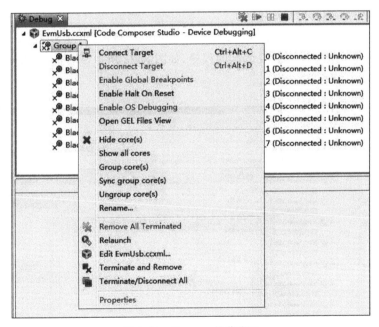

图 8.20 Connect 操作窗口

选择 Connect Target 开始连接目标器件,连接完成后出现如图 8.21 所示的界面,此时才实现了与目标器件的连接。

8.4.4 加载程序

将待调试的程序加载进各个内核,可以选中 Group 对整个组的所有 CorePac 加载相同程序,也可以选中一个 CorePac(如/C66xx_0)分别对各个核加载不同的程序。以下示例中,介绍了如何对一个 Group 加载程序。选中图 8.21 中的 Group1,单击软件界面中 load 符号

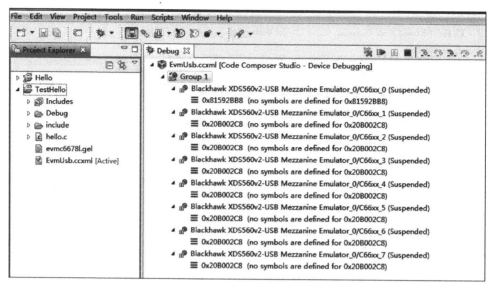

图 8.21　Connect 操作后的窗口

，或从菜单中单击 Run→Load。

在出现的 Load Program 窗口中单击 Browse project 按钮，出现 Select a program 窗口。在 Select a program 窗口中选择要调试的程序，如图 8.22 所示，单击 OK 按钮，即可实现将程序加载到该 Group 的所有核中。

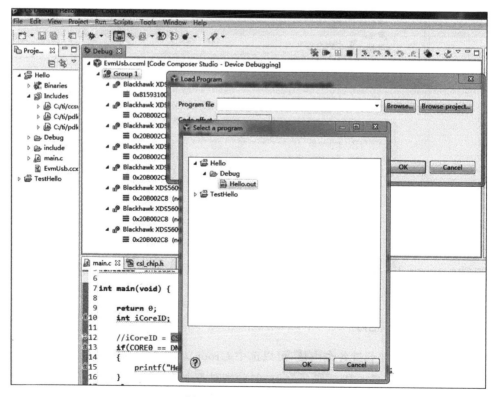

图 8.22　Load 操作窗口

8.4.5 设置断点调试程序

在程序窗口左边区域双击,即可在该处添加断点,Breakpoints 窗口出现该位置的断点信息则添加断点成功,如图 8.23 所示。

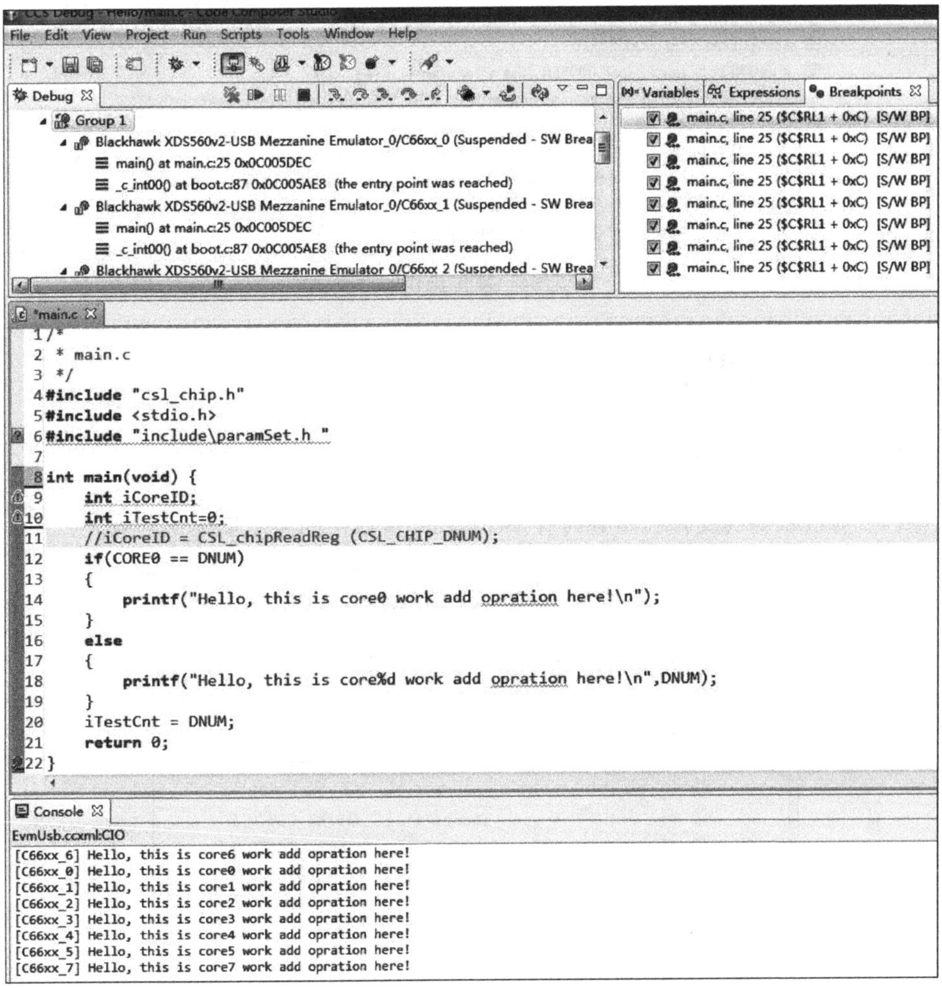

图 8.23 Breakpoints 窗口

8.4.6 复位

选中 Group1 或对应的核,单击  下拉菜单,出现复位选项;或从菜单里依次单击 Run→Reset 并选择相应的复位选项。CPU Reset 复位对选中的相应域起作用,选中 Group 复位则整个 Group 复位,选中一个 CorePac 则该 CorePac 复位。如果选择系统复位(System Reset),则整个处理器全部复位。

在复位下拉选项中有 CPU Reset 和 System Reset 选项,CPU Reset 只复位选中部分的处理器,System Reset 复位整个器件包括处理器和外围设备,用户可以根据需要选择相应的复位。复位选择如图 8.24 所示。

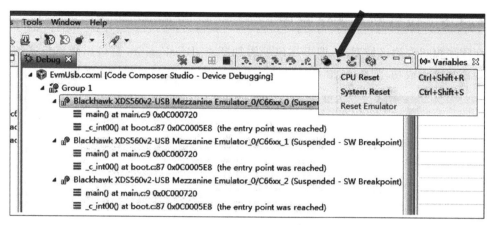

图 8.24　复位操作窗口

8.5　常见问题

8.5.1　头文件找不到

如图 8.25 所示为头文件找不到时在 Problems 窗口中的显示情况。

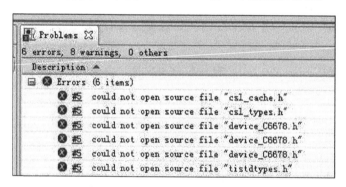

图 8.25　头文件找不到问题窗口

出现头文件找不到的问题通常是工程中的引用路径不正确。Project→Properties 窗口中 Compiler 子窗口中的 Include Options 未包含引用文件或被引用文件的路径不对，或者是 Linker 中的 File Search Patch 的文件路径或者文件不对。首先,检查库文件路径是否与安装的路径一致；其次,核对对应路径下的文件名称是否正确。

建议采用建立操作系统环境变量来指定库安装路径,这样工程不会因为库安装路径不同而反复修改 Include 路径。新建库安装路径的环境变量指向库安装路径,在计算机中添加环境变量,在环境变量编辑窗口添加一个系统环境变量指向安装路径。如库的安装路径为 C:\ti,则可以通过以下步骤进入环境变量设置页面：在“计算机”上单击鼠标右键,在“高级”页面中单击“环境变量”(进入系统环境变量设置页面),单击“新建”,在“新建环境变量”页面中添加一个“变量名”为“TI_LIB_ROOT”、“变量值”为“C:\ti”的系统变量。

8.5.2　EVM 板未初始化，调试找不到 DDR3

这种情况出现在 EVM 板卡调试时，DDR3 中的空间不受控制。解决方法是添加初始化，可以在程序中添加初始化函数，也可以采用添加 gel 文件的方式。

如图 8.12 所示，可以在 initialization script 中选择 evmc6678l.gel 文件初始化。

也可以查找 EVM 板手册，设置 EVM 板上相应的按钮到加载了 default 程序的状态，加载的 default 程序对系统进行了初始化。

如果是在其他硬件上，根据硬件的实际配置，用初始化函数把 DDR3 初始化设置后再使用 DDR3 空间。

8.5.3　选中不了仿真器

采用仿真器进行调试时，需选择对应型号的仿真器。注意 SEED 仿真器安装路径必须是 CCS 对应的安装目录下 ccsv5\ccs_base（如默认的安装路径为 C:\ti\ccsv5\ccs_base），否则在建立目标配置文件 ccxml 时在界面中选不到该型号仿真器。

8.5.4　加断点调试错误

注意在程序放在 L3 或 DDR3 时，增加软件断点程序（可以添加断点的无效代码，其执行与否，不影响正常功能）用于添加断点，避免在有效代码上添加断点，以免出现调试出错的现象。如果直接在有效代码上加断点，可能导致调试错误。

8.5.5　域选择不正确

对操作的域选择错误，如加载程序时要选 Group 却选中单个核 C66xx_0，导致操作错误。

8.5.6　仿真器连接中断电

在仿真器连接的时候断电，会出现错误报告。注意断电前必须先断开仿真器。

8.6　设置字体和代码风格

8.6.1　修改字体

在菜单中选择 Window→Preferences，如图 8.26 所示，在 Preferences 窗口中出现各种选项，可以用来修改 CCS 相关的一些配置。

依次单击 General→Appearance→Colors and Fonts，可以根据需要选择各种文件的字体格式，如图 8.27 所示。

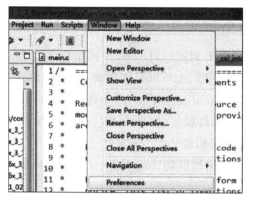

图 8.26　Preferences 操作窗口

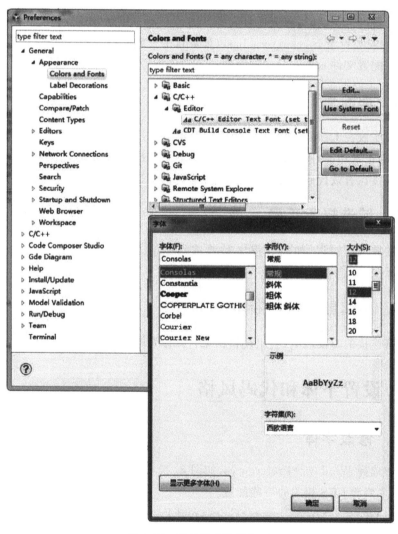

图 8.27　字体格式设置窗口

8.6.2 代码风格设置

在 Preferences 窗口,依次单击 C/C++→Code Style→Formatter 可以选择相应的代码风格,也可以创建自定义格式,如图 8.28 所示。

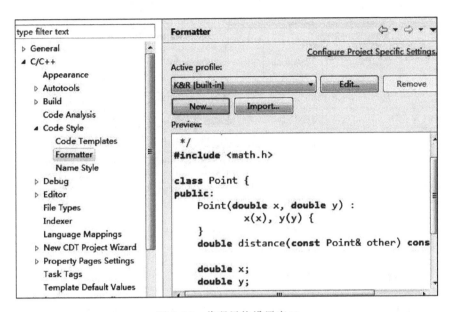

图 8.28 代码风格设置窗口

8.7 MCSDK

8.7.1 MCSDK 架构

MCSDK 为多核软件开发包(Multicore Software Development Kit),提供了基于 TI DSP 内核开发软件的基本模块,主要包括:

(1) SYS/BIOS RTOS 轻量级实时操作系统。

(2) 芯片支持函数库(Chip Support Library,CSL)、底层驱动(Low-Level Drivers, LLD)和基本的平台(Platform)软件工具。

(3) 运行时库(Run-Time Libraries)。

(4) 核间和器件间内部通信(IPC)。

(5) 优化的算法库。

(6) 基本的网络堆栈和协议。

(7) 调试和测试。

(8) 引导程序和加载工具。

(9) 示例程序等。

如图 8.29 所示为 MCSDK 的软件架构框图。

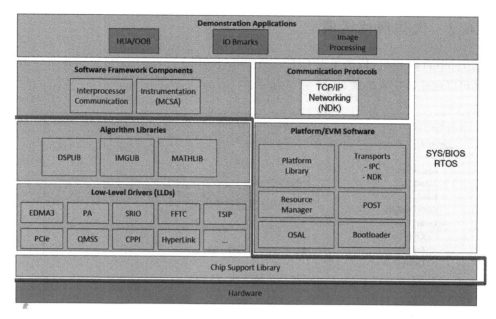

图 8.29   MCSDK 软件架构

8.7.2   MCSDK 特点

MCSDK 有以下一些特点：模块化软件架构,易于实现架构的迁移；稳定的优化软件组件基础,提供较多 API 函数。

MCSDK 相关工具包安装完成后,主要包含以下几个部分：MCSDK_x_xx_xx_xx、PDK_C6678_x_x_x_xx、DSPLIB、IMAGLIB、MATHLIB、edma3_lld_xx_xx_xx_xx、ipc_x_xx_xx_xx 等。

以下简要介绍经常用到的函数库。

1. 平台开发包 PDK

PDK 开发包提供基本的驱动和软件用于使能平台设备,其中包含平台设备特定的软件,主要包括不同外围设备的芯片支持库(CSL)、底层驱动库(LLD)的相关资料,包含源码、示例和文档等。PDK 开发包还包含 NDK(Nework Developer's Kit)中的 NIMU(Network Interface Management Uint)API、平台库、平台/EVM 特定软件、特定板卡相关的软件等。平台包有用于实现初始化平台的 API,实现读写外部设备(如 EEPROM、NAND 和 NOR Flash 等)等的函数库。PDK 具有 4 个目录,分别是 csl、drv(接口驱动)、platform 和 transport,平台对应的示例程序、库及相关文档都位于其中。

2. DSPLIB

TI C6000 DSPLIB 是一个优化的 DSP 函数库,包含很多 C 调用的、优化的通用信号处理函数。这些函数典型用于计算密集的、计算速度要求严苛的实时应用工程中。对于 C66x 添加了以下函数：

```
DSPF_dp_fftDPxDP;
DSPF_dp_ifftDPxDP;
DSPF_dp_mat_mul_gemm;
DSPF_dp_mat_submat_copy;
DSPF_dp_mat_trans;
DSPF_sp_mat_mul_gemm;
DSPF_sp_mat_submat_copy;
DSPF_sp_mat_mul_gemm_cplx;
DSPF_sp_mat_submat_copy_cplx;
DSPF_sp_mat_trans_cplx。
```

以下函数对 C66x 内核进行了优化：

```
DSPF_sp_fftSPxSP;
DSPF_sp_ifftSPxSP;
DSPF_sp_mat_trans;
DSPF_sp_mat_mul;
DSPF_sp_mat_mul_cplx。
```

3. IMAGLIB

TI IMAGLIB 库是一个优化的图像/视频处理函数库，包括 C 函数可调用的、汇编级优化的通用图像/视频函数。该函数库包含压缩和解压缩、图像分析、图像滤波和转换函数。

4. MATHLIB

TI MATHLIB 库是优化的浮点数学函数库，这些函数典型用于计算密集的、计算速度要求严苛的实时应用工程中，包含的函数有 atan2dp、atan2sp、atandp、atansp、cosdp、cossp、divdp、divsp 等。

5. EDMA3 LLD

EDMA3 LLD 是一个与 EDMA3 传输相关的产品包，包含以下独立的软件组件。

（1）EDMA3 资源管理器（EDMA3 Resource Manager）。

通过该函数库的调用，所有 EDMA3 外围设备使用者可以获取和配置 EDMA3 硬件资源（DMA/QDMA 通道、PaRAM 集、TCC 等）和 DMA 中断服务程序。

（2）EDMA3 驱动器（EDMA3 Driver）。

通过该函数库 API 的调用，实现 EDMA 传输的设置、安排和同步等。

EDMA3 驱动库内部会调用 EDMA3 资源管理器。

EDMA3 LLD 是一个平台无关的包，可用于多种平台和多种操作系统。

6. IPC

IPC 是一个组件，支持在多处理器环境中多个处理器之间通信，还支持处理器与外围设备的通信。这些通信包括消息传递（Message Passing）、流处理（Streams）和连接表（Link Lists）。IPC 设计用于运行 SYS/BIOS 的应用。

IPC 可以被用来与以下对象通信：

（1）同一个处理器上的其他线程。

（2）其他处理器上运行 SYS/BIOS 的线程。

（3）GPP(General Purpose Processor)处理器上运行 Syslink 的线程。

用户可以基于 MCSDK 层次化的软件架构开发应用程序，提升开发效率。

安装目录(如 C:\ti\ipc_x_xx_xx_xx)中有 IPC(Inter-Processor Communication)模块相关的库函数、示例程序及使用说明。

用户可以在多种组合中使用 IPC 模块。从最简单的设置到最多功能的设置，使用场合如下，这些情况也可能有一些变化。

1）IPC 最少使用场景

IPC 最少使用(Minimal Use of IPC)场景执行处理器间通知(Notification)。与通知一起传递的数据量通常最小，为 32 位。这种情况最好用于处理器之间的简单同步，而不需要消息传递(Message-Passing)基础设施的开销。< ipc_install_dir >/packages/ti/sdo/ipc/examples/multicore/< platform_name > 目录包含此场景的平台特定的 notify 示例，也可以查看../examples/singlecore/目录下单核 notify 相关示例程序。

此场景使用 Notify Driver 程序执行处理器间通知，Notify Driver 在 Notify 模块中使用，如图 8.30 所示。此场景最适合用于简单的同步，在这种情况下，用户希望将消息发送到另一个处理器，以告诉它执行某些操作，并可选地让它在完成时通知第一个处理器。

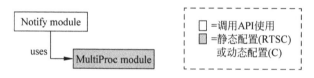

图 8.30　IPC 最小使用场景

在这个场景中，用户对 Notify 模块进行 API 调用。例如，Notify_sendEvent( )函数将事件发送到指定的处理器。用户可以使用 Notify 模块动态注册回调函数(Callback Function)来处理此类事件。

Notify 模块使用了 MultiProc 模块，此模块为多处理器应用集中存储处理器 ID，用户必须静态(XDCtools 配置脚本(.cfg)中)或动态(C 代码中)配置 MultiProc 模块属性。

通过通知传递的数据量是最小的。用户可以发送一个事件号，通常由回调函数用来确定它需要执行什么操作。或者，也可以发送少量的数据负载(Payload)。

2）添加数据传递

在之前的 IPC 最少使用场景的基础上，添加数据传递(Add Data Passing)场景将在处理器之间添加传递链接列表元素(Linked List Element)的能力。链接列表实现可选择性地使用共享存储器(Shared Memory)或门来管理同步。

除了上一个场景中使用的 IPC 模块外，还可以使用 ListMP 模块在处理器之间共享链接列表(Linked List)，如图 8.31 所示。

在这个场景中，用户对 Notify 和 ListMP 模块进行 API 调用。

ListMP 模块是一个双链表(Doubly-Linked-List)，设计用于多个处理器共享。ListMP 与传统的 local 链表有以下不同。

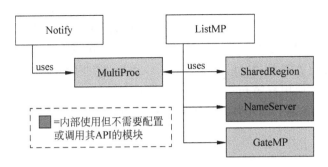

图 8.31 IPC 添加数据传递场景

（1）地址转换在指针内部执行，此指针包含在数据结构中。

（2）使用可被 Cache 的共享内存时保持 Cache 一致性。

（3）多处理器门（Multi-Processor Gate，GateMP）用于保护两个或多个处理器对列表的读/写访问。

ListMP 使用 SharedRegion 的查找表来管理对共享内存的访问，因此需要配置 SharedRegion 模块。

在内部，ListMP 可以选择使用 NameServer 模块来管理名称与值配对，NameServer 为内部使用但不需要配置或调用其 API 的模块。

ListMP 模块还使用 GateMP 对象，应用程序必须对其进行配置。GateMP 在内部用于同步对列表元素的访问。

3）添加动态分配

添加动态分配（Add Dynamic Allocation）场景增加了从堆中动态分配链表元素的能力。用户可以使用 HeapBufMP、HeapMultiBufMP、HeapMemMP 模块之一添加 ListMP 元素的动态分配，如图 8.32 所示。

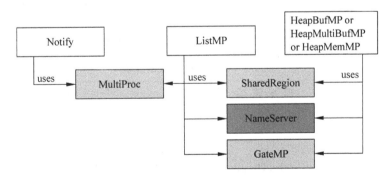

图 8.32 IPC 添加动态分配场景

在此场景中，用户对 Notify 和 ListMP 模块以及 Heap*MP 模块进行 API 调用。除了为上一场景配置的模块外，Heap*MP 模块还使用必须配置的 GateMP。用户可以使用 ListMP 使用的相同 GateMP 实例。

4）功能强大但易于使用的消息传递

要使用 IPC 支持的最复杂的处理器间通信场景，可以添加 MessageQ 模块。

此场景使用 MessageQ 模块进行消息传递,用户对 MessageQ 模块进行 API 调用以进行处理器间通信。应用程序配置其他模块。但是,其他模块的 API 随后由 MessageQ 内部使用,而不是直接由应用程序使用。用户不需要像前面场景中那样对 Notify、ListMP 和 Heap * MP 模块进行 API 调用,如图 8.33 所示。用户的应用程序只需要配置 MultiProc 和 SharedRegion 模块。应用程序 main()函数中的 Ipc_start()API 调用负责配置所有其他模块,这些模块包括 Notify、HeapMemMP、ListMP、TransportShm、NameServer 和 GateMP 模块。

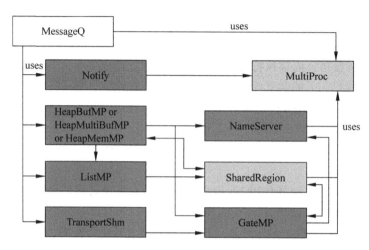

图 8.33　IPC 使用 MessageQ 模块场景

< ipc_install_dir >/packages/ti/sdo/ipc/examples/multicore/< platform_name >目录包含此场景的平台特定的消息(Message)示例,也可以查看.. /examples/singlecore/目录下单核 Message 相关示例程序。

在单处理器应用程序中可以使用 MessageQ。在这种情况下,只需要对 MessageQ 的 API 调用和任何 xdc. runtime. IHeap 实现的配置。

ti. sdo. ipc 包中包含以下模块,如表 8.1 所示,用户可以在应用程序中使用这些模块。

表 8.1　ti. sdo. ipc 包含的模块

模　　块	模 块 路 径	描　　　述
GateMP	ti. sdo. ipc. GateMP	用于管理被多个处理器和线程互斥共享资源的门
HeapBufMP	ti. sdo. ipc. heaps. HeapBufMP	固定大小的共享内存堆(Shared Memory Heap)。类似于 SYS/BIOS 的 ti. sysbios. heaps. HeapBuf 模块,但有一些配置差异
HeapMemMP	ti. sdo. ipc. heaps. HeapMemMP	可变大小的共享内存堆
HeapMultiBufMP	ti. sdo. ipc. heaps. HeapMultiBufMP	多个固定大小的共享内存堆
Ipc	ti. sdo. ipc. Ipc	提供 Ipc_start()函数并允许启动顺序配置
ListMP	ti. sdo. ipc. ListMP	用于共享内存、多处理器应用程序的双链接列表。与 ti. sdo. utils. List 模块非常相似
MessageQ	ti. sdo. ipc. MessageQ	可变大小消息模块

续表

模　　块	模 块 路 径	描　　述
TransportShm	ti. sdo. ipc. transports. TransportShm	MessageQ 用于通过共享内存与其他处理器进行远程通信的传输
Notify	ti. sdo. ipc. Notify	低级中断 mux/demuxer 模块
NotifyDriverShm	ti. sdo. ipc. notifyDrivers. NotifyDriverShm	共享内存通知驱动程序,Notify 模块将其用于在一对处理器之间通信
SharedRegion	ti. sdo. ipc. SharedRegion	为多个共享区域维护共享内存

在 ti. sdo. ipc 包的子文件夹中的其他模块包含 Gate、Heaps、Notify Driver、Transport 和各种器件系列特定模块的实现。

此外,ti. sdo. ipc 包定义了以下接口,如表 8.2 所示,用户可以将其实现为自己的自定义模块。

表 8.2　ti. sdo. ipc 中用户可实现为自定义的模块

模　　块	模 块 路 径
IGateMPSupport	ti. sdo. ipc. interfaces. IGateMPSupport
IInterrupt	ti. sdo. ipc. notifyDrivers. IInterrupt
IMessageQTransport	ti. sdo. ipc. interfaces. IMessageQTransport
INotifyDriver	ti. sdo. ipc. interfaces. INotifyDriver
INotifySetup	ti. sdo. ipc. interfaces. INotifySetup

< ipc_install_dir >/packages/ti/sdo/ipc 目录包含以下需要了解的包。

(1) Examples:包含示例。

(2) Family:包含器件特定的支持模块(内部使用)。

(3) Gates:包含 GateMP 实现(内部使用)。

(4) Heaps:包含多处理器堆。

(5) Interfaces:包含接口。

(6) notifyDrivers:包含 NotifyDriver 实现(内部使用)。

(7) Transports:包含内部使用的 MessageQ 传输实现。

MCSDK IPC 相关模块及详细使用说明见 *SYS/BIOS Inter-Processor Communication (IPC) User's Guide*。

IPC 用于内核同步,允许从一个内核直接通知另一个内核。内核间通信包括两个主要操作:数据移动和通知(Notification)(包括同步)。

同步和通知可以使用多核导航器或通过 CPU 执行来实现。对于非多核导航器(Non-Navigator)的数据传输,在发送方将通信数据传给接收方之后,有必要通知接收方。这可以通过直接通知、间接发信号通知或原子仲裁来实现。

1) 直接通知(Direct Signaling)

这些器件支持一个简单的外设,允许一个内核向另一个内核生成物理事件。此事件与所有其他系统事件一起通过内核的中断控制器(INTC)路由。程序员可以选择此事件是生成 CPU 中断,还是 CPU 轮询其状态。

源内核（Source Core）通过对控制寄存器（IPCGRx）设置断言一个事件，这将导致目的内核（Dest Core）的事件标志（System Event ID 91），可通过挂接的中断函数产生内核中断，并可从 IPC 中断确认寄存器（IPCARx）确认中断源。

直接通知处理步骤如图 8.34 所示，详细处理步骤如下。

（1）CPU A 写入 CPU B 的处理器间通信（IPC）控制寄存器。

（2）IPC 事件产生到中断控制器。

（3）中断控制器通知 CPU B（或轮询）。

（4）CPU B 查询 IPC。

（5）CPU B 清除 IPC 标志。

（6）CPU B 执行相应的操作。

IPCGRx（IPC Generation Registers）是 IPC 中断生成寄存器，用于产生内核间的中断。

C6678 有 8 个 IPCGRx 寄存器（IPCGR0 到 IPCGR7）。外部主机或内核可以使用这些寄存器来生成对其他内核的中断。向 IPCGRx 寄存器的 IPCG 字段写入 1 将生成到内核 x 的中断脉冲（$0 \leqslant x \leqslant 7$）。

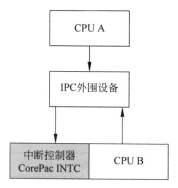

图 8.34　直接通知处理步骤

这些寄存器还提供一个 Source ID 字段（SRCSx），通过它可以识别多达 28 个不同的中断源。Source 位到源处理器的分配和意义完全基于软件约定。表 8.3 给出了寄存器字段的说明。几乎任何东西都可以成为这些寄存器的源，因为这完全由软件控制。任何有权访问 BOOTCFG 模块空间的主机都可以写入这些寄存器。IPC 中断生成寄存器如图 8.35 所示，寄存器字段描述如表 8.3 所示。

31	30	29	28	27　　　　SRCS23~SRCS4　　　　8	7	6	5	4	3　　　1	0
SRCS27	SRCS26	SRCS25	SRCS24		SRCS3	SRCS2	SRCS1	SRCS0	Reserved	IPCG
RW-0	RW-0	RW-0	RW-0	RW-0(per bit field)	RW-0	RW-0	RW-0	RW-0	R-000	RW-0

Leqend: R=Read only; RW=Read/Write; −n=value after reset

图 8.35　IPC 中断生成寄存器 IPCGRx

表 8.3　IPC 中断生成寄存器 IPCGRx 字段描述

位	字　段	描　述
31~4	SRCSx	中断源指示。 读取返回内部寄存器位的当前值。 写： 0：没有影响； 1：同时设置 SRCSx 和相应的 SRCCx
3~1	Reserved	保留
0	IPCG	内部 DSP 中断生成。 读取返回 0。 写： 0：没有影响； 1：创建一个 Inter-DSP 中断

IPCARx（IPC Acknowledgement Registers）是 IPC 中断确认寄存器，用于促进核内的内核中断。

C6678 有 8 个 IPCARx 寄存器（IPCAR0 到 IPCAR7），这些寄存器还提供一个 Source ID 字段（SRCCx），通过它可以识别多达 28 个不同的中断源。Source 位到源处理器的分配和意义完全基于软件约定。几乎任何东西都可以成为这些寄存器的源，因为这完全由软件控制。任何有权访问 BOOTCFG 模块空间的主机都可以写入这些寄存器。IPC 确认寄存器如图 8.36 所示，寄存器字段描述如表 8.4 所示。

31	30	29	28	27 8	7	6	5	4	3 0
SRCC27	SRCC26	SRCC25	SRCC24	SRCC23～SRCC4	SRCC3	SRCC2	SRCC1	SRCC0	Reserved
RW-0	RW-0	RW-0	RW-0	RW-0(per bit field)	RW-0	RW-0	RW-0	RW-0	R-0000

Leqend: R=Read only; RW=Read/Write; −n=value after reset

图 8.36 IPC 中断确认寄存器 IPCARx

表 8.4 IPC 中断确认寄存器 IPCARx 字段描述

位	字 段	描 述
31～4	SRCCx	中断源确认。 读取返回内部寄存器位的当前值。 写： 0：没有影响； 1：清除 SRCCx 和相应的 SRCSx
3～0	Reserved	保留

IPCGRx 和 IPCARx 寄存器地址分配如表 8.5 所示。

表 8.5 C6678 IPCGRx 和 IPCARx 寄存器地址分配

起 始 地 址	终 止 地 址	大 小	寄 存 器 名	说 明
0x02620240	0x02620243	4 字节	IPCGR0	核 0 IPC 生成寄存器
0x02620244	0x02620247	4 字节	IPCGR1	核 1 IPC 生成寄存器
0x02620248	0x0262024B	4 字节	IPCGR2	核 2 IPC 生成寄存器
0x0262024C	0x0262024F	4 字节	IPCGR3	核 3 IPC 生成寄存器
0x02620250	0x02620253	4 字节	IPCGR4	核 4 IPC 生成寄存器
0x02620254	0x02620257	4 字节	IPCGR5	核 5 IPC 生成寄存器
0x02620258	0x0262025B	4 字节	IPCGR6	核 6 IPC 生成寄存器
0x0262025C	0x0262025F	4 字节	IPCGR7	核 7 IPC 生成寄存器
0x02620280	0x02620283	4 字节	IPCAR0	核 0 IPC 确认寄存器
0x02620284	0x02620287	4 字节	IPCAR1	核 1 IPC 确认寄存器
0x02620288	0x0262028B	4 字节	IPCAR2	核 2 IPC 确认寄存器
0x0262028C	0x0262028F	4 字节	IPCAR3	核 3 IPC 确认寄存器
0x02620290	0x02620293	4 字节	IPCAR4	核 4 IPC 确认寄存器

续表

起始地址	终止地址	大小	寄存器名	说　　明
0x02620294	0x02620297	4字节	IPCAR5	核5 IPC确认寄存器
0x02620298	0x0262029B	4字节	IPCAR6	核6 IPC确认寄存器
0x0262029C	0x0262029F	4字节	IPCAR7	核7 IPC确认寄存器

IPC中断对应C6678 CorePac System Event ID 91,对应中断事件为IPC_LOCAL,其为IPCGRn的内部DSP中断。详细信息见附录D。不需要经过CIC,通过将System Event ID 91连接到中断向量来完成中断的设置。

IPC_example_on_6678示例程序通过intcInit来初始化、通过registerInterrupt()来挂接中断。代码如下:

```
intcInit();  //init the intc CSL global data structures, enable global ISR
registerInterrupt(); //register the Host interrupt with the event
```

示例程序主要包含三部分。

(1) intcInit初始化。

intcInit()完成了INTC模块初始化和中断全局使能。

```
int32_t intcInit()
{
    / *  INTC module initialization * /
    context.eventhandlerRecord = Record;
    context.numEvtEntries       = CSL_INTC_EVENTID_CNT;
    if (CSL_intcInit (&context) != CSL_SOK)
        return - 1;

    / *  Enable NMIs * /
    if (CSL_intcGlobalNmiEnable () != CSL_SOK)
        return - 1;

    / *  Enable global interrupts * /
    if (CSL_intcGlobalEnable (&state) != CSL_SOK)
        return - 1;

    / *  INTC has been initialized successfully.  * /
    return 0;
}
```

(2) registerInterrupt挂接中断。

registerInterrupt用于注册中断,将事件与中断挂接起来。

```
int32_t registerInterrupt()
{
...
    for (i = 0; i < MAX_SYSTEM_VECTOR; i++)
    {
        core    = intInfo[i].core;
```

```
        if (coreID == core)
        {
            event  = intInfo[i].event;
            vector = intInfo[i].vect;
            isr    = intInfo[i].isr;
```

...

```
            hintc[vector] = CSL_intcOpen (&intcObj[vector], event, (CSL_IntcParam *)
&vector, NULL);
```
                            \ System Event 连接到 Interrupt vector

```
            ...
            /* Register an call-back handler which is invoked when the event occurs. */
            EventRecord.handler = isr;
            EventRecord.arg = 0;
            if (CSL_intcPlugEventHandler(hintc[vector],&EventRecord) != CSL_SOK)
```
                      \ 挂接中断函数 isr
```
            {
                printf("Error: GEM-INTC Plug event handler failed\n");
                return -1;
            }

            /* clear the events. */
            if (CSL_intcHwControl(hintc[vector],CSL_INTC_CMD_EVTCLEAR, NULL) != CSL_SOK)
            {
                printf("Error: GEM-INTC CSL_INTC_CMD_EVTCLEAR command failed\n");
                return -1;
            }

            /* Enabling the events. */
            if (CSL_intcHwControl(hintc[vector],CSL_INTC_CMD_EVTENABLE, NULL) != CSL_SOK)
            {
                printf("Error: GEM-INTC CSL_INTC_CMD_EVTENABLE command failed\n");
                return -1;
            }
            coreVector[core]++;
        }
    }

    return 0;
}
```

IPC_example_on_6678 示例程序中断映射关系如图 8.37 所示。

其中所有内核的 System Event 91 连接到中断向量 4,挂接中断函数 void IPC_ISR(),配置信息如下。

```
interruptCfg intInfo[MAX_SYSTEM_VECTOR] =
{
    /* core   event    vector */
    {  0,      91,      CSL_INTC_VECTID_4, &IPC_ISR},
    {  1,      91,      CSL_INTC_VECTID_4, &IPC_ISR},
```

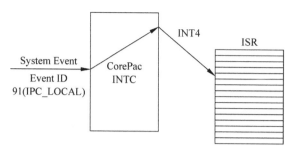

图 8.37　IPC_example_on_6678 IPC 中断映射关系

```
{  2,      91,      CSL_INTC_VECTID_4, &IPC_ISR},
{  3,      91,      CSL_INTC_VECTID_4, &IPC_ISR},
{  4,      91,      CSL_INTC_VECTID_4, &IPC_ISR},
{  5,      91,      CSL_INTC_VECTID_4, &IPC_ISR},
{  6,      91,      CSL_INTC_VECTID_4, &IPC_ISR},
{  7,      91,      CSL_INTC_VECTID_4, &IPC_ISR},
};
```

（3）触发 IPC 中断。

核 0 通过显性调用 IssueInterruptToNextCore()函数触发下一个核 IPC 中断,其他内核通过中断函数 IPC_ISR()中调用 IssueInterruptToNextCore()触发下一个核 IPC 中断。代码如下。

```
* (volatile uint32_t * ) iIPCGRInfo[iNextCore] = interruptInfo;

* (volatile uint32_t * ) iIPCGRInfo[iNextCore] | = 1;
```
　　　　　　　　　　　　　IPCG 写 1,创建一个 Inter-DSP 中断

2）间接通知（IndirectSignaling）

如果使用第三方传输（如 EDMA 控制器）来移动数据,则内核之间的信令也可以通过该传输来执行。换句话说,通知跟随硬件中的数据移动,而不是通过软件控制,如图 8.38 所示。

处理步骤如下。

（1）CPU A 使用 EDMA 配置和触发传输。

（2）产生 EDMA 完成事件到中断控制器。

（3）中断控制器通知 CPU B（或轮询）。

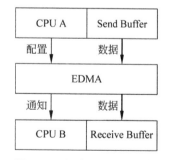

图 8.38　间接通知处理步骤

3）原子仲裁

每个器件都包括对原子仲裁（Atomic Arbitration）的硬件支持。支持体系结构在不同的设备上有所不同,但是可以很容易地实现相同的底层功能。KeyStone 系列器件有原子仲裁指令（Atomic Arbitration Instruction）和 Semaphore 外设。在所有器件上,CPU 可以原子化地获取锁,修改任何共享资源,并将锁释放回系统。

硬件保证锁的获取本身是原子化的,这意味着在任何时候只有一个内核可以拥有它。

硬件无法保证与锁关联的共享资源受到保护。相反,锁是一种硬件工具,它允许软件通过表8.6和图8.39所示的定义良好、简单的协议来保证原子性。

表 8.6 原子仲裁协议

CPU A	CPU B
1:获取锁	1:获取锁
→Pass(锁可用)	→Fail(由于锁不可用而失败)
2:修改资源	2:重复步骤1直到Pass
3:释放锁	→Pass(锁可用)
	2:修改资源
	3:释放锁

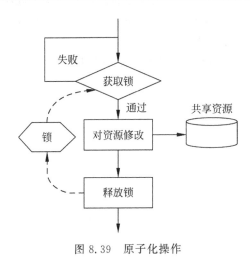

图 8.39 原子化操作

8.8 TI 函数库调用

8.8.1 格式选择

TI 提供了多种版本的库,以 DSPLIB 为例,其版本情况如表8.7所示。

ELF 为 Executable and Linking Format 的简写,COFF 为 Common Object File Format 的简写。库文件选择哪一种格式根据编译时选择的 ABI 模式(参见8.2节)来决定,如编译时选择 EABI 模式,库就选择 ELF 格式。大小端的选择根据工程的设置来选择,工程中设置大小端如图8.7所示。

表 8.7 DSPLIB 版本的选择

库 名 称	目 标	对 象 类 型	大 小 端
dsplib.a66	C66x	COFF	Little
dsplib.a66e	C66x	COFF	Big
dsplib.ae66	C66x	ELF	Little
dsplib.ae66e	C66x	ELF	Big

8.8.2　库的调用

在 CCS 界面 Project 菜单中选择 Properties 选项,出现 Properties 窗口。在 Build→ C6000 Linker 的目录里单击 File Search Path 选项,在 Add < dir > to library search path (--search_path,-i)添加库所在的路径,在 Include library file or command file as input (--library, -l)中添加需要库的库名称,也可以在 Include library file or command file as input (--library, -l)中直接添加需要库的路径和库名称。

8.8.3　库的使用

TI 提供的库相关资料比较齐全,在相应库的目录下有使用说明和例程。以 DSPLIB 为例,如图 8.34 所示为 dsplib 的目录,其中 examples 目录为相应的例程、lib 目录为库所在的目录、docs 为帮助文件所在的目录。

docs 目录如图 8.41 所示,用户可以查阅 DSPLIB_Users_Manual 获取库的相关帮助信息。

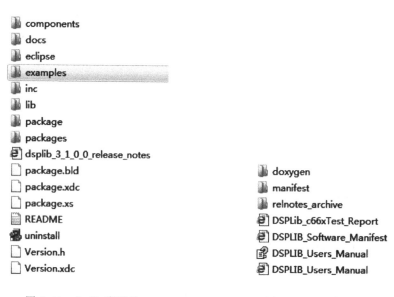

图 8.40　dsplib 库目录　　　　　图 8.41　dsplib 库手册目录

其他库的使用与 DSPLIB 类似,建议先看手册,而后运行相应的 examples 获取相关设计经验。

8.9　理解 CMD 文件

8.9.1　CMD 文件简介

CMD 的名称为连接命令文件(Linker Command Files),是用来存放连接的配置信息的,简称为命令文件。CMD 文件由三部分组成:①输入输出定义;②MEMORY 命令;

③SECTION 命令。

输入输出定义这一部分,可以通过 CCS 的 Build Option 菜单设置,可以不在 CMD 文件中定义。

MEMORY 命令: 描述系统实际的硬件资源。

SECTION 命令: 描述"段"如何定位。

如下为 TI KeyStone.cmd 的代码。

```
- heap 0x800
- stack 0x1000
MEMORY
{
    /* Local L2, 0.5~1MB */
    VECTORS: o = 0x00800000 l = 0x00000200
    LL2_RW_DATA: o = 0x00800200 l = 0x0003FE00

    /* Shared L2 2~4MB */
    SL2:       o = 0x0C000000 l = 0x00100000

    SL2_Alias:  o = 0x0C100000 l = 0x00080000
    SL2_Alias1: o = 0x0C180000 l = 0x00080000

    /* External DDR3, upto 2GB per core */
    DDR3_CODE:    o = 0x80000000 l = 0x01000000  /* set memory protection attribitue as
execution only */
    DDR3_R_DATA:  o = 0x81000000 l = 0x01000000  /* set memory protection attribitue as
read only */
    DDR3_RW_DATA: o = 0x82000000 l = 0x06000000  /* set memory protection attribitue as
read/write */
}

SECTIONS
{
    vecs > VECTORS

    .text > LL2_RW_DATA
    .cinit > LL2_RW_DATA
    .const > LL2_RW_DATA
    .switch > LL2_RW_DATA

    .stack > LL2_RW_DATA
    GROUP
    {
        .neardata
        .rodata
        .bss
    } > LL2_RW_DATA
    .far > LL2_RW_DATA
    .fardata > LL2_RW_DATA
    .cio > LL2_RW_DATA
```

```
.sysmem > LL2_RW_DATA
alu2chk > LL2_RW_DATA
aluchk > LL2_RW_DATA
basichk > LL2_RW_DATA
bitchk > LL2_RW_DATA
chkcode > LL2_RW_DATA
circhk > LL2_RW_DATA
condchk > LL2_RW_DATA
init_code > LL2_RW_DATA
init_data > LL2_RW_DATA
multchk > LL2_RW_DATA
satchk > LL2_RW_DATA
var > LL2_RW_DATA
}
```

8.9.2　MEMORY 命令

MEMORY 命令中代码的示例如下：

```
DDR3_CODE:    o = 0x80000000 l = 0x01000000
```

以上代码的意义如下：

DDR3_CODE 表示对相对独立的存储空间进行标记；

o(original)，o = 0x80000000 表示起始地址为 0x80000000；

l(length)，l = 0x01000000 表示长度为 0x01000000。

8.9.3　SECTIONS 命令

1. SECTIONS(必须大写)分配说明

.cinit 存放程序中的变量初值和常量；

.const 存放程序中的字符常量、浮点常量和用 const 声明的常量；

.switch 存放程序中 switch 语句的跳转地址表；

.text 存放程序代码；

.bss 为程序中的全局和静态变量保留存储空间；

.far 为程序中用 far 声明的全局和静态变量保留空间；

.stack 为程序系统堆栈保留存储空间，用于保存返回地址、函数间的参数传递、存储局部变量和保存中间结果；

.sysmem 用于程序中的 malloc、calloc 和 realoc 函数动态分配存储空间；

.text 可执行代码。

Section 目标文件中的最小单位称为块，一个块就是最终在存储器映像中占据连续空间的一段代码或数据。

2. COFF 目标文件包含三个默认的块

(1) .text 可执行代码；

（2）.data 已初始化数据；

（3）.bss 为未初始化数据保留的空间。

3．汇编器对块的处理

（1）未初始化块：

.bss：变量存放空间；

.usect：用户自定义的未初始化段。

（2）初始化块：

.text：汇编指令代码；

.data：常数数据（例如对数量的初始化数据）；

.sect：用户自定义的已初始化段；

.asect：通.sect，多了绝对地址定位功能，一般不用。

第9章

SYS/BIOS实时操作系统

9.1 什么是SYS/BIOS

SYS/BIOS是一个可升级的实时处理内核。SYS/BIOS提供具有优先权的多线程、硬件抽象、实时分析和配置工具等功能。

9.1.1 SYS/BIOS 的优势

(1)所有SYS/BIOS对象可以配置成静态的和动态的。

(2)为减少存储器大小,只有那些被程序使用的API被模块化,需要与可执行程序绑定。此外,静态配置的对象减少了程序代码量。

(3)错误检测和Debug工具可配置,并且可以在产品代码中完全去掉,以提高性能并减少使用的存储器空间。

(4)几乎所有的系统调用都提供确定的性能,从而使得系统保持可靠的实时性能。

(5)为提高性能,监测的数据(如traces和log)编排格式在主机上完成。

(6)线程模型为很多场合提供了线程类型,支持硬件中断、软件中断、任务、空闲和周期性的功能。

(7)提供支持线程间通信和同步的结构,包括semaphore、mailbox、event、gate和长度可变的消息(message)。

(8)动态存储器管理服务支持可变大小和固定大小的块分配。

(9)中断调度程序处理底层上下文的保存/恢复操作,允许中断服务程序完全用C实现。

(10)系统服务支持使能、禁用中断及接入中断向量,且支持多个中断向量接入多个资源。

9.1.2 SYS/BIOS 和 XDC TOOL 的关系

XDC TOOLS提供了用户可以在应用中配置SYS/BIOS和XDC模块的技术。
XDC TOOLS提供了可以产生配置文件的工具。

XDC TOOLS 提供一系列模块和 API 函数,使得 SYS/BIOS 在存储器分配、日志生成和系统控制等功能上更加高效。如图 9.1 所示为 SYS/BIOS 和 XDC TOOLS 的关系图。

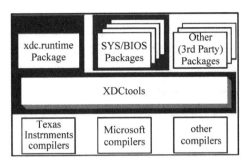

图 9.1 SYS/BIOS 和 XDC TOOLS 关系

1. 用 XDC 工具配置 SYS/BIOS

配置是使用 SYS/BIOS 的一个重要部分,主要用于以下功能。

(1) 指定应用使用的模块和包。

(2) 可以静态产生应用使用的模块对象。

(3) 使模块组生效且用起来明确、无疑问,以保证它们是兼容的。

(4) 给系统、模块和对象静态配置参数,以改变运行行为。

应用的配置被保留在一个或多个扩展名为.cfg 的脚本文件中。它们通过 XDC 工具产生相应的 C 源代码、C 头文件和连接命令文件,随后被编译和连接到目标应用。如图 9.2 所示描述了一个典型 SYS/BIOS 应用的编译过程。

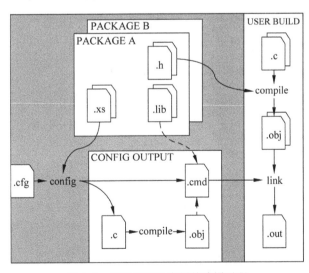

图 9.2 SYS/BIOS 应用的编译过程

.cfg 配置文件使用简单的 JavaScript 语法设置对象的特性和调用方法。XDC 工具的语法将 JavaScript 与 Script 对象结合,被称为 XDCscript。

用户可以通过以下两种方法产生和修改配置文件。

(1) 使用文本编辑器或 CCS 中的 XDCscript 编辑器直接编辑.cfg 文件;

（2）使用嵌入在 CCS 中的可视配置工具（XGCONF）。

如图 9.3 所示为 CCS 中 XGCONF 配置工具用于静态配置一个 SYS/BIOS 的例子。

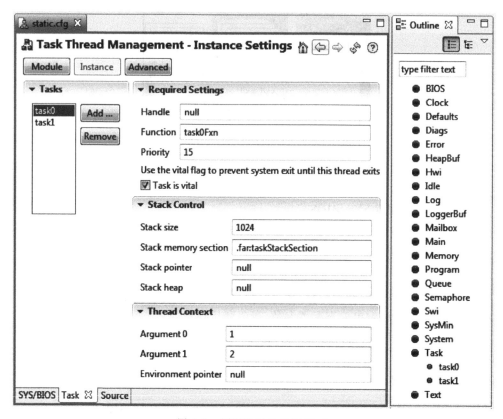

图 9.3　用配置工具配置 Task

配置工具建立的 task0 任务和以下 XDCscript 代码对应。

```
var Task = xdc.useModule('ti.SYS/BIOS.knl.Task');
Task.numPriorities = 16;
Task.idleTaskStackSize = 1024;
var tskParams = new Task.Params;
tskParams.arg0 = 1;
tskParams.arg1 = 2;
tskParams.priority = 15;
tskParams.stack = null;
tskParams.stackSize = 1024;
var task0 = Task.create('&task0Fxn', tskParams);
```

2. XDC 工具模块和 runtime API

XDC 工具包含一些模块提供 SYS/BIOS 应用正常运行所需要的基本系统服务，这些模块大部分在 XDC 工具的 xdc.runtime 包内。默认情况下，所有 SYS/BIOS 应用会在编译时自动添加 xdc.runtime 包。C 代码和配置文件使用的 XDC 工具提供的功能大致可以分为 4 类，如表 9.1 所示。如果没有特别指出，表 9.1 中所列的模块都在 xdc.runtime 包内。

表 9.1 XDC 工具模块

类别	模块	描 述
系统服务	System 系统	基本的低级别 system 服务,如字符输出、类似于 printf 的输出、exit 处理
	Startup 启动	允许函数被不同模块定义为在 main() 前运行
	Default 默认	对于所有用户没有明确设定值的模块,本模块为它们设置事件日志、断言检查和存储器使用选项
	Main 主函数	应用于用户应用代码的设置事件日志和断言检查选项
	Program 程序	对于运行时存储器尺寸、程序编译选项及存储器 sections 和 segments 的设置选项。这个模块被用来作为配置对象模型的根(root)。这个模块在 xdc.cfg 包中
存储器管理	Memory 存储器	静态或动态创建/释放存储器堆
诊断	Log and loggers 日志记录器	允许事件被记录并且随后传递这些事件到一个日志管理器。接入这个模块的代理包括 xdc.runtime.LoggerBuf 和 xdc.runtime.LoggerSys
	ERROR 错误	允许引发、检查和处理被任何模块定义的错误
	DIAGS 诊断	在配置和运行时,在每个模块基础上,允许诊断被使能、禁用
	Timestamp and providers	提供时标 API,其进一步调用平台指定的(或由 CCS 提供的)时间戳
	text	提供 string 管理服务,缩小目标上 string 数据需求
同步	Gate	保护避免出现对关键数据的同时访问
	sync	用 wait() 和 signal() 在线程间提供基本的同步服务

9.2 SYS/BIOS 包

如表 9.2 所示列出了 SYS/BIOS 提供的包。

表 9.2 SYS/BIOS 包

包	描 述
ti.SYS/BIOS.benchmarks	包含基准测试规格说明,不提供模块、API 和配置
ti.SYS/BIOS.family.*	包含目标/器件指定功能的规格说明
ti.SYS/BIOS.gates	包含一些在不同场合使用的 IGateProvider 接口工具,包括 GateHwi、GateSwi、GateTask、GateMutex 和 GateMutexpri
ti.SYS/BIOS.hal	包含 Hwi、Timer 和 Cache 模块
ti.SYS/BIOS.heaps	提供一些与 Iheap 接口的 XDCtool 的工具
ti.SYS/BIOS.interfaces	包含(如在器件和平台基础上)生效模块的接口
ti.SYS/BIOS.io	包含提供输入、输出行为,与外围设备驱动交互
ti.SYS/BIOS.knl	包含 SYS/BIOS 内核的模块,包含 swi、task、idle 和 clock
ti.SYS/BIOS.utils	包含加载(load)模块,其提供全局 CPU 加载,也支持线程指定的加载

9.3 SYS/BIOS 中使用 C++

SYS/BIOS 工程可以用 C 和 C++ 写。C++ 相关的概念有助于顺利开发,如存储器管理、name mangling,以及从配置属性调用对象方法、对象的构造和析构等。

SYS/BIOS 提供一个用 C++ 写的例子。示例代码在 SYS/BIOS 安装目录下,packages\ti\sysbios\examples\generic\bigtime 目录中的 bigtime.cpp 就是示例代码。

9.3.1　存储器管理

函数 new 和 delete 是 C++ 操作符,用于动态存储分配和回收。对于 TI 器件,这些操作为 malloc() 和 free()。SYS/BIOS 提供可重入版本的 malloc() 和 free(),其内部使用 xdc.runtime.Memory 模块和 ti.SYS/BIOS.heaps.HeapMem 模块(默认)。

注:可重入(reentrant)函数就是允许被递归调用的函数,当函数正被调用尚未返回时,又直接或间接被调用函数本身。

9.3.2　Name Mangling

通过在函数的连接层名称上编码一个函数的识别标志,C++ 编译器实施函数重载、操作重载和类型安全连接。在连接层名称上编码识别标志的过程就是 name mangling。

由于在配置时使用的函数名称指向 C++ 源码声明的函数,name mangling 潜在地干预 SYS/BIOS 应用。为了避免 name mangling 并确保函数能在配置中被识别,很有必要在一个 extern C 模块中声明用户函数,如以 bigtime.cpp 中的代码为例。

```
/*
 * Extern "C" block to prevent name mangling
 * of functions called within the Configuration Tool
 */
extern "C" {
    /* Wrapper functions to call Clock::tick() */
    void clockTask(Clock clock);
    void clockPrd(Clock clock);
    void clockIdle(void);
} // end extern "C"
```

外部 C 模块允许指向配置文件中的函数。如有一个任务对象,每次任务运行时都需要运行 clockTask(),可以把任务配置如下:

```
var task0Params = new Task.Params();
task0Params.instance.name = "task0";
task0Params.arg0 = $externPtr("cl3");
Program.global.task0 = Task.create("&clockTask", task0Params);
```

注意在上述配置的例子中,任务的 arg0 参数被设置为 $externPtr("cl3")。C++ 代码创建全局时钟对象申明为:

```
/* Global clock objects */
Clock cl3(3); /* task clock */
```

在外部 C 模块中定义的函数不遵从 name mangling 规则。由于函数重载是通过 name mangling 实现的,对于从配置调用的函数,函数重载有限制,只有一个版本的重载函数可以在外部 C 模块中出现。下例中的代码会导致错误:

```
extern "C" { // Example causes ERROR
```

```
    Int addNums(Int x, Int y);
    Int addNums(Int x, Int y, Int z); // error, only one version
    // of addNums is allowed
}
```

当在用户的 SYS/BIOS C++工程中使用名字重载时,只有一个版本重载的函数可以从配置被调用。

9.3.3　从配置调用对象方法

通常,在配置中引用的函数是对象的一个成员函数。从配置中直接调用这些成员函数是不可能的,但是相同的行为通过包装函数(Wrapper Function)是允许的。通过写一个接收对象作为形参的包装函数,可以在包装函数中唤醒对象的成员函数。bigtime.cpp 中一个对象方法的包装函数如下:

```
/*
 *  ======= clockPrd ========
 *  Wrapper function for PRD objects calling
 *  Clock::tick()
 */
void clockPrd(Clock clock)
{
    clock.tick();
    return;
}
```

9.3.4　类构造器和析构器

任何时候初始化一个 C++类对象时,类构造器就执行。同样地,任何时候删除类对象时,类析构器被调用。因而,当写构造器和析构器时,用户必须考虑在什么时候函数预期被执行并相应地调整它们。当类构造器和析构器被唤醒时,考虑什么类的线程被执行是十分重要的。

SYS/BIOS API 函数被不同的 SYS/BIOS 线程(任务、软件中断和硬件中断)调用时需要遵守很多准则。例如,存储器分配 API 函数(Memory_alloc 和 Memory_calloc)不能被软件中断程序调用。如果一个特殊的类被软件中断创建,构造器必须避免执行存储器分配。

同样地,记住类析构器预期运行的时间是十分重要的。一个类析构器不仅仅在一个对象被完全删除时才执行,在本地对象超范围时也执行。当类析构器执行时,用户必须知道什么类型的线程正被执行并确保只有适合该线程的 SYS/BIOS API 调用。

9.4　SYS/BIOS 配置和编译

CCS 中根据以下步骤创建一个 SYS/BIOS 工程:

(1) 打开 CCS,从菜单中选择 File→New→CCS Project。

(2) 在 New CCS Project 对话框中输入一个工程名字。

(3) 在 Family 下拉选项中选择平台类型。

（4）在 Variant 行里，在左边选择或输入一个过滤词。

以上创建工程的相应设置如图 9.4 所示。

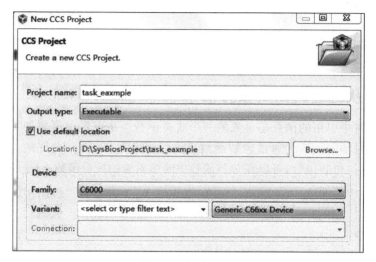

图 9.4　新建工程

（5）Advanced Settings。

如果选择非默认的器件大小端（Device Endianness）、TI 代码生成工具（Code Generation Tools）版本、输出格式（COFF 或 ELF）及运行支持库（Runtime Support Library），可以展开 Advanced Settings，在其中选择相应的选项。其中输出格式（Output format）建议选择 eabi（ELF），详细说明见 8.2 节所述。

注意：开始使用 SYS/BIOS 时，不必定义自己的连接命令文件，在编译时连接器文件会自动产生和使用。当用户逐渐熟悉时，可以使用自己的连接命令文件，前提是不破坏创建好的 SYS/BIOS 工程。

（6）选择工程模板。

在工程模板区域展开 SYS/BIOS 条目，得到如图 9.5 所示的模板清单。高亮选中一个模板，该模板的说明在模板清单右边出现。开始使用 SYS/BIOS 可以选择相关的例子，如 Log Example 或 Task Mutex Example。当开始建立自己的工程时，可以根据目标模板的存储限制选择最小（Minimal）和典型（Typical）例子。

（7）单击 Next 按钮到 RTSC 配置设置页。

RTSC 是 SYS/BIOS 用于生成器件平台配置使用的 XDCtools component 的另一个术语。

（8）确定其他已选组件的版本号。

在 RTSC Configuration Settings 页上，确定

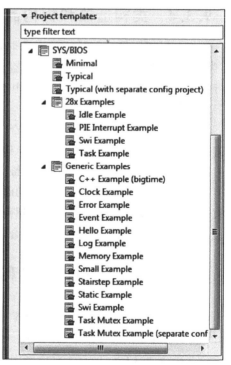

图 9.5　工程模板

XDCtools、SYS/BIOS和用户想要使用的任何其他已选组件的版本号,如图9.6所示。默认选择最近的版本号。

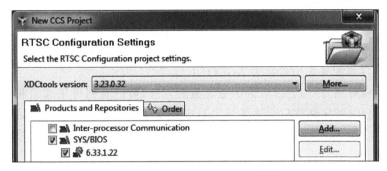

图9.6 RTSC Configuration 设置

(9) Target 设置基于之前选择的器件,不必更改。

(10) 如果 Platform 没有自动填上,单击下拉箭头选择。

CCS 扫描符合器件设置的可用平台,选择想选择的平台。

(11) 确定 Build-profile。

Build-profile 决定工程连接的库类型。建议选择 release,即使是正在建立和调试工程,如图9.7所示。

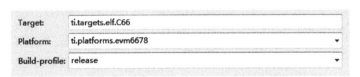

图9.7 Target、Platform、Build-profile 设置

Target、Platform、Build-profile 设置如图9.7所示。

(12) 单击 Finish 创建一个新的工程并添加到 C/C++工程列表中。

9.4.1 在工程中添加 SYS/BIOS 支持

如果使用 SYS/BIOS 工程模板创建一个工程,一个配置文件会自动添加到工程中且自动使能 SYS/BIOS 支持。

注意:工程可以使用 SYS/BIOS 指的是使能 RTSC 支持。如果从一个空的 CCS 工程模板开始,可以添加一个配置文件来使用 SYS/BIOS,选择 File → New → RTSC Configuration File。如果工程还没有设置使能 RTSC 支持,会询问当前工程是否使能 RTSC 支持,单击 Yes。

9.4.2 创建一个独立的配置工程

如果要把配置文件保存在一个独立工程中,这样多个工程可以使用相同的配置。可以产生两个工程:C 源代码工程和配置工程。配置工程可以被主工程引用,当主工程编译时触发它自动被编译。

可以用已经设置好的模板创建两个工程,当创建新工程时选择 SYS/BIOS → Typical

（使用 separate config project）模板。

9.4.3　配置 SYS/BIOS 应用

用户通过修改工程中的 *.cfg 配置文件来配置 SYS/BIOS 应用。这些文件用 XDCscript 语言编写，XDCscript 是 JavaScript 的扩展集。用户可以使用文本编辑器来编写，CCS 提供的界面配置编辑器称为 XGCONF。

XGCONF 很有用，因为它可以提供更简易的方法，可以看到可用选项和当前配置。当配置逐步进行，模块和实例在后台被激活。对于观察这些内部行为的效果，XGCONF 很有用。图 9.8 展示了 CCS 的 XGCONF 配置工具被用于配置一个静态的 SYS/BIOS Swi（软件中断）实例。

图 9.8　SYS/BIOS Swi 设置

创建 Swi 的源代码如下：

```
var Swi = xdc.useModule('ti.SYS/BIOS.knl.Swi');
/* Create a Swi Instance and manipulate its instance parameters. */
var swiParams = new Swi.Params;
swiParams.arg0 = 0;
swiParams.arg1 = 1;
swiParams.priority = 7;
Program.global.swi0 = Swi.create('&swi0Fxn', swiParams);
/* Create another Swi Instance using the default instance parameters */
Program.global.swi1 = Swi.create('&swi1Fxn');
```

9.4.4　用 XGCONF 打开一个配置文件

用 XGCONF 打开配置文件遵循以下步骤：

（1）确保在 CCS 的 C/C++ 视角，如果不在，单击 C/C++ 按钮切回，如图 9.9 所示。

（2）双击 *.cfg 工程中 Explore 树下的配置文件。当 XGCONF 打开时，CCS 状态栏显示配置正在处理和生效中。

图 9.9　CCS 的 C/C++ 视角

（3）可以看到 SYS/BIOS 欢迎页面，提供到 SYS/BIOS 文件资源的连接。

（4）单击 System Overview 超链接，可以看到一个全局视图，包含能用到的主要模块，如图 9.10 所示。

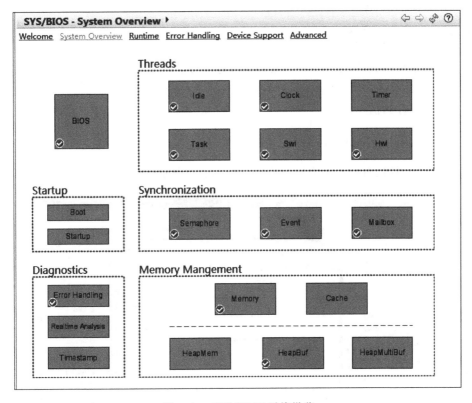

图 9.10　SYS/BIOS 系统纵览

注意：如果配置需要用文件编辑器显示，右击 .cfg 文件并选择 Open With → XGCONF。

用户可以同时打开多个配置文件。然而，用 XGCONF 打开多个配置文件占用资源较多，可能会使系统变慢。

9.4.5　用 XGCONF 执行任务

以下列出了用户可以用 XGCONF 执行的配置任务。

（1）使得更多的模块（Module）可用；

（2）找到一个模块；

（3）在配置文件中添加模块；

（4）在配置文件中删除模块；

（5）从配置文件中添加一个实例；

（6）从配置文件中删除一个实例；

（7）改变一个模块性能值；

（8）改变一个实例性能值；

（9）获取关于模块的帮助；

（10）配置存储器分配和段分布；

（11）保存配置或恢复到最近保存的文件；

（12）修正配置中的错误。

9.4.6　保存配置

如果修改了配置文件，按 Ctrl+S 组合键保存文件。

在 Source 窗口，用户可以单击鼠标右键并选择 Revert File 重新加载（reload）最近保存的配置文件或保存当前文件。

9.4.7　关于 XCONFG 视图

XCONFG 工具是由一些子窗口组成的，如图 9.11 所示。

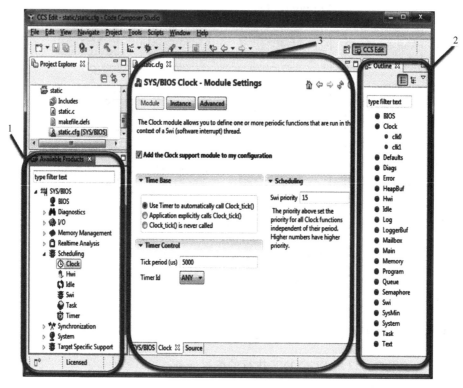

图 9.11　XCONFG 工具

1. Available Products 视图

Available Products（可用产品）视图让用户添加模块到配置，默认在窗口的左下角。

2. Outline 视图

Outline（概要）视图显示在当前配置中的模块，并且可以让用户选择模块在属性视图显示。

3. Property 视图

Property(属性)视图显示选择的模块或实例的属性设置,且允许让用户更改。

4. Problems 视图

Problems(问题)视图显示在配置确认中的错误和警告。

9.4.8 使用可用产品视图

可用产品视图列出配置中可用的包和模块,包括用户已经使用的模块和可以添加到配置中的模块。列表首先被组织成包含模块的软件组件,然后按功能分类。

用户能配置的模块按照树的形式列表,未应用于用户目标的模块或只能内部使用的模块在列表中隐藏。

1. 找到模块

为找到模块,用户可以展开树去找。如果不知道模块在树的位置或有多个模块有相似的名字,可以在 type filter text 中输入一些文字,如可以输入 gate 在 XDCTool 找到 gate 工具。可以用"*"和"?"作通配符。

2. 添加模块和实例到配置

开始使用一个模块,右击并选择 Use < module >。选择 Use Swi 创建和配置软件中断到应用中,如图 9.12 所示。

也可以把模块从可用产品视图拖曳到概要视图添加配置。

3. 管理可用产品清单

可以添加或移除产品,通过右击并选择 Add/Change Products。

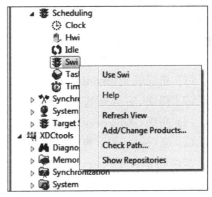

图 9.12 使用一个模块

9.4.9 使用概要视图

概要视图显示在.cfg 文件中可用于配置的模块和实例。

用户可以用以下两种方式查看概要视图。

1. 显示用户配置

显示用户配置,选择 📰 图标。这是一个易于使用的视图,这个视图模式显示一个扁平的列表,只包含那些直接在 * .cfg 文件中引用的模块和在 * .cfg 文件中创建的实例。用户可以在配置中使用这个视图添加模块实例和删除模块的使用。

2. 显示配置结果

显示配置结果,选择 📰 图标,这是一个更高级的模式视图。

这个模式显示了一个模块和实例的树形视图,包含隐含使用的和显性使用(在 * .cfg 文件中引用)。用户可以编辑任何没有 locked 图标的模块。通过选择添加它们到用户的配置中,用户可以选择 unlock 一些锁定的模块。如果显示 locked 的实例是内部使用的,不要试图在可用产品视图上去改变。

在模块上右击选择 New<module>创建一个模块,如可以选择 New Semaphore 创建信号量,如图 9.13 所示。

可以在 Value 列中输入或选择一个值,如图 9.14 所示。

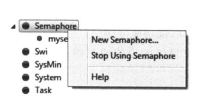

图 9.13　创建信号量

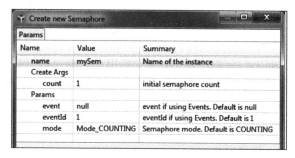

图 9.14　信号量参数配置

9.4.10　使用属性视图

如果在概要视图或可用产品视图中选择一个模块或实例,属性视图显示被选项目的属性,有如下多种方式查看属性。

（1）系统综览（System Overview）：这张图表提供了 SYS/BIOS 中模块的块图的总览。

（2）模块、实例或基本（Module, Instance, or Basic）：这个版面组织属性的可视化。

（3）高级（Advanced）：这个版面提供属性名的表格化,并允许在表格中设置值。

（4）源（Source）：源编辑器允许用文本编辑器编辑配置脚本。

系统综览显示所有 SYS/BIOS 内核模块为块图,如图 9.15 所示。图中标有绿钩的模块说明其正被用户的配置所使用。可以在图中添加其他模块,通过在模块上右击并选择使用。

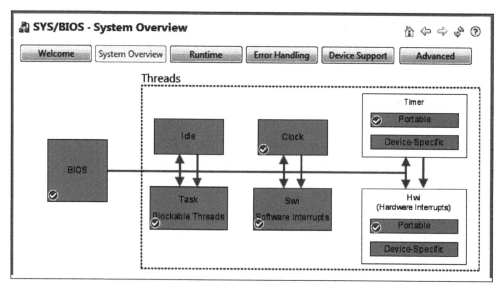

图 9.15　系统综览

（1）模块和实例属性页（Module and Instance Property Sheets）。

模块和实例属性页如图9.16所示（单击Module按钮），按类组织和对一些属性的简要描述。

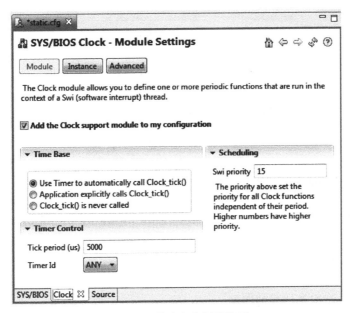

图9.16　模块和实例属性页

（2）高级属性页（Advanced Properties Sheet）。

高级属性页如图9.17所示，采用表格的形式列出属性名，并可以在表格中修改值。

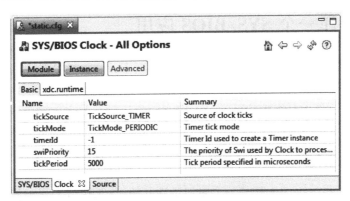

图9.17　模块和实例高级属性页

（3）源编辑器（Source Editor）。

源编辑器让用户编辑配置脚本，通过选择Source目录使用文本编辑器。一些更高级的XDCscript脚本特征只有直接用脚本才能用。

9.4.11　使用问题视图

问题视图显示在配置确认中的错误和警告，如图9.18所示。

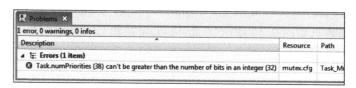

图 9.18　错误和警告显示

如果双击一个错误 ，源编辑窗口出现，并突出显示导致错误的语句，如图 9.19 所示。

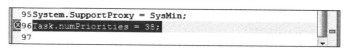

图 9.19　定位到错误语句

9.4.12　找到并修正错误

如果执行以下的操作，可以使配置有效。

（1）添加一个配置中使用的模块。

（2）删除一个被配置使用的模块。

（3）添加一个实例到配置。

（4）删除一个被配置使用的实例。

（5）保存配置。

当一个配置正在有效时，可以在窗口的右下方看到进度条，如图 9.20 所示。

图 9.20　配置生效进度条

9.5　编译一个 SYS/BIOS 应用

按照以下步骤，编译一个工程：选择 Project→Build Project。

根据 Console 窗口中的日志查看是否发生错误。

在编译工程后，单击 C/C++Projects 视图窗口，可以展开 Debug 文件夹查看由编译过程产生的文件。

9.5.1　了解编译流程

SYS/BIOS 应用的编译流程从一个附加步骤开始，就是执行工程中的 *.cfg 文件。配置文件由 XDCtools 执行。如果用户查看编译过程中的打印信息，可以看到命令行执行"xs"（用"xdc.tools.configuro"工具指定，在 XDCtools 组件中可执行）。

例如：

```
'Invoking: XDCtools'
"<xdctools_install>/xs" --xdcpath="<SYS/BIOS_install>/packages;" xdc.tools.configuro
-o configPkg -t ti.targets.arm.elf.M3 -p ti.platforms.concertoM3:F28M35H52C1
-r release -c "C:/ccs/ccsv5/tools/compiler/tms470" "../example.cfg"
```

在 CCS 中可以使用 XDCtools 控制命令行选项，如图 9.21 所示，通过从主菜单选择

Project → Properties，并选择 CCS Build → XDCtools 目录实现。

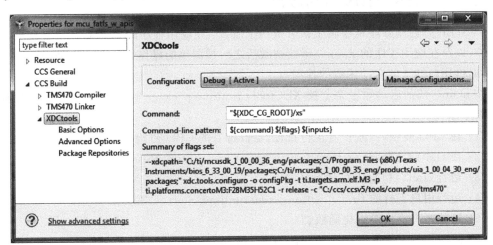

图 9.21　使用 XDCtools 控制命令选项

9.5.2　编译和连接优化

BIOS. lib 的类型有 Instrumented（默认）、Non-Instrumented、Custom 和 Debug 4 种类型。BIOS. lib 类型配置参数设置如表 9.3 所示，根据需要选择合适的类型。

表 9.3　BIOS. lib 类型配置参数设置

BIOS. lib 类型	编译时间	记录日志	代码尺寸	运行时性能
Instrumented （BIOS. libType_Instrumented）	Fast	On	Good	Good
Non-Instrumented （BIOS. libType_NonInstrumented）	Fast	Off	Better	Better
Custom （BIOS. libType_Custom）	Fast(slow first time)	As configured	Best	Best
Debug （BIOS. libType_Debug）	Slower	As configured	—	—

注意：如果用户禁用 SYS/BIOS Task 或 Swi 调度，为了成功连接用户应用，用户必须使用 Custom 选项。

Custom 选项使程序优化，不过 Custom 编译保持足够的调试信息，使得 CCS 优化的代码中单步调试以及定位全局变量仍然是可能的。

Debug 选项不推荐，这是 TI 开发者内部使用的。

9.6　线程模块

本节描述 SYS/BIOS 程序可以使用的线程类型。

9.6.1　SYS/BIOS 启动顺序

SYS/BIOS 启动顺序从逻辑上被分成两个阶段：在应用程序的 main()函数之前被调用的操作，以及在应用程序的 main()函数被激活之后被调用的操作。在两个启动顺序中多个地方，提供用户插入的启动函数的控制点。

在 main()前的启动顺序完全被 XDCtools runtime package 管理。XDCtools 运行时的启动顺序如下。

（1）在 CPU 复位后，紧接着执行目标、器件特有的 CPU 初始化（在 C_int00 处开始）。

（2）在 cinit()之前，运行 reset functions 表（xdc.runtim.Reset 模块提供连接）。

（3）运行 cinit()初始化 C 运行环境。

（4）运行用户支持的 first functions(xdc.runtime.Startup 模块提供连接)。

（5）运行所有模块初始化函数。

（6）运行用户支持的 last functions(xdc.runtime.Startup 模块提供连接)。

（7）运行 pinit()。

（8）运行 main()。

main()之后的启动顺序由 SYS/BIOS 管理，且通过在应用程序 main()函数最后的 BIOS_start()函数明确触发。BIOS_start()被调用时，SYS/BIOS 的启动顺序如下。

（1）启动函数：运行用户支持的"启动函数"(startup functions)。

（2）使能硬件中断。

（3）定时器启动：如果系统支持定时器，在这个位置，所有被配置的定时器在每次用户配置时被启动。如果定时器被配置成 automatically(自动)启动，在这里启动。

（4）使能软件中断：如果系统支持软件中断（见 BIOS.swiEnabled），SYS/BIOS 启动顺序在这个位置使能软件中断。

（5）任务启动：如果系统支持任务，任务调度在这里开始。如果系统没有创建静态或动态的任务，直接运行到 idle 循环。

以下的配置脚本摘录了在 XDCtools 和 SYS/BIOS 启动顺序中每个可能的控制点上用户支持的函数。配置脚本文件扩展名为.cfg，其采用 XDCscript 语言编写，用于配置模块。

```
/* get handle to xdc Reset module */
Reset = xdc.useModule('xdc.runtime.Reset');
/* install a "reset function" */
Reset.fxns[Reset.fxns.length++] = '&myReset';
/* get handle to xdc Startup module */
var Startup = xdc.useModule('xdc.runtime.Startup');
/* install a "first function" */
Startup.firstFxns[Startup.firstFxns.length++] = '&myFirst';
/* install a "last function" */
Startup.lastFxns[Startup.lastFxns.length++] = '&myLast';
/* get handle to BIOS module */
var BIOS = xdc.useModule('ti.SYS/BIOS.BIOS');
/* install a BIOS startup function */
BIOS.addUserStartupFunction('&myBiosStartup');
```

9.6.2　线程模块的概览

很多实时应用必须同时执行一些看起来不相关的函数,经常对外部事件做出反应,如数据有效或控制信号出现。函数被执行及何时被执行都非常重要。这些函数被称为线程。不同的系统对线程范围的定义不同,不是过宽就是过窄。在 SYS/BIOS 中,这个术语被定义得很广泛,包含任何独立被处理器执行的指令流。

一个线程是一个单独控制点,可以激活函数调用或激活中断服务程序。

SYS/BIOS 使用户的应用架构成为一个线程的集合,每个线程执行一个模块化的函数。通过允许更高优先级线程抢占较低优先级线程,并允许多种类型线程间合作(包括阻塞、通信和同步),实现多线程程序在单个处理器上运行。

各种线程从最高优先级到最低优先级排列如下。

(1) 硬件中断(Hwi),包括定时器函数。

(2) 软件中断(Swi),包括 Clock 函数。

(3) 任务(Task)。

(4) 后台线程(Idle)。

9.6.3　线程类型

SYS/BIOS 主要的 4 种线程类型分别如下。

(1) 硬件中断(Hwi)线程。Hwi 线程也被称为中断服务程序(ISR),是 SYS/BIOS 应用中优先级最高的线程。Hwi 线程用于执行时间紧要、在严酷时限条件下的任务。

(2) 软件中断(Swi)线程。优先级别介于硬件中断和任务线程之间,与硬件中断被硬件中断信号触发不同,通过调用 Swi 模块 API,软件中断由软件触发。

(3) 任务(Task)线程。任务线程比后台线程优先级高,比软件中断线程优先级低。与软件中断不同的是,任务可以挂起直到必要的资源都具备。每个任务线程需要独立的堆栈。SYS/BIOS 提供了一些内部任务通信和同步的机制,包括信号量、事件、消息队列和邮箱。

(4) 空闲循环线程 Idle Loop (后台线程(Idle))。在 SYS/BIOS 应用中具有最低优先级,后台线程(Idle)一个接一个持续循环,除非被更高优先级线程抢断。

时间要求在 $5\mu s$ 内采用硬件中断,时间要求 $100\mu s$ 左右或更高用软件中断。

任务可以等待另外事件执行完。软件中断在存储空间资源上更经济,只在一个堆栈上运行。Clock 为软件中断定时,Timer 为硬件中断定时。

9.6.4　线程优先级

线程优先级别由高到低分别为硬件中断(Hwi)、软件中断(Swi)、任务(Task)和后台线程,如图 9.22 所示。

9.6.5　让步和抢占

线程抢占关系如表 9.4 所示。

图 9.22　线程优先级

表 9.4　线程抢占关系表

新出现的线程	运行的线程			
	Hwi	Swi	Task	Idle
使能 Hwi	如果使能, 抢占 *	抢占	抢占	抢占
禁用 Hwi	等待重新使能	等待重新使能	等待重新使能	等待重新使能
使能更高优先级 Swi	等待	抢占	抢占	抢占
更低优先级 Swi	等待	等待	抢占	抢占
使能更高优先级 Task	等待	等待	抢占	抢占
更低优先级 Task	等待	等待	等待	抢占

以下示例程序中软件中断 Swi_A 优先级为 7,软件中断 Swi_B 优先级为 5。如图 9.23 所示为 Idle、Swi_A、Swi_B、Hwi2 和 Hwi1 之间的抢占关系。在这个场景中,软件中断和硬件中断都使能,当硬件中断发生时,Hwi2 中发布(post)了一个软件中断 Swi_A(比 Swi_B 优先级高)。当 Swi_A 抢占了 Swi_B 并在运行时,硬件中断 Hwi1 又被发布。

```
backgroundThread()
{
    Swi_post(Swi_B) /* priority = 5 */
}
Hwi_1 ()
{
    …
}
Hwi_2 ()
{
    Swi_post(Swi_A) /* priority = 7 */
}
```

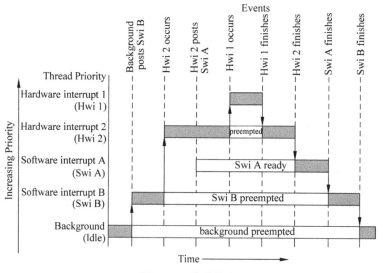

图 9.23　线程抢占

9.6.6　钩子

Hwi、Swi 和 Task 线程在线程生命周期内可选地提供插入点,插入用户代码用于设备监视或数据收集目的。每个这种代码叫作一个"钩子"(Hook),提供给钩子的用户函数叫"钩子函数"。Hwi、Swi 和 Task 的钩子函数如表 9.5 所示。

表 9.5　钩子函数

线 程 类 型	钩 子 函 数
Hwi	Register、Create、Begin、End 和 Delete
Swi	Register、Create、Ready、Begin、End 和 Delete
Task	Register、Create、Ready、Switch、Exit 和 Delete

被申明为一组钩子函数的钩子被称为"钩组"(Hook Set)。用户不必在一个组内定义所有钩子函数,只要定义那些被应用需要的函数。钩子函数只能被静态声明(用 XDCtools 配置脚本),以便当钩子函数被提供时,它们可以被有效激活。并且当钩子函数没被提供时,不会导致运行时开销。

除了注册钩子,所有其他钩子函数被与线程相关的对象句柄(作为其形参)激活(可以是一个 Hwi 对象、一个 Swi 对象或一个 Task 对象),其他形参被提供给一些线程类型定义的钩子函数。用户可以根据应用的需要定义足够多的钩组。当多于一个钩组被定义时,对于某一钩子类型,每个组内的每个钩子函数按照钩子 ID 顺序被激活。如在 Task_create()过程中,在每个任务钩组内创建钩子的顺序按照任务钩组原来定义的顺序被激活。

线程注册钩子参数(只被激活一次)是一个"索引"(Hook ID),指示钩组在函数调用的相对顺序。

每个钩子函数组有一个特殊关联的"钩子上下文指针"(Hook Context Pointer),这个通用指针可被它自己用来保存钩组定义信息,也可以被初始化指向一块创建钩子函数时分配的存储空间。通过以下线程类型定义的 API:Hwi_getHookContext()、Swi_getHookContext()和 Task_getHookContext(),每个钩子函数获取相关上下文指针。相应的用于初始设置上下文指针的 API 也被提供:Hwi_setHookContext()、Swi_setHookContext()和 Task_setHookContext()。每个这些 API 把钩子 ID 作为参量。图 9.24 展示了有三个钩组的应用。

钩子上下文指针通过 Hwi_getHookContext()提供给三个寄存器钩子函数的索引来访问。在正要激活 ISR 函数之前,开始钩子函数(Begin Hook Function)按如下顺序被激活。

(1) beginHookFunc0();

(2) beginHookFunc1();

(3) beginHookFunc2()。

类似地,从 ISR 函数返回,结束钩子函数按如下顺序被激活。

(1) endHookFunc0();

(2) endHookFunc1();

(3) endHookFunc2()。

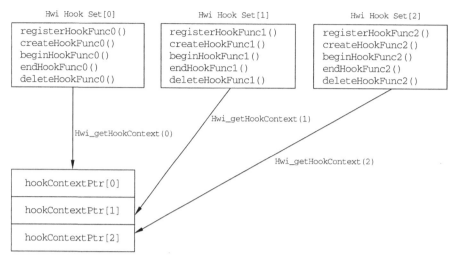

图 9.24　钩组应用示例

9.7　硬件中断

9.7.1　创建中断

动态创建中断,使用类似于下面的调用:

```
Hwi_Handle hwi0;
Hwi_Params hwiParams;
Error_Block eb;
Error_init(&eb);
Hwi_Params_init(&hwiParams);
hwiParams.arg = 5;
hwi0 = Hwi_create(id, hwiFunc, &hwiParams, &eb);
if (hwi0 == NULL) {
    System_abort("Hwi create failed");
}
```

hwi0 是一个创建 Hwi 对象的句柄,id 是被定义的中断号,hwiFunc 是 Hwi 相关的函数名,hwiParams 是包含 Hwi 实例参数的结构体(使能/恢复掩码、Hwi 函数参数等)。这里,hwiParams. arg 被设置成 5。如果传递的是 NULL 而不是一个指向实际的 Hwi_Params 结构体的指针,使用默认参数。eb 是一个错误块,可以用来处理在创建 Hwi 对象期间可能发生的错误。

静态配置 Hwi 对象创建语法如下:

```
var Hwi = xdc.useModule('ti.SYS/BIOS.hal.Hwi');
var hwiParams = new Hwi.Params;
hwiParams.arg = 5;
Program.global.hwi0 = Hwi.create(id, '&hwiFunc', hwiParams);
```

这里"hwiParams = new Hwi. Params"声明等效于创建和用默认参数初始化 hwiParams

结构体,在静态配置时,创建函数不需要错误区(eb)。"Program. global. hwi0"名字成为一个运行中可达、指向静态创建的硬件对象的句柄(symbol name = "hwi0")。

9.7.2　硬件中断嵌套和系统堆栈大小

默认的系统堆栈为4KB,可以通过如下语句设置堆栈大小:

```
Program.stack = yourStackSize;
```

9.7.3　硬件钩子

硬件模块支持以下钩子函数。

(1)注册。在任何静态创建的Hwi在运行时被初始化前,调用的一个函数。注册钩子在启动(Boot)时,main()之前被调用,并且在中断使能之前。

(2)创建(Create)。当Hwi被创建时调用的一个函数,这包括静态创建的Hwi和用Hwi_create()动态创建的Hwi。

(3)开始(Begin)。在正要运行一个Hwi ISR函数前调用的一个函数。

(4)结束(End)。在一个Hwi ISR函数刚刚结束后调用的一个函数。

(5)删除(Delete)。当一个Hwi在运行时被用Hwi_delete()删除时调用的一个函数。

```
typedef struct Hwi_HookSet {
    Void ( * registerFxn)(Int); / * Register Hook * /
    Void ( * createFxn)(Handle, Error.Block * ); / * Create Hook * /
    Void ( * beginFxn)(Handle); / * Begin Hook * /
    Void ( * endFxn)(Handle); / * End Hook * /
    Void ( * deleteFxn)(Handle); / * Delete Hook * /
};
```

1. 注册函数

注册函数用于允许钩组中存储相应的钩子ID,这个ID可以被传递给Hwi_setHookContext()和Hwi_getHookContext(),用于设置和获取钩子定义的上下文。registerFxn钩子函数在系统初始化时,中断使能前被调用。

注册函数如下:

```
Void registerFxn( Int id);
```

2. 创建和删除函数

任何时候Hwi被创建和删除时,创建和删除函数被调用。

```
Void createFxn(Hwi_Handle hwi, Error_Block * eb);
Void deleteFxn(Hwi_Handle hwi);
```

3. 开始和结束函数

开始和结束钩子函数在中断全局禁止时被调用。

beginFxn在即将调用ISR函数之前被激活,endFxn在从ISR函数返回时立即被激活。

```
Void beginFxn(Hwi_Handle hwi);
Void endFxn(Hwi_Handle hwi);
```

相关示例可以参见 *TI SYS/BIOS v6.33 Real-time Operating System User's Guide*。

9.8　软件中断

SYS/BIOS API 函数可以触发或发起的 Swi 如下所示。

(1) Swi_and*n*(Swi_Handle handle，UInt mask)：与掩码相与，只有当 trigger 为 0 才触发中断。Swi_and*n* 用于有条件地发布软件中断。Swi_and*n* 从 Swi 的内部 trigger 中清除掩码指定的位。如果 Swi 的 trigger 变为 0，Swi_and*n* 将发布 Swi。执行的按位逻辑操作是：trigger＝trigger AND (NOT MASK)。如果在 Swi 运行之前满足了多个条件，则应该为每个条件在触发器中使用不同的位。当满足某个条件时，清除该条件的位。例如，如果在触发 Swi 之前必须发生两个事件，Swi 的初始 trigger 值可以是 3(二进制 0011)。对 Swi_and*n* 的一个调用的掩码值可以是 2(二进制 0010)，对 Swi*ú*and*n* 的另一个调用的掩码值可以是 1(二进制 0001)。两次调用完成后，触发器值将为 0。

(2) Void Swi_dec(Swi_Handle handle)：triggerValue 减 1，直到 trigger 为 0 才触发中断，在执行前发布。Swi_dec 用于有条件地发布软件中断。Swi_dec 将 Swi trigger 中的值递减 1。如果 Swi 的触发值变为 0，Swi_dec 将发布 Swi。例如，如果用户希望在多次事件发生后发布 Swi，则可以使用 Swi_dec。

```
// swi0's trigger is configured to start at 3
Swi_dec(swi0);              // trigger = 2
Swi_dec(swi0);              // trigger = 1
Swi_dec(swi0);              // trigger = 0
```

在 Swi 创建时指定 Swi 的初始 trigger。当 Swi 执行时，trigger 会自动重置。

(3) Void Swi_inc(Swi_Handle handle)：Swi_inc 将 Swi trigger 中的值增加 1，并发布 Swi，而不考虑生成的 trigger 值。如果 Swi 在有机会开始执行之前被发布了几次(即当 Hwi 或更高优先级的 Swi 正在运行时)，Swi 只运行一次。如果出现这种情况，用户可以使用 Swi_inc 发布 Swi。在 Swi 的函数中，您可以使用 Swi_getTrigger 来了解自上次执行 Swi 以来，这个 Swi 被发布了多少次。

(4) Void Swi_or(Swi_Handle，UInt mask)：Swi_or 用于发布软件中断。Swi_or 设置 Swi trigger 中掩码指定的位。Swi_or 发布 Swi，而不管结果 trigger 值如何。对 trigger 值执行的按位逻辑操作是：trigger＝trigger OR mask。例如，如果三个事件中的任何一个应该导致 Swi 被执行，用户可以使用 Swi_or 发布 Swi，但是用户希望 Swi 的函数能够知道发生了哪个事件。每个事件都对应于触发器中的不同位。

(5) Void Swi_post(Swi_Handle handle)：Swi_post 用于发布软件中断，而不考虑 trigger 值。不会更改 Swi 对象的 trigger 值。

Swi 管理控制 Swi 函数的执行，当应用程序调用以上 API 中的一个，Swi 管理器规划相应 Swi 的函数执行。

9.8.1　创建软件中断对象

创建一个软件中断可以动态地采用 Swi_create() 创建或静态地在配置中创建。以下为创建一个软件中断的示例程序。

```
Swi_Handle swi0;
Swi_Params swiParams;
Error_Block eb;
Error_init(&eb);
Swi_Params_init(&swiParams);
swi0 = Swi_create(swiFunc, &swiParams, &eb);
if (swi0 == NULL) {
    System_abort("Swi create failed");
}
```

swi0 句柄用于创建 Swi 对象，swiFunc 是与 Swi 相关的函数，swiParams 是 Swi_Params 类型的结构体，其包含 Swi 实例参数（priority、arg0、arg1 等）。

用一个 XDCtools 配置文件创建 Swi 对象，使用声明如下：

```
var Swi = xdc.useModule('ti.SYS/BIOS.knl.Swi');
var swiParams = new Swi.Params();
program.global.swi0 = Swi.create(swiParams);
```

9.8.2　设置软件中断优先级

在软件中断中有不同的优先级。用户可以为每个优先级创建足够多的 Swi，只要存储空间允许。

9.8.3　软件中断优先级和系统堆栈大小

默认系统堆栈是 4096 字节，可以通过下面这个指令设置堆栈的大小：

```
Program.stack = yourStackSize;
```

9.8.4　软件中断执行

对于 C6x 器件，每个 Swi 对象有一个相关的 32 位触发变量（Trigger Variable）；对于 C5x、C28x 和 MSP430，触发变量为 16 位，可以通过调用 Swi_andn()、Swi_dec()、Swi_inc()、Swi_or() 和 Swi_post() 函数启动。

当 Swi_post() 被用来发布（post）一个 Swi，不修改 Swi 对象触发变量的值。Swi_or() 根据作为参数传递的一个掩码设置触发变量相应的位，然后发布给 Swi。在发布 Swi 对象前，Swi_inc() 使 Swi 触发变量的值递增 1。掩码作为参数传递，Swi_andn() 根据掩码清除触发变量相应的位。Swi_dec() 使 Swi 触发变量的值递减 1。

9.8.5　优点和折中

当一个任务正在访问共享数据时，可以通过关闭 Swi 使能实现互斥，通过修改 Swi 函数的共享数据结构而不是一个 Hwi。通过使用 Hwi,可以使系统允许实时响应事件。相比之下,如果 Hwi 函数直接修改一个共享数据,任务需要关闭 Hwi 使能去访问数据实现互斥。显然,关闭 Hwi 可能降低实时系统的性能。

通常把长 ISR 分成两块,时间精准的操作放到 Hwi 中,而时间要求不是很严格的处理通过在硬件中断中发起软件中断。

9.8.6　软件中断函数同步

在 Idle、Task 或 Swi 函数中,可以通过调用 Swi_disable()阻止更高优先级的 Swi 抢断。重新使能抢断,调用 Swi_restore()。

一个应用要关闭 Swi 使能,调用 key = Swi_disable(),相应的使能函数为 Swi_restore(key)。支持嵌套的 Swi_disable()、Swi_restore()调用。

9.8.7　软件钩子

Swi 模块支持以下钩组函数。

(1) Register:任何静态创建的 Swi 在运行时被初始化前调用的一个函数。在 main()之前加载时,并在中断被使能前,注册钩子被调用。

(2) Create:当一个 Swi 被创建,包括静态创建的和那些用 Swi_create()动态创建的 Swi 调用的一个函数。

(3) Ready:当任何 Swi 准备运行时调用的一个函数。

(4) Begin:在正要运行一个 Swi 函数前调用的一个函数。

(5) End:当刚刚从一个 Swi 函数返回之后调用的一个函数。

(6) Delete:一个函数被调用,当一个 Swi 在运行时被用 Swi_delete()删除。

```
typedef struct Swi_HookSet {
    Void (* registerFxn)(Int); /* Register Hook */
    Void (* createFxn)(Handle, Error.Block *); /* Create Hook */
    Void (* readyFxn)(Handle); /* Ready Hook */
    Void (* beginFxn)(Handle); /* Begin Hook */
    Void (* endFxn)(Handle); /* End Hook */
    Void (* deleteFxn)(Handle); /* Delete Hook */
};
```

1. 注册函数

注册函数用于钩组存储相应的钩子 ID。这些 ID 可以被传递给 Swi_setHookContext()和 Swi_getHookContext()用来获取钩子定义的上下文。

注册函数示例如下:

```
Void registerFxn(Int id);
```

2. 创建删除函数

任何时候 Swi 创建和删除时,创建和删除函数被调用。

```
Void createFxn(Swi_Handle swi, Error_Block * eb);
```

```
Void deleteFxn(Swi_Handle swi);
```

3. 准备好、开始和结束函数

中断使能设置后准备好,开始和结束钩子函数被调用。

```
Void readyFxn(Swi_Handle swi);
Void beginFxn(Swi_Handle swi);
Void endFxn(Swi_Handle swi);
```

9.9 任务

SYS/BIOS 任务对象是被任务模块(Task Module)管理的线程。

9.9.1 创建任务

可以通过 Task_create()动态创建任务或在配置中静态创建。

1. 动态创建和删除任务

用户可以通过调用 Task_create()函数派生 SYS/BIOS 任务,其参数包括新任务开始执行的 C 函数的地址。Task_create()的函数返回值是一个任务句柄,可以作为一个变量传递给其他任务函数。

```
Task_Params taskParams;
Task_Handle task0;
Error_Block eb;
Error_init(&eb);
/* Create 1 task with priority 15 */
Task_Params_init(&taskParams);
taskParams.stackSize = 512;
taskParams.priority = 15;
task0 = Task_create((Task_FuncPtr)hiPriTask, &taskParams, &eb);
if (task0 == NULL)
{
    System_abort("Task create failed");
}
```

如果被传递的是 NULL,而不是一个指向实际 task_Params 结构体的指针,会使用默认参数。eb 是一个错误块,可以用来处理可能在任务对象创建期间产生的错误。

任务对象和堆栈使用的存储空间可以通过调用 Task_delete()回收,Task_delete()将任务从内部队列移除和释放任务对象和堆栈。

```
Void Task_delete(Task_Handle * task);
```

任何被任务拥有的 Semaphore 或其他资源不能被释放。删除一个包含拥有这些资源的任务通常是一个应用设计错误,尽管未必一定如此。在大多数场合,这些资源必须在删除任务之前被释放。在任务终结或未激活的状态,删除任务是最安全的方式。

2. 静态创建任务

用户也可以在配置脚本中静态创建任务。配置允许用户去设置每个任务和任务管理本身的一系列属性。

在运行时,一个静态创建的任务和用 Task_create()动态创建的任务是一样的。不能使用 Task_delete()函数删除静态创建的任务。任务模块自动创建 Task_idle 任务并且给予最低的优先级(为 0)。

9.9.2　任务执行状态和调度

每个任务对象总是处于以下 4 个可能的执行状态之一。

(1) Task_Mode_RUNNING:任务正在系统中运行。

(2) Task_Mode_READY:任务准备好,被规划用于执行,取决于处理器的有效性。

(3) Task_Mode_BLOCKED:意味着任务不能执行,直到特定事件在系统中发生。

(4) Task_Mode_TERMINATED:意味着任务被"中止"且没有再执行。

(5) Task_Mode_INACTIVE:意味着任务具有一个等于-1 的优先级,并处在一个预准备好(pre-Ready)状态。当一个任务被创建或在运行时调用 Task_setPri() API 时,这个优先级可以被设置。

任务根据应用程序分配的相应优先级来被调度和执行。正在运行的任务不能超过一个。

在程序的运行进程中,每个任务的执行模式可以因很多原因被改变。

图 9.25 描绘了执行模式如何改变。

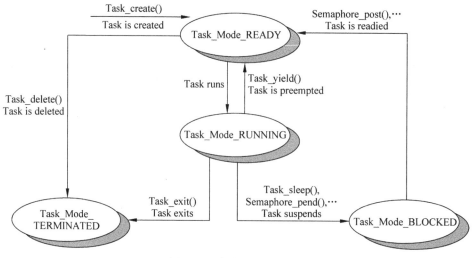

图 9.25　任务状态和调度

任务、信号量、事件和邮箱模块中的函数改变任务对象的执行状态。

阻塞或终止当前运行的任务,使之前被暂停的任务准备好,重新规划当前任务,诸如此类。有一个任务其执行状态为 Task_Mode_RUNNING。如果所有程序任务被阻塞,并且没有 Hwi 和 Swi 运行,任务执行 Task_idle 任务,其优先级比系统中所有其他的任务都要低。如一个任务被 Hwi 或 Swi 抢占,当抢占结束后,任务执行状态恢复运行,因为通过 Task_stat()得到的任务状态还是 Task_Mode_RUNNING。

9.9.3 任务堆栈

内核保持一份每个任务对象的处理器的寄存器备份。每个任务有其自身的运行堆栈用于存储本地变量,也包括更深层的函数嵌套调用。当静态或动态创建任务对象时,用户可以给每个任务对象分别定义堆栈大小。每个任务堆栈必须足够大,用于处理常用的函数调用和两个完整的 Hwi 中断上下文。

当一个任务被抢占,任务堆栈可能需要包含两个 Hwi 中断上下文(如果任务被中断抢占)或一个 Hwi 中断上下文及一个抢占任务上下文(如果任务被更高优先级任务抢占)。因为,Hwi 上下文比任务上下文大,所以需要两个 Hwi 上下文。

9.9.4 测试堆栈溢出

当一个任务使用比堆栈分配的空间更大的空间时,就可能写入到分配给其他任务或数据的存储空间,这会导致不可预测和潜在的致命结果。因而,一种检测堆栈溢出的方法是十分重要的。

默认地,在每次任务切换时,任务模块检测任务堆栈是否溢出。为了提高任务切换时延性能,可以关掉这个功能,把 Task.checkStackFlag 功能设置为 false。函数 Task_stat()可以用来观测堆栈大小。Task_stat()返回的结构体包括堆栈的大小和堆栈曾经使用的最大MAU(Minimum Addressable Unit),因而这个代码段可以用来对几乎用满堆栈的情况进行预警。

9.9.5 任务钩子

任务模块支持以下钩子函数组。

(1)Register:该函数在任何静态创建任务运行时被初始化前调用。注册钩子在加载时,main()之前和中断被使能之前被调用。

(2)Create:该函数在创建任务时调用。这包括任务被静态创建和那些用 Task_create()或 Task_construct()动态创建的任务。在 Task_disable/enable 块之外并且任务被添加到准备好目录前,Create 钩子被调用。

(3)Ready:该函数在任务准备运行时调用。中断使能被允许的情况下,Ready 钩子在一个 Task_disable/enable 块内被调用。

(4)Switch:该函数在一个任务切换正要发生之前调用,prev 和 next 任务处理被传送给Switch 钩子。对于在 SYS/BIOS 启动期间发生的最初的任务切换,prev 被设置成 NULL。

(5)Exit:该函数在一个任务用 Task_exit()退出时调用。Exit 钩子被传送正在退出任务的句柄。它是在 Task_disable/enable 块之外并且在任务被从 kernel 清单中移出之前,调用的任务钩子。

(6)Delete:当一个任务在运行时被用 Task_delete()删除,调用的一个函数。

以下钩组结构类型囊括了任务模块支持的任务类型:

```
typedef struct Task_HookSet {
    Void (*registerFxn)(Int); /* Register Hook */
    Void (*createFxn)(Handle, Error.Block *); /* Create Hook */
    Void (*readyFxn)(Handle); /* Ready Hook */
    Void (*switchFxn)(Handle, Handle); /* Switch Hook */
```

```
    Void (*exitFxn)(Handle); /* Exit Hook */
    Void (*deleteFxn)(Handle); /* Delete Hook */
};
```

9.9.6 空闲循环

Idle 循环是 SYS/BIOS 的后台线程,当没有 Hwi、Swi 或 Task 时连续不断地运行。任何其他线程可以在任意点抢占 Idle 循环。

Idle 管理器允许用户插入函数,运行在 Idle 循环内部。Idle 循环运行用户配置的 Idle 函数。Idle_loop 调用与每个 Idle 对象相关的函数(每次一个),然后在一个持续的循环中又重新开始。

Idle 线程都运行在相同优先级,顺序执行。函数按照被创建的顺序被调用。在下一个 Idle 函数可以开始运行前,该 Idle 函数必须运行完成。

当最后一个 Idle 函数完成,Idle 循环又启动第一个 Idle 函数。

Idle 循环函数通常被用来轮询不产生中断的非实时器件、监听系统状态或者执行其他后台活动。

Idle 循环是 SYS/BIOS 应用中最低优先级的线程。Idle 循环函数只有当没有 Hwi、Swi 或 Task 运行时才运行。

在一个 Idle 循环函数中,CPU 和线程的负载情况被计算。

如果用户配置 Task.enableIdleTask 为 false,没有 Idle 任务被创建并且 Idle 函数不运行。如果用户希望当没有其他线程准备运行时运行一个函数,用户可以指定这个函数使用 Task.allBlockedFunc。

如果用户希望 Idle 循环运行,无须创建一个专门的 Idle 任务,用户可以禁用 Task.enableIdleTask 并按照下面的方式配置 Task.allBlockedFunc。这些声明导致即将使用最后任务的栈运行的 Idle 函数挂起。

```
Task.enableIdleTask = false;
Task.allBlockedFunc = Idle.run;
```

9.10 SYS/BIOS 同步模块

SYS/BIOS 系统提供信号量(Semaphore)、事件模块(Event Module)、门模块(Gate)、邮箱(Mailbox)、队列(Queue)实现同步。

9.10.1 信号量

SYS/BIOS 提供一个基于信号量(Semaphore)的基础函数组,用于内部任务同步和通信。信号量通常被用来在一组竞争的任务之间协同访问共享资源。信号量模块提供函数通过类型为 Semaphore_Handle 的句柄控制信号量对象访问。信号量对象可以被定义为计数器或者二进制信号量。二进制信号量只有 available 和 unavailable 的标志,用于实现互斥资源的访问。计数信号量计数值和内部可用资源数保持对应,计数值和拥有的资源数相同。当计数值大于 0,请求获取信号量不会被阻塞。信号量最大计数值加 1 为其所能协调的最大任务数。

配置 Semaphore 的类型，使用以下配置参数：

```
config Mode mode = Mode_COUNTING;
Semaphore_create() 和 Semaphore_delete()分别用于创建和删除信号量对象.Semaphore_Handle
Semaphore_create(
Int count,
Semaphore_Params * attrs
Error_Block * eb );
Void Semaphore_delete(Semaphore_Handle * sem);
```

Semaphore_pend 用于等待信号量。当计数值等于 0，Semaphore_pend 等待直到信号量被 Semaphore_post()释放；当计数值大于 0，Semaphore_pend 只是将计数值递减并返回。

超时参数为 timeout，允许任务等待设定的时间直到超时。等待时间可以设置为一个计数器 timeout 长度，也可以设置为一直等待（BIOS_WAIT_FOREVER）或根本不等待（BIOS_NO_WAIT）。Semaphore_pend()的返回值为获取信号量是否成功。

```
Bool Semaphore_pend(
Semaphore_Handle sem,
UInt timeout);
```

释放一个信号量方法为 Semaphore_post，如下：

```
Void Semaphore_post(Semaphore_Handle sem);
```

采用信号量实现共享资源的互斥访问如图 9.26 所示。

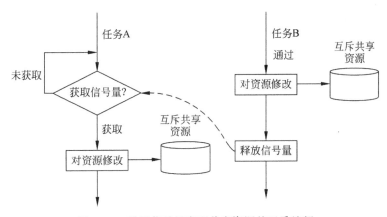

图 9.26　采用信号量实现共享资源的互斥访问

信号量计数值为 0，任务 A 使用 Semaphore_pend(sem，BIOS_WAIT_FOREVER)等待获取信号量，未获取信号量就一直等待。任务 B 对共享资源进行修改后，Semaphore_post(sem)释放信号量。任务 B 释放信号量后，任务 A 获得信号量从而获得共享资源的访问权，程序如图 9.27 所示。

9.10.2　事件模块

事件提供一个多线程通信和同步的方法。与信号量类似，它们允许用户指定多种条件

```
Task A:
…
Semaphore_pend(sem,BIOS_WAIT_FOREVER);
Nodify(Mutex_Shared_Material);
…
```
(a)

```
Task B:
…
Modify(Mutex_Shared_Material);
Semaphore_post(sem);
…
```
(b)

图 9.27 采用信号量实现互斥访问程序

必须在等待的线程前完成。

与信号量类似,通过调用 pend 和 post 来使用一个事件实例。然而不同的是,调用 Event_pend()用来指定等待哪个事件,调用 Event_post()指定哪个事件被发布(post)。

注意:同一时刻,只有一个任务能被挂在一个事件对象上。

一个事件实例可以最多管理 32 个事件,每个事件分别对应一个事件 ID。每个事件 ID 是位屏蔽的,每一位对应事件对象管理的唯一事件。

Event_pend()的调用有 andMask 和 orMask 参数,andMask 由所有必须发生的事件组成,orMask 由只要任何其一事件必须发生的所有事件组成。Event_pend()有一个超时参数,如果超时,该参数返回值为 0。如果调用 Event_pend()成功,返回值为被"消耗(consumed)"的事件,就是那些满足调用 Event_pend()的事件。任务 Task 随后负责处理所有消耗的事件。

只有任务(Task)可以调用 Event_pend(),Hwi、Swi 和其他任务 Task 都可以调用 Event_post()。

Event_pend()的原型如下:

```
UInt Event_pend(Event_Handle event,
UInt andMask,
UInt orMask,
UInt timeout);
```

Event_post()的原型如下:

```
Void Event_post(Event_Handle event,
UInt eventIds);
```

一个事件同步的例子如图 9.28 所示。

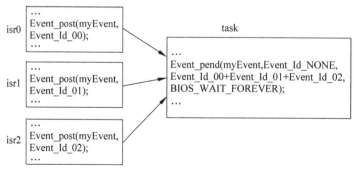

图 9.28 事件同步的实例

三个中断服务程序 isr0、isr1 和 isr2 分别触发事件 Event_Id_00、Event_Id_01 和 Event_Id_02,任务等待 Event_Id_00、Event_Id_01 和 Event_Id_02 中任何一个事件发生。等到事件触发后,任务根据事件编号进行相应的处理。

任务的代码如下:

```
task()
{
    UInt events;
    while (TRUE) {
        /* Wait for ANY of the ISR events to be posted *
        events = Event_pend(myEvent, Event_Id_NONE,
        Event_Id_00 + Event_Id_01 + Event_Id_02,
        BIOS_WAIT_FOREVER);

        /* Process all the events that have occurred */
        if (events & Event_Id_00) {
            processISR0();
        }
        if (events & Event_Id_01) {
            processISR1();
        }
        if (events & Event_Id_02) {
            processISR2();
        }
    }
}
```

除了通过 Event_post() API 显性地发布事件,SYS/BIOS 也支持隐性地发布与对象相关的事件。如一个 Mailbox 可以被配置用来发布一个相关的事件,只要消息有效时(只要 Mailbox_post()被调用时)就发布事件。这就允许一个任务在等待一个 Mailbox 消息和/或其他事件发生时被阻塞。Mailbox 和信号量对象目前都支持发布相关事件,这些事件和它们的资源变为有效相关。

支持隐性事件发布的 SYS/BIOS 对象,在创建时必须被配置成具有事件对象(Event Object)和事件 ID。用户可以决定哪个事件 ID 和特定资源有效信号(如 Mailbox 中的消息有效、Mailbox 中的空间有效和信号量有效等)关联。

注意:一个任务每次只能在一个事件对象上挂起,因此,被配置成隐性触发事件的 SYS/BIOS 对象每次只能被一个任务等待。

当 Event_pend()被用来从隐性发布对象获取资源时,BIOS_NO_WAIT 超时参数必须被使用以便随后就从对象找到该资源。

一个隐性发布事件的例子如图 9.29 所示。

Mailbox 的非空事件 Id 被配置成 Event_Id_00,即 mboxParams.notEmptyEventId = Event_Id_00。writerTask 通过执行 Mailbox_post(mbox,&msgA,BIOS_WAIT_FOREVER)导致 Mailbox 非空事件发生,Event_Id_00 事件被发布。Isr 通过 Event_post(myEvent,Event_Id_01)导致事件 Event_Id_01 被发布。readerTask 通过 events = Event_pend(myEvent,Event_Id_NONE,Event_Id_00 + Event_Id_01,BIOS_WAIT_

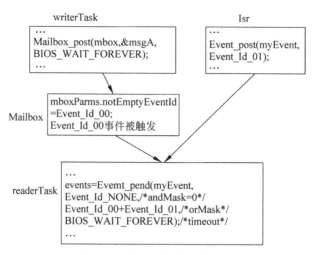

图 9.29　隐性事件发布的实例

FOREVER)等待 Event_Id_00 和 Event_Id_01 之一发生,之后根据事件号进行相应处理。readerTask 中 Mailbox_pend(mbox，&msgB，BIOS_NO_WAIT)的 BIOS_NO_WAIT 参数就指明 Mailbox Mailbox_pend()函数只是用来获取消息有效信号的。

隐性事件发布的 readerTask 代码如下。

```
readerTask()
{
    while (TRUE) {/* Wait for either ISR or Mailbox message */
        events = Event_pend(myEvent,
        Event_Id_NONE, /* andMask = 0 */
        Event_Id_00 + Event_Id_01, /* orMask */
        BIOS_WAIT_FOREVER); /* timeout */
        if (events & Event_Id_00) {
            /* Get the posted message.
             * Mailbox_pend() will not block since Event_pend()
             * has guaranteed that a message is available.
             * Notice that the special BIOS_NO_WAIT
             * parameter tells Mailbox that Event_pend()
             * was used to acquire the available message.
             */
            Mailbox_pend(mbox, &msgB, BIOS_NO_WAIT);
            processMsg(&msgB);
        }
        if (events & Event_Id_01) {
            processISR();
        }
    }
}
```

9.10.3　门模块

一个 Gate 是应用 IGateProvider 接口功能的一个模块,Gate 是防止对关键代码区域并行访问的装置。门有很多种,区别在于给关键区域加锁的方式。xdc. runtime. Gate 由 XDCtools 提供。线程可以被其他更高优先级线程抢占,而有些代码段需要在其他线程执行前完成。代码修改一个全局变量是一个常用例子,该关键代码区域需要被一个 Gate 保护。Gate 的功能实现通常通过禁止一些层级的抢占(如禁止任务切换,甚至是硬件中断)或者使用二进制信号量。

所有门应用通过使用 key 支持嵌套。对于禁止抢占功能的门,多个线程可能调用 Gate_enter(),但是抢占权不能恢复直到所有线程执行了 Gate_leave()。这个功能点是通过使用一个 Key 来实现的。Gate_enter()调用返回一个 Key,这个 Key 必须被传回给 Gate_leave()。只有最外的 Gate_enter()调用返回正确的 key 用于恢复抢占。

以下 C 代码通过 Gate 门保护关键代码区域。这个例子使用一个 GateHwi,通过禁用或使能中断实现加锁机制。在修改全局变量前使用 gateKey = GateHwi_enter(gateHwi) 加锁,执行完全局变量赋值后 GateHwi_leave(gateHwi, gateKey)恢复。

```
UInt gateKey;
GateHwi_Handle gateHwi;
GateHwi_Params prms;
Error_Block eb;
Error_init(&eb);
GateHwi_Params_init(&prms);
gateHwi = GateHwi_create(&prms, &eb);
if (gateHwi == NULL) {
    System_abort("Gate create failed");
}
/* Simultaneous operations on a global variable by multiple
 * threads could cause problems, so modifications to the global
 * variable are protected with a Gate. */
gateKey = GateHwi_enter(gateHwi);
myGlobalVar = 7;
GateHwi_leave(gateHwi, gateKey);
```

1. 基于优先级抢占的门应用

以下门应用实现使用某些形式优先级抢占禁用: ti. SYS/BIOS. gates. GateHwi、ti. SYS/BIOS. gates. GateSwi 和 ti. SYS/BIOS. gates. GateTask。

1) GateHwi

GateHwi 禁用和启用中断作为锁机制。这样的门确保了访问 CPU 的排他性。这个门可以在关键区域被 Task、Swi 或 Hwi 线程共享时使用。进入和退出之间的持续时间必须尽可能短,以减少 Hwi 延时。

2) GateSwi

GateSwi 禁用和启用软件中断作为锁机制。这个门可以在关键区域被 Task 或 Swi 线程共享时使用,但不能被 Hwi 线程使用。进入和退出之间的持续时间必须尽可能短,以减少 Swi 延时。

3) GateTask

GateTask 禁用和启用任务作为锁机制。这个门可以在关键区域被 Task 线程共享时使用,但不能被 Hwi 或 Swi 线程使用。进入和退出之间的持续时间必须尽可能短,以减少 Task 延时。

2. 基于信号量的门应用

以下门应用使用信号量: ti. SYS/BIOS. gates. GateMutex 和 ti. SYS/BIOS. gates. GateMutexPri。

1) 互斥门 GateMutex

GateMutex 使用一个二进制信号量作为锁机制。每个 GateMutex 实例具有其特有的信号量。因为这个门可以潜在阻塞,不能被 Swi 或 Hwi 线程使用,只能在任务中被使用。

2) GateMutexPri

GateMutexPri 是一个互斥门(只能被一个线程保持)实现"优先级继承"以免发生优先级反转。当一个高优先级任务因为等待一个被低优先级任务拥有的门,其实际上被低优先级任务阻塞,任务优先级发生反转。

3. 优先级反转

下面例子体现了优先级反转问题。一个系统具有三个任务:low(低)、mid(中)、high(高),任务名和优先级一致。任务 low 首先运行获得门,任务 high 被调用并抢占任务 low。任务 high 试图获取那个门并等待。然后,任务 mid 被调用并抢占任务 low。现在任务 high 必须等待任务 mid 和任务 low 完成才能继续。在此环境下,事实上任务 low 使任务 high 的优先级降低并低于任务 low。

解决方案:采用优先级继承。

为了避免优先级反转,GateMutexPri 提供优先级继承。当任务 high 试图获取任务 low 拥有的门时,任务 low 的优先级被临时提高到任务 high 的优先级,只要任务 high 在等待那个门就一直保持。因此,任务 high"捐赠(donate)"了其优先级给任务 low。当多个任务等待门的时候,门的拥有者得到了所有等待这个门的任务的最高优先级。

注意:优先级继承不能彻底解决优先级反转。任务只在调用进入门时捐赠优先级,因此如果一个任务在等待一个门时优先级被提高了,优先级并没有传递给占用门的任务。

这种情况可能在包含多个门的情况下发生。

例如,一个系统有 4 个任务,分别为任务 Verylow、low、mid、high,任务的优先级和名称一致。任务 Verylow 首先运行获得门 A。任务 low 随后运行获得门 B,等待任务 A。任务 high 运行等待门 B,任务 high 捐赠其优先级给任务 low,但是 low 被 Verylow 阻塞,不管门如何使用,优先级反转发生了。这个问题的解决需要围绕它进行设计。如果门 A 可能被高优先级且时序要求高的任务需要,可以设计一个规则:任何任务不能拥有这个门太长时间,或当拥有这个门时任务不会被阻塞。

当多个任务等待一个门时,根据任务优先级顺序获得这个门(高优先级任务首先获得门)。这是因为等待一个 GateMutexPri 的任务列表是根据优先级排序的,而不是 FIFO(先入先出)。

调用 GateMutexPri_enter()可能阻塞,所以门只能用在任务上下文中。GateMutexPri 具有不确定性调用,因为其等待任务清单是按优先级排序的。

9.10.4 邮箱

ti. SYS/BIOS. knl. Mailbox 模块提供一组函数用来管理邮箱。Mailbox 可以被用来在一个核内多个任务间传递缓冲。一个邮箱实例可以被多个读写任务操作。

邮箱模块把缓冲数据复制到内部固定尺寸缓冲中。当一个邮箱实例被创建,这些缓冲的大小和数量被指定。当一个缓冲通过 Mailbox_post()发送就完成了一次复制。当通过 Mailbox_pend()取回缓冲时,又发生一次复制。

Mailbox_create()和 Mailbox_delete()分别被用来创建和删除邮箱,用户也可以动态创建邮箱。

邮箱可以被用来确保流入缓冲的流量不超过系统处理这些缓冲的能力。

当创建一个邮箱时,用户指定邮箱缓冲数和每个缓冲的大小。因为缓冲大小在邮箱创建时被指定,所有邮箱实例发送和接收的缓冲必须大小相同。

Mailbox_pend()被用来从一个邮箱读取数据。如果没有有效缓冲(邮箱为空),Mailbox_pend()处于阻塞状态。超时参数允许任务等待直到超时、一直等待(BIOS_WAIT_FOREVER)或不等待(BIOS_NO_WAIT)。时间的单位为一个系统时钟周期。Mailbox_post()被用来传递一个缓冲给邮箱,如果没有准备好缓冲槽(即邮箱已满),Mailbox_post()处于阻塞状态。超时参数允许任务等待直到超时、一直等待(BIOS_WAIT_FOREVER)或不等待(BIOS_NO_WAIT)。邮箱提供配置参数允许用户把相关事件和邮箱关联起来。这允许用户同时等待一个邮箱消息和另外一个事件。

Mailbox 提供两个配置参数用于支持读邮箱的一方:notEmptyEvent 和 notEmptyEventId,它们可以允许读邮箱的一方使用一个事件对象来等待邮箱消息。邮箱也提供两个配置参数用于支持写邮箱的任务:notFullEvent 和 notFullEventId。这允许写邮箱的一方使用一个事件对象去等待邮箱有空间。当正使用事件时,一个线程调用 Event_pend()并等待多个事件。当从 Event_pend()返回时,线程必须调用 Mailbox_pend()或 Mailbox_post(),这取决于是读还是写,超时参数为 BIOS_NO_WAIT。

9.10.5 队列

ti. SYS/BIOS. misc. Queue 模块提供创建对象列表。一个队列可以被用作双向链表,因而元素可以从表的任何位置被插入或删除,因而队列没有最大尺寸。

1. 队列基本 FIFO 操作

为了给队列添加一个结构,其第一个区域需要为 Queue_Elem 类型。一个队列具有"头(head)",是表的最前部分。Queue_enqueue()添加一个元素到表的最后面,Queue_dequeue()删除并返回在表头的元素。这些函数一起支持顺畅的 FIFO 队列。

2. 遍历一个队列

队列模块也提供一些 API 函数用于在队列内循环。Queue_head()返回队列最前面的元素,Queue_next()和 Queue_prev()分别返回队列中的下一个和前一个元素。

3. 插入和删除队列元素

使用 Queue_insert()和 Queue_remove(),元素可以从队列中的任何位置被插入和删除。

Queue_insert()在一个指定的元素前插入一个元素,Queue_remove()删除一个队列中任何指定位置的元素。

4. 队列原子操作

队列通常在系统中多个线程间共享,这可能导致多个不同线程同时修改队列,这样可能导致队列被破坏。以上讨论的队列 API 不保护这些情况。然而,队列提供两个原子操作 API,可以在队列操作前关闭中断使能。这些 API 是:Queue_get()原子操作版的 Queue_dequeue(),Queue_put()原子操作版的 Queue_enqueue()。

9.11　定时服务

SYS/BIOS 和 XDCtools 中的一些模块被包含在计时器和时钟相关的服务中。

1. ti. SYS/BIOS. knl. Clock

ti. SYS/BIOS. knl. Clock 模块负责周期性系统计时,内核用它来记录时间。时钟模块被用来规划函数运行在用时钟周期指定的间隔。默认地,时钟模块使用 hal. Timer 模块来获得一个基于硬件的计时。可选的,时钟模块可以被配置成使用一个应用级提供的计时源。

2. ti. SYS/BIOS. hal. Timer

ti. SYS/BIOS. hal. Timer 模块提供一个标准的使用定时器外围设备的接口。它掩盖定时器外围设备任何目标、器件特定的特征。定时器的目标、器件特定的属性被 ti. SYS/BIOS. family. xxx. Timer 模块支持(如 ti. SYS/BIOS. family. c64. Timer)。当定时器溢出,用户可以用定时器模块选择该定时器调用一个 tickFxn 函数。

3. xdc. runtime. Timestamp

xdc. runtime. Timestamp 模块提供简单时间戳服务,用于标记代码和添加时间戳到日志中。这个模块使用一个 SYS/BIOS 中器件、目标指定的时间戳提供者来控制时间戳如何生效。

9.12　Memory

9.12.1　新建一个 Platform

在菜单中选择 File→New→Other 选项,弹出窗口如图 9.30 所示,在 RTSC 选项中选择 New RTSC Platform,弹出如图 9.31 所示的窗口。

在 Platform 窗口中设置存储器 Memory 分配和时钟频率,如图 9.31 所示。在 Clock Speed(MHz)中写入时钟频率,选择 Import 可以导入已有的 Platform。

窗口中的 Device Memory 设置器件内每个存储器的基地址、长度、功能类型(代码还是数据)、访问许可等信息,通常 L1PSRAM 只用于存放代码、L1DSRAM 只用于存放数据,L2SRAM 和 MSMCSRAM 可以用于存放代码和数据。访问许可的设置,R 为可读、W 为可写、X 为可执行。

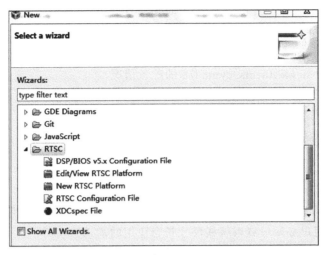

图 9.30 新建 RTSC Platform

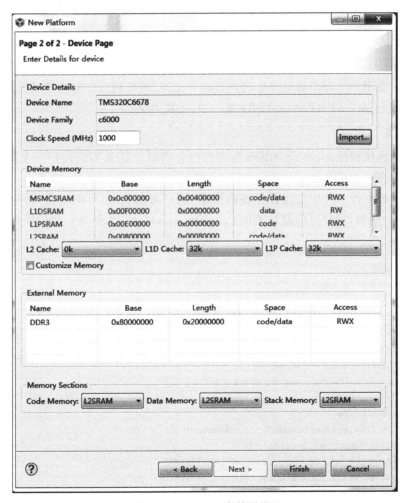

图 9.31 Platform 存储器设置

在 Device Memory 下面可以设置 L2 Cache、L1D Cache、L1P Cache 的大小。

在 External Memory 配置框中设置 DDR3 的存储器配置。

在 Memory Sections 配置选项中设置 Code Memory、Data Memory 和 Stack Memory 的位置。图 9.31 为 ti. platforms. evm6678 的配置情况。

9.12.2　栈

对于硬件中断 SYS/BIOS 使用单独的一个系统栈(System Stack),对于每个任务实例使用独立的任务栈。

1. 系统栈

用户可以配置系统栈的尺寸,其被用作硬件中断和软件中断的栈(如果任务被禁止,则通过 Idle 函数)。用户必须设置系统栈尺寸符合应用的需求。

用户可以配置. stack 段来控制系统栈的位置。例如,以下配置把大小为 0x400 的栈放在 IRAM 段。

```
Program.stack = 0x400;
Program.sectMap[".stack"] = "IRAM";
```

设置程序. stack 在连接命令文件中产生相应的连接器选项,允许系统栈在连接的时候被分配。可以看用户工程中自动产生的连接命令文件、系统栈尺寸和位置相关的标志符号。对于 C6000 这包括__TI_STACK_END 和__STACK_SIZE。

2. 任务栈

如果任务模块被使能, SYS/BIOS 为应用包含的每个任务实例创建一个附加的栈(对于 idle 线程也有一个任务栈)。

用户可以在配置文件中指定任务栈的尺寸(用户可以使用 XGCONF 来配置或直接编辑. cfg 文件)。例如,用户可以通过使用 Program. sectMap[]为静态创建的任务配置任务栈的位置。

```
Program.stack = 0x400;
Program.sectMap[".stack"] = "IRAM";
var Task = xdc.useModule('ti.SYS/BIOS.knl.Task');
/* Set default stack size for tasks */
Task.defaultStackSize = 1024;
/* Set size of idle task stack */
Task.idleTaskStackSize = 1024;
/* Create a Task Instance and set stack size */
var tskParams = new Task.Params;
tskParams.stackSize = 1024;
var task0 = Task.create('&task0Fxn', tskParams);
/* Place idle task stack section */
Program.sectMap[".idleTaskStackSection"] = "IRAM";
/* Place other static task stacks */
Program.sectMap[".taskStackSection"] = "IRAM";
```

在运行时,CCS 中的 ROV 工具为每个任务实例提供一个详细的视图。

9.12.3　Cache 配置

ti. SYS/BIOS. hal. Cache 模块从 Platform 获取 Cache 尺寸,并在启动时设置 Cache 尺寸寄存器。

下面介绍如何设置 MAR 寄存器。

MAR 寄存器的结构和意义分别如图 5.6 和表 5.12 所示,MAR 寄存器地址和意义详细列在附录 B 中。

如 5.7.5 节述,如果 MAR 寄存器的 PC=1,影响的地址范围可以被 Cache 缓存。如果 PC=0,影响的地址范围不可以被 Cache 缓存。每个 MAR 寄存器的 PFX 被用来向 XMC 表达一个给定地址范围是否可以预取。如果 PFX=1,影响的地址范围是可以预取的;如果 PFX=0,影响的地址范围是不可以预取的。

如对于 C6678 地址范围为 8000 0000h～80FF FFFFh,设置 MAR128 为 0 使得该地址范围既不可以被 Cache 缓存也不可以被预取。

9.12.4　Cache Runtime API

对于具有 Cache 的任何对象 ti. SYS/BIOS. hal. Cache 模块提供 API 函数在运行时控制 Cache,包括 Cache_enable()、Cache_disable()、Cache_wb()和 Cache_inv()函数。

9.12.5　动态存储器分配

Heap 是一个模块执行 IHeap 接口。Heaps 是动态存储器管理者,它们管理特定的存储器块并支持那块存储器的分配和释放。

存储器分配尺寸是按照"最小可寻址单元(Minimum Addressable Units,MAU)"来度量的。对于 C28x,MAU 为 16bit;对于其他处理器,如 C66x、C6000、ARM、MSP430 MAU 为 8bit 字节。

1. 存储器策略

通过设置存储器策略为基于整体或以每个模块为基础,用户可以减少一个应用代码空间的数量。对于代码空间受限的场合,存储器策略很有用。

这些选项分别介绍如下。

(1) DELETE_POLICY:这是默认的。应用在运行时创建和删除对象(或这个模块的对象)。用户需要 MODULE_create()函数和 MODULE_delete()函数在应用中都可用。

(2) CREATE_POLICY:应用在运行时创建对象(或这个模块的对象)。不在运行时删除对象。用户需要 MODULE_create()函数在应用中可用,不需要 MODULE_delete()函数。

(3) STATIC_POLICY:在配置文件中应用创建所有对象(或这个模块的所有对象)。用户不需要 MODULE_create()或 MODULE_delete()函数。

2. 指定默认系统堆

BIOS 模块创建一个默认的堆给 SYS/BIOS 使用。当 Memory_alloc()在运行时用一个 NULL heap 调用,这个系统堆会被使用。默认系统堆被 BIOS 模块创建,是一个 HeapMem

实例。BIOS 模块提供以下与系统堆相关的配置参数。

（1）BIOS.heapSize 可以被用来设置系统堆尺寸。

（2）BIOS.heapSection 可以被用来放置系统堆。

例如，用户可以用 XDCscript 配置默认系统堆如下：

```
var BIOS = xdc.useModule('ti.SYS/BIOS.BIOS');
BIOS.heapSize = 0x900;
BIOS.heapSection = "systemHeap";
```

注意：SYS/BIOS 系统堆不能是一个 HeapStd 的实例，BIOS 模块检测这种情况并产生一个错误消息。

如果用户不需要创建一个系统堆，可以设置 BIOS.heapSize 为 0。BIOS 会用一个 HeapNull 实例来最小化代码/数据的用法。

3. 使用 xdc.runtime.Memory 模块

通过用 xdc.runtime.Memory 模块完成所有动态分配，该存储器模块提供 API 函数，如 Memory_alloc() 和 Memory_free()。所有 Memory API 用一个 IHeap_Handle 作为它们的第一个形参。存储器模块自己做的事很少，其通过 IHeap_Handle 形参调用 Heap 模块，Heap 模块负责管理存储器。当传给 Memory API 的 IHeap_Handle 是 NULL，使用默认的系统堆。

4. 为动态实例指定一个堆

当为动态创建的模块分配存储器时，用户可以指定使用默认堆。控制所有模块默认堆的配置属性是 Default.common$.instanceHeap。

如果用户不为实例指定一个独立的堆，为 Memory.defaultHeapInstance 指定的堆将被使用。

5. 使用 malloc() 和 free()

应用可以调用 malloc() 和 free() 函数，通常这些函数由 RTSlibrary 提供，由代码生成工具支持。然而，当用户使用 SYS/BIOS，这些函数由 SYS/BIOS 提供，并重新分配指向默认系统堆。用户可以用 BIOS.heapSize 配置参数，改变被 malloc() 使用的堆的尺寸。

9.12.6　Heap 的实施

xdc.runtime.Memory 模块是所有存储器操作共用的模块。实际的存储器管理通过一个 Heap 实例被执行，如一个 HeapMem 或 HeapBuf 的实例。如 Memory_alloc() 在运行中被用来动态分配存储器。所有 Memory API 用一个堆实例作为它们的参数。在内部，存储器模块调用堆的接口函数。

XDCtools 提供 HeapMin 和 HeapStd 堆实现。可以查阅 XDCtools 的 CDOC 帮助文件获取详细信息。

SYS/BIOS 提供以下堆实现。

（1）HeapMem：分配可变尺寸的块。

（2）HeapBuf：分配固定尺寸的块。

（3）HeapMultiBuf：指定可变尺寸分配，但是内部从一种固定尺寸的块里分配。

表 9.6 比较了几种 SYS/BIOS 堆的实现。

表 9.6 SYS/BIOS 堆实现比较

模　块	描述、特色	限　制
ti. SYS/BIOS. heaps. HeapMem	在分配和释放时,使用门(Gate)来保护,接受任何块尺寸	更慢,非确定性的
ti. SYS/BIOS. heaps. HeapBuf	快,确定性的,非阻塞	分配均一尺寸的块
ti. SYS/BIOS. heaps. HeapMultiBuf	快,确定性的,非阻塞,支持多个块尺寸	块尺寸的数量有限

9.13 硬件抽象层

SYS/BIOS 提供中断、Cache 和定时器的配置和管理服务。与其他 SYS/BIOS 服务(如线程)不同,这些模块直接对器件的硬件方面编程并在硬件抽象层(HAL)包中合成一个组。服务包括启用和禁用中断、连接中断向量、复用多个中断到一个向量、Cache invalid 或写回等。

注意:在 SYS/BIOS 应用中,任何中断和与其相关的向量、Cache 和定时器的配置或使用必须通过 SYS/BIOS HAL API 完成。最新的 CSL 版本设计的一些服务可能与 SYS/BIOS 不兼容。避免在同一应用中使用 CSL 中断、Cache 和定时器函数和 SYS/BIOS,因为这样组合会导致出现复杂的中断相关的调试问题。

9.14 典型设计实例和建议

9.14.1 典型设计

在新建工程中可以用工程模板来创建,选择 SYS/BIOS 下面的 Typical 模板(在 Project templates and examples 条目中),如图 9.32 所示。

Typical 工程的 main 程序中:

首先用"Task_Handle task;"定义一个 task,用"Error_Block eb;"定义一个错误块。

然后用 Task_create(taskFxn, NULL, &eb)动态创建一个任务。

用"BIOS_start();"使能中断并启动 SYS/BIOS。

在 taskFxn(UArg a0, UArg a1)中打印信息"enter taskFxn()\n"和"exit taskFxn()\n"。

如果在 Console 窗口中没有打印信息,可以在"System_printf("exit taskFxn()\n");"后添加"System_flush();"使结果显示。

运行结果如图 9.33 所示。

9.14.2 设计建议

首先学习 SYS/BIOS 的示例程序,积累相关经验。通过菜单中选择 New→Project→Code Composer Studio→CCS Project,出现如图 9.32(b)所示的界面。在 Project templates and examples→SYS/BIOS 条目下面有相关的模板程序,包含 Minimal、Typical 和 Generic Examples 等。Generic Examples 目录下有 C++Eaxample (bigtime)、Clock Example、Error Example、Event Example、Hello Example、Log Example、Memory Example、Small

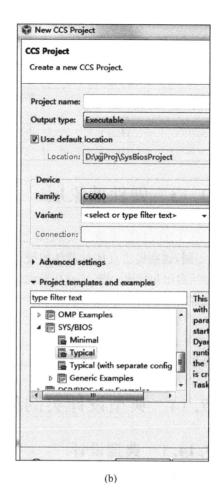

```
1 /*
2  * ======= main.c =======
3  */
4
5 #include <xdc/std.h>
6
7 #include <xdc/runtime/Error.h>
8 #include <xdc/runtime/System.h>
9
10 #include <ti/sysbios/BIOS.h>
11
12 #include <ti/sysbios/knl/Task.h>
13
14 /*
15  * ======= taskFxn =======
16  */
17 Void taskFxn(UArg a0, UArg a1)
18 {
19     System_printf("enter taskFxn()\n");
20
21     Task_sleep(10);
22
23     System_printf("exit taskFxn()\n");
24 }
25
26 /*
27  * ======= main =======
28  */
29 Void main()
30 {
31     Task_Handle task;
32     Error_Block eb;
33
34     System_printf("enter main()\n");
35
36     Error_init(&eb);
37     task = Task_create(taskFxn, NULL, &eb);
38     if (task == NULL) {
39         System_printf("Task_create() failed!\n");
40         BIOS_exit(0);
41     }
42
43     BIOS_start();    /* enable interrupts and start
44 }
```

(a)　　　　　　　　　　　　　　　(b)

图 9.32　典型 SYS/BIOS 工程

```
Console ⊠   CPU Load Data   Raw Logs
Evm_1Dsp.ccxml:CIO
enter main()
enter taskFxn()
exit taskFxn()
```

图 9.33　Typical SYS/BIOS 工程运行结果

Example、Stairstep Example、Static Example、Swi Example、Task Mutex Example 等常用模块的设计实例,可以通过这些例程的学习积累设计经验。

多核并行的 SYS/BIOS 实例可以参见 vlfft 工程,该例程是典型的 Master-Slave 的并行设计模式,参见图 10.8 的说明了解并行同步方式。

9.14.3　RTA 分析

通过执行 Tools→RTOS Analyzer→RTA 命令,选择 Rawlogs、Printflogs、ExecGraph、Cpu Load、Tread Load 等选项,会增加相应窗口界面。

SYS/BIOS 配置 RTA 分析需要在.cfg 文件中配置 ti. sysbios. rta. Agent。

```
/*
 * Bring in and configure the RTA Agent
 */
var Agent = xdc.useModule('ti.sysbios.rta.Agent');

/*
 * Enable logging of SYS/BIOS Hwi and Swi events, and provide the ability
 * to turn them on or off at runtime (runtime control).
 */
Agent.sysbiosSwiLogging = true;
Agent.sysbiosSwiLoggingRuntimeControl = true;
Agent.sysbiosHwiLogging = true;
Agent.sysbiosHwiLoggingRuntimeControl = true;
```

运行 Stairstep 示例程序可以观测程序运行的记录,Rawlogs、Printflogs 显示相应的运行日志,ExecGraph 图形化显示 Hwi、Swi、Event、Thread 等调度运行情况,CPU Load、Thread Load 显示 CPU 和 Thread 的负载情况。该例中 Clock 模块的 clock tick 设置为 $10000\mu s$。

9.14.4　SYS/BIOS Semaphore 与 Semaphore2

SYS/BIOS 系统提供的信号量(Semaphore)与器件支持的信号量模块(Semaphore2)是有区别的。

SYS/BIOS 提供的信号量是在 SYS/BIOS 系统中驻留的,用于内部任务同步和通信。信号量通常被用来在一组竞争的任务之间协同访问共享资源。信号量模块提供函数通过类型为 Semaphore_Handle 的句柄控制信号量对象访问,采用 Semaphore_create()、Semaphore_delete()、Semaphore_pend(Semaphore_Object * sem,UInt timeout) 和 Semaphore_post(Semaphore_Object * sem)等函数来处理。

C6678 处理器包含一个增强的信号量模块(Semaphore2)用于管理 C66x 多核 DSP 共享资源。信号量模块用于对芯片级共享资源的原子化访问。器件支持的信号量模块可以用 CSL_semAcquireDirect(Uint8 semNum)、CSL_semReleaseSemaphore(Uint8 semNum) 等 CSL 函数来处理。

第10章

多核并行设计

 并行算法设计过程一般分为 4 步：任务划分（Partition）、通信（Communication）、组合（Agglomeration）和映射（Mapping），简称为 PCAM。划分是使用域分解或功能分解的办法将原计算问题分割成小的计算任务。通信指的是为了进行并行计算，各个任务之间所需进行的数据传输。组合阶段重新考察划分和通信阶段所做的选择，通过组合一些任务使并行处理更有效。运算需求低、耦合度高的模块合并在一起，运算需求大、通信代价大的模块拆分成更小的模块，减少通信损失。映射是并行设计的最后阶段，指定每个任务到哪里去执行，典型的映射方式有 Master-Slave 模式、数据流（Data Flow）模式和基于 OpenMP 的 Fork-Join 模式。Master-Slave 模式采用集中控制的方式，一个内核集中规划并行任务，多核并行执行。数据流模式是多个内核用不同的算法处理不同的数据，处理完后传给下一个核进行进一步处理。OpenMP 是基于线程的并行模型，使用 Fork-Join 并行执行模型，用户可以用编译指示在高层程序中标注并行策略。

 在多核并行设计过程中，往往很难一次实现并行度很好的设计，需要通过反复迭代、优化，并逐步优化达到并行要求。

 多核并行设计将一个任务划分成多个子任务，分配给多个内核；多个内核并行协同执行各子任务，从而提升任务的处理能力。在并行化设计中首先要识别出影响性能的关键路径，通过并行化设计缩短关键路径的处理时间，提高任务的处理性能。软件部件中被使用的频率越高，所占总执行时间的比例越大，其优化性能就越好。解除数据依赖关系、避免数据争用、各个核负载均衡、数据和传输并行等是多核并行设计的关键技术要点。

10.1 并行粒度和并行级别

 并行粒度的分类在并行设计过程中十分重要，并行粒度是依赖关系分析的前提。在并行计算机的并行机理中共有三种并行粒度：粗粒度并行、中粒度并行和细粒度并行。过程一级的并行称为粗粒度并行；循环一级的并行称为中粒度并行；语句一级的并行称为细粒度并行。粗粒度并行的数据依赖性识别以及同步开销较小，但限制程序并行潜力的发掘；细粒度并行的并行性开发程度较深，但数据依赖性识别以及同步开销较大；而中粒度并行开发程度和依赖性识别以及同步开销最适宜。

对于不同的并行、分布式系统,它们所支持的应用具有不同的并行级别。一个高性能应用工程,从执行程序的角度看,并行计算可在 4 个级别上实现,并行等级从低到高可分为指令内部并行、指令级并行、线程级并行、任务级或过程级并行。其中,指令内部并行是在指令内部微操作之间并行。通常指令内部并行、指令级并行对应细粒度并行,线程级并行对应中粒度并行,任务级或过程级并行对应粗粒度并行。

指令级及指令内部的并行性主要在 CPU 芯片内部实现。线程级并行是并发执行多个线程,通常以一个进程内控制派生的多个线程为调度单位,主要靠并行编译软件及程序员实现。任务级或过程级并行则是并行执行两个或多个过程或任务(程序段),它们具有最高级别的并行性。

当指令之间不存在相关时,它们在流水线中是可以重叠起来并行执行的,这种在指令序列中存在的潜在并行性称为指令级并行。C6678 的指令流水分为 Fetch、Decode、Execute 三级。Fetch 操作分为四个阶段,Decode 分为两级,Execute 可以支持十级。C6678 支持 SIMD 指令流水操作,使处理器内核的处理资源尽量并行并充分利用内部总线带宽,可以提升处理性能。

对任务的划分要综合考虑任务的特点,在多种并行粒度和并行级别上进行规划。在任务相对较大时,对任务的划分最初呈现为具有一定的线性特征。当任务粒度越来越细时,并行的开销变得越来越大,并行划分带来的性能加速越来越小。典型的加速比性能定律为 Amdahl 定律、Gustafsom 定律及 Sun 和 Ni 定律,进行并行化设计时需要考虑计算的负载特性、为并行设计而导致的额外开销、存储器限制等影响并行性的因素。

10.2　并行方式

从广义上讲,并行分为数据并行和任务并行两大类。

(1) 数据并行(Data Parallelism)是指多个线程对不同的数据执行相同的操作。通常处理的是数据集合,通过数据并行方法将数据集合重新划分,将相应的数据分配到多个线程中以达到并行处理的目的。在 C6678 中可以通过主从方式实现数据并行,实现方法是通过主处理器进行任务划分,各处理器执行相同的操作。对于数据资源占用较少、相互依赖关系低的数据采用这种方式可以提高处理性能。

(2) 任务并行(Task Parallelism)是指各线程对相同的数据执行不同的操作。在 C6678 中采用流水方式实现,流水模式是各个核处理同一块数据,每个核处理不同的算法,数据从一个核传给另外一个核用于更深一层次的处理。最大的挑战是将复杂任务分解到每个核,以及需要非常大的数据通信带宽以满足核间的数据传输。

10.3　任务类型

10.3.1　相同任务的多个副本

图 10.1 为相同任务的多个副本情况,这种模式下各个核任务完全相同,各个任务执行

相同的程序。如对图像进行压缩处理,可以通过相同任务多个副本的方式同时处理多个图像。这种模式下各个核的任务完全独立,数据无相互依赖,不需要同步操作。

在 C6678 中可以直接将任务的各个副本映射到各个核中执行,易于并行化设计。

10.3.2   多个独立任务

图 10.2 为多个独立的任务情况,这种模式下各个核任务不相同,各个任务之间相互独立,任务的大小和处理时间不相同。任务完全独立,数据无相互依赖,不需要同步操作。在 C6678 中可以直接将任务的各个副本映射到各个核中,与前面不同的是任务处理的时间差异较大,如 TaskA 比 TaskB 和 TaskC 两个任务的总时间还要长。可以根据任务的大小合理分配给各个核,以达到最大的并行性。示例中将两个较小的任务 TaskB 和 TaskC 都分配给 Core1 以实现各核处理资源的均衡,从而达到最大的并行效果。

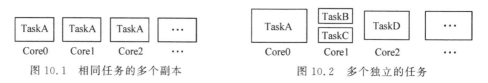

图 10.1   相同任务的多个副本   图 10.2   多个独立的任务

10.3.3   单个任务拆分成多个子任务

图 10.3 为单个任务拆分成多个任务的情况。当一个任务较大时,由于存储等资源或其他原因的限制无法将任务直接并行映射到多个核,可以通过将任务并行拆分的方式拆小以达到并行计算的目的。如输入数据 fInA、fInB 分别为 1MB 长度,需要进行求和操作,直接映射每个核内部的存储空间不够用。通过任务拆分成 1MB/CORE_NUM 长度的求和运算,每个核计算其中的一段,合并后完成 1MB 长度的求和运算。注意,这种情况下输入和输出数据分段,最小长度为 Cache Line 对齐,避免各个核的数据因为 Cache 关系形成相互依赖。

10.3.4   多个松散耦合任务

图 10.4 为多个松散耦合的任务情况。多个松散耦合的任务是指每个任务各不相同,各个任务间协作构成一个应用程序。各个任务之间基本上是独立的,偶尔也会进行通信,通信通常是异步的通信。这种情况往往可以采用主从模式,如通信的管理可以由核 0 来完成。核 0 给其他核发送任务启动的信号,在需要通信时核 0 接收其他核的信息并根据需要进行任务管理,将信息发送给相应的核。

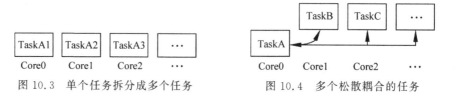

图 10.3   单个任务拆分成多个任务   图 10.4   多个松散耦合的任务

任务间也可以采用直接通信的方式进行通信,典型的是流水的方式。如循环传递令牌:核 0 发消息给核 1,核 1 发消息给核 2,依次发送,这对于任务较均衡的流水处理是很有效的。

另外 Mater-Slave 模式也是非常有效的并行任务管理方式,典型的 Master-Slave 如图 10.8 所示。

10.3.5　耦合度高的任务

对于耦合度高的任务,是不利于并行设计的。如任务 A 和 B 之间互相依赖,任务 C 需要等待任务 A 和 B 的结果,其他任务等待任务 B 和任务 C 的结果。这样的处理过程导致各个任务间要按照一定顺序执行,并且复杂的依赖关系使系统设计更加复杂、可靠性更低。因此,需要通过去除耦合的方法来实现任务的并行化处理。耦合度高给并行设计带来潜在问题,如图 10.5 所示,耦合度高的任务中如果出现:TaskA 拥有资源 A 等待资源 C,TaskB 拥有资源 B 等待资源 A,TaskC 拥有资源 C 等待资源 B,就会导致任务之间相互等待进入死锁的状态。所以,这类任务的设计要特别小心,避免因为任务之间的耦合出现死锁现象。

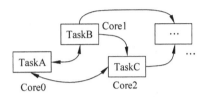

图 10.5　耦合度高的任务

10.4　依赖关系

在多核软件设计中依赖关系是影响并行性的重要因素。典型的依赖关系有两种:一种是数据依赖(Data Dependency),另一种是存储器依赖(Memory Dependency)。

10.4.1　数据依赖

1. 数据依赖关系

数据依赖是指一种状态,当程序结构导致数据引用之前处理过的数据时的状态,数据依赖是数据分析的一部分。数据依赖有以下三种。

1) 流依赖(Flow Dependency)

一个变量在一次表达式中赋值或修改,然后用在后面的另一个表达式中。如:

```
fDataB = fDataA * 2;
…
fDataD = fDataB * fDataC;
```

2) 反依赖(Anti Dependency)

一个变量在一个表达式中被使用,然后在后面的一个表达式中被修改赋值。如:

```
fDataA = fDataB - fDataC;
…
fDataB = fDataD * fDataE;
```

3) 输出依赖(Output Dependency)

一个变量在一个表达式中被修改赋值,然后又在后面的另一个表达式中被修改值。如:

```
fDataA = fDataB + fDataC;
…
fDataA = fDataD * fDataE;
```

数据依赖关系如表 10.1 所示。

表 10.1　数据依赖关系表

选　　项		第二个任务	
		读	写
第一个任务	读	读之后读(RAR) 无依赖	读之后写(WAR) 反依赖
	写	写之后读 流依赖	写之后写 输出依赖

数据依赖是影响任务并行能力的主要因素。

2. 解除数据依赖

对于反依赖和输出依赖,可以采用产生数据副本的方法避免数据依赖。

如之前例子中反依赖修正后的例子:

```
fDataB_prime = fDataB;
fDataA = fDataB_prime - fDataC;
…
fDataB = fDataD * fDataE;
```

输出依赖修正后的例子:

```
fDataA_prime = fDataB + fDataC ;
…
fDataA = fDataD * fDataE ;
```

这样任务就可以在各自副本上执行,实现并行计算。两个任务独立工作,在需要使两个任务中的数据保持一致时,采用同步设计的方法使两个任务的数据恢复一致。

10.4.2　存储器依赖

存储器依赖意味着:某一次内存访问与对同一位置的另一次访问之间要排序。存储器依赖可以通过原子化操作或消息传递等同步方法避免访问冲突。多核之间对存储器的使用尽量采用分块的方法,互相之间没有交叠来解除存储器依赖。

注意:由 Cache 关系可能导致虚假地址(False Address),从而产生数据依赖关系。

需要说明的是在核与核之间的存储器地址如果在一条 Cache Line 上时,可能因为 Cache 关系导致存储器相互产生影响,设计时建议各个内核之间至少要保持一条 Cache Line 间隔或各个核存储起始和结束地址是 Cache Line 对齐的。

如图 10.6 所示,核 A 的数据缓冲和核 B 的数据缓冲在物理存储空间上是不重叠的。由于多核处理器的 Cache 关系,一旦 Cache 关系产生,数据是以 Cache Line 行尺寸为最小单位 Cache 缓存的。如果核 A 处理数据的结束地址与核 B 处理数据的起始地址在同一条 Cache Line 上,核 A 和核 B 对该 Cache Line 的操作就形成了虚假地址,从而产生依赖关系。如核 A 读取该 Cache Line,然后核 A 处理数据,核 A 写回对 CoreADataBuf 的修改(这隐含着将核 A 中整条 Cache Line 的写回,又可能修改该 Cache Line 中 CoreBDataBuf 部分的值),而此时 CoreBDataBuf 的值可能被核 A 改变,从而出现因为 Cache 的关系而导致的多核之间出现数据依赖。

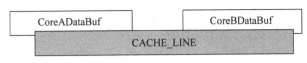

图 10.6 由于 Cache 关系导致的虚假依赖

10.5 死锁和活锁

死锁是指两个或两个以上的进程在执行过程中,由于竞争资源或者由于彼此通信而造成的一种阻塞的现象,若无外力作用,它们都将无法推进下去。此时称系统处于死锁状态或系统产生了死锁,这些永远在互相等待的进程称为死锁进程。

活锁和死锁的区别在于:处于活锁的实体是在不断地改变状态,即所谓的"活";而处于死锁的实体表现为等待,活锁有可能自行解开,死锁则不能。

10.5.1 死锁

如果出现以下情形就可能出现永久堵塞:每个线程都在等待被其他线程占用并阻塞的资源。例如,如果线程 1 锁住了资源 A 并等待资源 B,而线程 2 锁住了资源 B 并等待资源 A,这样两个线程就发生了死锁现象。

1. 产生条件

虽然进程在运行过程中可能发生死锁,但死锁的发生也必须具备一定的条件,死锁的发生必须具备以下 4 个必要条件。

(1) 互斥条件:分配的资源是排他性使用,即在一段时间内某资源只由一个进程占用。如果其他进程请求资源,则请求者只能等待资源被释放。

(2) 请求和保持条件:指进程已经保持至少一个资源,但又提出了新的资源请求,而该资源已被其他进程占有。这种情况下,请求进程阻塞,但又对已获得的资源保持不释放。

(3) 剥夺条件:指进程已获得的资源在未使用完之前不能被剥夺,只能在使用完时由自己释放。

(4) 环路等待条件:进程集合中进程之间形成了一种首尾相接的循环等待资源的情况。

2. 产生原因

当系统中供多个进程共享的资源,如信号量、RapidIO 和多核共享存储器等不能满足所有进程需要时,会引起多个进程对资源的竞争而产生死锁。

不可剥夺资源是指系统把这类资源分配给某进程后,再也不能强行收回,只能在进程用完后自行释放,如信号量等。可剥夺资源是指某进程在获得这类资源后,该资源可以再被其他进程或系统剥夺,如优先级高的进程剥夺优先级低的进程共享存储器的使用权等。所谓的临时资源,是指运行过程中由一个进程产生,被另一个进程使用,短时间后便无用的资源,故也称为消耗性资源,如硬件中断、信号、消息、缓冲区内的消息等。

多个进程在运行过程中因竞争资源而导致死锁的 4 个条件出现,则出现死锁现象。

在 C6678 多核处理器中,容易引起竞争的资源有 Semaphore(信号量)、共享的存储器资源(如 MSM SRAM、DDR3 等)、接口资源(如 RapidIO、以太网、EDMA 等)、通信资源(邮箱、队列等)和用于全局控制的信号等。在设计进程的过程中要合理规划各个进程的相互依赖关系,多核、多任务之间具有一定的独立性,避免因竞争资源导致死锁。

3. 死锁的应对

只要打破 4 个必要条件之一就能有效预防死锁的发生。

在系统设计、任务规划和调度等方面要注意,避免这 4 个必要条件成立。尽量在任务规划时实现任务间的解耦,如每个核的任务占用的资源为该核独有的资源(如在 L2 上开辟计算缓冲等);避免进程永久占据系统资源,同时要避免进程占用资源又在等待其他资源;合理规划资源分配,进行动态检查,避免分配后导致发生死锁。

死锁发生后,可以通过多种方法排除,如逐个撤销陷于死锁的进程,直到死锁不存在;任务级检测到死锁进程后剥夺其他进程资源来满足死锁进程解除死锁状态等。

10.5.2　活锁

如果每个核一个任务,而任务的编号越低、优先级越高,那么 Task 7 的优先级最低。如果 Task 7 请求一个锁住的资源 Resource0,而 Task 0～Task 6 也在动态地获取锁住资源 Resource0、处理并释放该资源,Task 0 和 Task 6 交替使用占满了 Resource0 的所有时间。从资源 Resource0 的角度看,它不断被获取和释放;而对于 Task 7,由于任务优先级低,可能永远在等待。

活锁应该是一系列进程在轮询地等待某个不可能为真的条件为真。活锁的时候进程不会 blocked,这会导致耗尽 CPU 资源。

解决协同活锁的一种方案是调整重试机制,如引入一些随机性。建立一定的机制,打破进程对等的决策方法。例如,可以类似于存储器带宽管理的策略,通过加权的方法保证所有任务或进程都有一定的处理时机。

10.6　同步

数据争用是指多个任务以不安全的方式更新同一个数据。对于前面讲到的数据承载依赖和存储器承载依赖,如果不做处理会形成数据争用。避免数据争用需要多核之间同步。另外,共享资源也存在争用问题,如对外接口、外部存储器等资源的争用,任务之间因为共享资源的使用形成相互制约的互斥关系。对于共享资源的互斥访问,也需要通过多核之间的同步来解决。

原子操作也需要加锁的方式避免并行错误。原子操作指的是不会被调度机制打断的操作,这种操作一旦开始,就一直运行到结束。在多核处理器中,即使是单条指令中完成的操作也有可能受到干扰。如核 A 和核 B 都要对资源进行修改,但是资源的修改需要被一个核独占,否则会产生错误。通过锁的使用可以实现互斥访问,每个核在执行修改资源操作前都要获取锁,得到锁后进行资源修改操作,之后将锁释放,共享资源的原子化操作流程如图 10.7 所示。

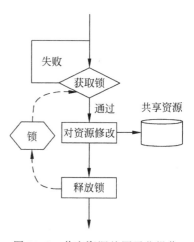

图 10.7　共享资源的原子化操作

10.6.1　SYS/BIOS 同步模块

如 9.10 节中的描述,SYS/BIOS 系统提供信号量(Semaphore)、事件模块(Event Module)、门模块(Gate)、邮箱(Mailbox)和队列(Queue)实现同步。

SYS/BIOS 同步的例子可以参考 vlfft 示例工程。vlfft 采用典型的 Master Slave 模式。核 0 为 Master,负责调度和处理;其他核为 Slave,负责被 Master 分配任务并处理。

核 0 首先通过 broadcastMessages 向其他核发送处理阶段信息,其他核进入程序后等待接收 Master 的消息。如果 Slave 通过 MessageQ_get 接收到消息,根据消息中的处理模式选择进入哪个处理过程,如 mode = Process_Phase1 进入 Process_Phase1 处理流程。处理完该流程后,Slave 通过 MessageQ_put 向 Master 发送处理完毕信息。Master 接收到所有 Slave 的消息后进入下一个处理过程。这样就完成了一个典型的任务调度和同步过程。vlfft 示例如图 10.8 所示。

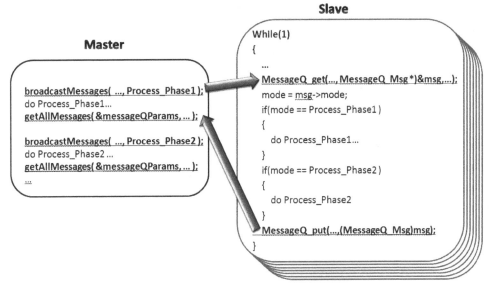

图 10.8　vlfft 同步设计

示例程序参见 vlfft 程序,可以从 www.deyisupport.com 上下载。

10.6.2　采用控制信号实现多核对等同步

对于多个相同任务副本方式的任务,采用各核对等的任务分解、计算、合并的过程是效率最高的。对于任务对等的方式,需要在任务分解前和任务合并时多核一起同步。

采用共享存储空间中设置同步标志信号的方法同样可以实现同步操作,但是共享存储空间被 Cache 缓存会导致数据一致性问题。

为了保持控制数据的独立性及一致性,可以将其设置成不被 Cache 缓存和预取。通过设置相应地址空间的 MAR 寄存器的 PC 位和 PFX 位,分别关闭 Cache 缓存和预取功能。

共享存储器空间 MSM SRAM 空间对应的 MAR 寄存器为只读,无法直接设置为不被 Cache 缓存和预取,可以通过扩展地址映射实现关闭 Cache 和预取功能。

一种采用控制信号实现多核同步的方法如图 10.9 所示。在多核共享存储空间 MSMC SRAM 中开辟一块存储空间,将其映射到另一块不被 Cache 缓存的区域,用于存放控制信号。变量 uiSyncFlag[8]分配到这块不被 Cache 缓存的区域,作为各核的同步标志。在使用该同步方式前将 uiSyncFlag[8]中的内容分别设置成 0,并确保所有值都被初始化为 0 后,才能用 uiSyncFlag[8]作为同步标志进行同步操作。

采用计数器 uiSyncFlag[CoreNum]递增的方式标记同步次数。通过核 0 来监测其他各核的同步标志,检测到其他核的同步标志都更新后,再更新核 0 的同步标志。

其他核更新自己的同步标志,通过监测核 0 的同步标志来判断同步是否完成,流程如图 10.9 所示。

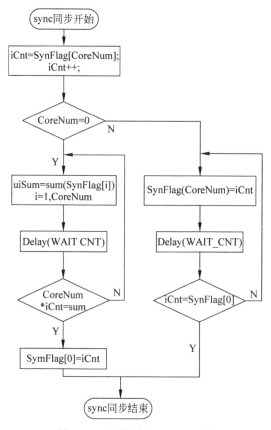

图 10.9　多核同步的一种设计

这样可以实现从核 0 开始的 uiCoreNum 个核同步操作。这种同步方式的缺点是占据了存储器资源用于做控制信号。

10.7　fork-join

对于一个复杂处理过程,往往无论任务怎么划分,都有一些处理结点或过程需要依赖上一个处理过程的结果,这时候就需要汇总上一步的处理结果。图 10.10 是一个典型的 fork-join 过程的示意,Proc2 的处理依赖 Proc1 的处理结果,必须等待 Proc1 所有任务处理完,

Proc2 才能开始处理。例如,对于一幅图像的处理,Proc1 对宽度方向处理,Proc2 要按照高度方向对 Proc1 处理的结果进行处理,Proc2 必须等待 Proc1 全部完成。对于 Proc1 和 Proc2 都可以并行展开,实现并行处理。

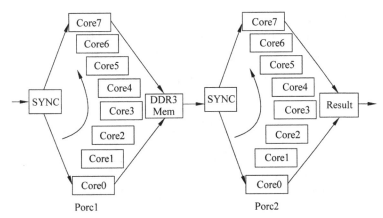

图 10.10 fork-join 示意

结果汇聚也有几种情况,如上面所述先宽度后高度方向处理一幅图像,结果需要汇聚在共享的 DDR 存储器,每个核的结果放置在不同位置完成汇聚过程。

还有一种处理,只是少量计算中间值的汇聚,如对场景求平均,每个核处理自身的那一块数据都得到数据块的结果,多核处理完后要进行一次 join 才能得到整个场景的结果。

对于结果的合并,可以采用以下两种方式实现。

1. 采用信号量

```
SemophoreAcuire(SemId);
CacheInv(Result); //
JoinResult(iCoreID, Result, SubBlockResult);
CacheWb(Result); //
SemophoreRelease(SemId);
```

2. 采用一个核来分别汇聚所有核的结果

```
MultiCoreSync()//同步,此前其他核 Cache 已被写回
if(iCoreID == CORE0)
{
    for(i = 1; i< CORE_NUM; i++)
    {
        JoinResult(i, Result,SubBlockResult(i));
    }
}
MultiCoreSync()//
```

10.8 OpenMP 并行设计

OpenMP 是共享存储体系结构上的一个编程模型。OpenMP API 为用户提供一个简单、灵活的接口,用于 TI 多核 DSP 并行软件开发。OpenMP API 支持基于 Keystone 架构

的 C66x 编译器和运行软件。

对于 C66x 多核 DSP,OpenMP 是一个强有力的编程模型,具有以下优势：允许重用已有的 C/C++ 软件,用专用 DSP 硬件实现快速同步,在 TI 的 SYS/BIOS 实时操作系统中 (RTOS)高效运行等。

OpenMP 是基于线程的并行模型,使用 fork-join 并行执行模型。用户可以用编译指示在高层程序中标注并行策略。编译指示指定一个区域的代码如何被一组线程执行,编译器按照编译指示详细映射计算到 DSP。主线程并行化示意图如图 10.11 所示,为一个 fork-join 模型。

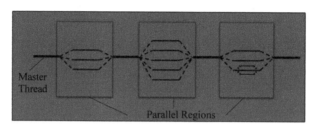

图 10.11　主线程并行化示意图

程序员可以在已有的顺序代码上添加 OpenMP 编译指示,使顺序代码在 C66x 多核 DSP 上快速并行化。图 10.12 为采用 OpenMP 编译指示的示例,在原顺序的 for 循环前加上 OpenMP 编译指示。

为了使能支持 OpenMP,需要用--openmp 或 --omp 编译选项。

OpenMP API 使程序员可以执行以下操作：

(1) 创建和管理线程。

(2) 指派和分派工作(任务)到线程。

(3) 指定哪些数据在多线程间共享、哪些是私有的。

(4) 协调线程访问到共享数据。

OpenMP 的库、说明文档及例程见 ti\omp_x_xx_xx_xx 目录。

```
#pragma omp parallel
#pragma omp for
    for(i=0;i<N;i++)  { a[i] = a[i] + b[i]; }


#pragma omp parallel
{
    int id, i, Nthrds, istart, iend;
    id = omp_get_thread_num();
    Nthrds = omp_get_num_threads();
    istart = id * N / Nthrds;
    iend = (id+1) * N / Nthrds;
    for(i=istart;i<iend;i++)  { a[i] = a[i] + b[i]; }
}
```

图 10.12　OpenMP 编译指示示例

图像处理示例见 ti\mcsdk_x_xx_xx_xx\demos\image_processing\openmp 目录下的示例程序。

10.9　任务级优化设计

10.9.1　一种典型的任务处理流程

对于 C6678,通常采用 SRIO 接口作为处理器与外界交互数据的通道。MSMC SRAM 作为处理器与外部接口的缓存(L3),L2 缓存作为内核与共享存储器的缓存,L1 作为内核与 L2 之间的桥梁,DDR3 用于缓冲中间过程的计算结果。

任务资源结构关系如图 10.13 所示。

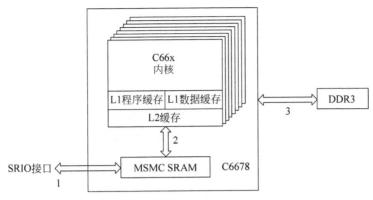

图 10.13　任务资源关系

典型的任务串行处理流程如图 10.14 所示。

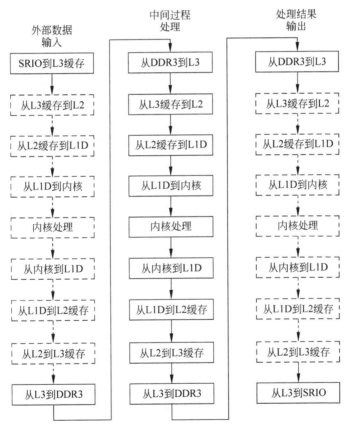

图 10.14　任务串行工作流程

典型的任务处理包含三个过程：外部数据输入、中间过程处理、处理结果输出。

1. 外部数据输入

外部数据输入最简单的过程就是：数据从 SRIO 接收数据放到 L3 缓存，再从 L3 缓存存入到 DDR3 中。对于数据量大、持续传输时间长的过程适合采用这种处理办法。在后续描述中假设数据经过处理后得到的结果已经非常小，忽略其传输占用的时间。为了提高带宽 SRIO 选择 4× 的模式，频率在满足可靠性的条件下也可以提高，尽量提升 SRIO 的带宽。

可以利用乒乓缓冲提高并行性。

如图 10.15 所示是乒乓缓冲切换提升处理性能的过程。左边是 SRIO 输入缓冲采用乒缓冲，传输数据到 DDR3 采用乓缓冲；右边是 SRIO 输入缓冲采用乓缓冲，传输数据到 DDR3 采用乒缓冲。通过乒乓切换确保输入数据和传输数据到 DDR3 在 L3 MSM 中不位于同一个缓冲上，从而达到 SRIO 接收数与传输数据到 DDR3 并行化。

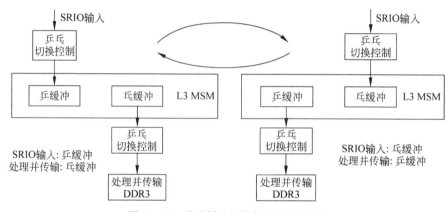

图 10.15　乒乓缓冲切换提升输入过程

2. 中间过程处理

中间处理过程包括以下步骤：数据输入、处理和结果输出。数据输入一般的路径为：从 DDR3 读数据到 L3，从 L3 将数据缓存到 L2，L2 缓冲数据读到 L1D，有时候也可以跳过 L3 直接将结果缓存到 L2。处理器内核处理后结果再从 L1D 逐级或越级传到 DDR3。以下例子中，只以输入数据和处理的并行设计为例，介绍传输和处理并行设计的方法。

3. L3 上采用乒乓实现处理和传输并行

与输入数据过程类似，采用乒乓读数缓冲和缓冲乒乓处理实现并行。由于数据缓冲在 L3 上，Cache 一致性问题及预取的问题需要程序员根据实际情况考虑。

从 DDR3 到 L3 MSM 乒乓处理如图 10.16 所示，在 L3 MSM 中开辟乒乓缓冲。

1）串行过程

在串行过程中从 DDR3 读取数据和处理数据是串行的，一个过程结束启动另一过程，读数据要采用 EDMA_WAIT 等待数据传输结束。

串行过程的伪码如下：

```
for(i = 0; i < ProcCnt; i++)
{
    CachePrefetchCoherence();    //cache、预取一致性操作
    MultiCoreSync();
```

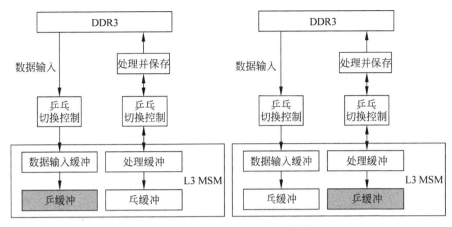

图 10.16 DDR3 到 L3 MSM 乒乓处理

```
    if(iCoreID == CORE0)
    {
        EDMARead(pInBuf, EDMA_WAIT, EDMA_NTCC_L3);
        //此处是采用 EDMA_WAIT 的方式
    }
    MultiCoreSync();
    Processing(pInBuf, pResultBuf);
}
```

处理时间为 Tread＋TProcessing。

2) 采用乒乓

在乒乓处理过程中,当 EDMARead 读乒的时候,处理乓中的数据。反过来,当 EDMARead 读乓的时候,处理乒中的数据。在循环中,EDMA 读数据需要采用 EDMA_NO_WAIT(不等待数据传输结束),实现处理和数据传输的并行。

采用乒乓处理如下:

```
pProcBuf = pInPingBuf;
pResultBuf = pOutPingBuf;
iPingPongFlag = PING;
CacheInvOpera();
MultiCoreSync();
if(iCoreID == CORE0)
{
    EDMARead(pInPingBuf, EDMA_WAIT, EDMA_NTCC_L3);
    //此处是采用 EDMA_WAIT 的方式,等待数据收完
    EDMARead(pInPongBuf , EDMA_NO_WAIT , EDMA_NTCC_L3);
    //此处是采用 EDMA_NO_WAIT 的方式,传输和处理并行
}
MultiCoreSync();
pReadBuf = pInPingBuf;
for(i = 0; i < ProcCnt; i++)
{
    If((i > 0) & (iCoreID == CORE0))
    {
```

```
        WaitEdmaOver();
    }
    MultiCoreSync();
    Processing(pProcbuf, pResultBuf);
    MultiCoreSync();
    CachePrefetchCoherence();
    MultiCoreSync();
    if((i < ProcCnt - 1) & (iCoreID == CORE0))
    {
        EDMARead(pReadBuf, EDMA_NO_WAIT , EDMA_NTCC_L3);
        //此处是采用 EDMA_NO_WAIT 的方式,传输和处理并行
    }
    pReadBuf = SelctReadBuf(pInPongBuf, pInPingBuf, iPingPongFlag);
    pProcBuf = SelctProcBuf(pInPongBuf, pInPingBuf, iPingPongFlag);
    SwtichPingPong(iPingPongFlag); //切换乒乓
}
```

其中 SwtichPingPong(iPingPongFlag)用于切换乒乓标志,每执行一次,在 0 和 1 之间翻转一次,原值为 1 翻转后为 0,原值为 0 翻转后为 1。SelctReadBuf(pInPongBuf,pInPingBuf,iPingPongFlag)用于选择读数的缓冲,根据 iPingPongFlag 来选择读数的缓冲。SelctProcBuf(pInPongBuf, pInPingBuf, iPingPongFlag)用于选择处理的缓冲,根据 iPingPongFlag 来选择处理的缓冲。对于一个 iPingPongFlag,读数的缓冲和处理缓冲总是不相同的,分别为乒乓缓冲的一块。iPingPongFlag 切换时,读数缓冲和处理缓冲互换,互换时有可能要考虑 Cache 一致性操作。CachePrefetchCoherence()为 Cache 一致性操作,通常处理完毕后需要用户处理数据的一致性操作,包括影响区域的 Writeback 和 Invalid 操作,如有 prefetch 问题还要清除预取缓冲。

此时如果忽略乒乓造成的附加损失,处理时间为 max(Tread,TProcessing),处理性能得到提升。

4. L2 上采用乒乓实现处理和传输并行

同样的方法可以实现从 L3 到 L2 的乒乓过程。如前所述从 DDR3 到 L3 还是多核未分解的任务,从 L3 到 L2 就是对已经分解到每个核所对应的任务进行乒乓处理。这种处理方式对于每个核处理的任务互相独立对等的任务有优势。

根据 EDMA 的特点,从 DDR3 到 L3 的数据传输采用专门对于 DDR3 优化的 CC0 来完成传输,可以只启动一个来完成传输。为了提高传输的并行性,从 L3 到 L2 可以同时采用多个通道控制器(Chanel Controller,CC)的多个传输控制器(Transfer Controller,TC)并行启动 DMA 传输。

如图 10.17 所示为 L3 MSM 到 L2 的乒乓处理过程。

5. 采用乒乓嵌套实现并行

结合前面的描述,在 L3 和 L2 分别构建乒乓架构,可以最大限度实现计算和传输并行。在乒乓嵌套的处理过程中,数据搬运都是用 EDMA 完成的,不会改变 Cache 一致性的状态。同时根据 L2 EDMA Snoop 的特点,EDMA 到 L2 SRAM 不需要程序员维护 Cache 一致性操作,一致性通过 Snoop 机制自动完成。因而在对乒乓嵌套的设计中,完全不需要 Cache

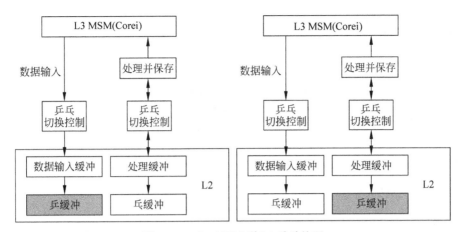

图 10.17 L3 MSM 到 L2 乒乓处理

操作。如图 10.18 所示为乒乓嵌套的处理示意图。

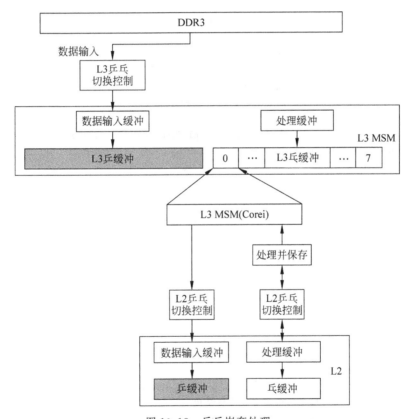

图 10.18 乒乓嵌套处理

由于外层循环过程 MultiCoreProcessing 里面采用 Edma 的方式将数据搬到 L2,因而不会产生 Cache 的问题,所以在外层循环中没有 Cache 一致性操作。外层循环伪码如下:

```
pProcL3Buf = pInPingL3Buf;
pResultL3Buf = pOutPingL3Buf;
iL3PingPongFlag = L3PING;
```

```
ClearCachePrefetch();           //如果需要,清除一次 Cache 和 Preftech 操作
MultiCoreSync();
if(iCoreID == CORE0)
{
    EDMARead(pInPingL3Buf, EDMA_WAIT, EDMA_NTCC_L3);
    //此处是采用 EDMA_WAIT 的方式,等待第一次处理结束
    EDMARead(pInPongL3Buf, EDMA_NO_WAIT, EDMA_NTCC_L3);
    //此处是采用 EDMA_NO_WAIT 的方式,传输和处理并行
}
pReadL3Buf = pInPingL3Buf;
MultiCoreSync();
for(i = 0; i < ProcL3Cnt; i++)
{
    if((i > 0) & (iCoreID == CORE0))
    {
        WaitEdmaOver(EDMA_NTCC_L3);
    }
    MultiCoreSync();
    MultiCoreProcessing(pProcL3buf, pResultL3Buf, iCoreID);
    MultiCoreSync();
    If((i < ProcCnt - 1) & (iCoreID == CORE0))
    {
        EDMARead(pReadL3Buf, EDMA_NO_WAIT, EDMA_NTCC_L3);
        //此处是采用 EDMA_NO_WAIT 的方式,传输和处理并行
    }
    pReadL3Buf = SelctReadBuf(pInPongL3Buf, pInPingL3Buf, iL3PingPongFlag);
    pProcL3Buf = SelctProcBuf(pInPongBuf, pInPingL3Buf, iL3PingPongFlag);
    SwtichPingPong(iL3PingPongFlag); //切换乒乓
}
```

为了提高 EDMA 效率,内层的 EDMA 的 CC 和 TC 与外层不同,每个核的通道控制器也用不同的 CC 和 TC。内层循环伪码如下：

```
MultiCoreProcessing(pProcL3buf, pResultL3Buf , iCoreID)
{
    pProcL2Buf = pInPingL2Buf;
    pResultL2Buf = pOutPingL2Buf;
    iL2PingPongFlag = L2PING;
    pProcL3bufPerCore = TaskAssignment(pProcL3buf, iCoreID);
    pResultL3Buf PerCore = ResultAssignment(pResultL3Buf, iCoreID);
    //snoop without Cache coherence operation
    EDMARead(pProcL3bufPerCore,pInPingL2Buf, EDMA_WAIT, EDMA_NTCC_L2_ CORE_ID);
    //此处是采用 EDMA_WAIT 等待第一次传输结束
    EDMARead(pProcL3bufPerCore,pInPongL2Buf , EDMA_NO_WAIT, EDMA_NTCC_L2_ CORE_ID);
    //此处是采用 EDMA_NO_WAIT 的方式,传输和处理并行
    pReadL2Buf = pInPingL2Buf;
    for(j = 0; j < ProcL2CntPerCore ;j++)
    {
        if(j > 0))
        {
            WaitEdmaOver(EDMA_NTCC_L2_CORE_ID);
```

```
    }
    CoreProcessing (pProcL2Buf, pResultL3Buf PerCore);
    If(j < ProcL2CntPerCore − 1)
    {
        EDMARead(pProcL3bufPerCore, pReadL2Buf, EDMA_NO_WAIT, EDMA_NTCC_L2_CORE_ID);
        //此处是采用 EDMA_NO_WAIT 的方式,传输和处理并行
    }
    pReadL2Buf = SelctReadBuf(pInPongL2Buf, pInPingL2Buf, iL2PingPongFlag);
    pProcL2Buf = SelctProcBuf(pInPongL2Buf, pInPingL2Buf, iL2PingPongFlag);
    SwtichPingPong(iL2PingPongFlag); //切换乒乓
    }
}
```

如果计算时间较长,通过乒乓嵌套的设计可以实现数据传输完全掩盖在计算过程中。

6. 处理结果输出

处理结果输出和数据输入类似,也可以通过乒乓的方式实现数据传输或处理的并行。

10.9.2 优化设计实例

多核处理器的任务管理是并行设计首要解决的问题。对应 C6678 的存储架构,一个大任务对等地分解可以按照相同任务的多个副本的方式处理分解,如图 10.19 所示。

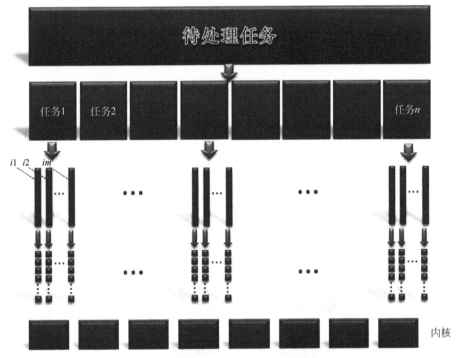

图 10.19 任务分解原理

待处理的大任务放在 DDR3 中,任务分解为任务 1,任务 2,⋯,任务 n。第一层分解的每个任务能够乒乓放在多核共享存储器中,8 核一起处理。在任务调度中,一半用于 EDMA 读取数据,另一半用于多核处理数据,从而实现计算和传输的并行。

　　为了减少 8 核对多核共享存储器访问的冲突、提升处理的速度及实现处理和计算并行，将放在多核共享存储器中的任务进一步分解。第二级任务分解将任务 i 分解为任务 $i1$、任务 $i2$、…、任务 im，每个子任务能够放在 L2 缓存并实现乒乓设计。

　　第一层次任务划分在多个处理器内核上进行，任务粒度较大。通过划分，任务被分解到每个核处理。在任务划分时尽可能使多核之间任务均衡，使任务之间的耦合度降低。良好的设计应使得数据之间的依赖程度低，对公共资源的抢占概率小，尽量减少多核之间交互数据和信息，减少等待时间和死锁的概率。

　　第二层次任务划分主要是单核处理内部任务划分，属于中粒度任务划分。越靠近内核，处理任务的粒度越小，在 L2 上开辟数据缓冲用于缓解中粒度任务。这一层次任务之间尽量复用相同资源、任务之间不耦合，这样可以使处理任务和数据传输采用乒乓处理实现，数据缓冲可以开在 L2，如有必要也可以在 L1D 上开辟数据缓冲。

　　第三层次任务划分为处理器内任务划分，使得任务处理能够充分利用处理器内资源，实现指令级并行处理，从而提升处理性能。在这层并行设计中，主要针对计算量大的 for 循环等运算进行优化处理，可以采用 C 编译器件优化、线性汇编等方法实现，最大程度实现并行流水。可以参考 *TMS320C6000 Optimizing Compiler v7.4User's Guide* 了解更多相关信息。

1. 多级乒乓实现计算和传输并行

　　对于多核 DSP 并行处理，多线程之间实现同步、共享资源的访问是多处理器编程实现并行要解决的重要问题。由于 DSP 内核处理对数据访问的需求大于外部存储器的读写速率，通过采用 Cache 来实现更高性能的处理能力，由此带来的一个问题是需要维护 Cache 的一致性。

　　多级乒乓并行处理设计如图 10.20 所示。一级乒乓缓存在多核共享存储器中开辟，二级乒乓缓存在 L2 缓存中开辟。L1D 也可以被配置为数据缓冲，但是一旦将部分 L1D 作为数据缓冲，那么 L1D 中 Cache 的容量就会变少，从而因 Cache 冲突而导致的逐出概率增加。L1D 通常全部作为 Cache，如果具体的设计中将 L1D 作为 SRAM 更有利，也可以修改配置。

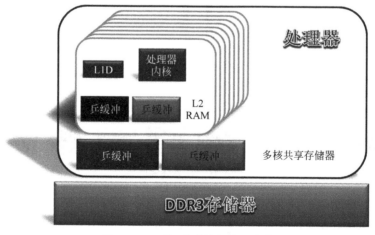

图 10.20　两级乒乓并行处理设计

两级乒乓的处理可以采用 10.9.1 节所述的方法。

另外,C6678 多核处理器在 L1 数据缓存和 L2 缓存之间采用 Snoop 机制维护数据的一致性,通过乒乓的方式可以减少用户维护 Cache 一致性的开销。

2. 乒乓嵌套的超大点数 FFT 设计

对于超大点数的运算,如 64K 点以上复数浮点数据,由于数据无法直接放在 L2 缓存中运算,而对于 FFT 运算需要输入缓冲、输出缓冲和旋转因子等,直接将较大点数运算放在 L2 缓存中是无法实现的。同时,由于多核共享存储器容量限制,直接将超大点数放在多核共享存储器中很难实现 8 核的并行。将超大点数的运算拆成小点数然后分配给 8 核同时计算是一种十分有效的方法。下面以超大点数 FFT 为例设计两级乒乓机制,实现 8 核计算并发及数据传输并发。

对大点数 N, N 可以分解为 $N=N_1N_2$,通过时域采样,DFT 可以被公式化为:

$$y(k)=\sum_{n_1=0}^{N_1-1}\sum_{n_2=0}^{N_2-1}x(n_1N+n_2)\mathrm{e}^{-\mathrm{j}\frac{2\pi}{N_1N_2}k(n_1N_2+n_2)}$$

$$=\sum_{n_2=0}^{N_2-1}(\mathrm{DFT}_{N_1}(k_1,n_2)\mathrm{e}^{-\mathrm{j}\frac{2\pi}{N_1N_2}kn_1})\mathrm{e}^{-\mathrm{j}\frac{2\pi}{N_2}k_2n_2}$$

$$n_1=0,\cdots,N_1-1;\quad n_2=0,\cdots,N_2-1;$$

$$n=n_1N_2+n_2;\quad k_1=0,\cdots,N_1-1;$$

$$k_2=0,\cdots,N_2-1;\quad k=k_2N_1+k_1 \tag{10.1}$$

通过上述方法分解,将大点数 FFT 分成 N_1N_2 的矩阵。通过先计算 N_2 个 N_1 点的 FFT,再乘上交叉旋转因子,最后再计算 N_1 个 N_2 点的 FFT,实现大点数 FFT 分解成小点数计算。

在计算过程中每个阶段的计算都通过 8 核并行来进行设计。第一阶段计算 N_2 个 N_1 点的 FFT 并乘上交叉旋转因子,将 N_2 个任务平均分配到每个核。每个任务单位为计算 N_1 点的 FFT 并乘上交叉旋转因子,核 i 处理编号为 $i\times\dfrac{N_2}{8}\sim(i+1)\times\dfrac{N_2}{8}-1$ 的任务。

第二阶段计算 N_1 个 N_2 点的 FFT,将 N_1 个任务平均分配到每个核。每个任务单位为计算 N_2 点的 FFT,核 i 处理编号为 $i\times\dfrac{N_1}{8}\sim(i+1)\times\dfrac{N_1}{8}-1$ 的任务。

在多核共享存储器中开辟两块 FFT 的输入数据缓冲,在计算其中一块缓冲中的数据时,另一个缓冲可以同时传递数据。在处理器的 L2 缓存里在计算一个缓冲区的数据时,设置另外一块缓冲区用于传递数据。配置 EDMA 控制器通过 EDMA 方式将下一个待处理的输入数据输入,输入数据输入结束后触发链式 EDMA 将结果输出。

大点数 FFT 乒乓并行处理流程如图 10.21 所示。

分别采用两级乒乓实现大点数 FFT 设计和采用数据传输和处理顺序执行两种方式进行实验,对这两种模式进行了对比实验。测试平台为 TMDSEVM6678LE 平台,该平台性能指标为:处理器主频 1GHz、DDR3 主频为 1333MHz,测试在 Debug 模式下进行。第一级乒乓 EDMA3 使用 EDMA3 通道控制器 1 通道 0,链式 EDMA 的方式实现 DDR3 和多核共享存储器 SRAM 之间的数据交互。第二级乒乓采用通道控制器 0,每个核的占用通道编号为

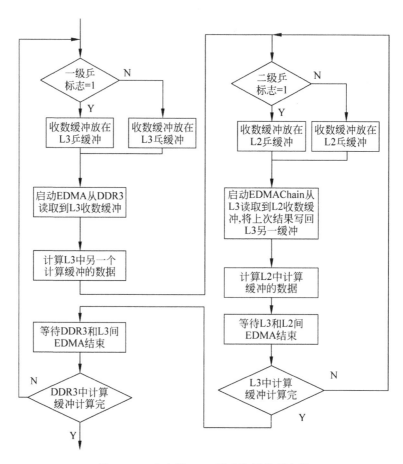

图 10.21　大点数 FFT 乒乓并行处理流程

CoreNum 和 CoreNum＋1,链式 EDMA 的方式实现多核共享存储器 SRAM 和 L2 缓存之间的数据交互。

　　采用乒乓嵌套计算一次 64K 点 FFT 总的计算时间平均为 0.414 265ms,数据传输和处理顺序执行一次 FFT 总的计算时间平均为 0.613 127ms。采用乒乓嵌套后大部分的数据传输任务在处理的同时完成,相对于数据传输和处理顺序执行的情况,其性能提升 32.43％。

　　对于数据传输和处理比较均衡的过程,采用两级乒乓提升效能明显。采用乒乓嵌套时由于数据的并行操作较多,数据访问的压力增加。此外,在设计时处理粒度也要加以考虑,较大的粒度有利于提升 EDMA 的性能,但是循环次数也因此减少,从而使得数据传输和处理的并行效能下降(第一次取数据必须等待结束才能处理)。

3. 采用乒乓实现滑窗处理并行

　　对于有的应用场景,不能直接用乒乓实现并行处理,因为前一次处理和后一次处理时有部分数据交叠。第一次处理的数据有一部分在第二次处理中用到。如图 10.22 所示,每次处理的宽度为 W,相邻两次处理之间的交叠为(W−H)。无法直接采用宽度为 W 的乒乓缓冲实现计算和处理并行。可以采用更宽的处理缓冲作为乒乓缓冲,如取缓冲宽度 BufferW＝

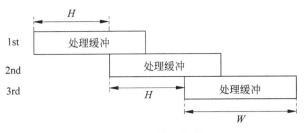

图 10.22 滑窗处理

$n \times H$，只要满足 $n \times H \geqslant W$，就可以实现乒乓取数据。示例中 $H > 0.5 \times W$，因而只要 $\text{Buffer}W = 2 \times H$ 即可实现乒乓缓冲。

一种可能的滑窗乒乓处理的方式如图 10.23 所示(示例中 $n = 2$)：第一步，读取乒缓冲数据，等待取数结束；第二步，以 EDMA 不等待方式读取乓数据，同时处理乒数据；第三步，在处理乒第二子块(乒缓冲的最后一个子块)数据时，等待读取乓数据结束(因为该次处理过程还需要用到乓的数据)，等待 EDMA 读取乓数据结束信号开始本次处理；第四步，当处理的数据缓冲从乓缓冲开始时，触发 EDMA 读乒缓冲并处理从乓开始的数据；第五步，在处理乓第二块(乓缓冲的最后一个子块)数据时，等待读取乒数据结束(因为该次处理需要用到乒的数据)，等待到 EDMA 读乒数据结束信号，开始本次处理；重复上述第二步到第五步，直到计算完毕。当第三步中，处理乒的第二块数据时，数据跨越乒缓冲和乓缓冲，当数据指针跨过乓缓冲时就从乓缓冲开始，实现循环缓冲。第五步处理和第三步类似，实现了从乓缓冲到乒缓冲的循环缓冲。

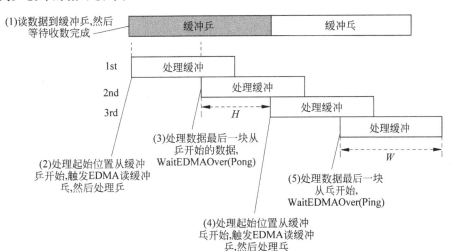

图 10.23 滑窗乒乓处理

如果缓冲足够大，缓冲的大小最好是 H 和 W 的最小公倍数的整数倍，这样在缓冲的计算上比较方便。以下示例的程序中，乒乓缓冲放在了 L3，加上了 Cache 和同步操作。如果是单个核处理并把乒乓缓冲放在 L2，可以利用 Snoop 机制将 Cache 操作去掉，采用单核处理时同步操作也要去掉，代码更加简洁。乒乓缓冲放在了 L3 的伪代码如下：

```
pProcBuf = pInPingBuf;
```

```
pResultBuf = pOutPingBuf;
iPingPongFlag = PING;
CacheInvOpera();                                    //CacheInvalid 操作
MultiCoreSync();
if (iCoreID == CORE0)
{
    EDMARead(pInPingBuf , EDMA_WAIT , EDMA_NTCC_L3);
    //此处是采用 EDMA_WAIT 等待第一次传输结束
    EDMARead(pInPongBuf , EDMA_NO_WAIT , EDMA_NTCC_L3);
    //此处是采用 EDMA_NO_WAIT 的方式,传输和处理并行
}
pReadBuf = pInPingBuf;
MultiCoreSync();
for(i = 0; i < ProcCnt; i++)
{
    if(((i % n) == (n-1)) & (iCoreID == CORE0))
    {
        WaitEdmaOver();
    }
    MultiCoreSync();
    Processing (pProcbuf, pResultBuf);
    MultiCoreSync();
    CachePrefetchCoherence ();                       //Cache 一致性和 Prefetch 操作
    MultiCoreSync();
    if(((i < ProcCnt -1) & ((i%n) == 0)) & (i>0) & (iCoreID == CORE0))
    {
        EDMARead (pReadBuf, EDMA_NO_WAIT , EDMA_NTCC_L3);
        //此处是采用 EDMA_NO_WAIT 的方式,传输和处理并行

    }
    pReadBuf = SelcReadBuf(pInPongBuf , pInPingBuf , iPingPongFlag);
    pProcBuf = SelctProcBuf(pInPongBuf , pInPingBuf , iPingPongFlag,i % n);
    if(((i%n) == 0) & (i>0))
    {
        SwtichPingPong(iPingPongFlag);               //切换乒乓
    }
}
```

这里 $n=$BufferW$/H$。滑窗乒乓处理模式等待 EDMA 结束 WaitEdmaOver()和读取数据的触发点与直接乒乓处理有所区别,增加了触发点的判断。同时 pProcBuf 也与乒乓处理方式不同,根据计算的次数从处理缓冲逐步往后取,当为最后一次当前缓冲计算时,处理缓冲跨越两个缓冲,缓冲寻址需要做循环越界处理。

第11章

软件优化设计

多核软件优化相对于单核要复杂一些,在多个内核之间尽可能使任务并行化运行。首先要确定性能瓶颈,并分析产生瓶颈的任务采用什么并行策略进行任务分解;其次针对任务特点,对多核并行任务在不同颗粒度上进行划分。要养成一开始就写高效并行代码的好习惯,这样便于编译器更好地优化。利用乒乓等手段使数据传输和计算并行处理,如有必要可以采用多级乒乓处理。通过系统设计,解除任务之间的相关性,从而降低并行任务之间的依赖度,提高任务级的并行性。通过多种优化手段的综合考虑可以提升系统整体性能,达到较好的并行效果。

多核软件优化首先要优化每个核执行代码的质量,因而提升每段代码的质量、减少计算时间十分重要,然后在多核设计上提高多核的并行性提升系统的处理效能。

对于 C66x 处理器内核,设计优化的代码有利于编译器进行更好的优化。对于 for 循环代码要加大优化力度,采样减少重复计算量、消除判断条件、加强软件流水等方法可以提高计算性能。for 循环中编译知道越多的信息越有利于循环展开,从而实现并行流水,如指针地址是否交叉、指针地址是多少位对齐的、循环周期数等。通过正确使用编译指示和关键字告诉编译器更多运算的详细信息,以便编译器编译过程中进行优化。同时,采用对于 C66x 处理器优化过的内建函数,尽量利用存储器内部较宽的位宽和多个计算单元并行计算,可以提高指令级运算的并行性。此外,编译器的优化级别的选择对于代码的优化力度不一样,通过选择相应的优化级别实现优化设计。

软件优化设计大致分为三个过程,如图 11.1 所示。第一个阶段,编写 C/C++代码,这个阶段的目标是快速实现功能原型设计,不太关注效率;第二个阶段,改进 C/C++代码,通过在 C/C++代码上进行优化,如消除不必要的运算、采用循环展开(Unroll)等编译器优化手段,或者也可以尝试 OpenMP 优化的方法优化 C/C++软件代码;第三个阶段,编写线性汇编代码,当在 C/C++上的各种优化手段无法满足设计需求时,可以尝试采用编写线性汇编代码的方法提升处理性能。

本章从 for 循环优化、if 声明优化、软件流水、正确使用编译指示和关键字、采用内建函数、选定正确的优化级别几个方面介绍 C/C++优化设计的方法。线性汇编优化方法可以参见 *TMS320C6000 Optimizing Compiler v7.4 User's Guide* 等相关资料。

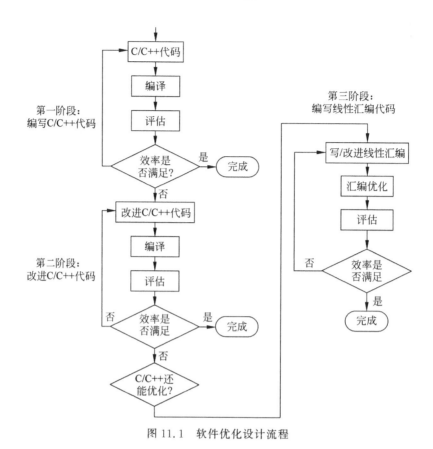

图 11.1　软件优化设计流程

11.1　for 循环优化

for 循环优化的目的是要消除其中不必要的运算,用计算量更小的运算代替计算量大的运算,消除 for 循环的不可预测性等。

11.1.1　移出能在循环外完成的计算

能在循环外面计算的尽量放在循环外面,避免循环内不必要的运算,如示例 11.1 所示。

【示例 11.1】

```
for (i = 0; i < N; i++)
{
    fCos[i] = cos (pi/180 * fAngleDeg[i]);
}
```

将 pi/180 放在循环外面。

```
fDegToRad = pi/180;
for (i = 0; i < N; i++)
{
    fCos[i] = cos(fDegToRad * fAngleDeg[i]);
```

```
}
End of 示例
```

11.1.2 循环体内的大运算换成小运算

for 循环中大运算换成小运算,如下示例中有除法运算。

```
for (i = 0; i < N; i++)
{
    fResult = fData1 / N + fData2 / N / N ;
}
```

将运算量较大的除法换成运算量较小的乘法,如下所示:

```
fRecipeN = 1.0 / N;
fReCipeN2 = 1.0 / N / N;
for (i = 0; i < N; i++)
{
    fResult = fData1 * fRecipeN + fData2 * fReCipeN2;
}
```

11.1.3 多重循环

在多重循环中,要考虑哪层循环放外面、哪层循环放里面。如果内层循环数目特别小,如示例 11.2 中 SMALLER_COUNT 为 4、BIGGER_COUNT 为 2048。这种情况下,应当将最长的循环放在最内层,最短的循环放在最外层,以减少循环中判断的次数,并提高数据在指令级流水操作的可能性,从而提升整体性能。

【示例 11.2】

```
for (i = 0; i < BIGGER_COUNT; i++)
{
    for (j = 0; j < SMALLER_COUNT; j++)
    {
        fSum = fSum + fArray[i][j];
    }
}
```

但是,当 SMALLER_COUNT、BIGGER_COUNT 都较大时,循环判断的损失影响较少,存储器的访问性能会对循环的性能影响较大。如上述例子中,fArray[i][j]是一个二维数组,按照 j 维存储器是连续分配的,而对于 i 维存储器访问是跳跃的,把 j 维放在内层循环更加有利于提高缓存的性能。并且,若 SMALLER_COUNT 大小适合 Cache 的容量,而 BIGGER_COUNT 可能会因 Cache 容量冲突而导致相互驱逐,这种情况下建议 SMALLER_COUNT 的循环放在内层,执行效率更高。

对于多重循环,要综合考虑指令并行流水、存储器容量和存储器存放循序对处理性能带来的影响。建议将处理的数据按照内层循环的排列顺序排列,同时内层循环适合 Cache 容量大小,并且在指令级也能进行流水排列,这样多重循环的综合性能就会提高。

11.1.4　for 循环中有判断

如果循环体内存在逻辑判断,并且循环次数很大,宜将逻辑判断移到循环体的外面。而且反复进行逻辑判断,打断了循环的"流水线"作业,使得编译器不能对循环进行优化处理,降低了效率。如果循环次数 N 非常大,最好采用把判断放在循环外的写法,可以提高效率。如果 N 非常小,两者效率差别并不明显,采用判断放在循环内的写法比较好,因为程序更加简洁。

示例 11.3 的程序中每一个循环都做逻辑判断,不利于循环展开。

【示例 11.3】

```
for (i = 0; i < N; i++)
{
    if (condition)
        DoSomething();
    else
        DoOtherthing();
}
```

如果 N 较大,改成如下格式:

```
if (condition)
{
    for (i = 0; i < N; i++)
        DoSomething();
}
else
{
    for (i = 0; i < N; i++)
        DoOtherthing();
}
```

11.2　多核 for 循环并行任务优化

for 循环可以采用 OpenMP 直接并行化设计,也可以通过手动设计实现并行化。如下例中要完成的任务是向量乘法的 for 循环计算,通过分析要计算的 for 循环所占用的资源量采用两种方法进行并行设计。需要完成的运算如下:

```
for (i = 0; I < iLoopNum;i++)
{
    ReadData(DataSource[i],pfVectAIn,pfVectBIn,iLenPerForLoop);
    VectorMul(pfVectAIn, pfVectBIn,pfVectCOut,iLenPerForLoop);
    WriteResult(DataDest[i],pfVectCOut,iLenPerForLoop);
}
```

ReadData 读入要处理的向量 pfVectAIn、pfVectBIn,WriteResult 把结果从 pfVectCOut 写入目标地址。

以 for 循环中计算一个长度为 iLenPerForLoop 的向量乘法 VectorMul 为例。

```
Void VectorMul(const pfVectAIn, const pfVectBIn,const pfVectCOut,iLenPerForLoop)
{
    for (j = 0;j < iLenPerForLoop;j++)
        pfVectCOut[j] = pfVectAIn[j] * pfVectBIn[j];
}
```

pfVectAIn 为输入向量 **A** 的缓冲地址,pfVectBIn 为输入向量 **B** 的缓冲地址,pfVectCOut 为输出向量 **C** 的缓冲地址,iLenPerForLoop 为每次 for 循环计算的长度。

11.2.1　资源占用小的 for 循环

对于计算量较小的运算,如 iLenPerForLoop≤16384 的浮点乘法运算,每个 i 循环中的 VectorMul 运算需要的资源都可以映射到单个内核。因而为了提升并行运算性能,将上述循环分解到 CORE_NUM = 8 个核上。

首先,数据缓冲 pfVectAIn、pfVectBIn 分配在每个核的 L2 上。每个核的代码如下:

```
iLooopNumPerCore = iLoopNum/CORE_NUM;              //每个核计算长度
iLoopStartPerCore = iCoreId * iLooopNumPerCore;    //每个核开始的循环号
iLoopEndPerCore = (iCoreId + 1) * iLooopNumPerCore; //每个核结束的循环号
for (i = iLoopStartPerCore; i < iLoopEndPerCore; i++)
{
    …
    VectorMul(pfVectAIn, pfVectBIn,pfVectCOut,iLenPerForLoop);
    …
}
```

这样可以将任务对等地分配到每个核里面去,实现高效的并行计算性能。

11.2.2　资源占用大的 for 循环

对于计算量较大的运算,如 iLenPerForLoop=64 * 1024 或更大的浮点乘法运算,每个 i 循环中的 VectorMul 运算需要的资源无法直接映射到单个内核的 L2 或 L1D 上。这时候直接将任务分解到多个内核就无法实现,需要将任务拆小以便拆分后的子任务能映射到相应的核中。

可以考虑将一个大的计算(TaskPerLoop)分解成适合单核完成的运算,如把大的运算分解成子段运算。子段数目为 iSubCnt = 8,子段长度为 iSubLenPerForLoop = iLenPerForLoop/iSubCnt =8 * 1024。这样每个 VectorMul 在单核中重复 8 次就能完成运算,其他核处理其他副本实现并行处理。

```
for (i = 0; i < iLoopNum; i++)
{
    …
    for(j = 0; j < iSubCnt; j++)
    {
        iStartPerSubLoop = j * iSubLenPerForLoop;
        VectorMul(pfVectAIn[iStartPerSubLoop],pfVectBIn[iStartPerSubLoop],
        pfVectCOut[iStartPerSubLoop], iSubLenPerForLoop);
    }
```

```
        …
    }
```

如果在实际的任务中,上一次计算的结果和下一次的计算相关,必须按照顺序完成 for 循环中的一个个 TaskPerLoop。可以采用 8 核共同计算完成向量乘法的并行计算,代码如下:

```
MulticoreMul(const float * pfIn,int iLength, const float * pfRef, const float * pfResult,iCoreId)
{
    int iLenPerCore;
    int iStartPerCore;
    iLenPerCore = iLength >> 3;                          //每核处理长度 = iLength/8
    iStartPerCore = iCoreId * iLenPerCore;
    VectorMul(pfIn[iStartPerCore],iLenPerCore, pfRef[iStartPerCore],
    pfResult[iStartPerCore]);
}
```

采用对等的任务分解,任务分解成几个子任务副本分别交给多核去运算,运算完结果再合并,从而实现并行计算。

更近一步的优化方法是用乒乓的方法从外部 EDMA 读入数据到核的 L2,实现计算和传输并行。

11.3   if 声明优化

通过设计使 for 循环中的 if 声明消除或减少影响,使得 for 循环更加确定,有利于编译器优化。

11.3.1   if 转换

C6000 编译器会转换小的 if 声明(if 声明有 if 和 else 块)。例如,如下声明:

if (p) x = 5; else x = 7;

编译器转换 if 声明后的代码为:

[p] x = 5
[!p] x = 7

伪代码中的[]记号是来自 C6x 汇编语言的标志条件执行指令。只有条件正确,指令才会被执行。

if 转换之后,分支减少了,而且编译器可以以任何顺序或以并行方式编排这些声明。

[p] x = 5 [!p] x = 7

或者

[!p] x = 7 [p] x = 5

或者

```
[ p] x = 5 || [!p] x = 7
```

C6000 编译器对 if 语句的转换有很多好处：第一，代价最高的分支去掉了，通常，对于任何编译器，分支越少、目标码越好；第二，if 转换后，编译器可以没有顺序限制地检测 if 分支声明。因而，对于 C66x 架构而言，if 转换是一个简单有效的转换。编译器对大的 if 声明进行 if 转换。编译器不会对循环中的没有进行 if 转换或用其他方式消除 if 声明进行软件流水编排。

如果循环包含没有转换的 if 声明，会产生如下信息：

```
; * ------------------------------------------------------------------- *
; * SOFTWARE PIPELINE INFORMATION
; * Disqualified loop: Loop contains control code
; * ------------------------------------------------------------------- *
```

原因是编译器不会总是转换，如果 if 声明太大，if 转换不一定总是有益的。如以下循环中的 if 声明：

```
for (i = 0; i < n; i++)
{
    if (x[i])
    {
        < large "if" statement body >
    }
}
```

如果 x[i] 通常是 0，x 是稀疏的，如果 x[i] 通常是非 0，x 是密集的。如果 x 稀疏而且 if 声明中代码很长，if 转换无益处。然而，如果 x 是密集的，if 转换是有益的，因为编译器不知道 x 的信息，不会自动转换这个 if 声明。

11.3.2 消除 if 声明

在没有 else 的分支中，可以尝试消除 if 分支，通常编译器自动执行这个过程，如果没有，可以手动转换。在很多场合，调整后更有效。例如，如下代码：

```
for (i = 0; i < n; i++)
{
    if (x[i])
    {
        < i1 >
        < i2 >
        ...
        < im >
        y[i] += ...
    }
}
```

消除 if 之后的代码如下：

```
for (i = 0; i < n; i++)
{
```

```
    < i1 >
    < i2 >
    ...
    < im >
    p = (x[i] != 0);
    y[i] += p * (...);
}
```

通过使用内建函数也可以使 if 消失。有时候，编译器会匹配简单的 if 声明，用内建函数替换。

例如，计算两个 16 位变量 a 和 b 的最大值运算：

```
if (a > b) max = a;
else max = b;
```

这个声明可以阻止循环的软件流水，然而整个处理可以被内建函数 max^2 代替，通过 C 调用的内建函数，减少了 if 循环，具有更好的循环性能：

```
max = _max2(a, b);
```

11.3.3 相同代码合并减少 if 声明

如果相同的操作 if 和 else 中都有，可以将相同的代码移出判断循环，提高编译器优化的可能性。例如，如下代码：

```
for (i = 0; i < n; i++)
{
    if (x[i])
    {
        int t = z[i];                    //else 中也有
        t += ...                         //if 中代码太长
        y[i] = t;
        x[i] = ...
    }
    else
    {
        int t = z[i];
        y[i] = t;
    }
}
```

将相同代码移出循环，同时考虑减少 if 代码的尺寸，可能将循环改成软件流水。修改后如下：

```
for (i = 0; i < n; i++)
{
    int t = z[i]
    if (x[i])
    {
        t += ...
        y[i] = t;
```

```
    }
    if (x[i])
    {
        x[i] = ...
    }
    if (!x[i])
    {
        y[i] = t;
    }
}
```

11.3.4　减少嵌套的 if

通常,嵌套的 if 是不能够通过编译器 if 转换的,避免使用多重嵌套的 if。可以通过 11.3.2 节中的方法消除内层循环的 if,从而减少循环的嵌套。

11.3.5　优化条件表达式

逻辑表达式"a && b",根据 ANSI C/C++标准规定,除非 a 为 true,否则 b 不会被判断。

所以 if (< condition1 > && < condition2 >)等价于一个嵌套的 if。

```
if (< condition1 > && < condition2 >)
{
    ...
}
```

等价于:

```
if (< condition1 >)
{
    if (< condition2 >)
    {
        ...
    }
}
```

如果第一个条件通常是 false,而且第二个条件判断代价大,就保持嵌套 if 声明。如果情况相反就调整顺序。

然而,如果第二个条件无副作用,且两个判断代价都不大,最好使用布尔型运算符"&"代替。当布尔操作被使用时,两个条件都被 & 用来计算。

代码等价于一个单层 if。

```
if ((< condition1 >!= 0) & (< condition2 >!= 0))
{
    ...
}
```

11.3.6　优化稀疏矩阵

对于一个循环,如果具有大的循环体,其有效的循环处理比较少。如果用一个大的循环,每个循环都要进行判断,不利于编译器优化。如果能被编译器优化成没有判断逻辑,会增加对空循环无效数据的处理。

　　这种场合可以把循环分成两个,从而进行优化。第一个循环发现判断条件非 0 的循环,并且计算出索引,这样空循环可以简单地被去掉。第二个循环在判断为非空的循环上高效地运行。第一个循环和原循环具有相同的循环计数,但是循环体变短了。第二个循环体具有大的循环体,但是循环次数变少了。因而第二个循环体可以被编译得更高效。

11.4　软件流水

　　软件流水是一项从循环中编排指令的技术,使循环的多重迭代能够并行。当使用-o2和-o3编译选项时,编译器会尝试从用户程序中获得信息,用软件流水形式处理用户代码。这在数字信号处理、数字图像处理和其他数学程序中非常有用。

　　没有软件流水,循环被依次编排,第 i 次迭代完成后才能开启第 $i+1$ 次迭代,而软件流水允许迭代重叠,只要能保证正确性,迭代 $i+1$ 可以在迭代 i 结束前启动,这样可以获得更高的计算机资源利用率。

　　在软件流水循环中,尽管一个循环迭代可能占用 s 个周期来完成,每个新迭代每隔 ii 周期开始。在一个效率高的软件流水循环中,ii<s,ii 被称为起始间隔(Initiation Interval),代表迭代 i 和迭代 $i+1$ 起始位置之间的周期数。ii 等于软件流水循环体之间的周期数,s 是第一个迭代完成需要的周期数,或等于单个软件流水迭代的长度。

　　软件流水图 11.2 所示。

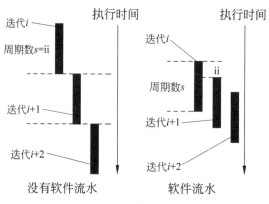

图 11.2　软件流水

　　因为软件流水循环迭代,因此很难理解与循环对应的汇编代码。如果源代码被用-mw 编译,软件流水循环信息指示排定的一个软件流水循环的指令顺序,单个排定的迭代便于理解编译器的输出,以便进行优化调整。

　　影响软件流水编排的因素有数据相关、控制相关和名称相关。数据相关指的是指令 j 用到指令 i 的结果,或者指令 j 数据相关于指令 k、指令 k 数据相关于指令 i。控制相关由分支指令引起,需要根据分支指令的执行结果确定后续指令执行的顺序。名称相关指的是两条指令使用相同的寄存器或存储器位置(称为名称),但与该名称相关的指令之间没有数据流动。通过消除相关性进行优化设计,可以提升软件流水的性能。

更多循环优化及指令级的软件流水的资料见 *Hand-Tuning Loops and Control Code on the TMS320C6000*。

11.5 正确使用编译指示和关键字

软件设计中提供了很多关键字,用于编程人员告诉编译器相关信息。例如,restrict 关键字、_nassert 关键字、MUST_ITERATE 编译指示等被用来提高循环效率。编译器知道的信息越多,程序的优化性能越好。

11.5.1 restrict 关键字

为了帮助编译器判定是否有存储器依赖,用户可以用 restrict 关键字描述一个指针、引用或数组。restrict 关键字是可以用于指针、引用和数组的一种编译指示。采用 restrict 关键字,程序员告诉编译器确保在指针定义范围对象指针只能被这个指针访问。这可以帮助编译器优化某些代码。

如下例中,restrict 关键字被用来告诉编译器函数 func1 永远不会使指针 pirBufA 和 pirBufB 指向在存储器上交叠的对象。用户确保通过 pirBufA 和 pirBufB 访问永远不会冲突。因而,pirBufA 和 pirBufB 不会出现数据依赖,往往一个指针写数据不会影响别的指针读操作。restrict 关键字清晰的语义在 ANSI/ISO 上有描述。

```
void func1(int * restrict pirBufA, int * restrict pirBufB)
{
    /* 函数代码实体 */
}
```

下例说明 restrict 关键字的使用情况:数组 c 和 d 不能交叠,也不允许指向同一个数组。

```
void func2(int c[restrict], int d[restrict])
{
    int i;
    for(i = 0; i < 64; i++)
    {
        c[i] += d[i];
        d[i] += 1;
    }
}
```

11.5.2 _nassert 关键字

_nassert 的作用是告诉编译器地址已经边界对齐。如下面代码告诉编译器存储器访问对齐方式是以双字对齐的(64bit)。

在 for 循环之前使用_nassert 告诉编译器这个信息。

```
_nassert((int) input1 % 8 == 0);          //input1 is 64 - bit aligned
_nassert((int) output % 8 == 0);          //output is 64 - bit aligned
```

11.5.3　interrupt 中断关键字

在 C/C++语言外,扩展了 interrupt 关键字,它指定一个函数被作为中断函数对待。处理中断的函数会有特殊寄存器节约规则和特殊的返回顺序,中断函数的实现强调安全。中断程序不会认为 C 为多种处理器寄存器和状态位在运行时转换是有效的;相反,它会重新建立由运行环境取得的任何值。当 C/C++代码被中断,中断程序必须保留中断程序或任何中断程序调用及其用到的所有寄存器的内容。

当用户用 interrupt 关键字定义一个函数,基于中断函数和中断特殊返回顺序的规则,编译器产生寄存器保留。用户只能将 interrupt 关键字用在被定义为返回 void 和没有参数的函数。中断函数的函数体可以具有 local 变量,并自由地使用堆栈或全局变量。如:

```
interrupt void int_handler()
{
    unsigned int flags;
    …
}
```

c_int00 是 C/C++入口点。这个名字被保留,用于系统复位中断、特殊的中断程序初始化系统并调用函数 main。因为没有调用者,c_int00 不会保留任何寄存器。如果使用的是精确的 ANSI/ISO 模式代码,中断关键字需使用替代的关键字__interrupt(使用--strict_ansi 编译器选项)。

对于 HWI 对象和中断关键字的注意事项:当 BIOS HWI 对象和 C 函数一起使用时,不许使用 interrupt 关键字。HWI_enter、HWI_exit 宏和 HWI 调度程序包含这个功能,并且使用 C 修饰语可能导致负面结果。

11.5.4　near 和 far 关键字

1. near 和 far 数据对象

全局数据和静态数据可以通过以下两种途径访问。

(1) near 关键字:编译器假定数据项可以相对数据页指针(Data Page Pointer,DP)访问。

(2) far 关键字:编译器不能通过 DP 访问数据项。如果程序数据大于 DP 偏移允许范围(32KB),这个关键字就被要求必须写。

一旦一个变量被定义成 far,在其他 C 文件或头文件中,所有外部引用这个变量也必须包含这个 far 关键字,near 关键字也一样。当 far 关键字没有在每个被引用的地方使用,用户可以得到编译器或连接器错误。如果没有在每个被引用处使用 near 关键字,只会导致更慢的数据访问时间。如果使用了 DATA_SECTION 编译指示,对象被指向 far 变量,这个不可以被撤销。如果用户在其他文件中引用这个对象,声明了.bss 段,需要使用 extern far。

注意:如果使用汇编代码.usect 指示定义一个全局变量(变量没有被分配在.bss 段),或使用♯pragma DATA_SECTION 指示分配变量到不同的段,用户想在 C 代码中引用这个变量,必须定义变量为 extern far。这确保编译器不会通过数据页指针产生一个非法的变量访问。

2. near 和 far 函数调用

函数调用可以用以下两种方式。

(1) near 关键字：编译器假定调用的目标相对于调用者在±1M 字以内。

这里编译器使用 PC 相对(PC-relative)的分支指令。

(2) far 关键字：告知编译器调用不在±1M 字内。

默认状态，编译器产生小存储器模型代码，意味着每个函数调用处理成其被定义成 near，除非明确地被定义成 far。

11.5.5　const 关键字

C/C++编译器支持 ANSI/ISO 标准的关键字 const。用户可以用 const 修饰符来定义任何变量或数组，确保数据值不被改变。如果一个对象定义为 far const，.const 段为对象分配存储空间。

在用作函数的参数时，const 只能用于修饰输入参数。采用指针传递，加上 const 关键字可以防止函数体内部对该参数进行修改，起到参数保护作用。如果传递的是引用而且其值不希望被函数改变，在引用前加上 const 对参数可以起到保护作用。

如 VectorMul(const float * pfIn, int iLength, const float * pfRef, const float * pfResult)。

11.5.6　UNROLL 编译指示

UNROLL 编译指示用于指定编译器循环需要被展开多少次。UNROLL 编译指示是非常有用的，它帮助编译器使用 SIMD 指令。除了 MUST_ITERATE 和 PROB_ITERATE 外，在 UNROLL 编译指示与 for、while 或 do-while 循环之间不能有其他声明。

代码如下：

```
#pragma UNROLL(n);
```

如果可能，编译器展开循环，导致存在原来循环的 n 份副本。编译器指示 UNROLL 如果可以确定展开 n 倍是安全的，配合用 MUST_ITERATE 编译指示告诉循环最小可能的循环迭代数、最大可能的循环迭代数和循环的倍数，便于编译器优化。

11.5.7　MUST_ITERATE 编译指示

通过使用 MUST_ITERATE 编译指示，可以保证循环执行特定次数。以下例子告诉编译器循环并执行正好 10 次：

```
#pragma MUST_ITERATE(10,10);
for(i = 0; i < trip_count; i++) {...}
```

在这个例子中，尽管没有编译指示，编译器会试图产生一个软件流水循环。然而，如果没有用 MUST_ITERATE 定义一个循环，编译器可能会考虑循环迭代的次数是 0 或 1，不利于优化。

MUST_ITERATE 可以指定循环次数的一个范围，并作为循环计数的一个因子。

例如：

```
#pragma MUST_ITERATE(8, 48, 8);
for(i = 0; i < trip_count; i++) {...}
```

这个例子告诉编译器循环执行在 8～48 次,且循环次数变量是 8 的倍数(8,16,24,32,40,48)。

11.5.8　CODE_SECTION 编译指示

CODE_SECTION 编译指示用于分配代码空间。在 C 中为编译指示中的标志服务,C++中为紧邻在后声明的标志服务。例如,分配 symbol 的代码到一个被称为 section name 的段中。

C 中编译指示语法如下：

```
#pragma CODE_SECTION(symbol , "section name ")
```

C++中编译指示语法如下：

```
#pragma CODE_SECTION(" section name ")
```

当用户有代码对象想连接到另外一个 .text 段以外的段,CODE_SECTION 编译指示是非常有用的。以下例子说明 CODE_SECTION 编译指示：

```
#pragma CODE_SECTION(fn, "my_sect")
int fn(int x)
{
    return x;
}
```

11.5.9　DATA_SECTION 编译指示

DATA_SECTION 编译指示用于分配数据空间。在 C 中为编译指示中的标志服务,C++中为紧邻在后声明的标志服务。例如：

C 中编译指示语法如下：

```
#pragma DATA_SECTION(symbol , " section name ");
```

C++中编译指示语法如下：

```
#pragma DATA_SECTION(" section name ");
```

当用户想把一个数据对象连接到 .bss 以外的其他区域,DATA_SECTION 编译指示是非常有用的。如果用 DATA_SECTION 编译指示分配一个全局变量,同时程序员又想在 C 代码中引用变量,必须声明变量为 extern far。

例如,C 中编译指示语法如下：

```
#pragma DATA_SECTION(bufferB, "my_sect")
char bufferA[512];
char bufferB[512];
```

C++中编译指示语法如下：

```
char bufferA[512];
#pragma DATA_SECTION("my_sect")
char bufferB[512];
```

11.5.10 SET_CODE_SECTION 和 SET_DATA_SECTION 编译指示

这些编译指示可以用来给所有在这个编译指示下面的声明设置相应的段。

C/C++中的编译指示代码如下：

```
#pragma SET_CODE_SECTION("section name")
#pragma SET_DATA_SECTION("section name")
```

在下例中，x 和 y 放在 mydata 段中。为了在后续的段分配中重新设置为编译器默认的设置，必须在编译指示中传递一个空参数。CODE_SECTION 或 DATA_SECTION 用于给在其下面的符号设置相应的段。

```
#pragma SET_DATA_SECTION("mydata")
int x;
int y;
#pragma SET_DATA_SECTION()
```

以下是 SET_CODE_SECTION 的例子：

```
#pragma SET_CODE_SECTION("func1")
extern void func1();
#pragma SET_CODE_SECTION()
…
voidfunc1() { … }
```

11.5.11 DATA_ALIGN 编译指示

DATA_ALIGN 编译指示对齐限制，对在 C 中声明的符号、在 C++中声明的下一个编号起作用。对齐限制的常数(constant)必须是 2 的幂，单位为字节。

C 编译指示的语法如下：

```
#pragma DATA_ALIGN(symbol, constant);
```

C＋编译指示的句法如下：

```
#pragma DATA_ALIGN(constant);
```

11.5.12 STRUCT_ALIGN

STRUCT_ALIGN 编译指示和 DATA_ALIGN 相似，但是它可以被用于 structure、union、typedef 类型，并继承任何由该类型创建的标志。

STRUCT_ALIGN 编译指示只在 C 中支持。

编译指示的语法如下：

```
# pragma STRUCT_ALIGN(type , constant expression)
```

这个编译指示确保 type 或 typedef 类型最少等于那个表达式的值。对齐必须是 2 的幂次方(对齐可能比编译器需要的更大)。type 必须是一个 type 类型或 typedef 类型定义的名称。如果是一个 type,它必须或为一个 structure 标签,或为一个 union 标签。如果是一个 typedef,其 base type 必须为 structure 标签或 union 标签。

由于 ANSI/ISO C 声明一个 typedef 只是一个类型简单的别名,这个编译指示可以被用于该 struct、该结构的 typedef 或者任何源于它们的类型,并影响所有基本类型的别名。以下例子在一个页边界上对齐任何 st_tag 结构的变量:

```
typedef struct st_tag
{
    int a;
    short b;
} st_typedef;
# pragma STRUCT_ALIGN(st_tag, 128);
# pragma STRUCT_ALIGN(st_typedef, 128);
```

更多编译指示见 *TMS320C6000 Optimizing Compiler v7.4User's Guide*。

11.6　采用内建函数

针对 C66x 器件的特点,数据读取、除法、复数及浮点运算可以借助于内建函数来提供性能,尤其是在循环中的语句。内建函数充分利用了 C66x 处理器的大位宽、多个处理单元并行处理等特点。用内建函数可以使我们摆脱汇编,利用 C 语言来调用 SIMD 指令集,方便了调用、提高了性能。

较全的 intrinsic 可以在..\ccsv5\tools\compiler\c6000_x. x. x\include\c6x. h 中找到。

11.6.1　数据移动和打包函数

在数据移动和打包使用 SIMD 可以提高性能。为了提高读写的性能,可以用_nassert 直接告诉存储器对齐,同时可以使用内建函数提高数据读写的位宽。

C66x 内核具有 SIMD 移动指令,并用一个类似 C 的内建函数来实现。

使用_pack2()和 pack4()内建函数,这两个内建函数语义上分别转换为 PACK2 和 PACK4 指令。

PACK2 指令使两个字低的一半合并成一个字。

```
PACK2(< x3,x2,x1,x0 >, < y3,y2,y1,y0 >) = < x1,x0,y1,y0 >
```

PACKL4 指令从两个字中取出偶数个字节。

```
PACKL4(< x3,x2,x1,x0 >, < y3,y2,y1,y0 >) = < x2,x0,y2,y0 >
```

注意存在的数据移动 C 内建函数如_itoll、_ftod、_ito128、_fto128、_dto128 和_llto128,被翻译成非 SIMD MV 指令。过多使用这些内建函数可能会提高循环被束缚在.L、.S 和.D 单元的可能性,使用 MV 也可能提高寄存器压力。推荐程序员采用 SIMD 数据移动内建函数,来替换这些非 SIMD 的数据移动内建函数。

SIMD 的数据移动内建函数_dmv 用于整数移动、_fdmv 用于浮点移动。

对于这两类内建函数,没有硬性的规则决定何时用哪一个。对于何时用 SIMD 数据移动有以下建议:

(1) 如果用户复制寄存器到寄存器对(Register Pair),使用 SIMD 移动。

(2) 如果用户确定哪些寄存器在下一个周期不会被使用,则使用 SIMD 移动,否则其可能对性能有负面影响。

11.6.2　使用除法指令

C66x 具有两组单精度除法指令:RSQRSP 为 $1/\mathrm{sqrt}(x)$ 计算,RCPSP 为 $1/x$ 计算,RSQRDP 和 RCPDP 是双精度的。

11.6.3　使用 C66x 定点指令实现复数矩阵操作和向量操作

定点复数定义如下:

```
#ifdef _LITTLE_ENDIAN
typedef struct _CPLX16
{
    int16_t imag;
    int16_t real;
} cplx16_t;
typedef struct _CPLX32
{
    int32_t imag;
    int32_t real;
} cplx32_t;
#else
typedef struct _CPLX16
{
    int16_t real;
    int16_t imag;
} cplx16_t;
typedef struct _CPLX32
{
    int32_t real;
    int32_t imag;
} cplx32_t;
#endif
```

从 16 位 I/Q 数据空间加载到寄存器,通过使用_amem4()确保数据对齐。实部在 16MSB、虚部在 16LSB。用一个类似的方法,对于 32 位 I/Q 数据加载到寄存器,采用_amem8()确保对齐,实部在奇数寄存器、虚部在偶数寄存器。这更符合复数乘法指令正常工作顺序。

用于典型的 16 位 I/Q 操作的 SIMD 如表 11.1 所示,用于典型的 32 位 I/Q 操作的 SIMD 如表 11.2 所示。

表 11.1　用于典型的 16 位 I/Q 操作的 SIMD 指令

操　作	指　令	单　元	内 建 函 数
ai±bi 不饱和,i=0	ADD2/SUB2	L、S、D	_add2/_sub2(a0, b0)
ai±bi 不饱和,i=0, 1	DADD2/DSUB2	L,S	_dadd2/_dsub2(ai, bi)
ai±bi 饱和,i=0	SADD2/SSUB2	S/L	_sadd2/_ssub2(a0, b0)
ai±bi 饱和, i=0, 1	DSADD2/DSSUB2	L,S/L	_dsadd2/_dssub2(ai,bi)
ai * bi 不对 32 位 I/Q 四舍五入, i=0	CMPY	M	_cmpy(a0, b0)
ai * bi 不对 32 位 I/Q 四舍五入, i=0, 1	DCMPY	M	_dcmpy(ai, bi)
ai * conj(bi)不对 32 位 I/Q 四舍 五入,i=0, 1	DCCMPY	M	_dccmpy(ai, bi)
ai * bi 对 16 位 I/Q 四舍五入, i=0	CMPYR1	M	_cmpyr1(a0, b0)
|ai|^2, i=0	DOTP2	M	_dopt2(a0, a0)
|ai|^2, i=0, 1	DOTP4H	M	_dotp4h(ai, ai)
|ai|^2 i=0,1 和|ai|^2 i=2, 3	DDOTP4H	M	_ddotp4h(ai, ai)
Conj(ai), i=0, 1	DAPYS2	L	_dapys2(0x0000f0000000f000, ai)
—ai, i=0, 1	DAPYS2	L	_dapys2(0xf000f000f000f000, ai)
ai >> k, i=0	SHR2	S	_shr2(a0, k)
ai >> k, i=0, 1	DSHR2	S	_dshr2(ai, k)
ai << k 不饱和,i=0	SHL2	S	_shl2(a0, k)
ai << k 不饱和,i=0, 1	DSHL2	S	_dshl2(ai, k)
|a0 a1| * |b0 b1| |b2 b3| 不对 32 位 I/Q 四舍五入	CMATMPY	M	_cmatmpy(ai, bi)
a0 a1| * |b0 b1| |b2 b3| 对 16 位 I/Q 四舍五入	CMATMPYR1	M	_cmatmpyr1(ai, bi)
conj(|a0 a1|) * |b0 b1| |b2 b3| 不对 32-bit I/Q 四舍五入	CCMATMPY	M	_ccmatmpy(ai, bi)
conj(|a0 a1|) * |b0 b1| |b2 b3|对 16-bit I/Q 四舍五入	CCMATMPYR1	M	_ccmatmpyr1(ai, bi)

表 11.2　用于典型的 32 位 I/Q 操作的 SIMD 指令

操　作	指　令	单　元	内 建 函 数
ai±bi 不饱和,i=0	DADD/DSUB	L,S、D/L,S,D	_dadd/_dsub(a0, b0)
ai±bi 饱和,i=0	DSADD/DSSUB	S/L	_dsadd/_dssub(a0, b0)
ai * bi, i=0	CMPY32	M	_cmpy32(a0, b0)
ai >> k, i=0	DSHR	S	_dshr((a0, k)
ai << k 不饱和,i=0	DSHL	S	_dshl((a0, k)
Conj(ai), i=0, 1	DAPYS2	L	_dapys2(0x00000000f0000000, a0)
—ai, i=0, 1	DAPYS2	L	_dapys2(0xf0000000f0000000, a0)

11.6.4 浮点和矢量运算

C66x 内核专门针对浮点运算进行了设计，包含 90 个新指令，目标是提升浮点(Floating Point instructions,FPi)和矢量(Vector math oriented Processing instructions,VPi)运算效率。

C66x 处理器是先进的 VLIW 结构，具有 8 个功能单元(2 个乘法器和 6 个算数运算单元)。主要性能提升有：4 倍累加性能提升；浮点算数运算，提高向量处理能力；支持浮点和定点、为浮点和矩阵运算增加了矢量运算；为复数和矩阵增加了特定的指令。

C66x 支持 IEEE 754 单精度和双精度指令。

浮点能力提升包括：所有浮点运算快速执行、支持浮点操作 SIMD、单精度复数乘法、额外的资源灵活性(INT 与 SP 之间相互转换操作可以在.L 和.S 单元上执行)。

C66x 包括一组特殊指令用来处理复数算数和矩阵操作。例如,C66x 每周期可以执行最多两个矢量乘法，每个执行一次 a[1×2](复数矢量)乘以 a[2×2](复数矩阵)运算；并且,内核支持一组指令操作在标量或矢量上,执行复数乘法、复数共轭、复数乘共轭等操作。

程序员在设计时要针对 C66x 内核的优点进行设计：

(1) 很好理解 TMX320C66x 内核优点,决定什么时候进行完全定点运算、完全浮点运算或混合定点和浮点运算。

(2) 需要熟悉 TMS320C66x C 内建函数和新的 128 数据类型(__x128_t),它们是特别为 C66x 编译器定义的。

复数结构体 cplxf_t 定义如下：

```
#ifdef _LITTLE_ENDIAN
typedef struct _CPLXF
{
    float imag;
    float real;
} cplxf_t;
#else
typedef struct _CPLXF
{
    float real;
    float imag;
} cplxf_t;
#endif
```

使用这个结构体,浮点复数可以使用_amemd8()读到寄存器对中,保证对齐。在寄存器对中,实部在奇数位、虚部在偶数位。这也是充分利用 C66x 提供的复数乘法指令的自然顺序。

复数 SIMD 内建函数如下所示。

C66x 在复数乘法领域引入几个 SIMD 指令。

1) DMPYSP

两路单精度浮点相乘产生两个单精度结果：

C[i]=A[i] * B[i]对于 i=0 to 1。

源和结果都是 double 精度格式。

2）CMPYSP

执行两个复数 a 和 b 的乘法操作；两个源都是 double 精度的，结果为 128 位格式。

```
C3 = A[1] * B[1]
C2 = A[1] * B[0]
C1 = -A[0] * B[0]
C0 = A[0] * B[1]
```

为了对于 A（存在寄存器对{A[1]A[0]}中）和 B（存在寄存器对{B[1] B[0]}中）获得完全的复数乘法，需要以下步骤：

定义一个 128 位数据类型 C：__x128_t C_128。

```
C_128 = _cmpysp(A, B);
C = _daddsp(_hid128(C_128), _lod128(C_128));
```

这一步 C3+C1 和 C2+C0 在单指令周期完成。

另一个更简单的方法是使用复合的内建函数_complex_mpysp()。

```
C = _complex_mpysp(A, B)
```

如果这个指令被使用，源和结果都是双精度类型。

为了获得完全的 A 和 B 共轭复数乘法，需要以下步骤：

定义一个 128 位数据类型 C：__x128_t C_128。

C_128＝_cmpysp(B, A)；用于完成以下运算。

```
C3 = B[1] * A[1]
C2 = B[1] * A[0]
C1 = -B[0] * A[0]
C0 = B[0] * A[1]
C = _dsubsp(_hid128(C_128), _lod128(C_128));
```

这步在一个指令周期完成执行 C3－C1 和 C2－C0。

另一个更简单的使用复合的内建函数如下：

```
_complex_conjugate_mpysp()
```

函数使用如下：C＝_complex_conjugate_mpysp(A，B)。如果内建函数被使用，源和结果都是 double 格式。

3）QMPYSP

4 路单精度浮点乘法产生 4 个单精度结果：C[i] = A[i] * B[i] for i＝0 to 3。

两个源都是 double 的，结果是 128 位格式。

4）其他 SIMD 浮点数操作

DADDSP 和 DSUBSP：这两个指令可以一次运行一个浮点加或减。两个指令都在 L 和 S 单元被执行。

因为浮点数的符号位在 32 位的 MSB 位，XOR 指令（_xor_ll(src)）可以被用来取负数或对浮点数共轭处理。在使用 XOR 前，双精度类型必须被解译成 long long 类型，通过使用内建函数_dtoll(src1)。_xor_ll()指令可以把 long long 作为输入。

更多内建函数见 *Optimizing Loops on the C66x DSP* 和 *TMS320C6000 Programmer's Guide*。

11.7 选定正确的优化级别

C/C++编译器能够执行多种优化。高级别优化在优化器(Optimizer)内被执行,低级优化、器件指定的优化在代码生成器(Code Generator)中执行。使用高级别优化等级,如 --opt_level=2 和--opt_level=3,来获取优化的代码。最简单的激活优化的方法是使用编译程序,在编译器命令行中的 option 选项指定--opt_level=n 选项。n 代表了优化级别(0、1、2 和 3),控制优化的类型和程度。

1)--opt_level=0 或—O0

① 执行控制流图简化;

② 分配变量到寄存器;

③ 执行 loop rotation;

④ 消除未用代码;

⑤ 简化表达式和声明;

⑥ 展开被声明为 inline 的函数调用。

2)--opt_level=1 或—O1

执行所有--opt_level=0 (—O0)的优化,并加上:

① 执行本地复制/常数扩展;

② 移去未用的分配;

③ 消除本地相同表达式。

3)--opt_level=2 或—O2

执行所有--opt_level=1 (—O1)的优化,并加上:

① 执行软件流水;

② 执行循环优化;

③ 消除全局相同的子表达式;

④ 消除全局未用的分配;

⑤ 转换循环中的数组为递增的指针类型;

⑥ 执行循环展开。

如果用户使用--opt_level (—O)则没有选择优化等级,优化器使用--opt_level=2 (—O2)作为默认的设置。

4)--opt_level=3 or —O3

执行所有--opt_level=2 (—O2)的优化,并加上:

① 移去所有从未调用的函数;

② 简化返回从未使用的函数;

③ 小函数采用内联(Inline)调用方式;

④ 重新排序函数声明,当调用者被优化时,被调用的函数属性已知;

⑤ 当所有调用传递相同值在相同自变量位置,扩展自变量到函数体;

⑥ 识别文件级别变量特征。

Loop Rotation 和复制扩展(Copy Propagation)的意义如下。

(1) Loop Rotation。

编译器在循环的底部评估循环条件,在循环之外保留一个额外的分支。在很多情况下,初始的进入条件检查和分支被优化了。

(2) 复制扩展。

在一个变量分配之后,编译器用变量的值替换变量的引用。值可以为另一个变量、常数或相同子表达式。这可以提高对常量叠算(Constant Folding)、公共子表达式消除(Common Subexpression Elimination)的优化机会,或者甚至完全消除该变量。常量叠算是指在编译时就对常量表达式进行预求值。

编译器优化设置及线性汇编见 TMS320C6000 Optimizing Compiler v7.4,指令集参见 TMS320C66x DSP CPU and Instruction Set。

11.8　软件优化小结

本章主要介绍了对于 C66x 内核软件优化的一些技术,主要对应于细粒度并行的软件优化设计技术。养成编写高性能的代码习惯,有利于提高软件的整体性能,特别是在计算过程中计算比重较大的 for 循环。通过减少 for 循环的计算量(如常数运算放在循环外等),消除 for 中的条件分支(如 if 语句等),增大指令并行流水的可能性,多种手段提高 for 循环的效率。对于 DSP 而言,针对其处理器结构优化的内建函数有利发挥内核处理单元的效能,并充分利用内核较宽的位宽。通过选用正确的编译指示和编译器选项,可以利用编译器对软件进行优化,提升性能。

软件优化是一个不断迭代的过程,不断发现影响性能的关键路径,并结合各种优化手段来不断提高关键路径的性能。

软件优化设计的方法与多核并行设计的方法结合,才能形成综合的优化效果,达到并行计算的设计需求。

第12章

距离多普勒成像设计实例

距离多普勒成像算法是合成孔径雷达成像的一种经典方法。算法在完成成像过程中需要按照距离维和方位维进行处理,算法的计算单元可以细化到每条线,是一个典型的并行计算的设计实例。

在多核 DSP 实现成像算法时,多核多线程设计、多核任务分配、计算传输平衡等问题是影响性能的关键问题。该实例采用数据并行的方式实现并行设计框架。针对距离多普勒算法的特点,设计收数脉压、8 核协同处理大点数脉压及每个核独立处理小点数任务等多种并行方式。通过基于多核 DSP 的并行设计,大大提高了距离多普勒算法处理性能。

12.1　背景介绍

合成孔径雷达(Synthetic Aperture Radar,SAR)是一种高分辨率的成像雷达,通过雷达在飞行载体上的运动形成虚拟等效长天线,获得高方位分辨率的雷达图像。距离多普勒成像接收地面场景的回波信号(包含距离和方位两个维度的信息),通过在距离向和方位向分别进行线性调频信号的匹配滤波,就可实现对场景的二维成像。该算法通常应用于快速实现成像功能,是一种经典的 SAR 处理方法。

为了提高信号处理的能力,成像软件采用 DSP 处理器实现。对于 SAR 处理运算需要很强的处理性能,同时对于处理器存储容量、存储器读写带宽、外部接口带宽等要求较高。通过对多核与多线程、任务并行、计算传输平衡等的设计可以提高 SAR 处理的综合性能。

算法的计算量大,同时数据传输量大,C6678 处理器在这方面都有较大优势;数据处理的算法耦合性低,算法的结构适用于并行设计,按行按列的方式适合将任务并行分配。

12.2　距离多普勒成像算法

距离多普勒算法是比较成熟的合成孔径算法,采用频域矫正距离走动的距离多普勒算法是实现快速成像的有效方法。其算法原理如式(12.1)所示。

$$S(\hat{t}, t_m; r) = \mathrm{IFFT}\left\{ \mathrm{FFT}[S_r(\hat{t}, t_m; r)] \cdot \mathrm{FFT}[\mathrm{Sref}_r^*(\hat{t}, t_m; r)]\right.$$

$$\cdot \exp\left(\mathrm{j}4\pi \frac{\Delta R(t_m)}{C}f\right)\bigg\} \tag{12.1}$$

其中，$S(\hat{t}, t_m; r)$ 为回波；$\mathrm{Sref}_r^*(\hat{t}, t_m; r) = \{a_r(\hat{t})\exp(-\mathrm{j}\pi rt^2)\}^*$ 为参考函数；$\Delta R(t_m) = -v \cdot \sin(\beta t_m)$ 为距离走动项。

采用多核 DSP 实现的流程如图 12.1 所示。接收回波后进行距离向 FFT，和距离向匹配函数相乘后执行距离向 IFFT 实现距离脉压；距离脉压后，截取有效长度后，将一维距离像数据转到频域。虚线框中的流程是完成距离脉压，并将脉压后数据转频域的流程。在完成一个方位场景的收数后，估计出场景的 Fdc 并在距离频域完成距离走动补偿，之后进行距离 IFFT 得到一维距离像。采用最大对比度的方法进行多普勒参数估计，得到较为精确的方位匹配函数，从而实现方位脉压。二维脉压后已经得到了幅度图像，通过量化就得到了场景图像。

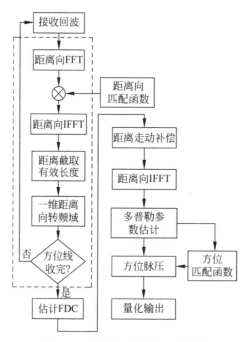

图 12.1　距离多普勒算法流程图

12.3　数据组织形式

对于距离多普勒成像方法，分别按照距离线和方位线进行处理，任务组织形式为 $N_r \times N_a$ 的复数矩阵。处理距离线（按列排列）时，需要处理 N_a 条 N_r 点的运算；处理方位线（按行排列）时，需要处理 N_r 条 N_a 点的运算。每个基本处理运算为一条线，任务分解适合采用数据并行的方式。

待处理的数据按照矩阵的方式组织，距离（列）向长度为 N_r、方位（行）向长度为 N_a。

按照距离处理时的数据组织形式如图 12.2 所示，每次处理的粒度为 N_r 点的距离线，需要处理 N_a 次。按照方位处理时的数据组织形式如图 12.3 所示，每次处理的粒度为 N_a 点的方位线，需要处理 N_r 次。数据占用的存储空间为 $N_r \times N_a$ 个复数点，即 $N_r \times N_a \times 8$ 字节。

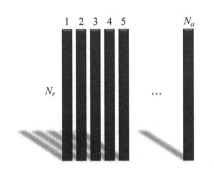

图 12.2　按距离(列)处理时数据组织形式

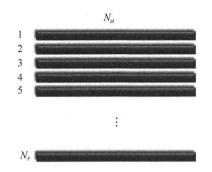

图 12.3　按方位(行)处理时数据组织形式

12.4　算法的并行化设计

从距离向处理变为方位向处理,或者从方位向变为距离向处理,都有一个汇聚的过程。开始处理时数据并行分发给各个核处理,一个阶段的处理结果汇聚在一起,以便一个处理过程使用上一个过程的处理结果(包含全部数据)。图 12.1 所示的算法流程按照被处理数据的组织形式描述如图 12.4 所示,在每次被处理的数据切换距离(列)和方位(行)组织形式时都要进行一次同步,等待场景的所有处理结果汇聚完毕。上一个处理阶段所有处理过程结束后,下一个阶段的处理才能开始。

图 12.4　算法处理流程数据过程

距离多普勒的核心算法在多核中的设计如图 12.5 所示,通过并行计算、同步等方式实现任务到多核的设计实现。其中距离脉压处理点数大(≥32K 点),无法直接分配到 L2 上供单核计算。采用 10.9.2 节式(10.1)所示算法进行设计,将 8 个核虚拟成一个处理结点完成大点数的脉压过程,按照式(10.1)将一个处理过程的数据拆分成能并行的子块,8 核共同

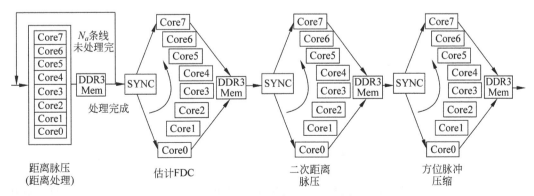

图 12.5　距离多普勒算法多核设计实现

计算。估计 FDC,二次距离脉压和方位脉压处理点数小,采用每个核独立完成子任务的方式实现。

12.5　fork-join 的设计

对于如图 12.4 所示的各个处理过程,下一个过程的处理依赖上一个过程的处理结果,如估计 FDC 依赖距离脉压的结果、二次距离脉压依赖估计 FDC 的结果等。由于距离脉压处理过程的结果是场景的回波、数据量大,各个核保存各自的结果到相应的 DDR3 空间。在同一过程中多核并行处理,边处理边将结果送到 DDR3 的存储矩阵中,等所有核的子任务都处理完,结果也就汇聚完毕,这样就完成了一个处理过程的 fork-join 过程。当所有核完成距离处理的距离脉压后,这个 fork-join 过程完成,数据对所有核是一样可见的,这样后续才能对这块数据进行方位处理。

另一种 fork-join 的形式更简单一点,如在估计 FDC 中要完成一个对每条方位线幅度的求和运算,每个核计算 1/8 的方位线幅度求和运算,最后由核 0 来汇聚结果。所有核在处理求和运算时采用"Sum(iLinesStartPerCore, iLinesPerCore, iCoreID);"计算自己那一部分任务,每个核的子任务计算结果放在每个核的临时变量 fSumPerCore 中。处理完后同步一次,然后核 0 首先用 Get_SumPerCoreResult(i)依次获取其他核的处理结果,并通过求和的方式完成结果汇聚。除核 0 外,其他核将结果通过"Put_SumResult(fSumPerCore, iCoreID);"将该核处理的结果传递给核 0 汇聚。伪码如下:

```
fSumPerCore = Sum(iLinesStartPerCore, iLinesPerCore , iCoreID);
//每核求和,多核并行处理
MultiCoreSync();                                       //同步
if(iCoreID == Core0)
{
    for(i = 1; i < CORE_NUM; i++)
    {
        fSumOtherCore = Get_SumPerCoreResult(i);
        //获取其他核的计算结果
        fSumPerCore += fSumOtherCore;                  //join 所有求和结果
    }
}
else
{
    Put_SumResult(fSumPerCore, iCoreID);
    //其他核将处理结果传递给核 0
}
MultiCoreSync();                                       //同步
```

12.6　脉冲压缩的设计

脉压的点数较大,采用 8 核共同计算大点数 FFT 的方式,适合较大点数的运算。脉压的运算核心算法就是 FFT、匹配函数相乘及 IFFT 三步操作。

IFFT 可以通过算法转换为 FFT 运算和共轭,如式(12.3)所示,因而 8 核同时脉压的核心算法就可以转换为 FFT 和复数相乘。

12.6.1　IFFT 转为 FFT

IFFT 转换为 FFT 按照如下公式进行。

离散傅里叶变换(DFT)公式如式(12.2)所示:

$$y(n) = \sum_{n=0}^{N-1} x(n) e^{-j\frac{2\pi}{N}kn} \tag{12.2}$$

其中 $k=0,1,\cdots,N-1,N$ 为 DFT 的长度。

离散傅里叶逆变换(IDFT)计算公式如式(12.3)所示:

$$
\begin{aligned}
y(n) &= \frac{1}{N} \sum_{n=0}^{N-1} x(n) e^{j\frac{2\pi}{N}kn} \\
&= \frac{1}{N} \sum_{n=0}^{N-1} (x^*(n) e^{-j\frac{2\pi}{N}kn})^* \\
&= \frac{1}{N} \left(\sum_{n=0}^{N-1} x^*(n) e^{-j\frac{2\pi}{N}kn} \right)^* \\
&= \frac{1}{N} [\text{DFT}(x^*(n))]^*
\end{aligned}
\tag{12.3}
$$

其中 $k=0,1,\cdots,N-1$。

一个数据的 IFFT 运算等价于先计算该数据共轭的 FFT,结果除以 N 并再取共轭。这样就把 IFFT 运算转换成 FFT 运算。

根据式(10.1)的方法分解,大点数 FFT 分解成了二维小点数 FFT 运算。将数据分拆成 $N_1 N_2$ 两个维度,第一步计算 N_2 个 N_1 点的 FFT,再乘上交叉旋转因子,第二步计算 N_1 个 N_2 点的 FFT。对于 C6678 多核处理器,无法将大点数数据直接放在核内 L2 或 L1D 中缓存。在计算 N_2 个 N_1 点的 FFT,乘上交叉旋转因子之后,数据需要存储在共享存储空间或外部 DDR 存储空间中。

大点数 FFT 对缓冲的需求随着处理点数的提高越来越大,同时大点数 FFT 处理过程中要进行矩阵转置,对缓存的需求更大。

如图 12.6 所示为大点数 FFT 转置存储示意图。

大点数 FFT 在计算过程中首先将 N 点的数据按照 $N_1 \times N_2$ 的存储方式存储,计算 N_2 个 N_1 点 FFT;在计算完 N_1 个 N_2 点 FFT 之后,数据要存储成 $N_2 \times N_1$ 的方式。

在 MSM 空间足够的情况下,可以在 MSM 开辟一个缓冲区,将数据缓冲到缓冲区并在存到缓冲的过程中完成转置存储。当 MSM 空间紧张的情况下,可以将中间计算结果放回数据源的存储区域,不需要额外开缓冲实现大点数计算,但是需要

0,0	0,1	…	$0,N_2-1$
1,0	1,1	…	$1,N_2-1$
2,0	2,1	…	$2,N_2-1$
…	…		…
$N_1-1,0$	$N_1-1,1$	…	N_1-1,N_2-1

⇩

0,0	1,0	…	$N_1-1,0$
0,1	1,1	…	$N_1-1,1$
0,2	1,1	…	$N_1-1,2$
…	…		…
$0,N_2-1$	$1,N_2-1$	…	N_1-1,N_2-1

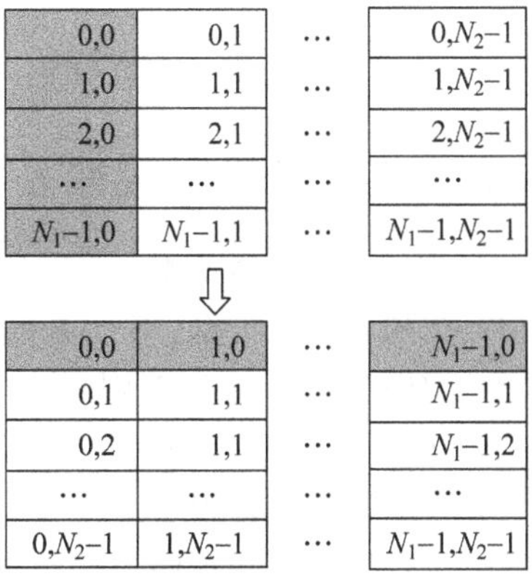

图 12.6　大点数 FFT 转置存储示意图

对数据进行一次转置操作。

12.6.2　无缓存的大点数 FFT、IFFT 设计

如图 12.7 所示为无缓冲大点数 FFT、IFFT 程序流程图,主要包含 N_2 个 N_1 点 FFT 计算、N_1 个 N_2 点 FFT 计算和数据转置操作三大块组成。

首先完成参数初始化,多核同步一次,之后按照如下流程进行。

(1) 按列取,将计算数据从外部存储空间输入到各核的 L2 存储区;判断是 FFT 还是 IFFT,如为 IFFT 则将输入数据共轭。

(2) 计算 N_2 个 N_1 点的 FFT 运算,每个核处理的 FFT 计算数目为 N_2/参与计算的核数。

(3) 乘上交叉旋转因子。

(4) 将数据按照原来的存储方式(按列)存回取数地址,即将小点数 FFT 存回输入数据的地址。

(5) 各核同步。

(6) 按行取,计算数据从外部存储空间输入到 L2;计算 N_1 个 N_2 点的 FFT 运算,每个核处理的 FFT 计算数目为 N_1/参与计算的核数。

(7) 判断是 FFT 还是 IFFT,如为 IFFT 则将输入数据共轭并乘上 $1/N$。

(8) 将数据按照原来的存储方式存回取数地址。

(9) 各核同步。

(10) 将计算结果缓存到 8 核的 L2 SRAM 缓存后,将 L2 SRAM 结果按照 $N_2 N_1$ 的方式存回 FFT 输入数据地址,实现数据转置操作。

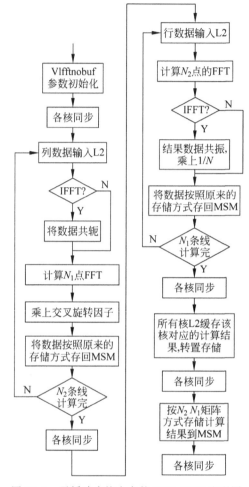

图 12.7　无缓冲多核大点数 FFT、IFFT 流程图

12.6.3　有数据缓冲多核大点数 FFT、IFFT 设计

有数据缓冲多核大点数 FFT、IFFT 程序流程如图 12.8 所示。

(1) 按列取输入数据,将计算数据从外部存储空间输入到各核的 L2 存储区;判断是 FFT 还是 IFFT,如为 IFFT 则将输入数据共轭。

(2) 计算 N_2 个 N_1 点的 FFT 运算。

(3) 乘上交叉旋转因子。

(4) 将数据按照行存储方式存到数据缓冲,实现数据转置。

(5) 各核同步。

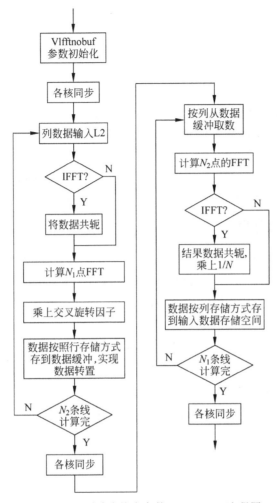

图 12.8　有缓冲多核大点数 FFT、IFFT 流程图

（6）按列从数据缓冲取数，计算 N_1 个 N_2 点的 FFT 运算。

（7）判断是 FFT 还是 IFFT，如为 IFFT 则将输入数据共轭并乘上 $1/N$。

（8）将数据按列存储方式存到输入数据存储空间中。

为了缓解多核对外部存储空间的访问冲突，采用计算的同时启动 EDMA 实现和外部存储空间传输数据的方法。随着点数增大，每个计算时间都变长，使数据传输能更多地在计算同时完成，计算效率提高。

12.6.4　资源使用情况

有缓存和无缓存 FFT、IFFT 在每个核内部空间占用缓存一样。

L2 中需开辟以下缓存。

（1）N_1 点 FFT 旋转因子，大小为 $8N_1$ 字节。

（2）N_2 点 FFT 旋转因子，大小为 $8N_2$ 字节。

（3）交叉旋转因子，大小为（$8N_2$/参与计算核数）字节。

（4）输入缓冲，大小为 $N_1 \cdot 128$ 字节。

（5）输出缓冲，大小为 $N_2 \cdot 128$ 字节。

对于共享存储空间中 MSM 的使用无缓存只需要 $8N$ 字节，而有缓存需要两倍的空间即 $2 \times 8N$ 字节。

无缓冲的 FFT、IFFT 对于存储空间的需求较少，在共享存储空间中节省了一半的存储空间，对于 256KB 处理可以减少对 DDR 空间的依赖。而在处理性能上，由于有缓冲的 FFT、IFFT 处理过程在缓存数据时就实现了矩阵转置处理，从而使有缓存的方法性能更高。

需要注意的是，对于多核原始数据放在 MSM 中的话，直接运算需要使每段的长度向上以 Cache Line 为单位对齐，避免多核更新同一条 Cache Line 而导致数据一致性错误。

12.6.5　复数相乘

复数相乘的函数完成功能如下，其中.re 和.im 分别为实部和虚部。

CplxVectorMul(const cplx * pcpIn,int iLength, constcplx * pcpRef, constcplx * pcpResult)为复数矢量相乘运算，复数矢量 pcpIn 与复数矢量 pcpRef 相乘，长度为 iLength，结果放在 pcpResult 中。

由于长度太大，无法直接分配给内核实现运算，而且下一步操作需要这一步的完整结果，因而采用 8 核共同完成计算。脉压的复数相乘是线性运算，可以直接线性地拆成 8 段，每段分别分配到每个核里去运算。

```
CplxMulticoreMul (const cplx * pcpIn, int iLength, const cplx * pcpRef, const cplx *
pcpResult,iCoreID)
{
    int iLenPerCore;
    int iStartPerCore;
    iLenPerCore = iLength >> 3;                      //每核处理长度 = iLength/8
    iStartPerCore = iCoreID * iLenPerCore;
    CplxVectorMul(pcpIn[iStartPerCore],iLenPerCore, pcpRef[iStartPerCore], pcpResult
[iStartPerCore]);
}
```

这样就完成了对同一块数据的乘法的并行运算。需要提醒的是，在任务分解到每个核的时候地址需要 Cache Line 对齐，避免出现因为 Cache 导致的数据虚假依赖。

12.6.6　脉冲压缩的伪码实现

脉压的运算核心算法就是 FFT、匹配函数相乘及 IFFT 三步操作，根据以上设计用 8 核协同完成运算，伪码如下：

```
for(i = 0; i < iNumOfTaskAll; i++)
{
    …
    cacheWbInv();                              //MultiCoreVLFFT 采用 EDMA,数据一致
                                               //性维护
    MultiCoreSync();                           //同步
```

```
MultiCoreVLFFT(pcpIn, iLength, pcpFFTResult,FFT);      //FFT 运算
MultiCoreSync();                                       //同步
CplxMulticoreMul(pcpFFTResult, iLength, pcpRef, pcpMulResult,iCoreID);  //相乘
cacheWbInv();                                          //数据一致性
MultiCoreSync();                                       //同步
MultiCoreVLFFT (pcpMulResult, iLength, pcpIFFTResult,IFFT);  //IFFT 运算
MultiCoreSync();                                       //同步
    …
}
```

12.7　其他阶段任务分解

对于估计 FDC,二次距离脉压和方位脉压处理,点数较小,采用单个任务的多个副本的方式进行并行设计。对于小点数运算如方位脉压(点数小于 16 384)运算各个处理过程粒度较小、相对独立,可以直接分配到每个核处理。这样可以采用流水的方式将任务分割成每个核能直接处理的粒度完成多核心任务的分配。

对于小粒度的运算如方位脉压,待处理的任务数据放在 DDR3 中。如图 12.9 所示,第一层次任务分解粒度较大可以根据核号分解为任务 0,任务 1,…,任务 7。该级任务分解实现了任务对每个核的分解。

为了减少 8 核对多核共享存储器访问的冲突、提升处理的速度及实现处理和计算并行,将放在多核共享存储器中的任务进一步分解。第二级任务分解将任务 i 分解为任务 $i0$,任务 $i1$,…,任务 im,每个子任务能够放在 L2 缓存计算。其中 m 的范围为 $0,1,…,\text{NumOfTaskPerCore}-1$,NumOfTaskPerCore 为每个核的任务数。

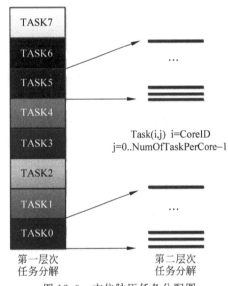

Task(i,j) i=CoreID
j=0..NumOfTaskPerCore−1

第一层次任务分解　　　　第二层次任务分解
图 12.9　方位脉压任务分配图

对于方位脉压计算第一级任务分配为每个核处理 $N_r/8$ 条方位线的脉压,NumOfTaskPerCore＝$N_r/8$。第二级任务分解的粒度为每次处理一条方位线的方位线脉压。

对于距离向处理的模式第一级任务分配为每个核处理 $N_a/8$ 条方位线的脉压,NumOfTaskPerCore＝$N_a/8$。第二级任务分解的粒度为每次处理一条距离线的处理。

伪码如下:

```
MultiCoreSync();                          //同步
for(i = 0; i < iNumOfTaskPerCore; i++)
{
    …
    ProcPerCore();
    …
```

```
}
cacheWbInv();                                        //数据一致性
MultiCoreSync();                                     //同步
```

12.8　实验结果分析

在距离多普勒成像中,典型的运算为脉压运算。在收数脉压阶段采用大点数 FFT 实现脉压,在方位处理时采用小点数运算,表 12.1 给出了大点数脉压测试情况。测试平台为 TMDSEVM6678LE 平台,该平台性能指标如下:处理器主频为 1GHz、DDR3 主频为 1333MHz。

表 12.1　8 核大点数脉压性能

点　　　数	FFT 时间/μs	复乘时间/μs	IFFT 时间/μs	脉压时间/μs
16 384	87.394	7.990	91.342	186.726
32 768	160.429	15.110	161.855	337.394
65 536	286.137	42.165	298.635	626.937

表 12.1 中描述了 8 核协同处理不同点数的脉压时间,脉压包含 FFT 计算、复乘运算和 IFFT 运算。大点数 FFT 的运算按照式(12.3)的分解方法分配到 8 核协同计算。

大点数 IFFT 运算转化为 FFT 运算过程中,输入数据共轭、FFT 之后数据共轭再除以 N 在每个核的运算中完成,提高了运算性能。

在点数较少时每个核计算的时间相对较短,多核对共享数据的访问冲突概率增加,数据通信对处理性能影响较大;随着点数增加,每个核的计算时间增加,对共享数据的访问可以在计算的同时启动 DMA 从而使处理性能提升。

为了提高效率,在做小于 16 384 点 FFT 时建议采用直接将小点数 FFT 运算分配到多个核分别计算的方法而不是多核计算一个 FFT。

通过多种并行设计方式使多核计算均衡,处理器的计算和传输达到平衡,从而使距离多普勒算法在多核处理器中达到更高的处理性能。

通过以上的设计介绍了频域矫正距离走动的距离多普勒算法在多核处理器 C6678 上的实现,采用数据并行的方式设计并行框架。采用收数同时处理脉压、8 核共同处理大点数及小任务 8 核单独并行运算等多种并行设计方式,提高了处理效率。

第13章

展　望

并行性是普遍存在的,而且随着芯片工艺技术的发展以及架构技术的完善,采用多线程、多核以及异构多核的设计越来越成为一种发展趋势。熟悉并行软件设计有利于使系统并行性提高,提升系统综合处理性能。对于异构多核的软件设计,任务划分要根据各核的特点进行,将任务划分给最适合处理该任务的核来处理。异构多核的软件设计首先要做好系统层面的架构设计。

13.1　异构多核 SoC 处理器

随着芯片工艺技术以及处理器设计技术的发展,嵌入式处理器渐渐向异构多核的片上系统(SoC)方向发展,典型的为 DSP 异构处理器 66AK 系列和 FPGA 异构多核处理器 Zynq UltraScale+系列。

13.1.1　异构多核 DSP

66AK 是基于 C66x 多核 DSP 和 ARM 多核处理器架构的异构多核的 SoC 器件。66AK 器件架构如图 1.2 所示。

66AK2H14 具有 8 个 C66x DSP 内核和 4 个 ARMCortex-A15 核。

根据 C66x DSP 和 ARM 核各自的特点规划系统任务,有利于更好地发挥 C66x 多核 DSP 和 ARM 多核处理器的性能优势。

13.1.2　异构多核 FPGA

Zynq UltraScale+系列处理系统(Processing System)由 APU(Application Processing Unit)、RPU (Real-Time Processing Unit)、GPU(Graphic Processing Unit)等处理器组成。APU 为 4 个 ARM Cortex-A53,RPU 为 2 个 ARM Cortex-R5,GPU 为 ARM Mali-400 MP2 和 Pixel 2 处理器组成。此外,可编程逻辑(Programmable Logic)部分由存储和信号处理(Storage & Signal Processing)、Video CodecH.265/H.264、高速接口和通用端口组成。

可见,随着处理器设计技术的快速发展,不管是 DSP 和 FPGA 都朝着异构多核的方向发展。一个芯片本身将会成为越来越复杂的系统,基于系统观点的软件设计需求越来越大。此外,由多种 SoC 处理器(如 SoC DSP 和 SoC FPGA)组建的处理器系统也越来越复杂,良好的系统层面的软件设计才能发挥各种处理器以及处理器内部各种计算资源的优势。

13.2　嵌入式软件设计思考

13.2.1　掌握系统架构

对于某一同构类型的嵌入式软件可以遵循其软件架构进行设计,如 C6678 典型的架构在 8.7.1 节中描述。

典型的 Linux 系统一般有 4 个主要部分:内核、shell、文件系统和应用程序。内核、shell 和文件系统一起形成了基本的操作系统结构,它们使得用户可以运行程序、管理文件并使用系统。

对于异构多核的设计,软件系统的架构将更加复杂。软件系统架构要基于系统层面进行思考。不同处理器之间,同一处理器内部各种软件自身的层次要清晰、可配置、可重用,各个异构的处理器之间任务耦合度要低。处理器与处理器之间的系统层面接口要尽量透明、耦合程度低。系统基于服务层面传递信息在一定程度上使各个核的软件抽象成一个个服务,便于系统级软件设计实现。在系统任务划分时尽量做到各个核任务清晰、相对独立、负载均衡。

13.2.2　做好软件模块化设计

软件模块化设计是软件工程的基础,采用面向对象的设计方法是实现模块化的一个好方法。通过过程抽象及数据抽象,在设计过程中把系统设计成高内聚和松耦合的模块。低耦合的设计有利于重用和灵活的架构设计。

13.2.3　片上系统架构设计的挑战

片上系统,特别是异构多核的片上系统使得软件设计架构更加复杂。

片上系统架构设计面临如下几大挑战。

(1)异构处理平台上软件架构各有特色,跨平台的设计难以用一种架构就满足需求。

(2)更加复杂的数据通信和任务调度。

(3)更加庞大的系统架构需要更加抽象的架构,以实现清晰、高效的软件设计。

(4)调试更加困难。

这就对软件工程化设计水平和系统软件设计方法提出了更高的要求,加强软件组件化和提升软件系统设计的智能化是两个重要的工作。在软件自动化并行方法的研究上,已经有了很大进展。

13.2.4　自动化并行设计

数据依赖是影响串行程序并行化的一个重要因素,但是利用软件自动化并行也是一个发展趋势。参考文献[31]提出了一种"基于数据依赖关系的程序自动并行化方法",串行程序自动化并行能够降低并行化过程中的工作量,但是要取得很好的并行化效果难度也较大。

10.8节介绍了OpenMP基于fork-join并行执行模型,基于C66x内核的多核软件设计支持OpenMP的开发。

GEDAE采用Idea Language、支持框图化的编程方式,是一种多处理器编译工具,可以完成自动生成可执行的代码并实现跨平台设计。

自动化并行的研究要解决很多挑战,如并行机会的自动识别、数据依赖问题的自动化分析、异构多核处理器架构差异带来的映射(Mapping)问题、并行效率的提升等。

尽管面对的问题和挑战比较大,自动化并行设计仍是一个非常重要的发展方向。

附　录　A

附录 A 为 C6678 存储器映射概览，详细列出了各个地址及其相应的描述。

C6678 存储器映射概览

32 位逻辑地址		36 位物理地址		字　节	描　述
起始	结束	起始	结束		
00000000	007FFFFF	0 00000000	0 007FFFFF	8MB	Reserved
00800000	0087FFFF	0 00800000	0 0087FFFF	512KB	Local L2 SRAM
00880000	00DFFFFF	0 00880000	0 00DFFFFF	5MB+512KB	Reserved
00E00000	00E07FFF	0 00E00000	0 00E07FFF	32KB	Local L1P SRAM
00E08000	00EFFFFF	0 00E08000	0 00EFFFFF	1MB−32KB	Reserved
00F00000	00F07FFF	0 00F00000	0 00F07FFF	32KB	Local L1D SRAM
00F08000	017FFFFF	0 00F08000	0 017FFFFF	9MB−32KB	Reserved
01800000	01BFFFFF	0 01800000	0 01BFFFFF	4MB	C66x CorePac Registers
01C00000	01CFFFFF	0 01C00000	0 01CFFFFF	1MB	Reserved
01D00000	01D0007F	0 01D00000	0 01D0007F	128B	Tracer 0
01D00080	01D07FFF	0 01D00080	0 01D07FFF	32KB−128B	Reserved
01D08000	01D0807F	0 01D08000	0 01D0807F	128B	Tracer 1
01D08080	01D0FFFF	0 01D08080	0 01D0FFFF	32KB−128B	Reserved
01D10000	01D1007F	0 01D10000	0 01D1007F	128B	Tracer 2
01D10080	01D17FFF	0 01D10080	0 01D17FFF	32KB−128B	Reserved
01D18000	01D1807F	0 01D18000	0 01D1807F	128B	Tracer 3
01D18080	01D1FFFF	0 01D18080	0 01D1FFFF	32KB−128B	Reserved
01D20000	01D2007F	0 01D20000	0 01D2007F	128B	Tracer 4
01D20080	01D27FFF	0 01D20080	0 01D27FFF	32KB−128B	Reserved
01D28000	01D2807F	0 01D28000	0 01D2807F	128B	Tracer 5
01D28080	01D2FFFF	0 01D28080	0 01D2FFFF	32KB−128B	Reserved
01D30000	01D3007F	0 01D30000	0 01D3007F	128B	Tracer 6
01D30080	01D37FFF	0 01D30080	0 01D37FFF	32KB−128B	Reserved
01D38000	01D3807F	0 01D38000	0 01D3807F	128B	Tracer 7
01D38080	01D3FFFF	0 01D38080	0 01D3FFFF	32KB−128B	Reserved
01D40000	01D4007F	0 01D40000	0 01D4007F	128B	Tracer 8
01D40080	01D47FFF	0 01D40080	0 01D47FFF	32KB−128B	Reserved
01D48000	01D4807F	0 01D48000	0 01D4807F	128B	Tracer 9
01D48080	01D4FFFF	0 01D48080	0 01D4FFFF	32KB−128B	Reserved
01D50000	01D5007F	0 01D50000	0 01D5007F	128B	Tracer 10
01D50080	01D57FFF	0 01D50080	0 01D57FFF	32KB−128B	Reserved
01D58000	01D5807F	0 01D58000	0 01D5807F	128B	Tracer 11
01D58080	01D5FFFF	0 01D58080	0 01D5FFFF	32KB−128B	Reserved

32 位逻辑地址		36 位物理地址		字　　节	描　　述
起始	结束	起始	结束		
01D60000	01D6007F	0 01D60000	0 01D6007F	128B	Tracer 12
01D60080	01D67FFF	0 01D60080	0 01D67FFF	32KB−128B	Reserved
01D68000	01D6807F	0 01D68000	0 01D6807F	128B	Tracer 13
01D68080	01D6FFFF	0 01D68080	0 01D6FFFF	32KB−128B	Reserved
01D70000	01D7007F	0 01D70000	0 01D7007F	128B	Tracer 14
01D70080	01D77FFF	0 01D70080	0 01D77FFF	32KB−128B	Reserved
01D78000	01D7807F	0 01D78000	0 01D7807F	128B	Tracer 15
01D78080	01D7FFFF	0 01D78080	0 01D7FFFF	32KB−128B	Reserved
01D80000	01D8007F	0 01D80000	0 01D8007F	128B	Tracer 16
01D80080	01DFFFFF	0 01D80080	0 01DFFFFF	512KB−128B	Reserved
01E00000	01E3FFFF	0 01E00000	0 01E3FFFF	256KB	Telecom Serial Interface Port（TSIP）0
01E40000	01E7FFFF	0 01E40000	0 01E7FFFF	256KB	Reserved
01E80000	01EBFFFF	0 01E80000	0 01EBFFFF	256KB	Telecom Serial Interface Port（TSIP）1
01EC0000	01FFFFFF	0 01EC0000	0 01FFFFFF	1MB+256KB	Reserved
02000000	020FFFFF	0 02000000	0 020FFFFF	1MB	Network Coprocessor（Packet Accelerator，Gigabit Ethernet Switch Subsystem and Security Accelerator）
02100000	021FFFFF	0 02100000	0 021FFFFF	1MB	Reserved
02200000	0220007F	0 02200000	0 0220007F	128B	Timer0
02200080	0220FFFF	0 02200080	0 0220FFFF	64KB−128B	Reserved
02210000	0221007F	0 02210000	0 0221007F	128B	Timer1
02210080	0221FFFF	0 02210080	0 0221FFFF	64KB−128B	Reserved
02220000	0222007F	0 02220000	0 0222007F	128B	Timer2
02220080	0222FFFF	0 02220080	0 0222FFFF	64KB−128B	Reserved
02230000	0223007F	0 02230000	0 0223007F	128B	Timer3
02230080	0223FFFF	0 02230080	0 0223FFFF	64KB−128B	Reserved
02240000	0224007F	0 02240000	0 0224007F	128B	Timer4
02240080	0224FFFF	0 02240080	0 0224FFFF	64KB−128B	Reserved
02250000	0225007F	0 02250000	0 0225007F	128B	Timer5
02250080	0225FFFF	0 02250080	0 0225FFFF	64KB−128B	Reserved
02260000	0226007F	0 02260000	0 0226007F	128B	Timer6
02260080	0226FFFF	0 02260080	0 0226FFFF	64KB−128B	Reserved
02270000	0227007F	0 02270000	0 0227007F	128B	Timer7
02270080	0227FFFF	0 02270080	0 0227FFFF	64KB−128B	Reserved
02280000	0228007F	0 02280000	0 0228007F	128B	Timer8
02280080	0228FFFF	0 02280080	0 0228FFFF	64KB−128B	Reserved
02290000	0229007F	0 02290000	0 0229007F	128B	Timer9
02290080	0229FFFF	0 02290080	0 0229FFFF	64KB−128B	Reserved
022A0000	022A007F	0 022A0000	0 022A007F	128B	Timer10
022A0080	022AFFFF	0 022A0080	0 022AFFFF	64KB−128B	Reserved
022B0000	022B007F	0 022B0000	0 022B007F	128B	Timer11

续表

32 位逻辑地址		36 位物理地址		字　节	描　述
起始	结束	起始	结束		
022B0080	022BFFFF	0 022B0080	0 022BFFFF	64KB−128B	Reserved
022C0000	022C007F	0 022C0000	0 022C007F	128B	Timer12
022C0080	022CFFFF	0 022C0080	0 022CFFFF	64KB−128B	Reserved
022D0000	022D007F	0 022D0000	0 022D007F	128B	Timer13
022D0080	022DFFFF	0 022D0080	0 022DFFFF	64KB−128B	Reserved
022E0000	022E007F	0 022E0000	0 022E007F	128B	Timer14
022E0080	022EFFFF	0 022E0080	0 022EFFFF	64KB−128B	Reserved
022F0000	022F007F	0 022F0000	0 022F007F	128B	Timer15
022F0080	022FFFFF	0 022F0080	0 022FFFFF	64KB−128B	Reserved
02300000	0230FFFF	0 02300000	0 0230FFFF	64KB	Reserved
02310000	023101FF	0 02310000	0 023101FF	512B	PLL Controller
02310200	0231FFFF	0 02310200	0 0231FFFF	64KB−512B	Reserved
02320000	023200FF	0 02320000	0 023200FF	256B	GPIO
02320100	0232FFFF	0 02320100	0 0232FFFF	64KB−256B	Reserved
02330000	023303FF	0 02330000	0 023303FF	1KB	SmartReflex
02330400	0234FFFF	0 02330400	0 0234FFFF	127KB	Reserved
02350000	02350FFF	0 02350000	0 02350FFF	4KB	Power Sleep Controller（PSC）
02351000	0235FFFF	0 02351000	0 0235FFFF	64KB−4KB	Reserved
02360000	023603FF	0 02360000	0 023603FF	1KB	Memory Protection Unit（MPU）0
02360400	02367FFF	0 02360400	0 02367FFF	31KB	Reserved
02368000	023683FF	0 02368000	0 023683FF	1KB	Memory Protection Unit（MPU）1
02368400	0236FFFF	0 02368400	0 0236FFFF	31KB	Reserved
02370000	023703FF	0 02370000	0 023703FF	1KB	Memory Protection Unit（MPU）2
02370400	02377FFF	0 02370400	0 02377FFF	31KB	Reserved
02378000	023783FF	0 02378000	0 023783FF	1KB	Memory Protection Unit（MPU）3
02378400	0237FFFF	0 02378400	0 0237FFFF	31KB	Reserved
02380000	0243FFFF	0 02380000	0 0243FFFF	768KB	Reserved
02440000	02443FFF	0 02440000	0 02443FFF	16KB	DSP trace formatter 0
02444000	0244FFFF	0 02444000	0 0244FFFF	48KB	Reserved
02450000	02453FFF	0 02450000	0 02453FFF	16KB	DSP trace formatter 1
02454000	0245FFFF	0 02454000	0 0245FFFF	48KB	Reserved
02460000	02463FFF	0 02460000	0 02463FFF	16KB	DSP trace formatter 2
02464000	0246FFFF	0 02464000	0 0246FFFF	48KB	Reserved
02470000	02473FFF	0 02470000	0 02473FFF	16KB	DSP trace formatter 3
02474000	0247FFFF	0 02474000	0 0247FFFF	48KB	Reserved
02480000	02483FFF	0 02480000	0 02483FFF	16KB	DSP trace formatter 4
02484000	0248FFFF	0 02484000	0 0248FFFF	48KB	Reserved
02490000	02493FFF	0 02490000	0 02493FFF	16KB	DSP trace formatter 5
02494000	0249FFFF	0 02494000	0 0249FFFF	48KB	Reserved
024A0000	024A3FFF	0 024A0000	0 024A3FFF	16KB	DSP trace formatter 6
024A4000	024AFFFF	0 024A4000	0 024AFFFF	48KB	Reserved

32 位逻辑地址		36 位物理地址		字　节	描　　述
起始	结束	起始	结束		
024B0000	024B3FFF	0 024B0000	0 024B3FFF	16KB	DSP trace formatter 7
024B4000	024BFFFF	0 024B4000	0 024BFFFF	48KB	Reserved
024C0000	0252FFFF	0 024C0000	0 0252FFFF	448KB	Reserved
02530000	0253007F	0 02530000	0 0253007F	128B	I^2C data & control
02530080	0253FFFF	0 02530080	0 0253FFFF	64KB－128B	Reserved
02540000	0254003F	0 02540000	0 0254003F	64B	UART
02540400	0254FFFF	0 02540400	0 0254FFFF	64KB－64B	Reserved
02550000	025FFFFF	0 02550000	0 025FFFFF	704KB	Reserved
02600000	02601FFF	0 02600000	0 02601FFF	8KB	Chip Interrupt Controller (CIC) 0
02602000	02603FFF	0 02602000	0 02603FFF	8KB	Reserved
02604000	02605FFF	0 02604000	0 02605FFF	8KB	Chip Interrupt Controller (CIC) 1
02606000	02607FFF	0 02606000	0 02607FFF	8KB	Reserved
02608000	02609FFF	0 02608000	0 02609FFF	8KB	Chip Interrupt Controller (CIC) 2
0260A000	0260BFFF	0 0260A000	0 0260BFFF	8KB	Reserved
0260C000	0260DFFF	0 0260C000	0 0260DFFF	8KB	Chip Interrupt Controller (CIC) 3
0260E000	0261FFFF	0 0260E000	0 0261FFFF	72KB	Reserved
02620000	026207FF	0 02620000	0 026207FF	2KB	Chip－Level Registers
02620800	0263FFFF	0 02620800	0 0263FFFF	126KB	Reserved
02640000	026407FF	0 02640000	0 026407FF	2KB	Semaphore
02640800	0264FFFF	0 02640800	0 0264FFFF	64KB－2KB	Reserved
02650000	026FFFFF	0 02650000	0 026FFFFF	704KB	Reserved
02700000	02707FFF	0 02700000	0 02707FFF	32KB	EDMA3 Channel Controller (EDMA3CC) 0
02708000	0271FFFF	0 02708000	0 0271FFFF	96KB	Reserved
02720000	02727FFF	0 02720000	0 02727FFF	32KB	EDMA3 Channel Controller (EDMA3CC) 1
02728000	0273FFFF	0 02728000	0 0273FFFF	96KB	Reserved
02740000	02747FFF	0 02740000	0 02747FFF	32KB	EDMA3 Channel Controller (EDMA3CC) 2
02748000	0275FFFF	0 02748000	0 0275FFFF	96KB	Reserved
02760000	027603FF	0 02760000	0 027603FF	1KB	EDMA3CC0 Transfer Controller (EDMA3TC) 0
02760400	02767FFF	0 02760400	0 02767FFF	31KB	Reserved
02768000	027683FF	0 02768000	0 027683FF	1KB	EDMA3CC0 Transfer Controller (EDMA3TC) 1
02768400	0276FFFF	0 02768400	0 0276FFFF	31KB	Reserved
02770000	027703FF	0 02770000	0 027703FF	1KB	EDMA3CC1 Transfer Controller (EDMA3TC) 0
02770400	02777FFF	0 02770400	0 02777FFF	31KB	Reserved
02778000	027783FF	0 02778000	0 027783FF	1KB	EDMA3CC1 Transfer Controller (EDMA3TC) 1

续表

32 位逻辑地址		36 位物理地址		字　节	描　　述
起始	结束	起始	结束		
02778400	0277FFFF	0 02778400	0 0277FFFF	31KB	Reserved
02780000	027803FF	0 02780000	0 027803FF	1KB	EDMA3CC1 Transfer Controller（EDMA3TC）2
02780400	02787FFF	0 02780400	0 02787FFF	31KB	Reserved
02788000	027883FF	0 02788000	0 027883FF	1KB	EDMA3CC1 Transfer Controller（EDMA3TC）3
02788400	0278FFFF	0 02788400	0 0278FFFF	31KB	Reserved
02790000	027903FF	0 02790000	0 027903FF	1KB	EDMA3PCC2 Transfer Controller（EDMA3TC）0
02790400	02797FFF	0 02790400	0 02797FFF	31KB	Reserved
02798000	027983FF	0 02798000	0 027983FF	1KB	EDMA3CC2 Transfer Controller（EDMA3TC）1
02798400	0279FFFF	0 02798400	0 0279FFFF	31KB	Reserved
027A0000	027A03FF	0 027A0000	0 027A03FF	1KB	EDMA3CC2 Transfer Controller（EDMA3TC）2
027A0400	027A7FFF	0 027A0400	0 027A7FFF	31KB	Reserved
027A8000	027A83FF	0 027A8000	0 027A83FF	1KB	EDMA3CC2 Transfer Controller（EDMA3TC）3
027A8400	027AFFFF	0 027A8400	0 027AFFFF	31KB	Reserved
027B0000	027CFFFF	0 027B0000	0 027CFFFF	128KB	Reserved
027D0000	027D0FFF	0 027D0000	0 027D0FFF	4KB	TI embedded trace buffer（TETB）-Core-Pac0
027D1000	027DFFFF	0 027D1000	0 027DFFFF	60KB	Reserved
027E0000	027E0FFF	0 027E0000	0 027E0FFF	4KB	TI embedded trace buffer（TETB）-Core-Pac1
027E1000	027EFFFF	0 027E1000	0 027EFFFF	60KB	Reserved
027F0000	027F0FFF	0 027F0000	0 027F0FFF	4KB	TI embedded trace buffer（TETB）-Core-Pac2
027F1000	027FFFFF	0 027F1000	0 027FFFFF	60KB	Reserved
02800000	02800FFF	0 02800000	0 02800FFF	4KB	TI embedded trace buffer（TETB）-Core-Pac3
02801000	0280FFFF	0 02801000	0 0280FFFF	60KB	Reserved
02810000	02810FFF	0 02810000	0 02810FFF	4KB	TI embedded trace buffer（TETB）-Core-Pac4
02811000	0281FFFF	0 02811000	0 0281FFFF	60KB	Reserved
02820000	02820FFF	0 02820000	0 02820FFF	4KB	TI embedded trace buffer（TETB）-Core-Pac5
02821000	0282FFFF	0 02821000	0 0282FFFF	60KB	Reserved
02830000	02830FFF	0 02830000	0 02830FFF	4KB	TI embedded trace buffer（TETB）-Core-Pac6
02831000	0283FFFF	0 02831000	0 0283FFFF	60KB	Reserved

续表

32 位逻辑地址		36 位物理地址		字　　节	描　　述
起始	结束	起始	结束		
02840000	02840FFF	0 02840000	0 02840FFF	4KB	TI embedded trace buffer（TETB)-Core-Pac7
02841000	0284FFFF	0 02841000	0 0284FFFF	60KB	Reserved
02850000	02857FFF	0 02850000	0 02857FFF	32KB	TI embedded trace buffer（TETB)-system
02858000	0285FFFF	0 02858000	0 0285FFFF	32KB	Reserved
02860000	028FFFFF	0 02860000	0 028FFFFF	640KB	Reserved
02900000	02920FFF	0 02900000	0 02920FFF	132KB	Serial RapidIO（SRIO) configuration
02921000	029FFFFF	0 02921000	0 029FFFFF	1MB－132KB	Reserved
02A00000	02BFFFFF	0 02A00000	0 02BFFFFF	2MB	Queue manager subsystem configuration
02C00000	07FFFFFF	0 02C00000	0 07FFFFFF	84MB	Reserved
08000000	0800FFFF	0 08000000	0 0800FFFF	64KB	Extended memory controller（XMC) configuration
08010000	0BBFFFFF	0 08010000	0 0BBFFFFF	60MB－64KB	Reserved
0BC00000	0BCFFFFF	0 0BC00000	0 0BCFFFFF	1MB	Multicore shared memory controller（MSMC) config
0BD00000	0BFFFFFF	0 0BD00000	0 0BFFFFFF	3MB	Reserved
0C000000	0C3FFFFF	0 0C000000	0 0C3FFFFF	4MB	Multicore shared memory（MSM)
0C400000	107FFFFF	0 0C400000	0 107FFFFF	68MB	Reserved
10800000	1087FFFF	0 10800000	0 1087FFFF	512KB	CorePac0 L2 SRAM
10880000	108FFFFF	0 10880000	0 108FFFFF	512KB	Reserved
10900000	10DFFFFF	0 10900000	0 10DFFFFF	5MB	Reserved
10E00000	10E07FFF	0 10E00000	0 10E07FFF	32KB	CorePac0 L1P SRAM
10E08000	10EFFFFF	0 10E08000	0 10EFFFFF	1MB－32KB	Reserved
10F00000	10F07FFF	0 10F00000	0 10F07FFF	32KB	CorePac0 L1D SRAM
10F08000	117FFFFF	0 10F08000	0 117FFFFF	9MB－32KB	Reserved
11800000	1187FFFF	0 11800000	0 1187FFFF	512KB	CorePac1 L2 SRAM
11880000	118FFFFF	0 11880000	0 118FFFFF	512KB	Reserved
11900000	11DFFFFF	0 11900000	0 11DFFFFF	5MB	Reserved
11E00000	11E07FFF	0 11E00000	0 11E07FFF	32KB	CorePac1 L1P SRAM
11E08000	11EFFFFF	0 11E08000	0 11EFFFFF	1MB－32KB	Reserved
11F00000	11F07FFF	0 11F00000	0 11F07FFF	32KB	CorePac1 L1D SRAM
11F08000	127FFFFF	0 11F08000	0 127FFFFF	9MB－32KB	Reserved
12800000	1287FFFF	0 12800000	0 1287FFFF	512KB	CorePac2 L2 SRAM
12880000	128FFFFF	0 12880000	0 128FFFFF	512KB	Reserved
12900000	12DFFFFF	0 12900000	0 12DFFFFF	5MB	Reserved
12E00000	12E07FFF	0 12E00000	0 12E07FFF	32KB	CorePac2 L1P SRAM
12E08000	12EFFFFF	0 12E08000	0 12EFFFFF	1MB－32KB	Reserved
12F00000	12F07FFF	0 12F00000	0 12F07FFF	32KB	CorePac2 L1D SRAM
12F08000	137FFFFF	0 12F08000	0 137FFFFF	9MB－32KB	Reserved
13800000	1387FFFF	0 13800000	0 1387FFFF	512KB	CorePac3 L2 SRAM

续表

32 位逻辑地址		36 位物理地址		字　节	描　　述
起始	结束	起始	结束		
13880000	138FFFFF	0 13880000	0 138FFFFF	512KB	Reserved
13900000	13DFFFFF	0 13900000	0 13DFFFFF	5MB	Reserved
13E00000	13E07FFF	0 13E00000	0 13E07FFF	32KB	CorePac3 L1P SRAM
13E08000	13EFFFFF	0 13E08000	0 13EFFFFF	1MB－32KB	Reserved
13F00000	13F07FFF	0 13F00000	0 13F07FFF	32KB	CorePac3 L1D SRAM
13F08000	147FFFFF	0 13F08000	0 147FFFFF	9MB－32KB	Reserved
14800000	1487FFFF	0 14800000	0 1487FFFF	512KB	CorePac4 L2 SRAM
14880000	148FFFFF	0 14880000	0 148FFFFF	512KB	Reserved
14900000	14DFFFFF	0 14900000	0 14DFFFFF	5MB	Reserved
14E00000	14E07FFF	0 14E00000	0 14E07FFF	32KB	CorePac4 L1P SRAM
14E08000	14EFFFFF	0 14E08000	0 14EFFFFF	1MB－32KB	Reserved
14F00000	14F07FFF	0 14F00000	0 14F07FFF	32KB	CorePac4 L1D SRAM
14F08000	157FFFFF	0 14F08000	0 157FFFFF	9MB－32KB	Reserved
15800000	1587FFFF	0 15800000	0 1587FFFF	512KB	CorePac5 L2 SRAM
15880000	158FFFFF	0 15880000	0 158FFFFF	512KB	Reserved
15900000	15DFFFFF	0 15900000	0 15DFFFFF	5MB	Reserved
15E00000	15E07FFF	0 15E00000	0 15E07FFF	32KB	CorePac5 L1P SRAM
15E08000	15EFFFFF	0 15E08000	0 15EFFFFF	1MB－32KB	Reserved
15F00000	15F07FFF	0 15F00000	0 15F07FFF	32KB	CorePac5 L1D SRAM
15F08000	167FFFFF	0 15F08000	0 167FFFFF	9MB－32KB	Reserved
16800000	1687FFFF	0 16800000	0 1687FFFF	512KB	CorePac6 L2 SRAM
16880000	168FFFFF	0 16880000	0 168FFFFF	512KB	Reserved
16900000	16DFFFFF	0 16900000	0 16DFFFFF	5MB	Reserved
16E00000	16E07FFF	0 16E00000	0 16E07FFF	32KB	CorePac6 L1P SRAM
16E08000	16EFFFFF	0 16E08000	0 16EFFFFF	1MB－32KB	Reserved
16F00000	16F07FFF	0 16F00000	0 16F07FFF	32KB	CorePac6 L1D SRAM
16F08000	177FFFFF	0 16F08000	0 177FFFFF	9MB－32KB	Reserved
17800000	1787FFFF	0 17800000	0 1787FFFF	512KB	CorePac7 L2 SRAM
17880000	178FFFFF	0 17880000	0 178FFFFF	512KB	Reserved
17900000	17DFFFFF	0 17900000	0 17DFFFFF	5MB	Reserved
17E00000	17E07FFF	0 17E00000	0 17E07FFF	32KB	CorePac7 L1P SRAM
17E08000	17EFFFFF	0 17E08000	0 17EFFFFF	1MB－32KB	Reserved
17F00000	17F07FFF	0 17F00000	0 17F07FFF	32KB	CorePac7 L2 SRAM
17F08000	1FFFFFFF	0 17F08000	0 1FFFFFFF	129MB－32KB	Reserved
20000000	200FFFFF	0 20000000	0 200FFFFF	1MB	System trace manager（STM）configuration
20100000	20AFFFFF	0 20100000	0 20AFFFFF	10MB	Reserved
20B00000	20B1FFFF	0 20B00000	0 20B1FFFF	128KB	Boot ROM
20B20000	20BEFFFF	0 20B20000	0 20BEFFFF	832KB	Reserved
20BF0000	20BF01FF	0 20BF0000	0 20BF01FF	512B	SPI
20BF0400	20BFFFFF	0 20BF0400	0 20BFFFFF	63KB	Reserved

续表

32 位逻辑地址		36 位物理地址		字　节	描　述
起始	结束	起始	结束		
20C00000	20C000FF	0 20C00000	0 20C000FF	256B	EMIF16 config
20C00100	20FFFFFF	0 20C00100	0 20FFFFFF	12MB—256B	Reserved
21000000	210001FF	1 00000000	1 000001FF	512B	DDR3 EMIF configuration
21000200	213FFFFF	0 21000200	0 213FFFFF	4MB—512B	Reserved
21400000	214000FF	0 21400000	0 214000FF	256B	HyperLink config
21400100	217FFFFF	0 21400100	0 217FFFFF	4MB—256B	Reserved
21800000	21807FFF	0 21800000	0 21807FFF	32KB	PCIe config
21808000	33FFFFFF	0 21808000	0 33FFFFFF	296MB—32KB	Reserved
34000000	341FFFFF	0 34000000	0 341FFFFF	2MB	Queue manager subsystem data
34200000	3FFFFFFF	0 34200000	0 3FFFFFFF	190MB	Reserved
40000000	4FFFFFFF	0 40000000	0 4FFFFFFF	256MB	HyperLink data
50000000	5FFFFFFF	0 50000000	0 5FFFFFFF	256MB	Reserved
60000000	6FFFFFFF	0 60000000	0 6FFFFFFF	256MB	PCIe data
70000000	73FFFFFF	0 70000000	0 73FFFFFF	64MB	EMIF16 CS2 data space, supports NAND, NOR or SRAM memory (1)
74000000	77FFFFFF	0 74000000	0 77FFFFFF	64MB	EMIF16 CS3 data space, supports NAND, NOR or SRAM memory(1)
78000000	7BFFFFFF	0 78000000	0 7BFFFFFF	64MB	EMIF16 CS4 data space, supports NAND, NOR or SRAM memory(1)
7C000000	7FFFFFFF	0 7C000000	0 7FFFFFFF	64MB	EMIF16 CS5 data space, supports NAND, NOR or SRAM memory(1)
80000000	FFFFFFFF	8 00000000	8 7FFFFFFF	2GB	DDR3 EMIF data

注：对于 16bit NOR 和 SRAM,32MB 每芯片。对于 8bit NOR 和 SRAM,16MB 每芯片。对于 NAND flash 可以超过 32MB。

附　录　B

附录 B 为 MAR 寄存器地址对照表,描述了各寄存器及其对应定义属性的地址范围。MAR0 到 MAR15 代表 C66x 内核中保留的地址范围,详细说明见 5.7.5 节。

MAR 寄存器地址对照表

地　　址	缩　　写	寄存器描述	定义属性的地址范围
0184 8000h	MAR0	存储器属性寄存器 0	本地 L2 RAM（固定）
0184 8004h	MAR1	存储器属性寄存器 1	0100 0000h～01FF FFFFh
0184 8008h	MAR2	存储器属性寄存器 2	0200 0000h～02FF FFFFh
0184 800Ch	MAR3	存储器属性寄存器 3	0300 0000h～03FF FFFFh
0184 8010h	MAR4	存储器属性寄存器 4	0400 0000h～04FF FFFFh
0184 8014h	MAR5	存储器属性寄存器 5	0500 0000h～05FF FFFFh
0184 8018h	MAR6	存储器属性寄存器 6	0600 0000h～06FF FFFFh
0184 801Ch	MAR7	存储器属性寄存器 7	0700 0000h～07FF FFFFh
0184 8020h	MAR8	存储器属性寄存器 8	0800 0000h～08FF FFFFh
0184 8024h	MAR9	存储器属性寄存器 9	0900 0000h～09FF FFFFh
0184 8028h	MAR10	存储器属性寄存器 10	0A00 0000h～0AFF FFFFh
0184 802Ch	MAR11	存储器属性寄存器 11	0B00 0000h～0BFF FFFFh
0184 8030h	MAR12	存储器属性寄存器 12	0C00 0000h～0CFF FFFFh
0184 8034h	MAR13	存储器属性寄存器 13	0D00 0000h～0DFF FFFFh
0184 8038h	MAR14	存储器属性寄存器 14	0E00 0000h～0EFF FFFFh
0184 803Ch	MAR15	存储器属性寄存器 15	0F00 0000h～0FFF FFFFh
0184 8040h	MAR16	存储器属性寄存器 16	1000 0000h～10FF FFFFh
0184 8044h	MAR17	存储器属性寄存器 17	1100 0000h～11FF FFFFh
0184 8048h	MAR18	存储器属性寄存器 18	1200 0000h～12FF FFFFh
0184 804Ch	MAR19	存储器属性寄存器 19	1300 0000h～13FF FFFFh
0184 8050h	MAR20	存储器属性寄存器 20	1400 0000h～14FF FFFFh
0184 8054h	MAR21	存储器属性寄存器 21	1500 0000h～15FF FFFFh
0184 8058h	MAR22	存储器属性寄存器 22	1600 0000h～16FF FFFFh
0184 805Ch	MAR23	存储器属性寄存器 23	1700 0000h～17FF FFFFh
0184 8060h	MAR24	存储器属性寄存器 24	1800 0000h～18FF FFFFh
0184 8064h	MAR25	存储器属性寄存器 25	1900 0000h～19FF FFFFh
0184 8068h	MAR26	存储器属性寄存器 26	1A00 0000h～1AFF FFFFh
0184 806Ch	MAR27	存储器属性寄存器 27	1B00 0000h～1BFF FFFFh
0184 8070h	MAR28	存储器属性寄存器 28	1C00 0000h～1CFF FFFFh
0184 8074h	MAR29	存储器属性寄存器 29	1D00 0000h～1DFF FFFFh
0184 8078h	MAR30	存储器属性寄存器 30	1E00 0000h～1EFF FFFFh
0184 807Ch	MAR31	存储器属性寄存器 31	1F00 0000h～1FFF FFFFh
0184 8080h	MAR32	存储器属性寄存器 32	2000 0000h～20FF FFFFh
0184 8084h	MAR33	存储器属性寄存器 33	2100 0000h～21FF FFFFh

地　　址	缩　　写	寄存器描述	定义属性的地址范围
0184 8088h	MAR34	存储器属性寄存器 34	2200 0000h～22FF FFFFh
0184 808Ch	MAR35	存储器属性寄存器 35	2300 0000h～23FF FFFFh
0184 8090h	MAR36	存储器属性寄存器 36	2400 0000h～24FF FFFFh
0184 8094h	MAR37	存储器属性寄存器 37	2500 0000h～25FF FFFFh
0184 8098h	MAR38	存储器属性寄存器 38	2600 0000h～26FF FFFFh
0184 809Ch	MAR39	存储器属性寄存器 39	2700 0000h～27FF FFFFh
0184 80A0h	MAR40	存储器属性寄存器 40	2800 0000h～28FF FFFFh
0184 80A4h	MAR41	存储器属性寄存器 41	2900 0000h～29FF FFFFh
0184 80A8h	MAR42	存储器属性寄存器 42	2A00 0000h～2AFF FFFFh
0184 80ACh	MAR43	存储器属性寄存器 43	2B00 0000h～2BFF FFFFh
0184 80B0h	MAR44	存储器属性寄存器 44	2C00 0000h～2CFF FFFFh
0184 80B4h	MAR45	存储器属性寄存器 45	2D00 0000h～2DFF FFFFh
0184 80B8h	MAR46	存储器属性寄存器 46	2E00 0000h～2EFF FFFFh
0184 80BCh	MAR47	存储器属性寄存器 47	2F00 0000h～2FFF FFFFh
0184 80C0h	MAR48	存储器属性寄存器 48	3000 0000h～30FF FFFFh
0184 80C4h	MAR49	存储器属性寄存器 49	3100 0000h～31FF FFFFh
0184 80C8h	MAR50	存储器属性寄存器 50	3200 0000h～32FF FFFFh
0184 80CCh	MAR51	存储器属性寄存器 51	3300 0000h～33FF FFFFh
0184 80D0h	MAR52	存储器属性寄存器 52	3400 0000h～34FF FFFFh
0184 80D4h	MAR53	存储器属性寄存器 53	3500 0000h～35FF FFFFh
0184 80D8h	MAR54	存储器属性寄存器 54	3600 0000h～36FF FFFFh
0184 80DCh	MAR55	存储器属性寄存器 55	3700 0000h～37FF FFFFh
0184 80E0h	MAR56	存储器属性寄存器 56	3800 0000h～38FF FFFFh
0184 80E4h	MAR57	存储器属性寄存器 57	3900 0000h～39FF FFFFh
0184 80E8h	MAR58	存储器属性寄存器 58	3A00 0000h～3AFF FFFFh
0184 80ECh	MAR59	存储器属性寄存器 59	3B00 0000h～3BFF FFFFh
0184 80F0h	MAR60	存储器属性寄存器 60	3C00 0000h～3CFF FFFFh
0184 80F4h	MAR61	存储器属性寄存器 61	3D00 0000h～3DFF FFFFh
0184 80F8h	MAR62	存储器属性寄存器 62	3E00 0000h～3EFF FFFFh
0184 80FCh	MAR63	存储器属性寄存器 63	3F00 0000h～3FFF FFFFh
0184 8100h	MAR64	存储器属性寄存器 64	4000 0000h～40FF FFFFh
0184 8104h	MAR65	存储器属性寄存器 65	4100 0000h～41FF FFFFh
0184 8108h	MAR66	存储器属性寄存器 66	4200 0000h～42FF FFFFh
0184 810Ch	MAR67	存储器属性寄存器 67	4300 0000h～43FF FFFFh
0184 8110h	MAR68	存储器属性寄存器 68	4400 0000h～44FF FFFFh
0184 8114h	MAR69	存储器属性寄存器 69	4500 0000h～45FF FFFFh
0184 8118h	MAR70	存储器属性寄存器 70	4600 0000h～46FF FFFFh
0184 811Ch	MAR71	存储器属性寄存器 71	4700 0000h～47FF FFFFh
0184 8120h	MAR72	存储器属性寄存器 72	4800 0000h～48FF FFFFh
0184 8124h	MAR73	存储器属性寄存器 73	4900 0000h～49FF FFFFh
0184 8128h	MAR74	存储器属性寄存器 74	4A00 0000h～4AFF FFFFh
0184 812Ch	MAR75	存储器属性寄存器 75	4B00 0000h～4BFF FFFFh

续表

地　址	缩　写	寄存器描述	定义属性的地址范围
0184 8130h	MAR76	存储器属性寄存器 76	4C00 0000h～4CFF FFFFh
0184 8134h	MAR77	存储器属性寄存器 77	4D00 0000h～4DFF FFFFh
0184 8138h	MAR78	存储器属性寄存器 78	4E00 0000h～4EFF FFFFh
0184 813Ch	MAR79	存储器属性寄存器 79	4F00 0000h～4FFF FFFFh
0184 8140h	MAR80	存储器属性寄存器 80	5000 0000h～50FF FFFFh
0184 8144h	MAR81	存储器属性寄存器 81	5100 0000h～51FF FFFFh
0184 8148h	MAR82	存储器属性寄存器 82	5200 0000h～52FF FFFFh
0184 814Ch	MAR83	存储器属性寄存器 83	5300 0000h～53FF FFFFh
0184 8150h	MAR84	存储器属性寄存器 84	5400 0000h～54FF FFFFh
0184 8154h	MAR85	存储器属性寄存器 85	5500 0000h～55FF FFFFh
0184 8158h	MAR86	存储器属性寄存器 86	5600 0000h～56FF FFFFh
0184 815Ch	MAR87	存储器属性寄存器 87	5700 0000h～57FF FFFFh
0184 8160h	MAR88	存储器属性寄存器 88	5800 0000h～58FF FFFFh
0184 8164h	MAR89	存储器属性寄存器 89	5900 0000h～59FF FFFFh
0184 8168h	MAR90	存储器属性寄存器 90	5A00 0000h～5AFF FFFFh
0184 816Ch	MAR91	存储器属性寄存器 91	5B00 0000h～5BFF FFFFh
0184 8170h	MAR92	存储器属性寄存器 92	5C00 0000h～5CFF FFFFh
0184 8174h	MAR93	存储器属性寄存器 93	5D00 0000h～5DFF FFFFh
0184 8178h	MAR94	存储器属性寄存器 94	5E00 0000h～5EFF FFFFh
0184 817Ch	MAR95	存储器属性寄存器 95	5F00 0000h～5FFF FFFFh
0184 8180h	MAR96	存储器属性寄存器 96	6000 0000h～60FF FFFFh
0184 8184h	MAR97	存储器属性寄存器 97	6100 0000h～61FF FFFFh
0184 8188h	MAR98	存储器属性寄存器 98	6200 0000h～62FF FFFFh
0184 818Ch	MAR99	存储器属性寄存器 99	6300 0000h～63FF FFFFh
0184 8190h	MAR100	存储器属性寄存器 100	6400 0000h～64FF FFFFh
0184 8194h	MAR101	存储器属性寄存器 101	6500 0000h～65FF FFFFh
0184 8198h	MAR102	存储器属性寄存器 102	6600 0000h～66FF FFFFh
0184 819Ch	MAR103	存储器属性寄存器 103	6700 0000h～67FF FFFFh
0184 81A0h	MAR104	存储器属性寄存器 104	6800 0000h～68FF FFFFh
0184 81A4h	MAR105	存储器属性寄存器 105	6900 0000h～69FF FFFFh
0184 81A8h	MAR106	存储器属性寄存器 106	6A00 0000h～6AFF FFFFh
0184 81ACh	MAR107	存储器属性寄存器 107	6B00 0000h～6BFF FFFFh
0184 81B0h	MAR108	存储器属性寄存器 108	6C00 0000h～6CFF FFFFh
0184 81B4h	MAR109	存储器属性寄存器 109	6D00 0000h～6DFF FFFFh
0184 81B8h	MAR110	存储器属性寄存器 110	6E00 0000h～6EFF FFFFh
0184 81BCh	MAR111	存储器属性寄存器 111	6F00 0000h～6FFF FFFFh
0184 81C0h	MAR112	存储器属性寄存器 112	7000 0000h～70FF FFFFh
0184 81C4h	MAR113	存储器属性寄存器 113	7100 0000h～71FF FFFFh
0184 81C8h	MAR114	存储器属性寄存器 114	7200 0000h～72FF FFFFh
0184 81CCh	MAR115	存储器属性寄存器 115	7300 0000h～73FF FFFFh
0184 81D0h	MAR116	存储器属性寄存器 116	7400 0000h～74FF FFFFh
0184 81D4h	MAR117	存储器属性寄存器 117	7500 0000h～75FF FFFFh

地　　址	缩　　写	寄存器描述	定义属性的地址范围
0184 81D8h	MAR118	存储器属性寄存器 118	7600 0000h～76FF FFFFh
0184 81DCh	MAR119	存储器属性寄存器 119	7700 0000h～77FF FFFFh
0184 81E0h	MAR120	存储器属性寄存器 120	7800 0000h～78FF FFFFh
0184 81E4h	MAR121	存储器属性寄存器 121	7900 0000h～79FF FFFFh
0184 81E8h	MAR122	存储器属性寄存器 122	7A00 0000h～7AFF FFFFh
0184 81ECh	MAR123	存储器属性寄存器 123	7B00 0000h～7BFF FFFFh
0184 81F0h	MAR124	存储器属性寄存器 124	7C00 0000h～7CFF FFFFh
0184 81F4h	MAR125	存储器属性寄存器 125	7D00 0000h～7DFF FFFFh
0184 81F8h	MAR126	存储器属性寄存器 126	7E00 0000h～7EFF FFFFh
0184 81FCh	MAR127	存储器属性寄存器 127	7F00 0000h～7FFF FFFFh
0184 8200h	MAR128	存储器属性寄存器 128	8000 0000h～80FF FFFFh
0184 8204h	MAR129	存储器属性寄存器 129	8100 0000h～81FF FFFFh
0184 8208h	MAR130	存储器属性寄存器 130	8200 0000h～82FF FFFFh
0184 820Ch	MAR131	存储器属性寄存器 131	8300 0000h～83FF FFFFh
0184 8210h	MAR132	存储器属性寄存器 132	8400 0000h～84FF FFFFh
0184 8214h	MAR133	存储器属性寄存器 133	8500 0000h～85FF FFFFh
0184 8218h	MAR134	存储器属性寄存器 134	8600 0000h～86FF FFFFh
0184 821Ch	MAR135	存储器属性寄存器 135	8700 0000h～87FF FFFFh
0184 8220h	MAR136	存储器属性寄存器 136	8800 0000h～88FF FFFFh
0184 8224h	MAR137	存储器属性寄存器 137	8900 0000h～89FF FFFFh
0184 8228h	MAR138	存储器属性寄存器 138	8A00 0000h～8AFF FFFFh
0184 822Ch	MAR139	存储器属性寄存器 139	8B00 0000h～8BFF FFFFh
0184 8230h	MAR140	存储器属性寄存器 140	8C00 0000h～8CFF FFFFh
0184 8234h	MAR141	存储器属性寄存器 141	8D00 0000h～8DFF FFFFh
0184 8238h	MAR142	存储器属性寄存器 142	8E00 0000h～8EFF FFFFh
0184 823Ch	MAR143	存储器属性寄存器 143	8F00 0000h～8FFF FFFFh
0184 8240h	MAR144	存储器属性寄存器 144	9000 0000h～90FF FFFFh
0184 8244h	MAR145	存储器属性寄存器 145	9100 0000h～91FF FFFFh
0184 8248h	MAR146	存储器属性寄存器 146	9200 0000h～92FF FFFFh
0184 824Ch	MAR147	存储器属性寄存器 147	9300 0000h～93FF FFFFh
0184 8250h	MAR148	存储器属性寄存器 148	9400 0000h～94FF FFFFh
0184 8254h	MAR149	存储器属性寄存器 149	9500 0000h～95FF FFFFh
0184 8258h	MAR150	存储器属性寄存器 150	9600 0000h～96FF FFFFh
0184 825Ch	MAR151	存储器属性寄存器 151	9700 0000h～97FF FFFFh
0184 8260h	MAR152	存储器属性寄存器 152	9800 0000h～98FF FFFFh
0184 8264h	MAR153	存储器属性寄存器 153	9900 0000h～99FF FFFFh
0184 8268h	MAR154	存储器属性寄存器 154	9A00 0000h～9AFF FFFFh
0184 826Ch	MAR155	存储器属性寄存器 155	9B00 0000h～9BFF FFFFh
0184 8270h	MAR156	存储器属性寄存器 156	9C00 0000h～9CFF FFFFh
0184 8274h	MAR157	存储器属性寄存器 157	9D00 0000h～9DFF FFFFh
0184 8278h	MAR158	存储器属性寄存器 158	9E00 0000h～9EFF FFFFh
0184 827Ch	MAR159	存储器属性寄存器 159	9F00 0000h～9FFF FFFFh

续表

地　　址	缩　　写	寄存器描述	定义属性的地址范围
0184 8280h	MAR160	存储器属性寄存器 160	A000 0000h～A0FF FFFFh
0184 8284h	MAR161	存储器属性寄存器 161	A100 0000h～A1FF FFFFh
0184 8288h	MAR162	存储器属性寄存器 162	A200 0000h～A2FF FFFFh
0184 828Ch	MAR163	存储器属性寄存器 163	A300 0000h～A3FF FFFFh
0184 8290h	MAR164	存储器属性寄存器 164	A400 0000h～A4FF FFFFh
0184 8294h	MAR165	存储器属性寄存器 165	A500 0000h～A5FF FFFFh
0184 8298h	MAR166	存储器属性寄存器 166	A600 0000h～A6FF FFFFh
0184 829Ch	MAR167	存储器属性寄存器 167	A700 0000h～A7FF FFFFh
0184 82A0h	MAR168	存储器属性寄存器 168	A800 0000h～A8FF FFFFh
0184 82A4h	MAR169	存储器属性寄存器 169	A900 0000h～A9FF FFFFh
0184 82A8h	MAR170	存储器属性寄存器 170	AA00 0000h～AAFF FFFFh
0184 82ACh	MAR171	存储器属性寄存器 171	AB00 0000h～ABFF FFFFh
0184 82B0h	MAR172	存储器属性寄存器 172	AC00 0000h～ACFF FFFFh
0184 82B4h	MAR173	存储器属性寄存器 173	AD00 0000h～ADFF FFFFh
0184 82B8h	MAR174	存储器属性寄存器 174	AE00 0000h～AEFF FFFFh
0184 82BCh	MAR175	存储器属性寄存器 175	AF00 0000h～AFFF FFFFh
0184 82C0h	MAR176	存储器属性寄存器 176	B000 0000h～B0FF FFFFh
0184 82C4h	MAR177	存储器属性寄存器 177	B100 0000h～B1FF FFFFh
0184 82C8h	MAR178	存储器属性寄存器 178	B200 0000h～B2FF FFFFh
0184 82CCh	MAR179	存储器属性寄存器 179	B300 0000h～B3FF FFFFh
0184 82D0h	MAR180	存储器属性寄存器 180	B400 0000h～B4FF FFFFh
0184 82D4h	MAR181	存储器属性寄存器 181	B500 0000h～B5FF FFFFh
0184 82D8h	MAR182	存储器属性寄存器 182	B600 0000h～B6FF FFFFh
0184 82DCh	MAR183	存储器属性寄存器 183	B700 0000h～B7FF FFFFh
0184 82E0h	MAR184	存储器属性寄存器 184	B800 0000h～B8FF FFFFh
0184 82E4h	MAR185	存储器属性寄存器 185	B900 0000h～B9FF FFFFh
0184 82E8h	MAR186	存储器属性寄存器 186	BA00 0000h～BAFF FFFFh
0184 82ECh	MAR187	存储器属性寄存器 187	BB00 0000h～BBFF FFFFh
0184 82F0h	MAR188	存储器属性寄存器 188	BC00 0000h～BCFF FFFFh
0184 82F4h	MAR189	存储器属性寄存器 189	BD00 0000h～BDFF FFFFh
0184 82F8h	MAR190	存储器属性寄存器 190	BE00 0000h～BEFF FFFFh
0184 82FCh	MAR191	存储器属性寄存器 191	BF00 0000h～BFFF FFFFh
0184 8300h	MAR192	存储器属性寄存器 192	C000 0000h～C0FF FFFFh
0184 8304h	MAR193	存储器属性寄存器 193	C100 0000h～C1FF FFFFh
0184 8308h	MAR194	存储器属性寄存器 194	C200 0000h～C2FF FFFFh
0184 830Ch	MAR195	存储器属性寄存器 195	C300 0000h～C3FF FFFFh
0184 8310h	MAR196	存储器属性寄存器 196	C400 0000h～C4FF FFFFh
0184 8314h	MAR197	存储器属性寄存器 197	C500 0000h～C5FF FFFFh
0184 8318h	MAR198	存储器属性寄存器 198	C600 0000h～C6FF FFFFh
0184 831Ch	MAR199	存储器属性寄存器 199	C700 0000h～C7FF FFFFh
0184 8320h	MAR200	存储器属性寄存器 200	C800 0000h～C8FF FFFFh
0184 8324h	MAR201	存储器属性寄存器 201	C900 0000h～C9FF FFFFh

地　　　址	缩　　写	寄存器描述	定义属性的地址范围
0184 8328h	MAR202	存储器属性寄存器 202	CA00 0000h～CAFF FFFFh
0184 832Ch	MAR203	存储器属性寄存器 203	CB00 0000h～CBFF FFFFh
0184 8330h	MAR204	存储器属性寄存器 204	CC00 0000h～CCFF FFFFh
0184 8334h	MAR205	存储器属性寄存器 205	CD00 0000h～CDFF FFFFh
0184 8338h	MAR206	存储器属性寄存器 206	CE00 0000h～CEFF FFFFh
0184 833Ch	MAR207	存储器属性寄存器 207	CF00 0000h～CFFF FFFFh
0184 8340h	MAR208	存储器属性寄存器 208	D000 0000h～D0FF FFFFh
0184 8344h	MAR209	存储器属性寄存器 209	D100 0000h～D1FF FFFFh
0184 8348h	MAR210	存储器属性寄存器 210	D200 0000h～D2FF FFFFh
0184 834Ch	MAR211	存储器属性寄存器 211	D300 0000h～D3FF FFFFh
0184 8350h	MAR212	存储器属性寄存器 212	D400 0000h～D4FF FFFFh
0184 8354h	MAR213	存储器属性寄存器 213	D500 0000h～D5FF FFFFh
0184 8358h	MAR214	存储器属性寄存器 214	D600 0000h～D6FF FFFFh
0184 835Ch	MAR215	存储器属性寄存器 215	D700 0000h～D7FF FFFFh
0184 8360h	MAR216	存储器属性寄存器 216	D800 0000h～D8FF FFFFh
0184 8364h	MAR217	存储器属性寄存器 217	D900 0000h～D9FF FFFFh
0184 8368h	MAR218	存储器属性寄存器 218	DA00 0000h～DAFF FFFFh
0184 836Ch	MAR219	存储器属性寄存器 219	DB00 0000h～DBFF FFFFh
0184 8370h	MAR220	存储器属性寄存器 220	DC00 0000h～DCFF FFFFh
0184 8374h	MAR221	存储器属性寄存器 221	DD00 0000h～DDFF FFFFh
0184 8378h	MAR222	存储器属性寄存器 222	DE00 0000h～DEFF FFFFh
0184 837Ch	MAR223	存储器属性寄存器 223	DF00 0000h～DFFF FFFFh
0184 8380h	MAR224	存储器属性寄存器 224	E000 0000h～E0FF FFFFh
0184 8384h	MAR225	存储器属性寄存器 225	E100 0000h～E1FF FFFFh
0184 8388h	MAR226	存储器属性寄存器 226	E200 0000h～E2FF FFFFh
0184 838Ch	MAR227	存储器属性寄存器 227	E300 0000h～E3FFF FFFh
0184 8390h	MAR228	存储器属性寄存器 228	E400 0000h～E4FF FFFFh
0184 8394h	MAR229	存储器属性寄存器 229	E500 0000h～E5FF FFFFh
0184 8398h	MAR230	存储器属性寄存器 230	E600 0000h～E6FF FFFFh
0184 839Ch	MAR231	存储器属性寄存器 231	E700 0000h～E7FF FFFFh
0184 83A0h	MAR232	存储器属性寄存器 232	E800 0000h～E8FF FFFFh
0184 83A4h	MAR233	存储器属性寄存器 233	E900 0000h～E9FF FFFFh
0184 83A8h	MAR234	存储器属性寄存器 234	EA00 0000h～EAFF FFFFh
0184 83ACh	MAR235	存储器属性寄存器 235	EB00 0000h～EBFF FFFFh
0184 83B0h	MAR236	存储器属性寄存器 236	EC00 0000h～ECFF FFFFh
0184 83B4h	MAR237	存储器属性寄存器 237	ED00 0000h～EDFF FFFFh
0184 83B8h	MAR238	存储器属性寄存器 238	EE00 0000h～EEFF FFFFh
0184 83BCh	MAR239	存储器属性寄存器 239	EF00 0000h～EFFF FFFFh
0184 83C0h	MAR240	存储器属性寄存器 240	F000 0000h～F0FF FFFFh
0184 83C4h	MAR241	存储器属性寄存器 241	F100 0000h～F1FF FFFFh
0184 83C8h	MAR242	存储器属性寄存器 242	F200 0000h～F2FF FFFFh
0184 83CCh	MAR243	存储器属性寄存器 243	F300 0000h～F3FF FFFFh

地　　址	缩　　写	寄存器描述	定义属性的地址范围
0184 83D0h	MAR244	存储器属性寄存器 244	F400 0000h～F4FF FFFFh
0184 83D4h	MAR245	存储器属性寄存器 245	F500 0000h～F5FF FFFFh
0184 83D8h	MAR246	存储器属性寄存器 246	F600 0000h～F6FF FFFFh
0184 83DCh	MAR247	存储器属性寄存器 247	F700 0000h～F7FF FFFFh
0184 83E0h	MAR248	存储器属性寄存器 248	F800 0000h～F8FF FFFFh
0184 83E4h	MAR249	存储器属性寄存器 249	F900 0000h～F9FF FFFFh
0184 83E8h	MAR250	存储器属性寄存器 250	FA00 0000h～FAFF FFFFh
0184 83ECh	MAR251	存储器属性寄存器 251	FB00 0000h～FBFF FFFFh
0184 83F0h	MAR252	存储器属性寄存器 252	FC00 0000h～FCFF FFFFh
0184 83F4h	MAR253	存储器属性寄存器 253	FD00 0000h～FDFF FFFFh
0184 83F8h	MAR254	存储器属性寄存器 254	FE00 0000h～FEFF FFFFh
0184 83FCh	MAR255	存储器属性寄存器 255	FF00 0000h～FFFF FFFFh

附　录　C

附录 C 为 C6678 EDMACC 事件列表，包含 EDMACC0 事件、EDMACC1 事件和 EDMACC2 事件。

C6678 EDMACC0 事件

事 件 编 号	事　　件	事 件 描 述
0	TINT8L	定时器中断低
1	TINT8H	定时器中断高
2	TINT9L	定时器中断低
3	TINT9H	定时器中断高
4	TINT10L	定时器中断低
5	TINT10H	定时器中断高
6	TINT11L	定时器中断低
7	TINT11H	定时器中断高
8	CIC3_OUT0	中断控制器输出
9	CIC3_OUT1	中断控制器输出
10	CIC3_OUT2	中断控制器输出
11	CIC3_OUT3	中断控制器输出
12	CIC3_OUT4	中断控制器输出
13	CIC3_OUT5	中断控制器输出
14	CIC3_OUT6	中断控制器输出
15	CIC3_OUT7	中断控制器输出

C6678 EDMACC1 事件

事 件 编 号	事　　件	事 件 描 述
0	SPIINT0	SPI 中断
1	SPIINT1	SPI 中断
2	SPIXEVT	SPI 传输事件
3	SPIREVT	SPI 接收事件
4	I2CREVT	I^2C 接收事件
5	I2CXEVT	I^2C 传输事件
6	GPINT0	GPIO 中断
7	GPINT1	GPIO 中断
8	GPINT2	GPIO 中断
9	GPINT3	GPIO 中断
10	GPINT4	GPIO 中断
11	GPINT5	GPIO 中断
12	GPINT6	GPIO 中断
13	GPINT7	GPIO 中断

续表

事 件 编 号	事　　件	事 件 描 述
14	SEMINT0	Semaphore 中断
15	SEMINT1	Semaphore 中断
16	SEMINT2	Semaphore 中断
17	SEMINT3	Semaphore 中断
18	SEMINT4	Semaphore 中断
19	SEMINT5	Semaphore 中断
20	SEMINT6	Semaphore 中断
21	SEMINT7	Semaphore 中断
22	TINT8L	Timer 中断低
23	TINT8H	Timer 中断高
24	TINT9L	Timer 中断低
25	TINT9H	Timer 中断高
26	TINT10L	Timer 中断低
27	TINT10H	Timer 中断高
28	TINT11L	Timer 中断低
29	TINT11H	Timer 中断高
30	TINT12L	Timer 中断低
31	TINT12H	Timer 中断高
32	TINT13L	Timer 中断低
33	TINT13H	Timer 中断高
34	TINT14L	Timer 中断低
35	TINT14H	Timer 中断高
36	TINT15L	Timer 中断低
37	TINT15H	Timer 中断高
38	CIC2_OUT44	中断控制器输出
39	CIC2_OUT45	中断控制器输出
40	CIC2_OUT46	中断控制器输出
41	CIC2_OUT47	中断控制器输出
42	CIC2_OUT0	中断控制器输出
43	CIC2_OUT1	中断控制器输出
44	CIC2_OUT2	中断控制器输出
45	CIC2_OUT3	中断控制器输出
46	CIC2_OUT4	中断控制器输出
47	CIC2_OUT5	中断控制器输出
48	CIC2_OUT6	中断控制器输出
49	CIC2_OUT7	中断控制器输出
50	CIC2_OUT8	中断控制器输出
51	CIC2_OUT9	中断控制器输出
52	CIC2_OUT10	中断控制器输出
53	CIC2_OUT11	中断控制器输出
54	CIC2_OUT12	中断控制器输出
55	CIC2_OUT13	中断控制器输出

事 件 编 号	事 件	事 件 描 述
56	CIC2_OUT14	中断控制器输出
57	CIC2_OUT15	中断控制器输出
58	CIC2_OUT16	中断控制器输出
59	CIC2_OUT17	中断控制器输出
60	CIC2_OUT18	中断控制器输出
61	CIC2_OUT19	中断控制器输出
62	CIC2_OUT20	中断控制器输出
63	CIC2_OUT21	中断控制器输出

C6678 EDMACC2 事件

事 件 编 号	事 件	事 件 描 述
0	SPIINT0	SPI 中断
1	SPIINT1	SPI 中断
2	SPIXEVT	SPI 传输事件
3	SPIREVT	SPI 接收事件
4	I2CREVT	I^2C 接收事件
5	I2CXEVT	I^2C 传输事件
6	GPINT0	GPIO 中断
7	GPINT1	GPIO 中断
8	GPINT2	GPIO 中断
9	GPINT3	GPIO 中断
10	GPINT4	GPIO 中断
11	GPINT5	GPIO 中断
12	GPINT6	GPIO 中断
13	GPINT7	GPIO 中断
14	SEMINT0	Semaphore 中断
15	SEMINT1	Semaphore 中断
16	SEMINT2	Semaphore 中断
17	SEMINT3	Semaphore 中断
18	SEMINT4	Semaphore 中断
19	SEMINT5	Semaphore 中断
20	SEMINT6	Semaphore 中断
21	SEMINT7	Semaphore 中断
22	TINT8L	Timer 中断低
23	TINT8H	Timer 中断高
24	TINT9L	Timer 中断低
25	TINT9H	Timer 中断高
26	TINT10L	Timer 中断低
27	TINT10H	Timer 中断高
28	TINT11L	Timer 中断低
29	TINT11H	Timer 中断高
30	TINT12L	Timer 中断低

事 件 编 号	事　　件	事 件 描 述
31	TINT12H	Timer 中断高
32	TINT13L	Timer 中断低
33	TINT13H	Timer 中断高
34	TINT14L	Timer 中断低
35	TINT14H	Timer 中断高
36	TINT15L	Timer 中断低
37	TINT15H	Timer 中断高
38	CIC2_OUT48	中断控制器输出
39	CIC2_OUT49	中断控制器输出
40	URXEVT	UART 接收事件
41	UTXEVT	UART 发送事件
42	CIC2_OUT22	中断控制器输出
43	CIC2_OUT23	中断控制器输出
44	CIC2_OUT24	中断控制器输出
45	CIC2_OUT25	中断控制器输出
46	CIC2_OUT26	中断控制器输出
47	CIC2_OUT27	中断控制器输出
48	CIC2_OUT28	中断控制器输出
49	CIC2_OUT29	中断控制器输出
50	CIC2_OUT30	中断控制器输出
51	CIC2_OUT31	中断控制器输出
52	CIC2_OUT32	中断控制器输出
53	CIC2_OUT33	中断控制器输出
54	CIC2_OUT34	中断控制器输出
55	CIC2_OUT35	中断控制器输出
56	CIC2_OUT36	中断控制器输出
57	CIC2_OUT37	中断控制器输出
58	CIC2_OUT38	中断控制器输出
59	CIC2_OUT39	中断控制器输出
60	CIC2_OUT40	中断控制器输出
61	CIC2_OUT41	中断控制器输出
62	CIC2_OUT42	中断控制器输出
63	CIC2_OUT43	中断控制器输出

附　录　D

附录 D 为 C6678 CorePac System Event 的事件输入列表。

TMS320C6678 System Event 输入

System Event 编号	中 断 事 件	描　述
0	EVT0	Event combiner 0 output
1	EVT1	Event combiner 1 output
2	EVT2	Event combiner 2 output
3	EVT3	Event combiner 3 output
4	TETBHFULLINTn [1]	TETB is half full
5	TETBFULLINTn [1]	TETB is full
6	TETBACQINTn [1]	Acquisition has been completed
7	TETBOVFLINTn [1]	Acquisition has been completed
8	TETBUNFLINTn [1]	Underflow condition interrupt
9	EMU_DTDMA	ECM interrupt for： （1）Host scan access； （2）DTDMA transfer complete； （3）AET interrupt
10	MSMC_mpf_errorn [2]	Memory protection fault indicators for local core
11	EMU_RTDXRX	RTDX receive complete
12	EMU_RTDXRX	RTDX receive complete
13	IDMA0	IDMA channel 0 interrupt
14	IDMA1	IDMA channel 1 interrupt
15	SEMERRn [3]	Semaphore error interrupt
16	SEMINTn [3]	Semaphore interrupt
17	PCIExpress_MSI_INTn [4]	Message signaled interrupt mode
18	TSIP0_ERRINT[n] [5]	TSIP0 receive/transmit error interrupt
19	TSIP1_ERRINT[n] [5]	TSIP1 receive/transmit error interrupt
20	INTDST($n+16$) [6]	SRIO Interrupt
21	CIC0_OUT($32+0+11*n$) [7] Or CIC1_OUT($32+0+11*(n-4)$) [7]	Interrupt Controller output
22	CIC0_OUT($32+1+11*n$) [7] Or CIC1_OUT($32+1+11*(n-4)$) [7]	Interrupt Controller output
23	CIC0_OUT($32+2+11*n$) [7] Or CIC1_OUT($32+2+11*(n-4)$) [7]	Interrupt Controller output
24	CIC0_OUT($32+3+11*n$) [7] Or CIC1_OUT($32+3+11*(n-4)$) [7]	Interrupt Controller output
25	CIC0_OUT($32+4+11*n$) [7] Or CIC1_OUT($32+4+11*(n-4)$) [7]	Interrupt Controller output

续表

System Event 编号	中 断 事 件	描 述
26	$\text{CIC0\_OUT}(32+5+11*n)^{(7)}$ Or $\text{CIC1\_OUT}(32+5+11*(n-4))^{(7)}$	Interrupt Controller output
27	$\text{CIC0\_OUT}(32+6+11*n)^{(7)}$ Or $\text{CIC1\_OUT}(32+6+11*(n-4))^{(7)}$	Interrupt Controller output
28	$\text{CIC0\_OUT}(32+7+11*n)^{(7)}$ Or $\text{CIC1\_OUT}(32+7+11*(n-4))^{(7)}$	Interrupt Controller output
29	$\text{CIC0\_OUT}(32+8+11*n)^{(7)}$ Or $\text{CIC1\_OUT}(32+8+11*(n-4))^{(7)}$	Interrupt Controller output
30	$\text{CIC0\_OUT}(32+9+11*n)^{(7)}$ Or $\text{CIC1\_OUT}(32+9+11*(n-4))^{(7)}$	Interrupt Controller output
31	$\text{CIC0\_OUT}(32+10+11*n)^{(7)}$ Or $\text{CIC1\_OUT}(32+10+11*(n-4))^{(7)}$	Interrupt Controller output
32	QM_INT_LOW_0	QM Interrupt for 0~31 Queues
33	QM_INT_LOW_1	QM Interrupt for 32~63 Queues
34	QM_INT_LOW_2	QM Interrupt for 64~95 Queues
35	QM_INT_LOW_3	QM Interrupt for 96~127 Queues
36	QM_INT_LOW_4	QM Interrupt for 128~159 Queues
37	QM_INT_LOW_5	QM Interrupt for 160~191 Queues
38	QM_INT_LOW_6	QM Interrupt for 192~223 Queues
39	QM_INT_LOW_7	QM Interrupt for 224~255 Queues
40	QM_INT_LOW_8	QM Interrupt for 256~287 Queues
41	QM_INT_LOW_9	QM Interrupt for 288~319 Queues
42	QM_INT_LOW_10	QM Interrupt for 320~351 Queues
43	QM_INT_LOW_11	QM Interrupt for 352~383 Queues
44	QM_INT_LOW_12	QM Interrupt for 384~415 Queues
45	QM_INT_LOW_13	QM Interrupt for 416~447 Queues
46	QM_INT_LOW_14	QM Interrupt for 448~479 Queues
47	QM_INT_LOW_15	QM Interrupt for 480~511 Queues
48	$\text{QM\_INT\_HIGH\_}n^{(8)}$	QM Interrupt for Queue $704+n8$
49	$\text{QM\_INT\_HIGH\_}(n+8)^{(8)}$	QM Interrupt for Queue $712+n8$
50	$\text{QM\_INT\_HIGH\_}(n+16)^{(8)}$	QM Interrupt for Queue $720+n8$
51	$\text{QM\_INT\_HIGH\_}(n+24)^{(8)}$	QM Interrupt for Queue $728+n8$
52	$\text{TSIP0\_RFSINT}[n]^{(5)}$	TSIP0 receive frame sync interrupt
53	$\text{TSIP0\_RSFINT}[n]^{(5)}$	TSIP0 receive super frame interrupt
54	$\text{TSIP0\_XFSINT}[n]^{(5)}$	TSIP0 transmit frame sync interrupt
55	$\text{TSIP0\_XSFINT}[n]^{(5)}$	TSIP0 transmit super frame interrupt
56	$\text{TSIP1\_RFSINT}[n]^{(5)}$	TSIP1 receive frame sync interrupt
57	$\text{TSIP1\_RSFINT}[n]^{(5)}$	TSIP1 receive super frame interrupt
58	$\text{TSIP1\_XFSINT}[n]^{(5)}$	TSIP1 transmit frame sync interrupt
59	$\text{TSIP1\_XSFINT}[n]^{(5)}$	TSIP1 transmit super frame interrupt
60	Reserved	

System Event 编号	中 断 事 件	描 述
61	Reserved	
62	CIC0_OUT$(2+8*n)^{(7)}$ Or CIC1_OUT $(2+8*(n-4))^{(7)}$	Interrupt Controller output
63	CIC0_OUT$(3+8*n)^{(7)}$ Or CIC1_OUT $(3+8*(n-4))^{(7)}$	Interrupt Controller output
64	TINTL$n^{(9)}$	Local timer interrupt low
65	TINTH$n^{(9)}$	Local timer interrupt high
66	TINT8L	Timer interrupt low
67	TINT8H	Timer interrupt high
68	TINT9L	Timer interrupt low
69	TINT9H	Timer interrupt high
70	TINT10L	Timer interrupt low
71	TINT10H	Timer interrupt high
72	TINT11L	Timer interrupt low
73	TINT11H	Timer interrupt high
74	TINT12L	Timer interrupt low
75	TINT12H	Timer interrupt high
76	TINT13L	Timer interrupt low
77	TINT13H	Timer interrupt high
78	TINT14L	Timer interrupt low
79	TINT14H	Timer interrupt high
80	TINT15L	Timer interrupt low
81	TINT15H	Timer interrupt high
82	GPINT8	Local GPIO interrupt
83	GPINT9	Local GPIO interrupt
84	GPINT10	Local GPIO interrupt
85	GPINT11	Local GPIO interrupt
86	GPINT12	Local GPIO interrupt
87	GPINT13	Local GPIO interrupt
88	GPINT14	Local GPIO interrupt
89	GPINT15	Local GPIO interrupt
90	GPINT$n^{(10)}$	Local GPIO interrupt
91	IPC_LOCAL	Inter DSP interrupt from IPCGRn
92	CIC0_OUT$(4+8*n)^{(7)}$ Or CIC1_OUT $(4+8*(n-4))^{(7)}$	Interrupt Controller output
93	CIC0_OUT$(5+8*n)^{(7)}$ Or CIC1_OUT $(5+8*(n-4))^{(7)}$	Interrupt Controller output
94	CIC0_OUT$(6+8*n)^{(7)}$ Or CIC1_OUT $(6+8*(n-4))^{(7)}$	Interrupt Controller output
95	CIC0_OUT$(4+8*n)^{(7)}$ Or CIC1_OUT $(4+8*(n-4))^{(7)}$	Interrupt Controller output

System Event 编号	中断事件	描　述
96	INTERR	Dropped CPU interrupt event
97	EMC_IDMAERR	Invalid IDMA parameters
98	Reserved	
99	Reserved	
100	EFIINTA	EFI Interrupt from side A
101	EFIINTB	EFI Interrupt from side B
102	CIC0_OUT0 or CIC1_OUT0	Interrupt Controller output
103	CIC0_OUT1 or CIC1_OUT1	Interrupt Controller output
104	CIC0_OUT8 or CIC1_OUT8	Interrupt Controller output
105	CIC0_OUT9 or CIC1_OUT9	Interrupt Controller output
106	CIC0_OUT16 or CIC1_OUT16	Interrupt Controller output
107	CIC0_OUT17 or CIC1_OUT17	Interrupt Controller output
108	CIC0_OUT24 or CIC1_OUT24	Interrupt Controller output
109	CIC0_OUT25 or CIC1_OUT25	Interrupt Controller output
110	MDMAERREVT	VbusM error event
111	Reserved	
112	EDMA3CC0_EDMACC_AETEVT	EDMA3CC0 AET event
113	PMC_ED	Single bit error detected during DMA read
114	EDMA3CC1_EDMACC_AETEVT	EDMA3CC1 AET Event
115	EDMA3CC2_EDMACC_AETEVT	EDMA3CC2 AET Event
116	UMC_ED1	Corrected bit error detected
117	UMC_ED2	Uncorrected bit error detected
118	PDC_INT	Power down sleep interrupt
119	SYS_CMPA	SYS CPU memory protection fault event
120	PMC_CMPA	PMC CPU memory protection fault event
121	PMC_DMPA	PMC DMA memory protection fault event
122	DMC_CMPA	DMC CPU memory protection fault event
123	DMC_DMPA	DMC DMA memory protection fault event
124	UMC_CMPA	UMC CPU memory protection fault event
125	UMC_DMPA	UMC DMA memory protection fault event
126	EMC_CMPA	EMC CPU memory protection fault event
127	EMC_BUSERR	EMC bus error interrupt

注：(1) CorePac[n] 将收到 TETBHFULLINTn，TETBFULLINTn，TETBACQINTn，TETBOVFLINTn 和 TETBUNFLINTn。

(2) CorePac[n]将收到 MSMC_mpf_errorn.CIC。

(3) CorePac[n]将收到 SEMINTn and SEMERRn。

(4) CorePac[n]将收到 PCIEXpress_MSI_INTn。

(5) CorePac[n]将收到 TSIPx_xxx[n]。

(6) CorePac[n]将收到 INTDST($n+16$)。

(7) n 是内核编号。

(8) n 是内核编号。

(9) CorePac[n]将收到 TINTLn and TINTHn。

(10) CorePac[n]将收到 GPINTn。

附 录 E

附录 E 为 C6678 System Interrupt 的事件输入列表，包含 CIC0、CIC1、CIC2、CIC2 的 System Interrupt 的事件输入列表。CIC0、CIC1 的输出合并成 Host Interrupt 作为 C66x 内核的 Secondary System Events。CIC2 输出合并成为 EDMA3 CC1、EDMA3 CC2 的 Secondary Events。CIC3 输出合并成为 EDMA3 CC0、HyperLink 的 Secondary Events。

CIC0 System Interrupt 输入

CIC 上输入 事件编号	System Interrupt	描 述
0	EDMA3CC1 CC_ERRINT	EDMA3CC1 error interrupt
1	EDMA3CC1 CC_MPINT	EDMA3CC1 memory protection interrupt
2	EDMA3CC1 TC_ERRINT0	EDMA3CC1 TC0 error interrupt
3	EDMA3CC1 TC_ERRINT1	EDMA3CC1 TC1 error interrupt
4	EDMA3CC1 TC_ERRINT2	EDMA3CC1 TC2 error interrupt
5	EDMA3CC1 TC_ERRINT3	EDMA3CC1 TC3 error interrupt
6	EDMA3CC1 CC_GINT	EDMA3CC1 GINT
7	Reserved	
8	EDMA3CC1 CCINT0	EDMA3CC1 individual completion interrupt
9	EDMA3CC1 CCINT1	EDMA3CC1 individual completion interrupt
10	EDMA3CC1 CCINT2	EDMA3CC1 individual completion interrupt
11	EDMA3CC1 CCINT3	EDMA3CC1 individual completion interrupt
12	EDMA3CC1 CCINT4	EDMA3CC1 individual completion interrupt
13	EDMA3CC1 CCINT5	EDMA3CC1 individual completion interrupt
14	EDMA3CC1 CCINT6	EDMA3CC1 individual completion interrupt
15	EDMA3CC1 CCINT7	EDMA3CC1 individual completion interrupt
16	EDMA3CC2 CC_ERRINT	EDMA3CC2 error interrupt
17	EDMA3CC2 CC_MPINT	EDMA3CC2 memory protection interrupt
18	EDMA3CC2 TC_ERRINT0	EDMA3CC2 TC0 error interrupt
19	EDMA3CC2 TC_ERRINT1	EDMA3CC2 TC1 error interrupt
20	EDMA3CC2 TC_ERRINT2	EDMA3CC2 TC2 error interrupt
21	EDMA3CC2 TC_ERRINT3	EDMA3CC2 TC3 error interrupt
22	EDMA3CC2 CC_GINT	EDMA3CC2 GINT
23	Reserved	
24	EDMA3CC2 CCINT0	EDMA3CC2 individual completion interrupt
25	EDMA3CC2 CCINT1	EDMA3CC3 individual completion interrupt
26	EDMA3CC2 CCINT2	EDMA3CC4 individual completion interrupt
27	EDMA3CC2 CCINT3	EDMA3CC5 individual completion interrupt
28	EDMA3CC2 CCINT4	EDMA3CC6 individual completion interrupt
29	EDMA3CC2 CCINT5	EDMA3CC7 individual completion interrupt

续表

CIC 上输入 事件编号	System Interrupt	描　述
30	EDMA3CC2 CCINT6	EDMA3CC8 individual completion interrupt
31	EDMA3CC2 CCINT7	EDMA3CC9 individual completion interrupt
32	EDMA3CC0 CC_ERRINT	EDMA3CC0 error interrupt
33	EDMA3CC0 CC_MPINT	EDMA3CC0 memory protection interrupt
34	EDMA3CC0 TC_ERRINT0	EDMA3CC0 TC0 error interrupt
35	EDMA3CC0 TC_ERRINT1	EDMA3CC0 TC1 error interrupt
36	EDMA3CC0 CC_GINT	EDMA3CC0 GINT
37	Reserved	
38	EDMA3CC0 CCINT0	EDMA3CC0 individual completion interrupt
39	EDMA3CC0 CCINT1	EDMA3CC0 individual completion interrupt
40	EDMA3CC0 CCINT2	EDMA3CC0 individual completion interrupt
41	EDMA3CC0 CCINT3	EDMA3CC0 individual completion interrupt
42	EDMA3CC0 CCINT4	EDMA3CC0 individual completion interrupt
43	EDMA3CC0 CCINT5	EDMA3CC0 individual completion interrupt
44	EDMA3CC0 CCINT6	EDMA3CC0 individual completion interrupt
45	EDMA3CC0 CCINT7	EDMA3CC0 individual completion interrupt
46	Reserved	
47	QM_INT_PASS_TXQ_PEND_12	Queue manager pend event
48	PCIEXpress_ERR_INT	Protocol error interrupt
49	PCIEXpress_PM_INT	Power management interrupt
50	PCIEXpress_Legacy_INTA	Legacy interrupt mode
51	PCIEXpress_Legacy_INTB	Legacy interrupt mode
52	PCIEXpress_Legacy_INTC	Legacy interrupt mode
53	PCIEXpress_Legacy_INTD	Legacy interrupt mode
54	SPIINT0	SPI interrupt0
55	SPIINT1	SPI interrupt1
56	SPIXEVT	Transmit event
57	SPIREVT	Receive event
58	I^2CINT	I^2C interrupt
59	I^2CREVT	I^2C receive event
60	I^2CXEVT	I^2C transmit event
61	Reserved	
62	Reserved	
63	TETBHFULLINT	TETB is half full
64	TETBFULLINT	TETB is full
65	TETBACQINT	Acquisition has been completed
66	TETBOVFLINT	Overflow condition occur
67	TETBUNFLINT	Underflow condition occur
68	MDIO_LINK_INTR0	Network coprocessor MDIO interrupt
69	MDIO_LINK_INTR1	Network coprocessor MDIO interrupt
70	MDIO_USER_INTR0	Network coprocessor MDIO interrupt

CIC 上输入事件编号	System Interrupt	描　述
71	MDIO_USER_INTR1	Network coprocessor MDIO interrupt
72	MISC_INTR	Network coprocessor MISC interrupt
73	TRACER_CORE_0_INTD	Tracer sliding time window interrupt for individual core
74	TRACER_CORE_1_INTD	Tracer sliding time window interrupt for individual core
75	TRACER_CORE_2_INTD	Tracer sliding time window interrupt for individual core
76	TRACER_CORE_3_INTD	Tracer sliding time window interrupt for individual core
77	TRACER_DDR_INTD	Tracer sliding time window interrupt for DDR3 EMIF1
78	TRACER_MSMC_0_INTD	Tracer sliding time window interrupt for MSMC SRAM bank0
79	TRACER_MSMC_1_INTD	Tracer sliding time window interrupt for MSMC SRAM bank1
80	TRACER_MSMC_2_INTD	Tracer sliding time window interrupt for MSMC SRAM bank2
81	TRACER_MSMC_3_INTD	Tracer sliding time window interrupt for MSMC SRAM bank3
81	TRACER_CFG_INTD	Tracer sliding time window interrupt for CFG0 TeraNet
82	TRACER_QM_CFG_INTD	Tracer sliding time window interrupt for QM_SS CFG
84	TRACER_QM_DMA_INTD	Tracer sliding time window interrupt for QM_SS slave
85	TRACER_SM_INTD	Tracer sliding time window interrupt for semaphore
86	PSC_ALLINT	Power/sleep controller interrupt
87	MSMC_SCRUB_CERROR	Correctable(1-bit) soft error detected during scrub cycle
88	BOOTCFG_INTD	Chip-level MMR error register
89	Reserved	
90	MPU0_INTD（MPU0_ADDR_ERR_INT and MPU0_PROT_ERR_INT combined）	MPU0 addressing violation interrupt and protection violation interrupt
91	QM_INT_PASS_TXQ_PEND_13	Queue manager pend event
92	MPU1_INTD（MPU1_ADDR_ERR_INT and MPU1_PROT_ERR_INT combined）	MPU1 addressing violation interrupt and protection violation interrupt
93	QM_INT_PASS_TXQ_PEND_14	Queue manager pend event
94	MPU2_INTD（MPU2_ADDR_ERR_INT and MPU2_PROT_ERR_INT combined）	MPU2 addressing violation interrupt and protection violation interrupt
95	QM_INT_PASS_TXQ_PEND_15	Queue manager pend event
96	MPU3_INTD（MPU3_ADDR_ERR_INT and MPU3_PROT_ERR_INT combined）	MPU3 addressing violation interrupt and protection violation interrupt
97	QM_INT_PASS_TXQ_PEND_16	Queue manager pend event
98	MSMC_dedc_cerror	Correctable(1-bit) soft error detected on SRAM read

续表

CIC 上输入 事件编号	System Interrupt	描　述
99	MSMC_dedc_nc_error	Non-correctable(2-bit)soft error detected on SRAM read
100	MSMC_scrub_nc_error	Non-correctable(2-bit)soft error detected during scrub cycle
101	Reserved	
102	MSMC_mpf_error8	Memory protection fault indicators for each system master PrivID
103	MSMC_mpf_error9	Memory protection fault indicators for each system master PrivID
104	MSMC_mpf_error10	Memory protection fault indicators for each system master PrivID
105	MSMC_mpf_error11	Memory protection fault indicators for each system master PrivID
106	MSMC_mpf_error12	Memory protection fault indicators for each system master PrivID
107	MSMC_mpf_error13	Memory protection fault indicators for each system master PrivID
108	MSMC_mpf_error14	Memory protection fault indicators for each system master PrivID
109	MSMC_mpf_error15	Memory protection fault indicators for each system master PrivID
110	DDR3_ERR	DDR3 EMIF error interrupt
111	VUSR_INT_O	HyperLink interrupt
112	INTDST0	RapidIO interrupt
113	INTDST1	RapidIO interrupt
114	INTDST2	RapidIO interrupt
115	INTDST3	RapidIO interrupt
116	INTDST4	RapidIO interrupt
117	INTDST5	RapidIO interrupt
118	INTDST6	RapidIO interrupt
119	INTDST7	RapidIO interrupt
120	INTDST8	RapidIO interrupt
121	INTDST9	RapidIO interrupt
122	INTDST10	RapidIO interrupt
123	INTDST11	RapidIO interrupt
124	INTDST12	RapidIO interrupt
125	INTDST13	RapidIO interrupt
126	INTDST14	RapidIO interrupt
127	INTDST15	RapidIO interrupt
128	EASYNCERR	EMIF16 error interrupt
129	TRACER_CORE_4_INTD	Tracer sliding time window interrupt for individual core
130	TRACER_CORE_5_INTD	Tracer sliding time window interrupt for individual core
131	TRACER_CORE_6_INTD	Tracer sliding time window interrupt for individual core

CIC 上输入 事件编号	System Interrupt	描　述
132	TRACER_CORE_7_INTD	Tracer sliding time window interrupt for individual core
133	QM_INT_PKTDMA_0	Queue manager interrupt for packet DMA starvation
134	QM_INT_PKTDMA_1	Queue manager interrupt for packet DMA starvation
135	RapidIO_INT_PKTDMA_0	RapidIO interrupt for packet DMA starvation
136	PASS_INT_PKTDMA_0	Network coprocessor Interrupt for packet DMA starvation
137	SmartReflex_intrreq0	SmartReflex sensor interrupt
138	SmartReflex_intrreq1	SmartReflex sensor interrupt
139	SmartReflex_intrreq2	SmartReflex sensor interrupt
140	SmartReflex_intrreq3	SmartReflex sensor interrupt
141	VPNoSMPSAck	VPVOLTUPDATE has been asserted but SMPS has not been responded to in a defined time interval
142	VPEqValue	SRSINTERUPTZ is asserted，but the new voltage is not different from the current SMPS voltage
143	VPMaxVdd	The new voltage required is equal to or greater than MaxVdd
144	VPMinVdd	The new voltage required is equal to or less than MinVdd
145	VPINIDLE	The FSM of Voltage processor is in idle
146	VPOPPChangeDone	The average frequency error is within the desired limit
147	Reserved	
148	UARTINT	UART interrupt
149	URXEVT	UART receive event
150	UTXEVT	UART transmit event
151	QM_INT_PASS_TXQ_PEND_17	Queue manager pend event
152	QM_INT_PASS_TXQ_PEND_18	Queue manager pend event
153	QM_INT_PASS_TXQ_PEND_19	Queue manager pend event
154	QM_INT_PASS_TXQ_PEND_20	Queue manager pend event
155	QM_INT_PASS_TXQ_PEND_21	Queue manager pend event
156	QM_INT_PASS_TXQ_PEND_22	Queue manager pend event
157	QM_INT_PASS_TXQ_PEND_23	Queue manager pend event
158	QM_INT_PASS_TXQ_PEND_24	Queue manager pend event
159	QM_INT_PASS_TXQ_PEND_25	Queue manager pend event

CIC1 System Interrupt 输入

CIC 上输入 事件编号	System Interrupt	描　述
0	EDMA3CC1 CC_ERRINT	EDMA3CC1 error interrupt
1	EDMA3CC1 CC_MPINT	EDMA3CC1 memory protection interrupt
2	EDMA3CC1 TC_ERRINT0	EDMA3CC1 TC0 error interrupt
3	EDMA3CC1 TC_ERRINT1	EDMA3CC1 TC1 error interrupt
4	EDMA3CC1 TC_ERRINT2	EDMA3CC1 TC2 error interrupt
5	EDMA3CC1 TC_ERRINT3	EDMA3CC1 TC3 error interrupt

续表

CIC 上输入 事件编号	System Interrupt	描　述
6	EDMA3CC1 CC_GINT	EDMA3CC1 GINT
7	Reserved	
8	EDMA3CC1 CCINT0	EDMA3CC1 individual completion interrupt
9	EDMA3CC1 CCINT1	EDMA3CC1 individual completion interrupt
10	EDMA3CC1 CCINT2	EDMA3CC1 individual completion interrupt
11	EDMA3CC1 CCINT3	EDMA3CC1 individual completion interrupt
12	EDMA3CC1 CCINT4	EDMA3CC1 individual completion interrupt
13	EDMA3CC1 CCINT5	EDMA3CC1 individual completion interrupt
14	EDMA3CC1 CCINT6	EDMA3CC1 individual completion interrupt
15	EDMA3CC1 CCINT7	EDMA3CC1 individual completion interrupt
16	EDMA3CC2 CC_ERRINT	EDMA3CC2 error interrupt
17	EDMA3CC2 CC_MPINT	EDMA3CC2 memory protection interrupt
18	EDMA3CC2 TC_ERRINT0	EDMA3CC2 TC0 error interrupt
19	EDMA3CC2 TC_ERRINT1	EDMA3CC2 TC1 error interrupt
20	EDMA3CC2 TC_ERRINT2	EDMA3CC2 TC2 error interrupt
21	EDMA3CC2 TC_ERRINT3	EDMA3CC2 TC3 error interrupt
22	EDMA3CC2 CC_GINT	EDMA3CC2 GINT
23	Reserved	
24	EDMA3CC2 CCINT0	EDMA3CC2 individual completion interrupt
25	EDMA3CC2 CCINT1	EDMA3CC2 individual completion interrupt
26	EDMA3CC2 CCINT2	EDMA3CC2 individual completion interrupt
27	EDMA3CC2 CCINT3	EDMA3CC2 individual completion interrupt
28	EDMA3CC2 CCINT4	EDMA3CC2 individual completion interrupt
29	EDMA3CC2 CCINT5	EDMA3CC2 individual completion interrupt
30	EDMA3CC2 CCINT6	EDMA3CC2 individual completion interrupt
31	EDMA3CC2 CCINT7	EDMA3CC2 individual completion interrupt
32	EDMA3CC0 CC_ERRINT	EDMA3CC0 error interrupt
33	EDMA3CC0 CC_MPINT	EDMA3CC0 memory protection interrupt
34	EDMA3CC0 TC_ERRINT0	EDMA3CC0 TC0 error interrupt
35	EDMA3CC0 TC_ERRINT1	EDMA3CC0 TC1 error interrupt
36	EDMA3CC0 CC_GINT	EDMA3CC0 GINT
37	Reserved	
38	EDMA3CC0 CCINT0	EDMA3CC0 individual completion interrupt
39	EDMA3CC0 CCINT1	EDMA3CC1 individual completion interrupt
40	EDMA3CC0 CCINT2	EDMA3CC2 individual completion interrupt
41	EDMA3CC0 CCINT3	EDMA3CC3 individual completion interrupt
42	EDMA3CC0 CCINT4	EDMA3CC4 individual completion interrupt
43	EDMA3CC0 CCINT5	EDMA3CC5 individual completion interrupt
44	EDMA3CC0 CCINT6	EDMA3CC6 individual completion interrupt
45	EDMA3CC0 CCINT7	EDMA3CC7 individual completion interrupt
46	Reserved	

CIC 上输入事件编号	System Interrupt	描 述
47	QM_INT_PASS_TXQ_PEND_18	Queue manager pend event
48	PCIEXpress_ERR_INT	Protocol error interrupt
49	PCIEXpress_PM_INT	Power management interrupt
50	PCIEXpress_Legacy_INTA	Legacy interrupt mode
51	PCIEXpress_Legacy_INTB	Legacy interrupt mode
52	PCIEXpress_Legacy_INTC	Legacy interrupt mode
53	PCIEXpress_Legacy_INTD	Legacy interrupt mode
54	SPIINT0	SPI interrupt0
55	SPIINT1	SPI interrupt1
56	SPIXEVT	Transmit event
57	SPIREVT	Receive event
58	I^2CINT	I^2C interrupt
59	I^2CREVT	I^3C receive event
60	I^2CXEVT	I^4C transmit event
61	Reserved	
62	Reserved	
63	TETBHFULLINT	TETB is half full
64	TETBFULLINT	TETB is full
65	TETBACQINT	Acquisition has been completed
66	TETBOVFLINT	Overflow condition occur
67	TETBUNFLINT	Underflow condition occur
68	MDIO_LINK_INTR0	Network coprocessor MDIO interrupt
69	MDIO_LINK_INTR1	Network coprocessor MDIO interrupt
70	MDIO_USER_INTR0	Network coprocessor MDIO interrupt
71	MDIO_USER_INTR1	Network coprocessor MDIO interrupt
72	MISC_INTR	Network coprocessor MISC Interrupt
73	TRACER_CORE_0_INTD	Tracer sliding time window interrupt for individual core
74	TRACER_CORE_1_INTD	Tracer sliding time window interrupt for individual core
75	TRACER_CORE_2_INTD	Tracer sliding time window interrupt for individual core
76	TRACER_CORE_3_INTD	Tracer sliding time window interrupt for individual core
77	TRACER_DDR_INTD	Tracer sliding time window interrupt for DDR3 EMIF1
78	TRACER_MSMC_0_INTD	Tracer sliding time window interrupt for MSMC SRAM bank0
79	TRACER_MSMC_1_INTD	Tracer sliding time window interrupt for MSMC SRAM bank1
80	TRACER_MSMC_2_INTD	Tracer sliding time window interrupt for MSMC SRAM bank2
81	TRACER_MSMC_3_INTD	Tracer sliding time window interrupt for MSMC SRAM bank3
82	TRACER_CFG_INTD	Tracer sliding time window interrupt for CFG0 TeraNet
83	TRACER_QM_CFG_INTD	Tracer sliding time window interrupt for QM_SS CFG

续表

CIC 上输入事件编号	System Interrupt	描 述
84	TRACER_QM_DMA_INTD	Tracer sliding time window interrupt for QM_SS slave
85	TRACER_SM_INTD	Tracer sliding time window interrupt for semaphore
86	PSC_ALLINT	Power/sleep controller interrupt
87	MSMC_SCRUB_CERROR	Correctable(1-bit)soft error detected during scrub cycle
88	BOOTCFG_INTD	BOOTCFG Interrupt BOOTCFG_ERR and BOOTCFG_PROT
89	Reserved	
90	MPU0_INTD（MPU0_ADDR_ERR_INT and MPU0_PROT_ERR_INT combined）	MPU0 addressing violation interrupt and protection violation interrupt
91	QM_INT_PASS_TXQ_PEND_19	Queue manager pend event
92	MPU1_INTD（MPU1_ADDR_ERR_INT and MPU1_PROT_ERR_INT combined）	MPU1 addressing violation interrupt and protection violation interrupt
93	QM_INT_PASS_TXQ_PEND_20	Queue manager pend event
94	MPU2_INTD（MPU2_ADDR_ERR_INT and MPU2_PROT_ERR_INT combined）	MPU2 addressing violation interrupt and protection violation interrupt
95	QM_INT_PASS_TXQ_PEND_21	Queue manager pend event
96	MPU3_INTD（MPU3_ADDR_ERR_INT and MPU3_PROT_ERR_INT combined）	MPU3 addressing violation interrupt and protection violation interrupt
97	QM_INT_PASS_TXQ_PEND_22	Queue manager pend event
98	MSMC_dedc_cerror	Correctable(1-bit)soft error detected on SRAM read
99	MSMC_dedc_nc_error	Non-correctable(2-bit)soft error detected on SRAM read
100	MSMC_scrub_nc_error	Non-correctable(2-bit)soft error detected during scrub cycle
101	Reserved	
102	MSMC_mpf_error8	Memory protection fault indicators for each system master PrivID
103	MSMC_mpf_error9	Memory protection fault indicators for each system master PrivID
104	MSMC_mpf_error10	Memory protection fault indicators for each system master PrivID
105	MSMC_mpf_error11	Memory protection fault indicators for each system master PrivID
106	MSMC_mpf_error12	Memory protection fault indicators for each system master PrivID
107	MSMC_mpf_error13	Memory protection fault indicators for each system master PrivID
108	MSMC_mpf_error14	Memory protection fault indicators for each system master PrivID

CIC 上输入事件编号	System Interrupt	描 述
109	MSMC_mpf_error15	Memory protection fault indicators for each system master PrivID
110	DDR3_ERR	DDR3 EMIF error interrupt
111	VUSR_INT_O	HyperLink interrupt
112	INTDST0	RapidIO interrupt
113	INTDST1	RapidIO interrupt
114	INTDST2	RapidIO interrupt
115	INTDST3	RapidIO interrupt
116	INTDST4	RapidIO interrupt
117	INTDST5	RapidIO interrupt
118	INTDST6	RapidIO interrupt
119	INTDST7	RapidIO interrupt
120	INTDST8	RapidIO interrupt
121	INTDST9	RapidIO interrupt
122	INTDST10	RapidIO interrupt
123	INTDST11	RapidIO interrupt
124	INTDST12	RapidIO interrupt
125	INTDST13	RapidIO interrupt
126	INTDST14	RapidIO interrupt
127	INTDST15	RapidIO interrupt
128	EASYNCERR	EMIF16 error interrupt
129	TRACER_CORE_4_INTD	Tracer sliding time window interrupt for individual core
130	TRACER_CORE_5_INTD	Tracer sliding time window interrupt for individual core
131	TRACER_CORE_6_INTD	Tracer sliding time window interrupt for individual core
132	TRACER_CORE_7_INTD	Tracer sliding time window interrupt for individual core
133	QM_INT_PKTDMA_0	Queue manager interrupt for PKTDMA starvation
134	QM_INT_PKTDMA_1	Queue manager interrupt for PKTDMA starvation
135	RapidIO_INT_PKTDMA_0	RapidIO interrupt for PKTDMA starvation
136	PASS_INT_PKTDMA_0	Network coprocessor interrupt for PKTDMA starvation
137	SmartReflex_intrreq0	SmartReflex sensor interrupt
138	SmartReflex_intrreq1	SmartReflex sensor interrupt
139	SmartReflex_intrreq2	SmartReflex sensor interrupt
140	SmartReflex_intrreq3	SmartReflex sensor interrupt
141	VPNoSMPSAck	VPVOLTUPDATE has been asserted but SMPS has not been responded in a defined time interval
142	VPEqValue	SRSINTERUPTZ is asserted，but the new voltage is not different from the current SMPS voltage
143	VPMaxVdd	The new voltage required is equal to or greater than MaxVdd
144	VPMinVdd	The new voltage required is equal to or less than MinVdd

CIC 上输入 事件编号	System Interrupt	描　　述
145	VPINIDLE	Indicating that the FSM of Voltage Processor is in idle
146	VPOPPChangeDone	Indicating that the average frequency error is within the desired limit
147	Reserved	
148	UARTINT	UART interrupt
149	URXEVT	UART receive event
150	UTXEVT	UART transmit event
151	QM_INT_PASS_TXQ_PEND_23	Queue manager pend event
152	QM_INT_PASS_TXQ_PEND_24	Queue manager pend event
153	QM_INT_PASS_TXQ_PEND_25	Queue manager pend event
154	QM_INT_PASS_TXQ_PEND_26	Queue manager pend event
155	QM_INT_PASS_TXQ_PEND_27	Queue manager pend event
156	QM_INT_PASS_TXQ_PEND_28	Queue manager pend event
157	QM_INT_PASS_TXQ_PEND_29	Queue manager pend event
158	QM_INT_PASS_TXQ_PEND_30	Queue manager pend event
159	QM_INT_PASS_TXQ_PEND_31	Queue manager pend event
151	QM_INT_PASS_TXQ_PEND_23	Queue manager pend event
152	QM_INT_PASS_TXQ_PEND_24	Queue manager pend event
153	QM_INT_PASS_TXQ_PEND_25	Queue manager pend event
154	QM_INT_PASS_TXQ_PEND_26	Queue manager pend event
155	QM_INT_PASS_TXQ_PEND_27	Queue manager pend event
156	QM_INT_PASS_TXQ_PEND_28	Queue manager pend event
157	QM_INT_PASS_TXQ_PEND_29	Queue manager pend event
158	QM_INT_PASS_TXQ_PEND_30	Queue manager pend event
159	QM_INT_PASS_TXQ_PEND_31	Queue manager pend event
151	QM_INT_PASS_TXQ_PEND_23	Queue manager pend event
152	QM_INT_PASS_TXQ_PEND_24	Queue manager pend event
153	QM_INT_PASS_TXQ_PEND_25	Queue manager pend event
154	QM_INT_PASS_TXQ_PEND_26	Queue manager pend event
155	QM_INT_PASS_TXQ_PEND_27	Queue manager pend event
156	QM_INT_PASS_TXQ_PEND_28	Queue manager pend event
157	QM_INT_PASS_TXQ_PEND_29	Queue manager pend event
158	QM_INT_PASS_TXQ_PEND_30	Queue manager pend event
159	QM_INT_PASS_TXQ_PEND_31	Queue manager pend event

CIC2 System Interrupt 输入

CIC 上输入 事件编号	System Interrupt	描　　述
0	GPINT8	GPIO interrupt
1	GPINT9	GPIO interrupt
2	GPINT10	GPIO interrupt

CIC 上输入 事件编号	System Interrupt	描 述
3	GPINT11	GPIO interrupt
4	GPINT12	GPIO interrupt
5	GPINT13	GPIO interrupt
6	GPINT14	GPIO interrupt
7	GPINT15	GPIO interrupt
8	TETBHFULLINT	System TETB is half full
9	TETBFULLINT	System TETB is full
10	TETBACQINT	System TETB acquisition has been completed
11	TETBHFULLINT0	TETB0 is half full
12	TETBFULLINT0	TETB0 is full
13	TETBACQINT0	TETB0 acquisition has been completed
14	TETBHFULLINT1	TETB1 is half full
15	TETBFULLINT1	TETB1 is full
16	TETBACQINT1	TETB1 acquisition has been completed
17	TETBHFULLINT2	TETB2 is half full
18	TETBFULLINT2	TETB2 is full
19	TETBACQINT2	TETB2 acquisition has been completed
20	TETBHFULLINT3	TETB3 is half full
21	TETBFULLINT3	TETB3 is full
22	TETBACQINT3	TETB3 acquisition has been completed
23	Reserved	
24	QM_INT_HIGH_16	QM interrupt
25	QM_INT_HIGH_17	QM interrupt
26	QM_INT_HIGH_18	QM interrupt
27	QM_INT_HIGH_19	QM interrupt
28	QM_INT_HIGH_20	QM interrupt
29	QM_INT_HIGH_21	QM interrupt
30	QM_INT_HIGH_22	QM interrupt
31	QM_INT_HIGH_23	QM interrupt
32	QM_INT_HIGH_24	QM interrupt
33	QM_INT_HIGH_25	QM interrupt
34	QM_INT_HIGH_26	QM interrupt
35	QM_INT_HIGH_27	QM interrupt
36	QM_INT_HIGH_28	QM interrupt
37	QM_INT_HIGH_29	QM interrupt
38	QM_INT_HIGH_30	QM interrupt
39	QM_INT_HIGH_31	QM interrupt
40	MDIO_LINK_INTR0	Network coprocessor MDIO interrupt
41	MDIO_LINK_INTR1	Network coprocessor MDIO interrupt
42	MDIO_USER_INTR0	Network coprocessor MDIO interrupt
43	MDIO_USER_INTR1	Network coprocessor MDIO interrupt

续表

CIC 上输入 事件编号	System Interrupt	描　　述
44	MISC_INTR	Network coprocessor MISC interrupt
45	TRACER_CORE_0_INTD	Tracer sliding time window interrupt for individual core
46	TRACER_CORE_1_INTD	Tracer sliding time window interrupt for individual core
47	TRACER_CORE_2_INTD	Tracer sliding time window interrupt for individual core
48	TRACER_CORE_3_INTD	Tracer sliding time window interrupt for individual core
49	TRACER_DDR_INTD	Tracer sliding time window interrupt for DDR3 EMIF
50	TRACER_MSMC_0_INTD	Tracer sliding time window interrupt for MSMC SRAM bank0
51	TRACER_MSMC_1_INTD	Tracer sliding time window interrupt for MSMC SRAM bank1
52	TRACER_MSMC_2_INTD	Tracer sliding time window interrupt for MSMC SRAM bank2
53	TRACER_MSMC_3_INTD	Tracer sliding time window interrupt for MSMC SRAM bank3
54	TRACER_CFG_INTD	Tracer sliding time window interrupt for CFG0 TeraNet
55	TRACER_QM_CFG_INTD	Tracer sliding time window interrupt for QM_SS CFG
56	TRACER_QM_DMA_INTD	Tracer sliding time window interrupt for QM_SS slave port
57	TRACER_SM_INTD	Tracer sliding time window interrupt for semaphore
58	SEMERR0	Semaphore interrupt
59	SEMERR1	Semaphore interrupt
60	SEMERR2	Semaphore interrupt
61	SEMERR3	Semaphore interrupt
62	BOOTCFG_INTD	BOOTCFG interrupt BOOTCFG_ERR and BOOTCFG_PROT
63	PASS_INT_PKTDMA_0	Network coprocessor interrupt for packet DMA starvation
64	MPU0_INTD（MPU0_ADDR_ERR_INT and MPU0_PROT_ERR_INT combined）	MPU0 addressing violation interrupt and protection violation interrupt
65	MSMC_scrub_cerror	Correctable(1-bit)soft error detected during scrub cycle
66	MPU1_INTD（MPU1_ADDR_ERR_INT and MPU1_PROT_ERR_INT combined）	MPU1 addressing violation interrupt and protection violation interrupt
67	RapidIO_INT_PKTDMA_0	RapidIO interrupt for packet DMA starvation
68	MPU2_INTD（MPU2_ADDR_ERR_INT and MPU2_PROT_ERR_INT combined）	MPU2 addressing violation interrupt and protection violation interrupt
69	QM_INT_PKTDMA_0	QM interrupt for packet DMA starvation
70	MPU3_INTD（MPU3_ADDR_ERR_INT and MPU3_PROT_ERR_INT combined）	MPU3 addressing violation interrupt and protection violation interrupt
71	QM_INT_PKTDMA_1	QM interrupt for packet DMA starvation

续表

CIC 上输入 事件编号	System Interrupt	描　　述
72	MSMC_dedc_cerror	Correctable(1-bit)soft error detected on SRAM read
73	MSMC_dedc_nc_error	Non-correctable(2-bit)soft error detected on SRAM read
74	MSMC_scrub_nc_error	Non-correctable(2-bit)soft error detected during scrub cycle
75	Reserved	
76	MSMC_mpf_error0	Memory protection fault indicators for each system master PrivID
77	MSMC_mpf_error1	Memory protection fault indicators for each system master PrivID
78	MSMC_mpf_error2	Memory protection fault indicators for each system master PrivID
79	MSMC_mpf_error3	Memory protection fault indicators for each system master PrivID
80	MSMC_mpf_error4	Memory protection fault indicators for each system master PrivID
81	MSMC_mpf_error5	Memory protection fault indicators for each system master PrivID
82	MSMC_mpf_error6	Memory protection fault indicators for each system master PrivID
83	MSMC_mpf_error7	Memory protection fault indicators for each system master PrivID
84	MSMC_mpf_error8	Memory protection fault indicators for each system master PrivID
85	MSMC_mpf_error9	Memory protection fault indicators for each system master PrivID
86	MSMC_mpf_error10	Memory protection fault indicators for each system master PrivID
87	MSMC_mpf_error11	Memory protection fault indicators for each system master PrivID
88	MSMC_mpf_error12	Memory protection fault indicators for each system master PrivID
89	MSMC_mpf_error13	Memory protection fault indicators for each system master PrivID
90	MSMC_mpf_error14	Memory protection fault indicators for each system master PrivID
91	MSMC_mpf_error15	Memory protection fault indicators for each system master PrivID
92	Reserved	
93	INTDST0	RapidIO interrupt
94	INTDST1	RapidIO interrupt
95	INTDST2	RapidIO interrupt
96	INTDST3	RapidIO interrupt

续表

CIC 上输入 事件编号	System Interrupt	描　　述
97	INTDST4	RapidIO interrupt
98	INTDST5	RapidIO interrupt
99	INTDST6	RapidIO interrupt
100	INTDST7	RapidIO interrupt
101	INTDST8	RapidIO interrupt
102	INTDST9	RapidIO interrupt
103	INTDST10	RapidIO interrupt
104	INTDST11	RapidIO interrupt
105	INTDST12	RapidIO interrupt
106	INTDST13	RapidIO interrupt
107	INTDST14	RapidIO interrupt
108	INTDST15	RapidIO interrupt
109	INTDST16	RapidIO interrupt
110	INTDST17	RapidIO interrupt
111	INTDST18	RapidIO interrupt
112	INTDST19	RapidIO interrupt
113	INTDST20	RapidIO interrupt
114	INTDST21	RapidIO interrupt
115	INTDST22	RapidIO interrupt
116	INTDST23	RapidIO interrupt
117	EASYNCERR	EMIF16 error interrupt
118	TETBHFULLINT4	TETB4 is half full
119	TETBFULLINT4	TETB4 is full
120	TETBACQINT4	TETB4 acquisition has been completed
121	TETBHFULLINT5	TETB5 is half full
122	TETBFULLINT5	TETB5 is full
123	TETBACQINT5	TETB5 acquisition has been completed
124	TETBHFULLINT6	TETB6 is half full
125	TETBFULLINT6	TETB6 is full
126	TETBACQINT6	TETB6 acquisition has been completed
127	TETBHFULLINT7	TETB7 is half full
128	TETBFULLINT7	TETB7 is full
129	TETBACQINT7	TETB7 acquisition has been completed
130	TRACER_CORE_4_INTD	Tracer sliding time window interrupt for individual core
131	TRACER_CORE_5_INTD	Tracer sliding time window interrupt for individual core
132	TRACER_CORE_6_INTD	Tracer sliding time window interrupt for individual core
133	TRACER_CORE_7_INTD	Tracer sliding time window interrupt for individual core
134	SEMERR4	Semaphore error interrupt
135	SEMERR5	Semaphore error interrupt
136	SEMERR6	Semaphore error interrupt
137	SEMERR7	Semaphore error interrupt

续表

CIC 上输入 事件编号	System Interrupt	描 述
138	QM_INT_HIGH_0	QM interrupt
139	QM_INT_HIGH_1	QM interrupt
140	QM_INT_HIGH_2	QM interrupt
141	QM_INT_HIGH_3	QM interrupt
142	QM_INT_HIGH_4	QM interrupt
143	QM_INT_HIGH_5	QM interrupt
144	QM_INT_HIGH_6	QM interrupt
145	QM_INT_HIGH_7	QM interrupt
146	QM_INT_HIGH_8	QM interrupt
147	QM_INT_HIGH_9	QM interrupt
148	QM_INT_HIGH_10	QM interrupt
149	QM_INT_HIGH_11	QM interrupt
150	QM_INT_HIGH_12	QM interrupt
151	QM_INT_HIGH_13	QM interrupt
152	QM_INT_HIGH_14	QM interrupt
153	QM_INT_HIGH_15	QM interrupt
154~159	Reserved	

CIC3 System Interrupt 输入

CIC 上输入 事件编号	System Interrupt	描 述
0	GPINT0	GPIO interrupt
1	GPINT1	GPIO interrupt
2	GPINT2	GPIO interrupt
3	GPINT3	GPIO interrupt
4	GPINT4	GPIO interrupt
5	GPINT5	GPIO interrupt
6	GPINT6	GPIO interrupt
7	GPINT7	GPIO interrupt
8	GPINT8	GPIO interrupt
9	GPINT9	GPIO interrupt
10	GPINT10	GPIO interrupt
11	GPINT11	GPIO interrupt
12	GPINT12	GPIO interrupt
13	GPINT13	GPIO interrupt
14	GPINT14	GPIO interrupt
15	GPINT15	GPIO interrupt
16	TETBHFULLINT	System TETB is half full
17	TETBFULLINT	System TETB is full
18	TETBACQINT	System TETB acquisition has been completed
19	TETBHFULLINT0	TETB0 is half full

续表

CIC上输入 事件编号	System Interrupt	描　述
20	TETBFULLINT0	TETB0 is full
21	TETBACQINT0	TETB0 acquisition has been completed
22	TETBHFULLINT1	TETB1 is half full
23	TETBFULLINT1	TETB1 is full
24	TETBACQINT1	TETB1 acquisition has been completed
25	TETBHFULLINT2	TETB2 is half full
26	TETBFULLINT2	TETB2 is full
27	TETBACQINT2	TETB2 acquisition has been completed
28	TETBHFULLINT3	TETB3 is half full
29	TETBFULLINT3	TETB3 is full
30	TETBACQINT3	TETB3 acquisition has been completed
31	TRACER_CORE_0_INTD	Tracer sliding time window interrupt for individual core
32	TRACER_CORE_1_INTD	Tracer sliding time window interrupt for individual core
33	TRACER_CORE_2_INTD	Tracer sliding time window interrupt for individual core
34	TRACER_CORE_3_INTD	Tracer sliding time window interrupt for individual core
35	TRACER_DDR_INTD	Tracer sliding time window interrupt for DDR3 EMIF1
36	TRACER_MSMC_0_INTD	Tracer sliding time window interrupt for MSMC SRAM bank0
37	TRACER_MSMC_1_INTD	Tracer sliding time window interrupt for MSMC SRAM bank1
38	TRACER_MSMC_2_INTD	Tracer sliding time window interrupt for MSMC SRAM bank2
39	TRACER_MSMC_3_INTD	Tracer sliding time window interrupt for MSMC SRAM bank3
40	TRACER_CFG_INTD	Tracer sliding time window interrupt for CFG0 TeraNet
41	TRACER_QM_CFG_INTD	Tracer sliding time window interrupt for QM_SS CFG
42	TRACER_QM_DMA_INTD	Tracer sliding time window interrupt for QM _ SS slave port
43	TRACER_SM_INTD	Tracer sliding time window interrupt for semaphore
44	VUSR_INT_O	HyperLink interrupt
45	TETBHFULLINT4	TETB4 is half full
46	TETBFULLINT4	TETB4 is full
47	TETBACQINT4	TETB4 acquisition has been completed
48	TETBHFULLINT5	TETB5 is half full
49	TETBFULLINT5	TETB5 is full
50	TETBACQINT5	TETB5 acquisition has been completed
51	TETBHFULLINT6	TETB6 is half full
52	TETBFULLINT6	TETB6 is full
53	TETBACQINT6	TETB6 acquisition has been completed
54	TETBHFULLINT7	TETB7 is half full
55	TETBFULLINT7	TETB7 is full

续表

CIC 上输入事件编号	System Interrupt	描　述
56	TETBACQINT7	TETB7 acquisition has been completed
57	TRACER_CORE_4_INTD	Tracer sliding time window interrupt for individual core
58	TRACER_CORE_5_INTD	Tracer sliding time window interrupt for individual core
59	TRACER_CORE_6_INTD	Tracer sliding time window interrupt for individual core
60	TRACER_CORE_7_INTD	Tracer sliding time window interrupt for individual core
61	DDR3_ERR	DDR3 EMIF Error interrupt
62～79	Reserved	

参 考 文 献

[1]   Texas Instruments. TMS320C6678Multicore Fixed and Floating-Point Digital Signal Processor[Z]. Texas Instruments,2014.

[2]   Texas Instruments. KeyStone Architecture TIMER64P User Guide[Z]. Texas Instruments,2012.

[3]   Texas Instruments. TMS320C66x DSP CorePac User Guide[Z]. Texas Instruments,2011.

[4]   Texas Instruments. 66AK2H12/06 Multicore DSP+ARM KeyStone II System-on-Chip (SoC) Data Manual[Z]. Texas Instruments,2013.

[5]   Texas Instruments. KeyStone Architecture Multicore Navigator User Guide[Z]. Texas Instruments, 2011.

[6]   Texas Instruments. KeyStone Architecture Inter-IC Control Bus (I2C) User Guide [Z]. Texas Instruments,2011.

[7]   Texas Instruments. KeyStone Architecture Serial Peripheral Interface (SPI) User Guide[Z]. Texas Instruments,2012.

[8]   Texas Instruments. KeyStone Architecture Universal Asynchronous Receiver/Transmitter (UART) User Guide[Z]. Texas Instruments,2010.

[9]   Texas Instruments. KeyStone Architecture Peripheral Component Interconnect Express (PCIe) User Guide[Z]. Texas Instruments,2013.

[10]   Texas Instruments. KeyStone Architecture Telecom Serial Interface Port (TSIP) User Guide[Z]. Texas Instruments,2010.

[11]   Texas Instruments. KeyStone Architecture External Memory Interface (EMIF16) User Guide[Z]. Texas Instruments,2011.

[12]   Texas Instruments. KeyStone Architecture Gigabit Ethernet (GbE) Switch Subsystem User Guide [Z]. Texas Instruments,2013.

[13]   Texas Instruments. TMS320C6000 Network Developer's Kit(NDK)Support Package Ethernet Driver Design Guide[Z]. Texas Instruments,2009.

[14]   Texas Instruments. TI Network Developer's Kit(NDK)v2. 21 User's Guide[Z]. Texas Instruments,2012.

[15]   Texas Instruments. TI Network Developer's Kit (NDK) v2. 21 API Reference Guide [Z]. Texas Instruments,2012.

[16]   Texas Instruments. KeyStone Architecture General Purpose Input/Output(GPIO) User Guide[Z]. Texas Instruments,2010.

[17]   Texas Instruments. KeyStone Architecture DSP BootloaderUser Guide[Z]. Texas Instruments,2013.

[18]   李飞平,卿粼波,滕奇志,等. 基于 TMS320C6678 的多核程序加载研究与实现[J]. 电子技术应用, 2015,41(3): 31-34.

[19]   薛志远,王春雷. 基于 TMS320C6678 的多核 Bootloader 设计与实现[J]. 航空兵器,2017(4): 80-83.

[20]   张乐年,关榆君. 基于 TMS320C6678 的多核 DSP 加载模式研究[J]. 电子设计工程,2013,21(24): 166-169.

[21]   吴沁文. 多核 DSP 芯片 C6678 引导过程的研究与实现[J]. 现代雷达,2016,38(11): 35-39.

[22]   Texas Instruments. SRIO Programming and Performance Data on Keystone DSP [Z]. Texas Instruments,2011.

[23]   冯华亮. TMS320C6678 存储器访问性能[Z]. Texas Instruments,2011.

[24]　Texas Instruments. TMS320C66x DSP Cache User Guide[Z]. Texas Instruments,2010.

[25]　HENNESSY J L,PATTERSON D A.计算机体系结构量化研究方法[M].5 版.贾洪峰,译.北京：人民邮电出版社,2013.

[26]　DARRYL G.多核应用编程实战[M].郭晴霞,译.北京：人民邮电出版社,2013.

[27]　夏际金,常越,梁之勇,等.多核 DSP 信号处理并行设计[J].雷达科学与技术,2013,11(6)：617-620.

[28]　夏际金,丁泉,王蓉.多级并行的多核 DSP 软件设计[J].雷达科学与技术,2014,12(4)：368-372.

[29]　Texas Instruments. TI SYS/BIOS v6. 33 Real-time Operating System User's Guide[Z]. Texas Instruments,2011.

[30]　汤小丹,等.计算机操作系统[M].西安：西安电子科技大学出版社,2012.

[31]　闫昭,刘磊.基于数据依赖关系的程序自动并行化方法[J].吉林大学学报（理学版）,2010,48(1)：94-98.

[32]　陈国良.并行计算：结构算法编程[M].北京：高等教育出版社,2011.

[33]　Texas Instruments. Hand-Tuning Loops and Control Code on the TMS320C6000[Z]. Texas Instruments, 2006.

[34]　Texas Instruments. TI C66x Optimization Startup Guide[Z]. Texas Instruments,2012.

[35]　Texas Instruments. Optimizing Loops on the C66x DSP[Z]. Texas Instruments,2010.

[36]　Texas Instruments. TMS320C6000 Programmer's Guide[Z]. Texas Instruments,2002.

[37]　Texas Instruments. Memory Alias Disambiguation on the TMS320C6000[Z]. Texas Instruments, 2000.

[38]　Texas Instruments. TMS320C6000 Optimizing Compiler v7. 4 User's Guide[Z]. Texas Instruments, 2012.

[39]　Texas Instruments. TMS320C66x DSP CPU and Instruction Set Reference Guide. Texas Instruments,2010.

[40]　保铮,邢孟道,王彤.雷达成像技术[M].北京：电子工业出版社,2005.

[41]　夏际金,崔留争.一种多核 DSP 的距离多普勒成像设计[J].雷达科学与技术,2016,14(2)：169-172.

[42]　Texas Instruments. KeyStone Architecture Serial Rapid IO（SRIO）User Guide［Z］. Texas Instruments,2011.

[43]　BHAL S,SIVARAJAN R,NAMBIATH R. Multicore software development kit［Z］. Texas Instruments,2011.

[44]　Texas Instruments. Multicore Programming Guide[Z]. Texas Instruments,2009.

[45]　FRIEDMANN A. TI 全新 TMS320C66x 定点与浮点 DSP 内核成功挑战速度极限[Z]. Texas Instruments,2010.

[46]　Texas Instruments. KeyStone Architecture Multicore Shared Memory Controller（MSMC）User Guide[Z]. Texas Instruments,2011.

[47]　Texas Instruments. KeyStone Architecture Chip Interrupt Controller（CIC）User Guide[Z]. Texas Instruments,2012.

[48]　Texas Instruments. KeyStone Architecture HyperLink User Guide[Z]. Texas Instruments,2011.

[49]　Texas Instruments. OpenMP Programming for TMS320C66x multicore DSPs［Z］. Texas Instruments,2011.

[50]　Texas Instruments. TMDXEVM6678L EVM Technical Reference ManualVersion 1. 0[Z]. Texas Instruments/Advantech INC,2011.

[51]　Xilinx INC. Zynq UltraScale＋MPSoc Product Tables and Production Selection Guide[Z]. Xilinx INC,2016.

图 书 资 源 支 持

感谢您一直以来对清华版图书的支持和爱护。为了配合本书的使用，本书提供配套的资源，有需求的读者请扫描下方的"书圈"微信公众号二维码，在图书专区下载，也可以拨打电话或发送电子邮件咨询。

如果您在使用本书的过程中遇到了什么问题，或者有相关图书出版计划，也请您发邮件告诉我们，以便我们更好地为您服务。

我们的联系方式：

地　　址：北京市海淀区双清路学研大厦 A 座 714

邮　　编：100084

电　　话：010-83470236　010-83470237

客服邮箱：2301891038@qq.com

QQ：2301891038（请写明您的单位和姓名）

资源下载：关注公众号"书圈"下载配套资源。

资源下载、样书申请

书 圈

获取最新书目

观看课程直播